普通高等教育力学类“十四五”系列教材

理论力学

LILUN LIXUE

主　编　张俊婷　李兴莉
副主编　李建宝　晋艳娟

手机扫描二维码获取
课程资源及习题答案

西安交通大学出版社
XI'AN JIAOTONG UNIVERSITY PRESS

图书在版编目(CIP)数据

理论力学/ 张俊婷，李兴莉主编. --西安：西安交通大学出版社，2024.7

普通高等教育力学类“十四五”系列教材

ISBN 978-7-5693-3771-6

Ⅰ.①理… Ⅱ.①张… ②李… Ⅲ.①理论力学-高等学校-教材Ⅳ.①O31

中国国家版本馆 CIP 数据核字(2024)第 092591 号

书　　名 理论力学
主　　编 张俊婷　李兴莉
责任编辑 郭鹏飞
责任校对 王　娜
封面设计 任加盟

出版发行 西安交通大学出版社
（西安市兴庆南路 1 号　邮政编码 710048）
网　　址 http://www.xjtupress.com
电　　话 (029)82668357 82667874(市场营销中心)
(029)82668315(总编办)
传　　真 (029)82668280
印　　刷 陕西博文印务有限责任公司

开　　本 787 mm×1092 mm　1/16　**印张** 21　**字数** 522 千字
版次印次 2024 年 7 月第 1 版　2024 年 7 月第 1 次印刷
书　　号 ISBN 978-7-5693-3771-6
定　　价 69.00 元

如发现印装质量问题，请与本社市场营销中心联系调换。
订购热线：(029)82665248　(029)82667874
投稿热线：(029)82668525　(029)82664953
读者信箱：21645470@qq.com

前　言

党的二十大报告明确提出教材建设是从教育大国迈向教育强国的重要支撑，是事关未来的战略工程和铸魂育人的基础工程。面向21世纪，高等教育应在系统学习、理论阐释、深度探究上下功夫，充分发挥教材在知识传递、价值引领和文化传承上的重要作用。

本教材全面贯彻落实党的二十大精神，坚持以学生为中心，以立德树人为根本任务，紧紧围绕基础力学课程如何服务"新工科"人才能力培养的核心目标，以"知识为本，能力为翼，思政为魂"为教育教学理念，在长期教学改革研究与教学实践的基础上，结合高等学校力学教材编审委员会审定的"理论力学教学大纲"编写而成。

理论力学的显著特点是理论的严密性及其与工程实际结合的紧密性。为了培养学生的创新精神，加强学生的工程概念，提高学生的力学素养，启发学生有问题可想、有问题可研究，作者在编写本书时，在以下方面做了一些工作：

(1)将传统纸质教材与二维码微视频有机结合，使教材具备了一定的移动学习功能。读者在阅读本书时，可以通过扫描书中二维码进行微视频学习，微视频内容涉及重要知识点、难理解概念、易错问题、解题技巧、工程背景等。通过结合微视频学习，可以让读者更全面深入地理解课程学习内容，对理论力学所涉及的相关工程背景、工程理念等有更直观的了解。

(2)为帮助读者更有效地学习理论力学，本教材在每章开头设置了"内容提要"和"本章知识导图"，这对帮助读者系统归纳本章知识点能起到提纲挈领的作用。

(3)为增强读者对理论力学的学习兴趣，开拓思维，增长见识，提升素质，本教材在每章中都设置了"知识拓展"及"拓展阅读"栏目，其内容紧扣本章知识点，主要涉及工程应用、身边力学、学科背景，力学史与力学人物、教学内容扩充等，既增加了趣味性，又有利于培养学生的批判性思维以及敢于创新的科学精神，体现了高阶性。

(4)为培养读者的自主学习意识，使读者养成独立思考、自主研究问题的习惯和勇气，本教材在对典型例题进行分析、计算，得出结果后，一般都安排了"小结""讨论"或"思考"部分，这部分内容，或结合工程实际拓展该例题在其他工程中的应用，或围绕例题的求解过程提出深入的思考，使读者逐步做到在学习中研究，在研究中学习。

(5)为了提升读者解决复杂问题的综合能力，本教材专门增设了一定数量关于力学建模、大学生力学竞赛、数值方法求解力学问题的具有思考性或研究性的题目。这些题目大部分是关于已讲授内容的扩展性和延展性问题，对于夯实基础知识、锻炼解题技巧、培养观察能力、建模能力以及解决实际工程问题的高级思维具有重要作用。

(6)为了让读者在做题遇到困难时，能及时寻求到帮助，本教材以数字资源形式提供了各章的习题解答。在扉页以二维码的形式出现，扫描后可查看。

本教材共3篇15章。第1～4章为静力学内容，第5～8章为运动学内容，第9～15章为动力学内容。本教材涵盖理论力学的主要内容，满足80学时及以下学时的学习要求。对64学时及以下学时的理论力学，可以不讲带"*"部分的内容。

本书由太原科技大学理论力学课程教学团队的主要成员编写，张俊婷、李兴莉担任主编，李建宝、晋艳娟担任副主编。

绪论、静力学引言、运动学引言、动力学引言、第11章由张俊婷编写；第15章以及第2章部分微视频、第 14 章部分微视频由梁清香编写；第 8 章以及第 10 章微视频由李兴莉编写；第 1 章由杨雪霞编写；第 2 章以及第 2 章部分微视频由郝鑫编写；第 3 章以及第 14 章部分微视频由陈艳霞编写；第 4 章由申强编写；第 5 章由贾有编写；第 6 章由李兴国编写；第 7 章及第 14 章由晋艳娟编写；第 9 章由樊艳红编写；第 10 章由张伟伟编写；第 12 章、第 13 章由李建宝编写。

本书可作为高等院校各工科类，如力学、机械、材料、土木、交通、车辆等专业的理论力学课程教材，也可供有关工程技术人员参考。

本书在编写过程中参考了大量国内外的优秀教材，并得到了太原科技大学应用科学学院力学系和许多同仁的大力支持与帮助，在此表示衷心感谢。

由于作者水平有限，书中的不足和疏漏之处，恳请读者批评指正。

编者

2024 年 2 月于太原

目　录

第0章 绪 论

0.1 力学的发展

力学是研究力与运动的科学，是一门历史悠久的学科，它的发展与人类的生产、生活息息相关。

在古代(公元6世纪以前)，古人就已经懂得运用各种简单的力学机械来减轻生产生活中的负担，让人们劳作更轻松。如制造灌溉设备浇灌农田，制造杠杆、斜面、滑轮搬运重物，制造车船运送货物等。这些工具的生产和使用，使人类对物体的机械运动有了初步认识，这种对力学的认识被称为机械经验。

人类可以记述的机械经验，可以追溯到有文字的时代，比如在埃及、亚述的古代纪念碑上刻有机械图案，这些机械图案意味着人类对机械经验的认识已经到了很高的层次。我国从有文字记载的书中可以追溯到春秋战国时代的墨子，他在墨经中曾提到过杠杆原理和若干机械。但是，这些只是人类对机械经验的积累，还未形成系统的力学理论。

力学理论的发端源于古希腊，亚里士多德创造了逻辑学，撰写了《物理学》，奠定了力学理论的基础。欧几里得撰写了《几何原本》，虽然这是本数学书，但是其创建了一种科学的思维方式，建立了从公理到原理，再到定理、推论等的演绎体系。到了古希腊后期，阿基米德(约公元前287年—公元前212年)提出了浮力定律，创建了静力学的基础，因此阿基米德也被誉为“力学之父”。

在文艺复兴前的约一千年时间内，整个欧洲的科学技术进展缓慢，而中国科学技术的综合性成果堪称卓著。我国在这个时期经历了汉、隋、唐、宋、元和明朝，其中汉朝科学家张衡(公元78—139)创造了天文仪器“浑天仪”和测量地震的“侯风地动仪”；三国时期的马钧创造了利用差动齿轮传动的指南车；隋朝工匠李春(公元581—681)主持建造了著名的赵州桥(即今河北省赵县洨河上的安济桥)，它造型美观且符合力学原理，比世界上相同类型的石桥早1200多年。

15世纪以后，欧洲进入了文艺复兴时期，商业资本兴起，手工业、航海、建筑及军事等方面提出的问题，推动了力学和其他学科的发展。意大利人达·芬奇(公元1451—公元1519年)提出了力矩的概念；芬兰物理学家史蒂芬(公元1548—公元1620年)在进行斜面问题研究时提出了力的合成与分解定律；潘索(公元1777—公元1859年)提出了力偶的概念及有关的理论等，使得静力学理论得到了进一步的发展。

哥白尼(公元1473—公元1548年)提出了太阳中心学说后，在科学界引起了宇宙观的大革命；开普勒(公元1571—公元1630年)根据哥白尼的学说以及其他一些天文学家的观测资料，得出了行星运动三大定律，这三大定律是牛顿万有引力定律的基础。

16世纪到17世纪，力学开始逐渐成为一门独立的、系统的学科。伽利略(公元1564年—

公元 1642)通过对抛体和落体的研究提出惯性定律,并用以解释地面上的物体和天体的运动。他不仅揭示了自由落体规律和惯性定律,还提出了加速度的概念。牛顿(公元 1643 年—公元 1727)在前人研究成果(特别是开普勒的行星运动三定律)的基础上,通过数学推理等方法提出了牛顿三大定律和万有引力定律等,使经典力学形成了系统的理论,有力促进了力学的发展,由此力学进入了一个崭新的时代。

随着力学的不断发展,经典力学也随之出现各种分支,如牛顿力学(可称为矢量力学)、拉格朗日力学(虚位移原理与达朗伯原理结合形成达朗伯-拉格朗日原理)、哈密顿力学、非完整力学(发展出哈密顿力学、拉格朗日力学)。经典力学的不断发展也为后来的其他力学分支奠定了基础。

19 世纪初期到中期,随着工业革命的进行,力学得到了更广泛的应用和发展。例如由于大量机器使用的效率问题促使“功”“能”等概念的提出,动能定理、能量守恒定律、能量转化定律也逐渐形成,这一系列定理、定律的提出与应用使得力学又一次获得快速发展。

20 世纪之后,随着各国综合实力的增强,在军事、航空、航海方面发展的需求不断提高,力学再次得到重视和发展,各式各样的分支也随之出现。如飞行力学、变质量力学在航空方面取得重要成就。20 世纪中期以后,航天事业发展迅速,人造卫星、火箭发射、航天飞机的控制、稳定性以及轨道的计算都得以解决,这也意味着现代力学达到了高度发达的水平。

进入 21 世纪,力学不断渗入其他与之相关的学科里面,出现了大量的交叉学科。如计算机力学、生物力学、化学流体动力学、环境力学、磁流体力学等。这些交叉学科的发展,不仅推动了力学学科的创新和发展,也为相关领域的研究和应用提供了有力的支持。

0.2 理论力学的研究对象

理论力学是研究物体机械运动一般规律的科学。

何谓机械运动?物体在空间的相对位置随时间的改变称为机械运动。客观世界中存在的物质运动各种各样,如物质的发声、发热、发光、电磁现象、化学变化,以至于人的思维活动等都是物体的运动形式,而机械运动则是这多种物质运动形式中最常见和相对简单的一种,例如日、月、星辰的运转、各种交通工具的行驶、机器的转动、大气和河流的流动等均属于机械运动。平衡是机械运动的特殊形式。

如果限定的物质是宏观物体,限定的运动速度远小于光速,该研究范围的力学称为经典力学。理论力学属于以牛顿运动定律为基础的经典力学范畴。工程中绝大多数的研究对象属于经典力学的研究范围,用经典力学知识解决这类研究对象的问题,不仅方便,而且能保证足够的精度。因此,经典力学在各个领域被广泛应用并不断发展。

0.3 理论力学课程的内容

理论力学的内容通常分为静力学、运动学和动力学三个部分。

静力学:研究物体的受力分析、力系的简化以及建立各种力系平衡条件的科学。

运动学:研究物体机械运动几何性质(位移、轨迹、速度、加速度等)的科学。

动力学:研究物体机械运动几何性质与作用力之间的科学。

0.4　理论力学的研究方法

研究科学的过程，就是认识客观世界的过程。与一切科学相同，对力学规律的研究起源于对实际现象的观察和归纳。具体地说，就是从观察到的实际现象出发，经过抽象、综合、归纳，建立公理，再应用数学演绎和逻辑推理而得到定理和结论，形成理论体系；然后再通过实践来证实理论的正确性。

科学研究离不开抽象这种方法，理论力学也是这样。任何客观事物都是具体的、复杂的，在各种事物中需要抓住主要的起决定性的因素，舍弃次要因素，建立抽象化的力学模型。例如，在研究物体的机械运动时，抛开物体的尺寸就得到点和质点的模型；抛开物体的变形就得到刚体的模型；忽略摩擦的作用就得到理想约束的模型，等等。点、质点、刚体、理想约束等都是抽象后的力学模型。

一般说来，应用力学原理解决工程问题的基本步骤可概括如下

(1)首先从实际问题出发，对物体的实际形状、受力，以及与其他物体的连接方式等作合理的简化，得到可用于力学计算的力学计算简图，简化后得到的力学计算简图既要能够反映问题的主要方面，又要便于求解；然后结合力学知识对力学计算简图进行分析，就得到该问题的力学模型，该过程称为力学建模。

(2)应用力学原理建立上述力学模型的数学模型。

(3)运用有关的数学工具进行求解，在无法获得解析解或解析求解非常复杂的情况下，可以借助计算机进行数值求解。

(4)对所获得结果进行必要的分析讨论，以便解释有关现象，指导工程实际。

图 0-1 为理论力学解决工程实际问题的方法图示。

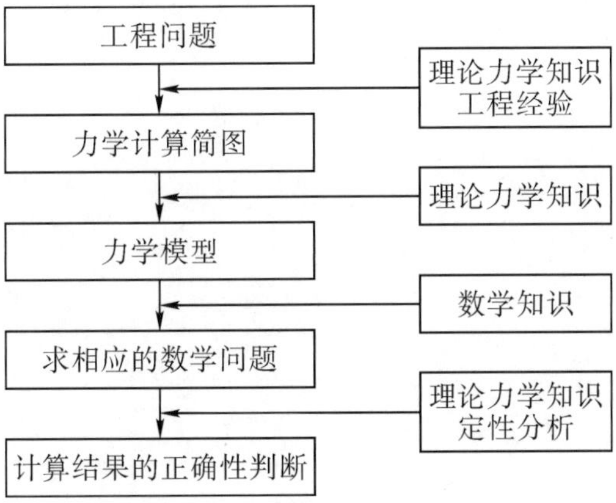

图 0-1

0.5　学习理论力学的目的和重要性

1. 解决工程实际问题

理论力学是研究物体机械运动基本规律的学科，是解决工程问题的基础。工程中存在大

量的力学问题，有些问题可以直接应用理论力学的基本理论去解决，有些问题单靠理论力学知识不能解决，但理论力学知识却是研究这些问题的必备基础，如建筑结构的设计、机器的运转、宇宙飞船的发射和运行、航天器的交会对接、飞船振动等。

2. 为后续课程的学习打下基础

理论力学是研究力学中最普遍、最基本的规律的科学，是学习很多工程专业的基础。例如机械原理及机械零件、机械设计基础、粉体力学、化工装置设计、精密机械与仪器设计、材料力学、结构力学、流体力学、飞行力学、机械振动理论以及许多专业课程等，都要以理论力学为基础，所以理论力学是学习一系列后续课程的基础课程。现代科学技术的发展，使理论力学的研究内容渗透到其他科学领域，形成了一些新的学科，如运动力学、生物力学、热弹性力学、生物流变学等。这些新兴学科的建立都是以坚实的理论力学知识为基础的。

3. 培养综合应用能力

理论力学课程具有内容丰富、问题灵活多变、应用领域广阔等特点，学习理论力学课程有助于加强学生的工程概念，激发学生的创新意识，训练学生的创新思维，培养学生的创新能力，为今后从事工程技术和科学研究工作奠定良好的基础。

第1篇　静力学

引　言

静力学是研究物体在力系作用下平衡规律的科学。

力系是指作用于物体上的一群力。

平衡是物体机械运动的一种特殊状态，若物体相对于惯性参考系静止或作匀速直线运动，则称此物体处于平衡。所谓惯性参考系是指固结于地球表面的坐标系。

静力学中所采用的力学模型是刚体。所谓刚体是指物体在力的作用下，其内部任意两点之间的距离始终保持不变，或者说在力的作用下不变形的物体。实际上，任何物体受力后或多或少都会发生变形，但是许多物体(例如工程结构的构件或机器的零件等)的变形十分微小，对静力学所研究的问题来说，略去变形不会对研究的结果产生显著影响，同时能大大降低问题的复杂程度。因此，把实际的物体抽象化为刚体，不仅是合理的，而且是必要的。由几个刚体通过一定联系组成的系统称为刚体系，又称物体系统或物系。静力学中所说的物体或物系均指刚体或刚体系，所以静力学也称为刚体静力学。变形体是指在研究的问题中，当物体受力后其变形(有可能很小)不能忽略的物体，对于变形体则在其他课程(如材料力学、结构力学、弹性力学等)中进行研究。

在静力学中将着重研究以下三个基本问题：

1. 物体的受力分析

物体的受力分析主要是分析物体受哪些力的作用以及各力的作用位置和方向。

2. 力系的等效替换和力系的简化

在保持力系对刚体作用效应不变的条件下，用另一力系来代替原力系，称为力系的等效替换。如用一个简单力系等效替换一个复杂力系，则称为力系的简化。

3. 力系的平衡条件及其应用

物体平衡时，作用于其上的力系称为平衡力系。平衡力系中各力不能是任意的，而应满足某些特定的条件，这些条件称为力系的平衡条件。所以又可以说满足平衡条件的力系称为平衡力系。研究物体在力系作用下的平衡规律，就是要研究作用于其上的力系为平衡力系时所应满足的条件，建立力系的平衡方程，并应用它来求解物体的平衡问题。

静力学在工程实际中有着广泛应用。例如，在对工程结构中的构件和机构中的零部件进行设计时，需要进行静力分析。即首先要根据力系的平衡方程计算各构件或各零部件所受的力，然后进行强度、刚度、稳定性及形状尺寸等方面的计算和设计。此外，静力学中物体受力分析的方法和力系的简化理论也是研究动力学问题的基础，故学习静力学有着非常重要的意义。

第 1 章　静力学公理与物体的受力分析

内容提要

力是力学中最基本的物理量，静力学公理及物体的受力分析是研究静力学的基础。本章将阐述力的概念、静力学的五个公理及推论；介绍约束的概念及工程中常见的约束类型及其约束力的画法；讨论力学计算简图的制作方法；最后，重点讨论如何进行物体受力分析与画受力图。

本章知识导图

1.1　力的概念

力是物体间的相互机械作用，这种作用使物体运动状态改变，或使物体产生变形。前者称为力的运动效应或外效应，后者称为力的变形效应或内效应。理论力学仅限于研究刚体，不考虑力的内效应，只研究力的外效应。力的内效应，将在后续的材料力学和弹性力学等课程中讨论。

按照相互作用范围，力可分为两类。一类是集中力，集中力是作用于物体某一点上的力。力的作用点是物体相互作用位置的抽象化。实际上，两物体之间的相互作用不可能局限于无面积大小的一个点上，只不过当作用面积与物体尺寸相比很小时，则可将其抽象化为作用在一个点上。另一类是分布力，分布力则是作用于物体某一条线上、某一个面上或整个物体内的力，通常将作用在某条线上的力用单位长度的力来表示，称为载荷集度，用符号 q 表示，单位为 N/m。对刚体来说，分布力的作用效果可以用一个与之等效的集中力来代替，以使问题得到简化。例如，重力可以等效为一个作用在重心的集中力。

力对物体的作用效应取决于力的大小、方向和作用点，通常称之为力的三要素。因为力具有大小和方向，同时力的运算又满足矢量运算法则，所以力是矢量，且是定位矢量。如图 1－1 所示，用一个带箭头的有向线段表示力的三要素。线段的长度表示力的大小，线段的方位及箭头的指向表示力的方向，线段的始端表示力的作用点。线段所在的直线称为力的作用线。在本书中，用黑体字 $\boldsymbol{F}$ 表示力矢量，而用普通字母 F 表示力的大小。国际通用的力的计量单位是牛顿(N)或千牛(kN)。

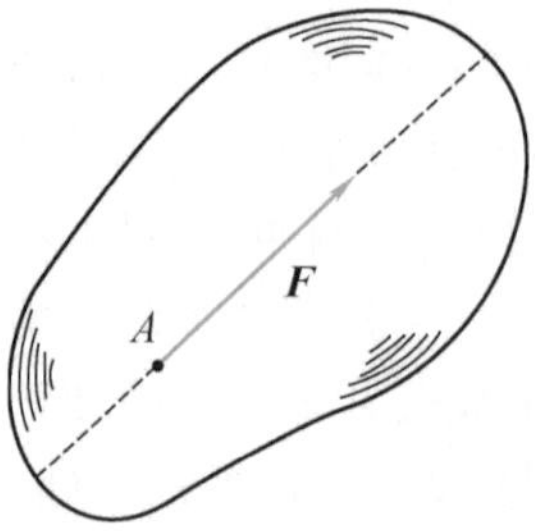

图 1－1

1.2　静力学公理

静力学的理论体系是在静力学公理的基础上建立起来的，静力学有以下五个公理。

公理 1　力的平行四边形法则

作用在物体上同一点的两个力，可以合成为一个合力。合力的作用点也在该点，合力的大小和方向由这两个力为边构成的平行四边形的对角线确定。或者说，合力矢等于两个分力矢的几何和，即

$$\boldsymbol{F}_{R}=\boldsymbol{F}_{1}+\boldsymbol{F}_{2}$$

这个公理给出了最简单力系合成或分解的方法。

公理 2　二力平衡条件

作用在刚体上的两个力，使刚体保持平衡的必要和充分条件：这两个力的大小相等，方向相反，且作用线在同一直线上。此公理只适用于刚体且是单个刚体，对于变形体而言，该公理给出的平衡条件只是必要条件，而不是充分条件。例如，绳子受两个拉力作用处于平衡，则两力一定等值、反向、共线；但当绳子受两个等值、反向、共线的压力作用时，显然不能平衡。

此公理给出最简单力系的平衡条件。

公理 3　加减平衡力系原理

在已知力系上加上或减去任意的平衡力系，并不改变原力系对刚体的作用效果。这个公理是研究力系等效替换的重要依据。

根据上述公理可以导出下列推论：

推理 1　力的可传性

作用于刚体上某点的力，可以沿其作用线移动到刚体内任意一点，并不改变该力对刚体的作用效果。

证明　设力 $\boldsymbol{F}$ 作用在刚体上的点 A，如图 1-2(a)所示。根据加减平衡力系原理，可在力的作用线的延长线上任取一点 B，并加上两个相互平衡的力 $\boldsymbol{F}_1$ 和 $\boldsymbol{F}_2$，且取 $\boldsymbol{F}=\boldsymbol{F}_2=-\boldsymbol{F}_1$，如图 1-2(b)所示。由于力 $\boldsymbol{F}$ 和 $\boldsymbol{F}_1$ 也是一对平衡力系，由公理 3，可以去掉这对平衡力系。这样，刚体上只剩下力 $\boldsymbol{F}_2$，如图 1-2(c)所示，由于 $\boldsymbol{F}_2=\boldsymbol{F}$，相当于将原来的力 $\boldsymbol{F}$ 沿其作用线移动到了点 B。

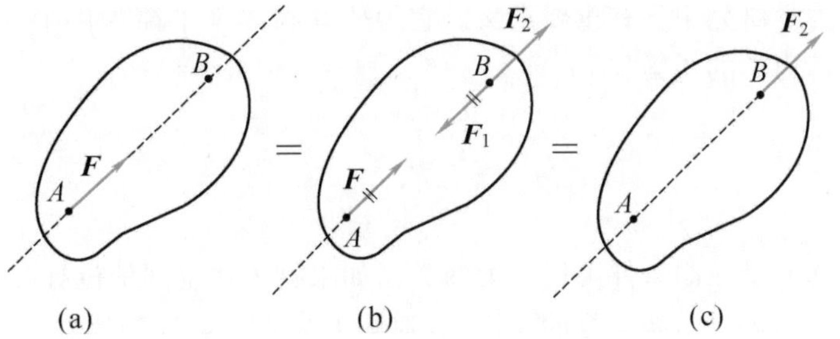

图 1-2

根据力的可传性，对于刚体来说，力的作用点可用力的作用线代替。因此，作用于刚体上的力可以沿其作用线滑移，这种矢量称为滑移矢量。

推理 2　三力平衡汇交定理

作用于刚体上三个相互平衡的力，若其中两个力的作用线汇交于一点，则此三力必在同一平面内，且第三个力的作用线必通过汇交点。

证明　如图 1-3 所示，在刚体的 A、B、C 三点上，分别作用三个相互平衡的力 $\boldsymbol{F}_1$、$\boldsymbol{F}_2$、$\boldsymbol{F}_3$。根据力的可传性，将力 $\boldsymbol{F}_1$ 和 $\boldsymbol{F}_2$ 沿其作用线滑移到汇交点 O，根据力的平行四边形法则得过 O 点的合力 $\boldsymbol{F}_{12}$。刚体在 $\boldsymbol{F}_3$ 和 $\boldsymbol{F}_{12}$ 的作用下处于平衡，故有 $\boldsymbol{F}_3$ 和 $\boldsymbol{F}_{12}$ 必等值、反向、共线，所以力 $\boldsymbol{F}_3$ 必定与力 $\boldsymbol{F}_1$ 和 $\boldsymbol{F}_2$ 共面，且通过力 $\boldsymbol{F}_1$ 和 $\boldsymbol{F}_2$ 的交点。

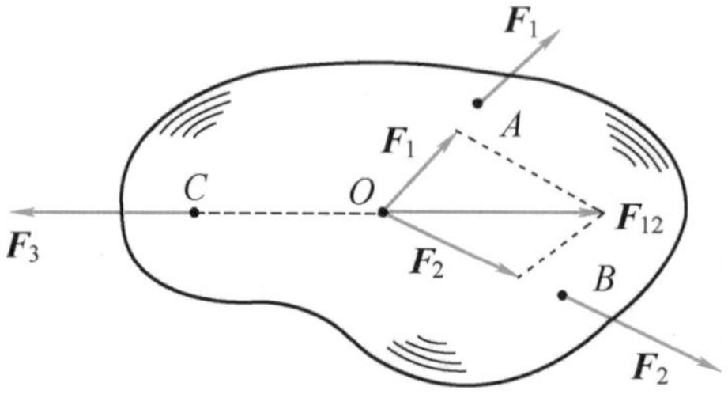

图 1-3

读者思考　该定理提供的是刚体受三力作用处于平衡时三力作用线间的位置关系，是否涉及三力大小之间的关系？

公理 4　作用力与反作用力定律

两个物体间的相互作用力总是大小相等、方向相反，沿着同一直线，分别作用在两个物体上。这个公理阐明了物体间相互作用的关系，表明作用力和反作用力总是成对出现的。无论物体处于平衡状态还是运动状态，此公理都普遍适用。由于作用力与反作用力分别作用在两个物体上，所以不能将其视作平衡力系。

公理 5　刚化原理

变形体在某一力系作用下处于平衡，若将此变形体视为刚体，其平衡状态保持不变。此公理表明，处于平衡状态的变形体，完全可以视为刚体来研究，该公理为进一步研究变形体的平衡问题提供了依据。应当注意，刚体的平衡条件是变形体平衡的必要条件，而非充要条件。例如，绳子在等值、反向、共线的两个拉力作用下处于平衡，如将绳子刚化为刚体，其平衡状态保持不变。反之就不一定成立，如在两个等值、反向、共线的压力作用下刚体能处于平衡，而绳子就不能平衡。

这一公理在力学研究中具有重要意义。它为研究物体系平衡提供了基础，也是刚体静力学过渡到变形体静力学的桥梁。

1.3　约束和约束力

物体按照运动所受限制条件可以分为两类。如果物体在空间的位移（或运动）不受任何限制，则这些物体称为自由体，如飞行的飞机、炮弹和火箭等。如果物体在空间的位移（或运动）受到周围物体对它的一定的限制，使其沿某些方向的运动成为不可能，则这些物体称为非自由体。例如，火车车轮受铁轨限制，只能沿铁轨运动；活塞受气缸壁的限制，只能在气缸中做往复运动。对非自由体的某些位移起限制作用的周围物体称为该非自由体的约束。例如，铁轨是火车车轮的约束，气缸壁是活塞的约束。

受约束物体所受力可分为两类：一类力主动使物体产生运动或使物体有运动趋势，称为主动力，如重力、牵引力、风力等。主动力一般是已知的，又称为荷载，它是设计计算的基础数据。另一类力是约束作用于物体的力，称为约束力。当物体沿着约束所能阻碍的运动方向有运动趋势时，约束对它就有改变其运动状态的作用。约束力的方向总是与约束所能阻碍的物体位移的方向相反，这是确定约束力方向的准则。约束力的作用点是受约束物体与约束的接触点，作用点有时做了等效简化。约束力的大小一般是未知的，求约束力是静力学重要的研究内容。

将工程实际中常见的约束抽象化，根据其特征可分为若干典型约束。下面介绍工程中常见的几种约束类型，并详细说明确定约束力方向(或方位)的方法。

1. 柔索约束

由柔性且不可伸长的物体构成的约束称为柔索约束，如绳索、胶带、链条、钢丝绳等。这类约束只能限制物体沿着柔索伸长的方向运动。因而，柔索约束的约束力只能是拉力，作用在连接点处，方向沿柔索背离被约束的物体。通常用 $\boldsymbol{F}$ 或 $\boldsymbol{F}_{\mathrm{T}}$ 表示这类约束力。例如，如图 1-4(a)所示灯绳对吊灯的约束为柔索约束，其简图如图 1－4(b)所示，其约束力如图 1－4(c)所示。如图 1－5(a)所示皮带轮传动装置中，皮带对带轮的约束为柔索约束，其约束力沿轮缘的切线方向，如图 1－5(b)所示。

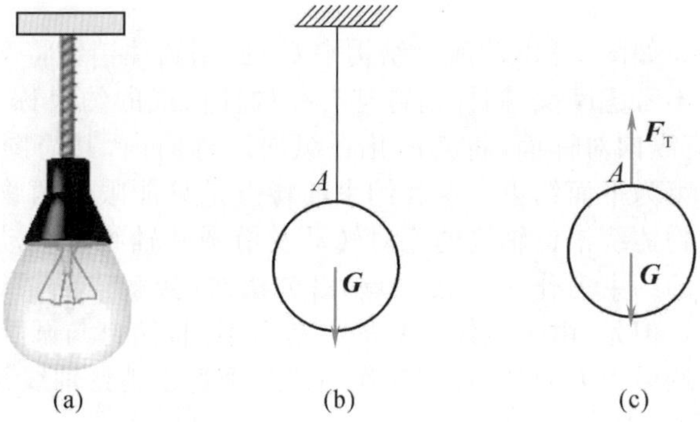

图 1－4

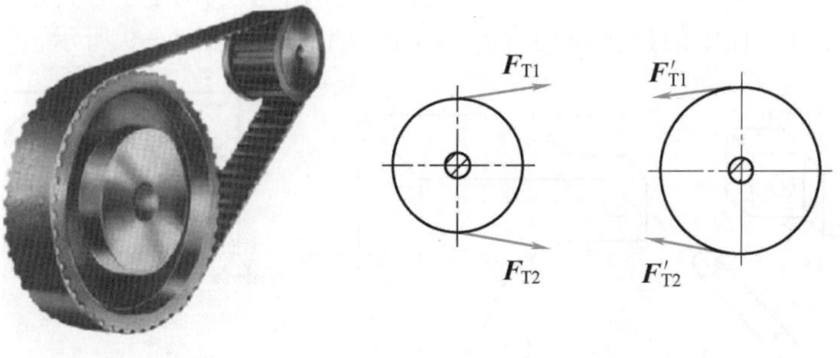

图 1－5

2. 光滑接触面约束

两个物体表面接触，不考虑接触处的摩擦，则构成光滑接触面约束。该约束不能限制物体沿接触面切向的位移，只能阻碍物体沿着接触面法线、趋向接触面法线方向的位移。因此，光滑接触面的约束力作用在接触点，方向沿着接触面在接触点的法线而指向被约束物体。通常用 $\boldsymbol{F}_{\mathrm{N}}$ 表示这类约束力。支持物体的固定面、齿轮啮合的齿面、机床的导轨等都属于这类约束。如图 1－6(a)所示冰面对冰壶的约束属于光滑接触面约束，其简图及约束力如图 1－6(b)所示。光滑支撑面给 AD 杆的约束力如图 1－7(a)所示，齿轮啮合的齿面给另一齿的约束力如图 1－7(b)所示。

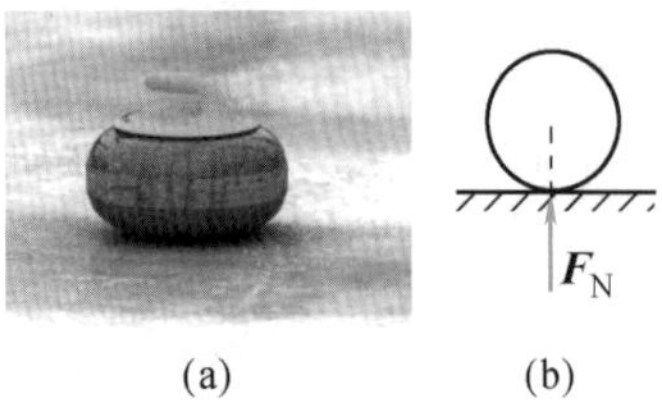

图 1－6

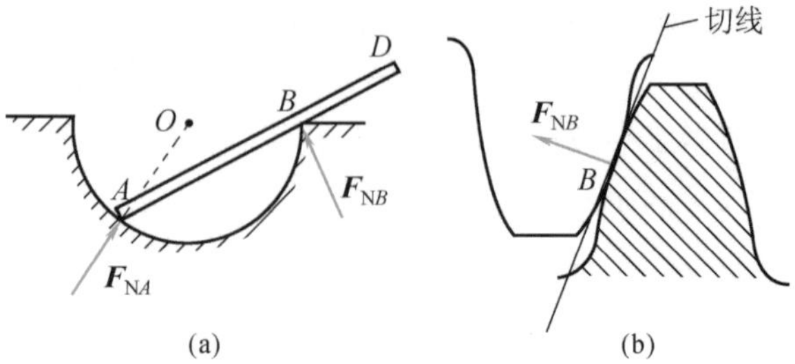

图 1－7

读者思考　两个物体表面相互接触，是否一定存在公法线或法线？如果不存在公法线，约束力的方位如何确定？

3. 光滑铰链约束

光滑铰链约束是工程结构和机器中连接构件或零部件的常见约束。这类约束有光滑圆柱铰链、光滑球铰链等。

(1)光滑圆柱铰链。如图 1－8(a)所示结构中 C 处，用圆柱销钉将两个钻有同样大小圆柱孔的构件连接起来，若不考虑摩擦，圆柱销钉与有孔构件构成的约束称为光滑圆柱铰链约束，简称铰链。该结构具有纵向对称面，将其简化在纵向对称面内，其简图如图 1－8(b)所示，C 处为铰链，所以铰链约束为平面约束。这类约束的特点是只能限制两物体沿过销钉中心的任意径向移动，不能限制物体绕销钉轴线的相对转动及沿圆柱轴线的移动。当销钉与圆柱孔光滑接触时，销钉对物体的约束力作用在接触点，沿公法线(接触点到销钉中心的连线)指向物体，且垂直于销钉轴线。但是，由于物体所受的主动力不同，销钉与圆柱孔的接触点的位置也随之不同。然而，无论约束力方向如何，它的作用线必垂直于销钉轴线并通过销钉中心。通常可用通过销钉中心的两个大小未知的正交分力 $\boldsymbol{F}_{Cx}$、$\boldsymbol{F}_{Cy}$ 和 $\boldsymbol{F}'_{Cx}$、$\boldsymbol{F}'_{Cy}$ 来表示，如图 1－8(c)所示。其中 $\boldsymbol{F}_{Cx}=-\boldsymbol{F}'_{Cx}$，$\boldsymbol{F}_{Cy}=-\boldsymbol{F}'_{Cy}$，表明它们互为作用与反作用力的关系。例如，门窗合页是典型的圆柱铰链，工程中的挖掘机中含有多个圆柱铰链，如图 1－9 所示。

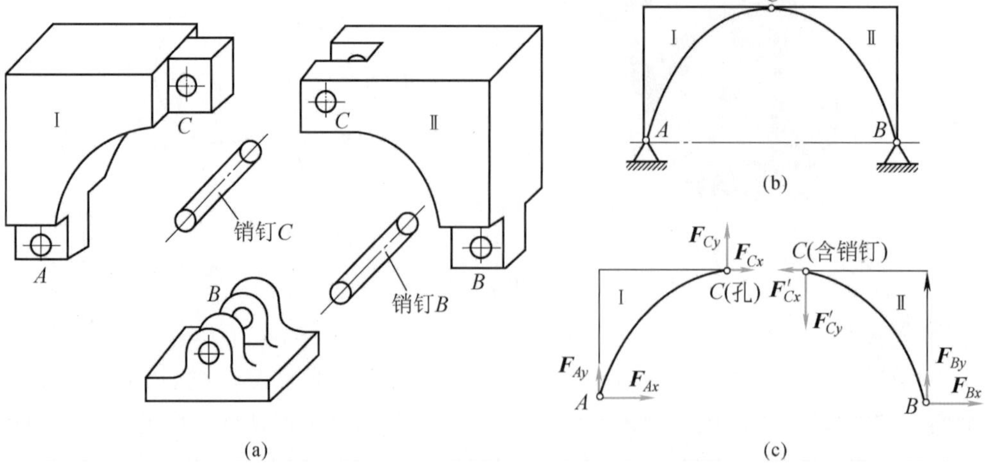

图 1－8

(a)　(b)

图 1-9

如果铰链连接中有一个物体固定在地面或机架上，则这种约束称为固定铰链支座，简称固定铰支座，如图 1-10(a)所示，其简图如图 1-10(b)所示。固定铰支座的约束力也是通过销钉中心的一个力，一般情况下，用位于销钉径向平面且过销钉中心的两个大小未知的正交分力表示，如图 1-10(b)所示。图 1-8(b)中 A、B 处均为固定铰支座。

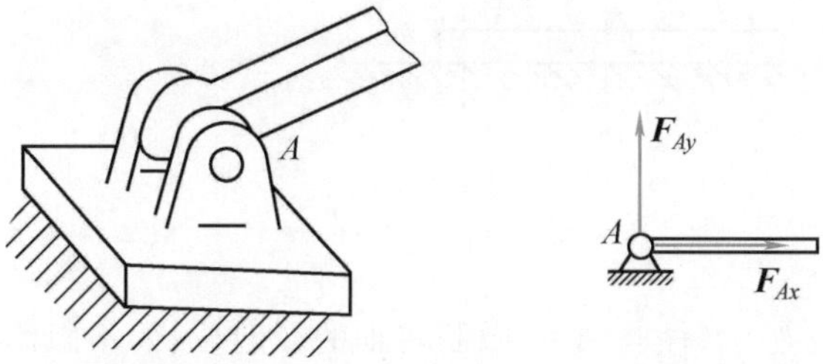

(a)　(b)

图 1-10

固定铰链支座与光滑支撑面之间安装几个锟轴(滚柱)而构成的约束，称为滚动铰支座或滑动铰支座，也称为锟轴支座，如图 1-11(a)所示，其简图如图 1-11(b)所示。这类约束不能限制物体在光滑支撑面(二维平面)内的运动，只能限制物体沿支撑面法线方向的位移。滚动铰链支座约束的约束力必垂直于支撑面，且通过铰链中心，通常用 $\boldsymbol{F}_{\mathrm{N}}$ 表示，如图 1-11(c)所示。

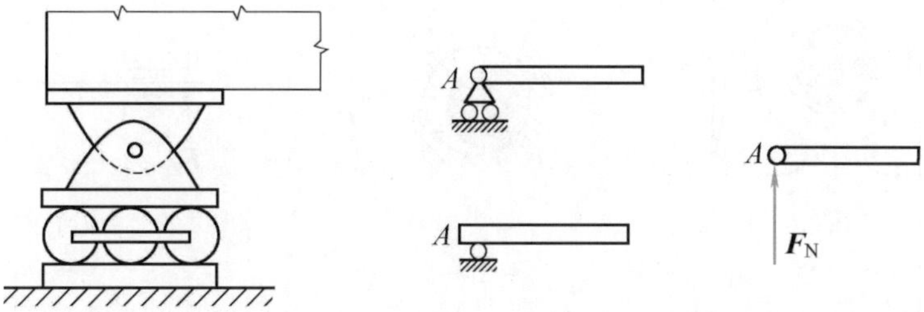

(a)　(b)　(c)

图 1-11

两端用光滑销钉与其他物体相连接，中间不受力的直杆构成的约束，称为连杆约束。连杆不能阻止物体转动，也不能阻止物体沿切线方向的运动，只能阻止连接点沿连杆中心线趋向和离开连杆的运动。图 1-12 所示为连杆结构的简图及受力图。

(a)　(b)

图 1-12

(2)光滑球铰链。两构件通过球壳和圆球连接在一起,若不考虑摩擦,则该约束称为光滑球铰链,简称球铰链。如图 1-13(a)所示,它使构件的球心不能有任何的位移,但构件可绕球心任意转动。若忽略摩擦,其约束力必通过接触点与球心,由于接触点位置随载荷而变化,故约束力的方向不能预先确定。因此,通常球铰链的约束力画在球心,用三个大小未知的正交分力 $\boldsymbol{F}_{Ax}$、$\boldsymbol{F}_{Ay}$、$\boldsymbol{F}_{Az}$ 表示,下标 A 表示是铰链 A 的约束力。其简图及约束力如图 1-13(b)所示。

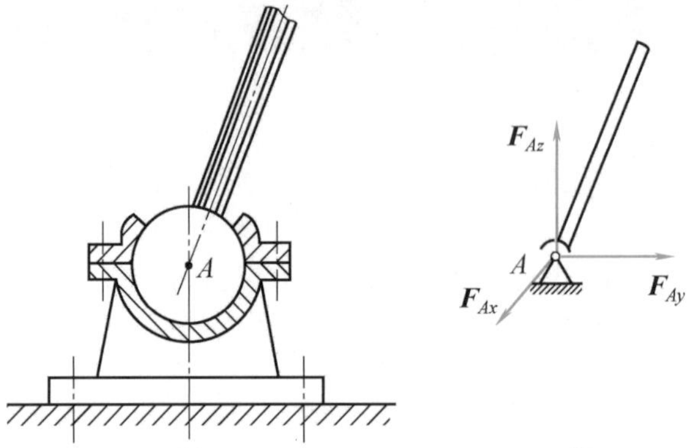

图 1-13

4. 轴承约束

(1)向心轴承。向心轴承(径向轴承)限制转轴的径向位移,不限制轴的轴线位移,只能绕轴转动。如图 1-14(a)所示为轴承装置,其简图如图 1-14(b)、图 1-14 (c)所示。向心轴承与铰链具有同样的约束性质,即约束力的作用线不能预先确定,但约束力垂直于轴线并通过轴心,故可用两个大小未知的正交分力表示,如图 1-14(b)或图 1-14 (c)所示,$\boldsymbol{F}_{Ax}$、$\boldsymbol{F}_{Ay}$ 的指向可任意假定。

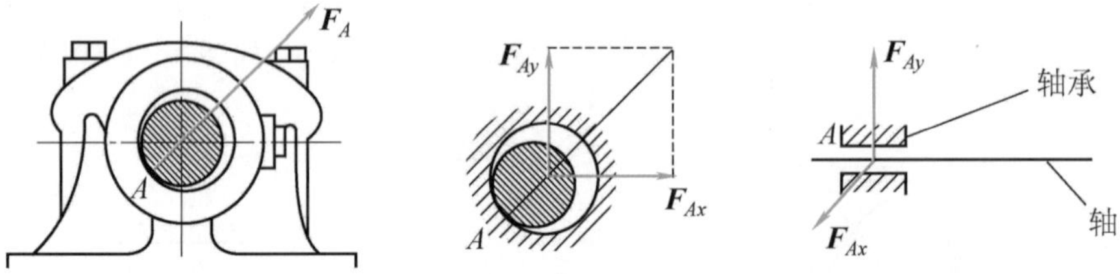

图 1-14

(2)止推轴承。止推轴承用于限制转轴的径向位移和轴向位移,不限制绕轴转动。如图 1-15(a)所示,竖直放置的轴只能绕着自身的轴线发生转动,水平面内的移动和竖直方向的移动均被限制。其简图如图 1-15(b)所示。这类约束相当于径向轴承加上一个轴向约束。因此,该约束除了在轴径向平面内的一对正交约束力外,还提供一个沿轴向的约束力。

以上只介绍了几种常见约束,在工程实际中约束的形式各种各样。在解决实际问题时,需了解实际约束的构造,分析实际约束的性质,从而进行简化处理。

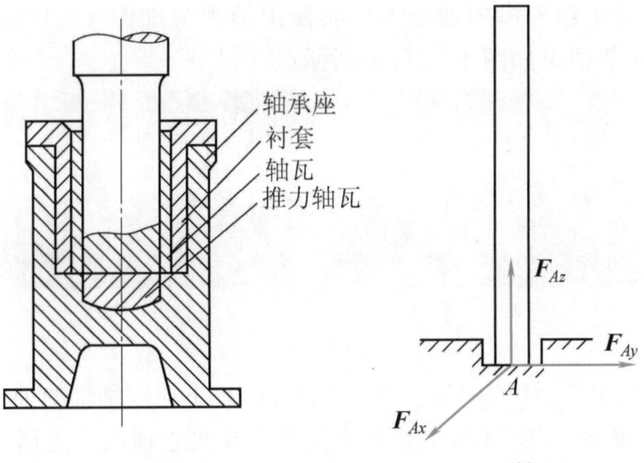

图 1-15

约束的工程实例

知识拓展

(1)图 1-16(a)为古代的木门。古代的木门是中国传统建筑文化的重要组成部分,其中底部止推轴承的设计体现了古代工匠的智慧。

(2)图 1-16(b)为太原南中环高架桥结构,该桥上的连杆约束设计虽然简单,但是非常实用,不仅确保了桥梁在不同环境和使用条件下的安全性,也体现了力学之美。

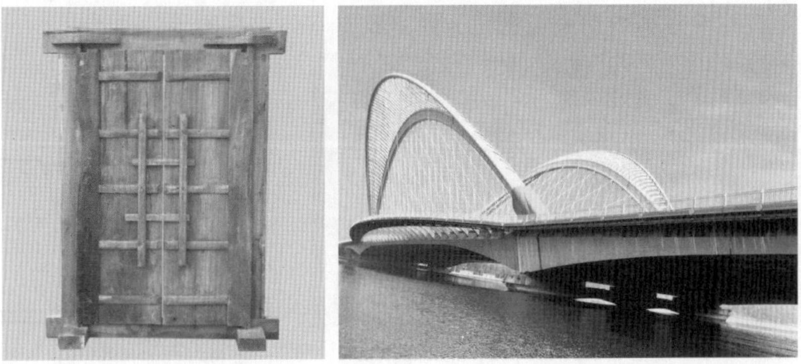
(a)　　(b)

图 1-16

1.4　力学计算简图的绘制

理论力学中的力学模型主要包括构件模型、载荷模型、约束模型。实际物体形状多种多样,构成物体的零部件称为构件,按其几何特征可分为线框、杆件、板件、壳件、块体。在绘制力学计算简图时,用简单的几何形状代替实际构件,从而得到构件模型。载荷模型包括集中载荷、分布载荷。约束模型的建立一方面需要熟练掌握工程中常见的约束类型,另一方面需要根据约束的构造与特点对实际约束进行简化处理。下面主要介绍实际约束的简化和力学计算简图的绘制。

1. 实际约束的简化

例 1-1　试分析车床顶尖对工件的约束。

车床上加工较长或工序较多的轴类工件时使用的顶尖如图 1 - 17(a)所示。左侧为死顶尖,右侧为活顶尖。安装情况如图 1 - 17(b)所示。

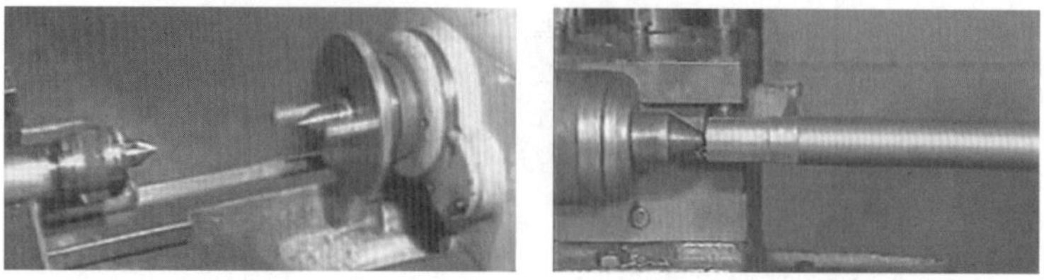

(a) (b)

图 1 - 17

顶尖对轴有约束作用。活顶尖不能限制轴的转动,也不能限制轴的轴向移动,但能限制轴的径向移动,忽略接触处摩擦,可将其简化为滑动铰支座或向心轴承。死顶尖不能限制轴的转动,能限制轴的径向、轴向移动,忽略接触处摩擦,可简化为光滑球铰链约束或止推轴承。

例 1 - 2 试分析杯口对钢筋混凝土柱基础的约束。

现浇钢筋混凝土杯形基础是混凝土独立基础上部开一个杯形口,用于预制柱子的安装。预制钢筋混凝土柱子插入杯口并经校正后,在柱子与杯口之间的四周空隙内,用细石混凝土浇捣密实,有些工程填以沥青麻丝。这种基础多用于预制排架结构的工业厂房和各种单层结构的厂房和支架。如图 1 - 18(a)所示为实际的杯口基础,图 1 - 18(b)所示为简化后的填料情况。杯口可以阻止柱脚向下和水平的移动,但细石混凝土填料或沥青麻丝不能阻止柱身作微小的转动,因此杯口对柱脚的约束可简化为固定铰支座或止推轴承。

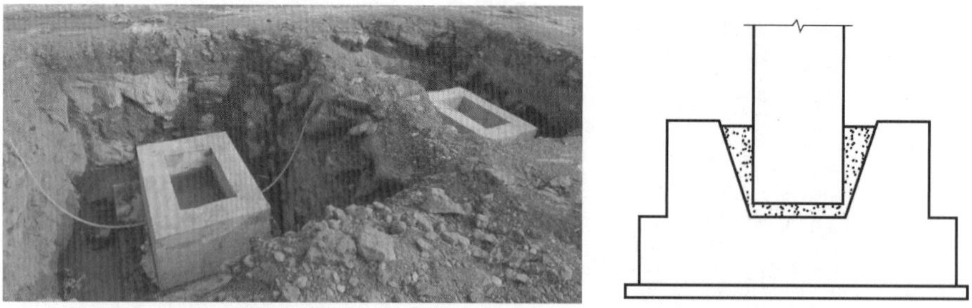

(a) (b)

图 1 - 18

2. 力学计算简图的绘制

选取计算简图的原则:能正确反映结构(或机构)的实际工作状态,且便于力学计算。

绘制力学计算简图主要分四个步骤,为了方便说明问题,以图 1 - 19 中油压汽车起重机为例来介绍力学计算简图的绘制。

(1)结构的简化:抓住本质,忽略次要的方面。将起重臂上的详细附属结构忽略,用直杆 AB 来代替;油压撑杆,上下部分横截面不相同,理论力学研究对象为刚体,不考虑变形,故不需要考虑截面形状,用直杆 CD 来表示;起吊重物的绳索用细线表示;起吊的重物用长方形表示。

(2)约束的简化:根据工程中常见的约束类型,将约束用相应的约束简化模型来代替。如图 1 - 19(b)中 A、C 和 D 处均为铰链约束。

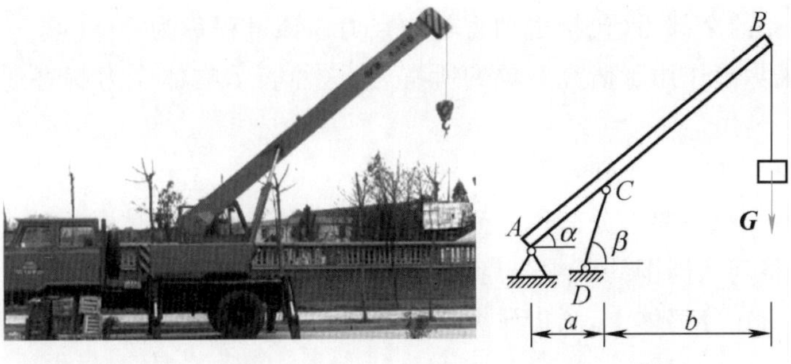

(a)　　(b)

图 1-19

(3)载荷的简化：挂起的重物的重量用其自重代替，表示为作用在其重心处的集中载荷。

(4)确定尺寸：标出计算所需要的尺寸，如图 1-19(b)中 a、b 及角度。

再以压路碾子为例，如图 1-20(a)所示。首先假设碾子材料均匀，不考虑碾子和障碍物的变形，将碾子和障碍物视作刚体；然后根据实际结构的对称性将三维问题转化为二维问题，同时忽略碾子上拉杆的结构，用直杆 CD 来代替，并将作用在此上的载荷简化为集中力；最后将不光滑圆柱简化为光滑圆柱，若不计各处摩擦，拉杆在 C 处与碾子之间的连接简化为光滑铰链约束，障碍物对碾子的阻碍作用简化为光滑接触面约束，标出计算所需的尺寸，如图 1-20(b)所示。

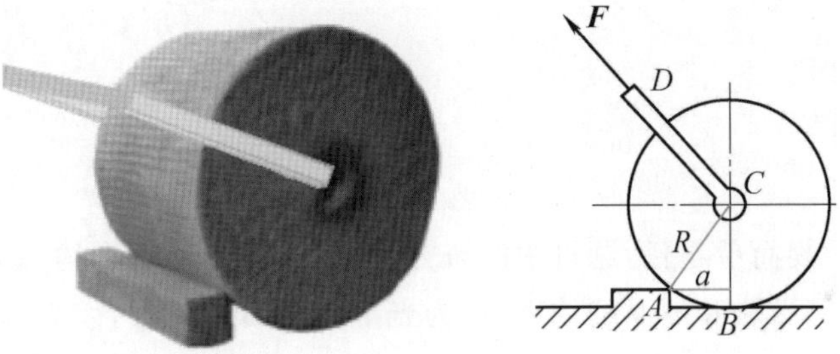

(a)　　(b)

图 1-20

绘制力学计算简图的关键是准确的力学模型表述。在理论力学学习过程中，一定要注重工程意识的培养，要做到"从工程中来，到工程中去"。"从工程中来"要求学习者要熟悉工程，并且是立足于力学的熟悉工程，能够从工程中提炼出力学模型，将工程实际模型落实为力学模型；"到工程中去"要求学习者能将力学模型应用到工程中去，再将力学模型落实为工程实际情况，进而指导工程实践。前者体现的是归纳，从多个案例抽象出一般的力学模型；后者讲求的是演绎，同一个理论可以应用于多种工程领域。

无论"从工程中来"还是"到工程中去"，力学计算简图都是非常重要的衔接力学抽象与工程实际的中间环节，在学习中要重点掌握工程实例形式与力学计算简图各要素之间的对应关系，只有这样才可能完成从工程到力学计算简图之间的相互转换，也只有完成这一转换才能将工程转换为力学计算简图，便于进行力学分析。

1.5　物体的受力分析　受力图

对物体进行受力分析时，将被研究的物体称为研究对象。将研究对象从周围的物体中分离出来,分析它所受的全部力(包括主动力与约束力),该过程称为物体的受力分析。在研究对象的分离体图上表示出作用于研究对象的所有力,这种表示物体受力状态的简明图形称为受力图。

画受力图主要包括两个步骤:

第一,选取研究对象,取出分离体。研究对象可以是某一个物体或物体系统。解除研究对象上所有的约束,将其从周围约束中分离出来,画出相应的简图,称为分离体图。

第二,画受力。在分离体上,画出研究对象受到的所有的力,包括主动力和约束力,并标明各力的符号。

下面举例说明画受力图的方法和步骤。

例 1-3 用力 $\boldsymbol{F}$ 拉动碾子以压平路面,重为 $\boldsymbol{G}$ 的碾子受到一石块的阻碍,如图 1-21(a)所示。不计摩擦,试画出碾子的受力图。

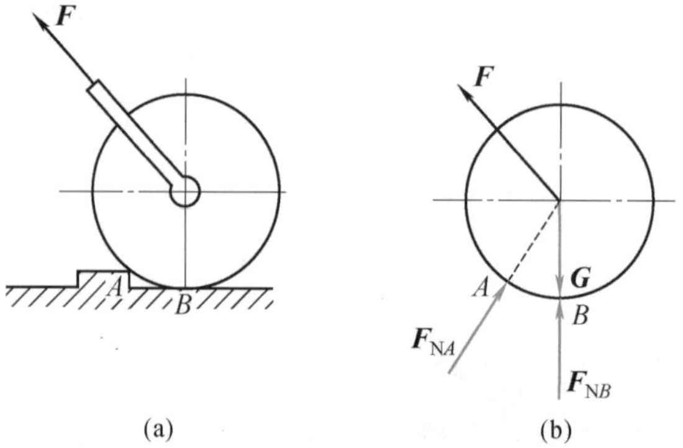

图 1-21

分析 本例为常规简单题目,题目中的研究对象、所受主动力和约束力很容易确定,因碾子在 A 和 B 两处受到石块和地面的约束,均为光滑接触面约束,约束力垂直于接触面或者接触点的切线,指向圆心。

解 (1)选取研究对象。取碾子为研究对象(分离体),并画其简图。

(2)画主动力。主动力包括碾子的重力 $\boldsymbol{G}$ 和碾子中心所受的拉力 $\boldsymbol{F}$ 。

(3)画约束力。碾子在 A 处受到石块的法向力 $\boldsymbol{F}_{NA}$ 的作用,在 B 处受地面的法向力 $\boldsymbol{F}_{NB}$ 的作用。碾子的受力图如图 1-21(b)所示。

例 1-4 如图 1-22(a)所示的三铰拱桥,由左、右两拱铰接而成。设各拱自重及各处摩擦不计,在拱 AC 上作用有载荷 $\boldsymbol{P}$ 。试分别画出拱 AC 和 CB 的受力图。

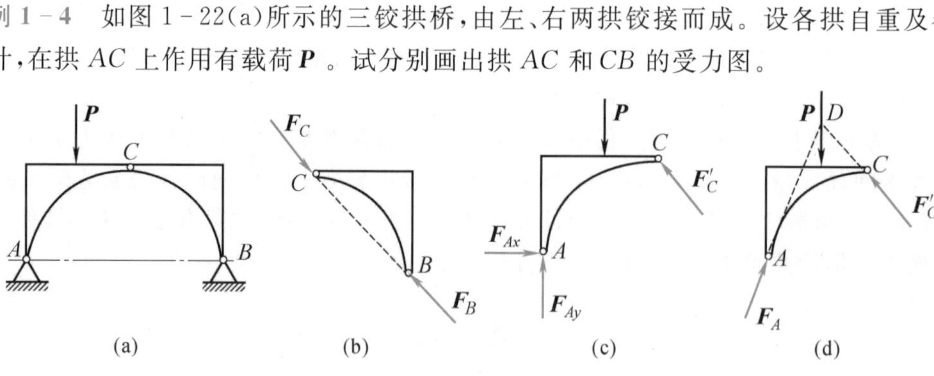

图 1-22

分析 (1)本例中 BC 不计自重,只在两处受到约束处于平衡,称其为二力构件。二力构件在工程上经常遇到，因此，首先介绍二力构件的概念和特点。

二力构件是指在两个力作用下保持平衡的构件，如果构件的形状为杆件，则称其为二力杆。二力构件满足以下三个特点：

①构件不计自重；

②构件不受任何主动力作用；

③构件只在两处受到约束，且约束力的方向不确定。

满足上述特点的构件，无论形状如何，均为二力构件。二力构件所受的两个力必定沿两力作用点的连线，且等值、反向。

讨论　上例中如果力 $\boldsymbol{P}$ 作用在 C 处，CB 是否仍为二力构件？

力 $\boldsymbol{P}$ 作用在销钉 C 上，取 CB 为研究对象时，必须指明是否包含销钉 C。如果包含销钉 C，在 C 处受到力 $\boldsymbol{P}$ 的作用，根据二力构件的特点可以判断 CB 不是二力构件；如果不包含销钉 C，在 C 处除了销钉约束力没有受任何其他力的作用，根据二力构件的特点可以判断 CB 是二力构件。

(2)结构整体由两部分组成，由于有二力构件，故首先考虑二力构件 CB 的受力，其次考虑左拱 AC 的受力。拱 CB 只在铰链 C、B 受有两个约束力 $\boldsymbol{F}_C$ 和 $\boldsymbol{F}_B$ 的作用，根据二力平衡条件，这两个力必定等值、反向、共线。左拱 AC 在铰链 C 处受右拱 CB 给它的约束力 $\boldsymbol{F}'_C$ 的作用，且 $\boldsymbol{F}'_C=-\boldsymbol{F}_C$。由于左拱 AC 在 $\boldsymbol{P}$、$\boldsymbol{F}'_C$ 和 $\boldsymbol{F}_A$ 三个力作用下处于平衡，故可根据三力平衡汇交定理，确定铰链 A 处约束力 $\boldsymbol{F}_A$ 的方位。一般没有特殊要求时，A 处的约束力可用两个大小未知的正交分力 $\boldsymbol{F}_{Ax}$ 和 $\boldsymbol{F}_{Ay}$ 代替。

解　(1)取右拱 CB 为研究对象。右拱 CB 的受力图如图 1－22(b)所示。一般情况下，$\boldsymbol{F}_C$ 与 $\boldsymbol{F}_B$ 的方位可以确定，沿着两点的连线，方向不必预先判断，可假定。

(2)取左拱 AC 为研究对象。左拱 AC 的受力图如图 1－22(c)、(d)所示。根据公理 4，C 铰链处的约束力应与 BC 中 C 铰链处的约束力满足作用力与反作用力定律，注意两个力作用线保持平行且反向，表示为 $\boldsymbol{F}'_C$，其中图 1－22(d)应用了三力平衡汇交定理，$\boldsymbol{F}_A$ 的指向可假定。

例 1－5　如图 1－23(a)所示，平面构架的两杆 AC、BC 在 C 处铰接，又在 D、E 两点用水平绳子连接。A 为固定铰支座，B 为滚动支座。在杆 BC 的 H 点作用一铅直载荷 $\boldsymbol{F}$。若两杆自重及各处摩擦不计，试分别画出绳子 DE 和杆 AC、BC 及整个系统的受力图。

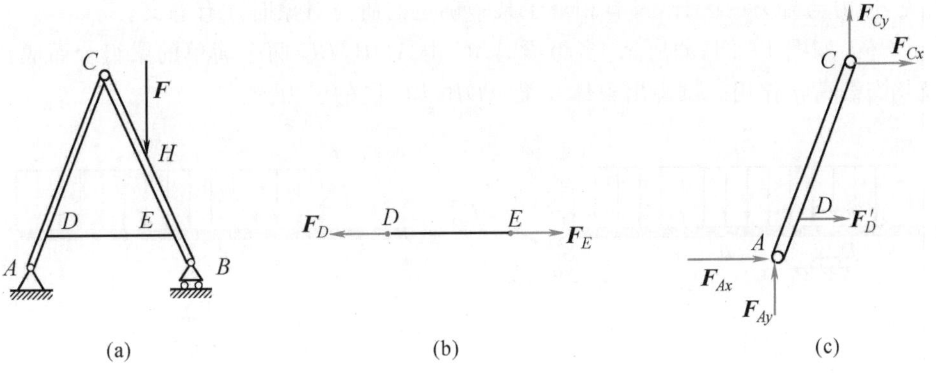

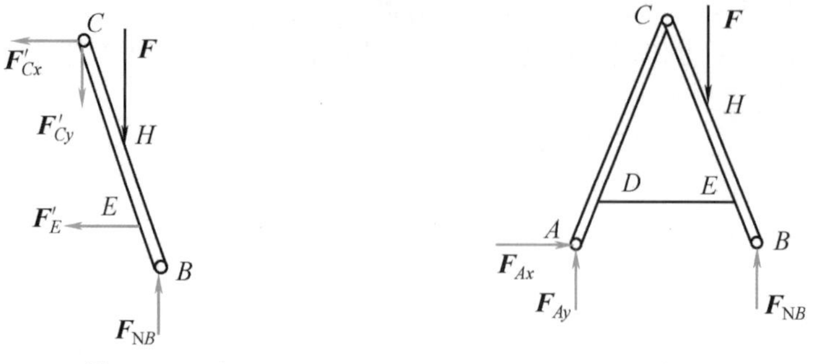

(d)　　　　(e)

图 1-23

分析　本题目由绳子 DE、杆 AC 和杆 BC 三部分组成，绳子为柔性约束，可以直接确定约束力方向。杆 AC 在铰链 C 处受到 BC 部分给它的约束力 $\boldsymbol{F}_{Cx}$ 和 $\boldsymbol{F}_{Cy}$，在 D 点受绳子给它的拉力 $\boldsymbol{F}'_D$ 的作用，$\boldsymbol{F}'_D$ 是 $\boldsymbol{F}_D$ 的反作用力。因 A 处为固定铰支座，其约束力可用两个大小未知的正交分力 $\boldsymbol{F}_{Ax}$ 和 $\boldsymbol{F}_{Ay}$ 表示。杆件 BC 在 H 处受载荷 $\boldsymbol{F}$ 的作用，在铰链 C 处受杆 AC 给它的约束力 $\boldsymbol{F}'_{Cx}$和 $\boldsymbol{F}'_{Cy}$，$\boldsymbol{F}'_{Cx}$和 $\boldsymbol{F}'_{Cy}$分别是 $\boldsymbol{F}_{Cx}$ 和 $\boldsymbol{F}_{Cy}$ 的反作用力，在点 E 处受绳子拉力 $\boldsymbol{F}'_E$，$\boldsymbol{F}'_E$ 是 $\boldsymbol{F}_E$ 的反作用力。B 处为滚动支座，约束力铅直向上，用 $\boldsymbol{F}_{NB}$ 表示。

取整个系统为研究对象时，可把平衡的整个系统刚化为刚体。由于铰链 C 处所受的力满足 $\boldsymbol{F}_{Cx}=-\boldsymbol{F}'_{Cx}$，$\boldsymbol{F}_{Cy}=-\boldsymbol{F}'_{Cy}$；绳子与平面构架连接点 D 和 E 所受的力也应该分别满足 $\boldsymbol{F}_D=-\boldsymbol{F}'_D$，$\boldsymbol{F}_E=-\boldsymbol{F}'_E$，这些力都成对地作用在整个系统内，称为内力。内力对系统的作用效应相互抵消，故内力在系统的受力图上不必画出。在受力图上只需画出系统以外的物体给系统的作用力，这种力称为外力。这里载荷 $\boldsymbol{F}$、约束力 $\boldsymbol{F}_{Ax}$ 和 $\boldsymbol{F}_{Ay}$ 及 $\boldsymbol{F}_{NB}$ 都是作用于整个系统的外力。

解　(1)取绳子 DE 为研究对象。绳子 DE 的受力图如图 1-23(b)所示。

(2)取杆 AC 为研究对象。杆 AC 的受力图如图 1-23(c)所示。

(3)取杆 BC 为研究对象。杆 BC 的受力图如图 1-23(d)所示。

(4)取整个系统为研究对象。整个系统的受力图如图 1-23(e)所示。

注意　应当指出，内力与外力的区分不是绝对的。例如，当把平面构架的杆 AC 部分作为研究对象时，$\boldsymbol{F}_{Cx}$、$\boldsymbol{F}_{Cy}$ 和 $\boldsymbol{F}'_D$ 均属外力，但取整个系统为研究对象时，$\boldsymbol{F}_{Cx}$、$\boldsymbol{F}_{Cy}$ 和 $\boldsymbol{F}'_D$ 又成为内力。可见，内力与外力的区分，只有相对于某一确定的研究对象时才有意义。

例 1-6　如图 1-24(a)所示，多跨梁 ABC 由 ADB、BC 两个简单的梁组合而成，受集中力 $\boldsymbol{F}$ 及均布载荷 q 作用。试画出整体及梁 ADB、BC 段的受力图。

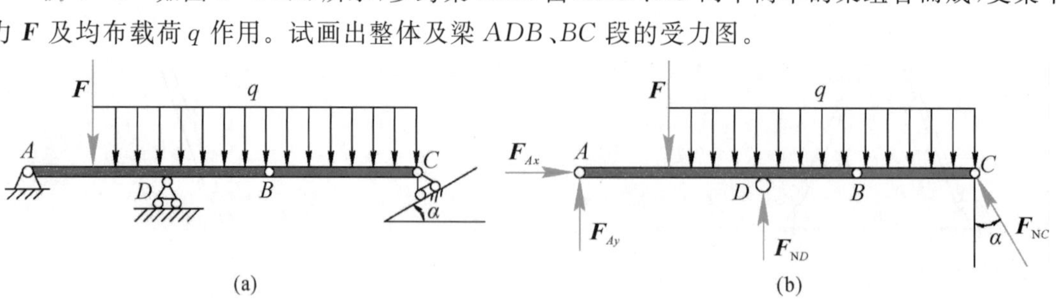

(a)　　　　(b)

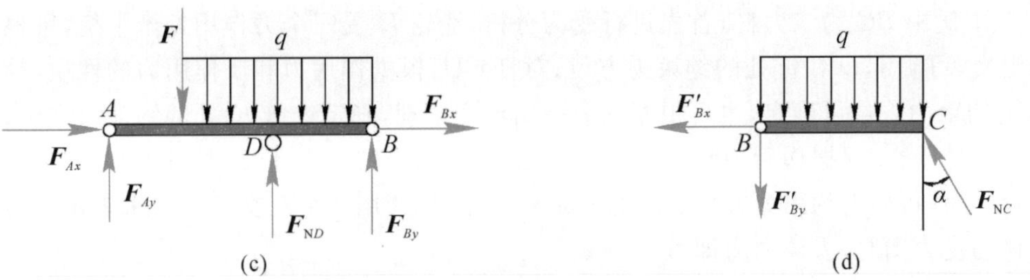

图 1－24

分析　此题中 A 处为固定铰支座约束，D、C 两处为滚动铰支座约束，如果取整体为研究对象，B 处约束属于内力，不需画出，但如果取 ADB、BC 为研究对象时，需要画出 B 处的约束力，同时注意 BC 段 B 处的约束力与 ADB 段 B 处的约束力是作用力与反作用力的关系。

解　(1)取整体的分离体，如图 1－24(b)所示。先画集中力 $\boldsymbol{F}$ 与分布载荷 q，再画约束力。A 处约束力分解为两个正交分量，D、C 两处的约束力分别与其支撑面垂直，B 处约束力为内力，不能画出。

(2)取 ADB 段的分离体如图 1－24(c)所示，先画集中力 $\boldsymbol{F}$ 及分布载荷 q，再画 A、D、B 三处的约束力 $\boldsymbol{F}_{Ax}$、$\boldsymbol{F}_{Ay}$、$\boldsymbol{F}_{ND}$、$\boldsymbol{F}_{Bx}$、$\boldsymbol{F}_{By}$。

(3)取 BC 段的分离体如图 1－24(d)所示。先画分布载荷 q，再画出 B、C 两处的约束力，而且有 $\boldsymbol{F}'_{Bx}=-\boldsymbol{F}_{Bx}$，$\boldsymbol{F}'_{By}=-\boldsymbol{F}_{By}$，它们属于作用力与反作用力的关系；$C$ 处的约束力 $\boldsymbol{F}_{NC}$ 与斜面垂直，画出其方向角 α。

例 1－7　如图 1－25(a)所示，各杆及滑轮自重不计，各接触处光滑，试画出杆 AB、杆 BC、杆 CD、滑轮及整体的受力图。

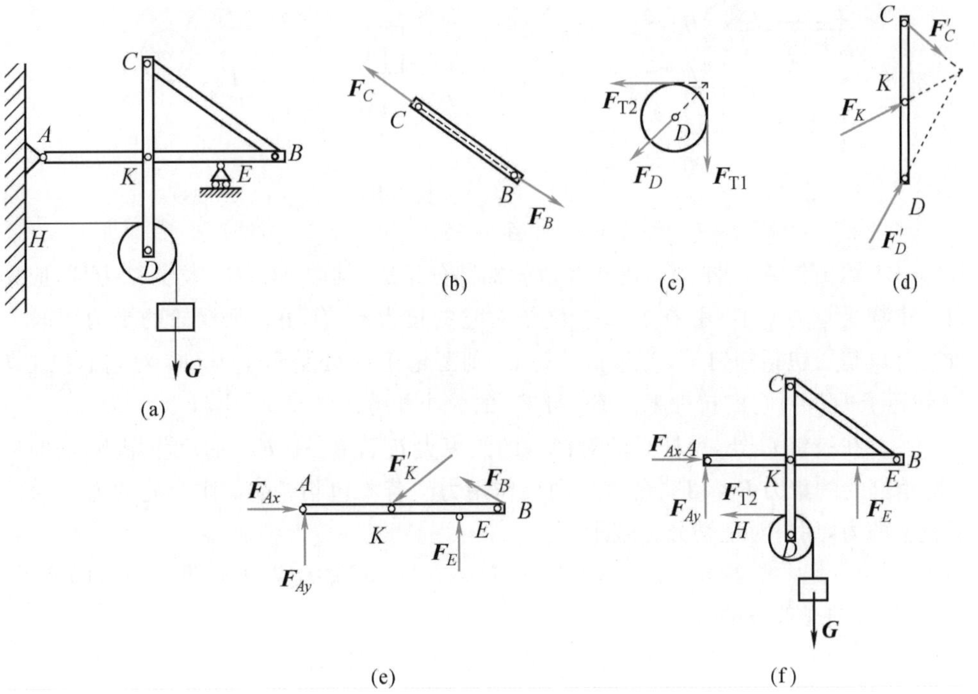

图 1－25

分析　本例中 BC 为二力杆，首先进行受力分析；滑轮 D 受三个力作用处于平衡，可根据三力平衡汇交，可确定 D 铰链处的约束力方位；对杆 CD，根据作用力和反作用力的性质，铰链 C 和 D 处的约束力方位可确定，也可根据三力平衡汇交定理，确定铰链 K 处的约束力方位；最后考虑杆 AB 的受力，根据作用力和反作用力的性质，可确定铰链 B 和 K 处的约束力方位，E 处为滑动铰支座，可确定约束力方位。A 为固定铰支座，只能用两个正交的分力来表示其约束力。画整体的受力图时，去掉内力即可。

解　(1)取杆 BC 为研究对象。杆 BC 的受力图如图 1-25(b)所示。

(2)取滑轮 D 为研究对象。滑轮 D 的受力图如图 1-25(c)所示。

(3)取杆 CD 为研究对象。杆 CD 的受力图如图 1-25(d)所示。

(4)取杆 AB 为研究对象。杆 AB 的受力图如图 1-25(e)所示。

(5)取整体为研究对象。整体的受力图如图 1-25(f)所示。

注意　整体受力图与部分受力图要一致。

读者思考　此题中销钉连接了杆 CD 和滑轮 D 两个物体，滑轮 D 的受力图中是否包含有销钉？包含或者不包含销钉，受力图是否有变化？

例 1-8　如图 1-26(a)所示，各杆及滑轮自重不计，各接触处光滑，试画出杆 AC、杆 BC、重物及滑轮的受力图。

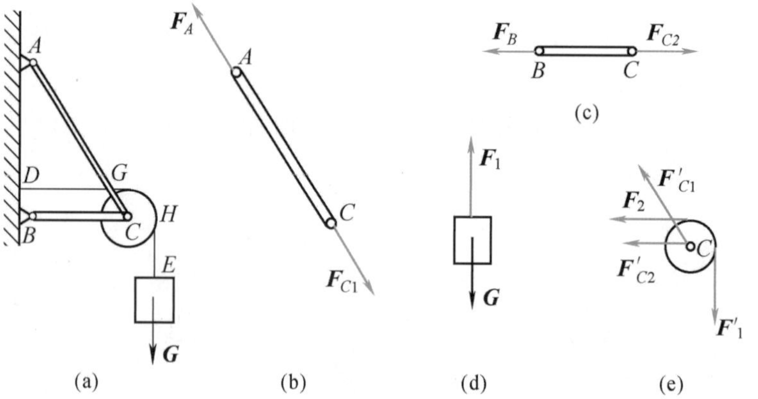

图 1-26

分析　本题由杆 AC、杆 BC、重物及滑轮四部分组成，其中 AC、BC 均为二力杆，应先分析其受力。重物受重力 $\boldsymbol{G}$ 作用，在点 E 受绳子对它的拉力 $\boldsymbol{F}_1$ 作用。画滑轮的受力图时一定要明确研究对象是否包括销钉 C，若包括销钉 C，则滑轮在 G 处受到绳子 DG 对它的拉力 $\boldsymbol{F}_2$，在 H 处受到绳子 HE 对它的拉力 $\boldsymbol{F}'_1$，$\boldsymbol{F}'_1$ 与 $\boldsymbol{F}_1$ 的大小相等。注意 $\boldsymbol{F}'_1$ 与 $\boldsymbol{F}_1$ 不是作用力与反作用力的关系。在铰链 C 处，受杆 AC 对销钉的约束力 $\boldsymbol{F}'_{C1}$，$\boldsymbol{F}'_{C1}$是 $\boldsymbol{F}_{C1}$ 的反作用力，同时还受到杆 BC 对销钉的约束力 $\boldsymbol{F}'_{C2}$，$\boldsymbol{F}'_{C2}$是 $\boldsymbol{F}_{C2}$ 的反作用力。若不包括销钉，则 C 处的力应为销钉作用在滑轮上的力，用一对正交分力表示。

解　(1)取杆 AC 为研究对象(不包括销钉 C)。杆 AC 的受力图如图 1-26(b)所示，其中 $\boldsymbol{F}_A$ 与 $\boldsymbol{F}_{C1}$ 的方向是假设的。

(2)取杆 BC 为研究对象(不包括销钉 C)。杆 BC 的受力图如图 1-26(c)所示。

(3)取重物为研究对象。重物的受力图如图 1-26(d)所示。

(4)取滑轮为研究对象(包括销钉 C)。滑轮的受力图如图 1-26(e)所示。

读者思考　例 1－8 与例 1－7 中销钉连接处有何不同？

正确画出物体的受力图，是分析解决力学问题的基础与关键。画受力图一般按照以下步骤进行：

(1)确定研究对象。根据题意确定研究对象，画出分离体图。

(2)在分离体图上画出主动力。

(3)在分离体图上正确画出约束力。应根据约束本身的性质来确定其约束力的方向(或方位)，不能主观臆测。对于每一个力，应明确它是哪个物体施加给研究对象的，不能凭空产生，同时，也不能漏画力。需要注意，结构中有二力构件和三力汇交平衡构件时，优先考虑其约束力方位。

较链的受力分析案例

(4)检查，尤其注意作用力与反作用力的关系。作用力的方向一经确定，则反作用力的方向应与之相反。当画某个系统的受力图时，由于内力成对出现，所以不必画出，只需画出全部外力，而且应注意部分受力图与整体受力图的一致性。

习　题

一、基础题

1. 说明下列式子的意义与区别：(1)$\boldsymbol{P}_1=\boldsymbol{P}_2$，(2)$P_1=P_2$，(3) 力 $\boldsymbol{P}_1$ 等效于力 $\boldsymbol{P}_2$。

2. 一刚体只受两力 $\boldsymbol{F}_1$、$\boldsymbol{F}_2$ 的作用，且 $\boldsymbol{F}_1+\boldsymbol{F}_2=\boldsymbol{0}$，则此刚体一定平衡吗？作用在刚体的三个力的作用线汇交于一点，则此刚体一定平衡吗？

3. 如图 1－27 所示，在分析固定铰支 A 处约束力时，可否将作用在 AC 上的力 $\boldsymbol{F}$ 沿其作用线滑移至 D 点？为什么？

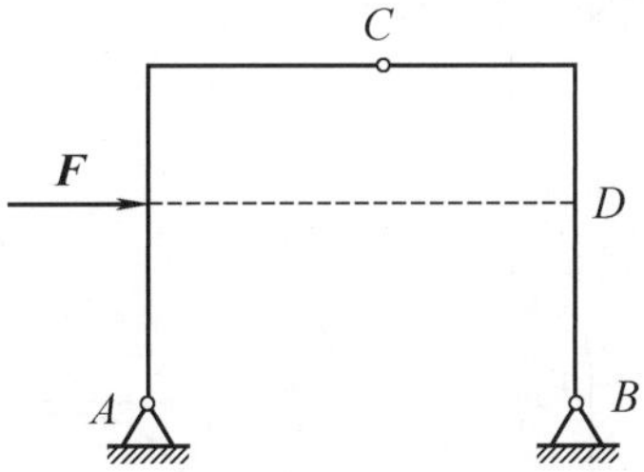

图 1－27

4. 画出图 1－28 中标注字符的各物体的受力图。未画重力的各物体的自重不计，所有接触处均为光滑接触。

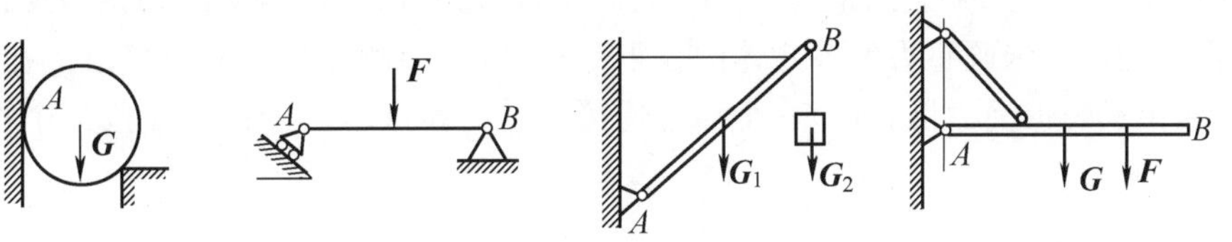

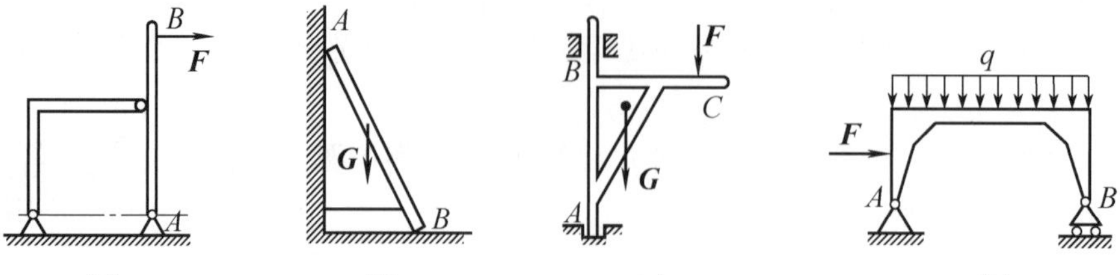

(e) (f) (g) (h)

图 1-28

二、提升题

1. 画出图 1-29 中每个标注字符的物体(不包含销钉与支座)的受力图与系统整体的受力图。题图中未画重力的各物体的自重不计,所有接触处均为光滑接触。

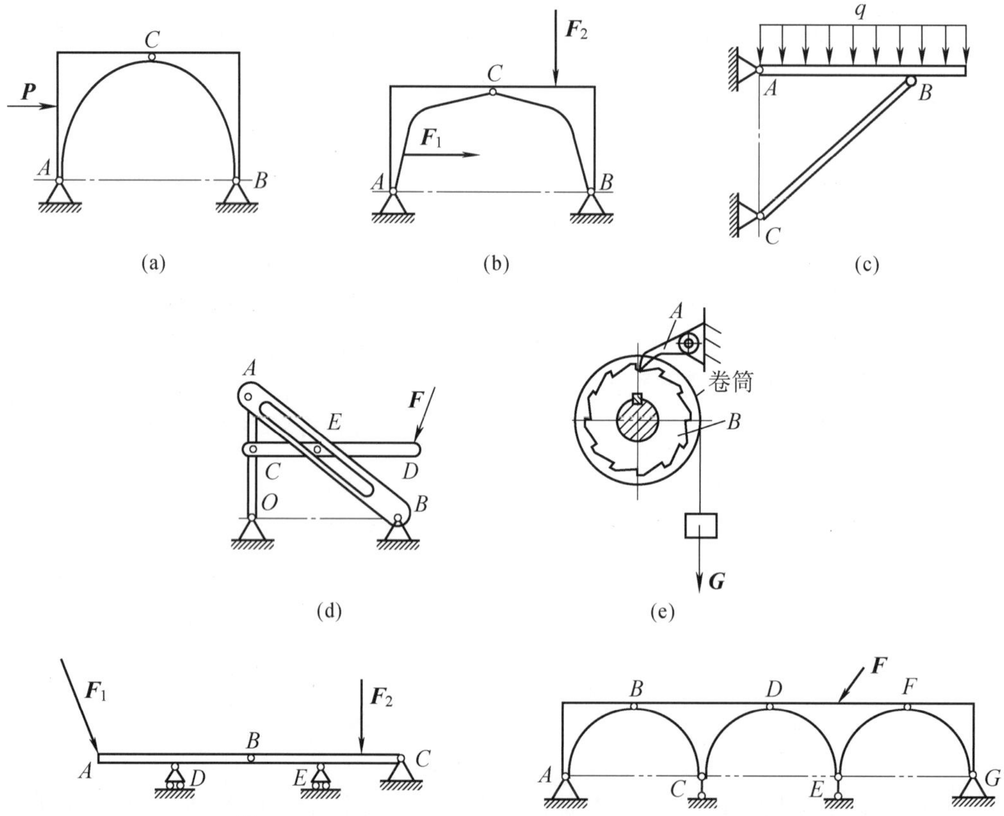

(a) (b) (c) (d) (e) (f) (g)

图 1-29

2. 画出图 1-30 下列每个标注字符的物体(不包含销钉、基础与支座)的受力图与系统整体的受力图。题图中未画重力的各物体的自重不计,所有接触处均为光滑接触。在下列两种情况下,请画出销钉的受力图。(1)一个销钉连接三个物体;(2)一个销钉连接三个物体,但销钉上有力作用时。

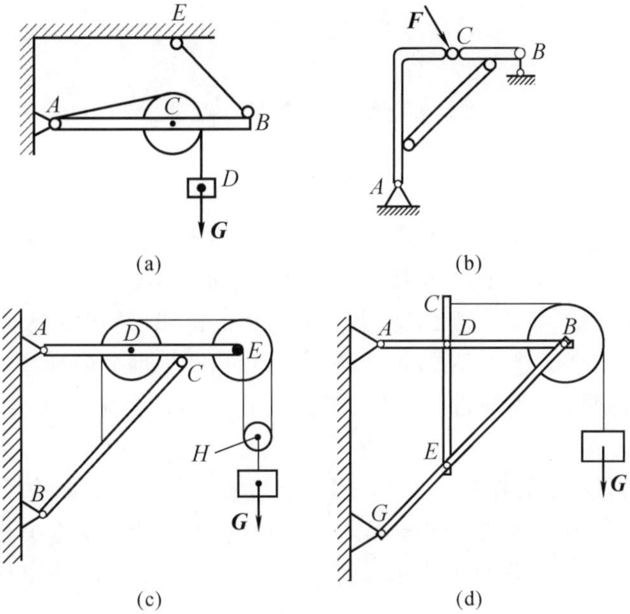

图 1 - 30

3. 请绘制如图 1 - 31 所示楼房主梁的力学模型。

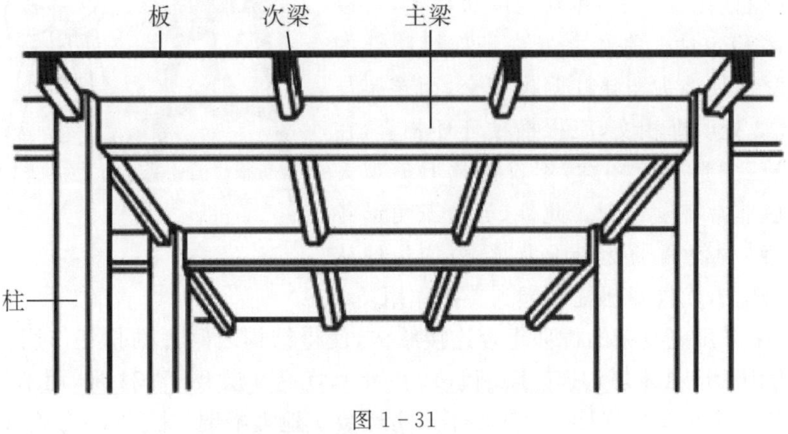

图 1 - 31

4. 请绘制如图 1 - 32 所示起吊钢包的力学模型。

图 1 - 32

拓展阅读

榫卯结构中的智慧

故宫没有一颗钉子，但却可以抵抗 10 级地震。应县木塔经千年四季变化、风霜侵袭和多达十几次的地震，至今屹立不倒，其全塔纯木结构、无钉无铆。其实，这都源于我国古代天人合一的千年技艺——榫卯结构，如图 1 所示。

图 1

何为榫？何为卯？据《集韵》记载，榫，剡木入窍也。榫卯，是在两个木构件上所采用的一种凹凸结合的连接方式，包括榫头和卯眼，凸出部分叫榫或榫头，凹进去部分叫卯或榫眼，是我国古代建筑、家具及其他木制器械的主要结构方式。

凸出的榫头和凹进去的榫眼通过凹凸扣合，便紧紧咬合在一起。为了保证接口不会在木头长期热胀冷缩的过程中松动，工匠们会从不同的角度、方位让一根木头和其他木头通过榫卯结构相连接，这样接口处木头涨缩的作用力就会相互抵消。此外，一些家具的外部造型设计还会进一步保证它在使用中的力学合理性。以如图 2 所示半叶梅花凳为例，凳面设计采用自然中的梅花叶瓣，三根腿柱明榫相接，从上到下由细变粗。三角形的腿柱在设计中，和其他形状相比，可以降低重心，提高稳定性。有趣之处在于连接腿部的三根横杖，每根横杖端头与腿柱明榫相交，而端尾与另一根横杖 2/3 处明榫相交，三根横杖环环相套，在腿部重心形成三角形支点图案，不仅视觉上美观大方，在力学上也非常科学合理。此外，等边三角形各内角 60°，这种结构使凳子受到压力时，力均匀地从腿柱分散到横杖上，横杖对腿柱又起到支撑作用。

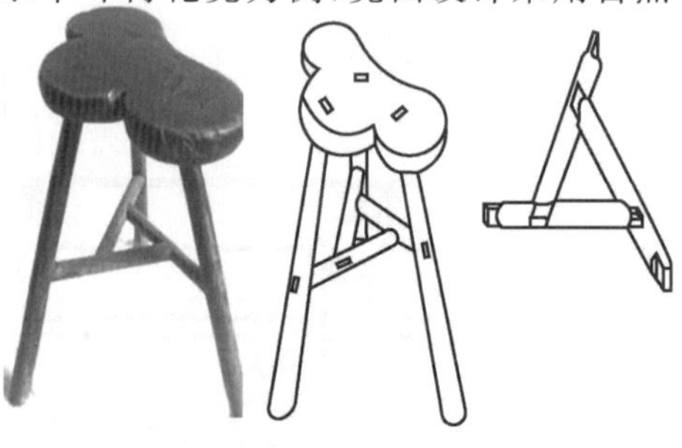

图 2

大型建筑中采用更复杂的榫卯组合连接结构，使得结构之间力的相互作用更为平衡与和谐。图 3(a)为山西应县木塔，其建于辽代(1056 年)，塔高 9 层共 67.31 米，用木材 7400 吨，没有用一根钉子，完全是榫卯连接。900 多年来历经数次地震不倒。图 3(b)为故宫博物院，其连

(a) (b)

图 3

接以榫卯结构为主。这些古建筑多采用地上立柱、柱上架梁枋，梁枋上建屋顶的结构，顶部重量由梁枋传到柱，再由柱传到地面，因此建筑中的墙壁只起到隔断作用而不承重。由于木结构各个构件之间的榫卯连接富有韧性，所以即便墙倒也能“屋不塌”。上海世博会中国馆——“东方之冠”，其设计中也使用了传统建筑斗拱榫卯连接结构。

榫卯连接的约束力如何？常见的榫卯连接中，榫肩为细长杆件结构，插入的榫舌可以有一定的进出活动位移，可以将图 4(a)中的直插榫卯连接为滑动铰链支座；图 4(b)中带有尾销的榫卯连接中，尾销限制了榫舌的进出位移，可简化为固定铰链支座。图 4 中横仗的两端都是直插榫卯连接，例如插入墙体的横梁结构，可简化为简支梁结构。对于其他复杂的榫卯连接，也可以根据约束的性质对其进行简化处理。

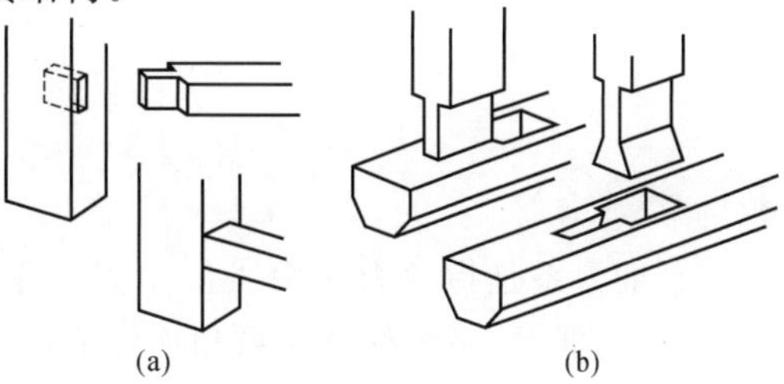
(a)　　(b)

图 4

第 2 章　平面力系

内容提要

平面力系是指各力作用线位于同一平面的力系，包括平面汇交力系、平面力偶系、平面任意力系和平面平行力系。本章介绍力的投影、力矩、力偶、主矢、主矩、静定问题和超静定问题等概念，讨论各种平面力系的简化与平衡问题，重点讨论物体系统平衡问题的求解方法。本章内容与研究方法既可直接应用于工程问题的求解，又是学习空间力系的基础。

本章知识导图

2.1　平面汇交力系合成与平衡的几何法

平面汇交力系是指各力的作用线都在同一平面内且汇交于一点的力系。

1. 平面汇交力系合成的几何法　力多边形法则

设刚体某平面 H 内作用一平面汇交力系 $\boldsymbol{F}_1$、$\boldsymbol{F}_2$、$\boldsymbol{F}_3$，各力作用线汇交于点 O，如图 2-1(a)所示。现在要求该力系的合力。

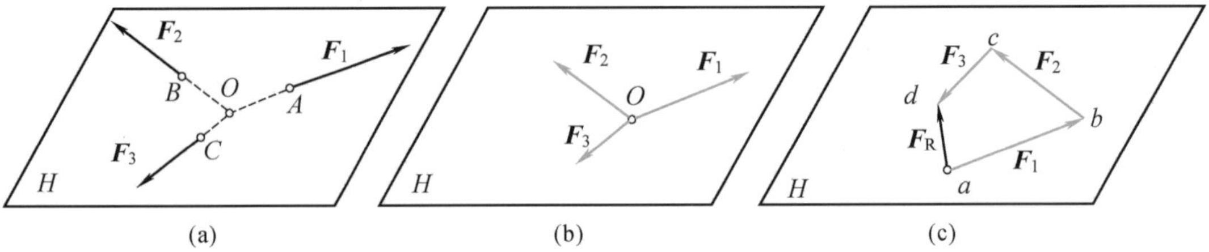

图 2-1

根据力的可传性，先将各力沿其作用线移至汇交点 O，如图 2-1(b) 所示。在平面内任取一点 a ，以 a 为起点画 $\boldsymbol{F}_1$ 矢量，在 $\boldsymbol{F}_1$ 矢量的终点画 $\boldsymbol{F}_2$ 矢量，在 $\boldsymbol{F}_2$ 矢量的终点画 $\boldsymbol{F}_3$ 矢量，得到有一缺口的多边形。连接第一个矢量 $\boldsymbol{F}_1$ 起点 a 与最后一个矢量 $\boldsymbol{F}_3$ 的终点 d，得到一封闭的多边形，封闭边矢量记作 $\boldsymbol{F}_R$ ，如图 2-1(c) 所示。则 $\boldsymbol{F}_R$ 称为平面汇交力系 $\boldsymbol{F}_1$、$\boldsymbol{F}_2$、$\boldsymbol{F}_3$ 的合力矢。该多边形称为力多边形，由此可知，力多边形的封闭边矢量即为此平面汇交力系的合力矢，而合力的作用线仍应通过汇交点。这种作图法则称为力多边形法则。

力多边形的矢序规则：各分力矢首尾相接，合力矢与分力矢环绕力多边形的方向相反。任意变换各分力矢的作图次序，可得形状不同的力多边形，但其合力矢仍然不变。合力 $\boldsymbol{F}_R$ 对刚体的作用与原力系对该刚体的作用等效。

由此可知，平面汇交力系可简化为一合力，其合力的大小与方向等于各分力的矢量和(几何和)，合力的作用线通过汇交点。设平面汇交力系包含 n 个力，则合力矢 $\boldsymbol{F}_R$ 表示为

$$\boldsymbol{F}_{\mathrm{R}}=\boldsymbol{F}_1+\boldsymbol{F}_2+\cdots+\boldsymbol{F}_n=\sum_{i=1}^{n}\boldsymbol{F}_i \tag{2-1}$$

2. 平面汇交力系平衡的几何条件

由于平面汇交力系可用其合力来代替，显然，平面汇交力系平衡的必要和充分条件是该力系的合力等于零。如用矢量表示，即

$$\sum_{i=1}^{n}\boldsymbol{F}_i=\boldsymbol{0} \tag{2-2}$$

在平衡情形下，力多边形中最后一力的终点与第一力的起点重合，此时的力多边形称为自行封闭的力多边形。于是，可得如下结论：平面汇交力系平衡的几何条件是力多边形自行封闭，这就是平面汇交力系平衡的几何条件。

求解平面汇交力系的平衡问题时可用几何法，即按比例画出封闭的力多边形，然后用尺和量角器在图上量得所要求的未知量。对汇交一点的三个力来说，常常根据图形的几何关系，画出封闭力三角形，用三角公式计算出所要求的未知量。

例 2-1　平衡支架的横梁 AB 与斜杆 DC 以铰链 A、D 连接于铅垂墙上，如图 2-2(a)所示。已知 $AC=CB$，杆 DC 与水平线成 45° 角，载荷 $F=10$ kN，作用于 B 处。设梁和杆的自重忽略不计，求铰链 A 的约束力和杆 DC 所受的力。

分析　本例中 DC 杆为二力杆，要求铰链 A 的约束力和杆 DC 所受的力，可选整体或横梁 AB 为研究对象。如选横梁 AB 为研究对象，可根据三力平衡汇交定理画出其受力图，如图 2-2(b)所示，该力系为平面汇交力系，可作自行封闭的力多边形求解。

解　(1)选取研究对象。选横梁 AB 为研究对象。

(2)画受力图。受力图如图 2-2(b)所示。

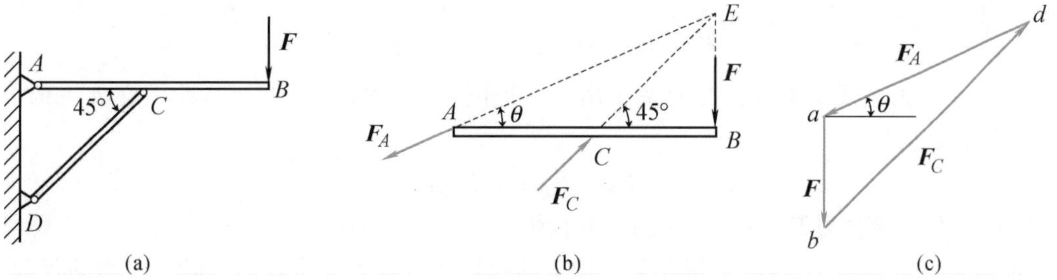

图 2-2

(3)作力多边形。力三角形如图 2-2(c)所示。

(4)由力多边形几何关系求解。对图 2-2(c)的力三角形，由正弦定理得

$$\frac{F_C}{\sin(90^\circ+\theta)}=\frac{F}{\sin(45^\circ-\theta)},\qquad \frac{F_A}{\sin45^\circ}=\frac{F}{\sin(45^\circ-\theta)}$$

由 $\tan\theta=\dfrac{1}{2}$ 得 $\theta=26.56^\circ$，解得 $F_C=28.3$ kN，$F_A=22.4$ kN

根据作用力和反作用力的关系，可知杆 DC 为压杆。

注意　本例中求二力杆所受的力，必须指明是拉杆或是压杆。

2.2 平面汇交力系合成与平衡的解析法

1. 力的投影

如图 2-3 所示，已知力 $\boldsymbol{F}$ 与平面内正交轴 Ox、Oy 的夹角为 θ、β，则力 $\boldsymbol{F}$ 在 x、y 轴上的投影分别为

$$\left.\begin{aligned}F_x&=F\cos\theta\\F_y&=F\cos\beta\end{aligned}\right\}\qquad(2-3)$$

由此可见，力在轴上的投影为代数量。

由图 2-3 可知，力 $\boldsymbol{F}$ 沿正交轴 Ox、Oy 可分解为两个分力 $\boldsymbol{F}_x$ 和 $\boldsymbol{F}_y$ 时，其分力与力的投影之间有下列关系

$$\boldsymbol{F}_x=F_x\boldsymbol{i},\boldsymbol{F}_y=F_y\boldsymbol{j}$$

由此，力的解析表达式为

$$\boldsymbol{F}=F_x\boldsymbol{i}+F_y\boldsymbol{j}\qquad(2-4)$$

式中，$\boldsymbol{i}$、$\boldsymbol{j}$ 分别为 x、y 轴的单位矢量。

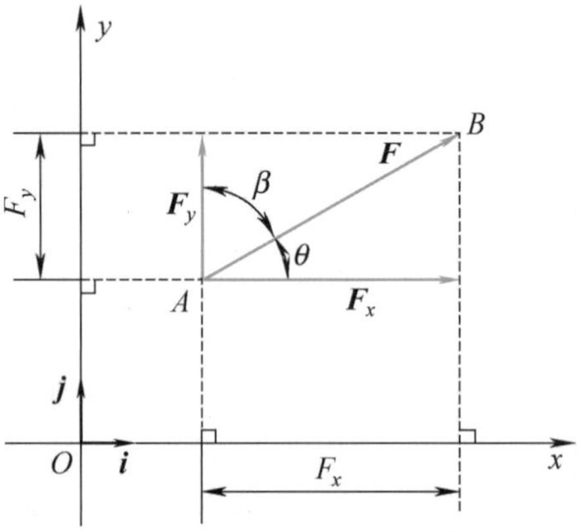

图 2-3

显然，已知力 $\boldsymbol{F}$ 在平面内两个正交轴上的投影 F_x 和 F_y 时，该力矢的大小和方向余弦分别为

$$\left.\begin{aligned}&F=\sqrt{F_x^2+F_y^2}\\&\cos(\boldsymbol{F},\boldsymbol{i})=\frac{F_x}{F},\cos(\boldsymbol{F},\boldsymbol{j})=\frac{F_y}{F}\end{aligned}\right\}\qquad(2-5)$$

2. 平面汇交力系合成的解析法及平衡方程

设由 n 个力组成的平面汇交力系作用于一个刚体上，根据式(2-4)，此汇交力系的合力 $\boldsymbol{F}_{\mathrm{R}}$ 的解析表达式为

$$\boldsymbol{F}_{\mathrm{R}}=F_{\mathrm{R}x}\boldsymbol{i}+F_{\mathrm{R}y}\boldsymbol{j}$$

式中，$F_{\mathrm{R}x}$、$F_{\mathrm{R}y}$ 为合力 $\boldsymbol{F}_{\mathrm{R}}$ 在 x、y 轴上的投影。

根据合矢量投影定理：合矢量在某一轴上的投影等于各分矢量在同一轴上投影的代数和，将式(2-1)分别向 x、y 轴投影，可得

$$\left.\begin{aligned}F_{\mathrm{R}x}&=F_{1x}+F_{2x}+\cdots+F_{nx}=\sum_{i=1}^{n}F_{ix}\\F_{\mathrm{R}y}&=F_{1y}+F_{2y}+\cdots+F_{ny}=\sum_{i=1}^{n}F_{iy}\end{aligned}\right\}\qquad(2-6)$$

根据式(2-5)可求得合力矢的大小和方向余弦为

$$\left.\begin{aligned}&F_{\mathrm{R}}=\sqrt{F_{\mathrm{R}x}^2+F_{\mathrm{R}y}^2}=\sqrt{(\sum F_{ix})^2+(\sum F_{iy})^2}\\&\cos(\boldsymbol{F}_{\mathrm{R}},\boldsymbol{i})=\frac{F_{\mathrm{R}x}}{F_{\mathrm{R}}},\cos(\boldsymbol{F}_{\mathrm{R}},\boldsymbol{j})=\frac{F_{\mathrm{R}y}}{F_{\mathrm{R}}}\end{aligned}\right\}\qquad(2-7)$$

例 2-2 如图 2-4 所示，已知平面汇交力系五个力的大小和方向，求此力系的合力。

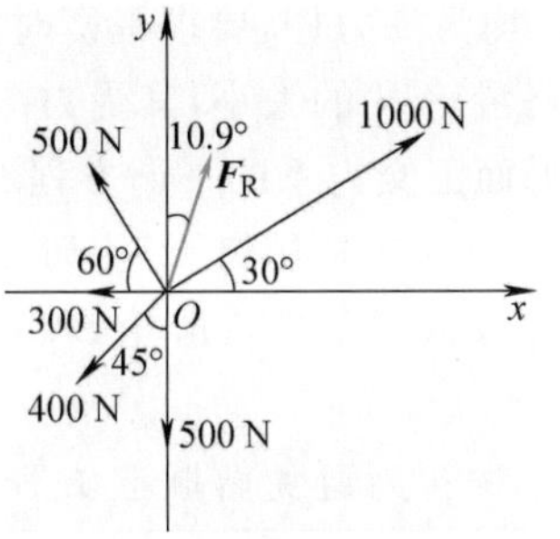

图 2-4

解　$F_{Rx}=\sum F_{ix}=(1000\cos30^\circ-500\cos60^\circ-300-400\cos45^\circ+500\cos90^\circ)\ \text{N}=33.2\ \text{N}$

$F_{Ry}=\sum F_{iy}=(1000\cos60^\circ+500\cos30^\circ+300\cos90^\circ-400\cos45^\circ-500)\ \text{N}=150.2\ \text{N}$

$$F_R=\sqrt{F_{Rx}^2+F_{Ry}^2}=\sqrt{33.2^2+150.2^2}\ \text{N}=153.8\ \text{N}$$

$$\cos(\boldsymbol{F}_R,\boldsymbol{i})=\frac{F_{Rx}}{F_R}=\frac{33.2}{153.8}=0.216,\ \cos(\boldsymbol{F}_R,\boldsymbol{j})=\frac{F_{Ry}}{F_R}=\frac{150.2}{153.8}=0.977$$

则合力与 x、y 轴的夹角分别为

$$(\boldsymbol{F}_R,\boldsymbol{i})=77.5^\circ,(\boldsymbol{F}_R,\boldsymbol{j})=12.3^\circ$$

合力的作用线通过汇交点 O，如图 2-4 所示。

由 2.1 节知，平面汇交力系平衡的必要和充分条件：该力系的合力 $\boldsymbol{F}_R$ 等于零。由式(2-7)有

$$F_R=\sqrt{\left(\sum F_{ix}\right)^2+\left(\sum F_{iy}\right)^2}=0$$

欲使上式成立，必须同时满足

$$\left.\begin{aligned}\sum F_{ix}=0\\\sum F_{iy}=0\end{aligned}\right\}\tag{2-8}$$

于是，平面汇交力系平衡的必要和充分条件是，各力在两个坐标轴上投影的代数和分别为零。式(2-8)称为平面汇交力系的平衡方程，这是两个独立的方程，可求解两个未知量。

下面举例说明平面汇交力系平衡方程的实际应用。

例 2-3　如图 2-5(a)所示，将一重物用钢丝绳挂在铰车 D 及滑轮 B 上，其重力 $G=30\ \text{kN}$。A、B、C 处为光滑铰链。钢丝绳、杆、滑轮的自重不计，并忽略滑轮 B 的大小。试求平衡时杆 AB 和杆 BC 所受的力。

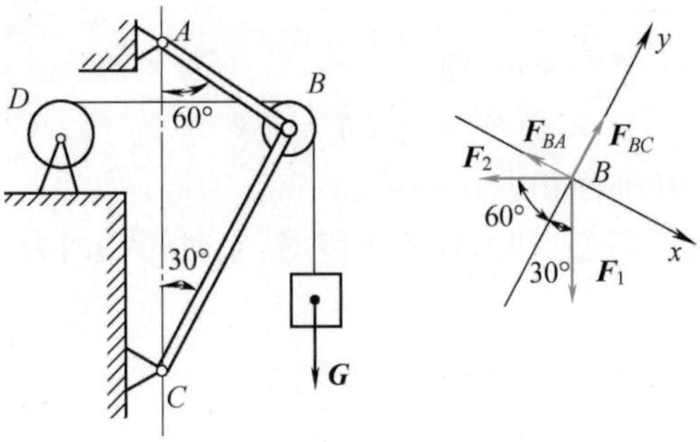

(a)　(b)

图 2-5

分析　本例中杆 AB 与杆 BC 均为二力杆，要求平衡时杆 AB 和 BC 所受的力，可选滑轮 B（包括销钉 B）为研究对象。忽略滑轮 B 的大小，其受力图如图 2-5(b)所示，该力系为平面汇交力系，可建立直角坐标系，由平面汇交力系的平衡方程求解。

解　(1)选取研究对象。选滑轮 B（包括销钉 B）为研究对象。

(2)画受力图。假设 AB 杆受拉，BC 杆受压，滑轮 B（包括销钉 B）的受力图如图 2-5(b)所示。

(3)建立直角坐标系，列平衡方程。为避免解联立方程，建立坐标轴如图 2-5(b)所示。列平衡方程为

$$\sum F_{ix}=0, F_1\cos 60°-F_{BA}-F_2\cos 30°=0$$

$$\sum F_{iy}=0, -F_1\sin 60°+F_{BC}-F_2\sin 30°=0$$

(4)解平衡方程。代入数据并利用 $F_1=G$ 得

$$F_{BA}=-10.98\ \text{kN},\ F_{BC}=40.98\ \text{kN}$$

(5)说明。F_{BC} 为正值，说明该力的假设方向与实际方向相同，即 BC 杆受压；F_{BA} 为负值，说明该力假设的方向与实际方向相反，即 AB 杆受压。

讨论　本例中选取图示直角坐标系后，使得一个方程中只有一个未知量，避免了解联立方程组。因此，坐标系的选择应根据具体问题而定，选取的原则应尽可能使求解过程简单方便。

2.3　平面力对点之矩的概念及计算

力对刚体的转动效应可用力对点的矩（简称力矩）来度量。

1. 力对点之矩

如图 2-6 所示平面上作用一力 $\boldsymbol{F}$，在同平面内任取一点 O，点 O 称为矩心，点 O 到力的作用线的垂直距离 h 称为力臂，则在平面问题中力对点的矩的定义如下：

力对点之矩是一个代数量，其绝对值等于力的大小与力臂的乘积，其转向用正负号确定，按下法规定：力使物体绕矩心逆时针转向转动时为正，反之为负。

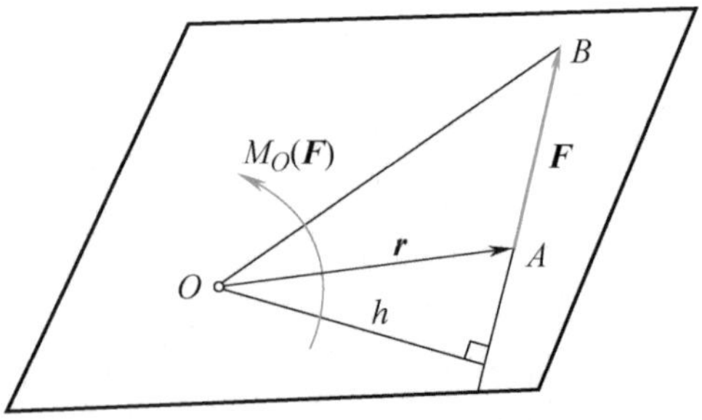

图 2-6

力 $\boldsymbol{F}$ 对点 O 的矩用 $M_O(\boldsymbol{F})$ 表示，即

$$M_O(\boldsymbol{F})=\pm Fh=\pm 2A_{\triangle OAB} \tag{2-9}$$

其中，$A_{\triangle OAB}$ 为三角形 OAB 的面积。

显然，当力的作用线通过矩心，即力臂等于零时，它对矩心的力矩等于零。力矩的常用单位为 N·m 或 kN·m。

2. 平面汇交力系的合力矩定理与力矩解析表达式

合力矩定理：平面汇交力系的合力对平面内任一点之矩等于所有各分力对于该点之矩的代数和，即

$$M_O(\boldsymbol{F}_R)=M_O(\boldsymbol{F}_1)+M_O(\boldsymbol{F}_2)+\cdots+M_O(\boldsymbol{F}_n)=\sum_{i=1}^{n}M_O(\boldsymbol{F}_i) \tag{2-10}$$

合力矩定理适用于任何有合力存在的力系。

下面由合力矩定理推导力矩的解析表达式。如图 2-7 所示，已知力 $\boldsymbol{F}$，作用点的坐标 $A(x,y)$ 及其夹角 θ。欲求力 $\boldsymbol{F}$ 对坐标原点 O 之矩，可按式(2-10)，通过其分力 $\boldsymbol{F}_x$ 与 $\boldsymbol{F}_y$ 对点 O 之矩而得到，即

$$M_O(\boldsymbol{F})=M_O(\boldsymbol{F}_x)+M_O(\boldsymbol{F}_y)=xF_y-yF_x$$

或

$$M_O(\boldsymbol{F})=xF_y-yF_x \tag{2-11}$$

上式为平面内力对点之矩的解析表达式。其中 x、y 为力 $\boldsymbol{F}$ 作用点的坐标，F_x、F_y 为力 $\boldsymbol{F}$ 在 x、y 轴的投影。

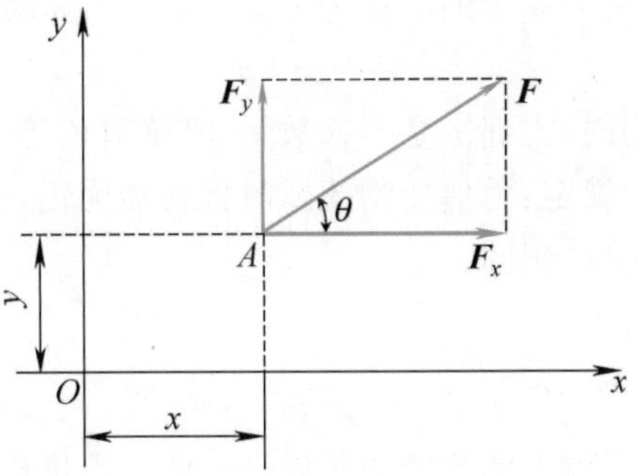

图 2-7

例 2-4　如图 2-8 所示，力 $\boldsymbol{F}$ 作用在结构的 A 点，试求力 $\boldsymbol{F}$ 对点 O 的力矩。

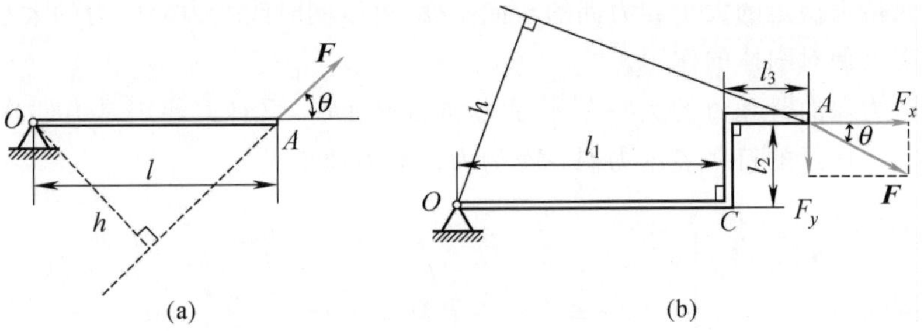

图 2-8

分析　图 2-8(a)中力臂易求出，可按力矩的定义直接求力 $\boldsymbol{F}$ 对点 O 的矩；图 2-8(b)中计算力臂时比较麻烦，可采用合力矩定理求解。

解　图 2-8(a)中力臂 $h=l\sin\theta$，由力矩定义得

$$M_O(\boldsymbol{F})=Fh=Fl\sin\theta$$

在图 2-8(b)中，先将力 $\boldsymbol{F}$ 分解为两个分力 $\boldsymbol{F}_x$ 和 $\boldsymbol{F}_y$，根据合力矩定理得

$$M_O(\boldsymbol{F})=M_O(\boldsymbol{F}_x)+M_O(\boldsymbol{F}_y)=-F\cos\theta\cdot l_2-F\sin\theta\cdot(l_1+l_3)$$

整理得

$$M_O(\boldsymbol{F})=-F[(l_1+l_3)\sin\theta+l_2\cos\theta]$$

2.4 平面力偶理论

1. 力偶与力偶矩

大小相等、方向相反且不共线的两个平行力组成的力系称为力偶。记作 $(\boldsymbol{F},\boldsymbol{F}')$ 。力偶中两力之间的垂直距离 d 称为力偶臂,力偶所在的平面称为力偶的作用面。

力偶是一种特殊的力系,它不能合成一个力,或用一个力来等效替换,故力偶不能用一个力来平衡。因此,力和力偶是静力学的两个基本量。力偶对物体的转动效应,取决于两个要素:①力偶中力的大小 F 与力偶臂 d 的乘积;②力偶在作用面内转动的方向。

为此,在平面内,定义力与力偶臂的乘积为力偶矩,记作 $M(\boldsymbol{F},\boldsymbol{F}')$,简记为 M 。则

$$M = \pm Fd \tag{2-12}$$

可以看出,在力偶作用面内,力偶矩是一代数量,其绝对值等于力的大小与力偶臂的乘积,其转向用正负号确定,按下法规定:力偶使物体逆时针转向为正,反之为负。

力偶矩的单位与力矩的单位相同。

2. 平面力偶的等效定理

定理:在同平面内的两个力偶,如果力偶矩相等,则两力偶彼此等效。

该定理给出了在同一平面内力偶等效的条件。由此可得推论:

(1)任一力偶可以在它的作用面内任意移转,而不改变它对刚体的作用。因此,力偶对刚体的作用与力偶在其作用面内的位置无关。

(2)只要保持力偶矩的大小和力偶的转向不变,可以同时改变力偶中力的大小和力偶臂的长短,而不改变力偶对刚体的作用。

由此可见,力偶的臂和力的大小都不是力偶的特征量,只有力偶矩是力偶作用的唯一度量。常用图 2-9 所示的符号表示力偶,M 为力偶的力偶矩。

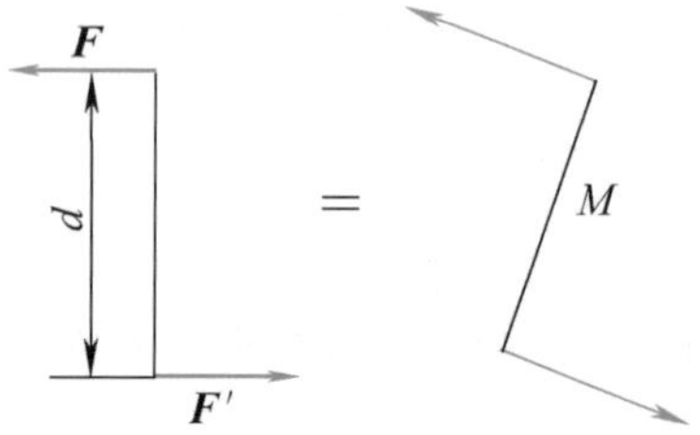

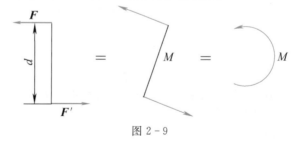

图 2-9

3. 平面力偶系的合成与平衡条件

设在同一平面内有两个力偶 $(\boldsymbol{F}_1,\boldsymbol{F}'_1)$ 和 $(\boldsymbol{F}_2,\boldsymbol{F}'_2)$,它们的力偶臂各为 d_1 和 d_2,如图 2-10(a)所示。这两个力偶的矩分别为 M_1 和 M_2,求它们的合成结果。为此,在保持力偶矩不变的情况下,同时改变这两个力偶的力的大小和力偶臂的长短,使它们具有相同的臂长 d ,并将它们在平面内移转,使力的作用线重合,如图 2-10(b)所示。于是得到与原力偶等效的两个新力偶 $(\boldsymbol{F}_3,\boldsymbol{F}'_3)$ 和 $(\boldsymbol{F}_4,\boldsymbol{F}'_4)$ 。$\boldsymbol{F}_3$ 和 $\boldsymbol{F}_4$ 的大小分别为

$$F_3 = \frac{M_1}{d}, F_4 = \frac{M_2}{d}$$

分别将作用在点 A 和 B 的力合成（设 $F_3>F_4$），得

$$F=F_3-F_4$$
$$F'=F'_3-F'_4$$

由于 F 与 F' 是相等的，所以构成了与原力偶系等效的合力偶 $(\boldsymbol{F},\boldsymbol{F}')$ ，如图 2-10(c)所示，以 M 表示合力偶的矩，得

$$M=Fd=(F_3-F_4)d=F_3d-F_4d=M_1-M_2$$

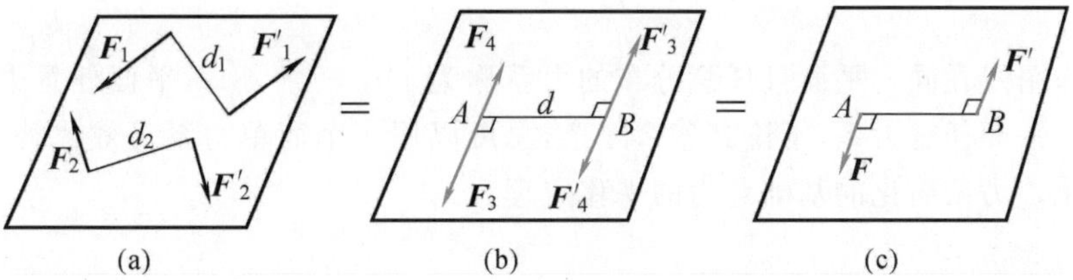

图 2-10

如果有两个以上的力偶，可以按照上述方法合成。这就是说：在同平面内的任意 n 个力偶可合成为一个合力偶，合力偶矩等于各个力偶矩的代数和，可表示为

$$M=\sum_{i=1}^{n}M_i \tag{2-13}$$

由合成结果可知，平面力偶系平衡时，其合力偶矩应等于零。因此，平面力偶系平衡的充要条件是力偶系中各力偶矩的代数和等于零，即

$$\sum_{i=1}^{n}M_i=0 \tag{2-14}$$

例 2-5　如图 2-11 所示，结构自重不计。结构由直角杆 AB 和 BC 构成，直角杆 AB 和 BC 在 B 处铰接，杆 AB 上作用有一力偶矩为 M 的力偶。结构尺寸如图所示，试求 A 、C 两处的约束力。

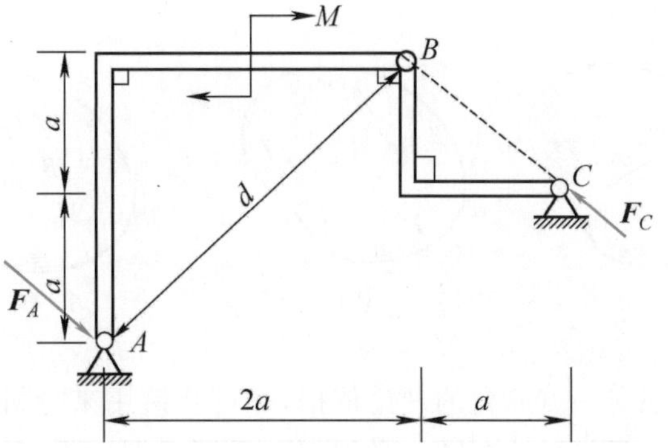

图 2-11

确定约束力方位举例

分析　直角杆 BC 为二力构件，故 C 处约束力 $\boldsymbol{F}_C$ 的作用线一定沿 BC 直线。结构的自重不计，且系统上只有主动力力偶的作用。由于力偶必须由力偶来平衡，故 A 处约束力 $\boldsymbol{F}_A$ 与 C 处约束力 F_C 必定组成一力偶，力偶的转向与 M 相反，由此定出 $\boldsymbol{F}_A$ 与 $\boldsymbol{F}_C$ 的指向如图 2-11 所示。

解　取整体为研究对象，受力图如图 2-11 所示。

$$\sum M_i = 0 \text{ , } 2\sqrt{2}aF_C - M = 0$$

解得

$$F_C = F_A = \frac{\sqrt{2}M}{4a}$$

2.5 平面任意力系的简化 主矢和主矩

各力的作用线在同一平面且任意分布的力系称为平面任意力系，平面任意力系也称为平面一般力系。平面任意力系，不论其怎么复杂，总可以用一个简单力系等效代替，这一过程称为力系的简化。力系简化的基础是力的平移定理。

1. 力的平移定理

力是滑移矢量，作用在刚体上的力若沿其作用线滑移，并不会改变它对刚体的作用效应。但是，若将作用在刚体上的力从一点平行移动至刚体上的另外一点，其对刚体的作用效应将发生改变。怎样才能使作用在刚体上的力从一点平行移动至另一点，而其对刚体的作用效应又不发生改变呢？

力的平移定理：作用在刚体上的力可以平移到刚体内任意一点，但必须同时附加一个力偶，这个附加力偶的矩等于原来的力对新作用点的矩。

证明 图 2-12(a)中力 $\boldsymbol{F}$ 作用于刚体的 A 点。在刚体上任取一点 B，根据加减平衡力系原理，在 B 点加上一对平衡力 $\boldsymbol{F}'$ 和 $\boldsymbol{F}''$，且 $\boldsymbol{F}' = \boldsymbol{F} = -\boldsymbol{F}''$，如图 2-12(b)所示。显然，由力 $\boldsymbol{F}$，$\boldsymbol{F}'$ 和 $\boldsymbol{F}''$ 这三个力组成的新力系与原来作用在 A 点的一个力 $\boldsymbol{F}$ 等效。这三个力又可看作一个作用在 B 点的力 $\boldsymbol{F}'$ 和一个力偶 $(\boldsymbol{F},\boldsymbol{F}'')$，称此力偶为附加力偶[图 2-12(c)]，附加力偶的力偶矩等于原来作用在 A 点的力 $\boldsymbol{F}$ 对 B 点之矩，即

$$M = Fd = M_B(\boldsymbol{F})$$

定理得证。

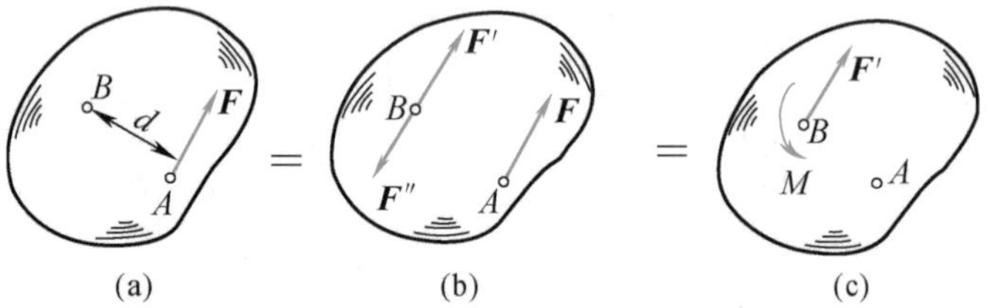

图 2-12

力的平移定理是力系向一点简化的理论依据，并可直接用来分析和解决实际工程和生活中的力学问题。例如，钳工用丝锥攻丝时，必须用两手同时握扳手，且用力要相等。如果只在扳手的一端 B 加力 $\boldsymbol{F}$，如图 2-13(a)所示，则相当于在 C 处施加了一个力 $\boldsymbol{F}$ 和一个力偶 M [见图 2-13(b)]。这个力偶可以使丝锥转动，但力 $\boldsymbol{F}$ 却使丝锥弯曲，甚至折断。此外，乒乓球运动中的各种旋转球也都与力向一点平移有关。

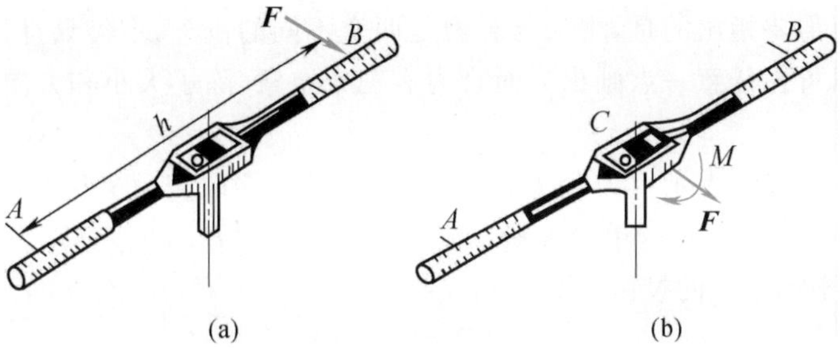

图 2－13

2. 平面任意力系向作用面内一点的简化　主矢和主矩

设刚体上作用一平面任意力系 $\boldsymbol{F}_1,\boldsymbol{F}_2,\cdots,\boldsymbol{F}_n$ ，如图 2－14(a)所示。为了简化这个力系，在力系所在平面内任取一点 O ，这一点称为简化中心。应用力的平移定理，将各力都平移到点 O ，同时加入相应的附加力偶。这样，得到汇交于 O 点的力 $\boldsymbol{F}'_1,\boldsymbol{F}'_2,\cdots,\boldsymbol{F}'_n$ ，以及力偶矩分别为 $M_1,M_2,\cdots,M_n$ 的附加力偶，如图 2－14(b)所示。这样，原来的平面任意力系等效为两个简单力系：汇交于 O 点的平面汇交力系和平面力偶系。

平面汇交力系可以合成为一个作用线通过简化中心 O 的力 $\boldsymbol{F}'_{\mathrm{R}}$ ，如图 2－14(c)所示。因为各力矢 $\boldsymbol{F}'_i=\boldsymbol{F}_i(i=1,2,\cdots,n)$ ，所以

$$\boldsymbol{F}'_{\mathrm{R}}=\boldsymbol{F}'_1+\boldsymbol{F}'_2+\cdots+\boldsymbol{F}'_n=\sum_{i=1}^{n}\boldsymbol{F}_i \tag{2-15}$$

即力矢 $\boldsymbol{F}'_{\mathrm{R}}$ 等于原力系中各力的矢量和。$\boldsymbol{F}'_{\mathrm{R}}$ 称为原平面任意力系的主矢。

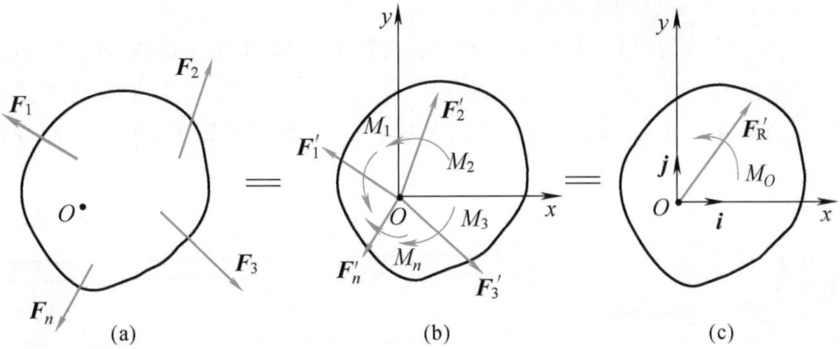

图 2－14

平面力偶系可以合成为一个合力偶，这个力偶的矩 M_O 等于各附加力偶矩的代数和，又等于平移前原力系中各力对 O 点的矩的代数和，即

$$M_O=\sum_{i=1}^{n}M_i=\sum_{i=1}^{n}M_O(\boldsymbol{F}_i) \tag{2-16}$$

M_O 称为原平面任意力系对简化中心 O 的主矩。

由此可见，在一般情况下，平面任意力系向作用平面内任一点 O 简化，可得一个力和一个力偶。这个力的作用线通过简化中心 O，其大小和方向等于该力系的主矢。所得力偶仍作用于原平面内，其力偶矩为原力系对简化中心 O 的主矩，大小等于力系中所有力对于简化中心 O 之矩的代数和。显然，当简化中心改变时，力系的主矢不变，即主矢与简化中心的位置无关；而力系中的各力对于简化中心之矩，则随其位置的改变而改变，也就是说主矩一般与简化中心的选取有关。因此，对于主矩，必须指明力系是对于哪一点的主矩。一般情况以下标表明

简化中心的位置。需要指出的是，主矢与合力是两个不同的概念，主矢只有大小和方向两个要素，不涉及作用点，可在任意一点画出。而合力有三个要素，除了大小和方向外，还须指明其作用点。

为了用解析法计算和表示主矢和主矩，可过简化中心O取直角坐标系Oxy，如图2-14(c)所示。$\boldsymbol{i}$，$\boldsymbol{j}$ 分别表示沿 x，y 轴的单位矢量，如用 F'_{Rx}，F'_{Ry} 和 F_{ix}，F_{iy} 分别表示主矢 $\boldsymbol{F}'_R$ 和原力系中任一力 $\boldsymbol{F}_i$ 在坐标轴上的投影，则

$$F'_{Rx} = \sum F'_{ix} = \sum F_{ix}$$

$$F'_{Ry} = \sum F'_{iy} = \sum F_{iy}$$

力系主矢的解析表达式为

$$\boldsymbol{F}'_R = \boldsymbol{F}'_{Rx} + \boldsymbol{F}'_{Ry} = \sum F_{ix}\boldsymbol{i} + \sum F_{iy}\boldsymbol{j}$$

由此可求出主矢 $\boldsymbol{F}'_R$ 的大小和方向余弦分别为

$$F'_R = \sqrt{\left(\sum F_{ix}\right)^2 + \left(\sum F_{iy}\right)^2}$$

$$\cos(\boldsymbol{F}'_R, \boldsymbol{i}) = \frac{\sum F_{ix}}{F'_R},\ \cos(\boldsymbol{F}'_R, \boldsymbol{j}) = \frac{\sum F_{iy}}{F'_R}$$

力系对点 O 的主矩的解析表达式为

$$M_O = \sum_{i=1}^{n} M_O(\boldsymbol{F}_i) = \sum_{i=1}^{n} (x_i F_{iy} - y_i F_{ix})$$

式中，x_i，y_i 为力 $\boldsymbol{F}_i$ 作用点的直角坐标。

物体的一端完全固定在另一物体上(即约束与被约束物体完全固结为一体)，没有任何相对运动的可能，这种约束称为固定端约束或插入端约束。固定端约束在工程中是很常见的约束，例如图 2-15(a)所示的深埋在地的电线杆、紧固在刀架上的车刀、阳台等所受的约束都是固定端约束。

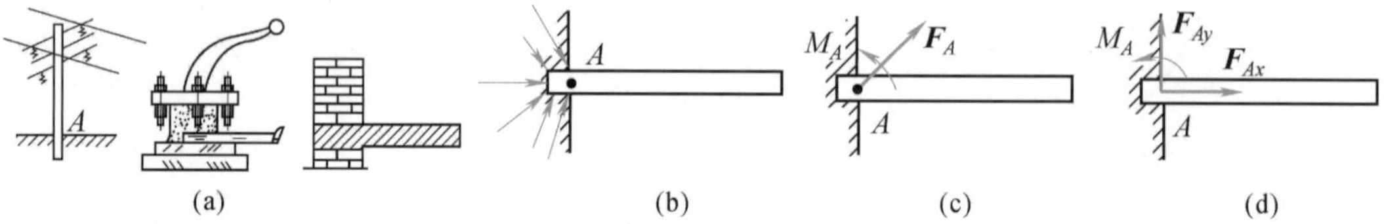

图 2-15

下面应用力系向一点简化的方法分析固定端约束的约束力。固定端约束对物体的作用，是作用在接触面上的一群力，在平面问题中，这些力为平面任意力系，如图 2-15(b)所示。将这群力向作用平面内 A 点简化，可得一个力和一个力偶，如图 2-15(c)所示。一般情况下这个力的大小和方向均为未知量，可以用两个未知分力来代替。因此，在平面问题中，固定端 A 处的约束力可简化为两个正交分力 $\boldsymbol{F}_{Ax}$、$\boldsymbol{F}_{Ay}$ 和一个矩为M_A 的约束力偶，如图 2-15(d)所示。约束力限制了物体在平面内的移动，约束力偶限制了物体在平面内的转动。

3. 平面任意力系简化结果

平面任意力系向作用平面内任一点 O 简化的结果是一个主矢和一个主矩，下面对平面任意力系简化的结果做进一步分析。

(1)若 $\boldsymbol{F}'_R = \boldsymbol{0}$，$M_O \neq 0$，则原力系合成为一合力偶。合力偶矩为

$$M_O=\sum_{i=1}^{n}M_O(\boldsymbol{F}_i)$$

由力偶的性质可知，力偶对平面内任意一点的矩都相同，所以，此时力系的主矩与简化中心的选择无关。

(2)若 $\boldsymbol{F}'_R \neq \boldsymbol{0}$，$M_O=0$，则原力系合成为一个合力 $\boldsymbol{F}'_R$，作用于选定的简化中心 O。显然主矢 $\boldsymbol{F}'_R$ 就是原力系的合力 $\boldsymbol{F}_R$。

(3)若 $\boldsymbol{F}'_R \neq \boldsymbol{0}$，$M_O \neq 0$，根据力的平移定理，可以将简化所得的作用于 O 点的力 $\boldsymbol{F}'_R$ 和力偶矩为 M_O 的力偶进一步合成为一个力 $\boldsymbol{F}_R$。根据力偶的性质，在不改变力偶矩的前提下，将力偶矩为 M_O 的力偶用两个力 $\boldsymbol{F}_R$ 和 $\boldsymbol{F}''_R$ 表示，并令 $\boldsymbol{F}'_R=\boldsymbol{F}_R=-\boldsymbol{F}''_R$，如图 2-16(b)所示，则 $\boldsymbol{F}'_R$ 和 $\boldsymbol{F}''_R$ 构成一对平衡力，可以从力系中减去，于是就将作用在点 O 的力 $\boldsymbol{F}'_R$ 和矩为 M_O 的力偶进一步合成为一个作用在点 O_1 的力 $\boldsymbol{F}_R$，如图 2-16(c)所示。这个力 $\boldsymbol{F}_R$ 就是原力系的合力。由于 $\boldsymbol{F}_R=\boldsymbol{F}'_R$，合力矢等于力系的主矢。合力的作用线到点 O 的距离 d 为

$$d=\frac{M_O}{F_R}$$

至于合力的作用线在点 O 的哪一侧，需根据主矢和主矩的方向确定。

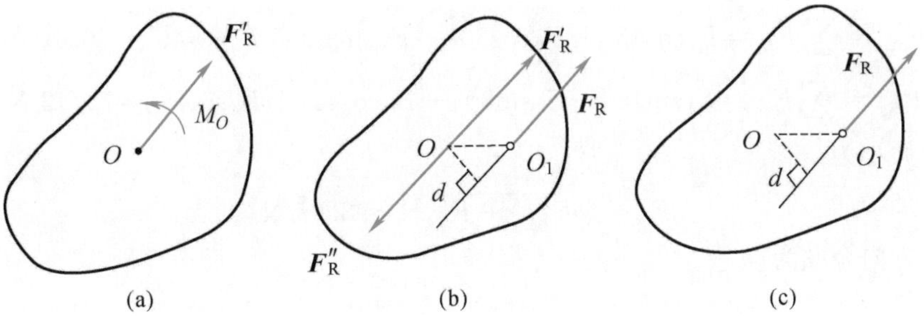

图 2-16

由图 2-16(b)可见，合力 $\boldsymbol{F}_R$ 对点 O 之矩为

$$M_O(\boldsymbol{F}_R)=F_R d=M_O \tag{2-17}$$

由式(2-16)有

$$M_O=\sum_{i=1}^{n}M_O(\boldsymbol{F}_i)$$

所以

$$M_O(\boldsymbol{F}_R)=\sum M_O(\boldsymbol{F}_i) \tag{2-18}$$

上式表明：平面任意力系的合力对作用面内任意一点的矩等于力系中各力对同一点的矩的代数和。这就是平面任意力系的合力矩定理。

在式(2-17)中代入力矩的解析表达式得

$$M_O=xF_{Ry}-yF_{Rx} \tag{2-19}$$

式(2-19)为合力作用线方程。

(4)若 $\boldsymbol{F}'_R=\boldsymbol{0}$、$M_O=0$，则原力系平衡，平面任意力系的平衡问题将在下一节详细讨论。

例 2-6　在边长为 $a=1$ m 的正方形的四个顶点上，作用 $\boldsymbol{F}_1$、$\boldsymbol{F}_2$、$\boldsymbol{F}_3$、$\boldsymbol{F}_4$ 四个力，如图 2-17(a)所示。已知 $F_1=40$ N，$F_2=60$ N，$F_3=60$ N，$F_4=80$ N。试求：(1)力系向点 A 简化的结果；(2)力系合力与坐标原点 A 之间的垂直距离；(3)合力作用线方程。

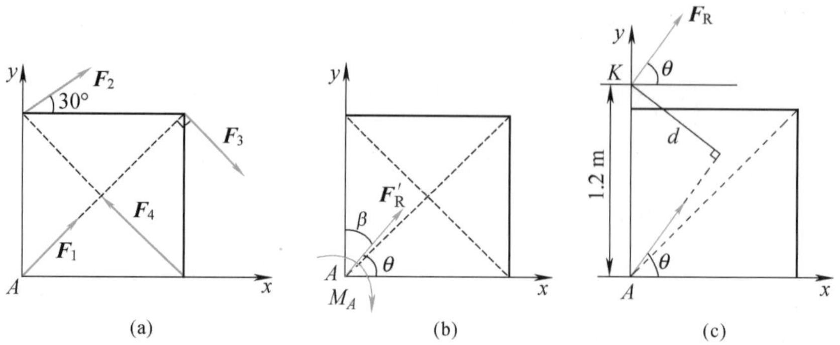

2-17

分析　由题意可知，$\boldsymbol{F}_1$、$\boldsymbol{F}_2$、$\boldsymbol{F}_3$、$\boldsymbol{F}_4$ 组成平面任意力系。按平面任意力系简化步骤进行简化。先将力系向一点简化，求得主矢与主矩；再判断力系简化的最后结果；根据式(2-19)求得合力作用线方程。

解　(1)将力系向点 A 简化。建立直角坐标系，如图 2-17(a)所示，

先求力系的主矢 $\boldsymbol{F}'_{\mathrm{R}}$ 。

$$F'_{\mathrm{R}x}=\sum F_{ix}=F_1\cos45°+F_2\cos30°+F_3\sin45°-F_4\cos45°=66.10\ \mathrm{N}$$

$$F'_{\mathrm{R}y}=\sum F_{iy}=F_1\sin45°+F_2\sin30°-F_3\cos45°+F_4\sin45°=72.42\ \mathrm{N}$$

主矢 $\boldsymbol{F}'_{\mathrm{R}}$ 的大小为

$$F'_{\mathrm{R}}=\sqrt{F'^{2}_{\mathrm{R}x}+F'^{2}_{\mathrm{R}y}}=98.05\ \mathrm{N}$$

主矢 $\boldsymbol{F}'_{\mathrm{R}}$ 的方向余弦为

$$\cos(\boldsymbol{F}'_{\mathrm{R}},\boldsymbol{i})=\frac{F'_{\mathrm{R}x}}{F'_{\mathrm{R}}}=0.67,\qquad \cos(\boldsymbol{F}'_{\mathrm{R}},\boldsymbol{j})=\frac{F'_{\mathrm{R}y}}{F'_{\mathrm{R}}}=0.74$$

解得主矢 $\boldsymbol{F}'_{\mathrm{R}}$ 与 x，y 轴正向的夹角分别为

$$\theta=47.93°,\beta=42.27°$$

力系对简化中心 A 的主矩为

$$M_A=\sum M_A(\boldsymbol{F}_i)=-F_2a\cos30°-F_3\sqrt{2}a+F_4a\sin45°=-80.24\ \mathrm{N\cdot m}$$

简化结果如图 2-17(b)所示。

(2)求坐标原点 A 到合力作用线之间的垂直距离。

由于主矢和主矩都不为零，所以该力系简化的最后结果为一合力 $\boldsymbol{F}_{\mathrm{R}}$，如图 2-17(c)所示。其大小和方向与主矢 $\boldsymbol{F}'_{\mathrm{R}}$ 相同，而合力的作用线距点 A 的距离为

$$d=\frac{M_A}{F'_{\mathrm{R}}}=0.82\ \mathrm{m}$$

(3)求合力作用线的方程。

设合力作用线上任意一点的坐标为 (x,y)，则由

$$M_A=xF_{\mathrm{R}y}-yF_{\mathrm{R}x}$$

得合力作用线方程为

$$72.42x-66.10y=-80.24$$

当 $x=0$，$y=1.2$ m 时，即合力作用线通过 y 轴上的 K 点。最终的简化结果如图 2-17(c)所示。

2.6　平面任意力系的平衡条件和平衡方程

力系的平衡指该力系等价于零力系，力系对物体的运动状态不起作用。

由上节的平面任意力系简化结果的讨论可知，平面任意力系与一个力和一个力偶等效。若力系的主矢和主矩不同时等于零时，则力系可简化为一个合力或一个合力偶，这些情况下力系都不能平衡，只有当该力系的主矢和主矩都等于零时，力系才能平衡，因此，主矢和主矩同时等于零是平面任意力系平衡的必要条件。

主矢等于零保证了作用于简化中心 O 的汇交力系是平衡力系，主矩等于零保证了附加力偶系的相互平衡，所以原力系必为平衡力系。因此，主矢和主矩同时等于零又是平面任意力系平衡的充分必要条件。

由此可知，平面任意力系平衡的必要和充分条件：力系的主矢和对于任一点的主矩都等于零，即

$$\left.\begin{aligned} \boldsymbol{F}'_{\mathrm{R}} &= \boldsymbol{0} \\ M_O &= 0 \end{aligned}\right\} \tag{2-20}$$

若用解析式来表示，则有

$$\sum F_x = 0, \quad \sum F_y = 0, \quad \sum M_O(\boldsymbol{F}) = 0 \tag{2-21}$$

由此可得结论，平面任意力系平衡的解析条件：力系中所有各力在作用平面内两个任选的坐标轴上的投影的代数和分别等于零，以及各力对平面内任意一点的矩的代数和也等于零。式(2-21)称为平面任意力系的平衡方程。通常上述平衡方程中的第 1、2 两式称为投影方程，第 3 式称为力矩平衡方程，式(2-21)也称为基本形式的平衡方程。

平面任意力系的平衡方程除了以上形式外，还有其他两种形式。

(1)二矩式的平衡方程：

$$\sum F_x = 0, \quad \sum M_A(\boldsymbol{F}) = 0, \quad \sum M_B(\boldsymbol{F}) = 0 \tag{2-22}$$

其中 A、B 两点的连线不能与 x 轴垂直。

(2)三矩式的平衡方程：

$$\sum M_A(\boldsymbol{F}) = 0, \quad \sum M_B(\boldsymbol{F}) = 0, \quad \sum M_C(\boldsymbol{F}) = 0 \tag{2-23}$$

其中 A、B、C 三点不能共线。

上述三组方程[式(2-21)、式(2-22) 和式(2-23)]，在解决实际问题时，可以根据具体条件选取某一种形式。对于平面任意力系作用的单个刚体平衡问题，只可以写出 3 个独立的平衡方程，求解三个未知量。任何第四个方程只是前三个方程的线性组合，因而不是独立的，但可以利用这个方程来校核计算的结果。

平面任意力系是平面力系中最一般的情况，其他平面力系都是平面任意力系的特例。

若平面任意力系中各力的作用线平行于 y 轴，则构成平面平行力系，如图 2-18 所示。那么无论该力系是否平衡，各力都与 x 轴垂直，在 x 轴上的投影恒等于零，即 $\sum F_x \equiv 0$，于是平面平行力系的

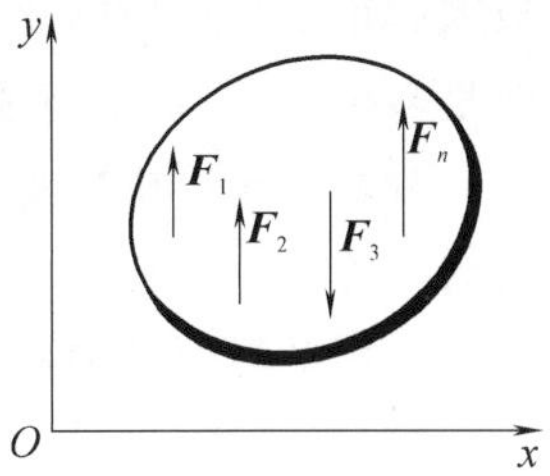

图 2-18

平衡方程只有两个，即

$$\sum F_y = 0, \quad \sum M_O(\boldsymbol{F}) = 0 \tag{2-24}$$

可以求解 2 个未知量。平面平行力系平衡方程的二矩式形式为

$$\sum M_A(\boldsymbol{F}) = 0, \quad \sum M_B(\boldsymbol{F}) = 0 \tag{2-25}$$

其中 A、B 两点连线不能与各力平行。

例 2-7 梁 AB 在如图 2-19 所示支承和载荷作用下处于平衡，其中 $M = qa^2$，不计梁重。求支座 A 和支座 B 处的约束力。

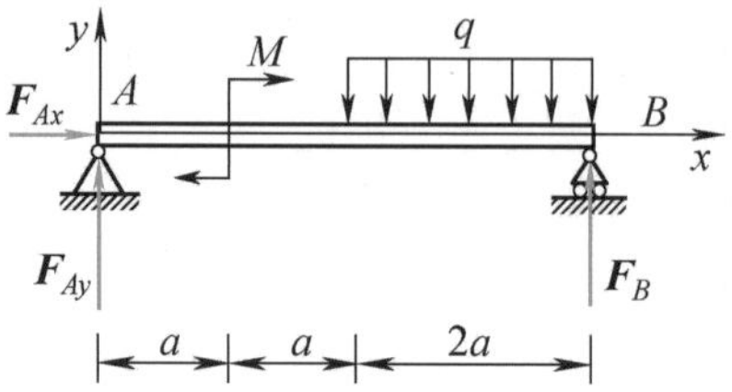

图 2-19

工程机械所受力系简化为平面力系举例

分析 对梁 AB 受力分析可知，其所受力系是平面任意力系，如图 2-19 所示。按平面任意力系的平衡方程进行求解。

解 取梁 AB 为研究对象，其受力图与坐标如图 2-19 所示。

$$\sum M_B(\boldsymbol{F}) = 0, \quad q \times 2a \times a - M - F_{Ay} \times 4a = 0$$

$$\sum F_x = 0, \quad F_{Ax} = 0$$

$$\sum F_y = 0, \quad F_{Ay} + F_B - q \times 2a = 0$$

解上述联立方程，可得

$$F_{Ay} = \frac{qa}{4}, \quad F_{Ax} = 0, \quad F_B = \frac{7qa}{4}$$

讨论 本例也可以由二矩式的平衡方程求解

$$\sum F_x = 0, F_{Ax} = 0$$

$$\sum M_A(\boldsymbol{F}) = 0, \quad F_B \times 4a - M - q \times 2a \times 3a = 0$$

$$\sum M_B(\boldsymbol{F}) = 0, \quad q \times 2a \times a - M - F_{Ay} \times 4a = 0$$

解得的结果相同，而且因每个方程只有一个未知量，避免了联立求解，因而求解更为简单。

例 2-8 塔式起重机如图 2-20 所示，机架总重量 $G_1 = 700$ kN，作用线过塔架的中心，最大起重量 $G_2 = 200$ kN。(1)为保证起重机在满载和空载时都不致翻倒，平衡锤的重量 G_3 应是多少？(2)当平衡锤重为 $G_3 = 180$ kN 时，求满载时轨道 A、B 的约束力。

分析 起重机所受的力包括重物的重力 $\boldsymbol{G}_2$、机架的重力 $\boldsymbol{G}_1$、平衡锤的重力 $\boldsymbol{G}_3$，以及轨道的约束力 $\boldsymbol{F}_A$ 和 $\boldsymbol{F}_B$，如图 2-20 所示。由此可知起重机在平面平行力系作用下处于平衡，本例由平面平行力系平衡方程求解。

解 (1)取起重机作为研究对象，其受力图如图 2-20 所示。要使起重机不至翻倒，应使作用在起重机上的所有力满足平衡条件。

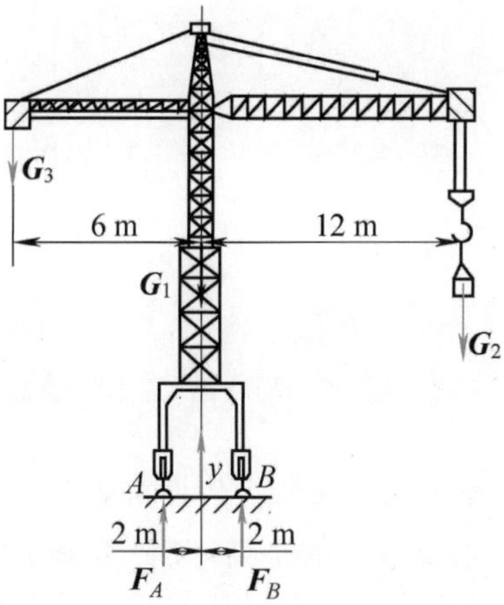

图 2-20

求解物体平衡位置问题举例

①讨论满载的情况

$$\sum M_B(\boldsymbol{F})=0,\qquad G_3\times 8-F_A\times 4+G_1\times 2-G_2\times 10=0$$

$$F_A=\frac{1}{4}(8G_3+2G_1-10G_2)$$

满载时，$G_2=200$ kN 。要保证起重机不至翻倒，必须有 $F_A\geqslant 0$。
令 $F_A\geqslant 0$，解得

$$G_3\geqslant 75\text{ kN}$$

该不等式表明，要保证起重机不至翻倒，平衡锤的重量 $\boldsymbol{G}_3$ 的最小值为 $G_{3\min}=75$ kN 。

②讨论空载的情况

$$\sum M_A(\boldsymbol{F})=0,\quad G_3\times 4-G_1\times 2+F_B\times 4-G_2\times 14=0$$

$$F_B=\frac{1}{4}(14G_2+2G_1-4G_3)$$

空载时，$G_2=0$。要保证起重机不至翻倒，必须有 $F_B\geqslant 0$。
令 $F_B\geqslant 0$，解得

$$G_3\leqslant 350\text{ kN}$$

该不等式表明，要保证起重机不至翻倒，平衡锤的重量 G_3 的最大值为 $G_{3\max}=350$ kN 。

起重机实际工作时不允许处于极限状态，要使起重机不会翻倒，平衡锤的重量应在这两者之间，即

$$75\text{ kN}<G_3<350\text{ kN}$$

(2)当 $G_3=180$ kN 时，介于 75 kN 和 350 kN 之间，起重机在 $\boldsymbol{G}_1$、$\boldsymbol{G}_2$、$\boldsymbol{G}_3$ 以及 $\boldsymbol{F}_A$ 和 $\boldsymbol{F}_B$ 平行力系的作用下处于平衡状态。

$$\sum M_B(\boldsymbol{F})=0,\quad G_3\times(6+2)+G_1\times 2-G_2\times(12-2)-F_A\times 4=0$$

$$\sum F_y=0,\qquad F_A+F_B-G_3-G_2-G_1=0$$

解得

$$F_A=210\text{ kN},\qquad F_B=870\text{ kN}$$

知识拓展

起重机配重设计关乎到工程的安全性和稳定性，因此需要遵循工程伦理观，注重安全、公正、责任和诚信。在设计中，需要充分考虑各种可能出现的风险和问题，并采取相应的预防措施，确保工程的安全性和稳定性。同时，也需要遵循法律法规和行业标准，确保设计的合规性和合法性。

2.7 物体系的平衡 静定和超静定问题

研究物体系平衡，一般不仅要求出系统所受的未知外力，而且还要求出系统内物体间相互作用的未知内力，因此既要考虑整个系统的平衡，又要考虑系统内某个或某一部分物体的平衡。当物体系处于平衡时，系统内的每一个物体也必定处于平衡状态，因此对每一个受平面任意力系作用的物体，均可写出三个独立的平衡方程。假定系统由 n 个物体组成，则对系统可写出 $3n$ 个独立的平衡方程。如果系统中有的物体受平面汇交力系、平面平行力系或平面力偶系等特殊力系的作用，则系统的平衡方程总数会相应减少。

如果单个物体或物体系未知量的数目等于它的独立的平衡方程数目，通过静力学平衡方程可完全确定这些未知量，这种平衡问题称为静定问题；如果未知量的数目多于独立的平衡方程的数目，仅通过静力学平衡方程不能完全确定这些未知量，这种问题称为超静定问题，也称为静不定问题。特别注意，对于物体系这里说的静定与超静定问题，是对整个系统而言的。若从该系统中取一分离体，其未知量的数目多于它独立平衡方程的数目，并不能说明该系统就是超静定问题，而要分析整个系统的未知量数目和独立方程数目。

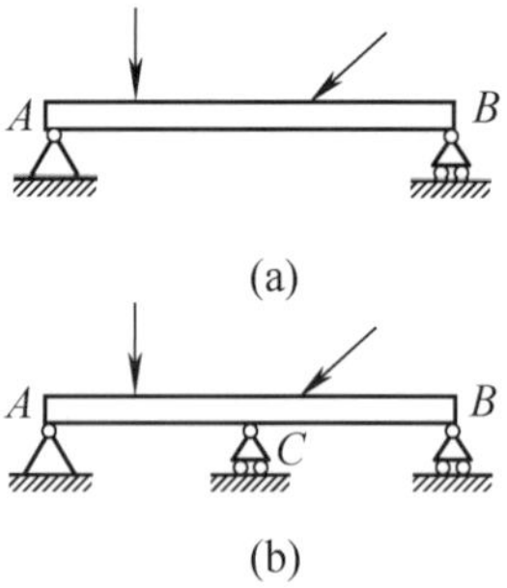

图 2-21

图 2-21(a)、(b)所示结构中，梁 AB 均受平面任意力系作用，均有三个平衡方程。在图 2-21(a)中有三个未知约束力，均可由平衡方程求出，故是静定问题。而在图 2-21(b)中有四个未知约束力，不能全部由平衡方程求出，故是超静定问题。工程中很多结构都是超静定结构，与静定结构相比，超静定结构能较经济地利用材料，且较稳定牢固。

在研究物体系的平衡问题时，首先要判断它是静定问题还是超静定问题。静力学只能求解静定问题。对于超静定问题，除要考虑平衡条件之外，还必须考虑物体因受力作用而产生的变形条件。超静定问题已超出理论力学的范围，将在材料力学、结构力学中研究。

读者思考　是否所有的静力学平衡问题都可以用静力学平衡方程求解？

例 2-9　平衡组合梁由 AB 和 BC 铰接而成，梁上作用一集中力 $\boldsymbol{F}$ 和均布载荷 q，如图 2-22(a)所示。试求支座 A、C 处的约束力。

分析　该梁为 AB 和 BC 构成的物体系。如先以整体为研究对象，梁在主动力 $\boldsymbol{F}$、q 和约束力 $\boldsymbol{F}_{Ax}$、$\boldsymbol{F}_{Ay}$、M_A 及 $\boldsymbol{F}_{By}$ 作用下处于平衡状态，其中均布载荷的合力通过点 B，大小为 $2ql$。3 个平衡方程中有 4 个未知量，必须再补充方程才能求解。为此，需再取 BC 为研究对象。为避免解联立方程，可先取 BC 为研究对象，列出必要的方程，再取整体为研究对象。

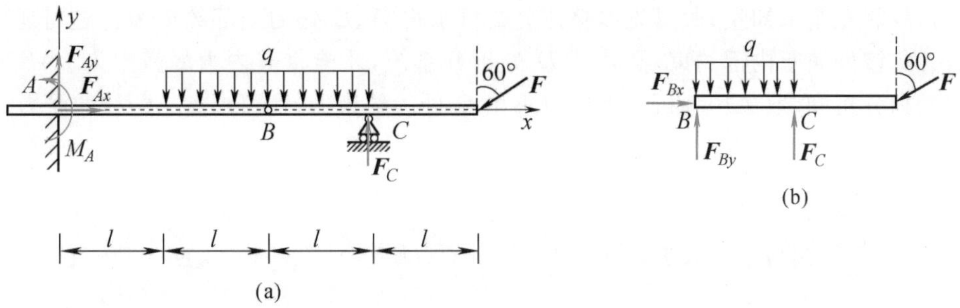

图 2-22

解　(1)取梁 BC 为研究对象,受力如图 2-22(b)所示。

$$\sum M_B(\boldsymbol{F})=0,\quad F_C\times l-F\cos60^\circ\times 2l-ql\times\frac{l}{2}=0$$

解得

$$F_C=F+\frac{ql}{2}$$

(2)取整体为研究对象,受力如图 2-22(a)所示。

$$\sum F_x=0,\qquad F_{Ax}-F\sin60^\circ=0$$

$$\sum F_y=0,\qquad F_{Ay}+F_C-q\times 2l-F\cos60^\circ=0$$

$$\sum M_A(\boldsymbol{F})=0,\ M_A-2ql\times 2l+F_C\times 3l-F\cos60^\circ\times 4l=0$$

解得

$$F_{Ax}=\frac{\sqrt{3}}{2}F,\quad F_{Ay}=\frac{3ql}{2}-\frac{F}{2},\quad M_A=\frac{5ql^2}{2}-Fl$$

例 2-10　平衡系统如图 2-23(a)所示,起重机由 AB 、BC 和 CE 三个构件组成。E 处有一定滑轮,细绳通过该滑轮起吊一重量 $G=10$ kN 的重物。$AD=DB=CD=DE=2$ m ,滑轮的半径为 r 。不计摩擦及杆与滑轮的重量。求 A、B、D 处的约束力及 BC 杆受力。

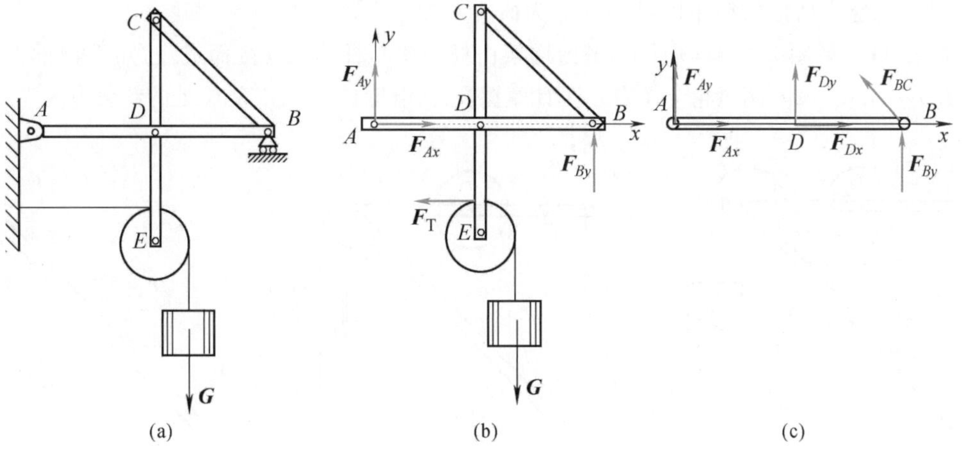

图 2-23

分析　本例为物体系的平衡问题。由于要求的 A、B 处的约束力属于系统外力,故可优先考虑取整体分析。整体所受力系为由四个未知量组成的平面任意力系,但由于绳子拉力等于物体重力，故剩三个未知量，所以先取整体分析可求得 A、B 处的全部约束力。题目还要求 D 处的约束力，该处属于内部约束，必须从 D 处拆开系统，才能将其内力暴露出来。AB 杆受力较简单，稍加分析知，取 AB 分析不但可以求出 D 处的约束力，还可求解 BC 杆的受力。

解 (1)取整体为研究对象，其受力图如图 2-23(b)所示。

$$\sum F_x = 0, \qquad F_{Ax} - F_T = 0$$

$$\sum M_A(\boldsymbol{F}) = 0, F_{By} \times AB - G \times (AD + r) - F_T \times (DE - r) = 0$$

$$\sum F_y = 0, \qquad F_{Ay} - G + F_{By} = 0$$

其中 $F_T = G = 10$ kN，代入解得

$$F_{Ax} = 10 \text{ kN}, \quad F_{By} = 10 \text{ kN}, \quad F_{Ay} = 0 \text{ kN}$$

(2)取 AB 为研究对象，其受力图如图 2-23(c)所示。

$$\sum M_B(\boldsymbol{F}) = 0, \quad -F_{Ay} \times AB - F_{Dy} \times DB = 0$$

$$\sum F_y = 0, \qquad F_{Ay} + F_{Dy} + F_{By} + F_{BC} \times \sin 45^\circ = 0$$

$$\sum F_x = 0, \qquad F_{Ax} + F_{Dx} - F_{BC} \times \cos 45^\circ = 0$$

解得

$$F_{Dx} = -20 \text{ kN}, \quad F_{Dy} = 0 \text{ kN}, \quad F_{BC} = -10\sqrt{2} \text{ kN}$$

其中，F_{Dx} 为负，说明 F_{Dx} 的实际方向与图示方向相反。F_{BC} 为负，表示杆 BC 受压。

小结 物体系平衡问题的求解是静力学的重要内容。由以上例题可以看出，恰当的选取研究对象是物体系平衡问题求解的关键。由于物体系的结构和连接方式多种多样，究竟该如何选取研究对象，很难有统一的方法，需具体问题具体对待。但一般的原则是

(1)若求系统外力，且系统的外约束力不超过独立平衡方程数，或虽超过了独立平衡方程数，但不拆开系统也能求出部分未知量时，可考虑先取整体为研究对象。

(2) 若求系统内力，或取整体求不出某些外力时，必须拆开物体系，此时一般选取包括待求未知量，且受力情形较简单的某个部分为研究对象。

例 2-11 如图 2-24(a)所示，平衡构架由杆 AB 与杆 BC 铰接而成，已知重物重力为 $\boldsymbol{G}$，$AD=DB=a$，$AC=2a$，两滑轮半径为 r，不计摩擦及杆、滑轮自重。求 A、C 处的约束力。

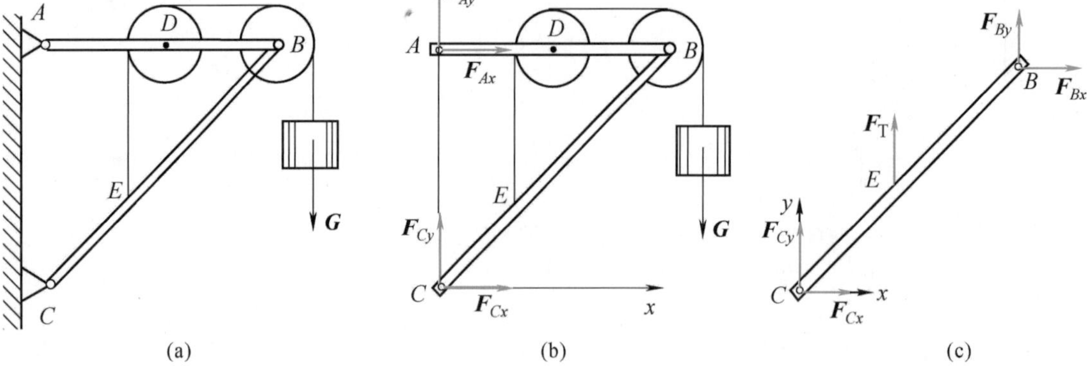

图 2-24

分析　本例为物体系的平衡问题。由于要求的 A、C 处的约束力属于系统外力，故可优先考虑取整体分析。整体所受力系为由四个未知量组成的平面任意力系，不能由平衡方程解出全部未知量，但由于 A、C 在同一竖直位置，故对其中任一点取矩可以求出水平方向的约束力。竖直方向的约束力可以建立关系式，但不能解出，故需要另取研究对象，求出 A、C 处竖直方向的一个约束力，问题就得到解决。CB 杆受力情形较简单，分析知其受力中绳子拉力大小等于物体重力大小，故只需对 B 点取矩即可求出 C 处竖直方向的约束力。因此，本例先取整体分析，建立三个平衡方程，求出 A、C 处水平方向约束力，建立 A、C 处竖直方向约束力的关系式；再取 CB 杆分析，列出对 B 点取矩即可求出 C 处竖直方向的约束力；代入即可求得 A 处竖直方向约束力。

解　(1)取整体为研究对象，其受力图与坐标如图 2-24(b)所示。

$$\sum M_C(\boldsymbol{F})=0,\quad -F_{Ax}\cdot 2a-G\cdot(2a+r)=0$$

$$\sum F_x=0,\quad F_{Ax}+F_{Cx}=0$$

$$\sum F_y=0,\quad F_{Ay}+F_{Cy}-G=0 \tag{a}$$

解得
$$F_{Cx}=-F_{Ax}=\frac{G\cdot(2a+r)}{2a}$$

(2)再取 CB 杆为研究对象，其受力图与坐标如图 2-24(c)所示。

$$\sum M_B(\boldsymbol{F})=0,\quad F_{Cx}\cdot 2a-F_{Cy}\cdot 2a-F_{\mathrm{T}}\cdot(a+r)=0$$

其中 $F_{\mathrm{T}}=G$，代入解得 $F_{Cy}=\dfrac{G}{2}$

代入(a)式解得 $F_{Ay}=\dfrac{G}{2}$。

例 2-12　某厂房用三铰刚架制成，由于地形限制，铰 A 及 B 位于不同高度，如图 2-25(a)所示。平衡刚架上的载荷已简化为两个竖直向下的集中力 $\boldsymbol{F}_1$ 及 $\boldsymbol{F}_2$。不计摩擦及刚架自重。试求 C 处的约束力。

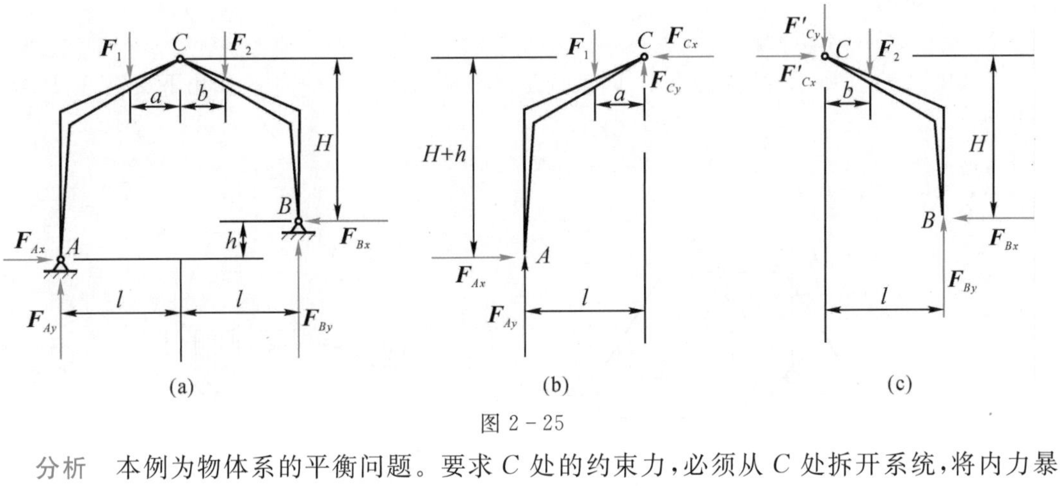

图 2-25

分析　本例为物体系的平衡问题。要求 C 处的约束力，必须从 C 处拆开系统，将内力暴露出来。可以分别取 AC 及 BC 为研究对象，受力图如图 2-25(b)、(c)所示。由于 A、B 处的约束力未知，可由 $\sum M_A(\boldsymbol{F})=0$ 及 $\sum M_B(\boldsymbol{F})=0$ 建立 C 处两约束力的关系，联立求解。

解　(1)取构件 AC 为研究对象,受力如图 2－25(b)所示。

$$\sum M_A(\boldsymbol{F})=0, F_{Cx}\cdot(H+h)+F_{Cy}\cdot l-F_1\cdot(l-a)=0 \tag{a}$$

(2)取构件 BC 为研究对象,受力如图 2－25(c)所示。

$$\sum M_B(\boldsymbol{F})=0,\quad -F'_{Cx}\cdot H+F'_{Cy}\cdot l+F_2\cdot(l-b)=0 \tag{b}$$

联立式(a)及式(b)可得

$$F_{Cx}=F'_{Cx}=\frac{F_1(l-a)+F_2(l-b)}{2H+h},$$

$$F_{Cy}=F'_{Cy}=\frac{F_1(l-a)H+F_2(l-b)(H+h)}{(2H+h)l}$$

读者思考　(1)如果要求 A、B 两处的约束力而不需要求 C 处的约束力,请考虑怎样用最少数目的平衡方程求解;(2)如果 A、B 两点高度相同($h=0$),怎样求解最为方便。

物体系平衡问题举例

由此可见,求解物体系的平衡问题时,解题之前必须通过分析确定解题步骤。在求解过程中应特别注意以下几点:

(1)从题目要求的未知量入手,分析研究对象的选择次数与先后顺序。

(2)选取研究对象后必须画出相应的受力图,选几次研究对象就应有几个受力图。

(3)对研究对象进行受力分析,列出求解问题必要的方程。

习　题

一、基础题

1. 铆接薄板在空心 A、B 和 C 处受三力作用,如图 2－26 所示。$F_1=100$ N,沿垂直方向;$F_3=50$ N,沿水平方向,力的作用线通过点 A;$F_2=50$ N,力的作用线也通过点 A,尺寸如图。求此力系的合力。

[答:$\boldsymbol{F}_R=(80\boldsymbol{i}+140\boldsymbol{j})$N]

2. 如图 2－27 所示,结构自重不计,铰链是光滑的。求在水平力 $\boldsymbol{F}$ 作用下支座 A、B 处的约束力。

(答:$F_A=F_B=\frac{\sqrt{2}}{2}F$)

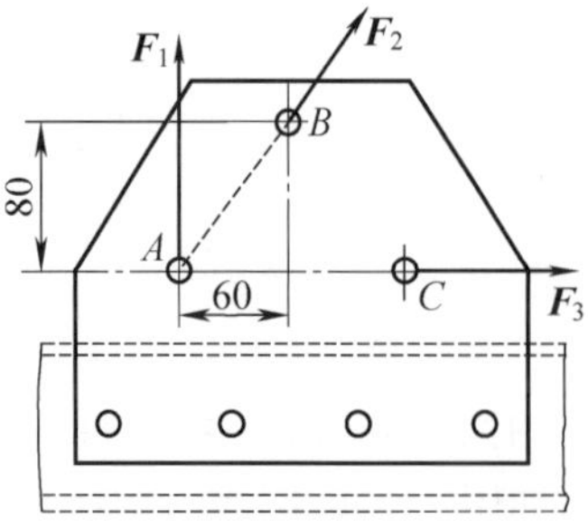

图 2－26

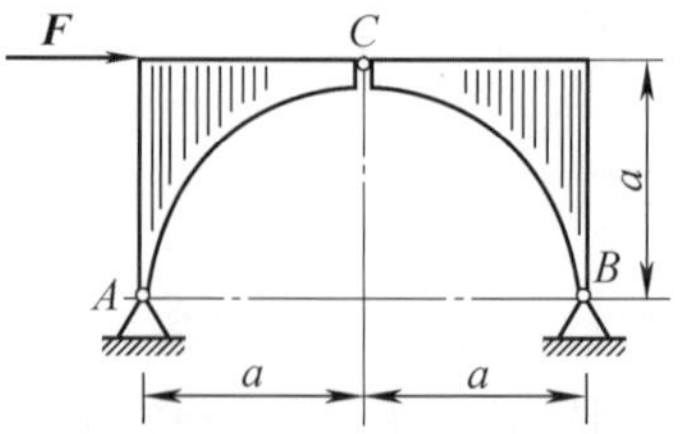

图 2－27

3. 如图 2-28 所示，刚架上作用力 $\boldsymbol{F}$ 。试分别计算力 $\boldsymbol{F}$ 对点 A 和点 B 的力矩。

［答：$M_A(\boldsymbol{F})=-Fb\cos\theta$，$M_B(\boldsymbol{F})=F(a\sin\theta-b\cos\theta)$］

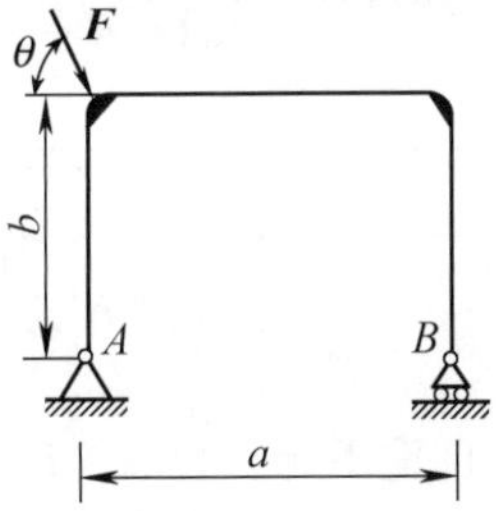

图 2-28

4. 如图 2-29 所示，已知梁 AB 上作用一个力偶，力偶矩为 M，梁长为 l，梁重不计。求支座 A 和支座 B 处的约束力。

（答：$F_B=F_A=\dfrac{M}{l\cos\theta}$）

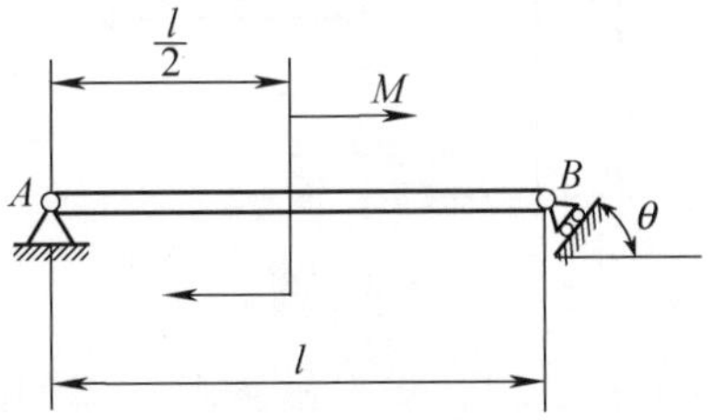

图 2-29

5. 无重水平梁的支承和载荷如图 2-30 所示。求支座 A 和支座 B 处的约束力。

［答：$F_{Ax}=0$，$F_{Ay}=\dfrac{1}{2}(-F-\dfrac{M}{a}+\dfrac{5}{2}qa)$，$F_B=\dfrac{1}{2}(3F+\dfrac{M}{a}-\dfrac{1}{2}qa)$］

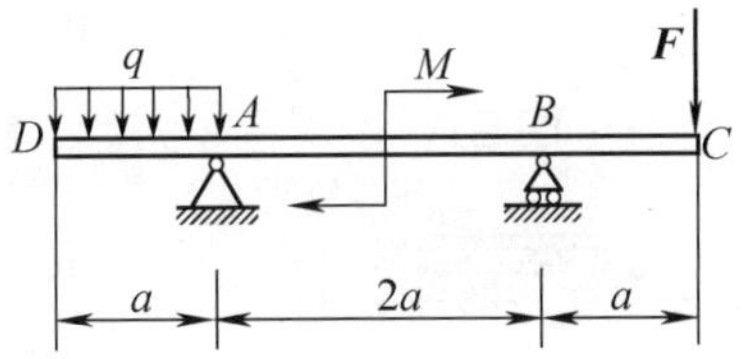

图 2-30

6. 组合梁载荷分布如图 2-31 所示，已知跨度 $l=8$ m，$F=4900$ N，均布力 $q=2450$ N/m，力偶矩 $M=4900$ N·m，求支座约束力。

（答：$F_A=-2450$ N，$F_B=14700$ N，$F_E=2450$ N）

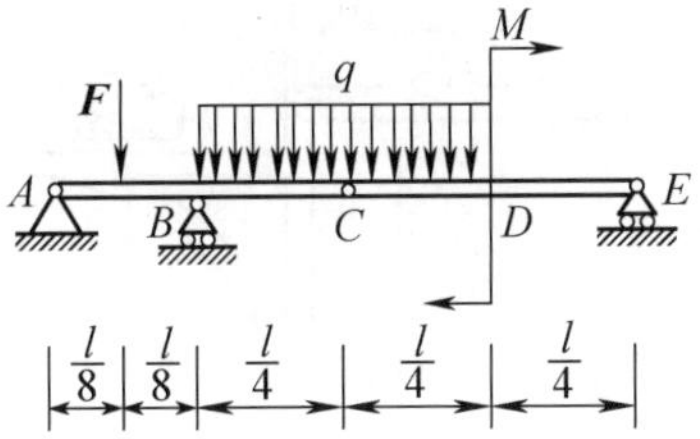

图 2-31

7. 梁载荷及尺寸如图 2-32 所示，不计梁的自重，求平衡时梁在 A 和 C 处的约束力。

（答：$F_{Ax}=\dfrac{M\tan\theta}{a}$，$F_{Ay}=-\dfrac{M}{a}$，$M_A=M$，$F_C=\dfrac{M}{a\cos\theta}$）

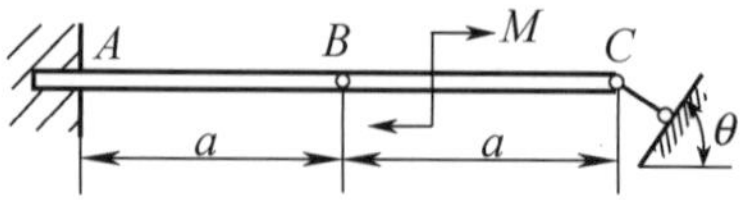

图 2-32

8. 图 2-33 所示平面结构，各杆自重不计。已知：$F=20$ kN，$a=2$ m，$b=1.5$ m。试求固定端 A 及支座 D 的约束力。

（答：$F_{Ax}=-10$ kN，$F_{Ay}=10$ kN，$M_A=40$ kN·m，$F_D=10\sqrt{2}$ kN）

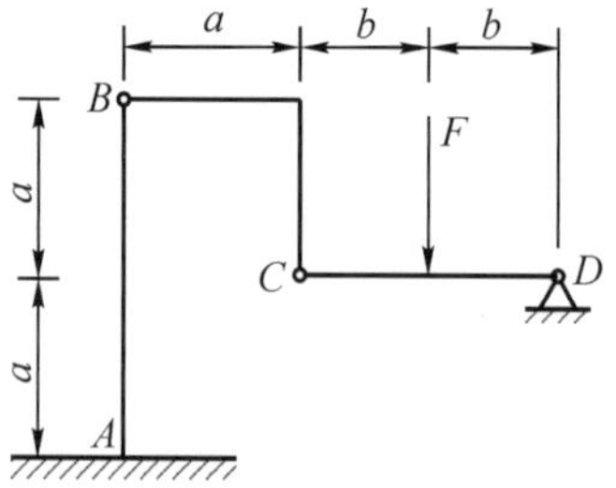

图 2-33

9. 履带式起重机如图 2-34 所示。已知起吊重量，不计起重臂的重量，绳系于销钉上。端系光滑圆柱铰链，求平衡时起重臂和缆绳所受的力。

（答：$F_{AB}=-263.48$ kN，$F_{AC}=-106.08$ kN）

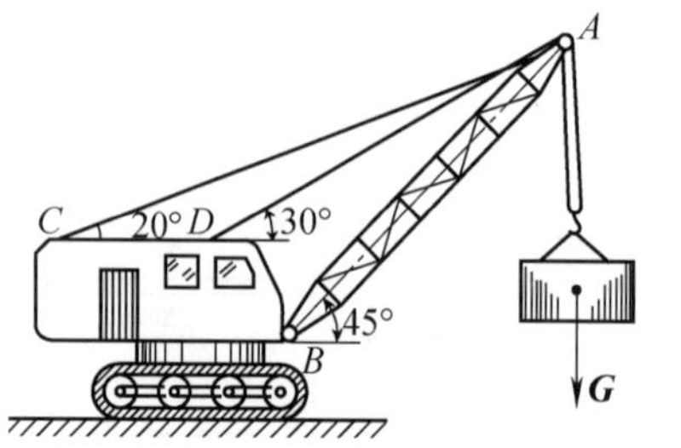

图 2-34

10. 图 2-35 所示为汽车台秤简图，BCF 为整体台面，杠杆 AB 可绕轴 O 转动，B、C、D 三处均为铰链，杆 DC 处于水平位置。试求平衡时砝码重 $\boldsymbol{G}_1$ 与汽车重 $\boldsymbol{G}_2$ 的关系。

（答：$G_1l=G_2a$）

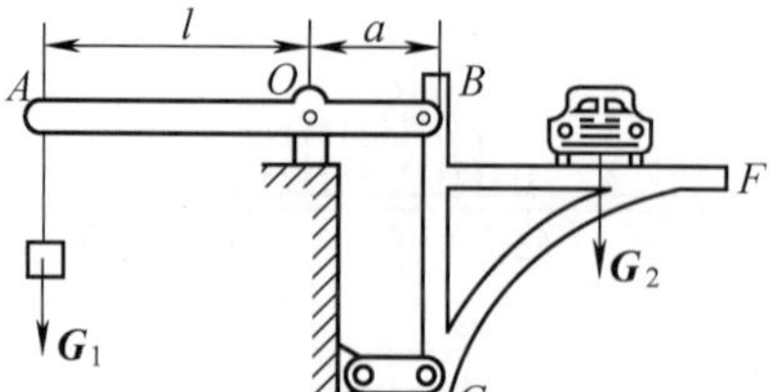

图 2-35

二、提升题

1. 铰链四杆构件 $CABD$ 的 CD 边固定，在铰链 A、B 处有力 $\boldsymbol{F}_1$、$\boldsymbol{F}_2$ 作用，如图 2－36 所示。该机构在图示位置平衡，杆重及摩擦忽略不计。求力 $\boldsymbol{F}_1$ 与 $\boldsymbol{F}_2$ 的关系。

（答：$F_1=0.664F_2$）

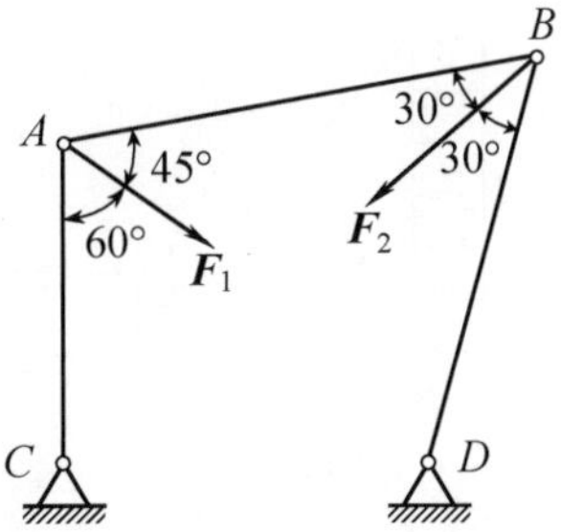

图 2－36

2. 如图 2－37 所示平衡系统，杆系由 EH、AB、CD 用铰链 E、C、A、D 连成。在杆 EH 上作用一个力偶，其矩 $M=1000\ \text{N}\cdot\text{m}$。已知 $CA=CB=CD$，$AB\perp CD$，$BE=1\ \text{m}$。不计杆重及摩擦。求支座 A、支座 D、支座 E 处的约束力。

（答：$F_{Ax}=-1000\ \text{N}$，$F_{Ay}=0$；$F_{CD}=-1000\sqrt{2}\ \text{N}$；$F_{Ex}=0$，$F_{Ey}=-1000\ \text{N}$）

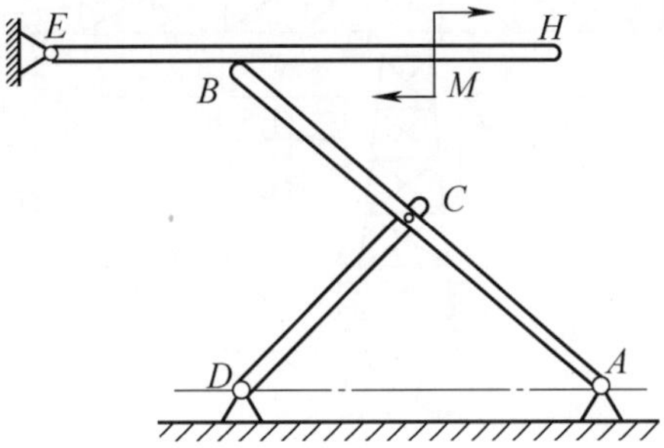

图 2－37

3. 如图 2－38 所示机构中，曲柄 OA 上作用一个力偶，其矩为 M，另在滑块 D 上作用水平力 $\boldsymbol{F}$。机构尺寸如图所示，各杆重量不计。求当机构平衡时，力大小 F 与力偶矩 M 的关系。

（答：$M=Fa\tan 2\theta$）

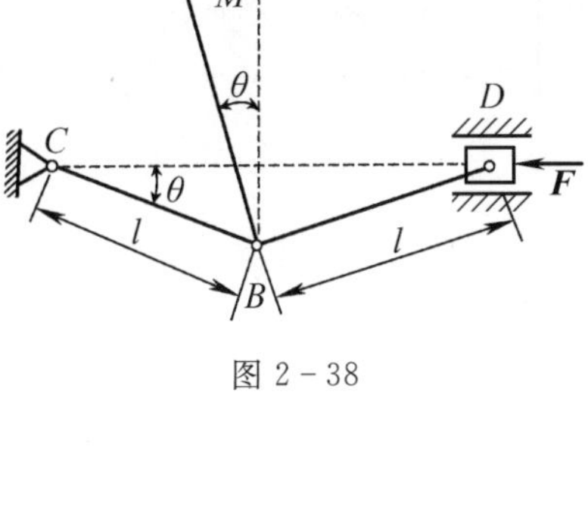

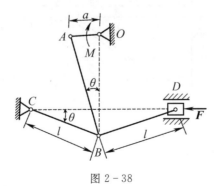

图 2－38

4. 等腰直角三角形 OAB 受力如图 2-39 所示，已知直角边长 $OB=2\ \mathrm{m}$，$F=8\sqrt{2}\ \mathrm{N}$，$M=10\ \mathrm{N\cdot m}$，$q=4\ \mathrm{N/m}$。求力系向 O 点简化的结果。

（答：主矢 $\boldsymbol{F}'_{\mathrm{R}}=8\boldsymbol{j}\ \mathrm{N}$，主矩 $M_O=2\ \mathrm{N\cdot m}$）

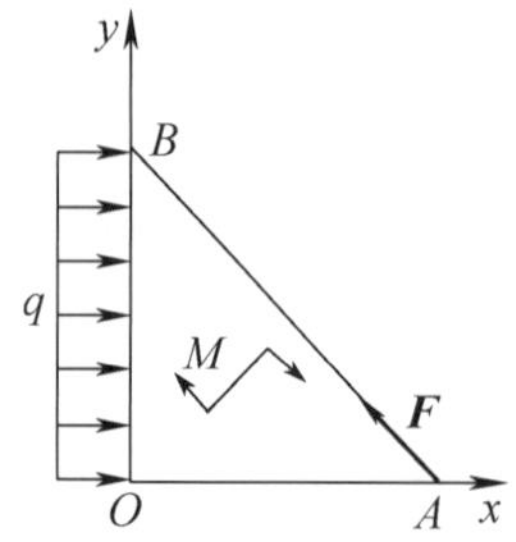

图 2-39

5. 如图 2-40 所示，移动式起重机的重量为 $G=500\ \mathrm{kN}$（不计平衡锤的重量），其重心在离右轨 1.5 m 处。起吊重物的重量为 $G_1=250\ \mathrm{kN}$，突臂伸出右轨 10 m。跑车本身重量略去不计，欲使跑车满载和空载时起重机均不致翻倒，求平衡锤的最小重量 G_2 以及平衡锤到左轨的最大距离 x。

（答：$G_{2\min}=333.3\ \mathrm{N\cdot m}$，$x_{\max}=6.75\ \mathrm{m}$）

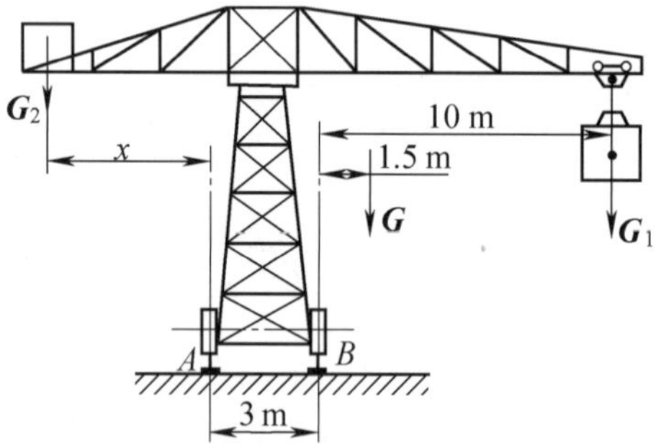

图 2-40

6. 一组合梁 ABC 的支承及载荷如图 2-41 所示，梁和支承杆的自重不计。已知 $F=1\ \mathrm{kN}$，$M=0.5\ \mathrm{kN\cdot m}$，求固定端 A 处的约束力。

（答：$F_{Ax}=-0.33\ \mathrm{kN}$，$F_{Ay}=1\ \mathrm{kN}$，$M_A=3.5\ \mathrm{kN\cdot m}$）

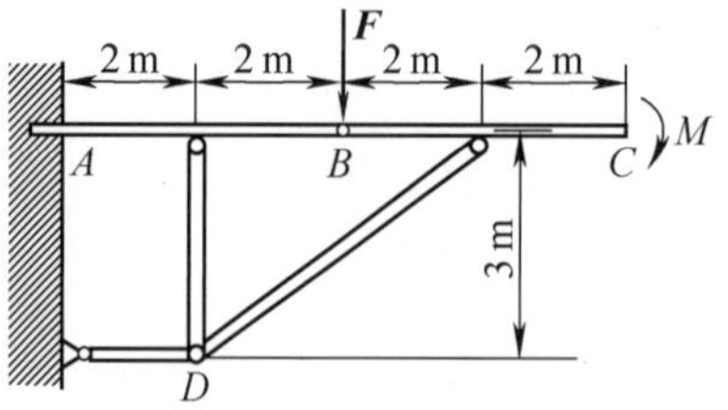

图 2-41

7. 如图 2-42 所示平衡系统，重 10 kN 的重物由杆 AC、杆 CD 与滑轮支承，不计杆和滑轮的重量，求支座 A 和支座 D 处的约束力。

（答：$F_{Ax}=14\ \mathrm{kN}$，$F_{Ay}=6\ \mathrm{kN}$，$F_{DC}=4\sqrt{2}\ \mathrm{kN}$）

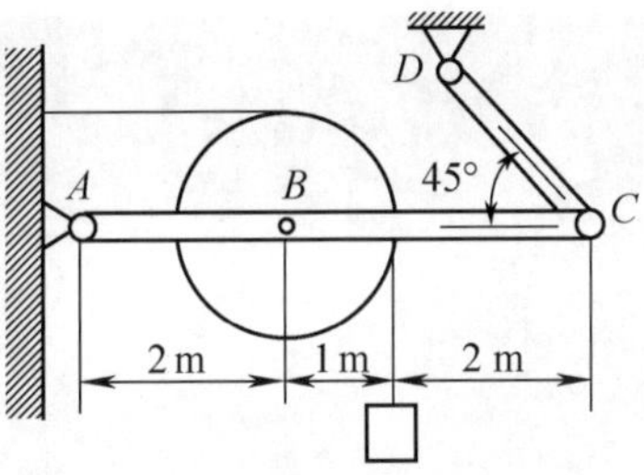

图 2-42

8. 如图 2-43 所示结构由 T 字梁和直梁铰接而成，自重不计。已知：$F=2$ kN，$q=0.5$ kN/m，$M=5$ kN·m，$L=2$ m。求 A、C 的约束力。

（答：$F_C=0.577$ kN，$F_{Ax}=2$ kN，$F_{Ay}=2.5$ kN，$M_A=10.5$ kN·m）

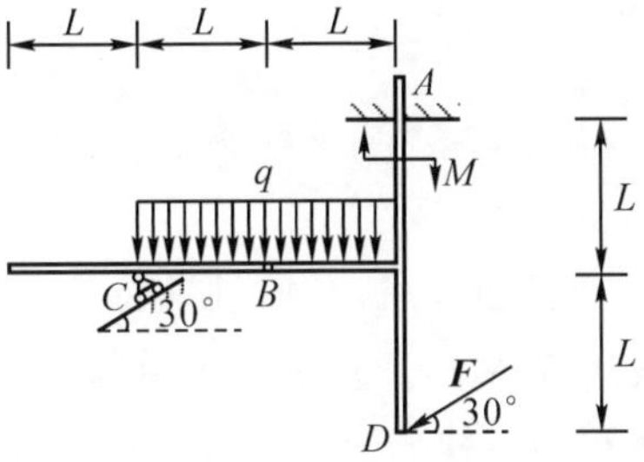

图 2-43

9. 平衡构架如图 2-44 所示。AB、AC、DC、BC 四杆连接处均为光滑铰链，BC 杆与 AB 杆、DC 杆均垂直，AB 杆上作用一垂直于杆 AB 的力 $\boldsymbol{F}$，已知 $F=300$ N，求 AC 杆和 BC 杆所受的力。设各杆自重不计。

[答：$F_{AC}=250$ N(拉杆)，$F_{BC}=150$ N（压杆）]

10. AB、AC、BC、AD 四杆组成的平面结构如图 2-45 所示。其中，A、C、E 为光滑铰链，B、D 为光滑接触，E 为中点，各杆自重不计，在水平杆 AB 上作用有铅垂向下的力 $\boldsymbol{F}$。求证不论力 $\boldsymbol{F}$ 的位置如何改变，杆 AC 总受到大小等于 $\boldsymbol{F}$ 的压力。

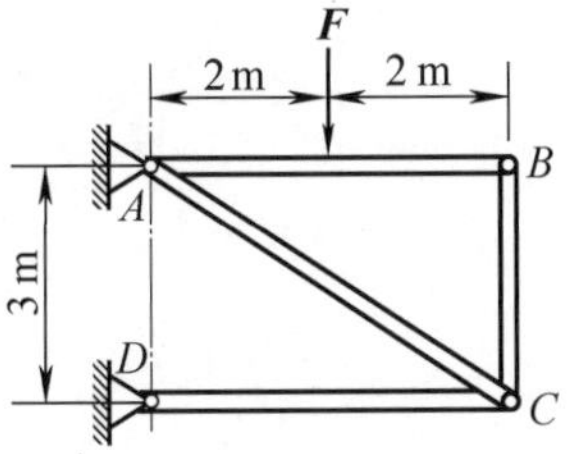

图 2-44

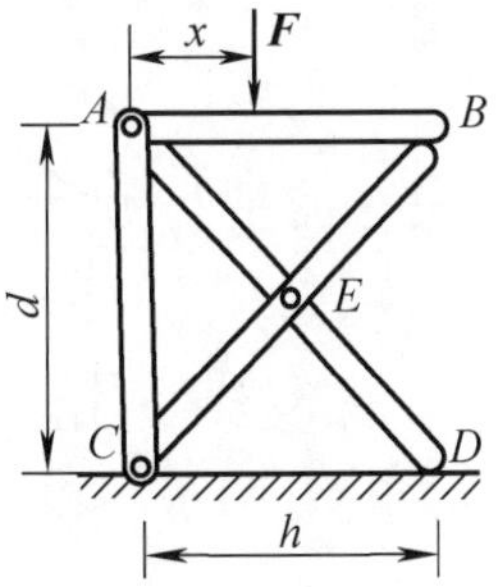

图 2-45

11. 在城市立交桥和高架桥中，独柱墩桥应用广泛，但该种结构形式的桥梁在使用过程中发生了多起倾覆事故。图 2-46 所示为 2019 年无锡 312 国道独柱高架桥垮塌事故的 3D 还原图，请用所学理论力学知识解释独柱桥墩侧翻的原因。

（答：略）

图 2-46

拓展阅读

平衡吊的力学原理[1]

“平衡吊”是一种高效节能轻型起重设备，其原理独特新颖，结构简单，广泛应用于机械制造加工及一些生产装配线上。它可以从一个角落起吊重物，然后将重物放置到宽广空间范围的某处，使用方便。如图 1(a)所示为一种平衡吊，其设计成平行四边形结构，即图 1(b)所示结构简图中 $AK = EC$，$CK = EA$。

平衡吊的特点是无论空载还是负载，运行到工作范围内的任何位置，处处都可以保持平衡，其中运用了力学中的平衡原理。稍加分析不难发现，平衡的原因是各构件自重与各处摩擦不计时，尺寸满足一定的关系。下面在图 1(b)所示简图中确定平衡时尺寸间的关系。

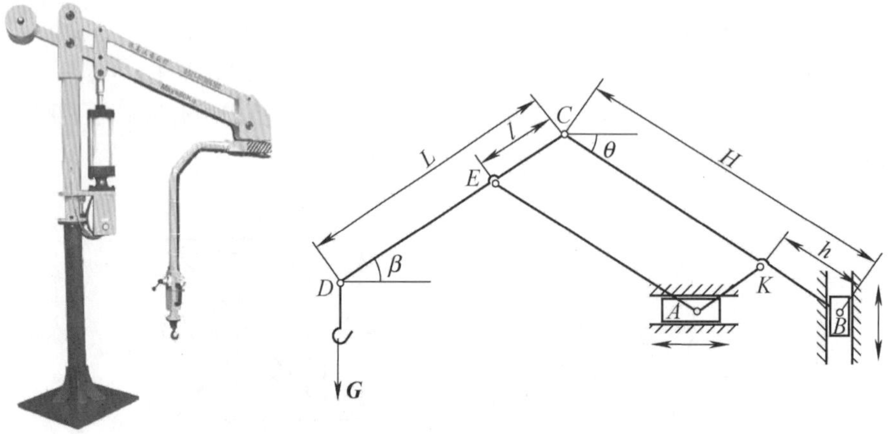

(a)　　　　(b)

图 1

这是物体系统的平衡问题。先取整体为研究对象(不包括滑块 B)，受力如图 2(a)所示。由 $\sum M_B(\boldsymbol{F}) = 0$ 得，$G(L\cos\beta + H\cos\theta) - F_{NA}(l\cos\beta + h\cos\theta) = 0$

1　闫爱和．平衡吊的运动分析及平衡方法[J]．太原重型机械学院学报，2000(4)，292-297.

解得
$$F_{NA}=\frac{L\cos\beta+H\cos\theta}{l\cos\beta+h\cos\theta}G \tag{a}$$

再取 CD 杆为研究对象，受力如图 2(b)所示。

由 $\sum M_C(\boldsymbol{F})=0$ 得，$GL\cos\beta-F_E l\sin(\theta+\beta)=0$

解得
$$F_E=\frac{GL\cos\beta}{l\sin(\theta+\beta)} \tag{b}$$

最后取 A 为研究对象，受力与坐标如图 2(c)所示。

由 $\sum F_x=0$ 得，$F'_E\cos\theta+F_K\cos\beta=0$ (c)

由 $\sum F_y=0$ 得，$-F'_E\sin\theta+F_K\sin\beta+F_{NA}=0$ (d)

(b)、(c)、(d)式联立解得　$F_{NA}=\frac{L}{l}G$ (e)

(a)、(e)式联立解得　$Lh=Hl$

即 $\frac{L}{l}=\frac{H}{h}$，所以，只要设计尺寸满足这一关系，接触处光滑，则平衡吊处处平衡。

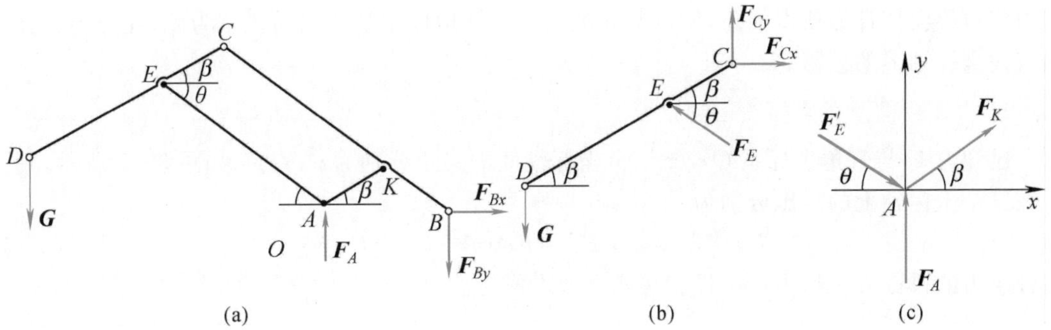

图 2

机构还将此构造仿制在台灯、制图尺等方面。如图 3 为台灯，如图 4 为缩放制图尺。由此可见，工程实际与日常生活中处处存在平衡问题。

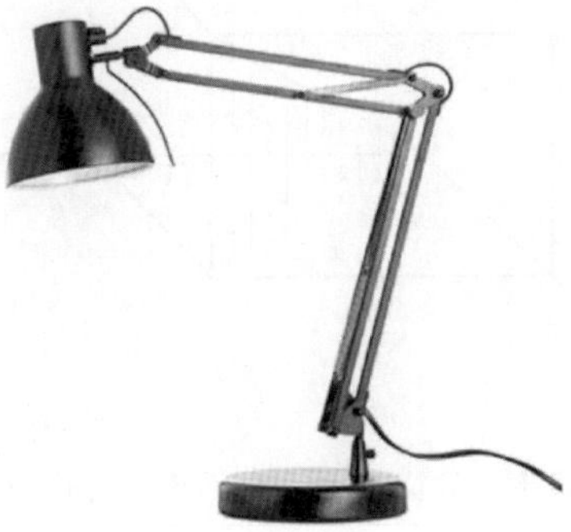

图 3

图 4

第 3 章　空间力系

内容提要

空间力系包括空间汇交力系、空间力偶系、空间任意力系和空间平行力系。本章将在平面力系的基础上，研究空间力系的简化和平衡条件，将平面力系中的一些概念、理论和方法推广到空间。

本章知识导图

3.1　空间汇交力系

平面汇交力系的简化可以用几何法和解析法，但空间汇交力系若用几何法简化，画出的空间力多边形会使计算变得抽象，所以空间汇交力系一般应用解析法简化。为此，先介绍力在空间直角坐标轴上的投影。

1. 力在空间直角坐标轴上的投影

已知力 $\boldsymbol{F}$ 与直角坐标系 $Oxyz$ 三个坐标轴间的夹角分别为 α、β、γ，如图 3-1 所示，则力 $\boldsymbol{F}$ 在三个坐标轴上的投影分别为

$$F_x = F\cos\alpha \,,\ F_y = F\cos\beta \,,\ F_z = F\cos\gamma \tag{3-1}$$

这种求力的投影方法称为一次投影法或直接投影法。

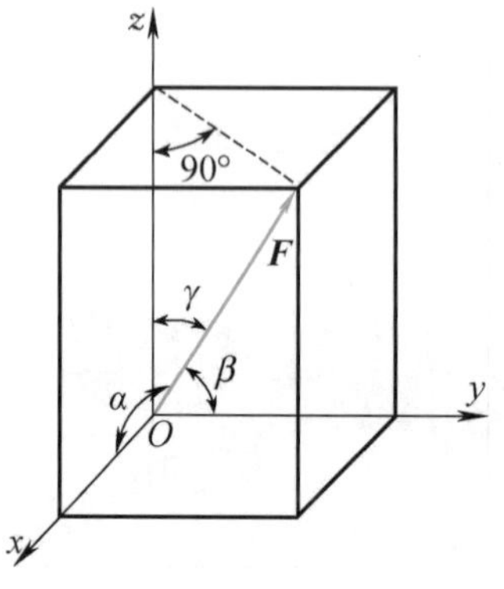

图 3-1

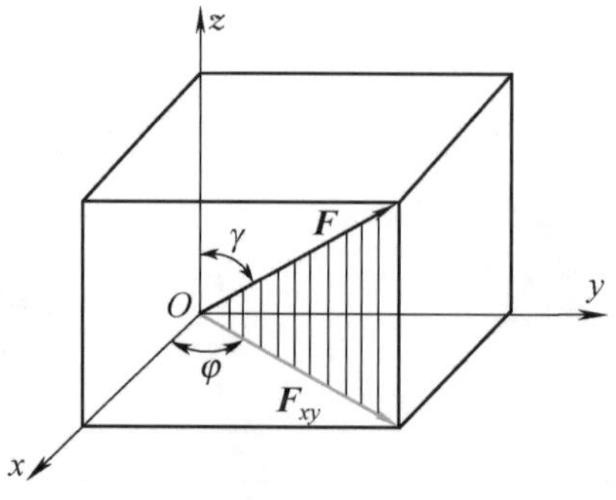

图 3-2

当力 $\boldsymbol{F}$ 与坐标轴 Ox、Oy 间的夹角不易确定时，可以先将力 $\boldsymbol{F}$ 投影到坐标平面 Oxy 上，得到力在面上的投影 $\boldsymbol{F}_{xy}$，它是一个矢量，再把 $\boldsymbol{F}_{xy}$ 投影到 x 轴、y 轴上。在图 3-2 中，已知角 γ 和 φ，则力 $\boldsymbol{F}$ 在三个坐标轴上的投影分别为

$$F_x = F\sin\gamma\cos\varphi \,,\quad F_y = F\sin\gamma\sin\varphi \,,\quad F_z = F\cos\gamma \tag{3-2}$$

这种求力的投影方法称为二次投影法或间接投影法。

特别提示　力在轴上的投影是代数量，力在平面上的投影是矢量。

例 3-1　图 3-3 所示的长方体顶点上作用一力 $\boldsymbol{F}$，已知 $F=300\ \text{N}$。试求该力在三个坐

标轴上的投影。

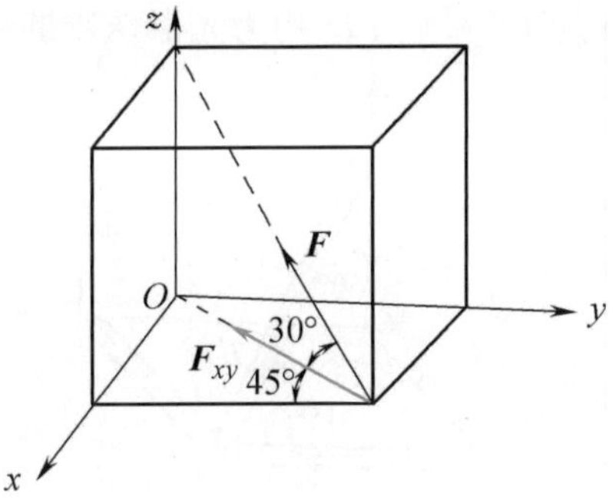

图 3－3

解　(1)先将力 $\boldsymbol{F}$ 向 z 轴和 Oxy 平面投影,得

$$F_z = F\sin30° = 150\ \text{N}, \quad F_{xy} = F\cos30° = 259.8\ \text{N}$$

(2)再将 $\boldsymbol{F}_{xy}$ 向 x 轴、y 轴投影,得

$$F_x = -F_{xy}\cos45° = -183.7\ \text{N}, \quad F_y = -F_{xy}\sin45° = -183.7\ \text{N}$$

或者应用投影的定义计算,即 $F_x = F_{xy}\cos135° = -183.7\ \text{N}$,$F_y = F_{xy}\cos135° = -183.7\ \text{N}$

2. 空间汇交力系的合力与平衡条件

将平面汇交力系的合成法则拓展到空间,即空间汇交力系的合力等于各分力的矢量和,合力的作用线通过汇交点。合力矢 $\boldsymbol{F}_{\text{R}}$ 为

$$\boldsymbol{F}_{\text{R}} = \boldsymbol{F}_1 + \boldsymbol{F}_2 + \cdots + \boldsymbol{F}_n = \sum_{i=1}^{n} \boldsymbol{F}_i$$

或

$$\boldsymbol{F}_{\text{R}} = \sum F_{ix}\boldsymbol{i} + \sum F_{iy}\boldsymbol{j} + \sum F_{iz}\boldsymbol{k} \tag{3-3}$$

式中,$\sum F_{ix}$ 、$\sum F_{iy}$ 、$\sum F_{iz}$ 分别是合力 $\boldsymbol{F}_{\text{R}}$ 在 x 轴、y 轴、z 轴上的投影。合力矢 $\boldsymbol{F}_{\text{R}}$ 的大小和方向余弦分别为

$$\left.\begin{aligned} &F_{\text{R}} = \sqrt{(\sum F_{ix})^2 + (\sum F_{iy})^2 + (\sum F_{iz})^2} \\ &\cos(\boldsymbol{F}_{\text{R}},\boldsymbol{i}) = \frac{\sum F_{ix}}{F_{\text{R}}},\cos(\boldsymbol{F}_{\text{R}},\boldsymbol{j}) = \frac{\sum F_{iy}}{F_{\text{R}}},\cos(\boldsymbol{F}_{\text{R}},\boldsymbol{k}) = \frac{\sum F_{iz}}{F_{\text{R}}} \end{aligned}\right\} \tag{3-4}$$

空间汇交力系可合成为一个合力,所以空间汇交力系平衡的必要和充分条件是该力系的合力等于零。根据式(3－4),可得

$$F_{\text{R}} = \sqrt{(\sum F_{ix})^2 + (\sum F_{iy})^2 + (\sum F_{iz})^2} = 0$$

欲使上式成立,必须同时满足

$$\left.\begin{aligned} \sum F_{ix} = 0 \\ \sum F_{iy} = 0 \\ \sum F_{iz} = 0 \end{aligned}\right\} \tag{3-5}$$

于是,空间汇交力系平衡的必要和充分条件:各力在三个坐标轴上的投影的代数和分别为零。式(3－5)称为空间汇交力系的平衡方程(为书写方便,下标 i 可去掉),三个相互独立的平衡方程可求解三个未知量。

例 3-2　杆 AB、杆 AC、杆 AD 在 A 处用光滑球铰链铰接，并吊一重量为 G 的重物，如图 3-4 所示。不计各杆的自重，且 B、C、D 均为光滑球铰链约束。试求三根杆所受的力。

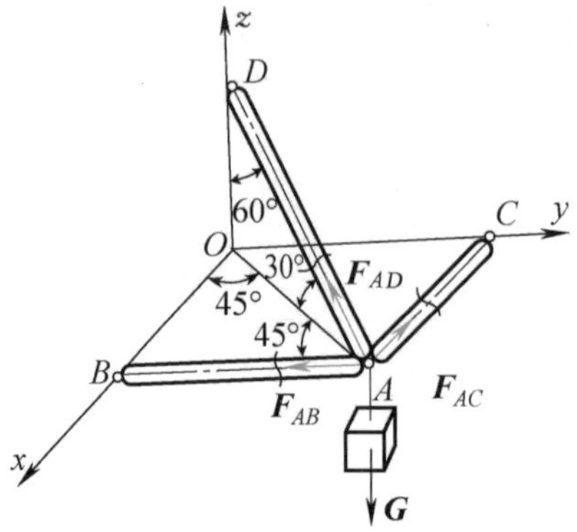

图 3-4

解　(1)选取研究对象，画受力图。取球铰链 A 与所吊重物为研究对象，其上受有主动力 $\boldsymbol{G}$。已知不计各杆的自重，故杆 AB、杆 AC、杆 AD 都是二力杆，且假设三根杆均为拉杆，受力图如图 3-4 所示，为一空间汇交力系。

(2)建立坐标系，列平衡方程。建立直角坐标系 $Oxyz$ 如图 3-4 所示，列平衡方程

$$\sum F_x = 0,\quad -F_{AC} - F_{AD}\cos30^\circ\cos45^\circ = 0$$

$$\sum F_y = 0,\quad -F_{AB} - F_{AD}\cos30^\circ\cos45^\circ = 0$$

$$\sum F_z = 0,\quad F_{AD}\sin30^\circ - G = 0$$

(3)解方程。联立上述三个方程，解得

$$F_{AB} = -\frac{\sqrt{6}}{2}G,\quad F_{AC} = -\frac{\sqrt{6}}{2}G,\ F_{AD} = 2G$$

其中，F_{AB}、F_{AC} 为负值，说明杆 AB、杆 AC 受压；F_{AD} 为正值，说明杆 AD 受拉。

3.2　力对点的矩与力对轴的矩

1. 力对点的矩

在平面力系中，力对点的矩只有顺时针和逆时针两个转向，用代数量表示即可概括它的全部要素。但是在空间力系中，不仅要考虑力矩的大小和转向，还要注意力与矩心所组成的平面(力矩作用面)在空间的方位，方位不同，即使力矩大小一样，其作用效果也将完全不同。如图 3-5 所示，O 为空间任意一点，$\boldsymbol{r}$ 表示力 $\boldsymbol{F}$ 作用点 A 的矢径。力 $\boldsymbol{F}$ 对点 O 的矩定义为矢径 $\boldsymbol{r}$ 与力 $\boldsymbol{F}$ 的矢量积，可用力矩矢 $\boldsymbol{M}_O(\boldsymbol{F})$ 描述，即

$$\boldsymbol{M}_O(\boldsymbol{F}) = \boldsymbol{r}\times\boldsymbol{F} \tag{3-6}$$

其大小为 $|\boldsymbol{M}_O(\boldsymbol{F})| = |\boldsymbol{r}\times\boldsymbol{F}| = Fh = 2A_{\triangle OAB}$。

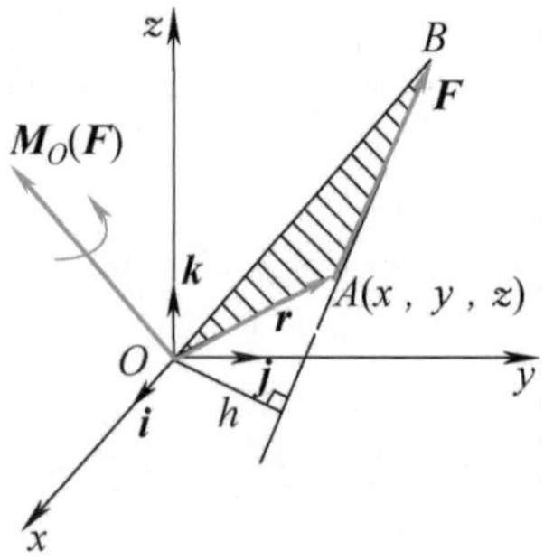

图 3-5

力矩矢 $\boldsymbol{M}_O(\boldsymbol{F})$ 的方向根据右手螺旋法则来确定，如图 3-5 所示。由于力矩矢 $\boldsymbol{M}_O(\boldsymbol{F})$ 的大小和方向都与矩心 O 的位置有关，故力矩矢的始端必须画在矩心，不可任意挪动，这样的矢量称

为定位矢量。

若以矩心 O 为原点，建立空间直角坐标系 $Oxyz$，如图 3-5 所示。矢径 $\boldsymbol{r}$ 与力 $\boldsymbol{F}$ 的解析表达式可写为

$$\boldsymbol{r}=x\boldsymbol{i}+y\boldsymbol{j}+z\boldsymbol{k}$$
$$\boldsymbol{F}=F_x\boldsymbol{i}+F_y\boldsymbol{j}+F_z\boldsymbol{k}$$

其中，x、y、z 为点 A 的坐标值，F_x、F_y、F_z 为力 $\boldsymbol{F}$ 在三个坐标轴上的投影。将它们代入式(3-6)，则有

$$\begin{aligned}\boldsymbol{M}_O(\boldsymbol{F})=\boldsymbol{r}\times\boldsymbol{F}&=\begin{vmatrix}\boldsymbol{i} & \boldsymbol{j} & \boldsymbol{k}\\ x & y & z\\ F_x & F_y & F_z\end{vmatrix}\\ &=(yF_z-zF_y)\,\boldsymbol{i}+(zF_x-xF_z)\,\boldsymbol{j}+(xF_y-yF_x)\,\boldsymbol{k}\end{aligned}\tag{3-7}$$

由此可见，单位矢量 $\boldsymbol{i}$、$\boldsymbol{j}$、$\boldsymbol{k}$ 前面的系数分别表示力矩矢 $\boldsymbol{M}_O(\boldsymbol{F})$ 在三个坐标轴上的投影，即

$$\left.\begin{aligned}[\boldsymbol{M}_O(\boldsymbol{F})]_x&=yF_z-zF_y\\ [\boldsymbol{M}_O(\boldsymbol{F})]_y&=zF_x-xF_z\\ [\boldsymbol{M}_O(\boldsymbol{F})]_z&=xF_y-yF_x\end{aligned}\right\}\tag{3-8}$$

2. 力对轴的矩

在生活和生产实际中，经常遇到刚体绕定轴转动的情况。为了度量力使刚体绕某定轴转动的效应，通过开门、关门的动作引入力对轴的矩的概念，如图 3-6 所示。

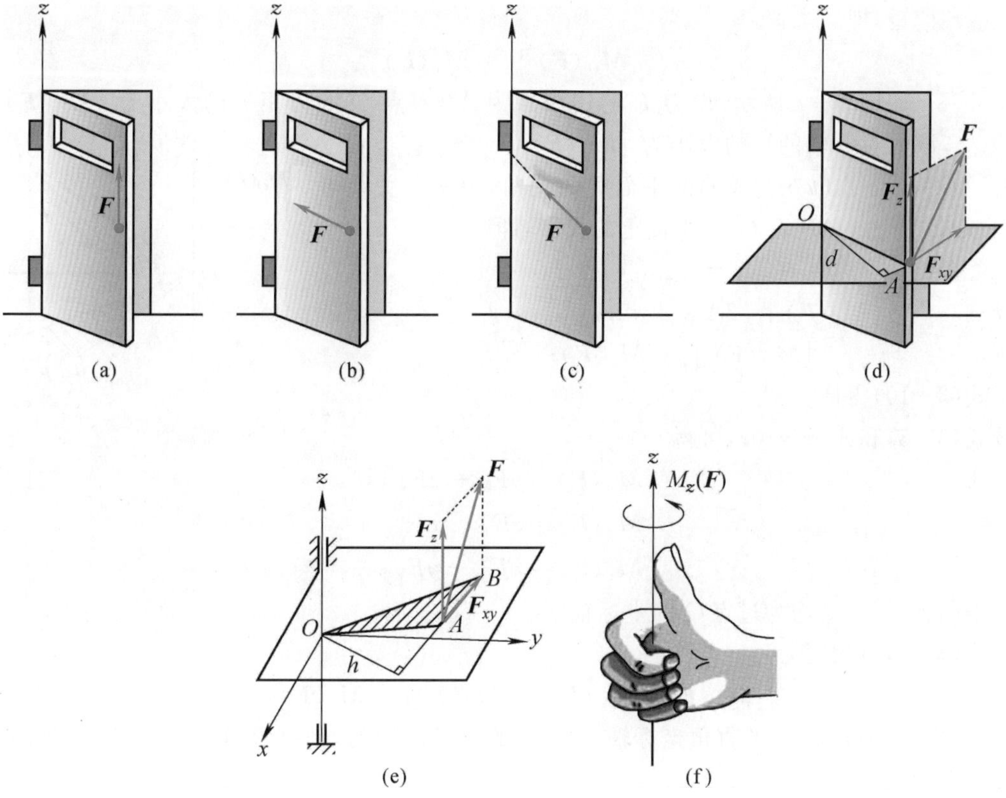

图 3-6

实践表明：当力与 z 轴平行或相交[见图 3－6(a)、图 3－6(b)、图 3－6(c)]时，门不会绕 z 轴转动。图 3－6(d)中的门在力 $\boldsymbol{F}$ 的作用下，可绕定轴 z 转动。为了计算力 $\boldsymbol{F}$ 对 z 轴的力矩，将力 $\boldsymbol{F}$ 分解为与 z 轴平行和垂直的两个分力 $\boldsymbol{F}_z$ 和 $\boldsymbol{F}_{xy}$。其中，平行于 z 轴的分力 $\boldsymbol{F}_z$ 不能使门绕 z 轴转动，故它对 z 轴的矩为零；只有异面且垂直于 z 轴的分力 $\boldsymbol{F}_{xy}$ 才能使门绕 z 轴转动，因此只有分力 $\boldsymbol{F}_{xy}$ 对 z 轴有矩。设点 O 为 Oxy 平面与 z 轴的交点，h 为点 O 到力 $\boldsymbol{F}_{xy}$ 作用线的垂直距离，如图 3－6(e)所示。以 $M_z(\boldsymbol{F})$ 表示力 $\boldsymbol{F}$ 对 z 轴的矩，可以看出，力 $\boldsymbol{F}$ 对 z 轴的矩等于分力 $\boldsymbol{F}_{xy}$ 对点 O 的矩，即

$$M_z(\boldsymbol{F})=M_O(\boldsymbol{F}_{xy})=F_{xy}h \tag{3-9}$$

因此，空间力对轴的矩可定义为力对轴的矩是力使刚体绕该轴转动效应的度量，是一个代数量，其绝对值等于该力在垂直于该轴的平面上的投影对该轴与平面交点的矩。其正负号按右手螺旋定则确定，如图 3－6(f)所示，右手手心朝向 z 轴，四指指向与力 $\boldsymbol{F}_{xy}$ 的箭头指向相同(右手四指自然弯曲抱住 z 轴)，当大拇指的指向与 z 轴的正向相同时，力对轴的矩为正，反之为负。

需要注意：当力与轴平行(此时 $F_{xy}=0$)或力与轴相交(此时 $h=0$)时，力对轴的矩等于零；当力沿其作用线移动时，不会改变力对轴的矩(h 和 $\boldsymbol{F}_{xy}$ 都不改变)；当力与轴异面且垂直时，力对轴的矩可转化为力对点的矩进行计算。

3. 力对点的矩与力对过该点的轴的矩的关系

力对点的矩和力对轴的矩的关系可概括为力对点的矩矢在通过该点的轴上的投影，等于力对该轴的矩，即

$$[\boldsymbol{M}_O(\boldsymbol{F})]_z=M_z(\boldsymbol{F}) \tag{3-10}$$

证明　如图 3－7 所示，设力 $\boldsymbol{F}$ 的作用点为 A，对点 O 的力矩矢的大小为 $|\boldsymbol{M}_O(\boldsymbol{F})|=2A_{\triangle OAB}$，该力对 z 轴的矩的大小为 $|M_z(\boldsymbol{F})|=2A_{\triangle Oab}$。设 γ 为由 $\triangle OAB$ 与 $\triangle Oab$ 构成的两平面间的夹角，由三角关系可知，$\triangle Oab$ 是 $\triangle OAB$ 在 Oxy 平面上的投影，即

$$A_{\triangle Oab}=A_{\triangle OAB}\cos\gamma$$

所以 $$|M_z(\boldsymbol{F})|=2A_{\triangle Oab}=2A_{\triangle OAB}\cos\gamma$$

故有 $$[\boldsymbol{M}_O(\boldsymbol{F})]_z=M_z(\boldsymbol{F})$$

于是式(3－10)得证。

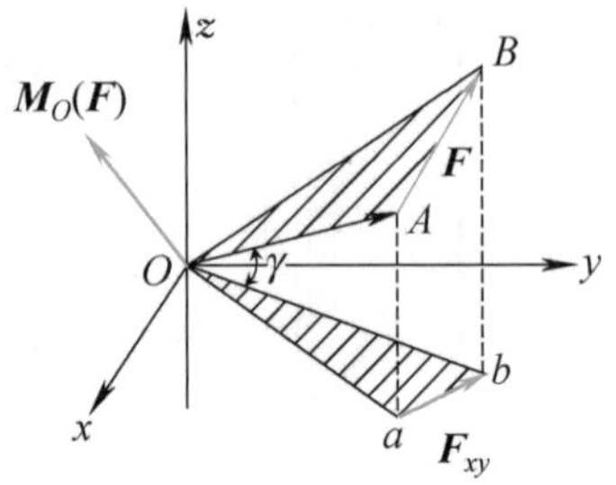

图 3－7

比较式(3－8)和式(3－10)，可得

$$\left.\begin{aligned} M_x(\boldsymbol{F})&=yF_z-zF_y\\ M_y(\boldsymbol{F})&=zF_x-xF_z\\ M_z(\boldsymbol{F})&=xF_y-yF_x \end{aligned}\right\}$$

上式中的轴 x、y、z 均为过点 O 的坐标轴。

式(3－7)可改写为

$$\boldsymbol{M}_O(\boldsymbol{F})=M_x(\boldsymbol{F})\boldsymbol{i}+M_y(\boldsymbol{F})\boldsymbol{j}+M_z(\boldsymbol{F})\boldsymbol{k} \tag{3-11}$$

如果力对通过点 O 的直角坐标轴 x、y、z 的矩是已知的，则可求得该力对点 O 的矩的大小和方向余弦：

$$\left.\begin{aligned}&|\boldsymbol{M}_O(\boldsymbol{F})|=|\boldsymbol{M}_O|=\sqrt{[M_x(\boldsymbol{F})]^2+[M_y(\boldsymbol{F})]^2+[M_z(\boldsymbol{F})]^2}\\&\cos(\boldsymbol{M}_O,\boldsymbol{i})=\frac{M_x(\boldsymbol{F})}{|\boldsymbol{M}_O(\boldsymbol{F})|},\\&\cos(\boldsymbol{M}_O,\boldsymbol{j})=\frac{M_y(\boldsymbol{F})}{|\boldsymbol{M}_O(\boldsymbol{F})|},\\&\cos(\boldsymbol{M}_O,\boldsymbol{k})=\frac{M_z(\boldsymbol{F})}{|\boldsymbol{M}_O(\boldsymbol{F})|}\end{aligned}\right\}\tag{3-12}$$

例 3-3　如图 3-8 所示，力 $\boldsymbol{F}$ 作用在 D 点，作用线沿正方体的体对角线 DE 。试求力 $\boldsymbol{F}$ 对 x 轴、y 轴、z 轴的矩以及对 A 点的矩。

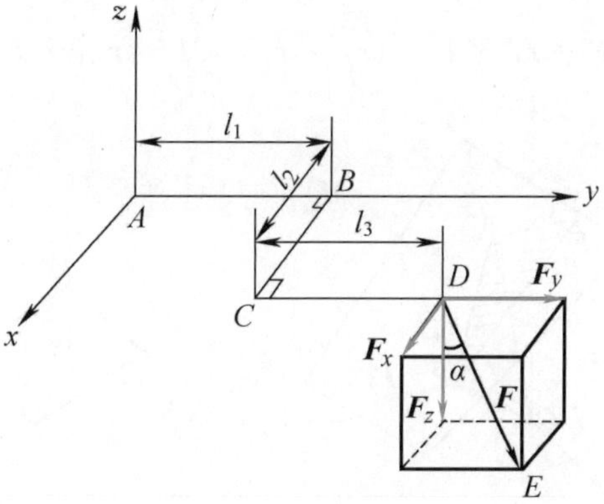

图 3-8

力对轴的矩的计算

解　(1)先求力 $\boldsymbol{F}$ 沿 x 轴、y 轴、z 轴的三个分力 $\boldsymbol{F}_x$、$\boldsymbol{F}_y$、$\boldsymbol{F}_z$，如图 3-8 所示，其大小分别为

$$F_x=F\sin\alpha\cos45^\circ=F\times\sqrt{\frac{2}{3}}\times\frac{\sqrt{2}}{2}=\frac{\sqrt{3}}{3}F$$

$$F_y=F\sin\alpha\sin45^\circ=\frac{\sqrt{3}}{3}F$$

$$F_z=F\cos\alpha=\frac{\sqrt{3}}{3}F$$

(2)应用合力矩定理，可得

$$M_x(\boldsymbol{F})=M_x(\boldsymbol{F}_x)+M_x(\boldsymbol{F}_y)+M_x(\boldsymbol{F}_z)=0+0-\frac{\sqrt{3}}{3}F(l_1+l_3)=-\frac{\sqrt{3}}{3}F(l_1+l_3)$$

$$M_y(\boldsymbol{F})=M_y(\boldsymbol{F}_x)+M_y(\boldsymbol{F}_y)+M_y(\boldsymbol{F}_z)=0+0+\frac{\sqrt{3}}{3}Fl_2=+\frac{\sqrt{3}}{3}Fl_2$$

$$M_z(\boldsymbol{F})=M_z(\boldsymbol{F}_x)+M_z(\boldsymbol{F}_y)+M_z(\boldsymbol{F}_z)=-\frac{\sqrt{3}}{3}F(l_1+l_3)+\frac{\sqrt{3}}{3}Fl_2+0=-\frac{\sqrt{3}}{3}F(l_1-l_2+l_3)$$

(3)根据力对点的矩与力对过该点的轴的矩的关系，得到

$$\boldsymbol{M}_A(\boldsymbol{F})=-\frac{\sqrt{3}}{3}F(l_1+l_3)\boldsymbol{i}+\frac{\sqrt{3}}{3}Fl_2\boldsymbol{j}-\frac{\sqrt{3}}{3}F(l_1-l_2+l_3)\boldsymbol{k}$$

3.3　空间力偶

1. 力偶矩以矢量表示

空间力偶对刚体的转动效应，可以用力偶的两个力对空间任意一点取矩的矢量和来度量。如图 3-9(a)所示，设有力偶 $(\boldsymbol{F},\boldsymbol{F}')$，力偶臂为 d，两个力的作用点分别为 A 和 B，且 $\boldsymbol{F}=-\boldsymbol{F}'$。在空间任选一点 O 为矩心，A、B 两点相对于矩心 O 的矢径分别为 $\boldsymbol{r}_A$ 和 $\boldsymbol{r}_B$，由 B 至 A 作矢径 $\boldsymbol{r}_{BA}$，则力偶对点 O 的矩矢 $M_O(\boldsymbol{F},\boldsymbol{F}')$ 为

$$\begin{aligned}\boldsymbol{M}_O(\boldsymbol{F},\boldsymbol{F}')&=\boldsymbol{M}_O(\boldsymbol{F})+\boldsymbol{M}_O(\boldsymbol{F}')=\boldsymbol{r}_A\times\boldsymbol{F}+\boldsymbol{r}_B\times\boldsymbol{F}'\\&=\boldsymbol{r}_A\times\boldsymbol{F}-\boldsymbol{r}_B\times\boldsymbol{F}=(\boldsymbol{r}_A-\boldsymbol{r}_B)\times\boldsymbol{F}=\boldsymbol{r}_{BA}\times\boldsymbol{F}\end{aligned}$$

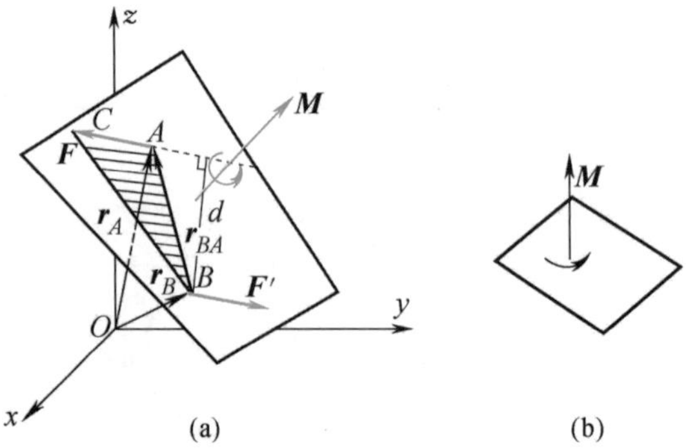

图 3-9

上式表明，力偶对空间任意一点的矩矢与矩心的位置无关，于是定义力偶矩矢 $\boldsymbol{M}_O(\boldsymbol{F},\boldsymbol{F}')$（简记为 $\boldsymbol{M}$）为

$$\boldsymbol{M}=\boldsymbol{r}_{BA}\times\boldsymbol{F}\tag{3-13}$$

力偶矩矢 $\boldsymbol{M}$ 的大小为

$$|\boldsymbol{M}|=|\boldsymbol{r}_{BA}\times\boldsymbol{F}|=Fd=2A_{\triangle ABC}$$

根据右手螺旋定则，便可确定出力偶矩矢的方向与力偶作用面垂直，如图 3-9 (b)所示。

由于力偶的作用效果只取决于力偶矩矢的大小和方向两个要素，因此力偶矩矢 $\boldsymbol{M}$ 无需确定矢量的始端位置，这样的矢量称为自由矢量。例如，汽车的方向盘可以按照个人的需要上下调节，并不影响两手施加的力偶对方向盘的作用效果。

2. 空间力偶的等效定理

作用于同一刚体的两个空间力偶，若力偶矩矢相等，则两力偶等效，此结论称为空间力偶的等效定理。

可见，力偶矩矢是空间力偶作用效果的唯一量度。由此定理可直接推出空间力偶的两个重要性质：

性质 1　只要保持空间力偶矩矢不变，力偶可在其作用面内任意移动，或同时改变力偶中力的大小和力偶臂的长短，并不改变其对刚体的作用效果。

性质 2　空间力偶可平移到与其作用面平行的任意平面内而不改变力偶对刚体的作用效果。

3. 空间力偶系的合成与平衡条件

设刚体上作用有力偶矩矢 $\boldsymbol{M}_1$、$\boldsymbol{M}_2$、…、$\boldsymbol{M}_n$，由于力偶矩矢是自由矢量，可以将其平行地移至同一点，构成汇交于一点的矢量系，参照空间汇交力系的合成法则，可得：空间力偶系的合成结果是一个合力偶，合力偶矩矢等于各分力偶矩矢的矢量和，即

$$\boldsymbol{M}=\boldsymbol{M}_1+\boldsymbol{M}_2+\cdots+\boldsymbol{M}_n=\sum_{i=1}^{n}\boldsymbol{M}_i \tag{3-14}$$

其解析表达式为

$$\boldsymbol{M}=M_x\boldsymbol{i}+M_y\boldsymbol{j}+M_z\boldsymbol{k} \tag{3-15}$$

将式(3－14)分别向 x 轴、y 轴、z 轴投影，则

$$\left.\begin{aligned}M_x&=M_{1x}+M_{2x}+\cdots+M_{nx}=\sum_{i=1}^{n}M_{ix}\\M_y&=M_{1y}+M_{2y}+\cdots+M_{ny}=\sum_{i=1}^{n}M_{iy}\\M_z&=M_{1z}+M_{2z}+\cdots+M_{nz}=\sum_{i=1}^{n}M_{iz}\end{aligned}\right\}$$

即合力偶矩矢在 x、y、z 轴上的投影等于各分力偶矩矢在相应轴上投影的代数和(为书写方便，下标 i 可略去)。合力偶矩矢的大小和方向余弦分别为

$$\left.\begin{aligned}&M=\sqrt{\left(\sum M_x\right)^2+\left(\sum M_y\right)^2+\left(\sum M_z\right)^2}\\&\cos(\boldsymbol{M},\boldsymbol{i})=\frac{\sum M_x}{M},\cos(\boldsymbol{M},\boldsymbol{j})=\frac{\sum M_y}{M},\cos(\boldsymbol{M},\boldsymbol{k})=\frac{\sum M_z}{M}\end{aligned}\right\} \tag{3-16}$$

由于空间力偶系可以用一个合力偶来代替，因此，空间力偶系平衡的必要和充分条件：该力偶系的合力偶矩矢为零，即

$$\sum_{i=1}^{n}\boldsymbol{M}_i=0$$

欲使上式成立，由式(3－16)可知，必须同时满足

$$\left.\begin{aligned}\sum M_x&=0\\\sum M_y&=0\\\sum M_z&=0\end{aligned}\right\} \tag{3-17}$$

式(3－17)称为空间力偶系的平衡方程，三个相互独立的平衡方程可求解三个未知量。

例 3－4　如图 3－10 所示，三根转动轴固接在齿轮箱上，转动轴 A 是铅直的，而转动轴 B 和轴 C 是水平的。在三根轴上各作用一个力偶，其力偶矩大小分别为 $M_1=600\ \text{N}\cdot\text{m}$，$M_2=M_3=800\ \text{N}\cdot\text{m}$，转向如图所示。试求这三个力偶的合力偶矩在 x 轴、y 轴、z 轴上的投影及合力偶。

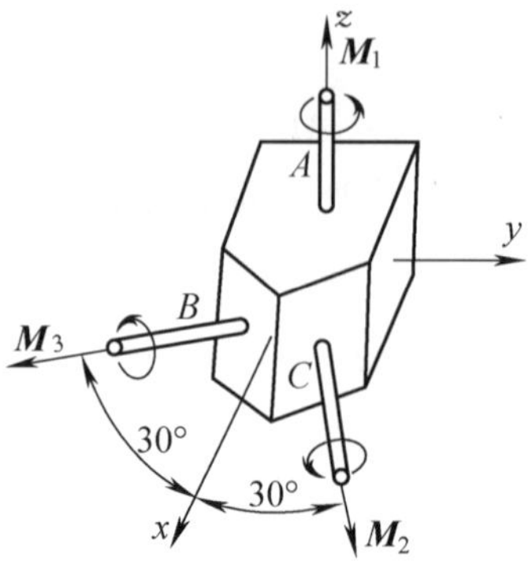

图 3-10

解 将这三个力偶用力偶矩矢量表示，如图 3-10 所示，则

$$M_x=\sum M_{ix}=M_2\cos30^\circ+M_3\cos30^\circ=1385.6\ \text{N}\cdot\text{m}$$

$$M_y=\sum M_{iy}=M_2\sin30^\circ-M_3\sin30^\circ=0\ \text{N}\cdot\text{m}$$

$$M_z=\sum M_{iz}=M_1=600\ \text{N}\cdot\text{m}$$

由式(3-15)，合力偶矩矢 $\boldsymbol{M}$ 为

$$\boldsymbol{M}=M_x\boldsymbol{i}+M_y\boldsymbol{j}+M_z\boldsymbol{k}=(1385.6\boldsymbol{i}+600\boldsymbol{k})\ \text{N}\cdot\text{m}$$

3.4 空间任意力系向一点的简化

1. 空间任意力系向一点的简化

设刚体上作用空间任意力系 $\boldsymbol{F}_1,\boldsymbol{F}_2,\cdots,\boldsymbol{F}_n$，如图 3-11(a)所示。类似平面任意力系的简化过程，应用力的平移定理，将各力平移到简化中心 O，即可得到空间汇交力系和空间力偶系，如图 3-11(b)所示。其中

$$\boldsymbol{F}_i'=\boldsymbol{F}_i,\ \boldsymbol{M}_i=\boldsymbol{M}_O(\boldsymbol{F}_i)=\boldsymbol{r}_i\times\boldsymbol{F}_i\ (i=1,2,\cdots,n)$$

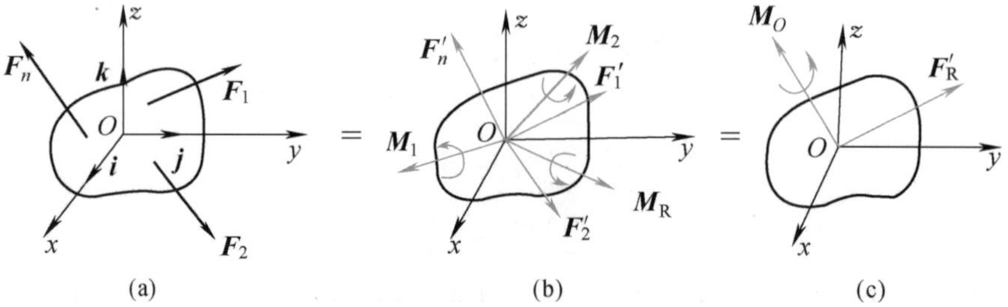

图 3-11

将这两个简单力系进一步合成，得到一个主矢 $\boldsymbol{F}_R'$ 和一个主矩 $\boldsymbol{M}_O$，如图 3-11(c)所示。其中主矢 $\boldsymbol{F}_R'$ 等于力系中各力的矢量和，主矩 $\boldsymbol{M}_O$ 等于力系中各力对简化中心的力矩的矢量和，即

$$\boldsymbol{F}_R'=\boldsymbol{F}_1'+\boldsymbol{F}_2'+\cdots+\boldsymbol{F}_n'=\sum_{i=1}^{n}\boldsymbol{F}_i=\sum F_{ix}\boldsymbol{i}+\sum F_{iy}\boldsymbol{j}+\sum F_{iz}\boldsymbol{k} \tag{3-18}$$

$$\boldsymbol{M}_O=\sum_{i=1}^{n}\boldsymbol{M}_i=\sum_{i=1}^{n}\boldsymbol{M}_O(\boldsymbol{F}_i)=\sum(M_x(\boldsymbol{F}_i))\boldsymbol{i}+\sum(M_y(\boldsymbol{F}_i))\boldsymbol{j}+\sum(M_z(\boldsymbol{F}_i))\boldsymbol{k} \tag{3-19}$$

2. 空间任意力系的简化结果分析

(1)空间任意力系简化为一合力的情况。

①空间任意力系向一点简化时，若主矢 $\boldsymbol{F}'_{\mathrm{R}}\neq\boldsymbol{0}$，主矩 $\boldsymbol{M}_O=\boldsymbol{0}$，则得到一个与原力系等效的合力，合力的作用线通过简化中心 O，其大小和方向与原力系的主矢相同。

②空间任意力系向一点简化时，若主矢 $\boldsymbol{F}'_{\mathrm{R}}\neq\boldsymbol{0}$，主矩 $\boldsymbol{M}_O\neq\boldsymbol{0}$，且 $\boldsymbol{F}'_{\mathrm{R}}\perp\boldsymbol{M}_O$，则空间力系最终可合成一合力 $\boldsymbol{F}_{\mathrm{R}}$，如图 3－12 所示(读者可自行证明)。

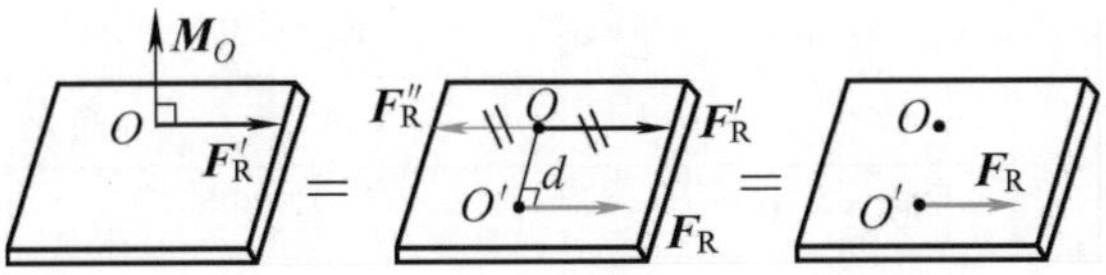

图 3－12

图 3－12 中的 $\boldsymbol{F}_{\mathrm{R}}$ 就是原力系的合力，其大小和方向等于原力系的主矢，作用线距简化中心的距离为

$$d=\frac{|\boldsymbol{M}_O|}{F_{\mathrm{R}}}$$

(2)空间任意力系简化为一合力偶的情况。空间任意力系向一点简化时，若主矢 $\boldsymbol{F}'_{\mathrm{R}}=\boldsymbol{0}$，主矩 $\boldsymbol{M}_O\neq\boldsymbol{0}$，则空间力系与一合力偶等效，其合力偶矩矢等于原力系对简化中心的主矩，与简化中心的位置无关。

(3)空间任意力系简化为力螺旋的情况。空间任意力系向一点简化时，若主矢 $\boldsymbol{F}'_{\mathrm{R}}\neq\boldsymbol{0}$，主矩 $\boldsymbol{M}_O\neq\boldsymbol{0}$，且主矢与主矩不垂直而成任一夹角 θ ($\theta\neq\frac{\pi}{2}$)，则空间力系简化为一力螺旋，如图 3－13(a)所示。此时，可将主矩 $\boldsymbol{M}_O$ 分解为沿主矢作用线方向和垂直于主矢作用线方向的两个分量 $\boldsymbol{M}'_O$，$\boldsymbol{M}''_O$，如图 3－13(b)所示，因 $\boldsymbol{F}'_{\mathrm{R}}\perp\boldsymbol{M}''_O$，所以 $\boldsymbol{F}'_{\mathrm{R}}$ 和 $\boldsymbol{M}''_O$ 可以简化为作用线通过另一点 O' 的合力 $\boldsymbol{F}_{\mathrm{R}}$，且 O 到 $\boldsymbol{F}_{\mathrm{R}}$ 作用线的距离 d 为

$$d=\frac{|\boldsymbol{M}''_O|}{F'_{\mathrm{R}}}=\frac{|M_O\sin\theta|}{F'_{\mathrm{R}}}$$

这样就将空间力系简化为一个力 $\boldsymbol{F}_{\mathrm{R}}$ 和沿该力作用线的力偶 $\boldsymbol{M}'_O$，如图 3－13(c)所示。

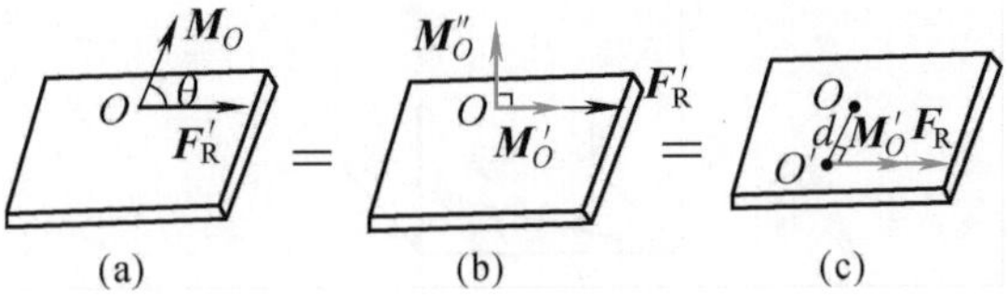

图 3－13

力螺旋是由一个力和一个力偶组成的力系，且力的作用线垂直于力偶的作用面。例如，钻孔时的钻头对工件的作用以及拧螺钉时螺丝刀对螺钉的作用都是力螺旋。力和力偶矩矢方向一致的力螺旋称为右力螺旋；力和力偶矩矢方向相反的力螺旋称为左力螺旋。力的作用线称为力螺旋的中心轴。

知识拓展

力螺旋在机械设计和航空航天领域中有着重要应用。例如，在设计和分析旋转机械(如涡轮机、压缩机、发动机等)时，需要考虑力和旋转的关系，以优化机械性能。在航空航天中，飞行器的设计和控制需要考虑力螺旋的影响，以确保稳定性和控制精度

(4)空间任意力系简化为平衡的情况。空间任意力系向一点简化时，若主矢 $\boldsymbol{F}'_R=\boldsymbol{0}$，主矩 $\boldsymbol{M}_O=\boldsymbol{0}$，这时空间任意力系平衡。空间任意力系的最终简化结果见表 3-1。

表 3-1　空间任意力系的最终简化结果

	主矩	主矢	
		$\boldsymbol{F}'_R=\boldsymbol{0}$	$\boldsymbol{F}'_R\neq\boldsymbol{0}$
		简化结果	
$\boldsymbol{F}'_R\cdot\boldsymbol{M}_O=0$	$\boldsymbol{M}_O=\boldsymbol{0}$	平衡	合力
	$\boldsymbol{M}_O\neq\boldsymbol{0}$	合力偶	合力
$\boldsymbol{F}'_R\cdot\boldsymbol{M}_O\neq 0$	$\boldsymbol{M}_O\neq\boldsymbol{0}$	—	力螺旋

利用空间任意力系简化的理论可得，空间固定端的约束力由三个正交分力和三个力偶构成，即 $\boldsymbol{F}_{Ax}$、$\boldsymbol{F}_{Ay}$、$\boldsymbol{F}_{Az}$、$\boldsymbol{M}_{Ax}$、$\boldsymbol{M}_{Ay}$、$\boldsymbol{M}_{Az}$，共 6 个，如图 3-14(b)所示。

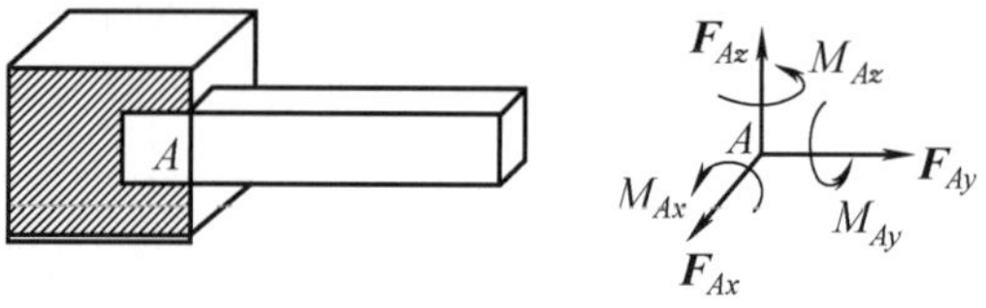

图 3-14

例 3-5　由力 $\boldsymbol{F}_1$、$\boldsymbol{F}_2$、$\boldsymbol{F}_3$ 组成空间力系如图 3-15 所示，已知 $F_1=10$ kN、$F_2=10$ kN、$F_3=20$ kN、$a=c=4$ cm、$b=3$ cm。试以原点 O 为简化中心计算力系的主矢和主矩，并判断其最终的合成结果。

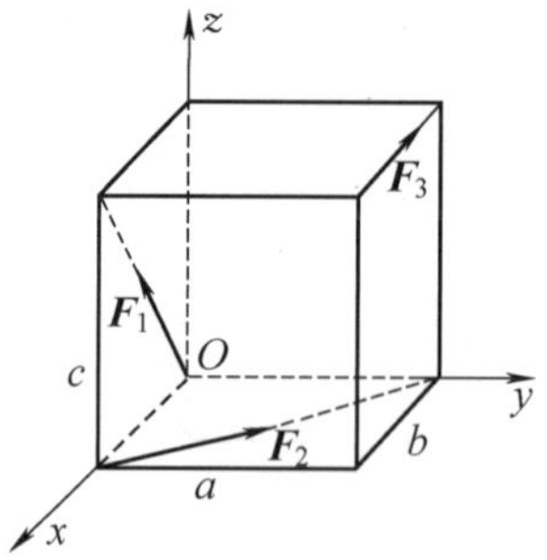

图 3-15

空间任意力系的简化结果分析

解　(1)求力系的主矢。

$$\boldsymbol{F}'_R=\sum F_x\boldsymbol{i}+\sum F_y\boldsymbol{j}+\sum F_z\boldsymbol{k}$$

根据合力投影定理，得

$$\sum F_x = F_{1x} + F_{2x} + F_{3x} = F_1 \times \frac{3}{5} - F_2 \times \frac{3}{5} - F_3 = -20\ \text{kN}$$

$$\sum F_y = F_{1y} + F_{2y} + F_{3y} = F_2 \times \frac{4}{5} = 8\ \text{kN}$$

$$\sum F_z = F_{1z} + F_{2z} + F_{3z} = F_1 \times \frac{4}{5} = 8\ \text{kN}$$

则主矢
$$\boldsymbol{F}'_{\mathrm{R}} = (-20\boldsymbol{i} + 8\boldsymbol{j} + 8\boldsymbol{k})\ \text{kN}$$

(2)求力系的主矩。

$$\boldsymbol{M}_O = \sum M_x \boldsymbol{i} + \sum M_y \boldsymbol{j} + \sum M_z \boldsymbol{k}$$

由合力矩定理,得

$$\sum M_x = M_x(\boldsymbol{F}_1) + M_x(\boldsymbol{F}_2) + M_x(\boldsymbol{F}_3) = 0\ \text{kN} \cdot \text{m}$$

$$\sum M_y = M_y(\boldsymbol{F}_1) + M_y(\boldsymbol{F}_2) + M_y(\boldsymbol{F}_3) = -F_3 \times 4 = -80\ \text{kN} \cdot \text{m}$$

$$\sum M_z = M_z(\boldsymbol{F}_1) + M_z(\boldsymbol{F}_2) + M_z(\boldsymbol{F}_3) = F_{2y} \times 3 + F_3 \times 4 = 104\ \text{kN} \cdot \text{m}$$

则主矩
$$\boldsymbol{M}_O = (-80\boldsymbol{j} + 104\boldsymbol{k})\ \text{kN}$$

(3)最终合成结果的判定。

因为主矢、主矩都不等于零,由

$$\boldsymbol{F}'_{\mathrm{R}} \cdot \boldsymbol{M}_O = (-20\boldsymbol{i} + 8\boldsymbol{j} + 8\boldsymbol{k}) \cdot (-80\boldsymbol{j} + 104\boldsymbol{k}) = 192 \neq 0$$

判定该力系最终简化为一个力螺旋。

3.5　空间任意力系的平衡

1. 空间任意力系的平衡方程

由 3.4 节可知,空间任意力系平衡的充分必要条件是力系的主矢和对于任意点的主矩均为零,即

$$\boldsymbol{F}'_{\mathrm{R}} = 0\ ,\quad \boldsymbol{M}_O = 0$$

根据式(3-18)和式(3-19),可将上述平衡条件写成空间任意力系的平衡方程

$$\left.\begin{aligned} &\sum F_x = 0 \\ &\sum F_y = 0 \\ &\sum F_z = 0 \\ &\sum M_x(\boldsymbol{F}) = 0 \\ &\sum M_y(\boldsymbol{F}) = 0 \\ &\sum M_z(\boldsymbol{F}) = 0 \end{aligned}\right\} \tag{3-20}$$

于是空间任意力系平衡的必要和充分条件:所有各力在三个坐标轴上投影的代数和等于零,以及各力对三个坐标轴的矩的代数和也等于零(为书写方便,下标 i 可略去)。式(3-20)有六个独立的平衡方程,可求解六个未知量。为解题方便,空间任意力系也可应用四矩式、五矩式和六矩式的平衡方程进行平衡计算。

空间任意力系是最普遍的力系，其他力系如空间平行力系、空间汇交力系和空间力偶系及平面各力系均属于空间一般力系的特殊情况，其平衡方程均可由空间任意力系的平衡方程导出。现以空间平行力系为例，导出其平衡方程，其余情况读者可自行推导。

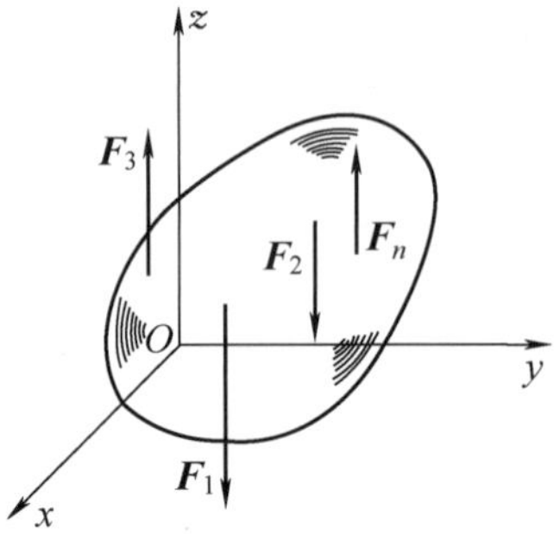

图 3-16

如图 3-16 所示，空间平行力系中各力的作用线均平行于 z 轴，则各力对于 z 轴的矩等于零。由于各力都与 x 轴和 y 轴垂直，所以各力在这两轴上的投影均等于零。因而无论该力系是否平衡，$\sum F_x=0$，$\sum F_y=0$，$\sum M_z(\boldsymbol{F})=0$ 都为恒等式，于是空间平行力系的平衡方程只有三个，即

$$\left.\begin{aligned}\sum F_z&=0\\ \sum M_x(\boldsymbol{F})&=0\\ \sum M_y(\boldsymbol{F})&=0\end{aligned}\right\}\tag{3-21}$$

可求解三个未知量。

2. 空间力系平衡问题举例

例 3-6 水平传动轴上有两个带轮，大轮半径 $r_1=300$ mm，小轮半径 $r_2=150$ mm，带轮与轴承之间的距离 $b=500$ mm。带的拉力都在垂直于 y 轴的平面内，且与带轮相切。已知 $\boldsymbol{F}_1$ 与 $\boldsymbol{F}_2$ 沿水平方向，而 $\boldsymbol{F}_3$ 和 $\boldsymbol{F}_4$ 则与铅垂线成 $\theta=30°$ 角，如图 3-17 所示。设 $F_1=2F_2=2$ kN，$F_3=2F_4$。试求平衡时的拉力 $\boldsymbol{F}_3$ 和 $\boldsymbol{F}_4$ 以及轴承 A、B 处的约束力。

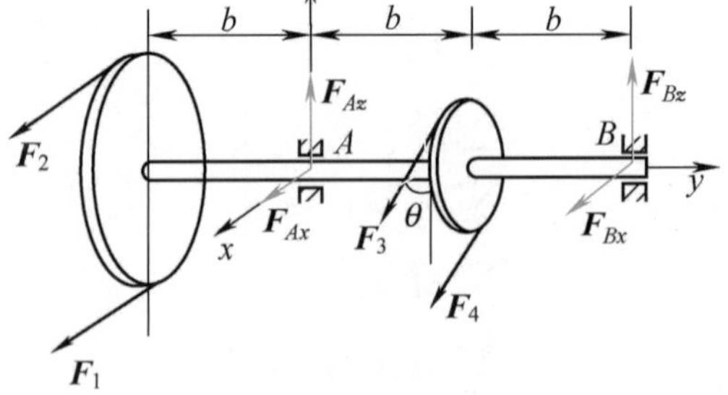

图 3-17

解 (1) 选取研究对象，画受力分析图。取整个系统为研究对象，受力分析如图 3-17 所示，两个轮上分别作用有力 $\boldsymbol{F}_1$、$\boldsymbol{F}_2$、$\boldsymbol{F}_3$、$\boldsymbol{F}_4$ 及径向轴承的约束力 $\boldsymbol{F}_{Ax}$、$\boldsymbol{F}_{Az}$、$\boldsymbol{F}_{Bx}$、$\boldsymbol{F}_{Bz}$。

(2)建立坐标系 $Oxyz$ 如图所示，列平衡方程。

$$\sum M_y(\boldsymbol{F})=0,\quad (F_2-F_1)\times r_1+(F_3-F_4)\times r_2=0$$

$$\sum M_x(\boldsymbol{F})=0,\quad F_{Bz}\times 2b-(F_3+F_4)\cos\theta\times b=0$$

$$\sum M_z(\boldsymbol{F})=0,\quad (F_2+F_1)\times b-F_{Bx}\times 2b-(F_3+F_4)\sin\theta\times b=0$$

$$\sum F_z=0,\quad F_{Az}+F_{Bz}-F_3\cos\theta-F_4\cos\theta=0$$

$$\sum F_x=0,\quad F_2+F_1+F_{Ax}+F_{Bx}+(F_3+F_4)\sin\theta=0$$

(3)解方程。

将 $F_3=2F_4$，$F_1=2F_2=2$ kN 及已知数据代入上述方程，联立解得

$$F_3=4\text{ kN},F_4=2\text{ kN},F_{Ax}=-6\text{ kN},F_{Az}=2.6\text{ kN},F_{Bx}=0\text{ kN},F_{Bz}=2.6\text{ kN}$$

特别提示　本例题中平衡方程 $\sum F_y=0$，为 $0=0$ 型恒等式，所以独立的平衡方程只有五个，在题设条件 $F_1=2F_2=2$ kN，$F_3=2F_4$ 之下，才能求解出上述六个未知量。

例 3-7　如图 3-18 所示，均质长方板由六根杆支承于水平位置，直杆两端各用球铰链与板和地面连接。板重为 G，在 A 处作用一水平力 $\boldsymbol{F}$，且 $F=2G$。试求各杆的内力。

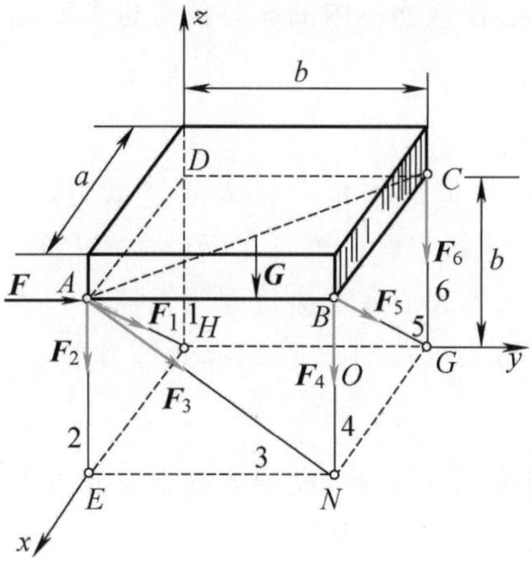

图 3-18

空间任意力系
平衡方程的应用

解　(1)取均质长方板为研究对象，各支撑杆均为二力杆，设它们均承受拉力。长方板的受力如图 3-18 所示。

(2)建立坐标系 $Oxyz$，列平衡方程：

$$\sum M_{BN}(\boldsymbol{F})=0,\quad F_1=0$$

$$\sum M_{AE}(\boldsymbol{F})=0,\quad F_5=0$$

$$\sum M_{AC}(\boldsymbol{F})=0,\quad F_4=0$$

$$\sum M_{AB}(\boldsymbol{F})=0,\quad -F_6\times a-G\times\frac{a}{2}=0\qquad 得\quad F_6=-\frac{G}{2}(压力)$$

$$\sum M_{NG}(\boldsymbol{F})=0,\quad G\times\frac{b}{2}+F_2\times b-F\times b=0\qquad 得\quad F_2=\frac{3}{2}G(拉力)$$

$$\sum M_{CG}(\boldsymbol{F})=0,\quad F_3\cos45^\circ\times a+F\times a=0\qquad 得\quad F_3=-2\sqrt{2}G(压力)$$

特别提示　此例中用六个力矩方程求得六根杆的内力。一般来说，力矩方程比较灵活，常常可使一个方程只包含一个未知量。但无论怎样列方程，独立平衡方程数目只有六个。

3.6 重　心

1. 重心的概念

物体的重心在工程实际中具有重要意义。例如，在工程中，转动机械特别是高速转子，如果重心不在其转动轴线上，将会引起强烈振动，导致系统不能正常工作甚至破坏。又如船舶和高速飞行物，如重心位置设计不好，就可能引起船舶的倾覆和影响飞行物的稳定飞行等。因此，了解重心的概念以及重心位置的计算方法十分重要。

放置在地球表面附近的物体，其内部各点都受到地球引力的作用。严格地说，这些引力组成的力系是汇交于地心的空间汇交力系。但由于物体的几何尺寸比地球的半径小得多，因此可近似认为其内部各点所受地球的引力是相互平行的。我们把这种分布在空间，且作用线相互平行的力系称为空间平行力系，该平行力系的合力为物体的重力，合力的作用点为物体的重心。若物体的形状不变，则重心在该物体内的相对位置也不变，且重力的作用线总是通过该物体的重心。

知识拓展

"达瓦孜"是维吾尔族一种古老的传统杂技表演艺术，传承至今已有2000多年的历史。"达瓦孜"是维吾尔语"高空走索"的意思。想要在钢丝上保持稳定不晃，重心一定要稳。重心的作用线要时刻与钢索垂直，否则表演者就会从钢丝上掉落。表演者在不系保险带的情况下，手持平衡杆，随时调整握持时的左右力臂长度，以起到调节形心，继而调整重心的作用。

2. 物体的重心坐标公式

取图3-19所示的直角坐标系 $Oxyz$，设物体重心 C 的坐标为 (x_C, y_C, z_C)，重力为 $\boldsymbol{G}$，则物体的重心 C 的直角坐标公式可表示为

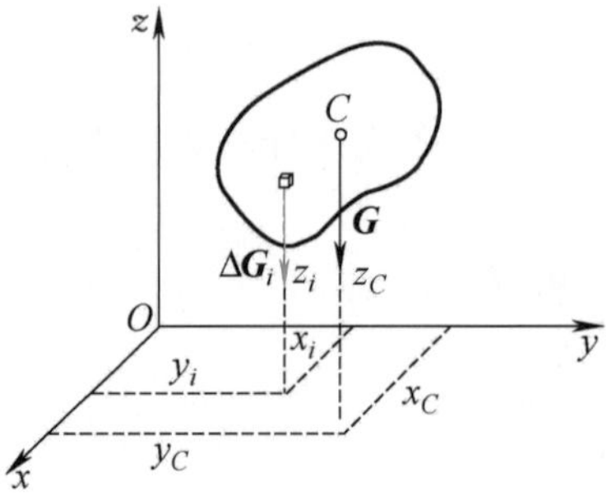

图3-19

$$x_C = \frac{\sum \Delta G_i x_i}{G}, \quad y_C = \frac{\sum \Delta G_i y_i}{G}, \quad z_C = \frac{\sum \Delta G_i z_i}{G} \tag{3-22}$$

对均质物体，设其密度为 ρ，物体微小部分及整体的体积分别为 ΔV_i 和 V，则 $G = \rho g V$，$\Delta G_i = \rho g \Delta V_i$，代入式(3-22)，可得

$$x_C = \frac{\sum \Delta V_i x_i}{V}, \quad y_C = \frac{\sum \Delta V_i y_i}{V}, \quad z_C = \frac{\sum \Delta V_i z_i}{V} \tag{3-23}$$

由此可见，均质物体重心的位置与重力大小无关，完全取决于物体的几何形状。此种情况

物体的重心也是物体的形心，即均质物体的重心与形心重合。物体分割得越细，每一小部分的体积越小，所求得重心 C 的位置就越精确，在极限情况下，均质物体的重心坐标公式(3-23)可写成积分形式

$$x_C=\frac{\int_V x\,\mathrm{d}V}{V},\quad y_C=\frac{\int_V y\,\mathrm{d}V}{V},\quad z_C=\frac{\int_V z\,\mathrm{d}V}{V} \tag{3-24}$$

同理可导出均质等厚薄壳(板)与均质等截面细杆的重心(形心)的直角坐标公式依次为

$$x_C=\frac{\sum \Delta S_i x_i}{S}=\frac{\int_S x\,\mathrm{d}S}{S},\quad y_C=\frac{\sum \Delta S_i y_i}{S}=\frac{\int_S y\,\mathrm{d}S}{S},\quad z_C=\frac{\sum \Delta S_i z_i}{S}=\frac{\int_S z\,\mathrm{d}S}{S} \tag{3-25}$$

$$x_C=\frac{\sum \Delta l_i x_i}{l}=\frac{\int_l x\,\mathrm{d}l}{l},\quad y_C=\frac{\sum \Delta l_i y_i}{l}=\frac{\int_l y\,\mathrm{d}l}{l},\quad z_C=\frac{\sum \Delta l_i z_i}{l}=\frac{\int_l z\,\mathrm{d}l}{l} \tag{3-26}$$

其中，S 为薄壳(板)的面积，l 为细杆的长度。常见简单几何形状的均质物体的重心可由上述相应公式求得，也可查阅有关工程手册。

工程中常见的均质物体的形状很多是(或近似的可以看成是)由简单几何形状组合而成的，这样的物体习惯上称为组合体。求其重心(或形心)的位置，一般有两种方法，即分割法和负面积法(或负体积法)。对于形状复杂的物体，如既不能分割成简单的形状，又不便积分，则其重心位置可通过实验方法测定。以下例题分别说明上述几种方法的应用，关于实验方法测定重心的位置的应用，读者可参考其他相关教材。

(1)用积分法求重心。

例3-8 求图3-20所示半径为 R，顶角为 2θ 的匀质扇形薄板的重心。

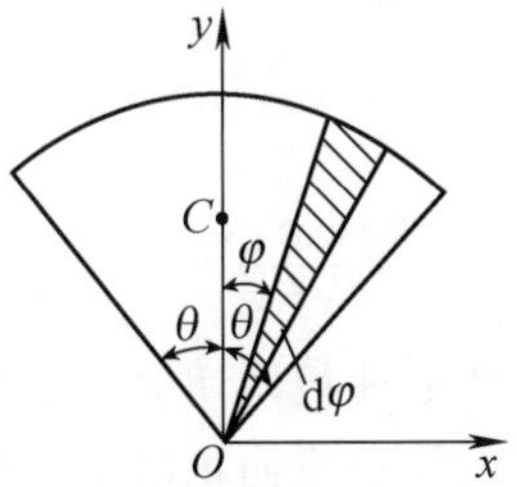

图3-20

解 ①建立如图3-20所示的直角坐标系。由对称性可知，此扇形薄板的重心 C 必在对称轴 y 上，即

$$x_C=0$$

②将扇形分为无限多个微三角形，如图3-20所示的阴影部分，此微三角形的面积为

$$\mathrm{d}S=\frac{1}{2}R\cdot R\,\mathrm{d}\varphi=\frac{1}{2}R^2\,\mathrm{d}\varphi$$

微元体重心的 y 坐标为

$$y=\frac{2}{3}R\cos\varphi$$

③整个扇形薄板重心的 y_C 坐标为

$$y_C=\frac{\int_S y\mathrm{d}S}{\int_S \mathrm{d}S}=\frac{\int_{-\theta}^{\theta}\frac{2}{3}R\cos\varphi\cdot\frac{1}{2}R^2\mathrm{d}\varphi}{\int_{-\theta}^{\theta}\frac{1}{2}R^2\mathrm{d}\varphi}=\frac{2R}{3\theta}\sin\theta$$

所以扇形薄板重心 C 的坐标为 $\left(0\ ,\ \frac{2R}{3\theta}\sin\theta\right)$ 。

(2) 用组合法求重心。

①分割法:若一个物体由几个简单形状的物体组合而成,而这些物体的重心是已知的,那么整个物体的重心可用式(3-25)求得。

例 3-9　求图 3-21 所示平面图形重心的位置。

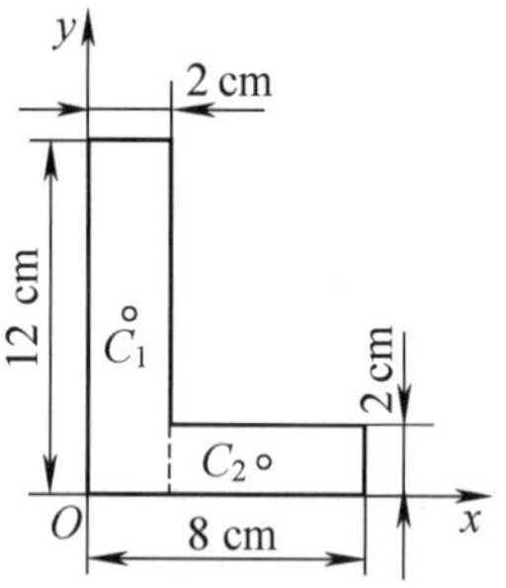

图 3-21

解　选取坐标系如图 3-21 所示,将该图形分割为两个矩形。以 C_1、C_2 表示这两矩形的重心,而以 S_1、S_2 表示它们的面积。以 (x_1,y_1) 和 (x_2,y_2) 分别表示 C_1、C_2 的坐标,可得

$$x_1=1\ \text{cm},y_1=6\ \text{cm},\quad S_1=12\ \text{cm}\times 2\ \text{cm}=24\ \text{cm}^2$$

$$x_2=5\ \text{cm},y_2=1\ \text{cm},\quad S_2=6\ \text{cm}\times 2\ \text{cm}=12\ \text{cm}^2$$

根据式(3-25),求得该图形重心的坐标

$$x_C=\frac{S_1x_1+S_2x_2}{S_1+S_2}=2.33\ \text{cm}$$

$$y_C=\frac{S_1y_1+S_2y_2}{S_1+S_2}=4.33\ \text{cm}$$

②负面积法(负体积法):若在物体或薄板内切去一部分,则这类物体的重心仍可应用与分割法相同的公式求得,只是切去部分的体积或面积取负值即可。

习　题

一、基础题

1. 空间汇交力系向汇交点外一点简化,其结果可能是一个力吗?可能是一个力偶吗?可能是一个力和一个力偶吗?可能平衡吗?

(答:空间汇交力系向汇交点外一点简化,其结果可能是一个力,也可能是一个力和一个力偶不可能是一个力偶)

2. 如图 3-22 所示,试求力 $\boldsymbol{F}$ 对点 A 的力矩。

[答:$\boldsymbol{M}_A(\boldsymbol{F})=-\frac{3}{5}Fd\boldsymbol{i}+\frac{4}{5}Fd\boldsymbol{j}-\frac{7}{5}Fd\boldsymbol{k}$]

3. 如图 3-23 所示，作用于管扳子手柄上的两个力构成一力偶，试求此力偶矩(图中尺寸单位为 mm)。

[答：$\boldsymbol{M}=(-75\boldsymbol{i}+22.5\boldsymbol{j})$ N·m]

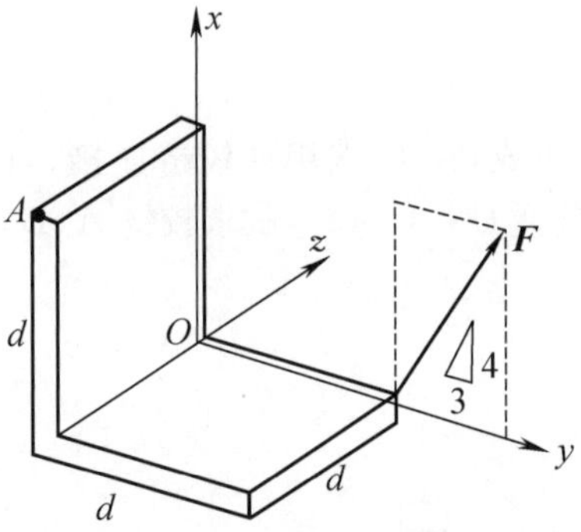

图 3-22

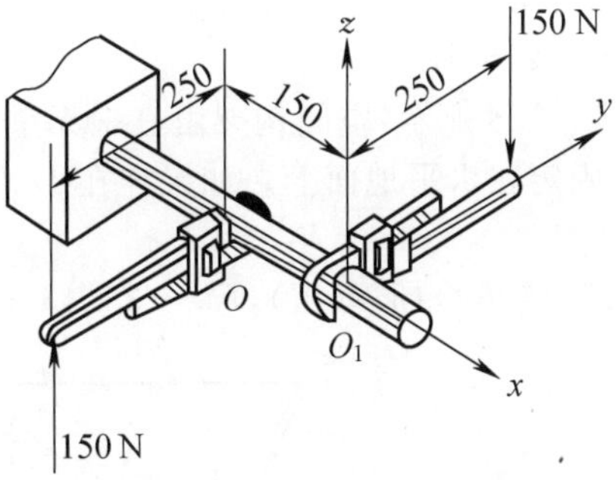

图 3-23

4. 空间力系如图 3-24 所示，其中力偶矩 $M=24$ N·m，作用在 Oxy 平面内。试求此力系向点 O 简化的结果。

(答：主矢 $\boldsymbol{F}_{\mathrm{R}}=-4\boldsymbol{j}-8\boldsymbol{k}$ N；主矩 $\boldsymbol{M}_O=24\boldsymbol{j}-12\boldsymbol{k}$ N·m)

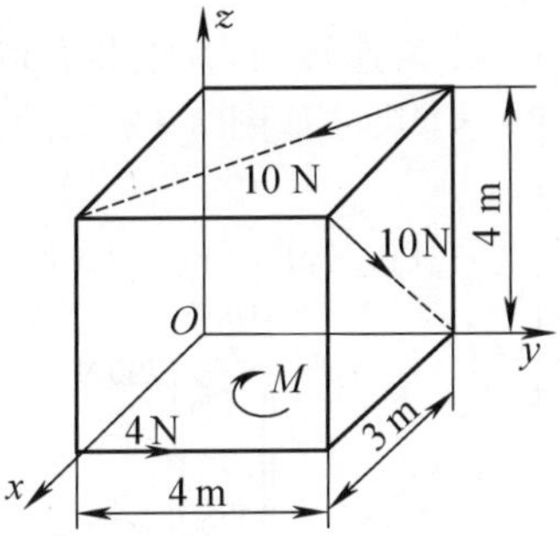

图 3-24

5. 杆系由球铰链连接，位于正方体的边和对角线上，如图 3-25 所示。在节点 D 沿对角线 LD 方向作用力 $\boldsymbol{F}_D$。在节点 C 沿 CH 边铅直向下作用力 $\boldsymbol{F}$。如铰链 B、L 和 H 是固定的，杆重不计，试求各杆的内力。

(答：$F_1=F_D$，$F_2=-\sqrt{2}F_D$，$F_3=-\sqrt{2}F_D$，$F_4=\sqrt{6}F_D$，$F_5=-F-\sqrt{2}F_D$，$F_6=F_D$)

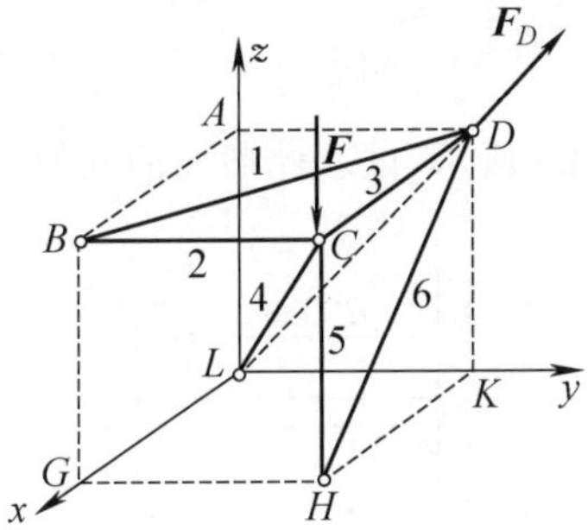

图 3-25

二、提升题

1. 试分析以下两种力系各有几个独立的平衡方程：

(1)空间力系中各力的作用线平行于某一固定平面；

(2)空间力系中各力的作用线分别汇交于两个固定点。

[答:(1)5 个；(2)5 个]

2. 如图 3-26 所示，空间构架由三根无重直杆组成，在 D 端用球铰链连接。A、B 和 C 端则用球铰链固定在水平地面上。如果挂在 D 端的物重 $G=10$ kN，试求铰链 A、B 和 C 处的约束力。

[答：$F_A=F_B=26.39$ kN(压)，$F_C=33.46$ kN(拉)]

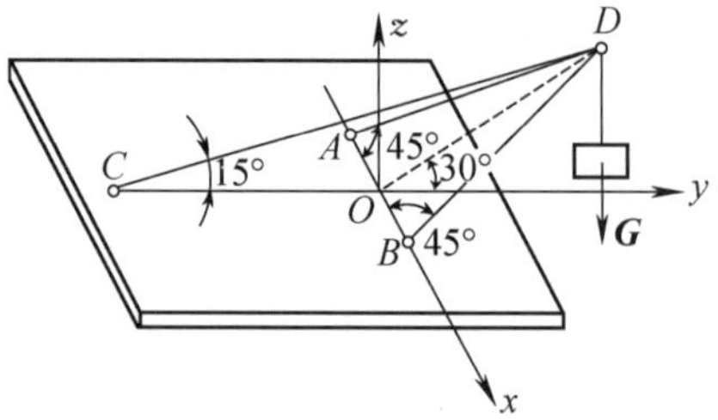

图 3-26

3. 如图 3-27 所示，水平轴 AB 作匀速转动，其上装有齿轮 C 及带轮 D。已知胶带紧边的拉力为 200 N，松边的拉力为 100 N，尺寸如图 3-27 所示。试求啮合力 F 及轴承 A，B 的约束力。

(答：$F=71$ N，$F_{Ax}=-86$ N，$F_{Az}=-69$ N，$F_{Bx}=-19$ N，$F_{Bz}=-207$ N，负号表示实际受力与图示方向相反)

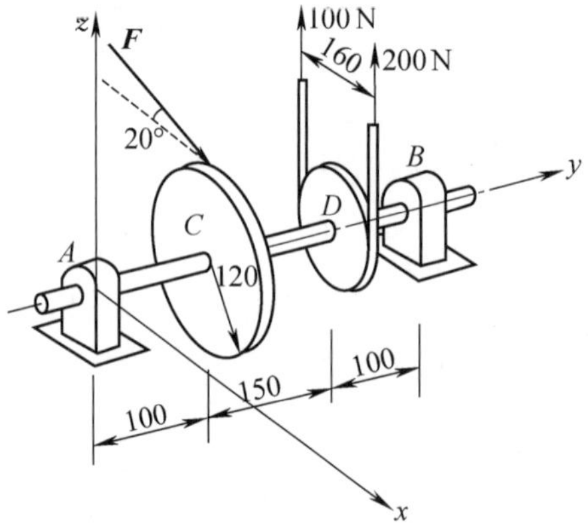

图 3-27

4. 工字钢截面尺寸如图 3-28 所示，试求此截面的几何中心距离 x_C。

(答：$x_C=90$ mm)

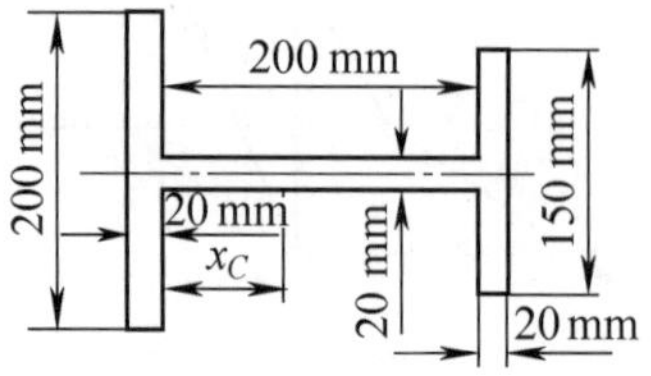

图 3-28

5. 如图 3-29 所示，空间桁架由六根杆 1、2、3、4、5 和 6 构成。在节点 A 上作用一力 $\boldsymbol{F}$，此力在矩形 $ABDC$ 平面内，且与铅直线成 45° 角。$\triangle EAK \cong \triangle FBM$，等腰 $\triangle EAK$、$\triangle FBM$ 和 $\triangle NDB$ 在顶点 A、B 和 D 处均为直角，又 $EC = CK = FD = DM$。若 $F = 10$ kN，试求各杆的内力。
[答：$F_1 = -5$ kN(压)，$F_2 = -5$ kN(压)，$F_3 = -7.07$ kN(压)，$F_4 = 5$ kN，$F_5 = 5$ kN，$F_6 = -10$ kN(压)]

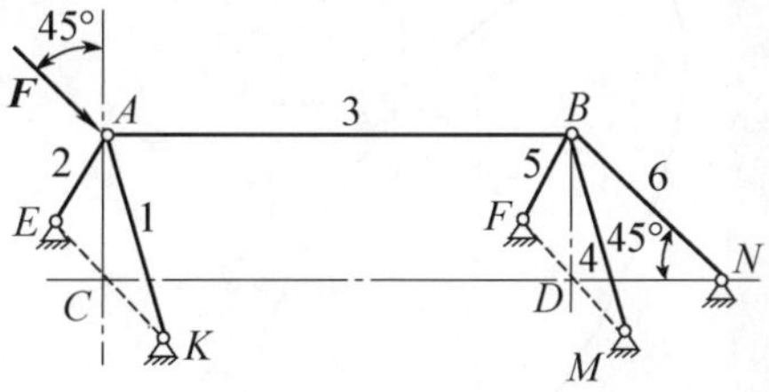

图 3-29

6. 如图 3-30 所示，喷气式飞机的机翼在 A 处与机身固定，机翼的重力 $\boldsymbol{G}$ 平行于 z 轴，机翼同时受到平行于 x 轴的发动机推力 $\boldsymbol{F}_T$ 和平行于 z 轴的气动升力 $\boldsymbol{F}_L$ 的作用，若 $G=20$ kN，$F_T = 8$ kN，$F_L = 40$ kN，有关尺寸如图，单位为 m。试求 A 处的约束力和约束力偶。请写出用计算机求解时的 MATLAB 程序。
[答：$F_{Ax} = -8$ kN，$F_{Ay} = 0$，$F_{Az} = -20$ kN（结果中的负号表示力沿轴的负向），$M_x = 500$ kN·m，$M_y = -20$ kN·m，$M_z = -64$ kN·m（负号可由右手定则判定）]

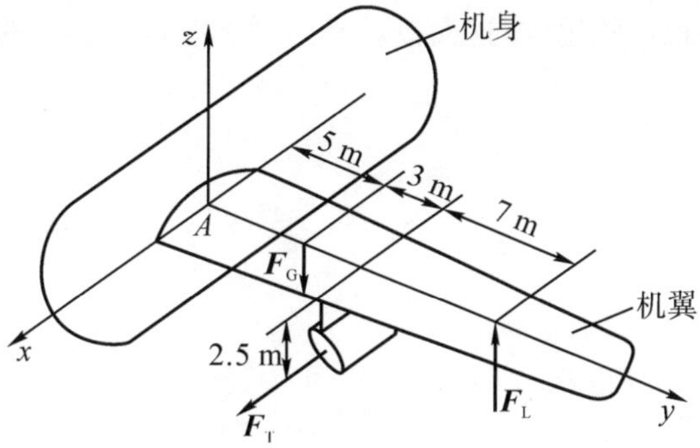

图 3-30

拓展阅读

啄木鸟尾巴的作用[1]

啄木鸟的尾巴，有点特殊。它坚硬有力，能支撑着啄木鸟停在树干上啄虫取食，还能帮助啄木鸟攀登树干时保持身体平衡。同时，在啄木鸟飞行时它也可以起到一般鸟尾巴的作用，即控制飞行速度，加速减速、灵活转向且保持身体平衡。若将啄木鸟简化为刚体，这里用橄榄球状来替代啄木鸟的身体，如图 1(b)所示。结合实际从图 1(a)观察，啄木鸟两爪和身体与树干

1　张伟伟，薛书杭，王志华．树枝上的小鸟趣说刚体平衡力学史[J]．力学与实践，2018.

接触过程中，鸟的身体可以转动但不能任意移动，故可将树给鸟爪的约束用球铰链约束代替，分别用三个正交分力来表示，将鸟爪与树干的接触视为 A、B 两点，连接这两个点作轴 ξ，如图 1(b)所示。当啄木鸟处于平衡状态时，由空间力系的平衡条件可知，爪子所受的六个力对 ξ 轴的矩等于零，而重力 $\boldsymbol{G}$ 对该轴一般有力矩的作用，所以为了维持啄木鸟身体的平衡，尾巴紧贴树干，树干即给啄木鸟尾巴力的作用。

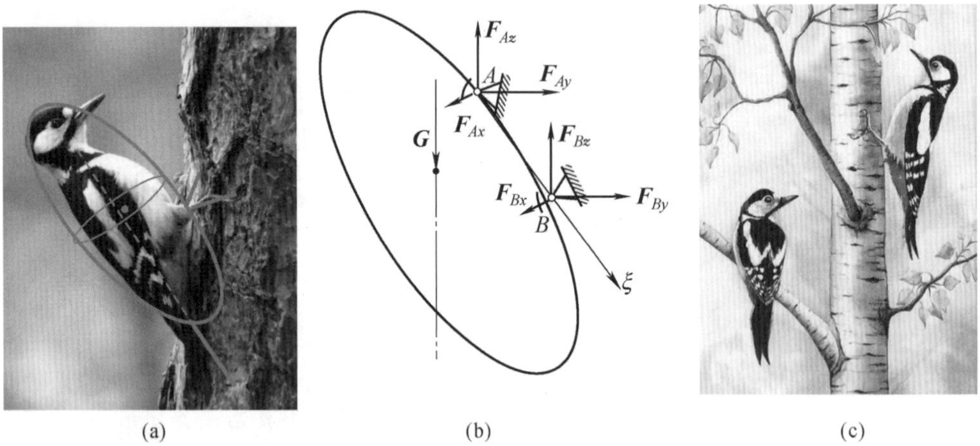

图 1

在大多数有关啄木鸟的绘画作品中，我们会看到啄木鸟的尾巴都是紧贴树干的，体现着艺术家对生活细致入微的观察。相反，当你看到图 1(c)中右侧的啄木鸟尾巴没有紧贴树干时，就会产生一种摇晃、不够稳定的感觉，这大概就是力学在艺术之美中的体现吧！

第 4 章 摩　擦

内容提要

在前面几章中，假定相互接触的物体表面都是光滑的。事实上，两个相互接触的物体，当其发生沿接触面的相对滑动或有相对滑动趋势时，彼此间就会产生阻碍这种运动的切向阻力，这种阻力称为摩擦力。只是在有些问题中，摩擦力很小，对所研究的问题来说，属于次要因素，可以忽略不计。在理论力学的研究中，只研究摩擦力对物体的机械作用效果，而不讨论产生摩擦力的物理原因。本章介绍静滑动摩擦和动滑动摩擦的性质、摩擦定律、摩擦角和自锁现象，以及物体相对运动为滚动或具有滚动趋势时的滚动摩阻，重点讨论考虑滑动摩擦时物体平衡问题的求解方法。

本章知识导图

4.1 滑动摩擦

滑动摩擦力是阻碍两个接触物体相对滑动的约束力，它作用于物体接触点处，沿接触面公切线，像所有的约束力一样，摩擦力也是一个被动的未知力，但它与一般约束力有所不同。下面研究滑动摩擦力的作用规律，比较它与一般约束力相同和不同之处。

1. 三种情况下的滑动摩擦力

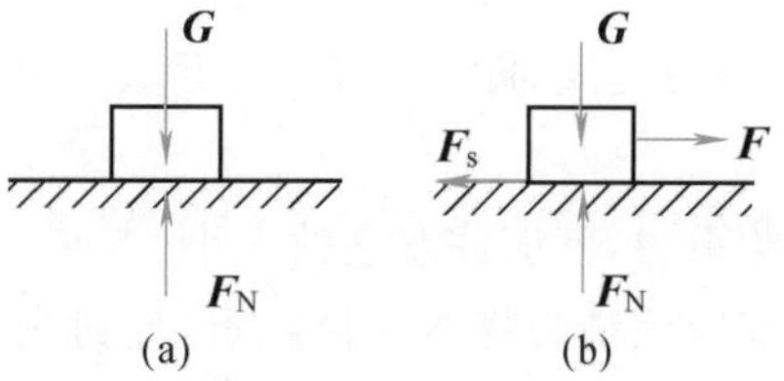

图 4－1

设重量为 G 的物体放在粗糙的水平面上，该物体在重力 $\boldsymbol{G}$ 和法向约束力 $\boldsymbol{F}_N$ 的作用下处于静止状态，如图 4－1(a)所示。如果有一个水平力 $\boldsymbol{F}$ 作用于物体上，且 $\boldsymbol{F}$ 的大小由零逐渐加大时，物块将由静止变为滑动状态；显然，在由静止状态变为滑动状态的过程中，将经过一个要滑动而尚未滑动的临界状态。下面分析未滑动、临界状态和已滑动三种情况的滑动摩擦力。

(1)未滑动时。如果力 $\boldsymbol{F}$ 比较小，物体仅有相对滑动趋势，但仍保持静止。可见支承面一定存在一个阻碍物体沿水平面向右滑动的切向约束力，此力即静滑动摩擦力，简称静摩擦力，用 $\boldsymbol{F}_s$ 表示，方向向左，如图 4－1(b)所示。利用水平方向的平衡方程：$F-F_s=0$，得 $F_s=F$ 。可见，静滑动摩擦力 $\boldsymbol{F}_s$ 将随水平力 $\boldsymbol{F}$ 的增加而增加，且可根据平衡条件确定它的大小和方向，与一般的约束力没有什么不同。

(2)临界状态时。当力 $\boldsymbol{F}$ 的大小继续增加,达到一定的数值时,物体处于将要滑动而尚未滑动的临界状态。这就表明静摩擦力 $\boldsymbol{F}_s$ 与一般的约束力有所不同,它有一个极限值,在它达到这个极限值后,就不再增加,如果力 $\boldsymbol{F}$ 的大小继续增大,则平衡就被破坏,物体开始滑动。作用在临界状态时物体上的摩擦力叫最大静摩擦力,以 $\boldsymbol{F}_{max}$ 表示。如果主动力 $\boldsymbol{F}$ 的值超过 $\boldsymbol{F}_{max}$ 的大小,静摩擦力 $\boldsymbol{F}_s$ 将不能再随之增大,物体的平衡必遭到破坏而产生滑动。因此,能维持物体平衡的实际静摩擦力的大小只能在零与 F_{max} 之间变化,即 $0 \leqslant F_s \leqslant F_{max}$ 。

最大静摩擦力不仅仅决定于物体上的主动力,并且与接触物体的材质及接触面的许多物理因素有关。

根据实验确定:最大静摩擦力的大小与两物体间的正压力(法向约束力)成正比,即

$$F_{max} = f_s F_N \tag{4-1}$$

这就是静滑动摩擦定律,简称静摩擦定律(通常称为库仑摩擦定律)。式中无量纲比例系数 f_s 称为静摩擦因数,它取决于接触物体的材质和表面的各种物理因素,如温度、湿度、粗糙度等。常用材料的静摩擦系数 f_s 可从工程手册中查到。

(3)已经滑动时。当物体沿支承面滑动时,摩擦仍继续起着阻碍运动的作用。作用在已经滑动物体上的摩擦力称为动滑动摩擦力,简称动摩擦力,以 $\boldsymbol{F}_d$ 表示。

根据实验确定:动摩擦力的大小与接触物体间的正压力(法向约束力)成正比,即

$$F_d = f F_N \tag{4-2}$$

这就是动滑动摩擦定律。式中无量纲比例系数 f 称为动摩擦因数。它也取决于接触物体的材质和表面的各种物理因素,并且与接触点的相对滑动速度有关。实验证明,一般情况下,动摩擦因数 f 略小于静摩擦因数 f_s ,所以 $F_d < F_{max}$ 。这正说明,使物体从静止开始滑动,要克服最大静摩擦力 F_{max} 比较费力,而一经滑动,要维持物体继续滑动只需克服动摩擦力 $\boldsymbol{F}_d$,则比较省力。常用材料的动摩擦因数 f 可从工程手册中查到。

综上所述,摩擦力是约束力,它与一般约束力不同之处在于,它不能无限度地增大。静摩擦力的大小介于零与最大静摩擦力之间,即 $0 \leqslant F_s \leqslant F_{max}$ 。由此可知,物体不滑动的条件是 $F_s \leqslant F_{max} = f_s F_N$ 。

应该指出,摩擦力既然是约束力,就应注意它的大小、方向、作用点三个要素。不论物体是否已经滑动,摩擦力的作用点都应该是两物体的接触点,而讨论它的大小和方向时,则应分清三种情况:

当滑动没有发生时, $F_s \leqslant f_s F_N$, F_s 可以作为与 F_N 互不相关的未知量由平衡方程求解;

当滑动即将发生时, $F_{max} = f_s F_N$;

当滑动已经发生时, $F_d = f F_N$ 。

摩擦力的方向,在上述第一种情况下可以任意假设,但在第二和第三两种情况下必须画正确,即应与接触点的滑动趋势或已有的滑动方向相反。

还应注意,摩擦定律中正压力的大小 F_N ,应由平衡方程确定,它不是物体的重量。

2. 摩擦角与自锁现象

当考虑摩擦时,支承面对物体的约束力除法向约束力 $\boldsymbol{F}_N$ 之外,还有静摩擦力 $\boldsymbol{F}_s$,即切向力,这两个力的合力 $\boldsymbol{F}_R$ 称为全约束力。此时全约束力的作用线不再沿法线方向,而与接触面

的法线成某一角度 φ，如图 4-2(a)所示。当物体处于平衡的临界状态时，静摩擦力 $\boldsymbol{F}_s$ 达到最大值 $\boldsymbol{F}_{max}$，φ 角也达到最大值 φ_f。这个临界平衡状态时的全约束力 $\boldsymbol{F}_R$ 与法线的夹角 φ_f 称为摩擦角，如图 4-2(b)所示。

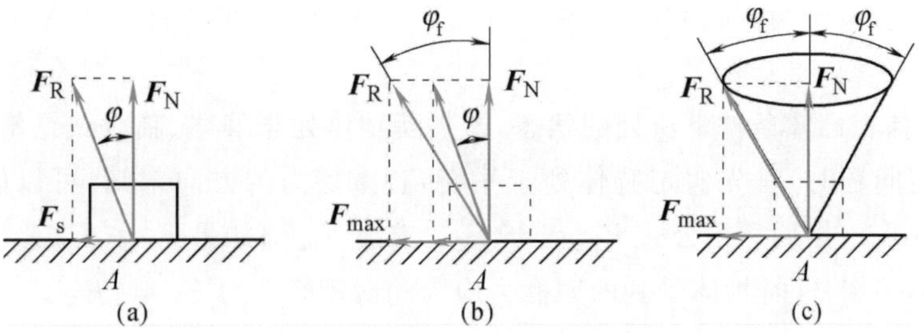

图 4-2

由图可知

$$\tan\varphi_f = \frac{F_{max}}{F_N} = \frac{f_s F_N}{F_N} = f_s \tag{4-3}$$

即摩擦角的正切值等于静摩擦因数。因此，若给出了摩擦角 φ_f，也就等于给出了静摩擦因数 f_s。

改变主动力 $\boldsymbol{F}$ 在水平面内的方向，全约束力作用线的方位也随之改变。在临界状态下，全约束力 F_R 的极限位置形成以 A 为顶点的锥面，称为摩擦锥。若物块与支承面沿任何方向的摩擦因数都相等，则摩擦锥是以 $2\varphi_f$ 为顶角、接触面法线为对称轴的正圆锥，如图 4-2(c)所示。

由于物体平衡时静摩擦力不一定达到最大值，可在零与最大值 F_{max} 之间变化，因此全约束力与法线间的夹角 φ 也在零与摩擦角之间变化，即

$$0 \leqslant \varphi \leqslant \varphi_f \tag{4-4}$$

亦即全约束力的作用线不可能超出摩擦角以外。可见，当作用在物体上的主动力的合力作用线位于摩擦角 φ_f 以内时，不论主动力的值如何增大，接触面必能产生一个等值反向的全约束力与其平衡，以保持物块处于静止状态。这种靠摩擦力维持物体平衡而与主动力的大小无关的现象，称为自锁现象。这种与主动力的大小无关而与摩擦角有关的平衡条件称为自锁条件。

读者思考　若已知砂粒间的摩擦系数为 f_s，那么自然堆放松散的沙子时，能够堆起的最大倾角是多少。

知识拓展

螺旋千斤顶把重物顶起后不会下滑，螺栓联结旋紧后不会松开，木楔被钉入后不会松动，机器中有些零件有时会“卡住”，等等，这些都是摩擦自锁的实例。如果主动力的合力作用线位于摩擦角 φ_f 以外，则无论主动力有多小，都不会有与此共线的全约束力产生，因而物体一定会滑动。应用这个原理，可以避免发生自锁现象。

4.2 考虑滑动摩擦的平衡问题

考虑具有摩擦的平衡问题时，其求解步骤与前述无摩擦时的平衡问题基本相同，题目类型主要有如下三类：

(1)判断物体在已知条件下所处的状态，即判断物体处于静止、临界或是滑动情况中的哪一种。求解此类问题时，首先假定物体处于平衡，若摩擦力的方向未知，可以假设，利用平衡方程求出 F_s 和 F_N，然后利用公式 $F_{max}=f_sF_N$，求出 F_{max}；如果 $F_s\leqslant F_{max}$，则物体平衡；若 $F_s>F_{max}$ 就不平衡，这时物体受到的摩擦力应为动滑动摩擦力 $F_d=fF_N$。

(2)求解物体处于临界状态时的平衡问题。求解此类问题时，必须研究物体在临界平衡状态时的受力情况，静摩擦力的方向与相对滑动趋势的方向相反；在临界平衡状态，摩擦力达到最大值，满足静摩擦定律的关系式 $F_{max}=f_sF_N$，将该式作为平衡方程的补充方程联立求解。

(3)求解具有摩擦时物体能保持静止的条件。由于静摩擦力 F_s 的值可以随主动力而变化，即 $0\leqslant F_s\leqslant F_{max}$，因此在考虑摩擦平衡的问题中，求出的值有时也有一个变化范围。

例 4-1 物块重 $G=1500$ N，放在倾角为30°的斜面上，如图 4-3(a)所示，物块与斜面间的摩擦因数 $f_s=0.2$，动摩擦因数 $f_s=0.18$。若水平推力 $F=400$ N，求接触面间摩擦力的大小和方向。

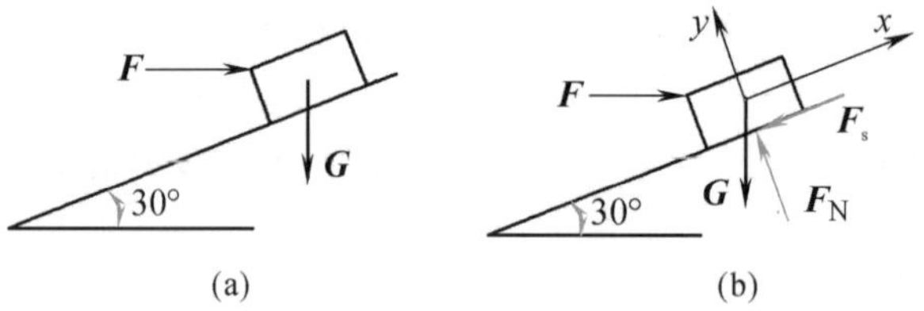

图 4-3

分析 本例为判断物体在已知条件下所处状态问题。首先假定物块处于平衡，因摩擦力方向未知，可以假设摩擦力的方向，利用平衡方程求出 F_s 和 F_N，再求出最大静摩擦力，通过比较得出结果。

解 (1)设物块平衡，根据平衡条件求出 F_s 和 F_N。设物块平衡，并假定有上滑趋势，物块受力与坐标如图 4-3(b)所示，则

$$\sum F_x=0,\qquad F\cos30^\circ-G\sin30^\circ-F_s=0$$

$$\sum F_y=0,\qquad F_N-F\sin30^\circ-G\cos30^\circ=0$$

解得
$$F_s=-403.6\ \text{N},F_N=1499\ \text{N}$$

(2)求最大静摩擦力。

$$F_{smax}=f_s\cdot F_N=299.8\ \text{N}$$

(3)比较 $|F_s|$ 与 F_{smax}。

因
$$|F_s|>F_{smax}$$

可知物块滑动，摩擦力 $F_d=f\cdot F_N=269.8$ N，摩擦力方向沿斜面向上。

例 4-2　长为 l 的梯子 AB 一端靠在墙壁上，另一端搁在地板上，与水平面的夹角 $\theta=60°$，如图 4-4(a) 所示。设梯子的重量 $G_1=200$ N，A、B 接触处的摩擦因数均为 0.25。今有一重 $G_2=650$ N 的人沿梯子上爬。问人所能达到的最高点 C 到 A 点的距离 s 应为多少？

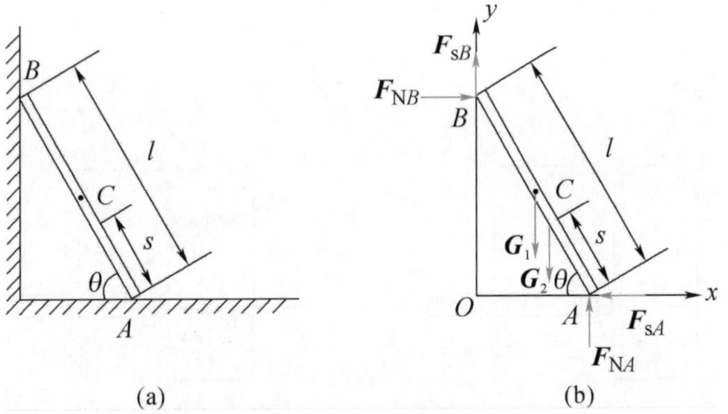

图 4-4

分析　本例求人所能达到的最高点的位置，此时摩擦力达到最大值，因此，此题为临界平衡问题。分析时，将静摩擦定律作为平衡方程的补充方程，联立求解。

解　(1)受力分析。

选取梯子为研究对象，人所能达到的最高点的位置用距离 s 表示，梯子在临界状态的受力分析如图 4-4(b)所示。

(2)平衡方程。

建坐标系，列平衡方程，得

$$\sum F_x=0 \quad F_{NB}-F_{sA}=0 \tag{a}$$

$$\sum F_y=0 \quad F_{NA}+F_{sB}-G_1-G_2=0 \tag{b}$$

$$\sum M_B=0 \quad G_1\frac{l}{2}\cos60°+G_2 s\cos60°-F_{Ax}l\sin60°-F_{Ay}l\cos60°=0 \tag{c}$$

(3)列补充方程。

$$F_{sA}=f_s F_{NA} \tag{d}$$

$$F_{sB}=f_s F_{NB} \tag{e}$$

联立以上五式求解，可得

$F_{sB}=800$ N，　$F_{NB}=200$ N，　$F_{NA}=50$ N，　$F_{sA}=200$ N，　$s=0.456l$

可以看出，人所能达到的最高点到 A 点的距离为 $s=0.456l$ 。

例 4-3　如图 4-5(a)所示为攀登电线杆时所采用的脚套钩。已知套钩的尺寸 l、电线杆直径 D、静摩擦因数 f_s 。试求套钩不致下滑时，脚踏力 $\boldsymbol{F}_P$ 的作用线与电线杆中心线的距离 d。

分析　本例求解套钩不滑动时脚踏力 $\boldsymbol{F}_P$ 的位置，属于确定平衡范围的问题。下面用解析法与几何法分别求解。

解法一　解析法

(1)取套钩为研究对象，套钩在 A、B 两处都有摩擦，而且两处将同时达到临界平衡状态，其受力图如图 4-5(b)所示。

(2)应用平面任意力系平衡方程,有

$$\sum F_x = 0 \quad F_{NA} - F_{NB} = 0 \tag{a}$$

$$\sum F_y = 0 \quad F_{sA\max} + F_{sB\max} - F_P = 0 \tag{b}$$

$$\sum M_A = 0 \quad F_{NB} \cdot l + F_{sB\max} \cdot D - F_P \cdot (d_{\min} + \frac{D}{2}) = 0 \tag{c}$$

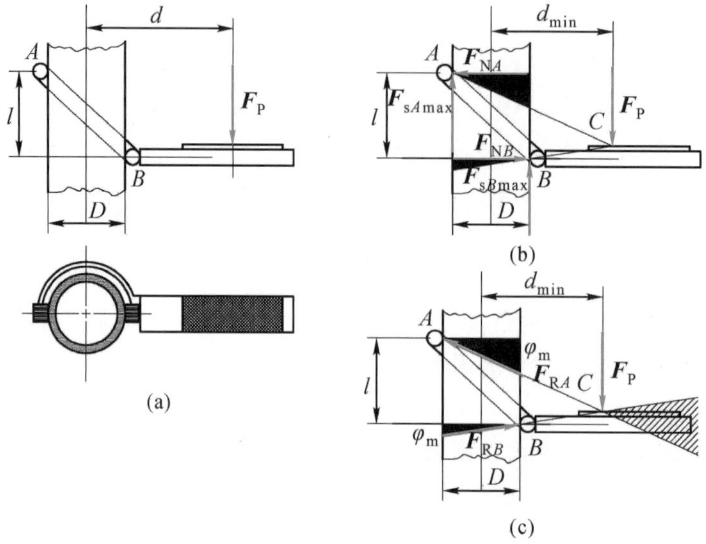

图 4-5

列补充方程

$$F_{sA\max} = f_s F_{NA}, F_{sB\max} = f_s F_{NB} \tag{d}$$

联立式(a)至式(d)求解,得出套钩不致下滑的临界距离 $d_{\min}$ 为

$$d_{\min} = \frac{l}{2f_s} \tag{e}$$

由此,套钩不致下滑的范围应为 $d \geqslant \dfrac{l}{2f_s}$。

解法二　几何法

(1)根据 $\tan\varphi_m = f_s$,确定出 A、B 两处的摩擦角 φ_m;

(2)分别作出 A、B 两处的摩擦角,相应得到两处的全约束力 $\boldsymbol{F}_{RA}$ 和 $\boldsymbol{F}_{RB}$ 的方向,如图 4-5(c)所示;

(3)由于套钩在 $\boldsymbol{F}_{RA}$、$\boldsymbol{F}_{RB}$、$\boldsymbol{F}_P$ 三个力作用下处于临界平衡状态,故三力必相交于一点 C,如图 4-5(c)所示。结合图示几何关系,有

$$(d_{\min} - \frac{D}{2})\tan\varphi_m + (d_{\min} + \frac{D}{2})\tan\varphi_m = l$$

将 $\tan\varphi_m = f_s$ 代入上式,可得

$$(d_{\min} - \frac{D}{2})f_s + (d_{\min} + \frac{D}{2})f_s = l$$

由此解得

$$d_{\min}=\frac{l}{2f_s}$$

摩擦角自锁概念及应用

由于 $\boldsymbol{F}_{RA}$ 和 $\boldsymbol{F}_{RB}$ 只能位于各自的摩擦角内，同时由三力平衡条件，力 $\boldsymbol{F}_P$ 必须通过 $\boldsymbol{F}_{RA}$ 和 $\boldsymbol{F}_{RB}$ 两力的交点 C。为了同时满足这两个条件，力 $\boldsymbol{F}_P$ 作用点必须位于图 4－5(c)所示的三角形阴影线区域内，即 $d\geqslant\dfrac{l}{2f_s}$。

小结　求解摩擦平衡问题的基本方法

与无摩擦平衡问题相似，求解摩擦平衡问题，依然是从受力分析入手，画出研究对象的受力图，然后根据力系的特点建立平衡方程。但是摩擦平衡问题也有一些特殊之处，主要有以下几点：

(1)分析受力时，摩擦力的方向一般不能任意假设(第一类问题除外)，要根据相关物体接触面的相对滑动趋势预先判断确定。若系统的相对滑动趋势超过一种，则要分别求解。

(2)作用于物体上的力系，包括摩擦力在内，除必须满足刚体的平衡条件外，摩擦力还必须满足摩擦的物理条件，即 $F_s\leqslant f_sF_N$。对于第一类问题取其中的不等号；对于第二、三类问题取其中的等号。

(3)由于物理条件为不等式，故所求得的平衡条件不是一个定值，而是一个范围。但在计算过程中一般先采用等式 $F_{smax}=f_sF_N$，得出结果后再根据判断采用不等号。

4.3　滚动摩阻概念

1. 滚动摩阻力偶

将半径为 R 的轮子放在水平的支承面上(见图 4－6)，如假定轮子及支承面都是刚体，则接触处为一直线，此时轮子受重力 $\boldsymbol{G}$ 与支承面法向约束力 $\boldsymbol{F}_N$ 的作用保持平衡，若在轮心 O 处加一水平力 $\boldsymbol{F}$，并假定接触处有足够的滑动摩擦力 $\boldsymbol{F}_s$ 以阻止轮子滑动，则 $F=F_s$。从轮子的受力分析可以看出，假如约束力仅有 $\boldsymbol{F}_N$ 和 $\boldsymbol{F}_s$。则轮子不可能保持静止，因为 $\boldsymbol{F}$ 和 $\boldsymbol{F}_s$ 构成了使轮子发生滚动的力偶。由经验得知，当水平力 $\boldsymbol{F}$ 较小时，轮子并不滚动，这就必然存在着一个阻止轮子滚动的力偶 M 与力偶($\boldsymbol{F}$,$\boldsymbol{F}_s$)相平衡。这个阻止轮子滚动的力偶即称为滚动摩阻力偶。

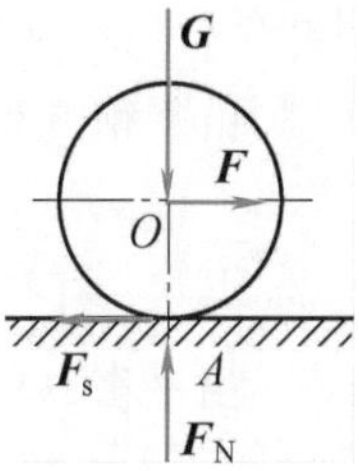

图 4－6

滚动摩阻的发生是由于实际的接触物体并不是刚体，所以当两物体压紧时，接触处发生变形，因此，接触面对滚子的约束力就不再像图 4－6 所示的那样，而是一个分布的阻力，如图 4－7(a)所示，随着水平力 $\boldsymbol{F}$ 的增加，分布的阻力不在对称点 A，而是向滚动方向有一偏移，在接触面上，物体受分布力的作用，这些力向点 A 简化，可得到一个力 $\boldsymbol{F}_R$ 和一个力偶矩为 M_f 的力偶，如图 4－7(b)所示，这个力 $\boldsymbol{F}_R$ 可分解为摩擦力 $\boldsymbol{F}_s$ 和法向约束力 $\boldsymbol{F}_N$。这个力偶矩为 M_f 且阻止轮子滚动的力偶称为滚动摩阻力偶(简称滚阻力偶)，它与力偶($\boldsymbol{F}$,$\boldsymbol{F}_s$)平衡，它的转向与滚动的趋势相反，如图 4－7(c)所示，正是此力偶阻碍轮子发生滚动。

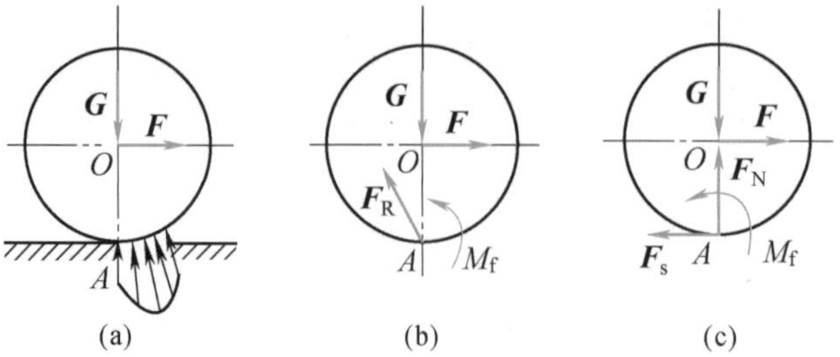

图 4－7

2. 滚动摩阻定律

与静滑动摩擦力相似，滚动摩阻力偶矩 M_f 随着主动力的增加而增大，当力 $\boldsymbol{F}$ 增大到某个值时，轮子处于将滚未滚的临界平衡状态，这时，滚动摩阻力偶达到最大值，其力偶矩称为最大滚动摩阻力偶矩，用 M_{max} 表示。如果力 $\boldsymbol{F}$ 再增大一点，轮子就开始滚动。

实验证明，最大滚动摩阻力偶矩 M_{max} 的大小与支承面的正压力(法向约束力) $\boldsymbol{F}_N$ 的大小成正比，即

$$M_{max}=\delta F_N$$

这就是滚动摩阻定律。其中 δ 称为滚动摩阻系数，它具有长度的量纲，单位一般用 mm 表示。滚动摩阻系数由实验测定，它与接触处两种材料的硬度和湿度等因素有关，可从工程手册中查得。

轮子滚动后滚动摩阻力偶矩一般近似地认为等于 M_{max} 。在考虑滚动摩阻时，也需要考虑滑动摩擦，但在滚动摩阻达到极限值 M_{max} 时，滑动摩擦力一般还未达到最大值 $\boldsymbol{F}_{smax}$ ，因此轮子将滚动而不滑动，这样的滚动称为纯滚动。因此轮子发生纯滚动的条件是

$$F_s\leqslant F_{smax}$$
$$M>M_{max}$$

由于滚动摩阻系数较小，所以在大多数情况下滚动摩阻是可以忽略不计的。由图 4－7(a)可以分别计算轮子滚动和滑动时所需要的水平力 $\boldsymbol{F}$ 的大小。

由平衡方程　　$\sum M_A(\boldsymbol{F})=0$，可以求得

$$F_{滚}=\frac{M_{max}}{R}=\frac{\delta F_N}{R}=\frac{\delta}{R}G$$

由平衡方程　　$\sum F_x=0$，可以求得

$$F_{滑}=F_{smax}=f_sF_N=f_sG$$

考虑摩擦的平衡问题举例(一)

一般情况下，有 $\dfrac{\delta}{R}\ll f_s$ 。因此 $F_{滚}\leqslant F_{滑}$。这就是使物体滚动比滑动省力的原因。因此在机器上，一般都用滚动摩阻来代替滑动摩擦，以减低因摩擦而产生的能量消耗。在工程中广泛地使用滚珠轴承，搬运重物时常在下面垫些滚木也是这个道理。

知识拓展

研究摩擦的目的就是要充分利用其有利的一面，克服其不利的一面。例如用于传动、制动、调速等；没有摩擦，人不能走路，车不能行驶；同时克服其不利的一面。例如，给机械带来多

余阻力，使机械发热，引起零件磨损，降低寿命，消耗能量，世界上使用的能源有 1/3～1/2 消耗于摩擦。对于摩擦的认识要客观全面，辩证统一，不能以偏概全。

例 4－4 总重为 $\boldsymbol{G}$ 的拖车，沿倾斜角为 θ 的斜坡上行。车轮半径 r，轮胎与路面的滚动阻碍系数 δ 以及 $\boldsymbol{G}$、θ 等为已知。其他尺寸如图 4－8(a)所示。试求拖车等速上行时所需的牵引力。

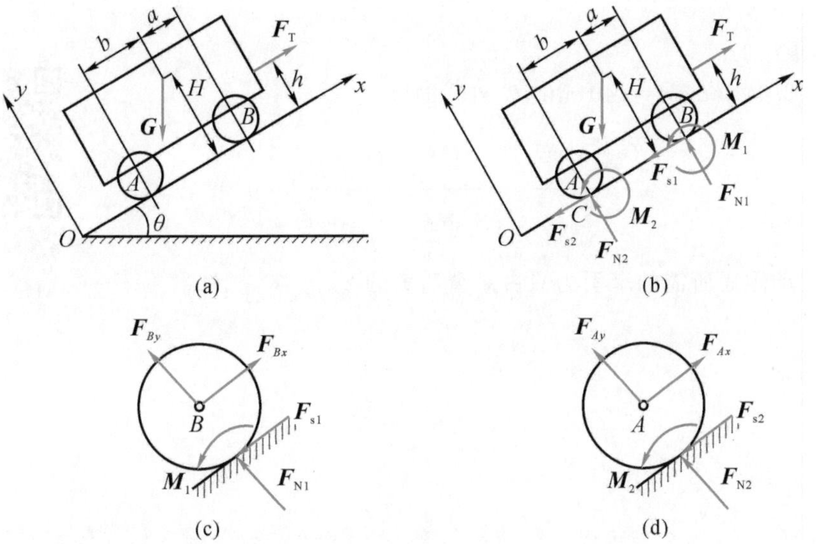

图 4－8

分析 若取整个拖车为研究对象，除受有主动力 $\boldsymbol{G}$、$\boldsymbol{F}_{\mathrm{T}}$ 外，前后轮分别受法向力 $\boldsymbol{F}_{\mathrm{N1}}$、$\boldsymbol{F}_{\mathrm{N2}}$，滑动摩擦力 $\boldsymbol{F}_{\mathrm{s1}}$、$\boldsymbol{F}_{\mathrm{s2}}$，还受滚动阻力偶矩 M_1、M_2，为研究平面任意力系的平衡问题，列出 3 个平衡方程，但其中 $\boldsymbol{F}_{\mathrm{T}}$、$\boldsymbol{F}_{\mathrm{N1}}$、$\boldsymbol{F}_{\mathrm{N2}}$、$\boldsymbol{F}_{\mathrm{s1}}$、$\boldsymbol{F}_{\mathrm{s2}}$、$M_1$、$M_2$ 7 个量均为未知力，所以还需取其他物体为研究对象，若分别再以 A 轮和 B 轮为研究对象，可以以 A 点和 B 点为矩心列两个矩式方程，然后再根据滚动摩阻定律分别建立 A 轮和 B 轮上滚动阻力偶矩和法向力的关系，由此联立求解。

解 (1)以整个拖车为平衡对象，受力如图 4－8(b)所示。因为二轮均为从动轮，故 $\boldsymbol{F}_1$ 和 $\boldsymbol{F}_2$ 方向均与运动方向相反，此外前后轮所受的滚动阻力偶矩分别为 M_1 和 M_2，转向与轮子转动方向相反。根据平面任意力系平衡方程有

$$\sum M_C(\boldsymbol{F})=0 \qquad F_{\mathrm{N1}}(a+b)-Gb\cos\theta+GH\sin\theta-F_{\mathrm{T}}h+M_1+M_2=0 \tag{a}$$

$$\sum F_x=0 \qquad F_{\mathrm{T}}-F_1-F_2-G\sin\theta=0 \tag{b}$$

$$\sum F_y=0 \qquad F_{\mathrm{N1}}+F_{\mathrm{N2}}-G\cos\theta=0 \tag{c}$$

(2)再以前轮 B 为研究对象，受力图如图 4－8(c)所示，对轮心 B 为矩心列平衡方程，有

$$\sum M_B(\boldsymbol{F})=0 \qquad M_1-F_{\mathrm{s1}}r=0 \tag{d}$$

(3)再以后轮 A 为研究对象，受力图如图 4－8(d)所示，对轮心 B 为矩心列平衡方程，有

$$\sum M_B(\boldsymbol{F})=0 \qquad M_2-F_{\mathrm{s2}}r=0 \tag{e}$$

(4)应用滚动摩阻定律列补充方程，有

$$M_1=F_{\mathrm{N1}}\cdot\delta \tag{f}$$

$$M_2 = F_{N2} \cdot \delta \tag{g}$$

(5)联立式(a)至式(g)求解，得 $F_T = G(\sin\theta + \frac{\delta}{r}\cos\theta)$

讨论　由以上计算结果可以看出，F_T 中第一项 $G\sin\theta$ 为用以克服重力的牵引力；第二项 $G\cos\theta(\frac{\delta}{r})$ 为用以克服滚动阻碍的牵引力。如代入具体数值，可以发现后一项在牵引力中所占的比例是很小的。

例如，当 $\delta = 2.40$ mm，$r = 440$ mm，$\theta = 15°$ 时，

$$\frac{G\frac{\delta}{r}\cos\theta}{F_T} = \frac{G(\frac{\delta}{f})\cos\theta}{G(\sin\theta + \frac{\delta}{f}\cos\theta)} = 0.02$$

因此，克服滚动阻碍所需的牵引力只占总牵引力的 2%。

考虑摩擦的平衡问题举例(二)

习　题

一、基础题

1. 判断图 4-9 中的两物体能否平衡？并确定这两个物体所受的摩擦力的大小和方向。已知：(a)物体重 $G = 1000$ N，推力 $F = 200$ N，静摩擦因数 $f_s = 0.3$；(b)物体重 $G = 200$ N，压力 $F = 500$ N，静摩擦因数 $f_s = 0.3$。

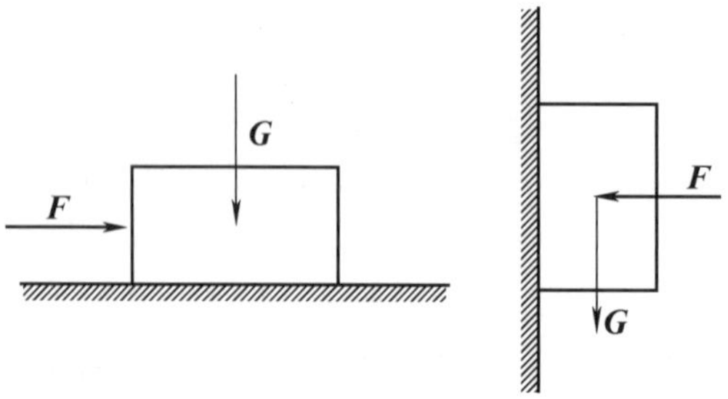

(a)　(b)

图 4-9

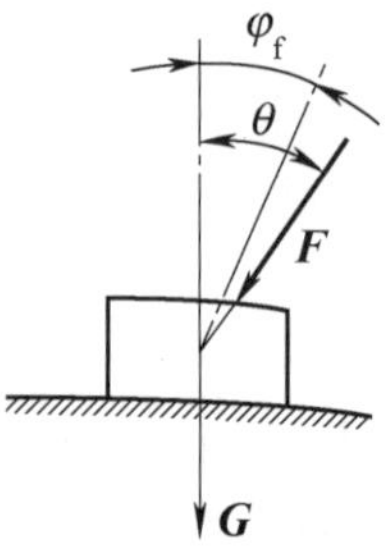

图 4-10

2. 如图 4-10 所示，物块重 G，一力 $\boldsymbol{F}$ 作用在摩擦角之外，已知 $\theta = 25°$，摩擦角为 $\varphi_f = 20°$，$F = G$，问物块动不动？为什么？

3. 汽车匀速水平行驶时，地面对车轮有滑动摩擦也有滚动摩阻，车轮只滚不滑。汽车前轮受车身施加的一个向前推力 $\boldsymbol{F}_1$ 作用[见图 4-11(a)]，而后轮受一驱动力偶 M，并受车身向后的力 $\boldsymbol{F}_2$ 作用[见图 4-10(b)]。试画全前、后轮的受力图。如何求其滑动摩擦力？其滑动摩擦力是否等于其动摩擦力？其滑动摩擦力是否等于最大静摩擦力？

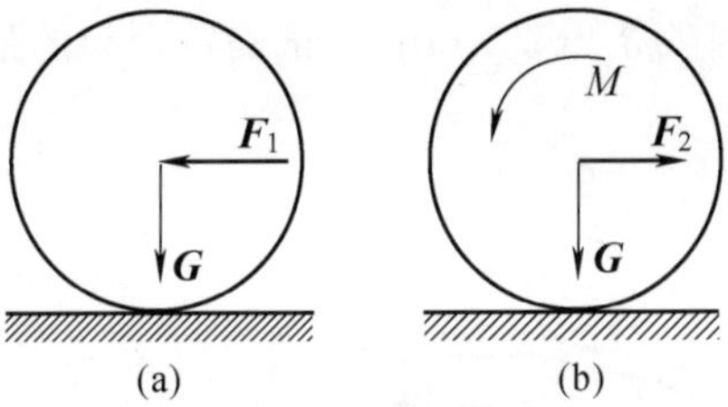

图 4 - 11

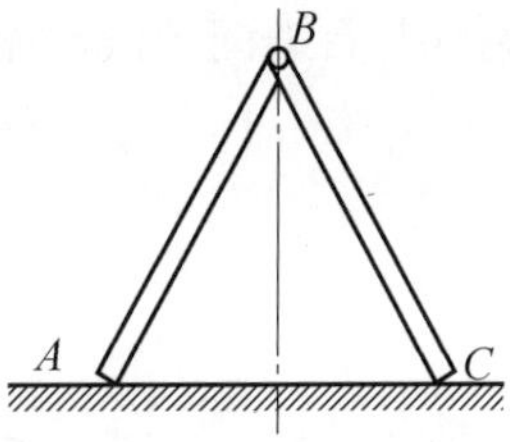

图 4 - 12

4. 如图 4 - 12 所示，两根相同的均质杆 AB 和 AC，在端点 B 用光滑铰链连接，A、C 两端放在非光滑的水平上。当 ABC 成等边三角形时，系统在铅锤面内处于临界平衡状态。求杆端与水平面间的静摩擦因数。

$\left(答：f_s=\dfrac{1}{2\sqrt{3}}\right)$

5. 如图 4 - 13 所示，在轴上作用一个力偶，力偶矩 $M_O=1\ \mathrm{kN\cdot m}$。轴上固连着直径 $d=0.5\ \mathrm{m}$ 的制动轮，轮缘和制动块间的静摩擦因数 $f_s=0.25$。问制动块应对制动轮施加多大压力 F，才能使轴不转动？

（答：$F\geqslant 8\ \mathrm{kN}$）

6. 由四根均质细长杆组成的矩形框架，靠套筒 A 与 B 的摩擦来保持在铅垂位置上的平衡，如图 4 - 14 所示。框架与套筒 A 与 B 的静摩擦因数为 f_{s1} 和 f_{s2}，水平杆长度为 a。试求框架保持平衡时 A 与 B 之间的距离 d 的最大值。

$\left[答：d=\dfrac{a}{2}(f_1+f_2)\right]$

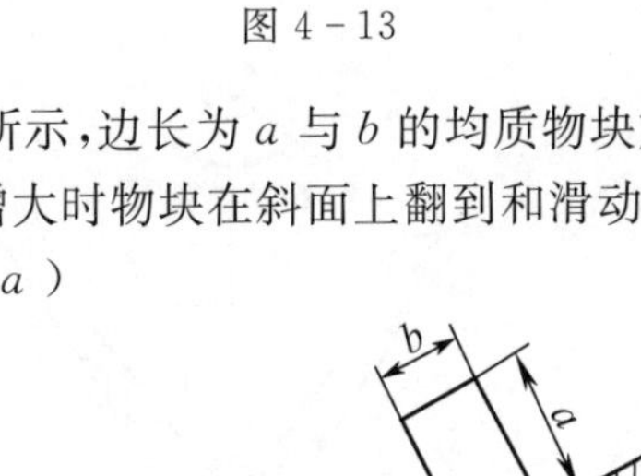

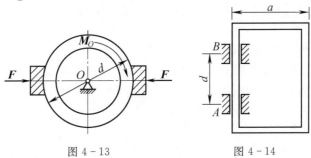

图 4 - 13

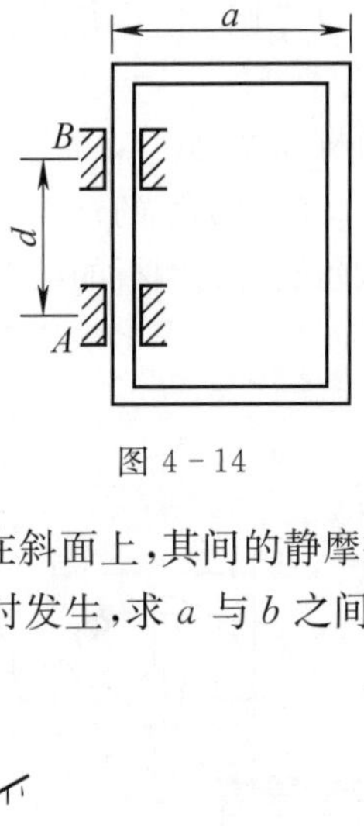

图 4 - 14

7. 如图 4 - 15 所示，边长为 a 与 b 的均质物块放在斜面上，其间的静摩擦因数为 $f_s=0.4$，当斜面倾角 θ 逐渐增大时物块在斜面上翻到和滑动同时发生，求 a 与 b 之间的关系。

（答：$b=f_s a\geqslant 0.4a$）

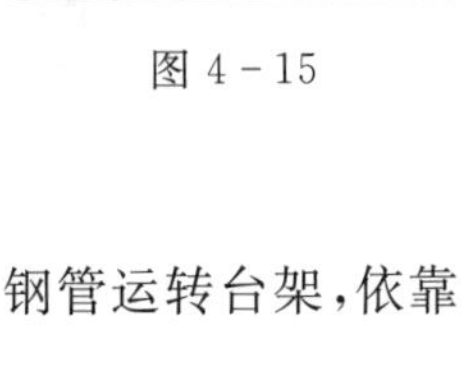

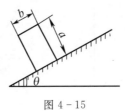

图 4 - 15

二、提升题

1. 如图 4 - 16 所示，钢管车间的钢管运转台架，依靠钢管自重缓慢无滑动地滚下，钢管直径为 50 mm，设钢管与台架间的滚动摩阻因数 $\delta=0.5$ mm 。试确定台架的最小倾角？
（答：$\theta=1°9'$ ）

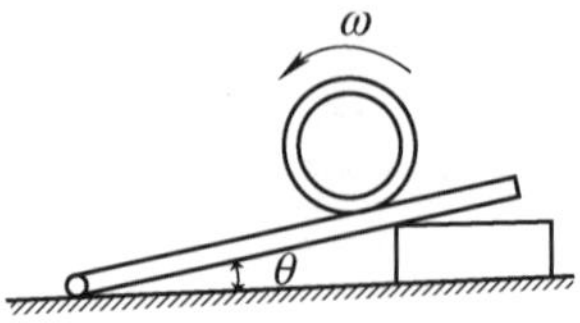

图 4 - 16

2. 如图 4 - 17 所示，圆柱滚子重 3 kN，半径为 300 mm，放在水平面上，若滚动摩擦因数 $\delta=$ 5 mm ，求拉动滚子所需要力 F 的大小。
（答：$F=57.19$ N ）

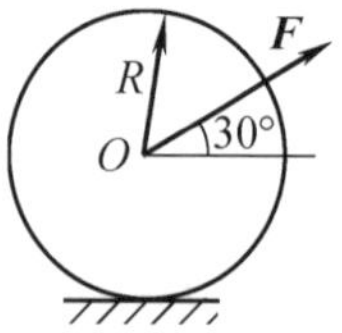

图 4 - 17

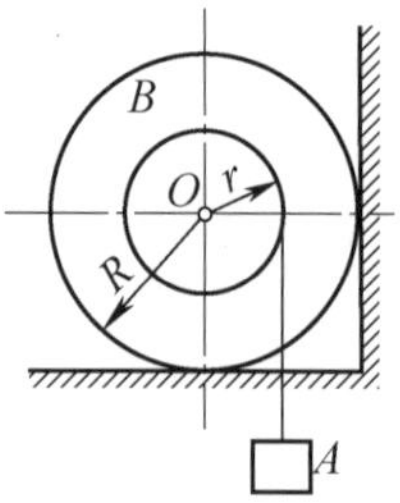

图 4 - 18

3. 鼓轮 B 重 500 N，放在墙角里，如图 4 - 18 所示。已知鼓轮与水平地板间的静摩擦因数为 0.25，而铅垂墙壁绝对光滑。鼓轮上的绳索下端挂着重物。半径 $R=200$ mm，$r=100$ mm ，不计滚动摩阻，求平衡时重物 A 的重量 G 的最大值。
（答：$G=500$ N ）

4. 如图 4 - 19 所示为轧机的两个轧辊，其直径均为 $d=50$ cm ，两辊间的间隙 $a=0.5$ cm ，两轧辊转动方向相反。已知烧红的钢板与轧辊之间的静摩擦因数为 $f_s=0.1$，轧制时靠摩擦力将钢板带入轧辊。试问能轧制钢板的最大厚度 b 是多少？
（答：$b\leqslant 0.75$ cm ）

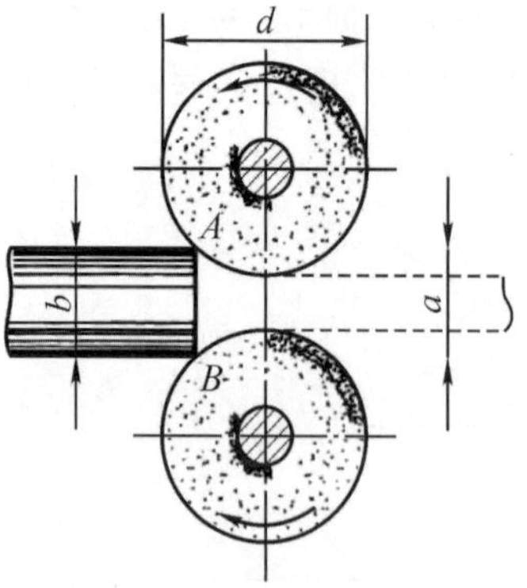

图 4 - 19

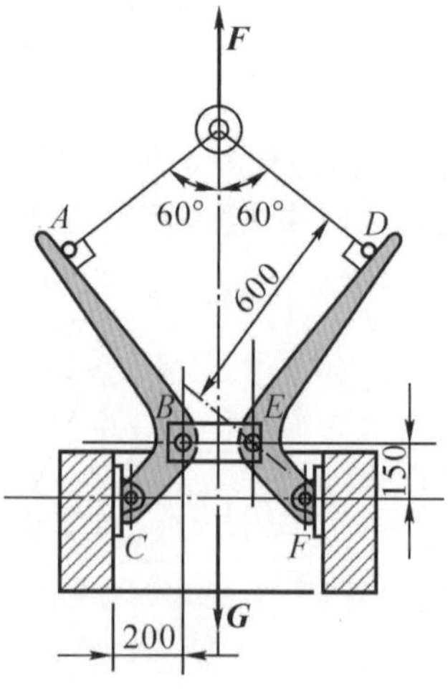

图 4 - 20

5. 一起重用的夹具由 ABC 和 DEF 两相同的弯杆组成，并由杆 BE 连接，B 和 E 都是铰链，尺寸如图 4－20 所示，单位为 mm，此夹具依靠摩擦力提起重物。试问要能提起重物摩擦因数 f 应为多大？

（答：$f=0.15$）

6. 砖夹的宽度为 250 mm，曲杆 AGB 和 $GCED$ 在点 J 铰接，砖重为 G，提砖的合力 $\boldsymbol{F}$ 作用在砖夹的对称中心线上，尺寸如图 4－21 所示，单位 mm。如砖夹与砖之间的摩擦因数为 0.5，试问 b 应为多大才能把砖夹起（b 为点 J 到砖块上所受压力合力的距离）？

（答：$b=11$ cm）

7. 如图 4－22 所示辊式破碎机，轧辊直径刀 $D=500$ mm，以同一角速度相对转动。如摩擦因数 $f=0.3$，试求能轧人的圆形物料的最大直径 d。图中单位 mm。

（答：$d_{\max}=34.5$ mm）

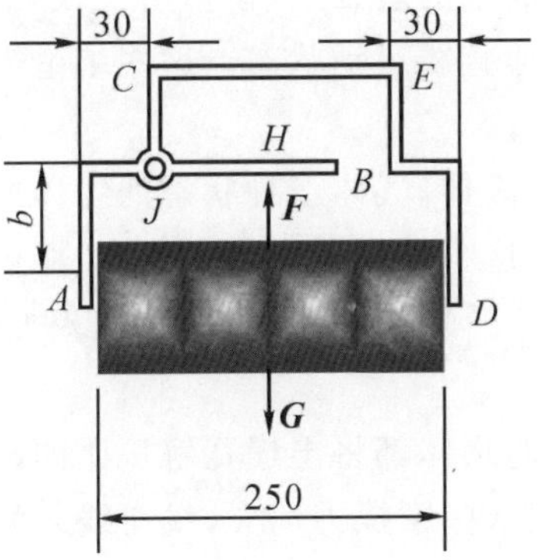

图 4－21

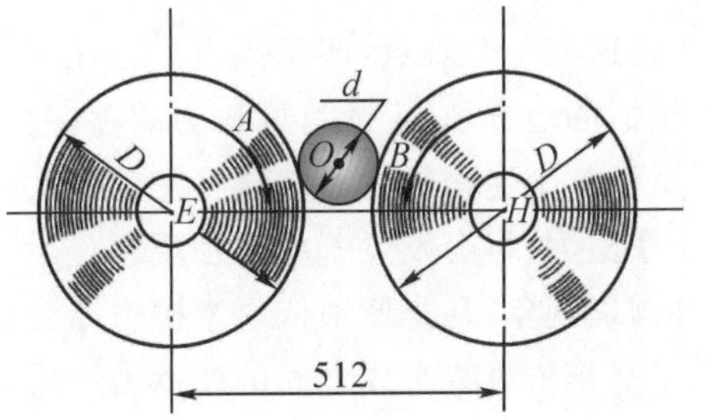

图 4－22

8. 攀登梯子的学问

为了能拿到高处的物品，需将梯子下端搁在小桌的中点上，上端靠在墙上，如图 4－23 所示。若梯子的重 $G_1=100$ N，长 $l=4$ m，重心在梯子 AB 的中点 C 处；桌子重 $G_2=200$ N，尺寸如图 4－22 中标注所示。A、B 两处的静摩擦因数均为 $f_{s1}=0.45$，桌腿与地面之间的静摩擦因数为 $f_{s2}=0.35$，人重 $G_3=600$ N。试分析：

（1）系统若不平衡，有哪几种可能的情况？

（2）人在梯子上能站稳的最高点 D 到梯子下端 B 的距离是多少？

［答：（1）可能的情况有三种，具体如下：

①桌子不动，梯子沿着桌面及墙面滑动最终倒下；

②梯子和桌子之间无滑动，桌腿在地面上滑动，梯子沿着墙面滑动而倒下；

③梯子和桌子之间无滑动，桌子绕点 E 向右翻倒。

（2）$d_{\max}=3.477$ m］

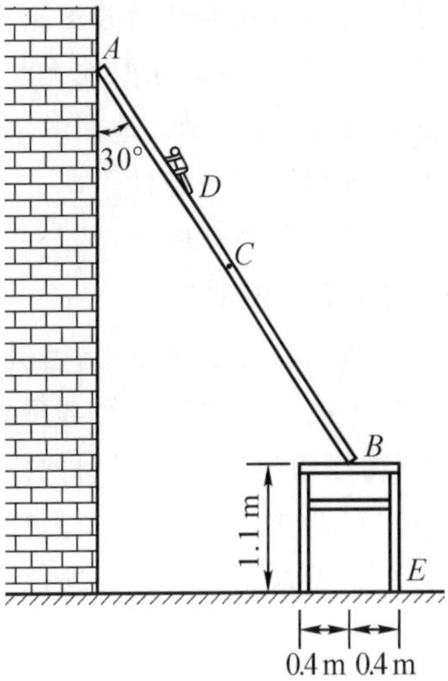

图 4－23

拓展阅读

如果没有了摩擦力，世界将会怎样？

假如地球上突然没有了摩擦力，我们的生活会发生什么呢？虽然我们都知道这是不可能发生的事情，但是依靠想象力依然可以得出结论。

古希腊学者亚里士多德曾经认为：如果要使一个物体持续运动，就必须对它施加力的作用。而伽利略后来通过实验证明：物体的运动并不需要力来维持！运动之所以会停下来，是因为受到了摩擦力的作用！伽利略曾经通过斜面实验进行过分析，并通过推理得出：如果物体表面绝对光滑，物体所受到的阻力为零，则原来运动物体的速度不会减小，将以恒定不变的速度永远运动下去。再后来，英国科学家牛顿在前人研究成果的基础上，概括出牛顿第一定律：一切物体在没有受到外力作用时，将保持静止状态或匀速直线运动状态。这些结论为假设没有摩擦力的世界会发生什么提供了分析思路和理论依据。

先要明白这样一个观点，即摩擦力是存在于固体、液体、气体三种状态的物体之间的。通俗地说：有生活的地方，一定就有摩擦力的存在！假如这个世界没有了摩擦力，那么人类的生活方式，甚至于整个生物的生存方式将发生极大改变。下面一起开启我们的想象力，开始设想如果没有了摩擦力，将会发生哪些物理现象。

第一种物理现象：凡是原来依靠摩擦力结合而成的物体都将土崩瓦解！比如说大部分针织衣物，由于都是依靠线与线之间的摩擦力织成，一旦这些摩擦力消失，线与线之间就无法结合成衣服，整个衣服包括其中的每条线都会变成细小纤维丝而四散飘落；假如没有摩擦力，那些通过钉子连接起来的家具，由于钉子和木料之间的摩擦力消失，家具将散落成一地的木块和钉子，并且会在地上滑来滑去，根本无法使用；沙粒之间没有了摩擦力，沙堆很难再堆成一个锥型，沙子将会像流水一样流向低洼地，沙漠中将不再出现起伏的沙丘，而是像海洋一样水平。

第二种物理现象：凡是原来依靠摩擦力作为动力的物体都无法前进！比如各种车辆，由于其动力就是来自地面提供的摩擦力，当摩擦力消失，汽车一旦启动，车轮只能原地打滑，无法前进；再比如，人本来能够走路前进是依靠地面给鞋向前的摩擦力，当此摩擦力消失，脚将与地面打滑，人只能停留在原地无法前进。实际上，在没有摩擦力的情况下，现今自然界的生物们也将无法生存。例如，地面的动物无法奔跑，食肉动物因而无法捕猎；人类甚至无法通过钻木取火而进化为现在的样子。

第三种物理现象：凡是原来依靠摩擦力作为阻力的物体都将运动很久，但是最终会静止在地球的低洼处！

假如没有了摩擦力，行驶进程中的自行车、汽车、火车、飞机将永远不会停止下来，但是这种物体向前运动时会经常碰到障碍物，多次碰撞后也会静止下来，整个世界将进入一片混乱状态；由于没有了摩擦，风将会永不停止，在风的作用下，所有的物体将在自身重力的作用下最终停止在低洼处，最终整个地球表面将没有低洼处，形成一个完美的球体，而细小的沙尘将在风的作用下永无休止地在地球表面的大气层中飞沙走石。

当然了，没有摩擦力也有好的一面，牙齿上不会再有任何细菌，牙缝中也不会再塞上东西，头屑不会再落在衣服上，也不会夹在头发里，火箭在发射时的速度可以变得很快，在火箭返回舱穿越大气层时，也不会与空气摩擦而产生高温；手也不用再洗，因为上面很干净，细菌都没有一个。没有摩擦力的世界人们很难接受，因为它改变了很多平时人们所熟知的东西。

请读者继续发挥想象力，进一步设想没有摩擦力的世界将会是一个怎样的世界。

第2篇　运动学

引　言

在运动学中只从几何方面描述物体的运动，不考虑诸如力和质量等与运动有关的物理因素。因此，运动学是从几何角度对给定物体的运动(如轨迹、运动方程、速度和加速度等)进行定量描述的科学。

运动是指物体在空间的位置随时间的变化。要研究运动，必须首先阐明空间和时间的概念。一切运动都发生在空间和时间之中，空间、时间与运动是不可分割的，它们是物质存在的形式。空间、时间与物质运动的深刻联系已由相对论揭示出来。按照相对论的观点，空间和时间的度量不是绝对的，它们随物质运动的速度而变化；只有当物质运动的速度可与光速相比时，空间、时间与物质运动的依赖关系才变得明显起来。在古典力学范围内，由于运动的速度远小于光速，故可以认为空间和时间的度量是与物质运动无关的。因此，在运动学中，假设空间是不变的，在这个空间中，各处长度的度量相同，单位为米(m)。时间可以看成是独立于空间之外的、均匀流逝的自变量，所有地方都用完全相同的并调整到同步的时钟来度量，时间的度量单位为秒(s)。

为了描述运动的变化，要区别时间间隔和瞬时这两个概念。时间间隔对应于物体在不停顿的运动中从一位置移动到另一位置所经历的时间；瞬时是时间间隔趋于零的一瞬。如果用一无限长的数轴表示时间，则每一瞬时对应于轴上的一个点，而时间间隔则对应于轴上一段距离，此数轴称为时间轴。

世界上一切物质都在运动，即运动是绝对的，但对物体运动的描述是相对的，也就是说从不同的参考系描述同一物体的运动会得到完全不同的结果，例如从等速直线行驶的车厢上自由落下一石块，以车厢为参考系可看到石块沿铅垂线等加速降落；如以地球为参考系，则此石块作抛物线运动。因此，说明了空间和时间的概念之后，还必须确定一个参考系才能描述物体的运动。因此，在描述某一物体的运动时，必须选取另一个物体作为参照物，与参照物固连的坐标系称为参考坐标系。对物体运动状态的描述，只有在确定了参考坐标系之后才有意义。为方便起见，以后凡不加声明，所说运动的参考坐标系均指与地球固连的静止不动的坐标系。

由于在运动学中不涉及力和质量的概念，所以在运动学中采取的力学模型是点和刚体。点是指无大小、无质量但在空间占有确定位置的几何点。刚体是指由无数点组成的不变形系统。点和刚体都是实际物体的抽象化，当描述一物体的运动时，如它的大小不起主要作用，可以把它抽象化为一个点。例如描述人造地球卫星沿其轨道的运行，可把卫星简化为一个点。但如描写卫星飞行的姿态，就应把它看成刚体。

学习运动学的目的首先是为学习后续的动力学部分打好基础。因为只有掌握了运动分析的方法，才能进行后续的动力分析，建立物体的运动与受力的关系。其次，运动学的理论可以独立地应用到工程实际中。例如在实际工程中，如何设计出具有特定要求的机构，使得机构中各部件的运动相互协调，完成预期的动作或传递、转换等功能，这就需要运用运动学知识进行分析。此外，学习运动学也可为其他有关课程（如机械设计、机械原理等）提供必要的理论基础。

第 5 章　点的运动学

内容提要

点的运动学是运动学的基础，本章将从几何的角度描述点相对于某一个参考系的运动规律，具体包括点的运动方程、运动轨迹、确定点的速度和加速度及其相互关系。

本章知识导图

5.1　矢径法

在以固定点 O 为坐标原点的参考系中，动点 M 沿任一空间曲线运动，由 O 向动点 M 作矢径 $\boldsymbol{r}$，如图 5-1 所示。当点 M 运动时，矢径 $\boldsymbol{r}$ 随时间 t 连续变化，是时间 t 的单值连续矢量函数，即

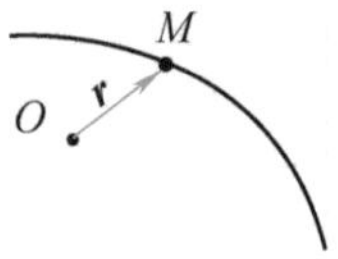

图 5-1

$$\boldsymbol{r}=\boldsymbol{r}(t) \tag{5-1}$$

上式称为以矢径表示的点的运动方程。当动点 M 运动时，矢径 $\boldsymbol{r}$ 连续地改变大小和方向，其端点在空间所描绘出的曲线称为矢径 $\boldsymbol{r}$ 的矢端曲线，也就是动点 M 的运动轨迹。

动点 M 的速度是矢量，用 $\boldsymbol{v}$ 表示，则

$$\boldsymbol{v}=\frac{\mathrm{d}\boldsymbol{r}}{\mathrm{d}t} \tag{5-2}$$

即动点的速度等于它的矢径对时间的一阶导数。动点的速度矢沿着矢径 $\boldsymbol{r}$ 的矢端曲线的切线，即沿着动点 M 运动轨迹的切线方向，并与点的运动方向一致。速度的大小，即速度矢 $\boldsymbol{v}$ 的模，表明点运动的快慢，在国际单位制中，速度的单位是米/秒(m/s)。

点的速度矢对时间的变化率称为加速度，用 $\boldsymbol{a}$ 表示，即

$$\boldsymbol{a}=\frac{\mathrm{d}\boldsymbol{v}}{\mathrm{d}t}=\frac{\mathrm{d}^2\boldsymbol{r}}{\mathrm{d}t^2} \tag{5-3}$$

这表明，动点的加速度等于它的速度对时间的一阶导数，亦等于它的矢径对时间的二阶导数。

点的加速度也是矢量，表示速度大小和方向的变化。在国际单位制中，加速度的单位是米/秒^2($\mathrm{m/s^2}$)。

如果把不同瞬时动点的速度矢量 $\boldsymbol{v}$ 的始端画在同一点 O' 上，按照时间顺序，这些速度矢量的末端将描绘出一条连续的曲线，称为速度矢端图，如图 5-2 所示。图中 $O'M$、$O'M'$ 分别代表动点在位置 M、M' 时的速度。动点 M 加速度的方向是速度矢端图在点 M 的切线方向。

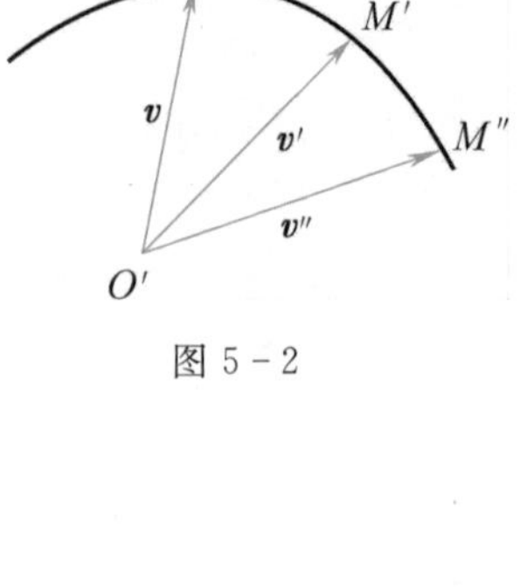

图 5-2

5.2　直角坐标法

5.1 节中采用矢径法描述点的运动，仅需选择参考系，便可导出点的速度、加速度的计算公式。这些公式形式简单，是研究点的运动学的基本公式。实际上，还可以选择其他描述点的运动的方法。直角坐标法就是一种常用的方法。

在参考系的固定点 O 上，建立直角坐标系 $Oxyz$ 作为参考坐标系。设动点在 t 瞬时的位置 M 可用三个坐标 x 、y 、z 表示，如图 5-3 所示。它们与矢径 $\boldsymbol{r}$ 的关系为

$$\boldsymbol{r}=x\boldsymbol{i}+y\boldsymbol{j}+z\boldsymbol{k} \tag{5-4}$$

式中，$\boldsymbol{i}$、$\boldsymbol{j}$、$\boldsymbol{k}$ 分别是 $Oxyz$ 坐标系中沿 x、y、z 三个坐标轴正向的单位矢量。

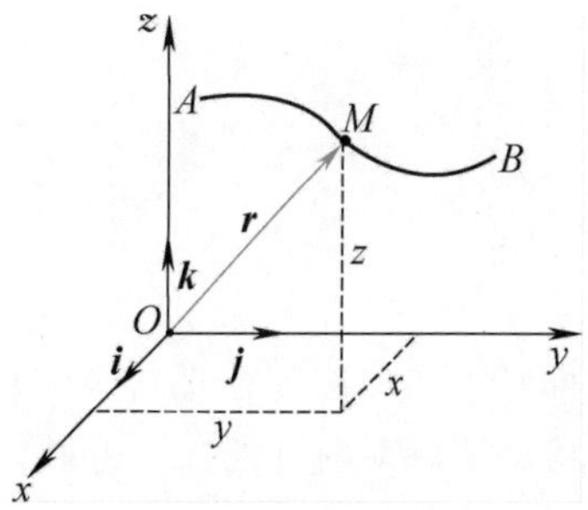

图 5-3

当点 M 运动时，它的坐标 x、y、z 随着时间 t 而变化，x、y、z 都是时间 t 的单值连续函数，即

$$\left.\begin{aligned}x&=f_1(t)\\y&=f_2(t)\\z&=f_3(t)\end{aligned}\right\} \tag{5-5}$$

这组方程称为以直角坐标表示的动点的运动方程。实际上，它是以时间 t 为参变量的空间曲线方程。从运动方程中消去时间 t，可得点的轨迹方程。

将式(5-4) 对时间求一阶导数，再代入式 (5-2)，可得直角坐标系中点的速度的表达式

$$\boldsymbol{v}=\frac{\mathrm{d}\boldsymbol{r}}{\mathrm{d}t}=\frac{\mathrm{d}x}{\mathrm{d}t}\boldsymbol{i}+\frac{\mathrm{d}y}{\mathrm{d}t}\boldsymbol{j}+\frac{\mathrm{d}z}{\mathrm{d}t}\boldsymbol{k} \tag{5-6}$$

由此得到，速度在直角坐标轴上的投影为

$$\left.\begin{aligned}v_x&=\frac{\mathrm{d}x}{\mathrm{d}t}\\v_y&=\frac{\mathrm{d}y}{\mathrm{d}t}\\v_z&=\frac{\mathrm{d}z}{\mathrm{d}t}\end{aligned}\right\} \tag{5-7}$$

即动点的速度在直角坐标轴上的投影等于其对应坐标对时间的一阶导数。

根据速度在各坐标轴上的投影，可求得速度的大小和方向余弦，如下：

$$\left.\begin{aligned}v&=\sqrt{v_x^2+v_y^2+v_z^2}\\&=\sqrt{\left(\frac{\mathrm{d}x}{\mathrm{d}t}\right)^2+\left(\frac{\mathrm{d}y}{\mathrm{d}t}\right)^2+\left(\frac{\mathrm{d}z}{\mathrm{d}t}\right)^2}\\\cos(\boldsymbol{v},\boldsymbol{i})&=\frac{v_x}{v},\cos(\boldsymbol{v},\boldsymbol{j})=\frac{v_y}{v},\cos(\boldsymbol{v},\boldsymbol{i})=\frac{v_z}{v}\end{aligned}\right\} \tag{5-8}$$

图 5-4 表示了点的速度和其在直角坐标轴上投影的关系。

同理，将式(5-6)对时间求一阶导数，再代入式(5-3)，得到点的加速度在直角坐标中的

表达式为

$$a=\frac{dv_x}{dt}i+\frac{dv_y}{dt}j+\frac{dv_z}{dt}k=\frac{d^2x}{dt^2}i+\frac{d^2y}{dt^2}j+\frac{d^2z}{dt^2}k \tag{5-9}$$

则加速度在直角坐标轴上的投影为

$$\left.\begin{aligned}a_x&=\frac{dv_x}{dt}=\frac{d^2x}{dt^2}\\a_y&=\frac{dv_y}{dt}=\frac{d^2y}{dt^2}\\a_z&=\frac{dv_z}{dt}=\frac{d^2z}{dt^2}\end{aligned}\right\} \tag{5-10}$$

即动点的加速度在直角坐标轴上的投影等于其对应的速度投影对时间的一阶导数;亦等于对应的坐标对时间的二阶导数。

点的加速度的大小和方向余弦分别为

$$\left.\begin{aligned}&a=\sqrt{a_x^2+a_y^2+a_z^2}=\sqrt{\left(\frac{d^2x}{dt^2}\right)^2+\left(\frac{d^2y}{dt^2}\right)^2+\left(\frac{d^2z}{dt^2}\right)^2}\\&\cos(a,i)=\frac{a_x}{a},\cos(a,j)=\frac{a_y}{a},\cos(a,k)=\frac{a_z}{a}\end{aligned}\right\} \tag{5-11}$$

图 5-5 表示了点的加速度及其在各坐标轴上投影的关系。

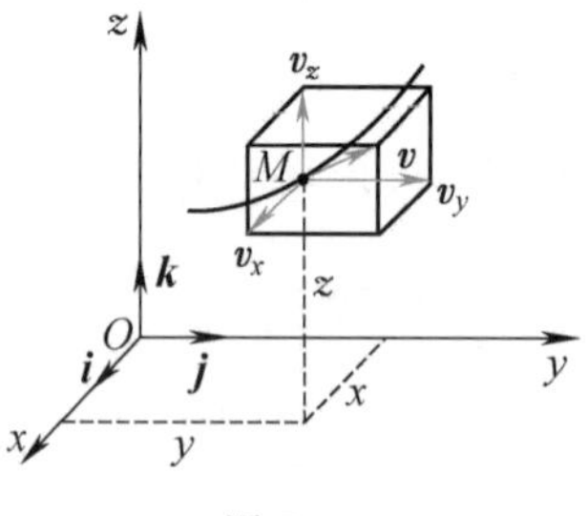

图 5-4

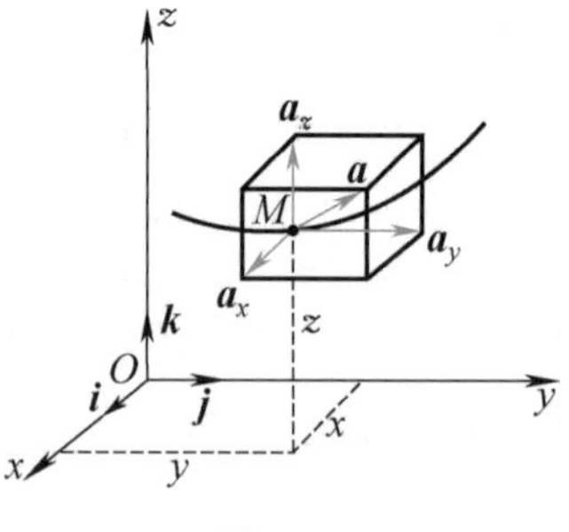

图 5-5

式(5-7)和式(5-10)分别建立了动点的运动方程与其速度、加速度的关系。已知点的运动方程(5-5)时,通过对时间求一阶、二阶导数,可求出动点的速度、加速度;反之,已知动点的加速度和运动的初始条件,通过积分则可求出动点的速度、运动方程和轨迹方程。

5.3 自然法

点的速度和加速度都与点的运动轨迹密切相关,当点的轨迹已知时,可用自然法来描述点的运动。

1. 运动方程

在点的运动中,如果点的轨迹已知,则它的位置可由轨迹上某一点到这一位置的轨迹弧长来确定。这种以点的轨迹作为曲线坐标轴来确定点的位置的方法称为自然法。

设动点 M 沿已知的轨迹曲线运动,在轨迹上任选一固定点 O 为参考点,并规定轨迹的一端为正向、一端为负向，则动点 M 在轨迹上的位置可用弧长 s（带正负号）来确定，如图 5-6 所示。s 为代数量，称为动点 M 的弧坐标。当点 M 运动时，则点 M 任意瞬时在轨迹曲线上的位置可由弧坐标唯一地确定下来。s 是时间 t 的单值连续函数，即

$$s=f(t) \tag{5-12}$$

上式称为以自然坐标表示的点的运动方程，也称为以弧坐标表示的点的运动方程。

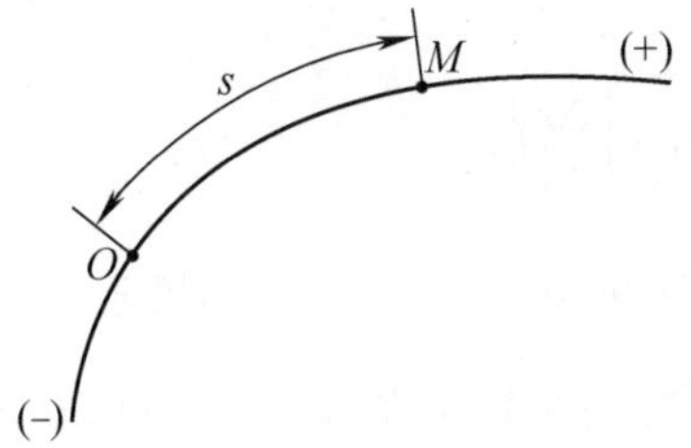

图 5-6

2. 自然轴系

用自然法分析点的速度和加速度之前，先介绍曲线的曲率半径及自然轴系等概念。

如图 5-7 所示，空间曲线 AB 中，M 点的切向单位矢量为 $\boldsymbol{\tau}$，M' 点的切向单位矢量为 $\boldsymbol{\tau}'$，切线经过 $\mathrm{d}s$ 时转过的角度为 $\mathrm{d}\theta$，为了描述曲线在 M 点的弯曲程度，引入曲率的概念，即单位矢量 $\boldsymbol{\tau}$ 与 $\boldsymbol{\tau}'$ 的夹角对弧长的变化率。曲率的倒数称为曲率半径。曲率半径用 ρ 表示，则 $\dfrac{1}{\rho}=\left|\dfrac{\mathrm{d}\theta}{\mathrm{d}s}\right|$。将矢量 $\boldsymbol{\tau}'$ 平移至 M 点，矢量 $\boldsymbol{\tau}$ 与 $\boldsymbol{\tau}'$ 决定一个平面 P。当 M' 点无限趋近 M 点时，平面 P 将趋近某一极限平面。这个极限平面称为此空间曲线在 M 点的密切面。

在图 5-8 中，过点 M 作垂直于 $\boldsymbol{\tau}$ 的平面，该平面称为曲线在 M 点的法平面。法平面与密切面的交线称为主法线；垂直于密切面的法线称为副法线。用 $\boldsymbol{n}$ 表示主法线单位矢量，$\boldsymbol{b}$ 表示副法线单位矢量，$\boldsymbol{\tau}$、$\boldsymbol{n}$、$\boldsymbol{b}$ 三个矢量的轴线将构成互相垂直的自然轴系。它们的正向规定如下：$\boldsymbol{\tau}$ 的正向指向弧坐标的正向；$\boldsymbol{n}$ 的正向是指向曲率中心；$\boldsymbol{b}$ 的正向则由右手螺旋法则决定，即

$$\boldsymbol{b}=\boldsymbol{\tau}\times\boldsymbol{n} \tag{5-13}$$

随着点 M 在轨迹上运动，自然轴系 $\boldsymbol{\tau}$、$\boldsymbol{n}$、$\boldsymbol{b}$ 的方向也在不断变化，因此，自然轴系是沿曲线而变化的游动坐标系。

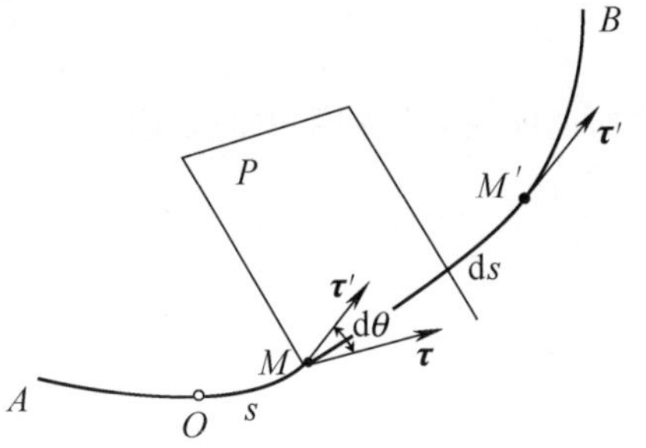

图 5-7

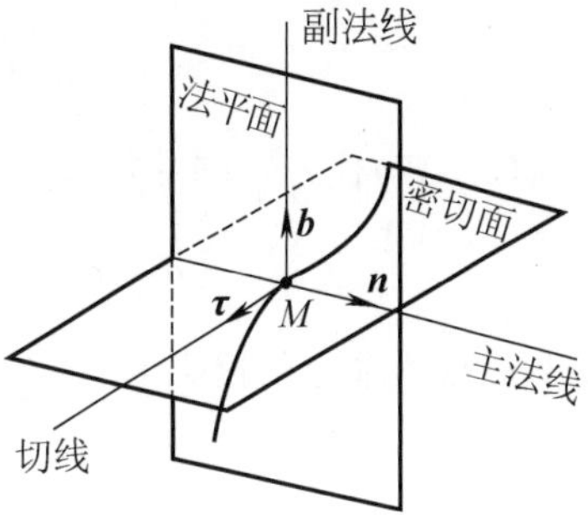

图 5-8

3. 速度

为了得到点的速度在自然轴系中的表达式，把速度的矢量表达式（5－2）做如下变换：

$$\boldsymbol{v}=\frac{\mathrm{d}\boldsymbol{r}}{\mathrm{d}t}=\frac{\mathrm{d}\boldsymbol{r}}{\mathrm{d}s}\frac{\mathrm{d}s}{\mathrm{d}t} \tag{a}$$

式中 $\frac{\mathrm{d}\boldsymbol{r}}{\mathrm{d}s}$ 的大小为

$$\left|\frac{\mathrm{d}\boldsymbol{r}}{\mathrm{d}s}\right|=\lim_{\Delta s\to 0}\left|\frac{\Delta\boldsymbol{r}}{\Delta s}\right|=1$$

因此，$\frac{\mathrm{d}\boldsymbol{r}}{\mathrm{d}s}$ 是单位矢量。它的方向由 $\Delta s\to 0$ 时，$\Delta\boldsymbol{r}$ 的极限方向来决定。由图 5－9 看出，$\Delta\boldsymbol{r}$ 的极限方向是轨迹在点 M 的切线方向，即

$$\frac{\mathrm{d}\boldsymbol{r}}{\mathrm{d}s}=\boldsymbol{\tau} \tag{b}$$

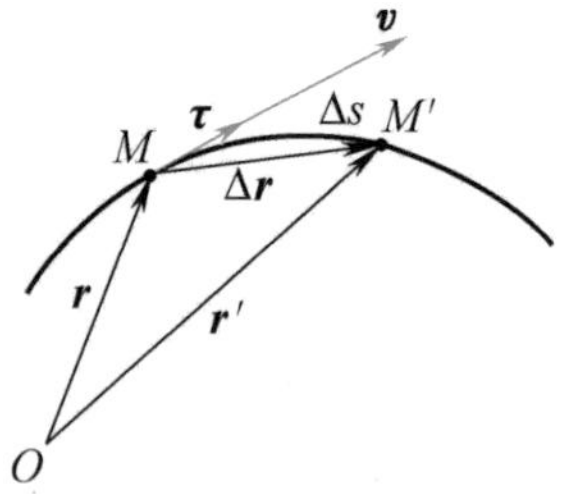

图 5－9

将式（b）代入式（a），得

$$\boldsymbol{v}=\frac{\mathrm{d}s}{\mathrm{d}t}\boldsymbol{\tau}=v\boldsymbol{\tau} \tag{5－14}$$

即动点的速度沿其轨迹的切线方向，速度在切线方向的投影等于其弧坐标对时间的一阶导数。

4. 加速度

将式(5－14)代入式(5－3)，即

$$\boldsymbol{a}=\frac{\mathrm{d}\boldsymbol{v}}{\mathrm{d}t}=\frac{\mathrm{d}}{\mathrm{d}t}(v\boldsymbol{\tau})=\frac{\mathrm{d}v}{\mathrm{d}t}\boldsymbol{\tau}+v\frac{\mathrm{d}\boldsymbol{\tau}}{\mathrm{d}t} \tag{5－15}$$

这表明，动点的加速度 $\boldsymbol{a}$ 由两个分矢量组成。

第一个分矢量是 $\frac{\mathrm{d}v}{\mathrm{d}t}\boldsymbol{\tau}$，方向沿轨迹的切线，故称为切向加速度，用 $\boldsymbol{a}_\tau$ 表示，即

$$\boldsymbol{a}_\tau=\frac{\mathrm{d}v}{\mathrm{d}t}\boldsymbol{\tau}=\frac{\mathrm{d}^2 s}{\mathrm{d}t^2}\boldsymbol{\tau} \tag{5－16}$$

若 $\frac{\mathrm{d}v}{\mathrm{d}t}\geqslant 0$，则 $\boldsymbol{a}_\tau$ 指向轨迹的正向；反之，$\boldsymbol{a}_\tau$ 指向轨迹的负向。

第二个分矢量是 $v\frac{\mathrm{d}\boldsymbol{\tau}}{\mathrm{d}t}$。由物理学知，其大小为 $\frac{v^2}{\rho}$，其方向沿着主法线的方向，即指向曲率中心，称之为法向加速度，用 $\boldsymbol{a}_\mathrm{n}$ 表示，即

$$\boldsymbol{a}_\mathrm{n}=\frac{v^2}{\rho}\boldsymbol{n} \tag{5－17}$$

将式(5－16)、式(5－17)代入式(5－15)，点的加速度在自然轴系中的表达式为

$$\boldsymbol{a}=\boldsymbol{a}_\tau+\boldsymbol{a}_\mathrm{n}=\frac{\mathrm{d}v}{\mathrm{d}t}\boldsymbol{\tau}+\frac{v^2}{\rho}\boldsymbol{n} \tag{5－18}$$

点的加速度在自然轴上的投影为

$$\left.\begin{aligned} a_\tau &= \frac{\mathrm{d}v}{\mathrm{d}t} \\ a_\mathrm{n} &= \frac{v^2}{\rho} \\ a_\mathrm{b} &= 0 \end{aligned}\right\} \tag{5-19}$$

这表明，点的加速度沿副法线的分量恒等于零，加速度矢量在密切面内，等于切向加速度与法向加速度的矢量和。切向加速度反映速度代数值的变化快慢程度；法向加速度则反映速度方向的变化快慢程度。如图 5-10 所示，点的加速度 $\boldsymbol{a}$ 的大小及方向为

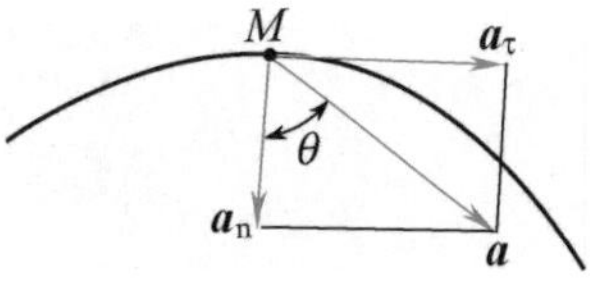

图 5-10

$$\left.\begin{aligned} a &= \sqrt{a_\tau^2 + a_\mathrm{n}^2} = \sqrt{\left(\frac{\mathrm{d}v}{\mathrm{d}t}\right)^2 + \left(\frac{v^2}{\rho}\right)^2} \\ \tan\theta &= \frac{|a_\tau|}{a_\mathrm{n}} \end{aligned}\right\} \tag{5-20}$$

式中，θ 为 $\boldsymbol{a}$ 与主法线之夹角。

综上所述，用弧坐标可方便地描述点在轨迹上的位置。然而，为了描述点的速度和加速度，需要引入自然轴系。自然轴系是与轨迹的几何特性联系在一起的动参考系，这就导致点速度、加速度在自然轴系中的各个分量有着明显的几何意义。当点的运动轨迹已知时，用自然轴系来描述点的速度、加速度较为简便；当动点的轨迹未知时，用直角坐标来描述比较方便。

例 5-1　椭圆规机构如图 5-11 所示。已知 $AC=CB=OC=r$，曲柄 OC 转动时，$\varphi=\omega t$，带动 AB 尺运动。A，B 分别在铅直和水平槽内滑动。求 BC 中点 M 的运动方程、轨迹方程及在瞬时 $t=0$ 时的速度和加速度。

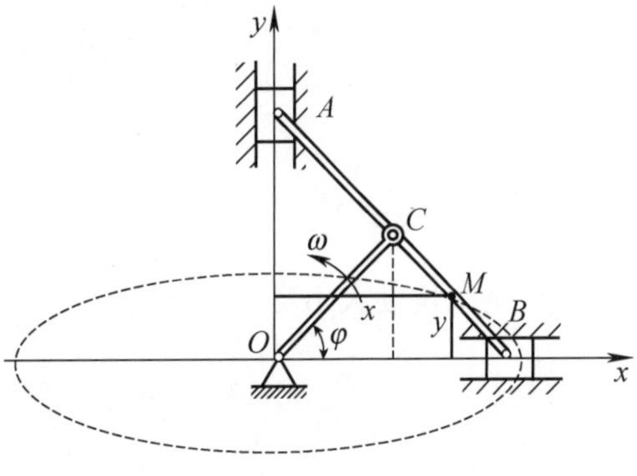

图 5-11

分析　本例求解点的运动方程、轨迹方程、速度、加速度，可由点的运动的直角坐标法进行求解。

解　(1)建立运动方程。曲柄 OC 转动时带动 AB 尺运动，而 BC 中点 M 做平面曲线运动。欲求 M 点的轨迹，可先用直角坐标法求出它的运动方程，然后从运动方程中消去时间 t，得到轨迹方程。为此，取坐标系 Oxy，如图 5-11 所示，点 M 的运动方程为

$$x = OC\cos\varphi + CM\cos\varphi = \frac{3}{2}r\cos\omega t$$

$$y = BM\sin\varphi = \frac{1}{2}r\sin\omega t$$

法向加速度
概念及应用

消去时间 t，得轨迹方程

$$4x^2 + 36y^2 = 9r^2$$

由此可见，点 M 的轨迹是一个椭圆，长轴与 x 轴重合，短轴与 y 轴重合。

(2)求速度。为求点的速度，应将点的坐标对时间求一阶导数，得

$$v_x=\frac{\mathrm{d}x}{\mathrm{d}t}=-\frac{3}{2}r\omega\sin\omega t$$

$$v_y=\frac{\mathrm{d}y}{\mathrm{d}t}=\frac{1}{2}r\omega\cos\omega t$$

当 $t=0$ 时

$$x=\frac{3}{2}r,\qquad y=0$$

$$v_x=0\qquad v_y=\frac{1}{2}r\omega$$

故点 M 的速度大小及方向余弦为

$$v=\sqrt{v_x^2+v_y^2}=\sqrt{\left(\frac{1}{2}r\omega\right)^2}=\frac{1}{2}r\omega$$

$$\cos(\boldsymbol{v},\boldsymbol{i})=\frac{v_x}{v}=0,\cos(\boldsymbol{v},\boldsymbol{j})=\frac{v_y}{v}=1$$

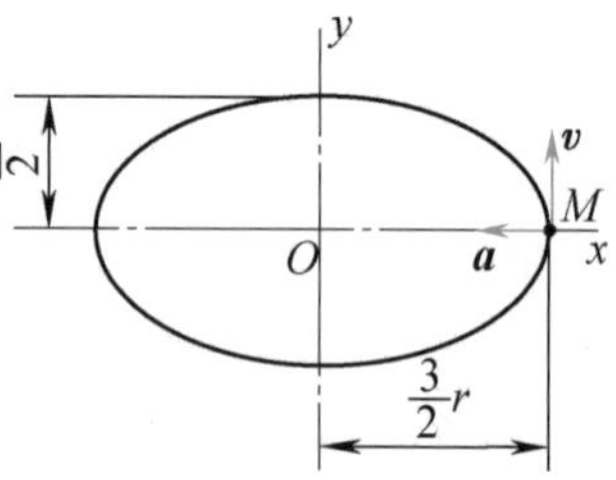

图 5-12

即 $(\boldsymbol{v},\boldsymbol{i})=\pi/2,(\boldsymbol{v},\boldsymbol{j})=0$，可见 v 与 y 轴平行，且指向 y 轴正向（见图 5-12）。

(3)求加速度。为求点的加速度，应将点的坐标对时间求二阶导数，得

$$a_x=\frac{\mathrm{d}v_x}{\mathrm{d}t}=\frac{\mathrm{d}^2x}{\mathrm{d}t^2}=-\frac{3}{2}r\omega^2\cos\omega t$$

$$a_y=\frac{\mathrm{d}v_y}{\mathrm{d}t}=\frac{\mathrm{d}^2y}{\mathrm{d}t^2}=-\frac{1}{2}r\omega^2\sin\omega t$$

当 $t=0$ 时

$$a_x=-\frac{3}{2}r\omega^2,a_y=0$$

故点 M 的加速度大小及方向余弦为

$$a=\sqrt{a_x^2+a_y^2}=\sqrt{\left(-\frac{3}{2}r\omega^2\right)^2}=\frac{3}{2}r\omega^2$$

$$\cos(\boldsymbol{a},\boldsymbol{i})=\frac{a_x}{a}=-1,\cos(\boldsymbol{a},\boldsymbol{j})=\frac{a_y}{a}=0$$

即 $(\boldsymbol{a},\boldsymbol{i})=\pi,(\boldsymbol{a},\boldsymbol{j})=\pi/2$，可见 $\boldsymbol{a}$ 平行于 x 轴，指向与 x 轴正向相反（见图 5-12）。

读者思考　**当滚动的车轮从地面上粘起一枚掉落的口香糖，当车轮继续向前时，这枚口香糖在空中运动轨迹是什么样子的？**

知识拓展

日常生活中，自行车、火车等车轮上的任一点在随车轮前进过程中会描绘出美妙的曲线，即旋轮线。旋轮线的出现吸引了大批数学物理学家去研究这一曲线的性质，同时也产生了很多有意思的科学故事。其实，旋轮线会以一些神奇的姿态存在于自然界中。物理学中最速降线就是旋轮线中的一段。我国古代的科学家很早就发现了旋轮线，并将其应用到了日常生活中，就像故宫里面的屋顶所设计的弧线就是一段最速降线，这充分说明我们古代科学家独特的审美和高超的智慧。

例 5-2　如图 5-13 所示，当液压减振器工作时，它的活塞在套筒内作直线往复运动。设活塞的加速度 $a=-kv$（v 为活塞的速度，k 为比例常数），初速为 v_0，求活塞的运动规律。

解　活塞作往复直线运动，如图 5-13 所示，建立水平坐标轴 Ox，由于

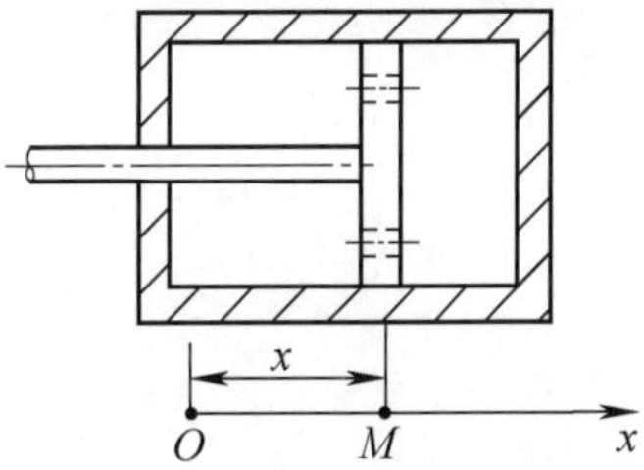

图 5-13

$$\frac{\mathrm{d}v}{\mathrm{d}t}=a$$

将已知条件 $a=-kv$ 代入上式，得

$$\frac{\mathrm{d}v}{\mathrm{d}t}=-kv$$

将变量分离后积分

$$\int_{v_0}^{v}\frac{\mathrm{d}v}{v}=-k\int_0^t\mathrm{d}t$$

得

$$\ln\frac{v}{v_0}=-kt$$

解得

$$v=v_0\mathrm{e}^{-kt}$$

又因

$$v=\frac{\mathrm{d}x}{\mathrm{d}t}=v_0\mathrm{e}^{-kt}$$

对上式积分，即

$$\int_{x_0}^{x}\mathrm{d}x=v_0\int_0^t\mathrm{e}^{-kt}\mathrm{d}t$$

解得

$$x=x_0+\frac{v_0}{k}(1-\mathrm{e}^{-kt})$$

例 5-3　飞轮逆时针转动时，轮缘上点 M 按方程 $s=0.1t^3$ 运动，t 的单位为 s，s 的单位为 m，飞轮的半径为 2 m，如图 5-14 所示。当此点的速度 $v=30$ m/s 时，求它的切向和法向加速度。

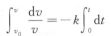

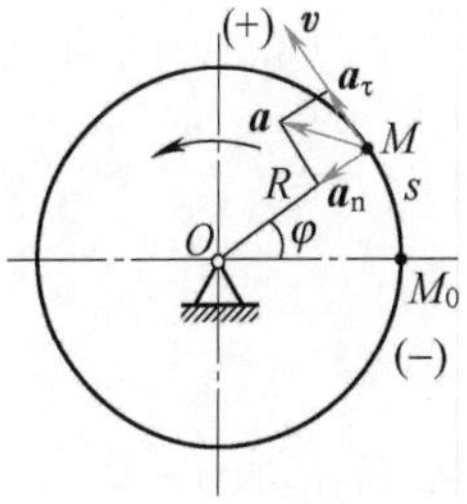

图 5-14

解　轮缘上点 M 的轨迹为以点 O 为圆心，以 R 为半径的圆。取 M_0 为弧坐标的原点，并规定逆时针运动的方向为弧坐标正方向，如图 5-14 所示，则速度的代数值为

$$v=\frac{\mathrm{d}s}{\mathrm{d}t}=0.3t^2$$

任一瞬时动点的切向和法向加速度分别是

$$a_\tau = \frac{dv}{dt} = 0.6t$$

$$a_n = \frac{v^2}{R} = \frac{(0.3t^2)^2}{2} = 0.045t^4$$

要求 $v = 30\ m/s$ 时动点 M 的加速度，应先求出时间 t 。令

$$v = 0.3t^2 = 30$$

得

$$t = 10\ s$$

由此求出切向和法向加速度的大小为

$$a_\tau = (0.6 \times 10)\ m/s^2 = 6\ m/s^2$$

$$a_n = (0.045 \times 10^4)\ m/s^2 = 450\ m/s^2$$

注意，求法向加速度时，也可以直接应用给定的已知条件 $v = 30\ m/s$ ，则

$$a_n = \frac{v^2}{R} = \frac{30^2}{2}\ m/s^2 = 450\ m/s^2$$

例 5－4　已知动点的运动方程为

$$\begin{cases} x = 2t \\ y = t^2 \end{cases}$$

求运动开始时点的切向加速度和法向加速度以及轨迹在开始位置时的曲率半径。

分析　先由点的运动方程求出点的速度和加速度，再利用点的全加速度与切向加速度和法向加速度的关系，求出法向加速度，最后根据法向加速度，求曲率半径。

解　(1)求点的速度。点的速度在直角坐标轴上的投影为

$$v_x = \frac{dx}{dt} = 2\ m/s$$

$$v_y = \frac{dy}{dt} = 2t$$

于是有

$$v = \sqrt{v_x^2 + v_y^2} = \sqrt{4 + 4t^2}$$

(2)求点的加速度。点的加速度在直角坐标轴上的投影为

$$a_x = \frac{dv_x}{dt} = 0$$

$$a_y = \frac{dv_y}{dt} = 2\ m/s^2$$

全加速度为

$$a = \sqrt{a_x^2 + a_y^2} = 2\ m/s^2$$

点的切向加速度的大小为

$$a_\tau = \frac{dv}{dt} = \frac{2t}{\sqrt{1 + t^2}}$$

又因为

$$a_\tau^2 + a_n^2 = a_x^2 + a_y^2 = a$$

所以

$$a_n = \sqrt{a^2 - a_\tau^2} = \sqrt{4 - \frac{4t^2}{1 + t^2}} = 2\sqrt{\frac{1}{1 + t^2}}$$

(3)求曲率半径。

根据 $a_n=\dfrac{v^2}{\rho}$，可求得曲率半径

$$\rho=\frac{v^2}{a_n}=\frac{4(1+t^2)}{2\sqrt{\dfrac{1}{1+t^2}}}=2(1+t^2)^{3/2}$$

运动开始时：$t=0$，于是得

$$a_\tau=\frac{2t}{\sqrt{1+t^2}}\Big|_{t=0}=0$$

$$a_n=2\sqrt{\frac{1}{1+t^2}}\Big|_{t=0}=2\ \text{m/s}^2$$

$$\rho=2(1+t^2)^{3/2}\Big|_{t=0}=2\ \text{m}$$

从运动方程中消去时间 t，即得动点的轨迹方程 $y=\dfrac{x^2}{4}$。因为时间 $t\geqslant0$，给定的运动方程决定了 $x\geqslant0$、$y\geqslant0$，所以动点的轨迹曲线仅是抛物线在第一象限的分支，如图 5-15 所示。

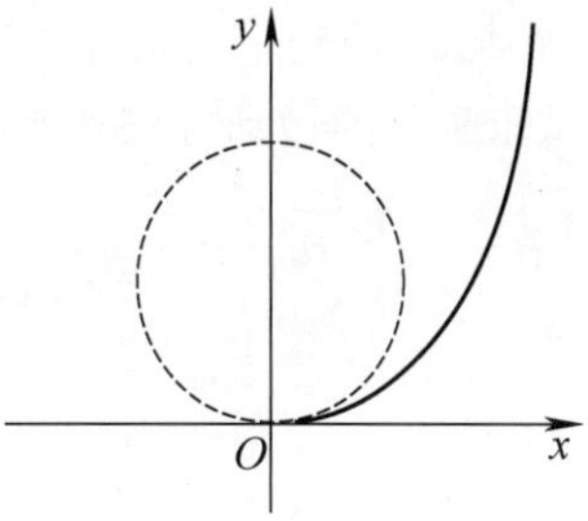

图 5-15

习　题

一、基础题

1. 曲线规尺的杆长 $OA=AB=L=200$ mm，$CM=DM=AC=AD=a=50$ mm，如图 5-16 所示。当 OA 杆绕 O 轴转动时，转角 $\varphi=\omega t$，$\omega=\dfrac{\pi}{5}$rad/s。运动开始时，OA 杆水平向右，求尺上点 M 的运动方程和轨迹方程以及滑块 B 的速度和加速度。

$$\left[答：x=200\cos\frac{\pi}{5}t,\ y=100\sin\frac{\pi}{5}t,\ \left(\frac{x}{200}\right)^2+\left(\frac{y}{100}\right)^2=1,\ v_B=-80\pi\sin\frac{\pi}{5}t,\ a_B=-16\pi^2\cos\frac{\pi}{5}t\right]$$

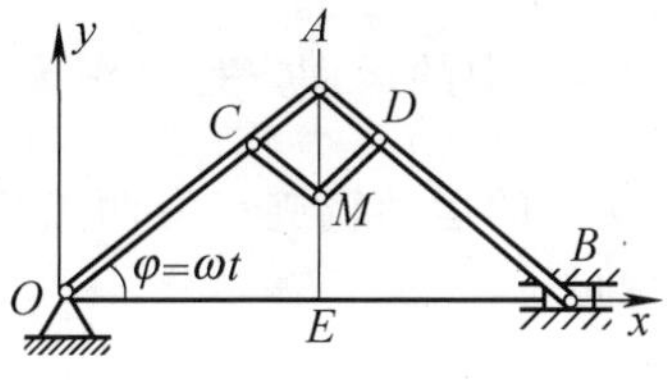

图 5-16

2. 列车沿曲线轨道行驶，在点 M_1 时，速度 $v_1=18\ \text{km/h}$，速度均匀增加，行驶 $s=1\ \text{km}$ 后，即到达点 M_2 时，速度 $v_2=54\ \text{km/h}$。铁轨曲线形状如图 5－17 所示，在点 M_1、M_2 处的曲率半径分别为 $\rho_1=600\ \text{m}$，$\rho_2=800\ \text{m}$。求列车从 M_1 到 M_2 处所需的时间和经过 M_1 与 M_2 处的加速度。

$\left(\text{答：} t=100\text{s}, M_1\text{处：} a_1=\sqrt{a_\tau^2+a_{n1}^2}=0.108\text{m/s}^2, \tan\theta_1=\left|\dfrac{a_\tau}{a_{n1}}\right|=\dfrac{0.1}{0.042}=2.38, \theta_1=67.4°;\right.$

$\left. M_2\text{处：} a_2=\sqrt{a_\tau^2+a_{n2}^2}=0.298\ \text{m/s}^2, \tan\theta_2=\left|\dfrac{a_\tau}{a_{n2}}\right|=\dfrac{0.1}{0.281}=0.355, \theta_2=19.5°\right)$

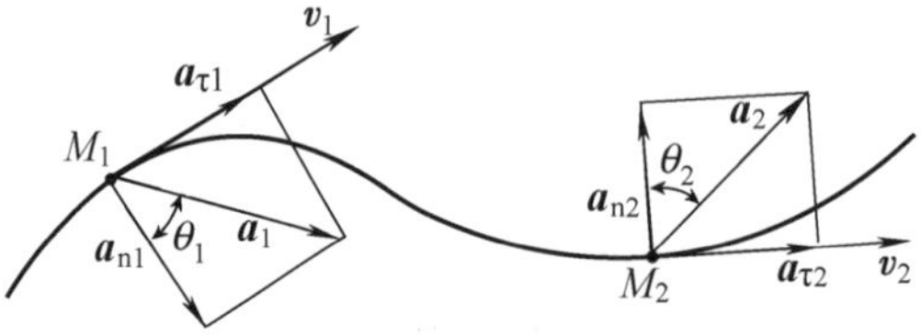

图 5－17

3. 如图 5－18 所示，偏心圆凸轮半径为 R，绕轴 O 转动，转角 $\varphi=\omega t$（ω 为常量），偏心距 $OC=e$，凸轮带动顶杆 AB 沿铅垂线往复运动。为减少摩擦，在 A 端安装了半径为 r 的滚子。试求顶杆的运动方程和速度。

$\left[\text{答：} y_A=e\sin\omega t+\sqrt{R^2-e^2\cos^2\omega t}, v_A=e\omega\left(\cos\omega t+\dfrac{e\sin 2\omega t}{2\sqrt{R^2-e^2\cos^2\omega t}}\right)\right]$

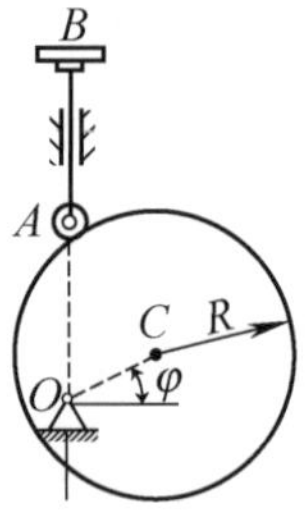

图 5－18

4. 列车沿半径为 $R=800\ \text{m}$ 的圆弧轨道作匀加速运动。如初速度为零，经过 2 min 后，速度达到 54 km/h，求列车在此时的加速度。

(答：$0.308\ \text{m/s}^2$)

5. 已知，点在 xy 面内运动，x 轴与 y 垂直，某瞬时 $v_x=4\ \text{m/s}$、$v_y=4\ \text{m/s}$，$a_x=4\ \text{m/s}^2$、$a_y=0$，则点在此瞬时的曲率半径是多少？

(答：$8\sqrt{2}\ \text{m}$)

6. 动点 A 和 B 在同一直角坐标系中的运动方程分别为 $\begin{cases} x_A=t \\ y_A=2t^2 \end{cases}$ 与 $\begin{cases} x_B=t^2 \\ y_B=2t^4 \end{cases}$，其中 x、y 以 mm 计，t 以 s 计。试求：(1)两点的运动轨迹；(2)两点相遇的时刻；(3)该时刻它们各自的速度；(4)该时刻它们各自的加速度。

[答：(1) $y_A=2x_A^2$，$y_B=2x_B^2$；(2) $t=1\text{s}$；(3) 大小：$v_A=4.12\text{mm/s}$，$v_B=8.25\text{mm/s}$，方向：$\theta_A=75°57'50''$，$\theta_B=75°57'50''$；(4)大小：$a_A=4\ \text{mm/s}^2$，$a_B=24.08\ \text{mm/s}^2$，方向：沿 y 轴

正向，$\theta_B=85°14'11''$ ］

7. 列车沿半径为 $R=800$ m 的圆弧轨道作匀加速运动。如初速为零，经过 2 min 后，速度达到 54 km/h。求起点和末点的加速度。

（答：起点：$a=0.125\ \mathrm{m/s^2}$，末点：$a=0.308\ \mathrm{m/s^2}$）

二、提升题

1. 如图 5－19 所示，动点沿图示半径为 $r=1$ m 的圆周按 $v=20-ct$ 的规律运动，式中 v 以 m/s 计，c 为常数。设动点经过 A、B 两点的速度分别为 $v_A=10$ m/s，$v_B=5$ m/s 。求该点从点 A 到点 B 所需要的时间和在点 B 时的加速度。

（答：$t=0.21$ s，$a_B=34.6\ \mathrm{m/s^2}$）

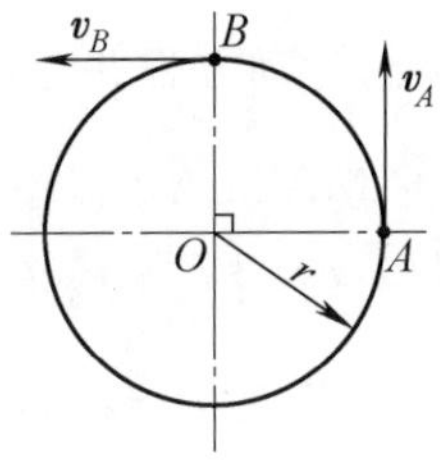

图 5－19

2. 如图 5－20 所示，半圆形凸轮以等速 $v_o=0.01$ m/s 沿水平方向向左运动，而使活塞杆 AB 沿铅直方向运动。当运动开始时，活塞杆 A 端凸轮的最高点上。如凸轮的半径 $R=80$ mm，求活塞 B 相对于地面和相对于凸轮的运动方程和速度。

（答：提示：因为活塞 B 的运动与活塞杆 A 点的运动相同，对于活塞杆 A 点的运动有对地　$y_A=0.01\sqrt{64-t^2}$ m，$v_A=\dfrac{0.01t}{\sqrt{64-t^2}}$ cm/s 方向铅垂向下；对凸轮　$x'_A=0.01t$ m　$y'_A=0.01\sqrt{64-t^2}$ m　$v_Ax'=0.01$ m/s　$v_Ay'=\dfrac{0.01t}{\sqrt{64-t^2}}$ m/s）

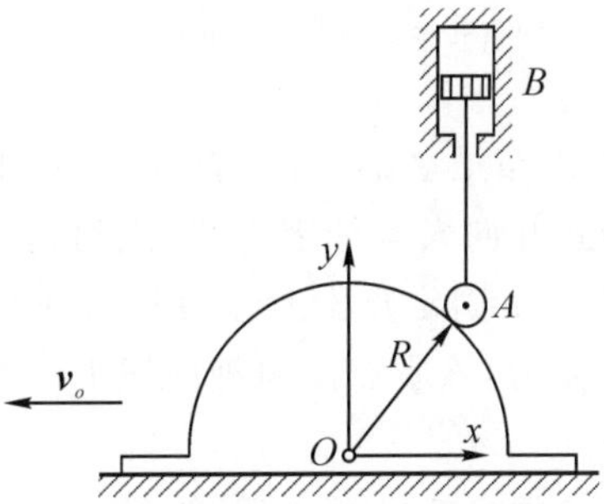

图 5－20

3. 如图 5－21 所示，机车车轮沿直线轨道做纯滚动，车轮半径为 $R=1$ m，车轮转角 $\varphi=20t-\dfrac{\pi}{2}$，取点 M 最初接触地面时的位置为坐标原点，轨道为 x 轴。求：(1) 轮缘上一点 M 的直角坐标运动方程，以及初瞬时该点之速度与加速度；(2) 当点 M 运动到与地面相接触时，其切向、法向加速度与曲率半径。

[答:(1) $x=vt-R\cos\varphi$, $y=R+R\sin\varphi$, $v=0\ \text{m/s}$, $a=400\ \text{m/s}^2$;(2) $a_\tau=-400\ \text{m/s}^2$, $a_n=0$, $\rho=0$]

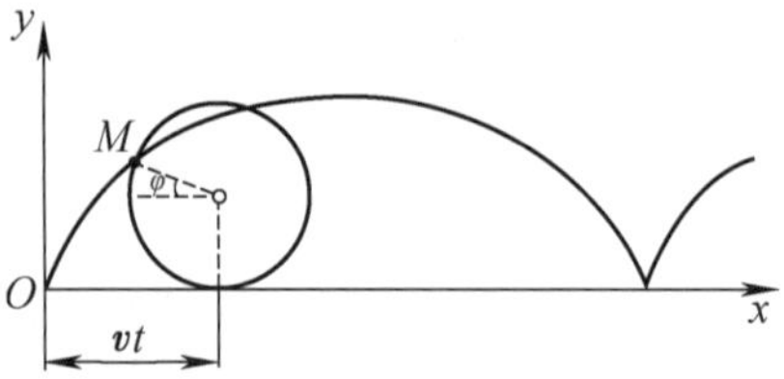

图 5-21

4. 图 5-22 所示雷达在距离火箭发射台 l 的 O 处观察铅直上升的火箭发射,测得角 θ 的变化规律为 $\theta=kt$(k 为常数)。求火箭的运动方程并计算当 $\theta=\dfrac{\pi}{6}$ 和 $\theta=\dfrac{\pi}{3}$ 时,火箭的速度和加速度。请写出题目用计算机求解时的 MATLAB 程序。

(答:$y=l\tan\theta=l\tan kt$, $v=lk\sec^2 kt$, $a=2lk^2\sec^2 kt\tan kt$,

当 $\theta=\dfrac{\pi}{6}$ 时, $v=\dfrac{4}{3}lk$, $a=\dfrac{8\sqrt{3}}{9}lk^2$ 当 $\theta=\dfrac{\pi}{3}$ 时, $v=4lk$, $a=8\sqrt{3}lk^2$)

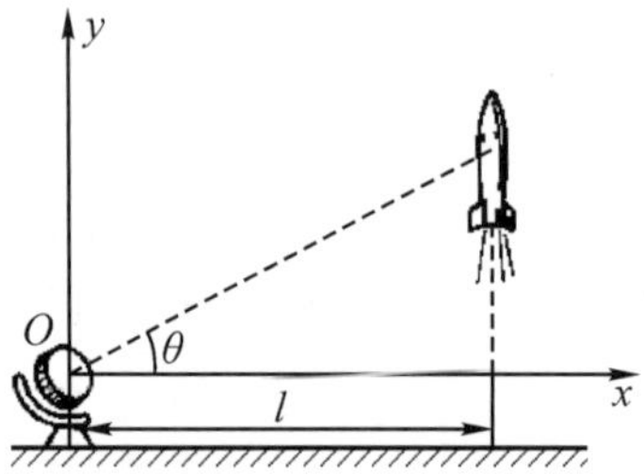

图 5-22

拓展阅读

最速降线问题[1,2,3]

1696 年 6 月,约翰伯努利在莱布尼兹的杂志《教师学报》上向欧洲的数学家提出了最速降线问题,并向大家征求答案,该问题主要描述了一个质点在重力作用下,从一个固定点滑到不在同一垂线上的另一固定点(见图 1),若不计摩擦力,该质点沿何种曲线滑下所需时间最短。

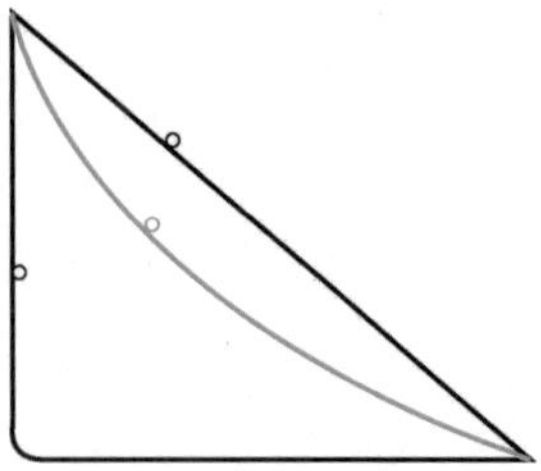

图 1

此问题的提出,引起了很多数学家的极大兴趣,约翰伯努利也给这个问题设置了期限,如果到第二年的复活节还没有人发现这条曲

1 吴佩萱. 最速降线的挑战[J]. 现代物理知识, 2006(4),52-54.

2 陈奎孚. 不走直道(续五):神奇的抛物线. 微信公众号《图形公式不烦恼》, 2018.6.12.

3 老大中. 变分法基础[M]. 第 3 版. 北京:国防工业出版社,2015.

线，他就公布这条曲线。同时，伯努利还向他老师莱布尼兹的冤家牛顿下了战书，他把最速降线问题亲手抄了一份寄往英国。到 1697 年复活节的截止日期，约翰伯努利共收到 5 份答案，这五份答案都是正确的，其中一份是盖有英国邮戳的匿名邮件，显然这个邮件非牛顿莫属。同时，伯努利也公布了最速降线问题的答案是一段旋轮线（也叫摆线）。这个问题导致了一个天才数学家的诞生，他就是约翰伯努利的学生欧拉，他于 1744 年给出了这个问题的普遍解法，并导致了数学的一个分支——变分学的诞生。

设质点质量为 m，重力加速度为 g，质点的速度为 v，根据运动学知识可知

$$v^2=2gy$$

于是

$$v=\frac{\mathrm{d}s}{\mathrm{d}t}=\sqrt{2gy}$$

由弧长公式 $\mathrm{d}s=\sqrt{1+(y')^2}\,\mathrm{d}x$ 知

$$\mathrm{d}t=\frac{\mathrm{d}s}{v}=\sqrt{\frac{1+(y')^2}{2gy}}\,\mathrm{d}x$$

$$t=\int_0^a\sqrt{\frac{1+(y')^2}{2gy}}\,\mathrm{d}x$$

上述问题可以转化为

$$\begin{cases}t=\int_0^a\sqrt{\dfrac{1+(y')^2}{2gy}}\,\mathrm{d}x\\ y(0)=0,y(a)=b\end{cases}$$

根据欧拉方程可得

$$y(1+(y')^2)=c \tag{a}$$

上式可改写为

$$\mathrm{d}x=\sqrt{y/(c-y)}\,\mathrm{d}y \tag{b}$$

设 $y'=\cot\varphi$，则由式(a)得 $y=c\sin^2\varphi$，代入式(b) 得 $\mathrm{d}x=c(1-\cos(2\varphi))\mathrm{d}\varphi$，积分后，代入边界条件，可得

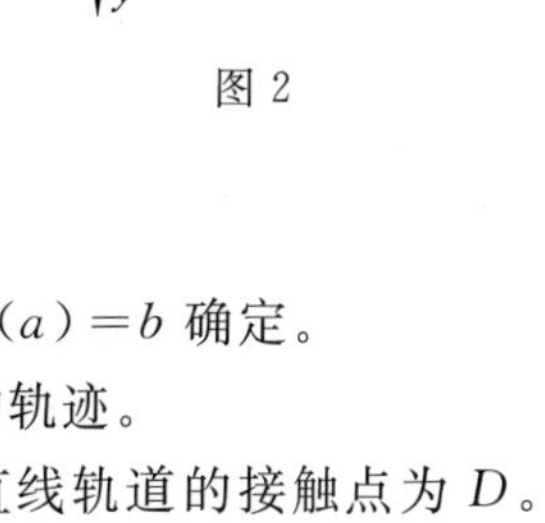

图 2

$$x=\frac{c}{2}(2\varphi-\sin(2\varphi))=\frac{c}{2}(t-\sin t)$$

因 $$y=c\sin^2\varphi=\frac{c}{2}(1-\cos(2\varphi))=\frac{c}{2}(1-\cos t)$$

故
$$\begin{cases}x=\dfrac{c}{2}(t-\sin t)\\ y=\dfrac{c}{2}(1-\cos t)\end{cases} \tag{c}$$

式(c)即为最速降线在图 2 坐标系下的运动方程，其中 c 可以由 $y(a)=b$ 确定。

下面讨论半径为 r 的圆轮在水平面上纯滚动时，轮缘上一点 M 的轨迹。

如图 3 所示，设 $\varphi=\omega t$（ω 为常数），当圆轮转过 φ 角时，圆轮与直线轨道的接触点为 D。由于纯滚动，有 $OD=OM=r\varphi=r\omega t$，则用直角坐标表示的点 M 的运动方程为

$$\begin{cases} x = OD - CM\sin\varphi = r(\omega t - \sin\omega t) \\ y = CD - CM\cos\varphi = r(1 - \cos\omega t) \end{cases} \tag{d}$$

式(d)即为旋轮线方程,若在式(d)中,令 $\omega = 1, r = \frac{c}{2}$,则式(c)与式(d)完全一致。由此可知,最速降线就是半径为 $\frac{c}{2}$ 的圆轮沿水平的 x 轴纯滚动且当 $\omega = 1$ 时,圆周上一点的轨迹(旋轮线)的一部分。

最速降线的应用问题在现实生活中也会遇到,如古建筑的屋顶(见图 4)设计成一定的弧度,雨水能够短时间从屋顶流下来,从而对屋顶起到保护作用。

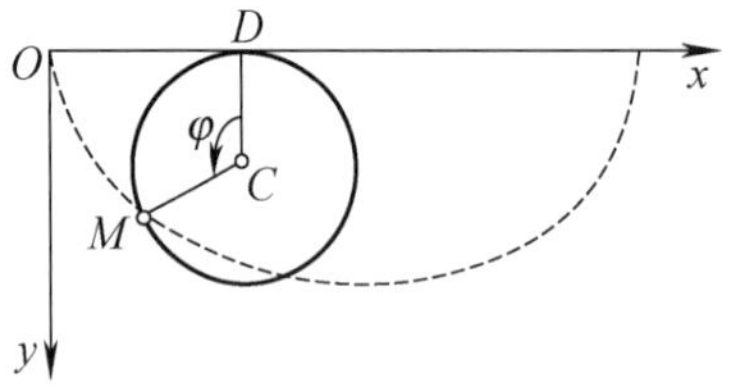

图 3

图 4

第 6 章　刚体的基本运动

内容提要

刚体的运动形式多种多样，但在刚体的各种运动形式中，最简单、最基本的运动是刚体的平行移动和定轴转动，称之为刚体的基本运动。本章介绍刚体平行移动的特征及分析方法，刚体定轴转动的角速度、角加速度及其上点的运动速度、加速度的关系，介绍定轴转动轮系的传动比。这些内容既可以直接应用于某些工程问题，又是研究刚体复杂运动的基础。

本章知识导图

6.1　刚体的平行移动

工程中某些物体的运动，例如，车身在直线轨道上的运动（见图 6－1），摆式输送机料槽 CD 的运动（见图 6－2）等，这一类物体的运动情况虽不完全相同，但具有一个共同的特点：在运动时，刚体上任意一条直线始终与它的初始位置保持平行，刚体的这种运动称为平行移动，简称平动。研究刚体的平动就是分析其内部各点的轨迹、速度和加速度之间的关系。

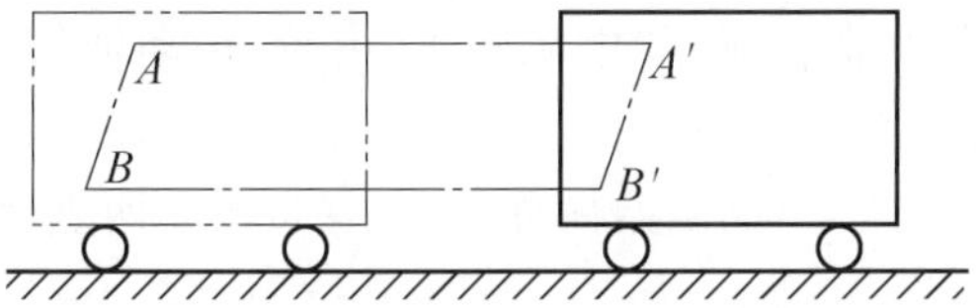

图 6－1

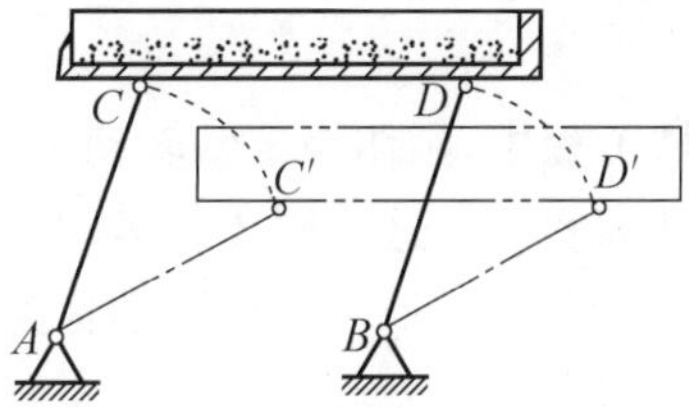

图 6－2

如图 6－3 所示，在平动刚体内任取两点 A 和 B，令点 A 及点 B 的矢径分别为 $\boldsymbol{r}_A$ 及 $\boldsymbol{r}_B$，相应的矢端曲线分别为点 A 和点 B 的轨迹，由图可知：

$$\boldsymbol{r}_A = \boldsymbol{r}_B + \boldsymbol{BA} \tag{6-1}$$

其中，$\boldsymbol{BA}$ 是从点 B 到点 A 的矢量，由平动定义知 $\boldsymbol{BA}$ 是常矢量。因此只要将点 B 的轨迹沿 $\boldsymbol{BA}$ 方向平移一段距离 BA，就能与点 A 轨迹完全重合。而 A、B 两点是在平动刚体上任选的，于是可知：平动刚体内任意两点的轨迹形状完全相同。例如，车身在直线轨道上运动时，其内部各点都作直线运动，轨迹是一样的。又如，图 6－2 所示的摆式输送机的送料槽 CD 的运动是平动，槽内各点的轨迹都是半径相同的圆弧，只要平行移动一段距离，这些圆弧都能重合。因此，刚体平动时，其上各点的轨迹不一定是直线，也可能是曲线，但是它们的形状是完全相同的。

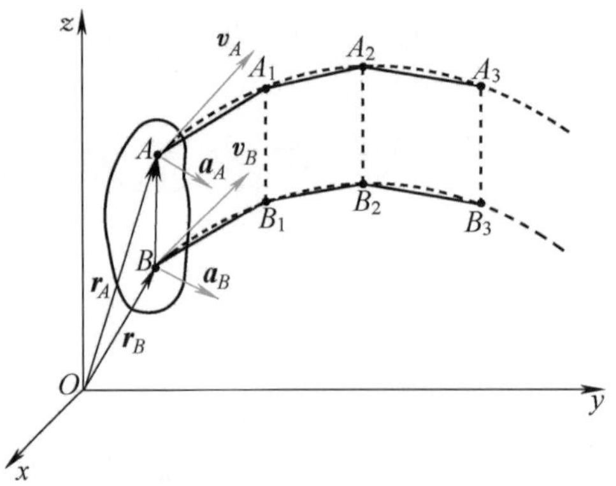

图 6-3

将式(6-1)对时间 t 求导数，因为常矢量 $\boldsymbol{BA}$ 的导数等于零，于是得

$$\boldsymbol{v}_A = \boldsymbol{v}_B \tag{6-2}$$

$$\boldsymbol{a}_A = \boldsymbol{a}_B \tag{6-3}$$

式中，$\boldsymbol{v}_A$ 和 $\boldsymbol{v}_B$ 分别表示点 A 和点 B 的速度，$\boldsymbol{a}_A$ 和 $\boldsymbol{a}_B$ 表示加速度。由于 A、B 两点是在刚体内任意选取的，因此上述结论对刚体内所有各点都成立。

综上所述，可得结论：当刚体平动时，其上任一点的轨迹形状相同；在每一瞬时，各点的速度相同，各点的加速度也相同。因此，研究刚体的平动可归结为研究其上任一点的运动，也就是归结为第 5 章点的运动学研究过的问题。

6.2 刚体的定轴转动

在机械工程中，刚体绕定轴转动的现象非常普遍，如电机转子、齿轮、传动轴的运动等，都是定轴转动的实例。这些刚体的运动具有一个共同特点：当刚体运动时，刚体内（或其延伸部分）有两点始终保持不动，这种运动称为刚体绕定轴转动，简称转动，保持不动两点确定的直线叫做转轴。

1. 转动方程

在研究刚体绕定轴转动时，先要确定刚体在空间的位置。如图 6-4 所示，刚体绕固定的 z 轴转动，为了确定刚体在转动过程中的位置，可先通过转轴 z 作一固定平面Ⅰ，再通过转轴作一随刚体转动的平面Ⅱ。显然，任一瞬时刚体的位置可用动平面Ⅱ与固定平面Ⅰ的夹角 φ 来确定，φ 角称为转角。当刚体转动时，φ 随时间 t 不断变化，是时间 t 的单值连续函数，即

$$\varphi = f(t) \tag{6-4}$$

式(6-4)称为刚体绕定轴转动的转动方程。它描述了刚体的转动规律。

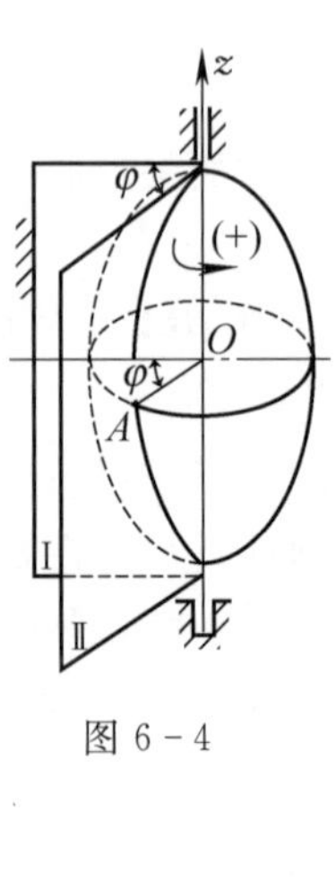

图 6-4

转角 φ 是代数量。其正负号规定：自转轴 z 正方向俯视，当动平面Ⅱ相对于固定平面Ⅰ逆时针转动时，转角 φ 为正，反之为负。在国际单位制中，转角 φ 的单位为弧度(rad)。

2. 角速度

角速度是用来度量刚体转动快慢和转动方向的物理量，用 ω 表示，定义为转角 φ 对时间 t 的一阶导数

$$\omega=\frac{\mathrm{d}\varphi}{\mathrm{d}t}=\dot{\varphi} \tag{6-5}$$

角速度 ω 是代数量，在国际单位制中，其单位是弧度/秒(rad/s)。

工程上常用转速 n 表示刚体转动的快慢。转速 n 的单位是转/分(r/min)。角速度 ω 与转速 n 之间的换算关系为

$$\omega=\frac{2\pi}{60}n=\frac{\pi n}{30} \tag{6-6}$$

3. 角加速度

角加速度是用来度量角速度变化的快慢和方向的物理量，用 α 表示，即

$$\alpha=\frac{\mathrm{d}\omega}{\mathrm{d}t}=\frac{\mathrm{d}^2\varphi}{\mathrm{d}t^2} \tag{6-7}$$

角加速度 α 也是代数量，在国际单位制中，其单位是弧度/秒²(rad/s²)。如果 ω 与 α 同号，则转动是加速的[见图 6-5(a)]；如果 ω 与 α 异号，则转动是减速的[图 6-5(b)]。

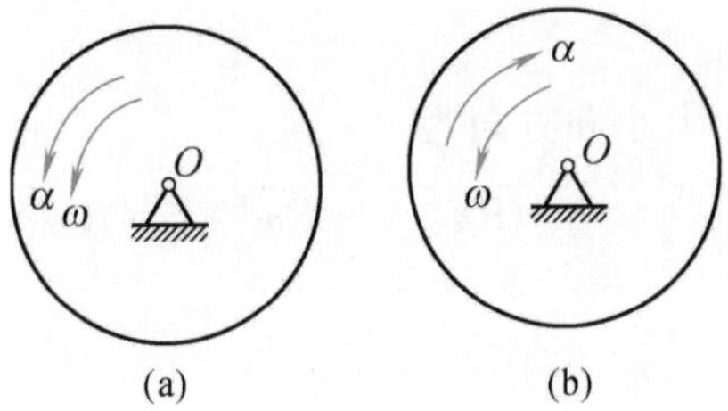

图 6-5

6.3　定轴转动刚体内各点的速度和加速度

在工程中，不仅需要知道转动刚体的角速度和角加速度，而且还常常需要知道转动刚体上某些点的速度与加速度。

刚体作定轴转动时，除了转轴上的点以外，刚体上其他各点都在垂直于转轴的平面内作圆周运动，圆心都在轴线上，半径等于点到转轴的距离。设刚体绕水平 O 轴转动(见图 6-6)，角速度为 ω，角加速度为 α，现在研究点 M 的运动，由于点 M 作圆周运动，圆心在转轴上，故可用自然法研究其运动规律。设点 M 到转轴的距离为 R，取 M_0 为弧坐标的原点，以转角 φ 的正向为弧坐标的正向，如图 6-6 所示，则点 M 沿圆周的运动方程可以表示为

$$s=\widehat{M_0M}=R\varphi$$

因此，点 M 的速度为

$$v=\frac{\mathrm{d}s}{\mathrm{d}t}=\frac{\mathrm{d}}{\mathrm{d}t}(R\varphi)=R\frac{\mathrm{d}\varphi}{\mathrm{d}t}=R\omega \tag{6-8}$$

即转动刚体上任意点的速度等于刚体的角速度与该点到转轴距离的乘积，方向沿轨迹的切线，

指向与 ω 的转向一致。由式(6－8)可知，转动刚体上各点速度的大小与该点到转轴的距离成正比。刚体上各点的速度分布规律如图 6－7 所示。

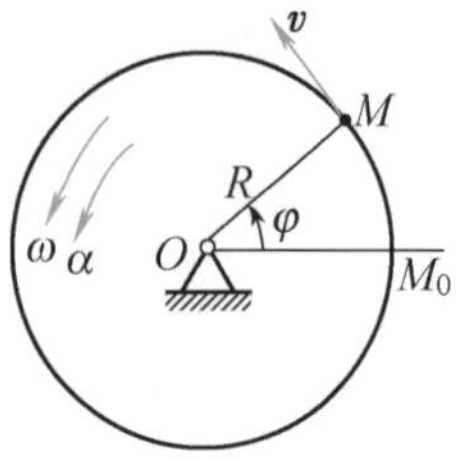

图 6－6

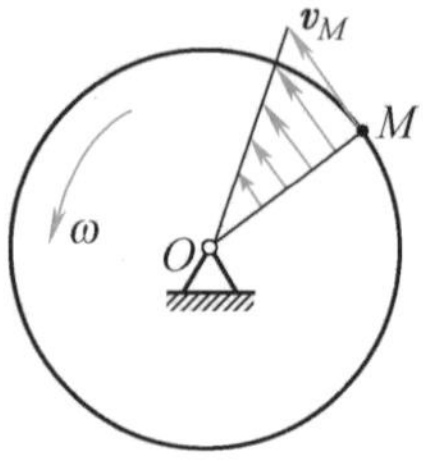

图 6－7

由于转动刚体上各点都作圆周运动，因此点的加速度包括切向加速度和法向加速度两部分，它们分别为

$$a_\tau=\frac{\mathrm{d}v}{\mathrm{d}t}=\frac{\mathrm{d}}{\mathrm{d}t}(R\omega)=R\frac{\mathrm{d}\omega}{\mathrm{d}t}=R\alpha \tag{6-9}$$

$$a_n=\frac{v^2}{\rho}=\frac{(R\omega)^2}{R}=R\omega^2 \tag{6-10}$$

即转动刚体上任意点的切向加速度的大小等于刚体的角加速度与该点到转轴距离的乘积，方向沿轨迹的切线，指向与 α 的转向一致；法向加速度的大小等于刚体角速度的平方与该点到转轴距离的乘积，方向指向圆心 O 。

因此，点 M 的全加速度的大小和方向为

$$\left.\begin{aligned}&a=\sqrt{a_\tau^2+a_n^2}=\sqrt{(R\alpha)^2+(R\omega^2)^2}=R\sqrt{\alpha^2+\omega^4}\\&\tan\theta=\frac{a_\tau}{a_n}=\frac{\alpha}{\omega^2}\end{aligned}\right\} \tag{6-11}$$

式中，θ 为点 M 的全加速度 $\boldsymbol{a}$ 与该点半径之间的夹角，如图 6－8 所示。

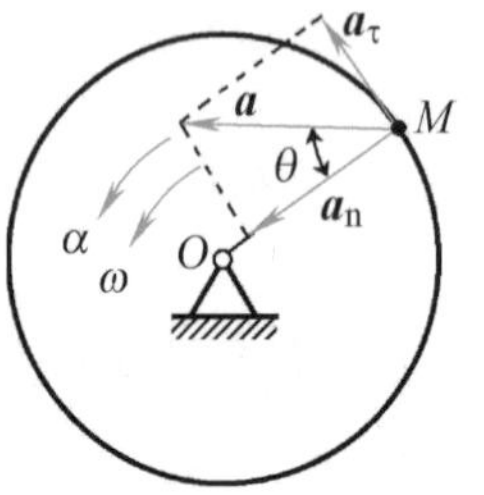

图 6－8

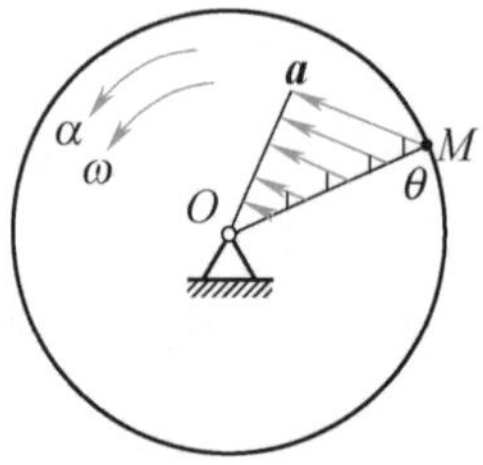

图 6－9

定轴转动刚体上点的速度与加速度

由于在同一瞬时，转动刚体的 ω 和 α 对于其上所有各点来说具有相同的数值，所以由式(6－9)、式(6－10)和式(6－11)可知：

(1)在同一瞬时，转动刚体内各点的切向加速度、法向加速度以及全加速度都与点到转轴的距离成正比。

(2)在同一瞬时，转动刚体内各点的全加速度和该点半径的夹角 θ 都相同，即 θ 角与点到转轴距离无关。

刚体上各点的加速度分布规律如图 6－9 所示。

例 6－1 如图 6－10 所示的机构中，$O_1A=O_2B=0.2\ \mathrm{m}$，$O_1O_2=AB$，已知轮 O_1 按

$\varphi = 15\pi t$ (rad) 的规律运动，当 $t = 0.5$ s 时，求杆 AB 上点 M 的速度和加速度。

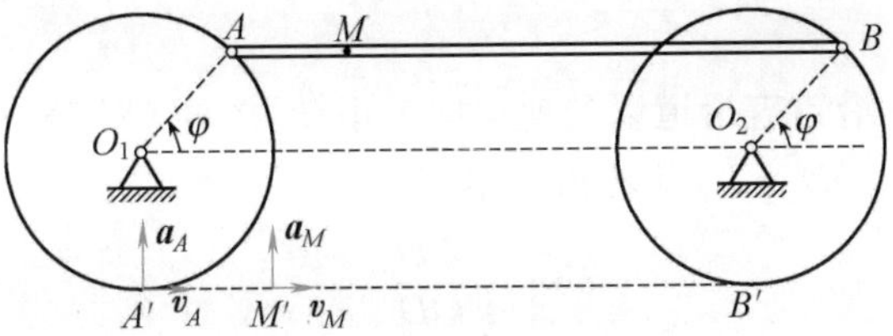

图 6-10

分析　杆 AB 作平动，其上点 M 的速度和加速度等于点 A 的速度和加速度。点 A 为定轴转动轮 O_1 上一点，其速度、加速度可由定轴转动刚体上一点速度、加速度的计算公式求得。

解　(1) 运动分析。

因为 $O_1A = O_2B$，$AB = O_1O_2$，所以 O_1O_2BA 是平行四边形，即杆 AB 在运动过程中始终平行于 O_1O_2，所以杆 AB 作平动。

(2)求速度和加速度。

根据平动刚体的特点可知，点 M 的速度、加速度与点 A 的速度、加速度相同。

当 $t = 0.5$ s 时，$\varphi = 15\pi t\,|_{t=0.5} = \dfrac{15\pi}{2}$ rad，即此时杆 AB 到达图中虚线 $A'B'$ 所示的位置。根据式(6-5)和式(6-7)，可求得圆轮在 $t = 0.5$ s 时的角速度 ω 和角加速度 α

$$\omega = \frac{\mathrm{d}\varphi}{\mathrm{d}t} = 15\pi \text{ rad/s}$$

$$\alpha = \frac{\mathrm{d}\omega}{\mathrm{d}t} = 0$$

点 A 的速度及加速度分别为

$$v_A = \omega r = 15\pi \times 0.2 = 9.42 \text{ m/s}$$

$$a_A^{\tau} = \alpha r = 0$$

$$a_A^{\mathrm{n}} = \omega^2 r = (15\pi)^2 \times 0.2 = 444 \text{ m/s}^2$$

根据式(6-11)，点 A 的加速度为

$$a_A = \sqrt{(a_A^{\tau})^2 + (a_A^{\mathrm{n}})^2} = a_A^{\mathrm{n}} = 444 \text{ m/s}^2$$

综上所述，杆 AB 上点 M 的速度为 $v_M = v_A = 9.42$ m/s，方向水平向右，点 M 的加速度为 $a_M = a_A = 444$ m/s^2，方向铅垂向上，点 M 的速度和加速度方向如图 6-10 所示。

读者思考　平动刚体的角加速度为零，其加速度为何不为零？

例 6-2　如图 6-11 所示，机构中杆 AB 沿铅直滑道以速度 $\boldsymbol{v}$ 上升，开始时 $\varphi = 0$，求

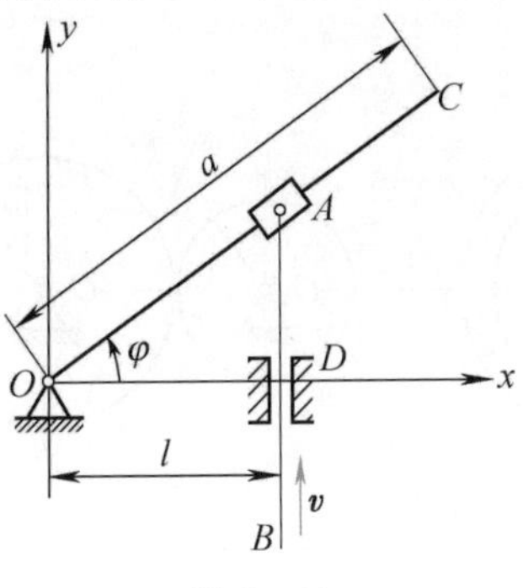

图 6-11

当 $\varphi=\pi/4$ 时，摇杆 OC 的角速度和角加速度。

解　(1)运动分析。

运动机构中，杆 AB 沿铅直滑道以匀速 $\boldsymbol{v}$ 向上平动，摇杆 OC 绕轴 O 作定轴转动，且开始时 $\varphi=0$，因此，$AD=vt$，$OD=l$，其转角 φ 满足

$$\tan\varphi=\frac{AD}{OD}=\frac{vt}{l}$$

(2)求解摇杆 OC 的角速度和角加速度。

将上式两端对时间 t 求导数，可得任意时刻摇杆 OC 的角速度

$$\omega=\frac{\mathrm{d}\varphi}{\mathrm{d}t}=\frac{v}{l}\cos^2\varphi$$

将角速度 ω 对时间 t 求导数，可得任意时刻摇杆 OC 的角加速度

$$\alpha=\frac{\mathrm{d}\omega}{\mathrm{d}t}=-\frac{v}{l}2\cos\varphi\sin\varphi\frac{\mathrm{d}\varphi}{\mathrm{d}t}=-\frac{v\omega}{l}\sin2\varphi$$

则当 $\varphi=\pi/4$ 时，摇杆 OC 的角速度和角加速度分别为

$$\omega=\frac{v}{l}\left(\frac{\sqrt{2}}{2}\right)^2=\frac{v}{2l}$$

$$\alpha=-\frac{v}{l}\frac{v}{2l}\sin\frac{\pi}{2}=-\frac{v^2}{2l^2}$$

6.4　定轴轮系的传动比

不同的机器，其工作转速一般也是不一样的，有高转速的，也有低转速的。在工程实际中，常利用轮系传动提高或降低机械的转速。齿轮、带、链轮所组成的传动系统，就是用来实现这种减速或增速的。把主动轮角速度 ω_1 与从动轮角速度 ω_2 的比值，叫做传动比，用附有脚标的符号表示，即

$$i_{12}=\frac{\omega_1}{\omega_2}$$

1. 齿轮传动

一对齿轮传动时，它们的两个节圆相切，如图 6-12(a)所示，因此一对齿轮的运动可以简化为半径分别为 r_1 和 r_2(齿轮的节圆半径)的两摩擦轮的传动，如图 6-12(b)所示。这两个摩擦轮之间没有相对滑动。

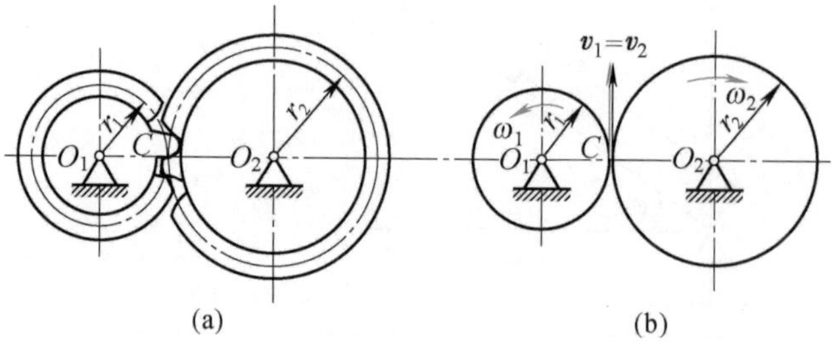

图 6-12

外啮合齿轮传动举例

如果主动轮 O_1 的半径为 r_1，角速度为 ω_1，从动轮 O_2 的半径为 r_2，角速度为 ω_2，因为两轮之间没有滑动，所以在接触点 C 处的速度相等，即 $v_1=v_2$。

而
$$v_1=r_1\omega_1,\qquad v_2=r_2\omega_2$$
故
$$r_1\omega_1=r_2\omega_2$$
因此，齿轮传动比为
$$i_{12}=\frac{\omega_1}{\omega_2}=\frac{r_2}{r_1}\tag{6-12}$$
即两齿轮的角速度与其半径成反比。又由于齿轮在啮合圆上的齿距相等，它们的齿数与半径成正比，所以齿轮的传动比还可以写为
$$i_{12}=\frac{\omega_1}{\omega_2}=\frac{z_2}{z_1}\tag{6-13}$$
即两齿轮的角速度与它们的齿数成反比。式(6-13)不仅适用于圆柱齿轮传动，也适用于锥齿轮、链传动等。

2．带轮传动

如图 6-13 所示，电动机的带轮Ⅰ是主动轮，工作机的带轮Ⅱ是从动轮，设主动轮Ⅰ的半径为 r_1，以转速 n_1 绕定轴 O_1 转动，通过皮带带动从动轮Ⅱ绕定轴 O_2 转动。在传动过程中，假设皮带不可伸长，因此，在同一瞬时，带上各点的速度大小都相同，即
$$v_A=v_B$$

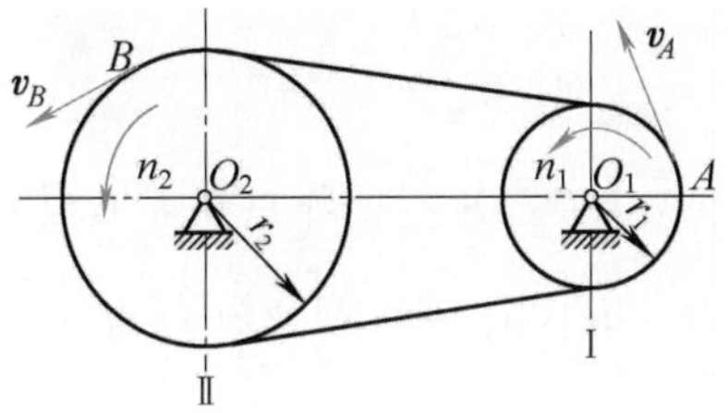

图 6-13

此外，假定皮带与轮之间不打滑，则皮带与轮缘接触点的速度大小应相同，则有
$$v_A=r_1\omega_1=r_1\,\frac{2\pi n_1}{60}$$
$$v_B=r_2\omega_2=r_2\,\frac{2\pi n_2}{60}$$
于是得
$$r_1\omega_1=r_2\omega_2\quad 或\quad r_1n_1=r_2n_2$$
由此得出带轮传动比计算公式为
$$i_{12}=\frac{\omega_1}{\omega_2}=\frac{r_2}{r_1}\quad 或\quad i_{12}=\frac{n_1}{n_2}=\frac{r_2}{r_1}\tag{6-14}$$
从式(6-14)可以看出，两轮的角速度(或转速)与其半径成反比。所以，在带轮传动中，可以通过选用特定半径比的主动轮和从动轮，得到所需要的转速。

例 6-3　如图 6-14 所示的绞车机构，主动轴Ⅰ转动时，通过齿轮传动，轴Ⅱ转动并提升重物 P。小齿轮和大齿轮的齿数分别为 z_1 和 z_2，鼓轮的半径为 R，主动轴Ⅰ的转动方程是

$\varphi_1=\pi t^2$,其中 t 以 s 计。求重物的运动方程、速度和加速度。

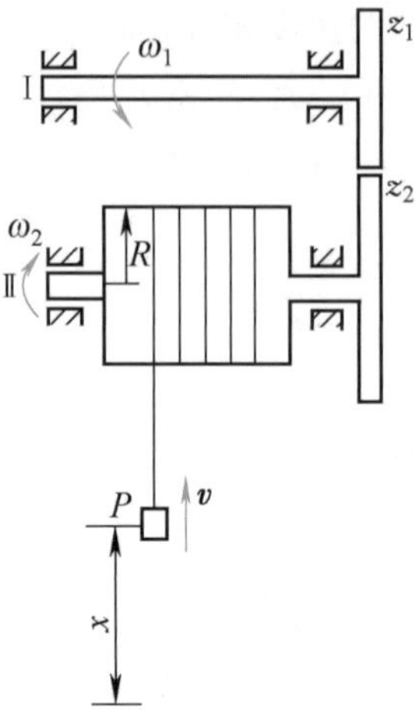

图 6-14

解　由图示的传动关系,根据传动比公式得

$$i_{12}=\frac{\omega_1}{\omega_2}=\frac{z_2}{z_1}$$

而
$$\omega_1=\dot{\varphi}_1=2\pi t$$

所以
$$\omega_2=\frac{z_1}{z_2}\omega_1=2\pi t\ \frac{z_1}{z_2}$$

因为绳子不可伸长,所以轮缘上各点走过的弧长等于重物上升的距离,即

$$x=\varphi_2 R=R\int_0^t\omega_2\,\mathrm{d}t=R\int_0^t 2\pi t\ \frac{z_1}{z_2}\mathrm{d}t=\frac{\pi R z_1}{z_2}t^2$$

上式就是重物的运动方程。显然,重物 P 沿直线作平动,其速度和加速度分别为

$$v=\dot{x}=\frac{2\pi R z_1}{z_2}t$$

$$a=\ddot{x}=\frac{2\pi R z_1}{z_2}$$

例 6-4　如图 6-15 所示的变速箱,由四个齿轮组成,其齿数分别为 $z_1=10$,$z_2=60$,$z_3=12$,$z_4=70$。求变速箱的总传动比 i_{13};如果 $n_1=3000$ r/min,求 n_4。

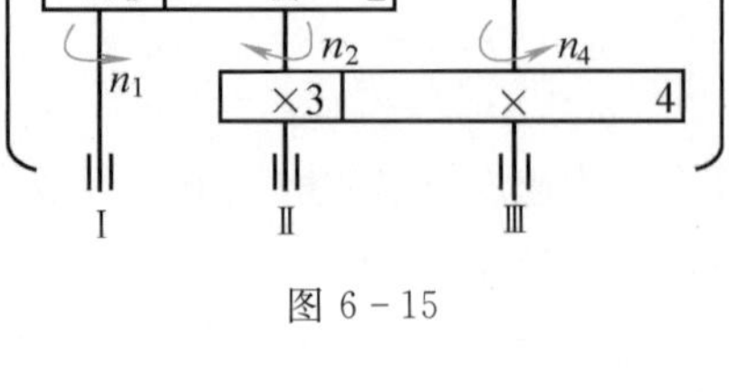

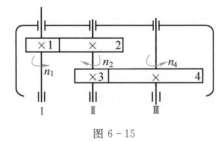

图 6-15

解　各轮都作转动,用 n_1、n_2、n_3 和 n_4 分别表示各齿轮的转速,且有 $n_2=n_3$。

先求Ⅰ轴与Ⅱ轴的传动比 i_{12}，根据传动比公式(6－13)得

$$i_{12}=\frac{n_1}{n_2}=\frac{z_2}{z_1}$$

再求Ⅱ轴到Ⅲ轴的传动比 i_{23}

$$i_{23}=\frac{n_2}{n_3}=\frac{z_4}{z_3}$$

从Ⅰ轴到Ⅲ轴的总传动比 i_{13} 为

$$i_{13}=\frac{n_1}{n_4}=\frac{n_1}{n_2}\frac{n_2}{n_4}=\frac{z_2}{z_1}\frac{z_4}{z_3}=i_{12}i_{23}$$

故传动系统的总传动比等于各级传动比的连乘积。各轴的转向如图 6－15 所示。

因为
$$i_{12}=\frac{z_2}{z_1}=\frac{60}{10}=6$$

$$i_{23}=\frac{z_4}{z_3}=\frac{70}{12}=5.8$$

故
$$i_{13}=i_{12}i_{23}=6\times5.8=34.8$$

即
$$i_{13}=\frac{n_1}{n_4}=34.8$$

由此可知，如果已知总传动比 i_{13} 及Ⅰ轴的转速 $n_1=3000\ \mathrm{r/min}$，则Ⅲ轴的转速就很容易求得。由 $i_{13}=\frac{n_1}{n_4}$，可得

$$n_4=\frac{n_1}{i_{13}}=\frac{3000\ \mathrm{r/min}}{34.8}=86\ \mathrm{r/min}$$

知识拓展

汽车发动机在运行过程中转速变化范围较小，其转矩变化范围很难满足实际路况需要，因此需要通过变速箱来调节其转速和扭矩输出。变速箱是汽车的“三大件”之一，由变速传动机构和操纵机构组成。汽车通过它改变输出轴和输入轴传动比，从而改变来自发动机的转速和转矩。变速传动机构一般采用普通齿轮传动和行星齿轮传动。

*6.5　以矢量表示角速度和角加速度　以矢积表示点的速度和加速度

为了便于用矢量分析的方法研究刚体的运动，可将刚体转动的角速度和角加速度用矢量表示。

沿刚体的转轴作一矢量，其大小为 ω，指向按右手螺旋定则决定，即以右手的四指表示刚体绕轴的转向，大拇指的指向就是该矢量的指向，如图 6－16 所示。显然，这一矢量完全描述了刚体定轴转动的转动轴位置、角速度的大小和转动方向这三个因素，称之为角速度矢量，用

$\boldsymbol{\omega}$ 表示。角速度矢量的起点可取转轴上任意位置，也就是说角速度矢量是滑动矢量。

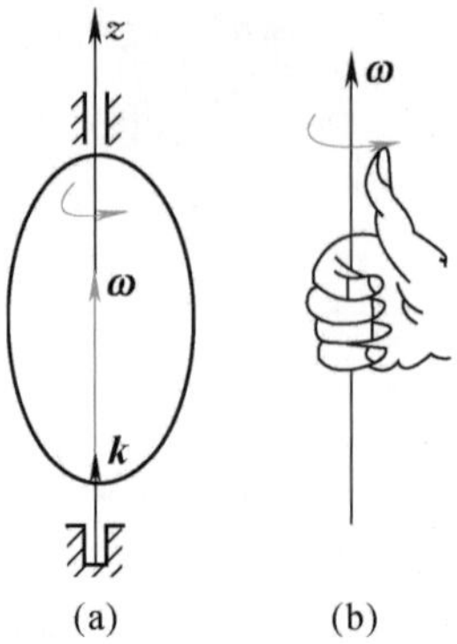

图 6-16

如取 z 轴为刚体的转轴，并以 $\boldsymbol{k}$ 表示沿 z 轴的单位矢量，则角速度矢量可表示为

$$\boldsymbol{\omega} = \omega \boldsymbol{k} = \frac{\mathrm{d}\varphi}{\mathrm{d}t}\boldsymbol{k} = \dot{\varphi}\boldsymbol{k} \tag{6-15}$$

将角速度矢量 $\boldsymbol{\omega}$ 对时间 t 求导数，即得角加速度矢量

$$\boldsymbol{\alpha} = \frac{\mathrm{d}\boldsymbol{\omega}}{\mathrm{d}t} = \frac{\mathrm{d}\omega}{\mathrm{d}t}\boldsymbol{k} = \alpha \boldsymbol{k} = \ddot{\varphi}\boldsymbol{k} \tag{6-16}$$

当 $\omega > 0$，$\alpha > 0$ 时，$\boldsymbol{\omega}$ 与 $\boldsymbol{\alpha}$ 均沿 z 轴正向，如图 6-17(a)所示；当 $\omega > 0$，$\alpha < 0$ 时，$\boldsymbol{\omega}$ 沿 z 轴正向，$\boldsymbol{\alpha}$ 沿 z 轴负向，如图 6-17(b)所示。

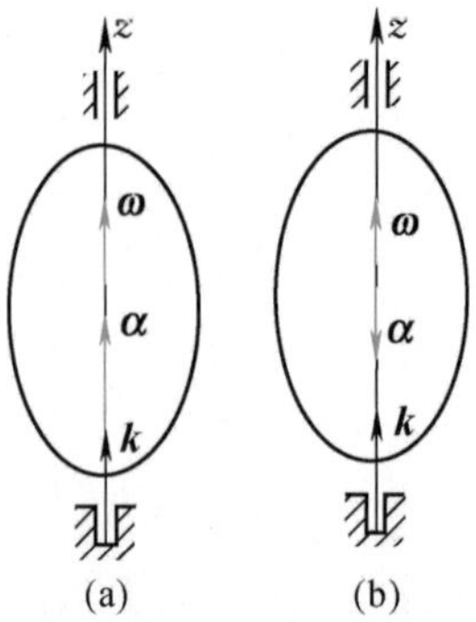

图 6-17

将角速度和角加速度视为矢量后，刚体内任一点的速度和加速度也可以用矢积表示。

从转轴上任一点 O 作矢量 $\boldsymbol{\omega}$，并过点 O 作刚体内任一点 M 的矢径，点 M 的速度 $\boldsymbol{v} = \frac{\mathrm{d}\boldsymbol{r}}{\mathrm{d}t}$，垂直于 $\boldsymbol{r}$ 和 $\boldsymbol{\omega}$ 所组成的平面，大小为

$$v = r\omega \sin\theta = R\omega$$

式中，θ 表示矢量 $\boldsymbol{\omega}$ 与 $\boldsymbol{r}$ 间的夹角，如图 6-18 所示。

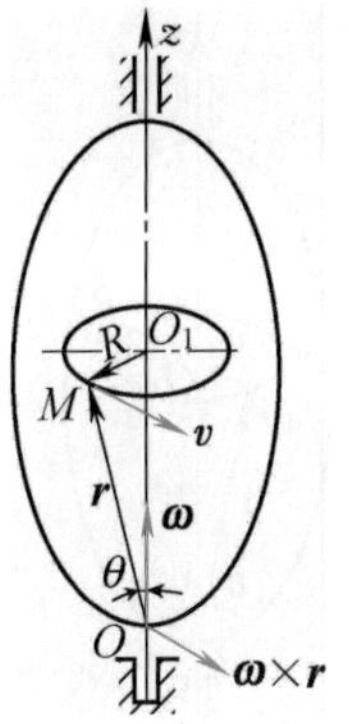

图 6 - 18

又根据矢积 $\boldsymbol{\omega}\times\boldsymbol{r}$ 的定义有

$$|\boldsymbol{\omega}\times\boldsymbol{r}|=\omega r\sin\theta=R\omega$$

即

$$v=|\boldsymbol{\omega}\times\boldsymbol{r}|$$

根据右手螺旋定则，矢积 $\boldsymbol{\omega}\times\boldsymbol{r}$ 的方向垂直于 $\boldsymbol{r}$ 和 $\boldsymbol{\omega}$ 所组成的平面，即与 $\boldsymbol{v}$ 同向，故

$$\boldsymbol{v}=\boldsymbol{\omega}\times\boldsymbol{r} \tag{6-17}$$

即定轴转动刚体上任意点 M 的速度矢等于角速度矢与该点矢径的矢积。

将式(6 - 17)对时间 t 求一阶导数，则得

$$\boldsymbol{a}=\frac{\mathrm{d}\boldsymbol{v}}{\mathrm{d}t}=\frac{\mathrm{d}}{\mathrm{d}t}(\boldsymbol{\omega}\times\boldsymbol{r})=\frac{\mathrm{d}\boldsymbol{\omega}}{\mathrm{d}t}\times\boldsymbol{r}+\boldsymbol{\omega}\times\frac{\mathrm{d}\boldsymbol{r}}{\mathrm{d}t}$$

即

$$\boldsymbol{a}=\alpha\times\boldsymbol{r}+\boldsymbol{\omega}\times\boldsymbol{v} \tag{6-18}$$

上式右边第一项的大小为

$$|\boldsymbol{\alpha}\times\boldsymbol{r}|=\alpha r\sin\theta=R\alpha$$

可见矢积 $\boldsymbol{\alpha}\times\boldsymbol{r}$ 的大小与点 M 的切向加速度 $\boldsymbol{a}_\tau$ 的大小相等，根据右手螺旋定则，其方向也与 $\boldsymbol{a}_\tau$ 的方向相同，如图 6 - 19 所示，所以切向加速度可表示为

$$\boldsymbol{a}_\tau=\boldsymbol{\alpha}\times\boldsymbol{r} \tag{6-19}$$

式(6 - 18)右边第二项的大小为

$$|\boldsymbol{\omega}\times\boldsymbol{v}|=\omega v\sin 90^\circ=\omega v=R\omega^2$$

可见矢积 $\boldsymbol{\omega}\times\boldsymbol{v}$ 的大小与点的法向加速度 $\boldsymbol{a}_\mathrm{n}$ 的大小相同，根据右手螺旋定则，其方向也与 $\boldsymbol{a}_\mathrm{n}$ 相同，如图 6 - 19 所示，所以法向加速度可表示为

$$\boldsymbol{a}_\mathrm{n}=\boldsymbol{\omega}\times\boldsymbol{v} \tag{6-20}$$

式(6 - 19)和式(6 - 20)表明，定轴转动刚体上点的切向加速度 $\boldsymbol{a}_\tau$ 等于刚体角加速度 $\boldsymbol{\alpha}$ 与该点矢径 $\boldsymbol{r}$ 的矢积，法向加速度 $\boldsymbol{a}_\mathrm{n}$ 等于刚体角速度 $\boldsymbol{\omega}$ 与该点速度 $\boldsymbol{v}$ 的矢积。

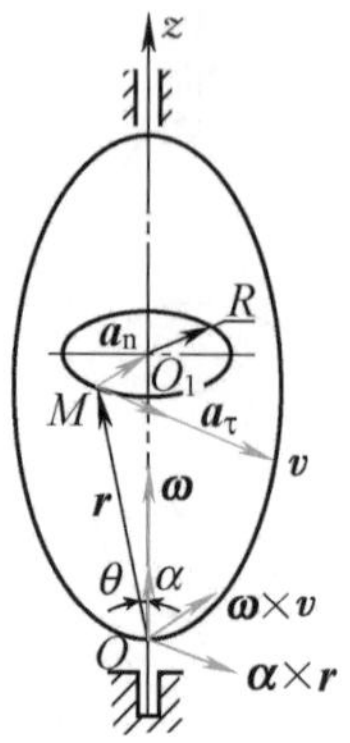

图 6-19

例 6-5 已知某瞬时刚体以角速度 ω 绕固定轴 Oz 转动。

(1)试求固结在刚体上的动坐标系 $Ox'y'z'$ 的三个单位矢量 $\boldsymbol{i}'$、$\boldsymbol{j}'$ 和 $\boldsymbol{k}'$ 端点的速度(见图 6-20)。

(2)若 $\boldsymbol{b}=\boldsymbol{AB}$ 为固结在转动刚体上的任意矢量(见图 6-21),试证:$\dfrac{\mathrm{d}\boldsymbol{b}}{\mathrm{d}t}=\boldsymbol{\omega}\times\boldsymbol{b}$

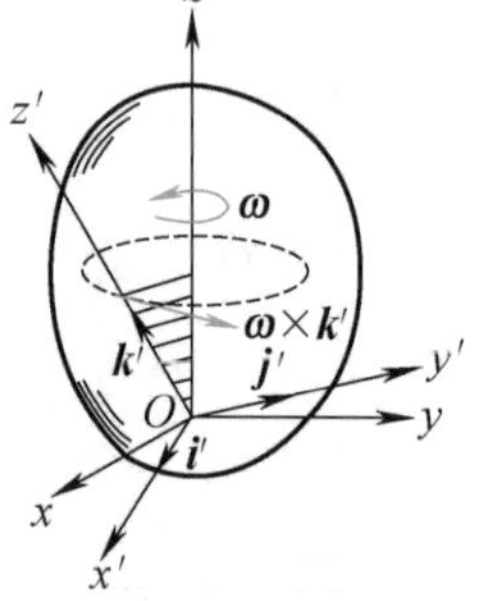

图 6-20

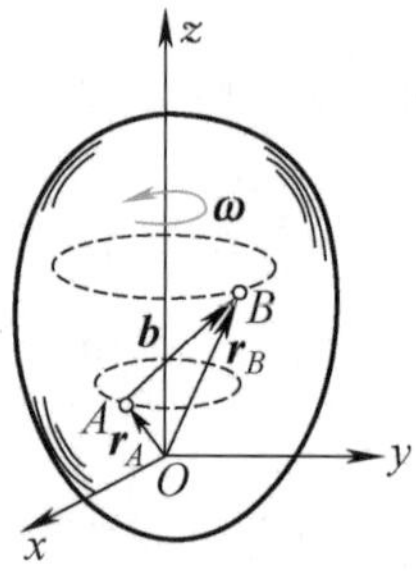

图 6-21

解 (1) 随着刚体的运动,动坐标系的单位矢量 $\boldsymbol{i}'$、$\boldsymbol{j}'$ 和 $\boldsymbol{k}'$ 的大小不变,但其方向不断地变化,其端点的速度为 $\boldsymbol{i}'$、$\boldsymbol{j}'$ 和 $\boldsymbol{k}'$ 对时间 t 的一阶导数,根据式(6-17)可得:

$$\boldsymbol{v}_{i'}=\frac{\mathrm{d}\boldsymbol{i}'}{\mathrm{d}t}=\boldsymbol{\omega}\times\boldsymbol{i}'$$

$$\boldsymbol{v}_{j'}=\frac{\mathrm{d}\boldsymbol{j}'}{\mathrm{d}t}=\boldsymbol{\omega}\times\boldsymbol{j}'$$

$$\boldsymbol{v}_{k'}=\frac{\mathrm{d}\boldsymbol{k}'}{\mathrm{d}t}=\boldsymbol{\omega}\times\boldsymbol{k}'$$

以上三式也称为泊松公式,图 6-20 中只画出了矢量 $\boldsymbol{k}'$ 端点的速度 $\boldsymbol{v}_{k'}$ 。

(2)自坐标原点 O 分别作矢量 $\boldsymbol{b}$ 的始端 A 和末端 B 的矢径 $\boldsymbol{r}_A$ 和 $\boldsymbol{r}_B$,则可得

$$\boldsymbol{AB}=\boldsymbol{b}=\boldsymbol{r}_B-\boldsymbol{r}_A$$

将上式对时间 t 求一阶导数,得

$$\frac{\mathrm{d}\boldsymbol{b}}{\mathrm{d}t}=\frac{d(\boldsymbol{r}_B-\boldsymbol{r}_A)}{\mathrm{d}t}=\frac{\mathrm{d}\boldsymbol{r}_B}{\mathrm{d}t}-\frac{\mathrm{d}\boldsymbol{r}_A}{\mathrm{d}t}$$

根据式(6-17),分别有

$$\frac{\mathrm{d}\boldsymbol{r}_B}{\mathrm{d}t}=\boldsymbol{\omega}\times\boldsymbol{r}_B$$

$$\frac{\mathrm{d}\boldsymbol{r}_A}{\mathrm{d}t}=\boldsymbol{\omega}\times\boldsymbol{r}_A$$

代入上式得

$$\frac{\mathrm{d}\boldsymbol{b}}{\mathrm{d}t}=\boldsymbol{\omega}\times\boldsymbol{r}_B-\boldsymbol{\omega}\times\boldsymbol{r}_A=\boldsymbol{\omega}\times(\boldsymbol{r}_B-\boldsymbol{r}_A)=\boldsymbol{\omega}\times\boldsymbol{b}$$

此结果表明转动刚体上任一矢量 $\boldsymbol{b}$ 随时间的变化率，等于刚体角速度 $\boldsymbol{\omega}$ 与矢量 $\boldsymbol{b}$ 的矢积。

习　题

一、基础题

1. “刚体作平动时，刚体上各点的轨迹一定是直线或平面曲线。”这种说法对吗？请举例说明。

2. 直线运动与刚体的平动有无区别？

3. 如果刚体上每一点轨迹都是圆，则刚体一定作定轴转动，对吗？

4. 以 ω 表示刚体的角速度，则它在时间 t 内转过的转角为 $\varphi=\omega t$，这一公式是否正确？在什么条件下才是正确的？

5. 有人说：“刚体绕定轴转动时，角加速度为正，表示加速转动，角加速度为负，表示减速转动。”对吗？为什么？

6. 如图 6－22 所示，飞轮边缘上一点 A 的速度大小 $v_A=50\ \mathrm{cm/s}$，和点 A 在同一半径上的点 B 的速度大小 $v_B=10\ \mathrm{cm/s}$，距离 $AB=20\ \mathrm{cm}$，求飞轮的角速度及其直径。

（答：$\omega=2\ \mathrm{rad/s}$，$d=50\ \mathrm{cm}$）

7. 如图 6－23 所示机构中齿轮 1 紧固在 AC 上，$AB=O_1O_2$，齿轮 1 和半径为 r_2 的齿轮 2 啮合，齿轮 2 可绕 O_2 轴转动且和曲柄 O_2B 没有联系。设 $O_1A=O_2B=l$，$\varphi=b\sin\omega t$。试确定 $t=\pi/2\omega$ 时，齿轮 2 的角速度和角加速度。

$\left[答：\omega_1=0；\alpha_1=-\dfrac{lb\omega^2}{r_2}\right]$

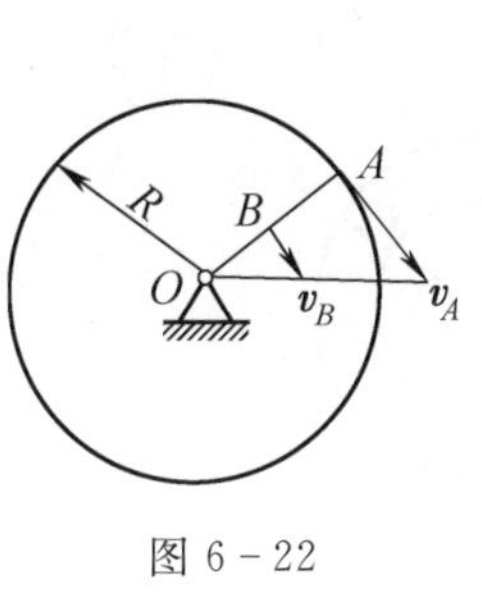

图 6－22

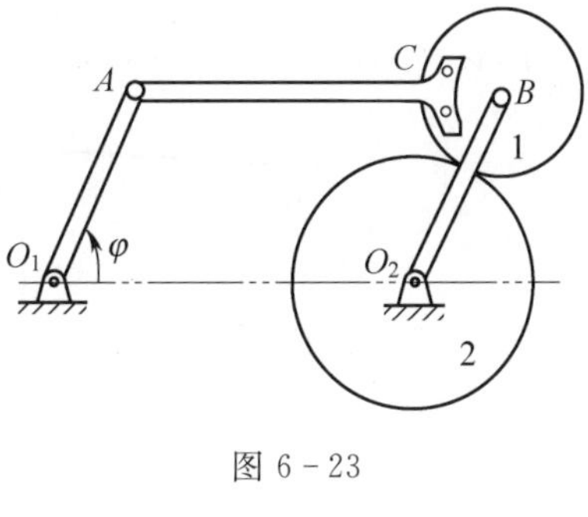

图 6－23

8. 图 6－24 所示一飞轮绕固定轴 O 转动，其轮缘上任一点的全加速度在某段运动过程中与轮半径的夹角恒为 60°。运动开始时，其转角 $\varphi_0=0$，角速度为 ω_0，求飞轮的转动方程以及角速度与转角的关系。

$$\left[\text{答：}\varphi=-\frac{\sqrt{3}\ln(1-\sqrt{3}\omega_0 t)}{3}+\varphi_0,\omega=\omega_0 e^{\sqrt{3}(\varphi-\varphi_0)}\right]$$

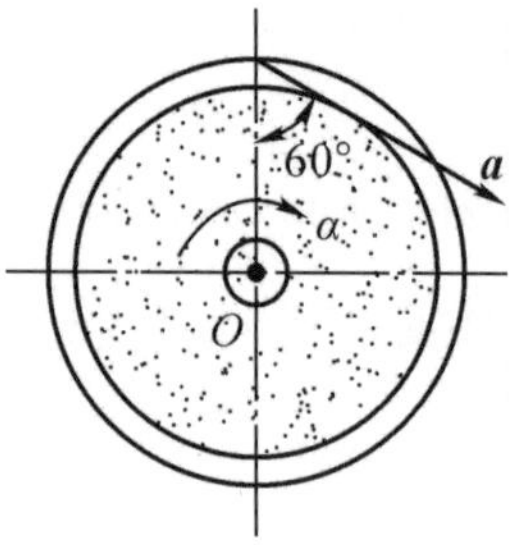

图 6-24

二、提升题

1. 图 6-25 所示曲柄滑杆机构中，滑杆上有一圆弧形轨道，其半径 $R=100$ mm，圆心 O_1 在导杆 BC 上。曲柄长 $OA=100$ mm，以等角速度 $\omega=4$ rad/s 绕 O 轴转动。求导杆 BC 的运动规律以及当曲柄与水平线间的交角 φ 为 30°时，导杆 BC 的速度和加速度。

[答：$x=0.2\cos 4t$（式中 x 以 m 计）；$v=-0.4$ m/s；$\alpha=-2.771$ m/s^2]

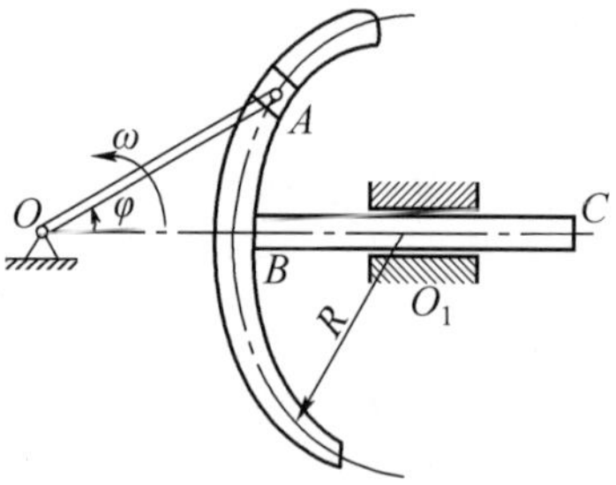

图 6-25

2. 图 6-26 所示电动绞车由皮带轮Ⅰ和Ⅱ以及鼓轮Ⅲ组成，鼓轮Ⅲ和皮带轮Ⅲ刚性地固结在同一轴上，各轮半径分别为 $r_1=0.3$ m、$r_2=0.75$ m、$r_3=0.4$ m，轮Ⅰ的转速 $n_1=100$ r/min，设皮带轮与皮带之间无相对滑动，求重物上升的速度和皮带各段上点加速度的大小。

（答：$v=1.676$ m/s；$a_{AB}=a_{CD}=0$；$a_{AD}=32.9$ m/s^2；$a_{BC}=13.16$ m/s^2）

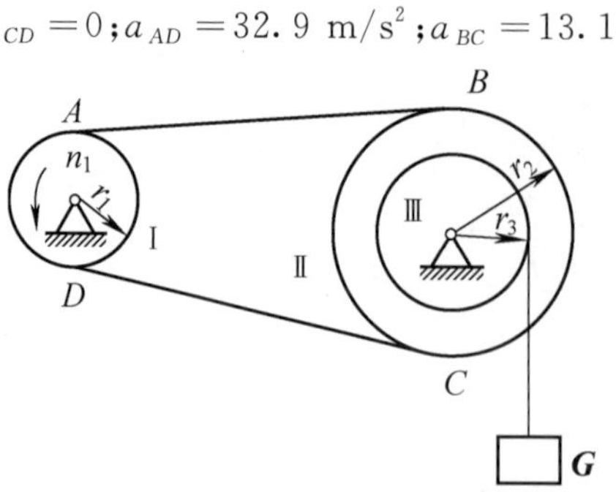

图 6-26

3. 纸盘由厚度为 a 的纸带卷成，令纸盘的中心不动，而以等速 $\boldsymbol{v}$ 水平拉纸条，如图 6-27 所示。求纸盘的角加速度(以半径 r 的函数表示)。

$\left[答：\alpha = \dfrac{av^2}{2\pi r^3}\right]$

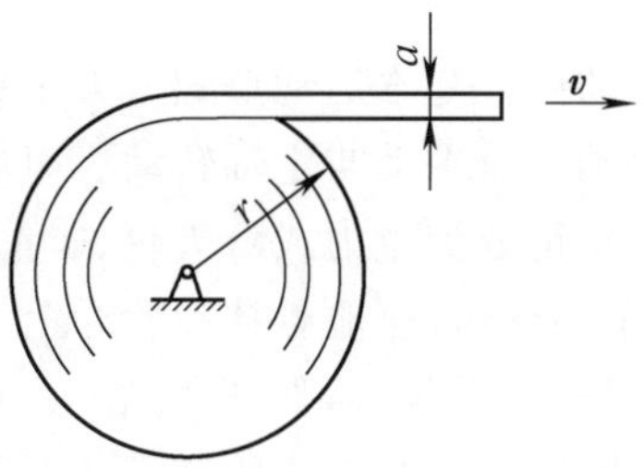

图 6-27

4. 如图 6-28 所示一带式输送机，主动轮Ⅰ的转速 $n_1 = 1200$ r/min，齿数 $z_1 = 24$，齿轮Ⅲ和Ⅳ由链条传动，齿数分别为 $z_3 = 15$ 和 $z_4 = 45$，轮Ⅴ的直径 $D = 460$ mm。齿轮Ⅱ和齿轮Ⅲ、齿轮Ⅳ和皮带轮Ⅴ均为固结在一起的鼓轮。设计要求输送带的速度约为 $v = 2.4$ m/s。请写出题目用计算机求解时的 MATLAB 程序，并求出轮Ⅱ的齿数 z_2。

(答：$z_2 = 96$)

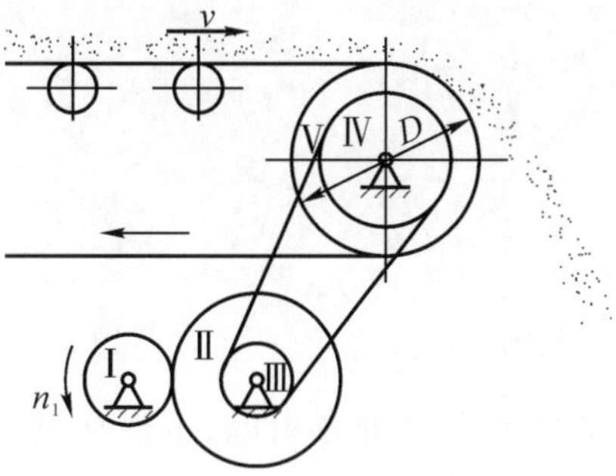

图 6-28

5. 如图 6-29 所示摄影师站在距离轨道 h 处用摄影镜头聚焦以匀速度 v 直线行驶的火车头，试写出该问题的力学模型。

图 6-29

拓展阅读

摩天轮中的平动与转动

平动与定轴转动是刚体运动的两种基本运动形式。大多数游乐场可见的游乐设施——摩天轮就主要体现了刚体的基本运动——平动与定轴转动。简单来说摩天轮主要由转轮和座舱组成，根据运动原理的不同，摩天轮可分为重力式摩天轮、非重力式摩天轮。

其中，重力式摩天轮比较简单，直接将座舱悬挂在轮缘上，当转轮转动时，可以把座舱提升到高处，同时座舱在重力作用下保持水平状态，如图 1 所示。通过分析可知，在此过程中转轮的运动为定轴转动，而座舱的运动则为平动，即座舱在整个过程中只发生平动，座舱上任意一点的运动轨迹均相同。观景摩天轮的座舱则是悬在轮的外面，如图 2 所示，为了保持座舱水平，观景摩天轮采用了比较复杂的连杆类机构，可随车厢绕转位置的改变同步调整座舱，以达到保持水平的目的。无论是哪一种形式，都可以看到座舱在随摩天轮旋转过程中一直都在做平动，只不过它的运动轨迹是圆而已。

图 1 重力式摩天轮图

图 2 观景式摩天轮

众所周知，运动的描述是相对的，而不是绝对的，也就是说运动的描述一定是相对某个坐标系而言的。我们之前提到的摩天轮座舱做平动，转轮做转动都是习惯性地以地面作为参考系描述。假设我们以转轮为参考系观察物体的运动，那么我们将会看到的是转轮不动，而座舱都在围绕轮缘的某个轴转动。从上述分析中可以看出，运动形式与所选取的坐标系(参考系)直接相关，因此在研究运动学问题时一定首先要明确是以何物为参考坐标系，否则，谈论物体的运动毫无意义。

第 7 章　点的合成运动

内容提要

第 5 章研究了一个点相对于一个参考系的运动，而实际中，常常需要研究一个点相对于两个不同参考系的运动，这就需要建立合成运动的概念。利用合成运动的方法可将比较复杂的点的运动看成两个简单运动的合成，使复杂运动求解过程简单化。这是运动学中分析问题的一种重要方法，也是求解复杂刚体运动的基础。本章研究点的合成运动规律，分析物体相对于不同参考系运动之间的关系，分析某一瞬时点的速度之间的关系、点 M 的加速度之间的关系，也为第 8 章研究刚体的平面运动奠定基础。

本章知识导图

7.1　绝对运动　相对运动　牵连运动

物体的运动对于不同参考系来说是不同的。如图 7-1 所示，在下雨时，对于地面上的观察者来说，雨滴 M 是铅垂向下的，但是对于正在行驶的车上的观察者来说，雨滴 M 是倾斜向后的。又如图 7-2 所示，沿水平直线轨道滚动的车轮，其轮缘上一点 M 的运动，对于地面上的观察者来说，点的运动轨迹为旋轮线，但是对于车上的观察者来说，点 M 做圆周运动。为什么会有这种差别呢？这主要是观察者所在的参考系不同。

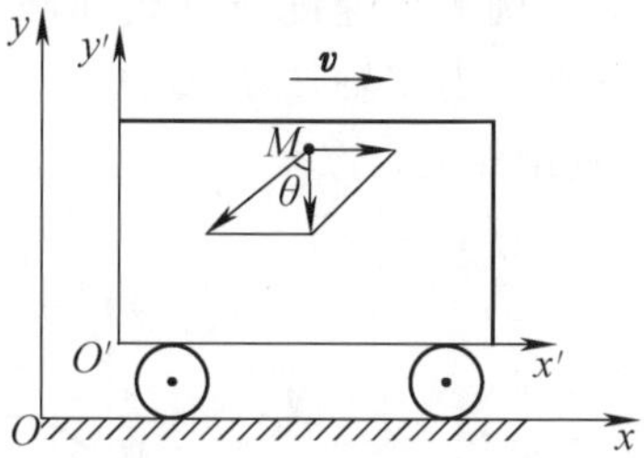

图 7-1

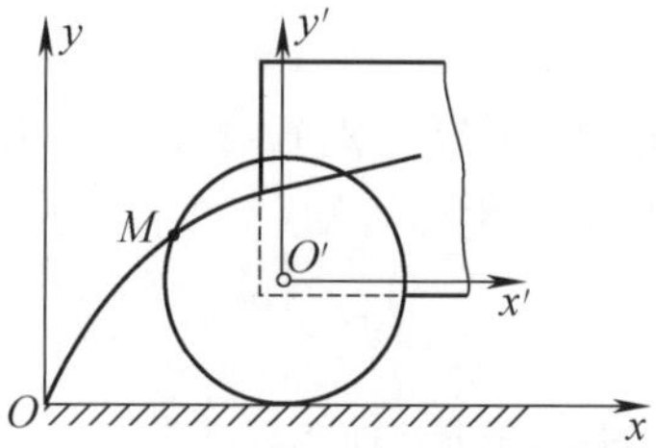

图 7-2

为了区别物体相对于不同参考系的运动，把固结在地球表面上的参考系称为定参考系，简称为定系，用 $Oxyz$ 表示；把固结在其他相对于定参考系运动的参考体上的坐标系称为动参考系，简称为动系，用 $O'x'y'z'$ 表示。

在分析问题时，把所研究的点称为动点。根据动点和两个参考系（动系和定系）就可以确定三种运动：动点相对于定参考系的运动称为绝对运动；动点相对于动参考系的运动称为相对运动；动参考系相对于定参考系的运动称为牵连运动。例如，在图 7-1 所示例子中，将雨滴 M 作为动点，固结于车厢的坐标系作为动参考系，则车厢相对于地面的平动是牵连运动；在车厢上看到雨滴 M 倾斜向后的直线运动是相对运动；在地面上看到雨滴铅垂向下的直线运动是绝对运动。动点（雨滴 M）的绝对运动可以看成是由相对运动和牵连运动组合而成的，这种运动分析方法称为点的合成运动。

应该指出，动点的绝对运动和相对运动都是指点的运动，它可能是直线运动或曲线运动；牵连运动是指参考系的运动，可以用刚体的运动形式进行描述，它可能是平动、定轴转动或其他较复杂形式的刚体运动。

运动物体的描述具有相对性，即同一物体的运动，相对于不同的参考系，轨迹也不相同。动点相对于动系的轨迹称为相对轨迹。动点相对于定系的轨迹称为绝对轨迹。

定参考系与动参考系是两种不同的参考系，而点在不同参考系下运动之间的关系，则可以利用坐标变换来建立。下面以平面问题为例，讨论三种运动位移之间的关系。

如图 7－3 所示，设定参考系为 Oxy，动参考系为 $O'x'y'$，动点 M 的绝对运动方程为

$$x=x(t),y=y(t)$$

动点 M 的相对运动方程为

$$x'=x'(t),y'=y'(t)$$

动系 $O'x'y'$ 相对于定系 Oxy 的运动可由如下三个方程描述：

$$x_{O'}=x_{O'}(t),y_{O'}=y_{O'}(t),\varphi=\varphi(t)$$

这三个方程称为牵连运动方程，其中 φ 是从 x 轴到 x' 轴的转角，以逆时针方向为正。

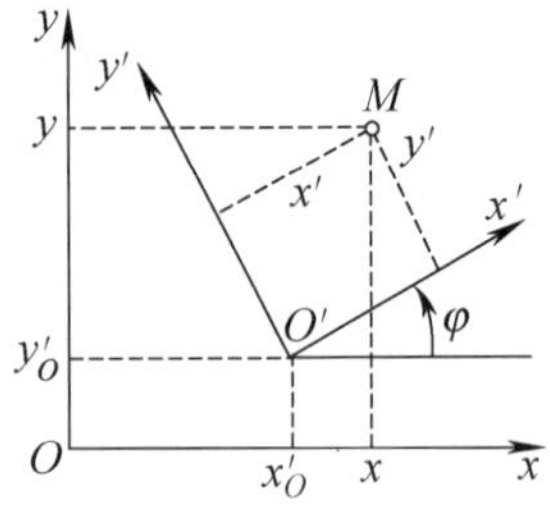

图 7－3

由图 7－3 可得，动系 $O'x'y'$ 与定系 Oxy 之间的坐标变换关系为

$$\begin{cases}x=x_{O'}+x'\cos\varphi-y'\sin\varphi\\y=y_{O'}+x'\sin\varphi+y'\cos\varphi\end{cases}\tag{a}$$

在点的绝对运动方程中消去时间 t，即可得点的绝对运动轨迹方程；在点的相对运动方程中消去时间 t，即可得动点在动参考系中的相对运动轨迹方程。

例 7－1　点 M 相对于动系 $Ox'y'$ 沿半径为 r 的圆周以速度 $\boldsymbol{v}$ 作匀速圆周运动（圆心为 O_1），动系 $Ox'y'$ 相对于定系 Oxy 以匀角速度 ω 绕轴 O 做定轴转动，如图 7－4 所示。初始时 $Ox'y'$ 与 Oxy 重合，点 M 与点 O 重合。试求点 M 的绝对运动方程。

解　连接 O_1M，由图可知

$$\Psi=\frac{vt}{r}$$

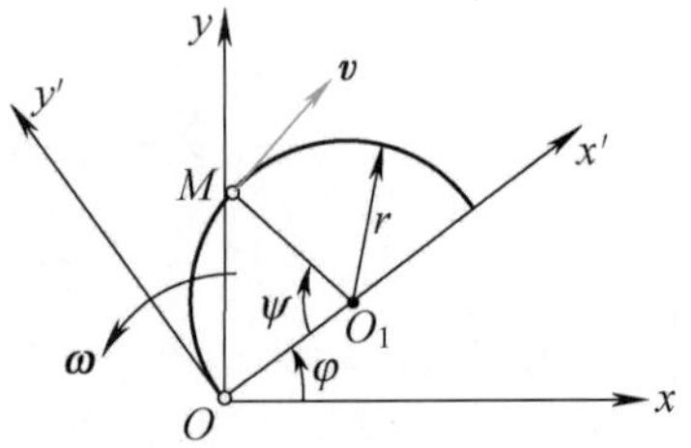

图 7－4

于是得点 M 的相对运动方程为

$$x'=OO_1-O_1M\cos\Psi=r\left(1-\cos\frac{vt}{r}\right)$$

$$y'=O_1M\sin\Psi=r\sin\frac{vt}{r}$$

牵连运动方程为　$x_{O'}=x_O=0,y_{O'}=y_O=0,\varphi=\omega t$

利用式(a)，得到点 M 的绝对运动方程为

$$\begin{cases}x=r\left(1-\cos\dfrac{vt}{r}\right)\cos\omega t-r\sin\dfrac{vt}{r}\sin\omega t\\y=r\left(1-\cos\dfrac{vt}{r}\right)\sin\omega t+r\sin\dfrac{vt}{r}\cos\omega t\end{cases}$$

7.2　点的速度合成定理

1. 三种速度

根据运动的相对性，在动坐标系与定坐标系中观察到的同一点的速度是不同的，因而：

动点相对于定坐标系的速度称为绝对速度，用 $\boldsymbol{v}_a$ 表示。

动点相对于动坐标系的速度称为相对速度，用 $\boldsymbol{v}_r$ 表示。

牵连运动是动坐标系相对于定坐标系的运动。动坐标系是一个包含与之固连的刚体在内的运动空间，除动坐标系做平移外，动坐标系上各点的运动状态是不相同的。那么，动点的牵连速度是指动系上哪一点的速度呢？某瞬时，动坐标系上与动点重合的那一点，称为牵连点。只有牵连点的运动能够影响动点的运动，因此，某瞬时牵连点相对于定坐标系的速度称为动点在该瞬时的牵连速度，用 $\boldsymbol{v}_e$ 表示。例如，直管 OB 以匀角速度 $\boldsymbol{\omega}$ 绕定轴 O 转动，小球 M 以速度 $\boldsymbol{u}$ 在直管 OB 中做相对匀速直线运动，如图 7-5 所示。以小球 M 为动点，动坐标系固结在 OB 管上。随着动点 M 的运动，牵连点在动坐标系的位置相应改变。设小球在 t_1、t_2 瞬时分别到达 M_1、M_2 位置，则动点的牵连速度大小分别为 $v_{e1}=OM_1\cdot\omega$，方向垂直于 OM_1；$v_{e2}=OM_2\cdot\omega$，方向垂直于 OM_2。

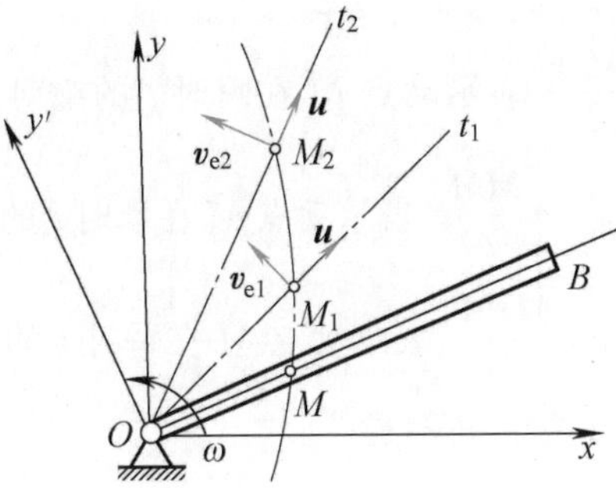

图 7-5

牵连速度的定义

研究点的合成运动时，明确区分动点和它的牵连点是很重要的。在运动的同一瞬时，动点和牵连点是重合在一起的。前者是对动系有相对运动的点，后者是动系上的几何点。在运动的不同瞬时，动点与动坐标系上不同的点重合，而这些点在不同瞬时的运动状态往往不同。

牵连运动的运动形式决定了动坐标系上各点的速度分布规律。当动系做平动时，平动坐标系上所有点的速度都相等；当动系做定轴转动时，转动坐标系上不同点处的速度不相同。因此确定牵连速度，需要先确定牵连点的位置，再根据动系的运动确定牵连点的速度。

2. 点的速度合成定理

设动点 M 按某一规律沿已知曲线 K 运动，而曲线 K 又随动参考系 $O'x'y'z'$ 运动，如图 7-6 所示。动系是与 $O'x'y'z'$ 固结的参考系，定系是与 $Oxyz$ 固结的参考系。显然曲线 K 就是动点的相对运动轨迹。设在瞬时 t，动点位于点 M 处；经过时间间隔 Δt 后，动点运动到点 M' 处，MM' 是动点 M 的绝对运动轨迹；M_1 是瞬时 t 的牵连点，MM_1 是牵连点的运动轨迹。

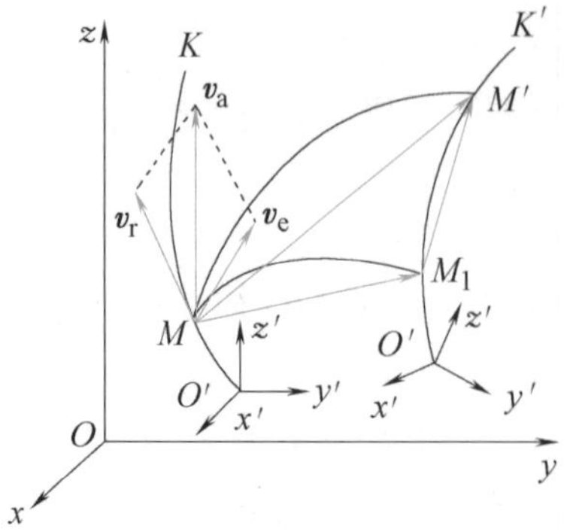

图 7-6

牵连速度的确定

因此，矢量 $\boldsymbol{MM'}$、$\boldsymbol{M_1M'}$ 分别代表了动点在 Δt 时间内的绝对位移和相对位移，而矢量 $\boldsymbol{MM_1}$ 为 t 瞬时牵连点在 Δt 时间内的位移，即牵连位移。在图 7-6 所示的矢量三角形 MM_1M' 中，动点的绝对位移等于牵连位移和相对位移的矢量和，即

$$\boldsymbol{MM'} = \boldsymbol{MM_1} + \boldsymbol{M_1M'} \tag{b}$$

将式(b)两端同除以 Δt ，并取 Δt 趋近于零的极限，得

$$\lim_{\Delta t\to 0}\frac{\boldsymbol{MM'}}{\Delta t} = \lim_{\Delta t\to 0}\frac{\boldsymbol{MM_1}}{\Delta t} + \lim_{\Delta t\to 0}\frac{\boldsymbol{M_1M'}}{\Delta t} \tag{c}$$

根据点的速度定义可知，式(c)中的 $\lim\limits_{\Delta t\to 0}\frac{\boldsymbol{MM'}}{\Delta t}$ 表示动点 M 在瞬时 t 的绝对速度 $\boldsymbol{v}_a$ ，其方向沿绝对轨迹 MM' 上点 M 的切线方向。同理，$\lim\limits_{\Delta t\to 0}\frac{\boldsymbol{MM_1}}{\Delta t}$ 表示动点 M 在瞬时 t 的牵连速度 $\boldsymbol{v}_e$ ，其方向沿牵连轨迹 MM_1 上点 M 的切线方向；$\lim\limits_{\Delta t\to 0}\frac{\boldsymbol{M_1M'}}{\Delta t}$ 表示动点 M 在瞬时 t 的相对速度 $\boldsymbol{v}_r$ ，其方向沿相对轨迹在点 M 处的切线方向。于是，式(b)可写成

$$\boldsymbol{v}_a = \boldsymbol{v}_e + \boldsymbol{v}_r \tag{7-1}$$

即动点在某瞬时的绝对速度等于它在该瞬时的牵连速度与相对速度的矢量和，这就是点的速度合成定理。这个矢量方程包含了绝对速度、相对速度和牵连速度的大小、方向共六个量，已知其中四个量，就可求解另外两个量。

3. 点的速度合成定理应用

运用合成运动的知识解题的关键是选取合适的动点、动系，以便对运动进行合理的合成或分解，从而达到求解的目的。选取动点、动系，需要遵循两个原则：①动点与动系不能选在同一刚体上；②动点相对于动系的相对运动轨迹容易确定。

下面分情况讨论动点、动系的选取方法，并运用点的速度合成定理求解实际问题。

例 7-2　如图 7-7 所示，直角杆 OBC 绕 O 轴以匀角速度转动，使套在其上的小环 M 沿固定直杆 OA 滑动。已知：$OB=0.1$ m ，OB 与 BC 垂直，曲杆的角速度 $\omega=0.5$ rad/s 。求当 $\varphi=60°$ 时，小环 M 的速度。

分析　(1)图示机构运动中，可以看出小环 M 相对于直角杆 OBC 有运动，所以可以运用点的合成运动的知识进行求解；(2)由于小环 M 相对于运动的直角杆 OBC 运动，所以选小环 M 为动点，动系与运动的直角杆 OBC 相固结；(3)题目要求小环 M 的速度，也就是求动点的

绝对速度。

解　(1)运动分析。

动点:小环 M 。

动系:与直角杆 OBC 固连。

定系:与地基固连。

绝对运动:沿 OA 方向的直线运动。

相对运动:沿 BC 方向的直线运动。

牵连运动:绕 O 轴的定轴转动。

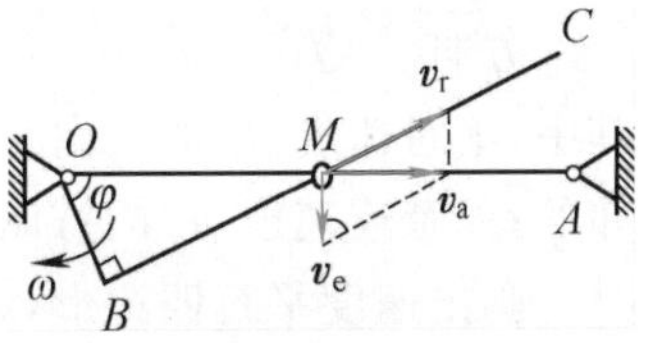

图 7-7

(2)速度分析。

根据点的速度合成定理,得

$$\boldsymbol{v}_a = \boldsymbol{v}_e + \boldsymbol{v}_r$$

大小　?　√　?

方向　√　√　√

其中,绝对速度 $\boldsymbol{v}_a$ 的大小未知,方向沿着 OA 方向;牵连速度 $\boldsymbol{v}_e$ 的大小 $v_e = OM \cdot \omega$,方向垂直于 OA 方向;相对速度 $\boldsymbol{v}_r$ 的大小未知,方向沿着 BC 方向。

画出速度平行四边形如图 7-7 所示。

根据图中的几何关系,得出

$$v_M = v_a = v_e \tan\varphi = \omega \cdot OM \cdot \tan 60° = 0.1732 \text{ m/s}$$

所以,小环 M 的速度大小为 0.1732 m/s,方向为沿水平方向向右。

小结　对于有明显动点的问题,比如有小圆环、雨滴等明显物体时,则选小圆环、雨滴作为动点,动系与另一运动着的物体固连。

例 7-3　如图 7-8 所示,直角弯杆 OAB 以匀角速度 ω 绕垂直于图面的轴 O 转动,带动顶杆 CD 在铅垂导槽内做铅直平动。已知 $\omega = 2$ rad/s , $OA = R = 10\sqrt{3}$ cm ,在图示瞬时 $\varphi = 30°$,求此时顶杆 CD 的速度。

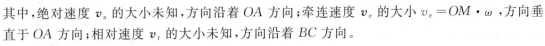

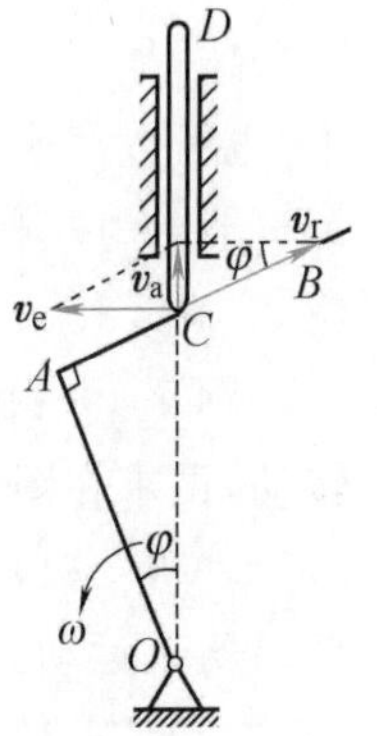

图 7-8

分析　(1)当机构运动时,顶杆 CD 相对于运动的直角弯杆 OAB 有运动,因此可以运用点的合成运动的知识进行求解;(2)主动件 OAB 、从动件 CD 两构件在接触点 C 处有相对运动,且有不变的接触点,因此选杆 CD 上的 C 点作为动点,动系与运动的弯杆 OAB 相固结;(3)题目要求顶杆 CD 的速度,其实也就是要求 CD 上点 C 的速度,这点的速度正是动点的绝对速度。

解　(1)运动分析。

动点:顶杆 CD 上的端点 C 。

动系:与弯杆 OAB 固连的坐标系。

定系:与地基固连的坐标系。

绝对运动:沿铅垂方向的直线运动。

相对运动:沿 AB 方向的直线运动。

牵连运动:绕轴 O 的定轴转动。

速度平行四边形的画法

(2)速度分析。

根据点的速度合成定理

$$\boldsymbol{v}_a = \boldsymbol{v}_e + \boldsymbol{v}_r$$

大小　?　√　?

方向　√　√　√

其中,绝对速度 $\boldsymbol{v}_a$ 的方向是铅垂的,其大小未知;相对速度 $\boldsymbol{v}_r$ 的方向沿 AB 方向,其大小是未知的;而牵连速度 $\boldsymbol{v}_e$ 的方向垂直于 OC ,大小为 $v_e = \omega \cdot OC$ 。

画出速度平行四边形,如图 7-8 所示。

根据图中的几何关系,得出杆 CD 的速度为

$$v_{CD} = v_a = v_e \tan\varphi = \omega \cdot OC \cdot \tan\varphi = 23.1 \text{ cm/s}$$

读者思考　如果动点选弯杆 OAB 的点 C ,动系与杆 CD 固连,结果会如何?

小结　在机构运动中,主、从二件在接触点处有相对运动,且有不变的接触点时,选不变的接触点作为动点,动系与另一运动着的物体固连。

讨论　曲柄滑块机构如图 7-9 所示,主动件曲柄 OA 运动,带动从动件摇杆 O_1B 运动,其中的滑块很小,且在机构运动中只是起连接 OA 和 O_1B 的作用,试问动点、动系如何选取?

由于滑块 A 很小,可以看作是单独的物体,也可以看作是曲柄 OA 上的杆端 A 。滑块 A (或曲柄 OA 的端点 A)相对于摇杆 O_1B 有相对运动。所以选滑块 A 为动点,也可以选曲柄 OA 的杆端 A 为动点,与摇杆 O_1B 固连的坐标系为动系。

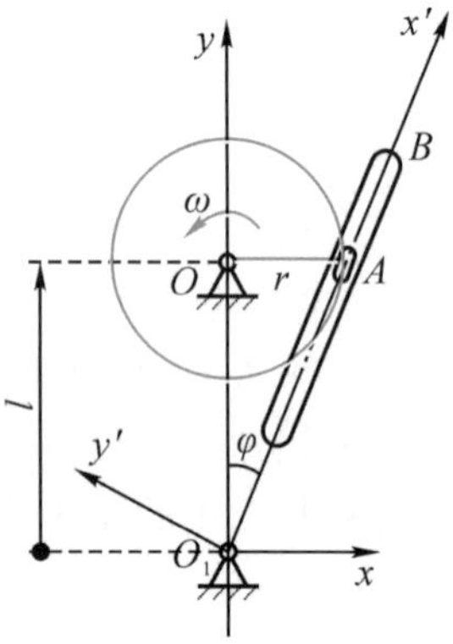

图 7-9

知识拓展

摆动导杆机构是在曲柄滑块机构中将曲柄作为机架演化而来的,将曲柄的连续回转运动转化为导杆的往复摆动,故称为摆动导杆机构。机构中导杆的往复摆动近似为正弦规律的简谐扭振,据此可以方便地设计机构的结构参数,其原理可以普遍应用于机械式低频振动攻丝机中,也可以用于设计各种低频振动装置。除此之外,摆动导杆机构在牛头刨床、插床和缆线爬行机器人等机构中得到了广泛应用,对其运动参数进行分析研究,对于优化设计摆动导杆机构,提高工作效率具有重要意义。

例 7-4　偏心凸轮半径 $R = 20$ cm ,偏心距 $OC = e = 10$ cm ,凸轮以匀角速度 $\omega = 4$ rad/s 转动,试求在图 7-10 所示瞬时导杆 AB 的速度。

分析　(1)当机构运动时,主动件凸轮 C 相对于运动的导杆 AB 有运动,因此可以运用点的合成运动的知识进行求解;(2)主动件凸轮 C 、从动件导杆 AB 的接触点有相对运动,而凸轮 C 和导杆 AB 上的接触点时时刻刻都在改变,且相对轨迹都不易确定,所以不能选择接触点作为动点。仔细观察不难发现,站在导杆 AB 上观察凸轮上的点运动时,可以看到凸轮轮心始终沿着水平直线运动,所以选轮心 C 为动点,动系则选在另一物体上,即与导杆 AB 固连。

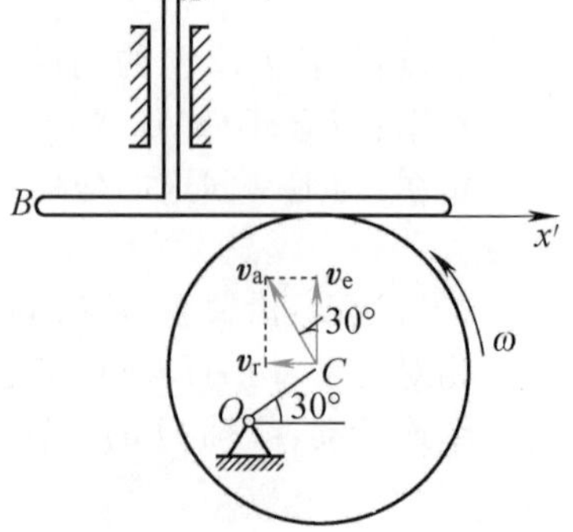

图 7-10

解　(1)运动分析。

动点：凸轮的圆心 C 。

动系：与导杆 AB 固连的坐标系。

定系：与地基固连的坐标系。

绝对运动：以 O 为圆心的圆周运动。

相对运动：平行于 x' 轴的水平直线运动。

牵连运动：作铅垂直线平动。

(2)速度分析。

根据点的速度合成定理

$$\boldsymbol{v}_a = \boldsymbol{v}_e + \boldsymbol{v}_r$$

大小　√　?　?

方向　√　√　√

其中，绝对速度 $\boldsymbol{v}_a$ 的方向垂直于 OC ，大小 $v_a=\omega e$ ；相对速度 $\boldsymbol{v}_r$ 的方向沿水平方向，大小未知；牵连速度 $\boldsymbol{v}_e$ 的方向沿铅垂方向，大小未知。

画出速度平行四边形，如图 7-10 所示。

根据图中的几何关系，得出杆的速度为

$v_{AB} = v_e = v_a\cos 30° = \omega e \dfrac{\sqrt{3}}{2} = 34.64\ \text{cm/s}$ ，方向铅垂向上。

小结　在机构运动中，主、从二件在接触点处有相对运动，且没有不变的接触点时，由于接触点处的相对轨迹不明显，所以动点不能选在接触点处，应选机构上相对轨迹比较容易确定的点作为动点。

例 7-5　图 7-11 所示公路上行驶的两车速度恒为 v 。图示瞬时，车 A 相对于车 B 的速度为多大？

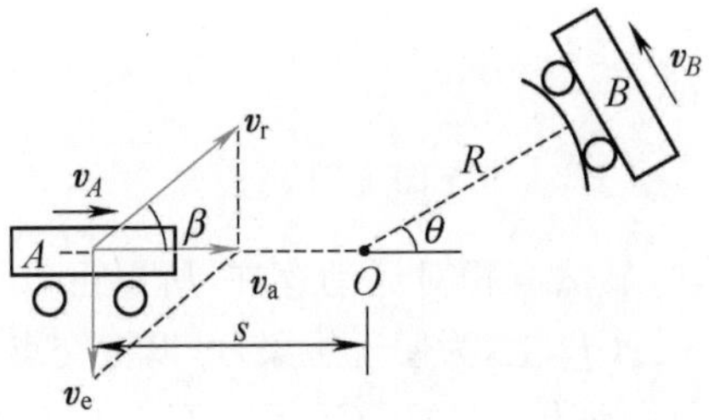

图 7-11

分析　(1)题目中车 A、车 B 都在运动，而且有相对运动存在，所以可以用合成运动知识进行求解；(2)题目已知车 A 和车 B 的速度，求车 A 相对于车 B 的速度，也就是车 A 为研究对象，所以选取车 A 作为动点；再根据动点、动系不能选在同一物体上这一原则，可以确定动系与车 B 相固连。

解　(1)运动分析。

动点：A 车。

动系：与车 B 固连的坐标系。

定系：与地基固连的坐标系。

绝对运动:水平向右的直线运动。

相对运动:未知的曲线运动。

牵连运动:绕轴 O 的定轴转动。

(2)速度分析。

根据点的速度合成定理

$$\boldsymbol{v}_a = \boldsymbol{v}_e + \boldsymbol{v}_r$$

大小　√　√　?

方向　√　√　?

其中,绝对速度 $\boldsymbol{v}_a$ 的方向沿水平方向,大小 $v_a = v_A = v$;相对速度 $\boldsymbol{v}_r$ 的大小、方向未知;牵连速度 $\boldsymbol{v}_e$ 的方向垂直于 OA,大小 $v_e = \dfrac{v_B \cdot OA}{OB} = \dfrac{v \cdot s}{R}$。

画出速度平行四边形,如图 7-11 所示。

由图中的几何关系得

$$v_r = v\sqrt{1 + \frac{s^2}{R^2}}, \beta = \arcsin\frac{s}{\sqrt{R^2 + s^2}}$$

小结　求两个不相关物体间的相对运动时,动点、动系要依据题意选取。

例 7-6　直线 AB 以大小为 v_1 的速度沿垂直于 AB 的方向向上移动;直线 CD 以大小为 v_2 的速度沿垂直于 CD 的方向向左上方移动,如图 7-12 所示。如两直线间的交角为 θ,求两直线交点 M 的速度。

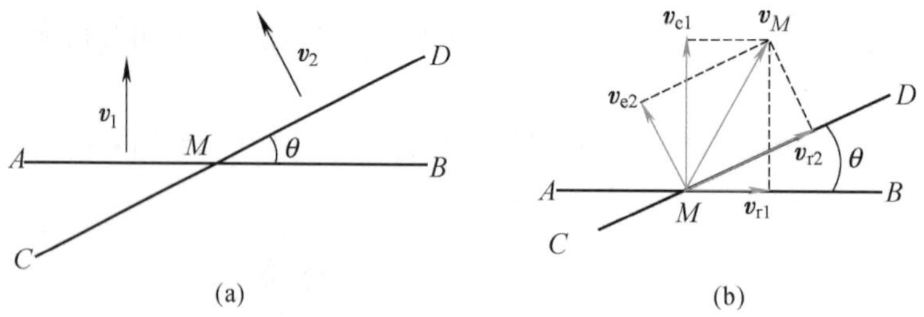

图 7-12

分析　(1)两个物体都在动,显然有相对运动存在,所以可以用合成运动的知识进行求解;(2)交点 M 既不在 AB 上,也不在 CD 上,为便于想象,可以把交点假想为套在两物体上的小环。因此,取交点 M(或假想的小环)为动点,与 AB、CD 固连的坐标系为动系,分别进行运动分析。

解　(1)第一次运动分析。

动点:交点 M。

动系:与 AB 杆固连的坐标系。

定系:与地基固连的坐标系。

第一次速度分析。

$$\boldsymbol{v}_{a1} = \boldsymbol{v}_{e1} + \boldsymbol{v}_{r1} \qquad \text{(题 7-6a)}$$

大小　?　v_1　?

方向　?　√　√

(2)第二次运动分析。

动点:交点 M。

动系:与 CD 杆固连的坐标系。

定系:与地基固连的坐标系。

第二次速度分析。

$$\boldsymbol{v}_{a2} = \boldsymbol{v}_{e2} + \boldsymbol{v}_{r2} \tag{题 7 - 6b}$$

大小　?　v_2　?

方向　?　√　√

将式(题 7 - 6a)、式(题 7 - 6b)联立求解,可得

$$\boldsymbol{v}_{e1} + \boldsymbol{v}_{r1} = \boldsymbol{v}_{e2} + \boldsymbol{v}_{r2} \tag{题 7 - 6c}$$

大小　v_1　?　v_2　?

方向　√　√　√　√

画出速度矢量图,如图 7 - 12(b)所示。

将式(题 7 - 6c)向 y 轴取投影得

$v_{e1} = v_{e2}\cos\theta + v_{r2}\sin\theta$

解得 $$v_{r2} = \frac{v_1 - v_2\cos\theta}{\sin\theta} \tag{题 7 - 6d}$$

将式(题 7 - 6d)代入式(题 7 - 6b),得

$$\boldsymbol{v}_{a2} = \boldsymbol{v}_{e2} + \boldsymbol{v}_{r2}$$

大小　v_M　v_2　?

方向　?　√　√

画出速度平行四边形,如图 7 - 12(b)所示。

根据图中的几何关系,得出交点 M 的速度为

$$v_M = v_a = \sqrt{v_2^2 + v_{r2}^2} = \frac{1}{\sin\theta}\sqrt{v_1^2 + v_2^2 - 2v_1v_2\cos\theta}$$

小结　已知两物体均在运动,求交点的运动。选交点为动点,动系选取两次,进行两次运动分析,联立求解。

本节总结

(1)适合用合成运动的知识进行求解的问题:

① 题目要求一物体(或物体上一点)相对于另一物体的运动;

② 机构运动分析中,主、从二件在接触点处有相对运动的问题。

(2)选取动点、动系的原则:

① 动点、动系不能选在同一物体上;

② 动点的相对轨迹易于确定。

(3)应用点的速度合成定理解题时,一般可遵循以下步骤:

① 选取动点、动系和定系,确定三种运动。

确定绝对运动和相对运动是哪一种运动(直线、圆周或其他某种曲线运动);

确定牵连运动是刚体运动中的哪一种运动(平动、定轴转动或其他较复杂的刚体运动)。

② 分析三种速度,确定三种速度的大小和方向,共六个量。需要分析清楚哪些量已知,哪些量未知。

③ 根据点的速度合成定理 $\boldsymbol{v}_a=\boldsymbol{v}_e+\boldsymbol{v}_r$，画出速度平行四边形。

当三种速度不共线时，要保证绝对速度一定在速度平行四边形的对角线上。

④ 根据速度平行四边形中的几何关系，求出未知量。

7.3 牵连运动为平动时点的加速度合成定理

在7.2节中研究了点的速度合成定理，它对于任何形式的牵连运动都是适用的。但是，加速度合成的问题则比较复杂，对于不同形式的牵连运动会得到不同的结论。本节研究当牵连运动为平动时点的加速度合成定理。

1. 动点的绝对加速度、相对加速度和牵连加速度

动点相对于静坐标系运动的加速度，称为动点的绝对加速度，用 $\boldsymbol{a}_a$ 表示。

动点相对于动坐标系运动的加速度，称为动点的相对加速度，用 $\boldsymbol{a}_r$ 表示。

如果动点 M 在动坐标系中的坐标为 (x',y',z')，那么动点在动系中的矢径 $\boldsymbol{r}'$ 可表示为 $\boldsymbol{r}'=x'\boldsymbol{i}'+y'\boldsymbol{j}'+z'\boldsymbol{k}'$，其中，$\boldsymbol{i}'$、$\boldsymbol{j}'$、$\boldsymbol{k}'$ 是沿动坐标系 $O'x'y'z'$ 各轴的单位矢量，如图7-13所示。当动坐标系做平动时，单位矢量 $\boldsymbol{i}'$、$\boldsymbol{j}'$ 和 $\boldsymbol{k}'$ 为常矢量，故 $\dfrac{\mathrm{d}\boldsymbol{i}'}{\mathrm{d}t}=\dfrac{\mathrm{d}\boldsymbol{j}'}{\mathrm{d}t}=\dfrac{\mathrm{d}\boldsymbol{k}'}{\mathrm{d}t}=0$，因而有

$$\boldsymbol{v}_r=\frac{\mathrm{d}\boldsymbol{r}'}{\mathrm{d}t}=\frac{\mathrm{d}x'}{\mathrm{d}t}\boldsymbol{i}'+\frac{\mathrm{d}y'}{\mathrm{d}t}\boldsymbol{j}'+\frac{\mathrm{d}z'}{\mathrm{d}t}\boldsymbol{k}' \tag{7-2}$$

$$\boldsymbol{a}_r=\frac{\mathrm{d}\boldsymbol{v}_r}{\mathrm{d}t}=\frac{\mathrm{d}^2x'}{\mathrm{d}t^2}\boldsymbol{i}'+\frac{\mathrm{d}^2y'}{\mathrm{d}t^2}\boldsymbol{j}'+\frac{\mathrm{d}^2z'}{\mathrm{d}t^2}\boldsymbol{k}' \tag{7-3}$$

式(7-2)表示矢径 $\boldsymbol{r}'$ 对时间的一阶导数，为动点的相对速度；式(7-3)表示相对速度对时间的一阶导数，为动点的相对加速度。

动点的牵连加速度是指某瞬时动坐标系上与动点相重合的点（牵连点）相对于定坐标系运动的加速度，以 $\boldsymbol{a}_e$ 表示。7.2节已提到，牵连点是动坐标系上的几何点。因此当动坐标系做平动时，动点的牵连速度和牵连加速度等于动坐标系原点 O' 的速度和加速度，即

$$\boldsymbol{v}_e=\boldsymbol{v}_{O'},\ \boldsymbol{a}_e=\boldsymbol{a}_{O'}$$

当动坐标系做定轴转动时，由定轴转动刚体的知识可得牵连速度和牵连加速度为

$$\boldsymbol{v}_e=\boldsymbol{\omega}_e\times\boldsymbol{r},\ \boldsymbol{a}_e=\boldsymbol{\alpha}_e\times\boldsymbol{r}+\boldsymbol{\omega}_e\times(\boldsymbol{\omega}_e\times\boldsymbol{r}) \tag{7-4}$$

式中，$\boldsymbol{\omega}_e$、$\boldsymbol{\alpha}_e$ 分别是动坐标系的角速度和角加速度；$\boldsymbol{r}$ 是从转轴引向牵连点的矢径。

2. 牵连运动为平动时点的加速度合成定理

动点 M 在动坐标系 $O'x'y'z'$ 上沿相对轨迹运动，而动坐标系相对静坐标系 $Oxyz$ 做平动，如图7-13所示。根据点的速度合成定理，有

$$\boldsymbol{v}_a=\boldsymbol{v}_e+\boldsymbol{v}_r$$

将式(7-2)、式(7-3)代入上式，得

$$\boldsymbol{v}_a=\boldsymbol{v}_{O'}+\frac{\mathrm{d}x'}{\mathrm{d}t}\boldsymbol{i}'+\frac{\mathrm{d}y'}{\mathrm{d}t}\boldsymbol{j}'+\frac{\mathrm{d}z'}{\mathrm{d}t}\boldsymbol{k}'$$

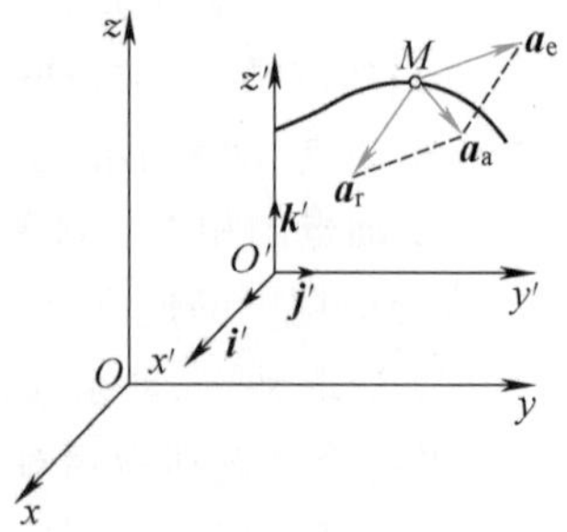

图7-13

将上式两端对时间求一阶导数，由于动坐标系做平移时，单位矢量

$\boldsymbol{i}'$、$\boldsymbol{j}'$ 和 $\boldsymbol{k}'$ 为常矢量，故 $\dfrac{\mathrm{d}\boldsymbol{i}'}{\mathrm{d}t}=\dfrac{\mathrm{d}\boldsymbol{j}'}{\mathrm{d}t}=\dfrac{\mathrm{d}\boldsymbol{k}'}{\mathrm{d}t}=0$，因而有

$$\boldsymbol{a}_{\mathrm{a}}=\frac{\mathrm{d}\boldsymbol{v}_{\mathrm{a}}}{\mathrm{d}t}=\frac{\mathrm{d}\boldsymbol{v}_{O'}}{\mathrm{d}t}+\left(\frac{\mathrm{d}^2x'}{\mathrm{d}t^2}\boldsymbol{i}'+\frac{\mathrm{d}^2y'}{\mathrm{d}t^2}\boldsymbol{j}'+\frac{\mathrm{d}^2z'}{\mathrm{d}t^2}\boldsymbol{k}'\right)$$

其中，$\dfrac{\mathrm{d}\boldsymbol{v}_{O'}}{\mathrm{d}t}=\boldsymbol{a}_{O'}$ 是动坐标系原点 O' 的加速度。因此得

$$\boldsymbol{a}_{\mathrm{a}}=\boldsymbol{a}_{\mathrm{e}}+\boldsymbol{a}_{\mathrm{r}} \tag{7-5}$$

式(7-5)就是当牵连运动为平动时点的加速度合成定理：即当牵连运动为平动时，动点在某瞬时的绝对加速度等于该瞬时的牵连加速度与相对加速度的矢量和。

例 7-7　摆动式送料机构如图 7-14 所示，摇杆 $OA=l$，绕轴 O 做往复摆动，同时通过滑块带动送料槽做往复平动。设某瞬时摇杆与铅垂线的夹角为 θ，角速度为 ω，角加速度为 α，方向如图 7-14 所示，试求此瞬时送料槽的加速度。

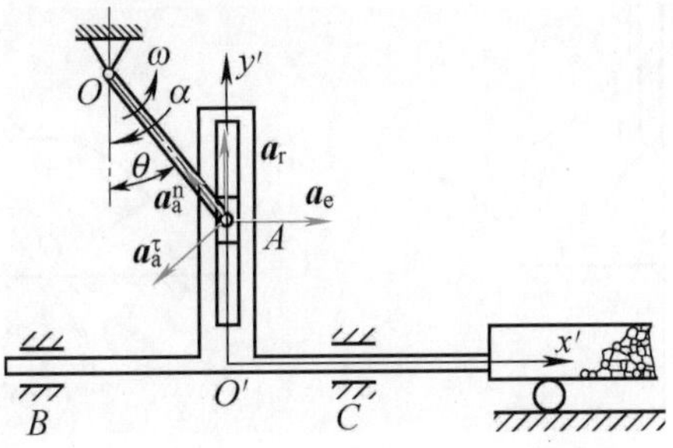

图 7-14

分析　(1)根据动点动系的选取方法，选滑块 A 为动点，与送料槽固连的坐标系为动系；绝对运动是变速曲线运动，相对运动是铅垂直线运动，牵连运动是直线平动。

(2)根据三种运动的形式确定点的加速度合成定理表达式为

	$\boldsymbol{a}_{\mathrm{a}}^{\tau}$	$+\boldsymbol{a}_{\mathrm{a}}^{\mathrm{n}}$	$=\boldsymbol{a}_{\mathrm{e}}$	$+\boldsymbol{a}_{\mathrm{r}}$
大小	√	√	?	?
方向	√	√	√	√

经分析可得以上矢量式中，共有两个未知量，所以可以直接用加速度合成定理进行求解。

解　(1)运动分析。

动点：滑块 A。

动系：与送料槽固连的坐标系。

定系：与地基固连的坐标系。

绝对运动：以点 O 为圆心，l 为半径的圆周运动。

相对运动：沿滑道做铅垂直线运动。

牵连运动：水平方向的平动。

(2)加速度分析。

根据点的加速度合成定理

	$\boldsymbol{a}_{\mathrm{a}}^{\tau}$	$+\boldsymbol{a}_{\mathrm{a}}^{\mathrm{n}}$	$=\boldsymbol{a}_{\mathrm{e}}$	$+\boldsymbol{a}_{\mathrm{r}}$
大小	√	√	?	?
方向	√	√	√	√

其中，点 A 的绝对加速度分为切向加速度和法向加速度，分别为 $a_a^\tau = l\alpha$，$a_a^n = l\omega^2$；相对加速度 $\boldsymbol{a}_r$ 沿 y' 轴方向，大小是未知的；$\boldsymbol{a}_e$ 的方向沿水平方向，而大小是未知的。

画出加速度矢量图，如图 7-14 所示。

将加速度矢量表达式向 $O'x'$ 轴方向投影，得

$$-a_a^\tau \cos\theta - a_a^n \sin\theta = a_e$$

解得 $a_e = -l(\alpha\cos\theta + \omega^2\sin\theta)$

说明　负号表示此瞬时 $\boldsymbol{a}_e$ 的实际指向与图中假设的方向相反。

例 7-8　半圆形凸轮向右做减速运动，如图 7-15 所示。设凸轮半径为 R，图示瞬时的速度为 $\boldsymbol{v}_0$，加速度为 $\boldsymbol{a}_0$，求顶杆 AB 在图示位置的加速度。

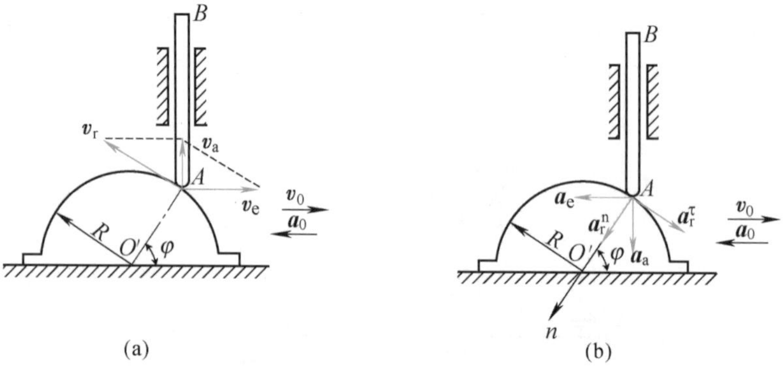

图 7-15

分析　(1)根据动点动系的选择方法，可以判断出本题中发生相对运动，且有不变的接触点，所以选顶杆 AB 上的点 A 为动点，与凸轮固连的坐标系为动系；绝对运动是沿铅垂方向的直线运动，相对运动是沿凸轮边缘的曲线运动，牵连运动是平动。

(2)根据三种运动的形式确定点的加速度合成定理表达式为

$$\boldsymbol{a}_a = \boldsymbol{a}_e + \boldsymbol{a}_r^\tau + \boldsymbol{a}_r^n$$

大小	?	√	?	?
方向	√	√	√	√

经分析可得以上矢量式中，共有三个未知量，所以不能用加速度合成定理直接进行求解。但其中 $\boldsymbol{a}_r^n$ 的大小可以通过相对速度 $\boldsymbol{v}_r$ 求出来，所以必须先根据点的速度合成定理求出相对速度 $\boldsymbol{v}_r$，进而求出 $\boldsymbol{a}_r^n$ 的大小。最后，才能运用加速度合成定理进行求解。

解　(1)运动分析。

动点：顶杆 AB 上的点 A。

动系：与凸轮固连的坐标系。

定系：与地基固连的坐标系。

绝对运动：A 沿铅垂方向的直线运动。

相对运动：沿凸轮边缘的曲线运动。

牵连运动：水平方向的平移。

(2)速度分析。

根据点的速度合成定理

$$\boldsymbol{v}_a = \boldsymbol{v}_e + \boldsymbol{v}_r$$

大小　?　√　?

方向　√　√　√

其中,绝对速度 $\boldsymbol{v}_a$ 的方向沿竖直方向,大小未知;相对速度 $\boldsymbol{v}_r$ 的方向沿凸轮轮缘的切线方向,大小未知;牵连速度 $\boldsymbol{v}_e$ 的方向沿水平方向向右,大小 $v_e = v_0$。

画出速度平行四边形,如图 7-15(a)所示。

由图中的几何关系得

$$v_r = \frac{v_e}{\sin\varphi} = \frac{v_0}{\sin\varphi}$$

(3)加速度分析。

根据点的加速度合成定理

$$\boldsymbol{a}_a = \boldsymbol{a}_e + \boldsymbol{a}_r^\tau + \boldsymbol{a}_r^n$$

大小　?　√　?　√

方向　√　√　√　√

其中,动点 A 的绝对加速度沿竖直方向,大小未知。动点 A 的相对加速度分为 $\boldsymbol{a}_r^\tau$ 和 $\boldsymbol{a}_r^n$,其中 $\boldsymbol{a}_r^\tau$ 的方向沿凸轮边缘点 A 的切线方向,大小未知;$\boldsymbol{a}_r^n$ 的方向由点 A 指向相对轨迹的曲率中心 O',大小为 $a_r^n = \dfrac{1}{R}\dfrac{v_0^2}{\sin^2\varphi}$。牵连加速度沿水平方向,大小为 a_0。

画出加速度矢量图,如图 7-15(b)所示。

将加速度矢量表达式向点 A 的法线 n 方向投影,得

$$a_a\sin\varphi = a_e\cos\varphi + a_r^n$$

解得 $a_a = \dfrac{1}{\sin\varphi}\left(a_0\cos\varphi + \dfrac{v_0^2}{R\sin^2\varphi}\right) = a_0\cot\varphi + \dfrac{v_0^2}{R\sin^3\varphi}$

说明　当 $\varphi < 90°$ 时,$a_a > 0$,这表示 $\boldsymbol{a}_a$ 的实际指向与所假设的指向相同。

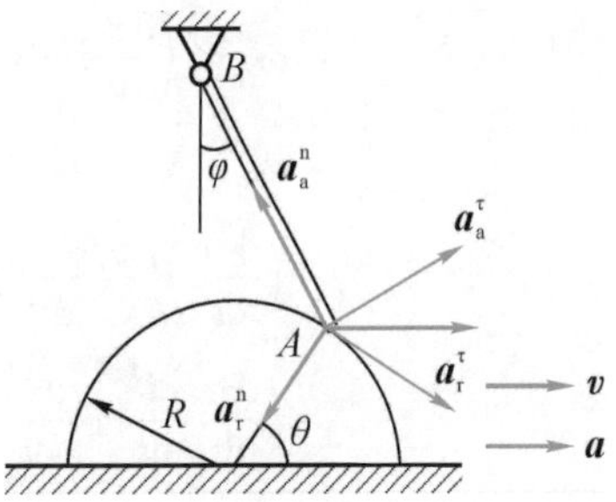

图 7-16

讨论　将例题中的垂直导杆换成绕轴 B 做定轴转动的摇杆,如图 7-16 所示。若已知 $AB = l$,试画出图示瞬时的加速度分析图。

动点:取 AB 杆的杆端 A。

动系:与半圆板固连的坐标系。

定系:与地基固连的坐标系。

绝对运动:以 B 为圆心的圆周运动。

相对运动:沿凸轮边缘的曲线运动。

牵连运动:水平方向的平动。

加速度矢量图如图 7-16 所示。

7.4 牵连运动为定轴转动时点的加速度合成定理

1. 牵连运动为定轴转动时点的加速度合成定理

动点 M 在动坐标系 $O'x'y'z'$ 上沿相对轨迹 AB 运动，而动坐标系以角速度 $\boldsymbol{\omega}_e$ 和角加速度 $\boldsymbol{\alpha}_e$ 绕定坐标系的固定轴 Oz 转动，如图 7-17 所示。根据点的速度合成定理，有

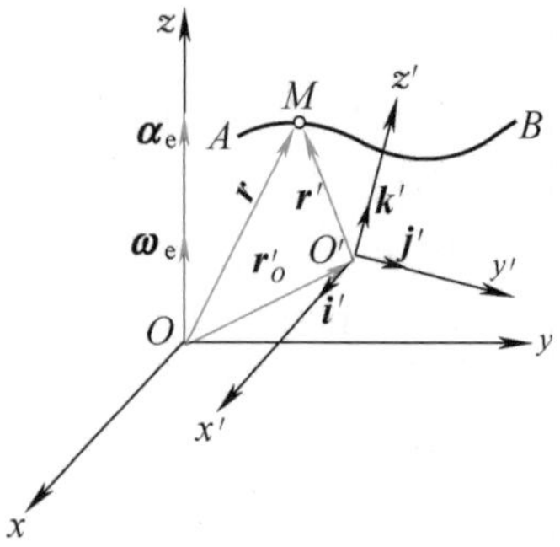

图 7-17

$$\boldsymbol{v}_a = \boldsymbol{v}_e + \boldsymbol{v}_r$$

将 7.3 节中的式(7-2)、式(7-4)代入上式，得

$$\boldsymbol{v}_a = \boldsymbol{\omega}_e \times \boldsymbol{r} + \frac{dx'}{dt}\boldsymbol{i}' + \frac{dy'}{dt}\boldsymbol{j}' + \frac{dz'}{dt}\boldsymbol{k}'$$

将上式两端对时间求一阶导数，得

$$\boldsymbol{a}_a = \frac{d\boldsymbol{v}_a}{dt} = \left(\frac{d\boldsymbol{\omega}_e}{dt} \times \boldsymbol{r}\right) + \left(\boldsymbol{\omega}_e \times \frac{d\boldsymbol{r}}{dt}\right) + \left(\frac{d^2x'}{dt^2}\boldsymbol{i}' + \frac{d^2y'}{dt^2}\boldsymbol{j}' + \frac{d^2z'}{dt^2}\boldsymbol{k}'\right) + \left(\frac{dx'}{dt}\frac{d\boldsymbol{i}'}{dt} + \frac{dy'}{dt}\frac{d\boldsymbol{j}'}{dt} + \frac{dz'}{dt}\frac{d\boldsymbol{k}'}{dt}\right) \tag{7-6}$$

式(7-6)右端四项分别为

$$\frac{d\boldsymbol{\omega}_e}{dt} \times \boldsymbol{r} = \boldsymbol{\alpha}_e \times \boldsymbol{r}$$

$$\begin{aligned}\boldsymbol{\omega}_e \times \frac{d\boldsymbol{r}}{dt} &= \boldsymbol{\omega}_e \times \frac{d}{dt}(x'\boldsymbol{i}' + y'\boldsymbol{j}' + z'\boldsymbol{k}') \\ &= \boldsymbol{\omega}_e \times \left(\frac{dx'}{dt}\boldsymbol{i}' + \frac{dy'}{dt}\boldsymbol{j}' + \frac{dz'}{dt}\boldsymbol{k}'\right) + \boldsymbol{\omega}_e \times \left(x'\frac{d\boldsymbol{i}'}{dt} + y'\frac{d\boldsymbol{j}'}{dt} + z'\frac{d\boldsymbol{k}'}{dt}\right) \\ &= \boldsymbol{\omega}_e \times \boldsymbol{v}_r + \boldsymbol{\omega}_e \times (\boldsymbol{\omega}_e \times \boldsymbol{r})\end{aligned}$$

$$\left(\frac{d^2x'}{dt^2}\boldsymbol{i}' + \frac{d^2y'}{dt^2}\boldsymbol{j}' + \frac{d^2z'}{dt^2}\boldsymbol{k}'\right) = \boldsymbol{a}_r$$

$$\left(\frac{dx'}{dt}\frac{d\boldsymbol{i}'}{dt} + \frac{dy'}{dt}\frac{d\boldsymbol{j}'}{dt} + \frac{dz'}{dt}\frac{d\boldsymbol{k}'}{dt}\right) = \boldsymbol{\omega}_e \times \boldsymbol{v}_r$$

将以上各式代入式(7-6)，得

$$\boldsymbol{a}_a = \boldsymbol{\alpha}_e \times \boldsymbol{r} + \boldsymbol{\omega}_e \times (\boldsymbol{\omega}_e \times \boldsymbol{r}) + \boldsymbol{a}_r + 2\boldsymbol{\omega}_e \times \boldsymbol{v}_r \tag{7-7}$$

其中 $\boldsymbol{a}_e = \boldsymbol{\alpha}_e \times \boldsymbol{r} + \boldsymbol{\omega}_e \times (\boldsymbol{\omega}_e \times \boldsymbol{r})$

当牵连运动为转动时，转动的牵连运动和相对运动之间相互影响的结果而产生一种附加的加速度，称为科氏加速度，用符号 $\boldsymbol{a}_C$ 表示，且

$$\boldsymbol{a}_C = 2\boldsymbol{\omega}_e \times \boldsymbol{v}_r \tag{7-8}$$

这时动点的绝对加速度可写为

$$\boldsymbol{a}_a = \boldsymbol{a}_e + \boldsymbol{a}_r + \boldsymbol{a}_C \tag{7-9}$$

即当牵连运动为转动时，动点的绝对加速度等于牵连加速度、相对加速度和科氏加速度的矢量和，这就是牵连运动为转动时点的加速度合成定理。这个定理适用于牵连运动为任何形式的运动。

2. 科氏加速度

科氏加速度是 1832 年由法国工程师科里奥利在研究水轮机的机械原理时首先发现的，因而命名为科利奥利加速度，简称科氏加速度。

科氏加速度是动系为转动时，牵连运动和相对运动之间相互影响的结果。当牵连运动为平动时，就不存在这种相互影响，因此就不会产生科氏加速度。

科氏加速度 $\boldsymbol{a}_C$ 的大小和方向可由式(7－8)计算。

$\boldsymbol{a}_C$ 大小：$a_C = 2|\boldsymbol{\omega}_e||\boldsymbol{v}_r|\sin\theta$，$\theta$ 为矢量 $\boldsymbol{\omega}_e$ 的正向与 $\boldsymbol{v}_r$ 正向的夹角；

$\boldsymbol{a}_C$ 方向：$\boldsymbol{a}_C$ 的方向沿 $\boldsymbol{\omega}_e$ 与 $\boldsymbol{v}_r$ 所组成平面的法向，指向由右手螺旋定则确定，如图 7－18(a)所示。

当 $\theta = 90°$ 时，$\boldsymbol{\omega}_e \perp \boldsymbol{v}_r$，$\boldsymbol{a}_C$ 的大小是 $a_C = 2\omega_e v_r$，方向由 $\boldsymbol{v}_r$ 顺着 $\boldsymbol{\omega}_e$ 的转向转 90°得到，如图 7－18(b)所示。

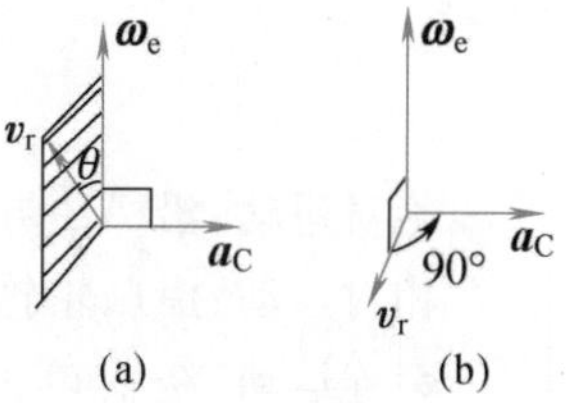

图 7－18

当 $\theta = 0°$ 或 180 时，即 $\boldsymbol{\omega}_e \parallel \boldsymbol{v}_r$，则有 $a_C = 0$。

读者思考　如何解释在北半球河床右岸冲刷严重？

知识拓展

1835 年，法国工程师科里奥利提出，为了描述旋转体系的运动，需要在运动方程中引入一个假想的力，这就是科里奥利力。由于地球本身就是一个巨大的旋转体系，因而科里奥利力很快在流体运动领域取得了成功应用。比如质点在北半球运动时向其运行方向的右侧偏移。由于地球的自转引起的水流科氏惯性力对右岸的冲刷。科里奥利效应使风在北半球向右转，在南半球向左转。此效应在极地处最明显，在赤道处则消失。因此，合理使用科学技术可以避免造成不必要的损失。

科氏加速度和科氏力的发现、发展以及广泛运用，完全印证了理论“从实践中来，到实践中去”的过程。经过多年的发展，以科里奥利力原理设计出了科里奥利质量流量计，实现了质量流量的直接测量，并有很高的测量精度。

3. 点的加速度合成定理应用

例 7－9　如图 7－19 所示，偏心圆凸轮的偏心距 $OC = e$，轮半径 $r = \sqrt{3}e$。凸轮以等角速度 ω_O 绕轴 O 转动。试求当 OC 与 CA 垂直时，杆 AB 的加速度。

分析　(1)根据动点动系的选择方法，可以判断出本题中发生相对运动，且有不变的接触点。所以选杆 AB 上的端点 A 为动点，与偏心凸轮固连的坐标系为动系；绝对运动是沿铅垂方向的直线运动，相对运动是沿凸轮边缘的曲线运动，牵连运动是绕着轴 O 的定轴转动；(2)由于牵连运动是定轴转动，所以有科氏加速度。要确定科氏加速度大小、方向必须先求出相对速度 $\boldsymbol{v}_r$ 的大小和方向，因此需要先进行速度分析，求相对速度；(3)根据三种运动的形式及牵连运动的转动形式确定点的加速度合成定理，然后进行分析求解。

解　(1)运动分析。

动点：AB 杆的杆端 A。

动系：与凸轮固连的坐标系。

定系：与地基固连的坐标系。

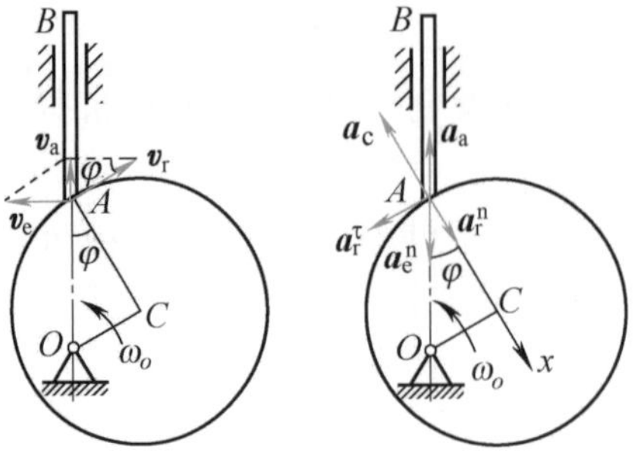

(a) (b)

图 7-19

科氏加速度的确定

加速度矢量图的画法

绝对运动：沿 AB 方向的直线运动。

相对运动：沿凸轮轮廓的曲线运动。

牵连运动：绕轴 O 的定轴转动。

(2)速度分析。

根据点的速度合成定理，得

$$\boldsymbol{v}_a = \boldsymbol{v}_e + \boldsymbol{v}_r$$

大小　?　√　?

方向　√　√　√

其中 $v_e = \omega_e \cdot OA = 2\omega_O e$

画出速度平行四边形如图 7-19(a)所示。

根据图中的几何关系，得出该瞬时

$$v_r = \frac{v_e}{\cos 30^\circ} = \frac{4e\omega_O}{\sqrt{3}}$$

(3)加速度分析。

根据点的加速度合成定理，得

$$\boldsymbol{a}_a = \boldsymbol{a}_e + \boldsymbol{a}_r^\tau + \boldsymbol{a}_r^n + \boldsymbol{a}_C$$

大小　?　√　?　√　√

方向　√　√　√　√　√

式中，绝对加速度 $\boldsymbol{a}_a$ 的方向沿铅垂直线，大小未知；牵连加速度 $\boldsymbol{a}_e$ 等于动系上点 A 的加速度，又因为凸轮匀速转动，故牵连加速度 $\boldsymbol{a}_e$ 只有法向分量 $\boldsymbol{a}_e^n$，其方向指向凸轮的转动中心 O，大小为 $a_e = a_e^n = OA \cdot \omega_O^2 = 2e\omega_O^2$；相对加速度的切向分量为 $\boldsymbol{a}_r^\tau$，沿凸轮轮廓曲线的切线方向，大小未知，法向分量为 $\boldsymbol{a}_r^n$，沿凸轮在点 A 的法线方向，指向曲率中心 C，大小为 $a_r^n = \dfrac{v_r^2}{r} = \dfrac{16e\omega_O^2}{3\sqrt{3}}$；科氏加速度 $\boldsymbol{a}_C$ 的方向垂直于 $\boldsymbol{v}_r$ 与 $\boldsymbol{\omega}_O$ 所确定的平面，其方向与 $\boldsymbol{a}_r^n$ 的方向相反，大小为 $a_C = 2\omega_O v_r = \dfrac{8}{\sqrt{3}}e\omega_O^2$。

画出加速度矢量图，如图 7-19(b)所示。

将加速度矢量式向 x 轴投影，得

$$-a_a\cos\varphi = a_e^n\cos\varphi + a_r^n - a_C$$

$$a_a = (a_C - a_r^n)\sec\varphi - a_e^n = -\frac{2}{9}e\omega_O^2$$

说明　负号表明 $\boldsymbol{a}_a$ 的实际指向与图中所假设的方向相反。

例 7-10　刨床的急回机构如图 7-20 所示，曲柄 OA 长 12 cm，当 OA 绕轴 O 以匀角速度 $\omega=7$ rad/s 转动时，滑套 A 带动穿过滑套的杆 O_1B 绕轴 O_1 摆动。已知 $OO_1=20$ cm，求当 $\angle O_1OA=90^\circ$ 时，摇杆 O_1B 的角加速度。

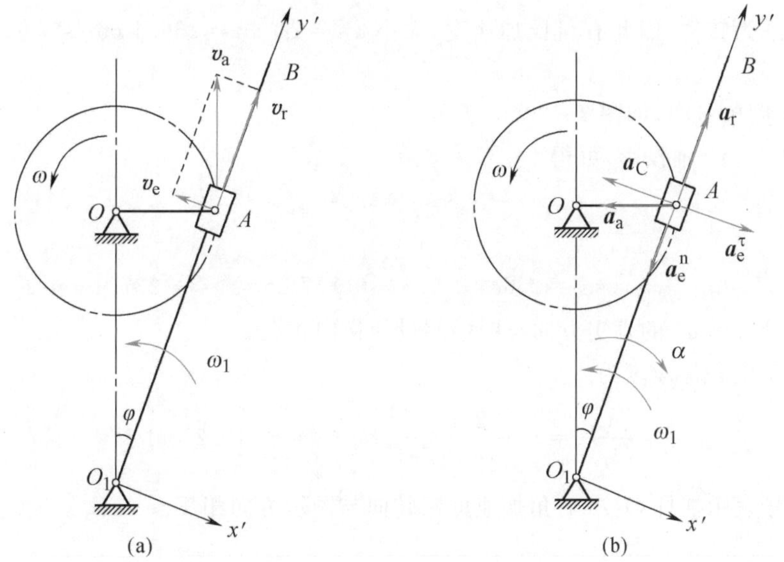

图 7-20

解　(1)运动分析。

动点：滑套 A。

动系：与 O_1B 杆固连的坐标系。

定系：与地基固连的坐标系。

绝对运动：以 O 为圆心的匀速圆周运动。

相对运动：沿 O_1B 方向的直线运动。

牵连运动：绕轴 O_1 的定轴转动。

加速度矢量方程的投影法

(2)速度分析。

根据点的速度合成定理，得

$$\boldsymbol{v}_a = \boldsymbol{v}_e + \boldsymbol{v}_r$$

大小　√　?　?

方向　√　√　√

画出速度平行四边形，如图 7-20(a)所示。

根据图中的几何关系，得出

$$v_r = v_a\cos\varphi = 72\ \text{cm/s},\quad \omega_{O_1B} = \omega_1 = \frac{OA^2}{O_1A^2}\omega = \frac{7\times 12^2}{12^2+20^2}\ \text{rad/s} = 1.85\ \text{rad/s}$$

(3)加速度分析。

牵连运动为定轴转动，则点的加速度合成定理为

$$\boldsymbol{a}_a = \boldsymbol{a}_e^\tau + \boldsymbol{a}_e^n + \boldsymbol{a}_r + \boldsymbol{a}_C$$

大小　√　?　√　?　√

方向　√　√　√　√　√

其中，绝对运动是匀速圆周运动，故只有法向加速度，大小 $a_a = OA\omega^2 = 588\ \text{cm/s}^2$，方向由 A 指向 O；相对加速度 $\boldsymbol{a}_r$ 沿 O_1A 直线，大小未知；牵连加速度 $\boldsymbol{a}_e$ 分为 $\boldsymbol{a}_e^\tau$ 和 $\boldsymbol{a}_e^n$，其中切向加速度 $\boldsymbol{a}_e^\tau$ 垂直于 O_1A，假设指向如图 7－20(b)所示，法向加速度 $\boldsymbol{a}_e^n$ 沿 AO_1 方向，大小 $\boldsymbol{a}_e^n = O_1A \cdot \omega_1^2$；由于动参考系为转动，因此有科氏加速度，大小 $a_C = 2\omega_1 v_r = 266.4\ \text{cm/s}^2$，方向如图 7－20(a)所示。

画出加速度矢量图，如图 7－20(b)所示

将上式向 O_1x' 轴投影，可得

$$-a_a\cos\varphi = a_e^\tau - a_C$$

解得

$$a_e^\tau = a_C - a_a\cos\varphi = 266.4 - 588 \times 0.857\ \text{cm/s}^2 = -237.4\ \text{cm/s}^2$$

说明：负号表示 $\boldsymbol{a}_e^\tau$ 的真实方向与图中假设的指向相反。

摇杆 O_1A 的角加速度为

$$\alpha = \frac{a_e^\tau}{O_1A} = -\frac{237.4}{\sqrt{12^2+20^2}}\ \text{rad/s}^2 = -10.2\ \text{rad/s}^2$$

说明：负号表示摇杆 O_1A 的角加速度 α 转向与图示方向相反。

小结

应用点的加速度合成定理解题时，需要注意以下几点：

① 牵连加速度是牵连点的加速度。

② 选取动点和动系后，应根据牵连运动是否有转动，确定是否有科氏加速度。

③ 根据三种运动的形式，确定加速度合成定理的具体表达式。例如当绝对运动、相对运动为变速曲线运动，牵连运动为转动时，加速度合成定理的表达式为

$$\boldsymbol{a}_a^\tau + \boldsymbol{a}_a^n = \boldsymbol{a}_e^\tau + \boldsymbol{a}_e^n + \boldsymbol{a}_r^\tau + \boldsymbol{a}_r^n + \boldsymbol{a}_C$$

其中，$a_a^n = \dfrac{v_r^2}{r}$，$a_r^n = \dfrac{v_r^2}{r}$，$a_e^n = \dfrac{v_e^2}{r}$，$a_C = 2\omega_e v_r \sin\theta$。

④运用点的加速度合成定理进行求解时，往往需画出加速度矢量图。然后，用矢量投影的方法求解未知量。取投影时需注意两点：

- 取投影时，为了避免题目不要求的加速度矢量出现，可向这个加速度矢量的垂直方向取投影；
- 加速度矢量方程的投影是等式两端的投影，与静平衡方程的投影式不同。

习　题

一、基础题

1. 动坐标系上任一点的速度是否就是动点的牵连速度？

2. 选择动点和动系的原则是什么？

3. 点的合成运动中的速度合成定理 $\boldsymbol{v}_a = \boldsymbol{v}_e + \boldsymbol{v}_r$，适用于哪种类型的牵连运动？

4. 科氏加速度的大小和方向如何求？当科氏加速度为零时，动参考系是否为平动？

5. 在应用点的加速度合成定理时，应注意什么？

6. 如图 7-21 所示，动点 M 在平面 $Ox'y'$ 中运动，运动方程为

$$\begin{cases} x' = 40(1-\cos t) \\ y' = 40\sin t \end{cases}$$

式中，t 以 s 计，x' 和 y' 以 mm 计。平面 $Ox'y'$ 绕垂直于该平面的轴 O 转动，转动方程为 $\varphi = t$ rad，式中角 φ 为动参考系的 x' 轴与参考系的 x 轴间的夹角。求动点 M 的相对轨迹和绝对轨迹方程。

[答：相对轨迹方程：$(x'-40)^2 + y'^2 = 1600$；绝对轨迹方程：$(x+40)^2 + y^2 = 1600$]

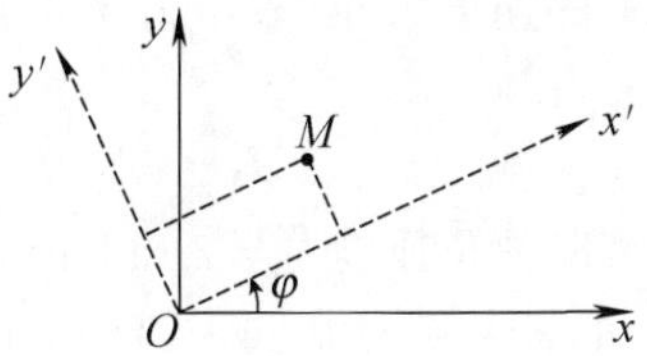

图 7-21

7. 如图 7-22 所示，OA 杆以匀角速度 ω 绕 O 轴转动，半径为 r 的小轮 O_1，沿 OA 杆作无滑动的滚动，轮心 O_1 若被选作动点，将动系固结于 OA 杆上，地面为定系。试求牵连速度的大小和方向。

（答：$v_e = \omega\sqrt{S^2 + r^2}$，方向：垂直于 OO_1）

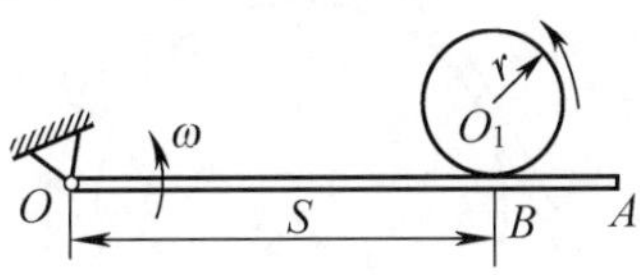

图 7-22

8. 如图 7-23 所示两种机构中，已知 $O_1O_2 = a = 200$ mm，$\omega_1 = 3$ rad/s 。求图示位置时杆 O_2A 的角速度。

[答：(a) $\omega_{O_2A} = 1.5$ rad/s，逆时针；(b) $\omega_{O_2A} = 2$ rad/s，逆时针]

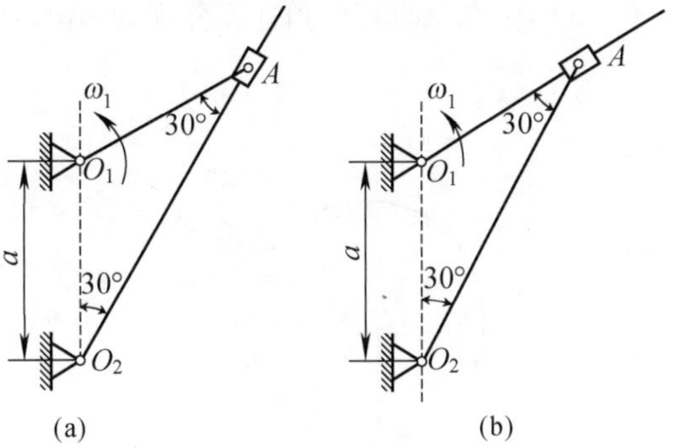

图 7-23

9. 如图 7-24 所示，半径为 r、偏心距为 e 的圆形凸轮以角速度 ω 绕固定轴 O 转动，AB

杆长为 l，其 A 端置于凸轮上，B 端以铰链支承，求当杆 AB 处于水平位置时的角速度。

（答：$\omega_{AB}=\omega e/l$，逆时针）

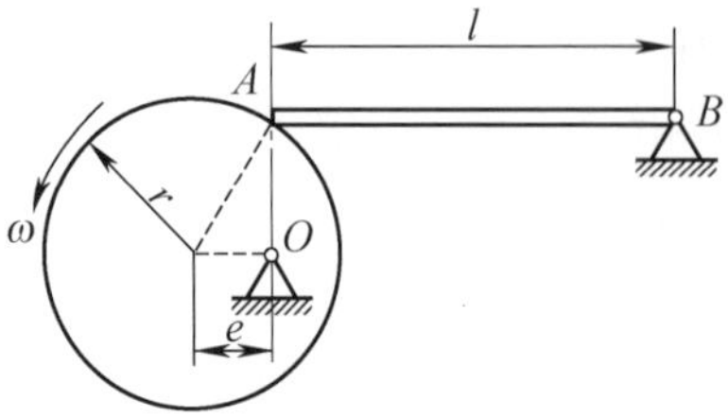

图 7 - 24

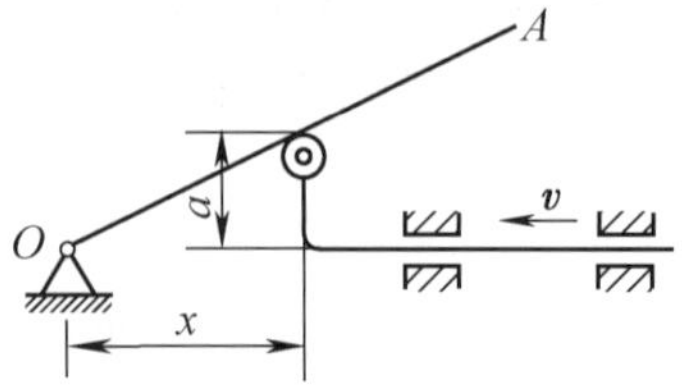

图 7 - 25

10. 杆 OA 长为 l，由推杆推动而在图面内绕点 O 转动，如图 7 - 25 所示。假定推杆的速度为 v，其弯头高为 a。求杆端 A 的速度大小(表示为 x 的函数)。

$\left(答：v_A=\dfrac{lav}{x^2+a^2}\right)$

11. 圆盘的半径 $R=2\sqrt{3}$ cm，以匀角速度 $\omega=2$ rad/s 绕位于盘缘的水平固定轴 O 转动，并带动杆 AB 绕水平固定轴 A 转动，杆与圆盘在同一铅垂面内，如图 7 - 26 所示。试求机构运动到 A、C 两点位于同一铅垂线上，并且杆与铅垂线 AC 夹角 $\alpha=30°$ 时，AB 杆转动的角速度。

（答：$\omega_{AB}=\sqrt{3}/3$ rad/s）

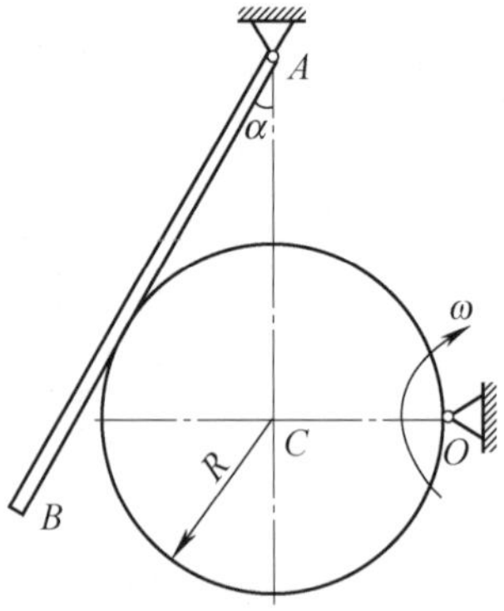

图 7 - 26

12. 绕 O 轴转动的圆盘及直杆 OA 上均有一导槽，两导槽间有一活动销子 M，如图 7 - 27 所示。设在图示位置时，$b=0.1$ m，圆盘及直杆的角速度分别为 $\omega_1=9$ rad/s 和 $\omega_2=3$ rad/s。求此瞬时销子 M 的速度。

（答：$v_M=0.2\sqrt{7}$ m/s）

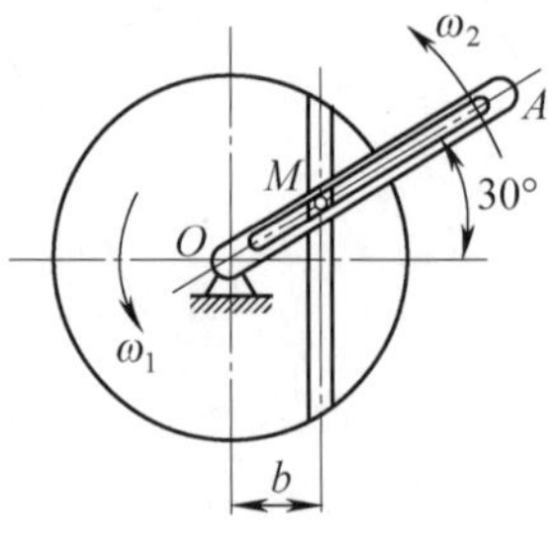

图 7 - 27

13. 如图 7－28 所示公路上行驶的两车速度都恒为 72 km/h。图示瞬时，在 A 车中的观察者看来车 B 速度为多大？

（答：$v_B = 36(\sqrt{6}+\sqrt{2})$ km/h）

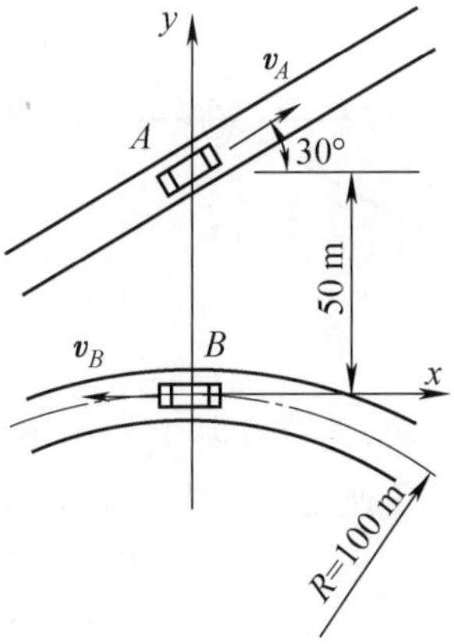

图 7－28

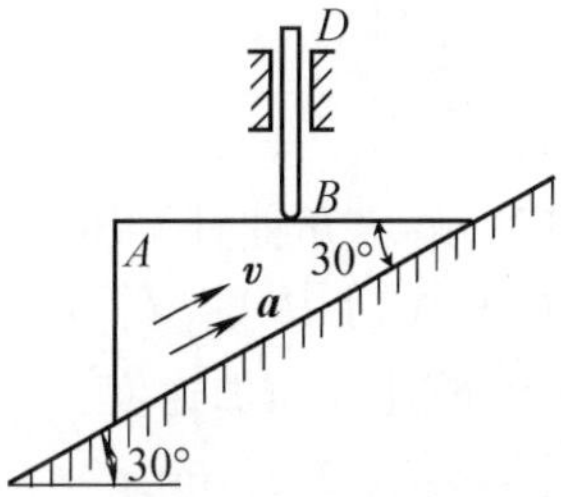

图 7－29

14. 滑块 A 沿与水平成 30°的斜面向上匀变速平移，BD 杆只能沿铅直滑槽滑动，如图 7－29 所示。已知某瞬时滑块 A 的速度为 8 m/s，加速度为 6 m/s²。试求在此瞬时 BD 杆的端点 D 的速度与加速度。

（答：$v_D = 4$ m/s，$a_D = 3$ m/s²）

15. 如图 7－30 所示铰接四边形机构中，$O_1A = O_2B = 100$ mm，又 $O_1O_2 = AB$，杆 O_1A 以等速度 $\omega = 2$ rad/s 绕 O_1 轴转动。杆 AB 上有一套筒 C，此套筒与杆 CD 相铰接。机构的各部件都在同一铅垂面内。求当 $\varphi = 60°$ 时，杆 CD 的速度和加速度。

（答：$v_{CD} = 0.1$ m/s，$a_{CD} = 0.346$ m/s²）

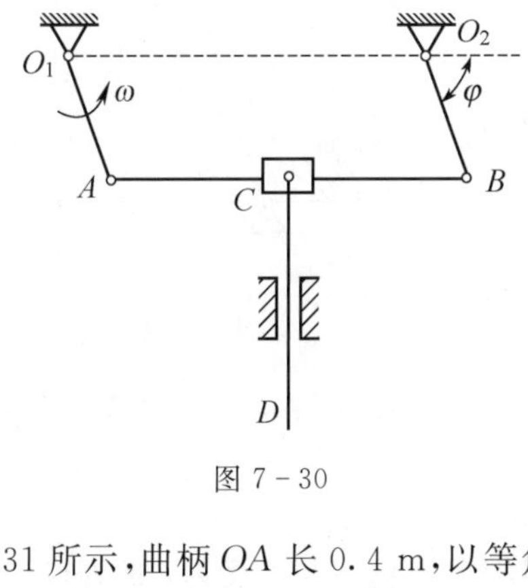

图 7－30

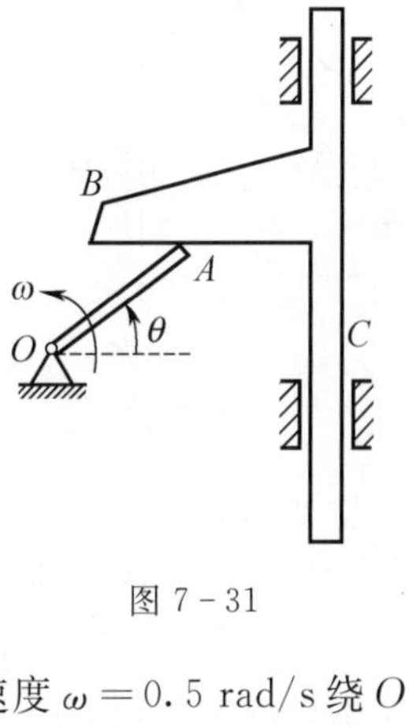

图 7－31

16. 如图 7－31 所示，曲柄 OA 长 0.4 m，以等角速度 $\omega = 0.5$ rad/s 绕 O 轴逆时针方向转动。由于曲柄的 A 端推动水平板 B，而使滑杆 C 沿铅垂方向上升。求当曲柄与水平线间的夹角 $\theta = 30°$ 时，滑杆 C 的速度和加速度。

（答：$v_C = 0.1\sqrt{3}$ m/s，$a_C = 0.05$ m/s²）

17. 如图 7－32 所示，圆盘以匀角速度绕定轴 O 转动，动点 M 相对圆盘以匀速 v_r 沿圆盘直径运动，试求动点 M 到达圆盘中心 O 位置时的科氏加速度的大小和方向。

（答：大小 $a_C = 2\omega v_r$；方向，水平向左）

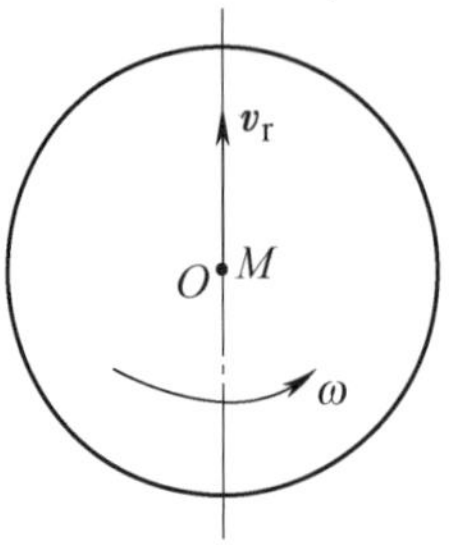

图 7－32

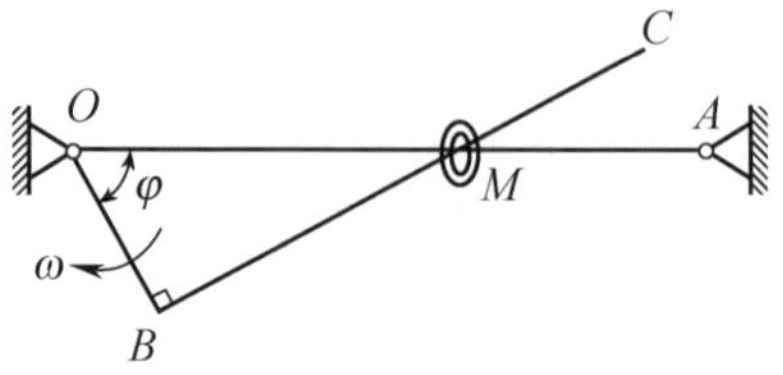

图 7－33

18. 如图 7－33 所示，直角曲杆 OBC 绕 O 轴转动，使套在其上的小环 M 沿固定直杆 OA 滑动。已知：$OB = 0.1$ m，OB 与 BC 垂直，曲杆的角速度 $\omega = 0.5$ rad/s，角加速度为零。求当 $\varphi = 60°$ 时，小环 M 的速度和加速度。

（答：$v_M = 0.173$ m/s，$a_M = 0.35$ m/s^2）

二、提升题

1. 如图 7－34 所示，摇杆机构的滑杆 AB 以匀速向上运动，初瞬时摇杆 OC 水平。摇杆 $OC = a$，距离 $OD = l$。求 $\varphi = 45°$ 时，摇杆 OC 的角速度和角加速度。

$\left(答：\omega_{OC} = \dfrac{v}{2l}，\alpha_{OC} = \dfrac{v^2}{2l^2}\right)$

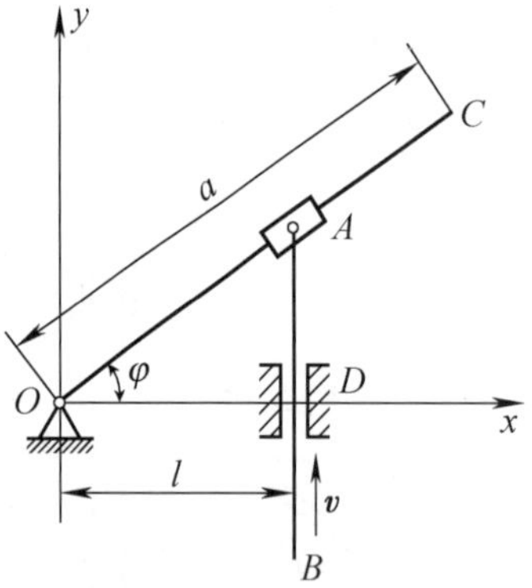

图 7－34

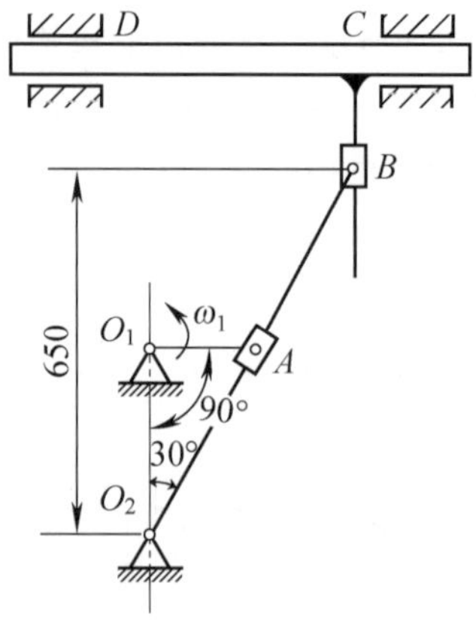

图 7－35

2. 牛头刨床机构如图 7－35 所示。已知 $O_1A = 200$ mm，角速度 $\omega_1 = 2$ rad/s，角加速度 $\alpha = 0$。求图示位置滑枕 CD 的速度和加速度。

（答：$v_{CD} = 0.325$ m/s，$a_{CD} = 0.6567$ m/s^2）

3. 图 7－36 所示机构中，半径为 r 的圆轮在轮心 A 与长度为 r 的杆 O_1A 铰接，杆 O_1A 以匀角速 ω_1 绕 O_1 轴转动，带动圆轮 A，进而驱动杆 O_2B 绕 O_2 轴转动，杆 O_2B 始终与圆轮 A 相切。图示瞬时 O_1A 垂直于 O_1O_2，$\varphi = 60°$。试求此时杆 O_2B 的角速度和角加速度。请写出题目用计算机求解时的 MATLAB 程序。

$\left(答：\omega_{O_2B} = \dfrac{\omega_1}{2}，\alpha_{O_2A} = \dfrac{\sqrt{3}\omega_1}{12}\right)$

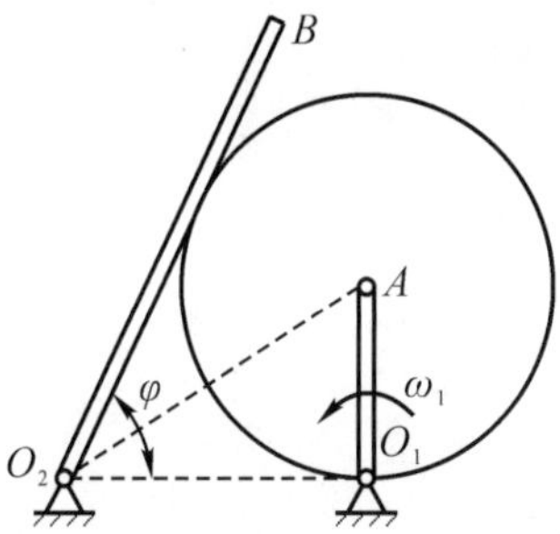

图 7-36

拓展阅读

盾构机的工作原理及运动分析

近年来，盾构掘进机已广泛用于地铁、铁路、公路、市政、水电等隧道工程，并在建设中发挥着重要作用[1]。我们把盾构机(见图 1)看作是“地下蛟龙”，这条“龙”的龙嘴就是最前端的切削刀盘，在液压马达驱动下切削刀盘(龙嘴)旋转，同时通过推进油缸将盾构机向前推进，将地下的泥沙石头吃进“嘴”，通过“龙肚子”里的各种“消化器官”，把这些高浓度泥水里的泥沙分离，沙子排出去，剩下的泥浆通过竖井输送回地面。如此挖掘、排土、推进等工序在护盾的掩护下进行。这就是泥水平衡盾构机的基本工作原理。

图 1 盾构机

泥水平衡盾构机的切削刀盘，是盾构机能否顺利掘进的关键部位。盾构机的切刀作为主切削刀具，它的运动规律(运动轨迹、速度大小和方向)影响着盾构机掘进的破碎块度、掘进效能。切刀绕着刀盘中心轴线旋转并沿着轴向进给，切刀实际上的运动轨迹是螺旋线。我们可以发现切刀相对于向前推进的刀盘中心轴做旋转运动，即有相对运动存在，因而可以运用合成运动的方法进行分析。(1)选择动点、动系。由于切刀相对于运动的刀盘中心轴有运动，所以选切刀作为动点，与刀盘中心轴固连的坐标系作为动系，与地基固连的坐标系作为定系。(2)运动分析。动点的绝对运动是曲线运动，即螺旋线运动；相对运动是匀速圆周运动；牵连运动是沿轴线方向的直线平动。根据三种运动之间的关系可知，切刀的绝对运动轨迹(螺旋线)是相对运动轨迹(匀速圆周运动)和牵连点的运动轨迹(沿中心轴线方向的直线运动)合成的结果。(3)速度分析。运用点的速度合成定理进行分析，可以确定动点的三种速度(切刀的速度、切刀绕中心轴的旋转速度和牵连点沿中心轴方向的速度)矢量之间的关系。(4)加速度分析。运动点的加速度合成定理，可以确定动点的三种加速度(切刀的加速度、切刀绕中心轴的旋转加速度和牵连点沿中心轴方向的加速度)矢量之间的关系。

1　马海涛．盾构机切力布置规律及运动学分析研究[J]．新技术新工艺，2011 年，01.

第 3 篇　动力学

引　言

在静力学中我们只研究了作用于物体上力系的简化和平衡问题，没有讨论物体在不平衡力系作用下将如何运动。在运动学中我们也只从几何方面描述了物体的运动，而未涉及物体所受的力。接下来，我们在动力学中将运用受力分析和运动分析的方法，着手研究物体运动的变化与其上作用力之间的关系。从这个意义上讲，静力学和运动学是动力学的基础。动力学是研究物体机械运动与作用力之间关系的科学。

动力学中所研究的力学模型有质点和质点系。

质点是有质量而无大小的点。当忽略物体的大小并不影响所研究问题的结果时，可将该物体抽象为质点。例如在空间运行的飞行器，其运动范围远远大于自身的尺寸。在研究飞行器的运动轨道时，可以把它简化为质点。

质点系是有限或无限质点的集合。这是力学中最普遍的抽象化模型，它包括刚体、弹性体和流体。如质点系中各质点的运动不受约束的限制，称为自由质点系；反之，称为非自由质点系。例如将太阳系中各星球简化为质点，则太阳系为一自由质点系。工程实际中的结构或机构都是非自由质点系的实例。在动力学中将着重研究质点系动力学，特别是非自由质点系动力学的问题。

动力学研究方法分为两大类。一类以牛顿定律为基础，称为矢量动力学。另一类称为分析力学。引入矢量形式的物理量，如速度、加速度、力和力矩等，通过采用矢量分析的方法得到力与运动量的关系，称为矢量动力学。引入标量形式的物理量，如广义坐标、广义力、能量和功等，通过采用变分原理等分析方法使力学建立在统一的数学基础上，得出求解力学问题的统一公式和原理，称为分析力学。分析力学包括分析静力学与分析动力学。

矢量动力学中建立的概念可以很好地解释自然界中的一些现象，由此导出的系列定理在求解动力学问题时具有普遍性，是理论力学课程讲授的主要内容。但这些定理应用于多约束质点系时，会随着未知约束力的增加使得求解方程中未知量数目增加，从而使求解过程复杂化；而且矢量动力学定理多，应用时在定理的选择上需要一定的技巧；而分析力学原理简单、公式统一，避开了许多约束力，使得求解过程更加高效简洁。由此可见矢量力学与分析力学各有优点，合理使用才能较好地求解力学问题。

动力学的形成和发展是与社会生产力的发展密切联系的。从文艺复兴到 17 世纪，由于手工业、建筑业、贸易和航海事业的发展，以及军事上的需要，促使人们去研究简单机械和钟摆的运动，以及外弹道学和天体力学方面的问题，这些都促进了动力学的形成和它的早期发展。从产业革命后到 19 世纪，机器日益广泛地深入应用到各种生产领域中，与这个时期生产力的水平相适应，刚体动力学和非自由质点系动力学的发展和在这些方面所取得的成就，成为这一时期动力学发展的显著特征。20 世纪后，由于机械工业、土建工程和航空航天技术的迅速发展，特别是能源开发和利用的迫切需要等，近代工程技术向动力学提出了许多复杂的新课题，例如高速旋转机械的均衡、振动和稳定，结构物在冲击和振动环境中的动态响应，控制系统的动态特性和稳定性，交通运输工具的操纵性、稳定性和舒适性，以及宇宙飞行器和人造地球卫星的运行轨道等问题。这些都大大地推动了动力学的发展，使之成为现代技术科学中的一个重要领域。虽然我们不能在理论力学课程中详细地研究这些问题，但是学好动力学的基本理论和分析方法，将为今后解决这些问题打下良好的基础。

第 8 章　刚体的平面运动

内容提要

第 6 章讨论的刚体平动与定轴转动是两种最简单的刚体运动。刚体运动还可以有更复杂的运动形式，其中，刚体的平面运动是工程实际中较为常见的一种刚体运动，它可以被视为是平动和转动的合成，也可以看作是绕不断运动的轴的转动。很多机构中都有做平面运动的构件，因此，平面运动的研究在机构运动的分析中占有重要地位。本章将研究刚体平面运动的分解，平面运动刚体的角速度、角加速度以及刚体上各点的速度和加速度。

本章知识导图

8.1　刚体平面运动的概述和运动简化

工程中有很多机构的构件都做平面运动。例如，车轮沿直线轨道的滚动(见图 8-1)，曲柄连杆机构中连杆 AB 的运动(见图 8-2)等。这些刚体的运动具有一个共同特点：在运动时，刚体内的任意一点与某一固定平面的距离始终保持不变，刚体的这种运动称为刚体的平面运动。

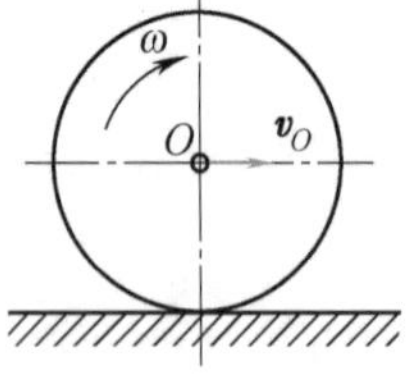

图 8-1

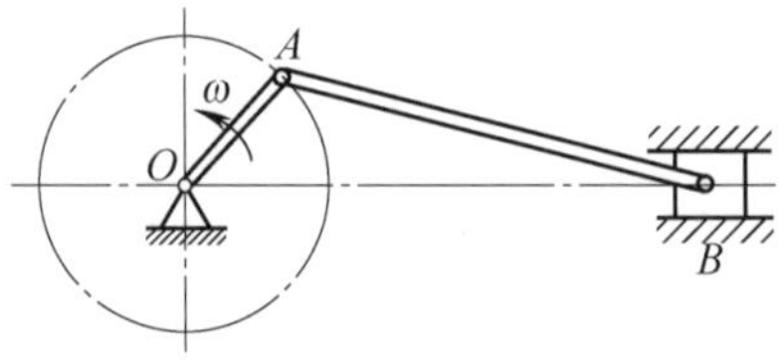

图 8-2

在研究刚体平面运动时，根据平面运动的上述特点，可把问题加以简化。

设平面Ⅰ为某一固定平面，刚体做平面运动时，其内任意一点到平面Ⅰ的距离保持不变。作平行于平面Ⅰ的平面Ⅱ，此平面截取作平面运动的刚体得一平面图形 S 。由平面运动定义可知，刚体运动时，此平面图形必在平面Ⅱ内运动，如图 8-3 所示。

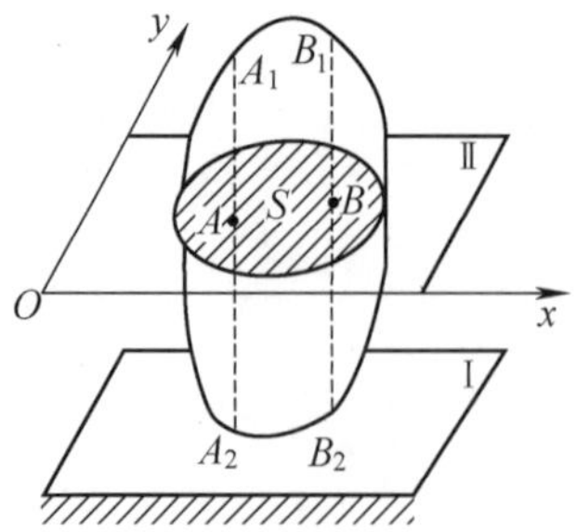

图 8-3

在刚体内取任意一垂直于截面 S 的直线 A_1A_2，它与截面 S 的交点为 A 。显然，刚体运动时，直线 A_1A_2 始终垂直于平面Ⅱ，做平行于自身的运动，即平动。由刚体平动性质可知，直线 A_1A_2 上各点的运动完全相同。因此，点 A 的运动即可代表直线 A_1A_2 上所有各点的运动，进而平面图形 S 的运动即可代表整个刚体的运动。由此可见，刚体的平面运动可简化为平面图形 S 在其自身平面内的运动。

8.2　平面图形的运动方程及运动分解

研究平面图形的运动，首先要确定图形整体的运动特征，然后再确定图形上各点的运动，下面分别加以研究。

设平面图形 S 在其自身平面内运动，在此平面内作定坐标系 Oxy ，如图 8－4 所示。要确定图形 S 在坐标系中的位置，显然只需确定平面图形上任一直线段 AB 的位置就够了。而线段 AB 的位置可由点 A 的两个坐标 x_A、y_A 及这条线段与定坐标系 x 轴间的夹角 φ 来确定。当平面图形 S 运动时，坐标 x_A、y_A 和角 φ 都是时间 t 的单值连续函数，即

$$\left.\begin{aligned} x_A &= f_1(t) \\ y_A &= f_2(t) \\ \varphi &= f_3(t) \end{aligned}\right\} \tag{8-1}$$

式(8－1)称为平面图形的运动方程，也称为刚体的平面运动方程。如已知平面图形的运动方程，就能确定图形在任一瞬时的位置和图形上任一点的运动规律。

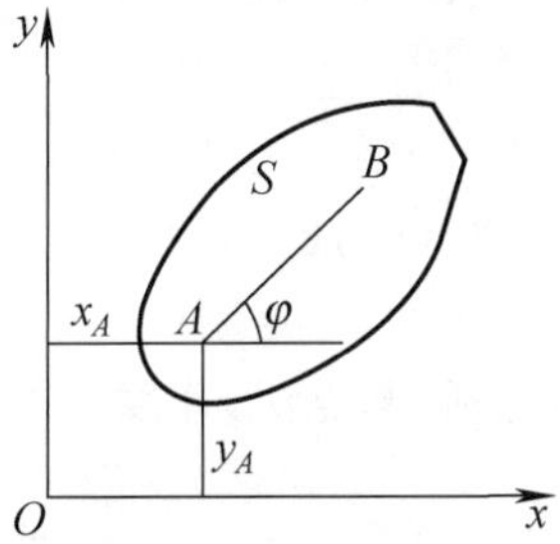

图 8－4

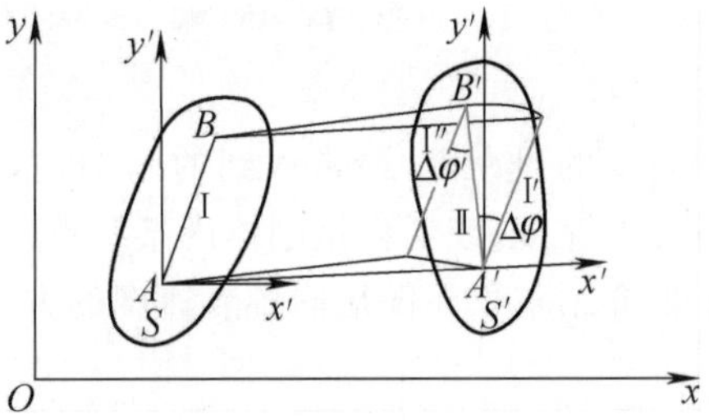

图 8－5

如果图形中的点 A 固定不动，则平面图形的运动为刚体绕定轴 A 的转动；如果线段 AB 的方位不变，即 φ 不变，则平面图形做平动。由此可见，刚体的平面运动包含着刚体基本运动的两种形式：平动和定轴转动。下面将进一步说明这个问题。

如图 8－5 所示，在平面图形上任取一点 A ，称为基点，并以点 A 为原点作平动坐标系 $Ax'y'$ ，即该平动坐标系并非完全固结在平面图形上，而是原点与基点 A 相连，坐标轴的方位始终不变，可令其分别与定坐标系的轴相平行。设在瞬时 t ，直线 AB 在位置Ⅰ，经过时间间隔 Δt 后到达位置Ⅱ。直线 AB 由位置Ⅰ运动至位置Ⅱ，即 $A'B'$ ，可视为先随固定在点 A 的平动坐标系 $Ax'y'$ 平动至位置Ⅰ′，然后再绕点 A' 转过角度 $\Delta\varphi$ ，到达位置Ⅱ。这样，平面图形 S 的运动就可视为由位置Ⅰ平动到位置Ⅰ′，然后再绕基点 A' 转过角度 $\Delta\varphi$ 到达位置Ⅱ，即可将平面图形的运动分解为随基点的平动和绕基点的转动。

必须注意，在上述平面运动的分解中，基点的选取是任意的。那么当基点选择不同时，平

动坐标系的运动(即平面图形随基点的平动)是否相同呢？一般情况下平面图形上各点的运动是不相同的，因此选择不同的基点，平动坐标系的运动也是不一样的。但是图形绕不同基点的转动却是相同的。

事实上，在图 8－6 所示的平面图形上任取一点 A 为基点，那么绕基点 A 的转动就是刚体相对于动坐标系 $Ax'y'$ 的转动，若再任取一点 B 为基点，那么绕基点 B 的转动，也就是刚体相对于动坐标系 $Bx''y''$ 的转动，由于 $Ax'y'$ 和 $Bx''y''$ 均是平动坐标系，显然刚体相对于这两个坐标系转过的角度相同，所以绕基点 A 转过的角度 φ_A 与绕基点 B 转过的角度 φ_B 相等，即

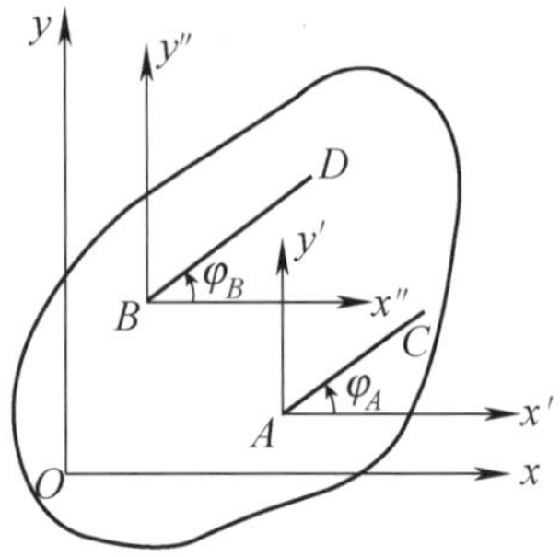

图 8－6

$$\varphi_A = \varphi_B$$

根据 $\omega_A = \dfrac{d\varphi_A}{dt}, \omega_B = \dfrac{d\varphi_B}{dt}$ 及 $\alpha_A = \dfrac{d\omega_A}{dt}, \alpha_B = \dfrac{d\omega_B}{dt}$，可得 $\omega_A = \omega_B, \alpha_A = \alpha_B$。即图形绕不同基点转过的角度、角速度及角加速度是相同的。因此，图形的转动与基点的选择无关。考虑到这一点，今后提到平面图形相对平动坐标系转动的角速度和角加速度时，不必指明基点，而统称为平面图形的角速度和角加速度。

刚体平面运动分解

综上所述，平面运动可分解为随任意基点的平动和绕基点的转动，其中平动的速度和加速度与基点的选择有关，而绕基点的转动与基点的选择无关。

8.3 平面图形内各点的速度分析

在刚体平面运动的研究中，最常遇到的问题是，根据刚体的已知运动求出刚体内各点的速度；或者根据刚体内某些点的已知速度，确定刚体的角速度和刚体内其他点的速度。下面介绍求平面图形内各点速度的方法，包括：基点法、速度投影定理、速度瞬心法 3 种方法。

1. 基点法

如图 8－7 所示，设某一瞬时平面图形内 A 点的速度为 $\boldsymbol{v}_A$，图形的角速度为 ω。若选 A 为基点，则平面图形的运动可分解为随基点 A 的平动加上绕基点 A 的转动。因此平面图形内任意一点 B 的运动为随平面图形的运动加上随图形绕基点 A 的圆周运动。根据点的速度合成定理，图形内任一点 B 的绝对速度为

$$\boldsymbol{v}_B = \boldsymbol{v}_e + \boldsymbol{v}_r \tag{8-2}$$

由于牵连运动为动系随同基点的平动，故牵连速度 $\boldsymbol{v}_e = \boldsymbol{v}_A$；相对运动为点 B 绕基点 A 的圆周运动，故相对速度 $\boldsymbol{v}_{BA}$ 的大小为 $v_{BA} = AB \cdot \omega$，方向垂直于 AB，指向 ω 转动的一方。因此点 B 的速度可表示为

$$\boldsymbol{v}_B = \boldsymbol{v}_A + \boldsymbol{v}_{BA} \tag{8-3}$$

式(8－3)表明，平面图形内任意一点的速度等于基点的速度与该点随图形绕基点转动速度的矢量和。这就是求解平面图形内各点速度的基点法。它给出了平面图形内任意两点速度之间的关系，是求解平面图形内任一点速度的基本方法。

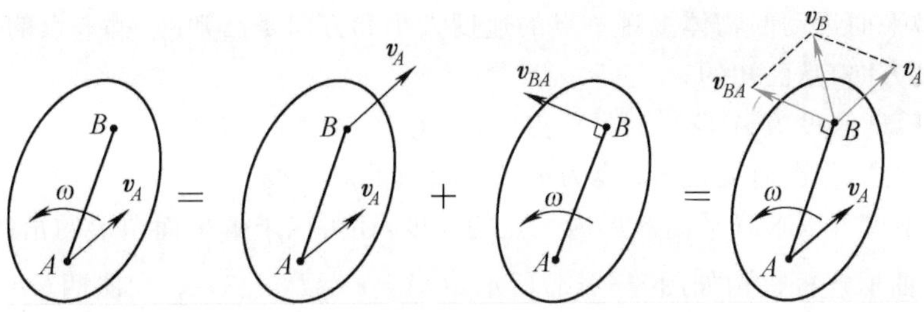

图 8 - 7

基点法公式(8-3)中包含 3 个矢量,共有大小、方向 6 个要素,其中 $\boldsymbol{v}_{BA}$ 总是垂直于 AB ,因此只要知道其他 3 个因素,便可作出速度平行四边形,求出他两个未知量。需要注意的是,$\boldsymbol{v}_B$ 必须位于速度平行四边形的对角线上。

例 8-1　如图 8-8 所示,滑块 A 和 B 分别在水平、铅垂滑道内平移,并与杆 AB 铰接。$AB=l=0.5$ m ,此时 $\varphi=30°$,$v_A=0.4$ m/s ,求点 B 的速度 $\boldsymbol{v}_B$ 和杆 AB 的角速度 ω 。

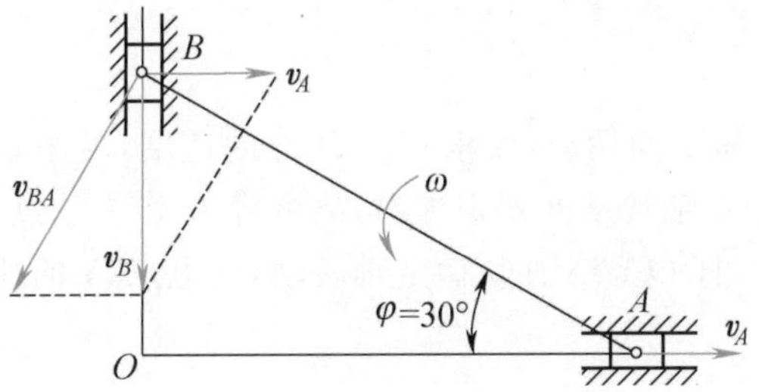

图 8-8

分析　本例中杆 AB 做平面运动,要求其上一点的速度和杆的角速度,可用基点法求解。其上点 A 的速度已知,可以作为基点。

解　(1)选基点,列基点法公式。

分析杆 AB ,以 A 点为基点,根据基点法,点 B 的速度为

$$\boldsymbol{v}_B=\boldsymbol{v}_A+\boldsymbol{v}_{BA}$$

(2)分析基点法公式中各量大小与方向,作速度平行四边形(或速度矢量图)。

其中 $\boldsymbol{v}_A$ 的大小和方向,以及 $\boldsymbol{v}_B$ 的方向均已知,加上 $\boldsymbol{v}_{BA}$ 的方向垂直于 AB ,共计 4 个要素已知,可以作出速度平行四边形,如图 8-8 所示。作图时,要使 $\boldsymbol{v}_B$ 位于速度平行四边形的对角线上。

(3)由速度平行四边形几何关系求解未知量。

由速度平行四边形图中的几何关系可得

$$v_B=v_A\cot\varphi=0.69 \text{ m/s}$$

$$v_{BA}=\frac{v_A}{\sin\varphi}=0.8 \text{ m/s}$$

设 ω 为杆 AB 的角速度,则转向如图 8-8 所示,其大小为

$$\omega=v_{BA}/l=1.6 \text{ rad/s}$$

应用基点法解题一般按如下步骤:

(1)分析题中各物体的运动,哪些物体做平动,哪些物体做转动,哪些物体做平面运动;

(2)研究做平面运动的物体上哪一点的速度大小和方向是已知的,哪一点的速度的某一要素(一般是速度方向)是已知的;

(3)选定基点(假设为 A 点),而另一点(假设为 B 点)可应用式 $\boldsymbol{v}_B=\boldsymbol{v}_A+\boldsymbol{v}_{BA}$ 做速度平行四边形。必须注意,作图时要使 $\boldsymbol{v}_B$ 成为平行四边形的对角线。

由基点法不仅可以求解平面图形内一点的速度,还可以求解平面图形的角速度。

例 8-2 曲柄连杆机构如图 8-9(a)所示,$OA=r$,$AB=\sqrt{3}r$。如曲柄 OA 以匀角速度 ω 转动,求当 $\varphi=60°$ 和 $\varphi=90°$ 时点 B 的速度。

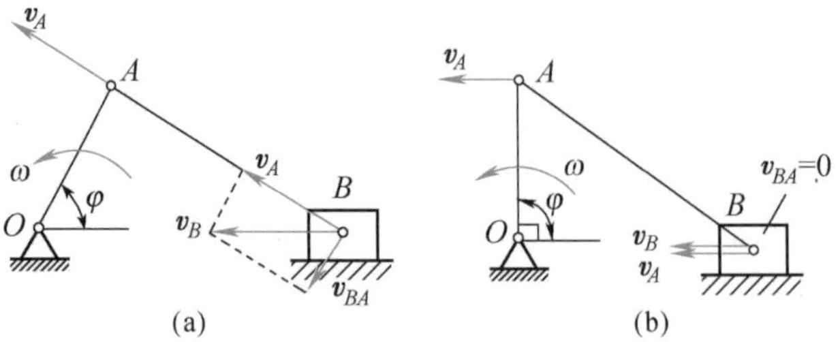

图 8-9

分析 本例中杆 AB 做平面运动,要求其上 B 点的速度,可用基点法求解。其上点 A 的速度可根据杆 OA 绕 O 做定轴转动的知识求出,故可将 A 作为基点。

解 曲柄连杆机构中,杆 OA 绕轴 O 做定轴转动,其上点 A 的速度方向与 OA 垂直,速度的大小为

$$v_A=\omega r$$

连杆 AB 做平面运动,以点 A 为基点,点 B 的速度为

$$\boldsymbol{v}_B=\boldsymbol{v}_A+\boldsymbol{v}_{BA}$$

其中 $\boldsymbol{v}_B$ 沿 BO 方向,$\boldsymbol{v}_{BA}$ 的方向垂直于 AB,上式中四个要素是已知的,可以作出其速度平行四边形。

当 $\varphi=60°$ 时,$OA\perp AB$,其速度四边形如图 8-9(a)所示,根据几何关系,可解出

$$v_B=v_A/\cos 30°=\frac{2\sqrt{3}}{3}\omega r$$

当 $\varphi=90°$ 时,$\boldsymbol{v}_A$ 与 $\boldsymbol{v}_B$ 方向一致,而 $\boldsymbol{v}_{BA}$ 又垂直于 AB,其速度平行四边形应为一条直线段,如图 8-9(b)所示,显然有

$$v_B=v_A=\omega r$$

而 $v_{BA}=0$。即杆 AB 在此时(即此位置)的角速度为零。

2. 速度投影定理

如图 8-10 所示,根据式(8-3)可知,同一平面图形内任意两点 A 和 B 的速度 $\boldsymbol{v}_A$ 和 $\boldsymbol{v}_B$ 总存在着如下关系

$$\boldsymbol{v}_B=\boldsymbol{v}_A+\boldsymbol{v}_{BA}$$

将上式投影到直线 AB 上,得

$$(\boldsymbol{v}_B)_{AB}=(\boldsymbol{v}_A)_{AB}+(\boldsymbol{v}_{BA})_{AB} \tag{8-4}$$

式(8-4)中,$(\boldsymbol{v}_B)_{AB}$、$(\boldsymbol{v}_A)_{AB}$、$(\boldsymbol{v}_{BA})_{AB}$ 分别表示 $\boldsymbol{v}_B$、$\boldsymbol{v}_A$、$\boldsymbol{v}_{BA}$ 在直线 AB 上的投影。因为 $\boldsymbol{v}_{BA}$ 垂直于直线 AB,故 $(\boldsymbol{v}_{BA})_{AB}=0$,因而

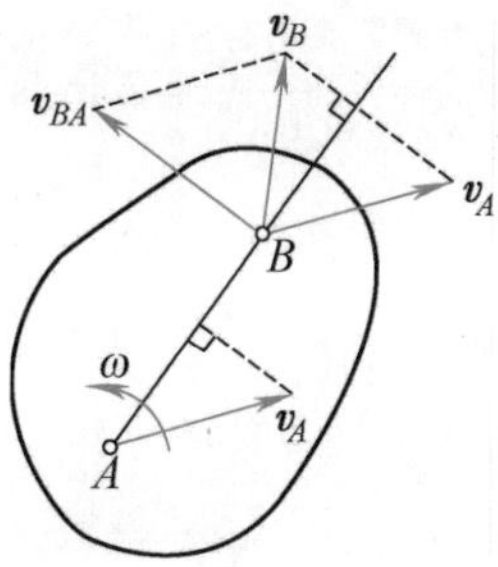

图 8-10

$$(\boldsymbol{v}_B)_{AB} = (\boldsymbol{v}_A)_{AB} \tag{8-5}$$

式(8-5)称为速度投影定理。它表明:刚体上任意两点的速度在此两点连线上的投影相等。速度投影定理反映了刚体上任意两点间距离保持不变的特征。这个定理不仅适用于刚体的平面运动,而且也适用于刚体的任何一种运动。当已知刚体上一点 A 速度的大小和方向,又知刚体上另外一点 B 速度的方向,应用速度投影定理求点 B 速度的大小就极为方便。必须注意,刚体上任意两点的速度只在此两点的连线上投影相等,在别的直线投影未必相等。显然,不可能应用速度投影定理求平面图形的角速度。

例 8-3　在图 8-11 所示机构中,已知杆 OA 长 $r=2$ m,并以匀角速度 $\omega=\sqrt{3}$ rad/s 作顺时针方向转动。杆 AB 长为 2 m,当 OA 转到图示铅垂位置时,$OA \perp AB$。试求该瞬时杆 AB 的角速度 ω_{AB} 和端点 B 的速度 v_B。

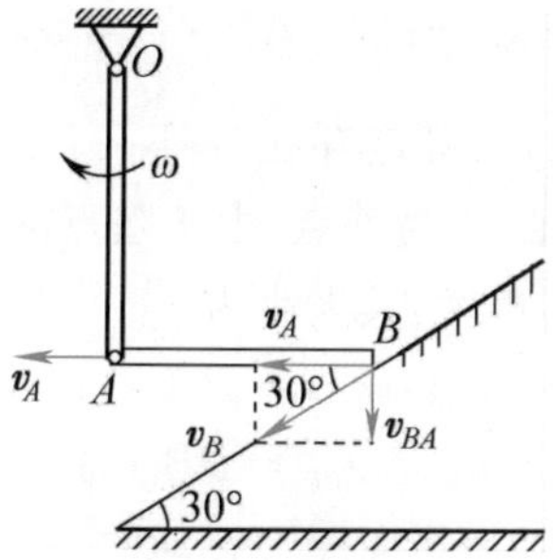

图 8-11

分析　本例中,求端点 B 的速度,可以采用速度投影定理和基点法,求杆 AB 的角速度,需采用基点法。

解　根据题意可知,杆 OA 做定轴转动,杆 AB 做平面运动。点 A 的速度方向已知,速度大小 $v_A=\omega r=2\sqrt{3}$ m/s,为求点 B 的速度,可以用速度投影法求得。利用 $\boldsymbol{v}_A$ 和 $\boldsymbol{v}_B$ 在 AB 连线上的投影相等,得

$$v_A = v_B \cos 30^\circ$$

解出 $v_B=4$ m/s。

要求杆 AB 的角速度 ω_{AB},需用基点法。选速度已知的点 A 为基点,则点 B 的速度为

$$\boldsymbol{v}_B = \boldsymbol{v}_A + \boldsymbol{v}_{BA}$$

其中 $\boldsymbol{v}_A$ 的大小和方向均为已知,点 B 的速度方向沿斜面向下,$\boldsymbol{v}_{BA}$ 的方向与直线 AB 垂直。上式中有 4 个要素已知,可以作出其速度平行四边形,如图 8-11 所示。由图中的几何关系得

$$v_{BA} = \frac{v_A}{\cot 30^\circ} = 2\ \text{m/s}$$

杆 AB 的角速度为

$$\omega_{AB} = \frac{v_{BA}}{AB} = \frac{2}{2} = 1\ \text{rad/s}$$

其转向为顺时针方向。

3. 速度瞬心法

利用基点法求平面图形内任一点的速度，有时还不够简单，因为每一点的速度都要由基点的速度和绕基点转动的速度两部分合成。如果能选取速度为零的点作为基点，那么问题就会变得简单。于是会很自然地提出这样一个问题：在任一时刻，平面图形内或其延伸部分是否存在一个速度为零的点？下面来讨论这个问题。

设在某一瞬时，已知图形的角速度为 ω ，其上一点 A 的速度为 $\boldsymbol{v}_A$ ，如图 8－12 所示。过点 A 沿速度 $\boldsymbol{v}_A$ 的方向引半直线 AL' ，将此半直线绕点 A 按 ω 的转向转过 90° 到 AL 的位置，在 AL 上取 $AP = \frac{v_A}{\omega}$ ，定出点 P ，则点 P 的速度在该瞬时等于零。因为取点 A 为基点，则点 P 的速度为

$$\boldsymbol{v}_P = \boldsymbol{v}_A + \boldsymbol{v}_{PA}$$

从图 8－12 可以看出，$\boldsymbol{v}_{PA}$ 和 $\boldsymbol{v}_A$ 共线而指向相反，故 $\boldsymbol{v}_P$ 的大小为

$$v_P = v_A - v_{PA} = v_A - AP \cdot \omega = v_A - \frac{v_A}{\omega}\omega = 0$$

即在此时，只要 $\omega \neq 0$，速度为零的点必定存在且唯一。此点称为图形在此时的瞬时速度中心，简称速度瞬心。如果取速度瞬心 P 为基点，由于基点的速度 $\boldsymbol{v}_P = 0$，则平面图形上任一点的速度等于该点绕速度瞬心转动的速度，其大小为

$$v_A = v_{AP} = PA \cdot \omega$$
$$v_B = v_{BP} = PB \cdot \omega$$

其方向垂直于该点到速度瞬心的连线，指向图形转动的一方，如图 8－13 所示。

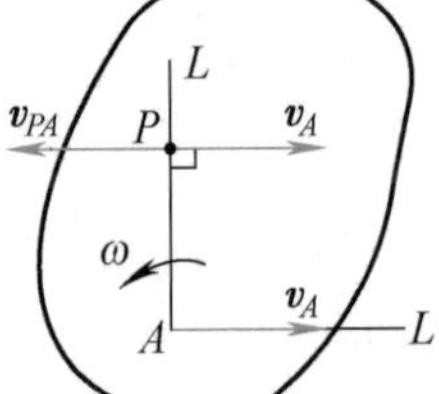

图 8－12

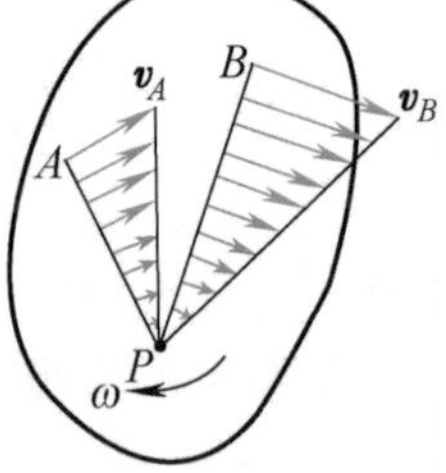

图 8－13

从图 8－13 中可以清楚地看到，在某瞬时，平面图形上各点速度的分布情况，与图形绕点 P 做定轴转动时各点速度的分布情况完全相同，所以平面图形的运动可看成为绕速度瞬心的瞬时转动。

必须明确，刚体做平面运动时，一般情况下，在每一瞬时，图形内或其延伸部分都有一点成为速度瞬心。但是，在不同瞬时，速度瞬心的位置是不同的，由此可见，速度瞬心的加速度不等于零。

综上所述，如果平面图形在某瞬时的瞬心位置和角速度 ω 均为已知，则在该瞬时图形内任一点的速度可以完全确定。在解题时，根据机构运动的条件，确定速度瞬心位置的方法有下列几种：

(1)当平面图形沿一固定曲面做无滑动的滚动时，图形上与固定曲面的接触点 P 就是图形在此时的速度瞬心。因为接触点没有相对滑动，所以平面图形上与固定曲面的接触点 P 的速度必为零(见图 8-14)。

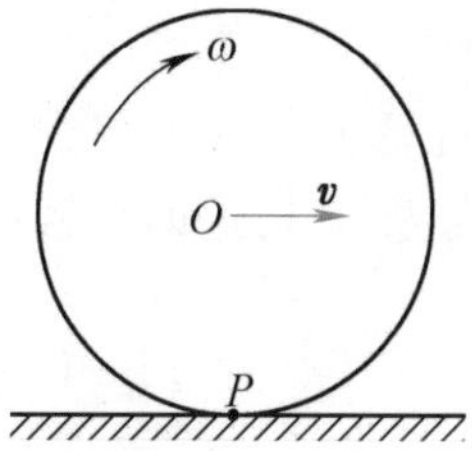

图 8-14

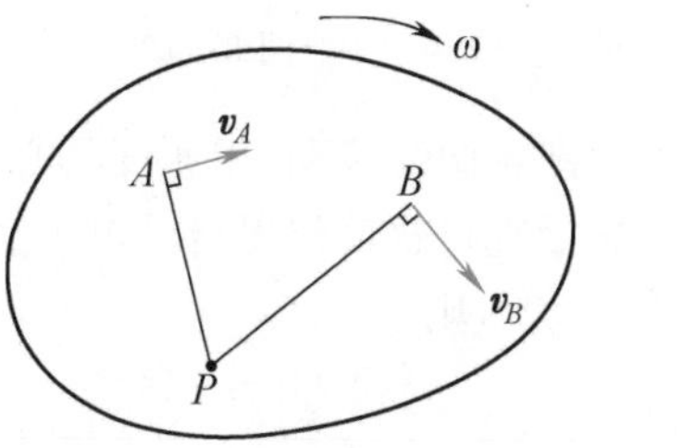

图 8-15

(2)如果已知平面图形上 A 、B 两点的速度 $\boldsymbol{v}_A$、$\boldsymbol{v}_B$ 的方向，且 $\boldsymbol{v}_A$ 不平行于 $\boldsymbol{v}_B$ (见图 8-15)，则过 A 、B 两点分别作 $\boldsymbol{v}_A$ 与 $\boldsymbol{v}_B$ 的垂线，两条垂线的交点 P 就是瞬心，此时图形的角速度为

$$\omega=\frac{v_A}{AP}=\frac{v_B}{BP}$$

(3)如果已知平面图形上 A、B 两点的速度 $\boldsymbol{v}_A$、$\boldsymbol{v}_B$ 的方向相互平行，且垂直于两点的连线 AB ，如图 8-16 所示。用直线连接 $\boldsymbol{v}_A$、$\boldsymbol{v}_B$ 矢量的末端，此连线与直线 AB 的交点 P 即为平面图形在此时的速度瞬心。$\boldsymbol{v}_A$、$\boldsymbol{v}_B$ 同向时，瞬心 P 在 AB 的延长线上；$\boldsymbol{v}_A$、$\boldsymbol{v}_B$ 反向时，瞬心 P 在 A、B 两点之间。

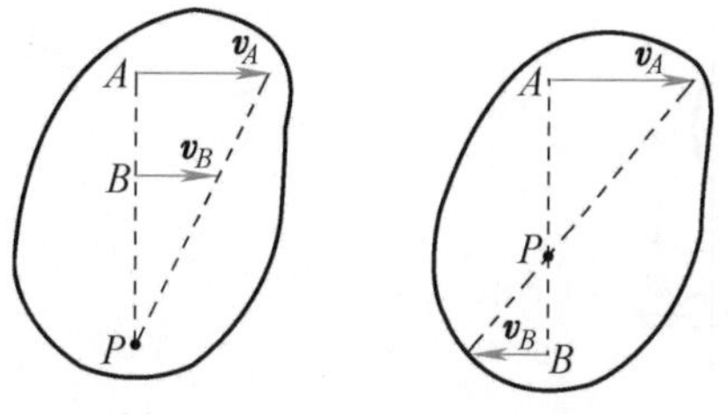

(a)　(b)

图 8-16

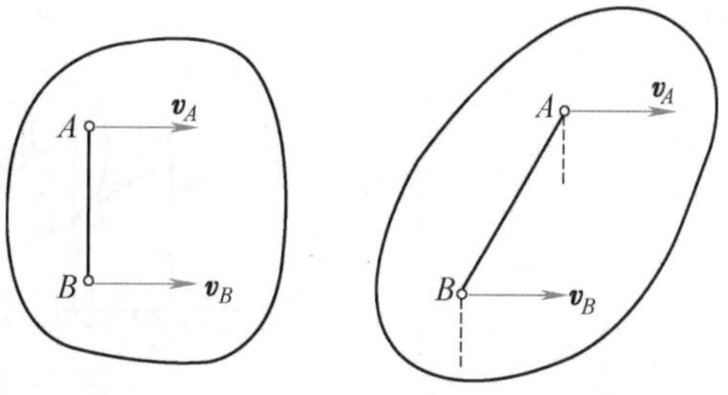

(a)　(b)

图 8-17

(4)某瞬时，如果 $\boldsymbol{v}_A=\boldsymbol{v}_B$ ，如图 8-17(a)所示，或 $\boldsymbol{v}_A$ 平行于 $\boldsymbol{v}_B$ ，但 $\boldsymbol{v}_A$、$\boldsymbol{v}_B$ 不垂直于 A、B 两点的连线 AB ，如图 8-17(b)所示，在这两种情况下，速度瞬心在无穷远处，即图形在此位置没有速度瞬心。表明平面图形在该瞬时的角速度等于零，图形上各点的速度相等，此现象称为瞬时平动。平面图形作瞬时平动时，平面图形的角速度等于零，但角加速度不等于零，平面图形上各点的速度相等，但加速度并不相等。因此瞬时平动与刚体平动是有本质的区别。

例 8-4　半径为 R 的圆轮沿直线轨道做纯滚动，轮心 O 以匀速 $\boldsymbol{v}_O$ 前进，如图 8-18 所示，试求轮缘上点 1、2、3、4 的速度。

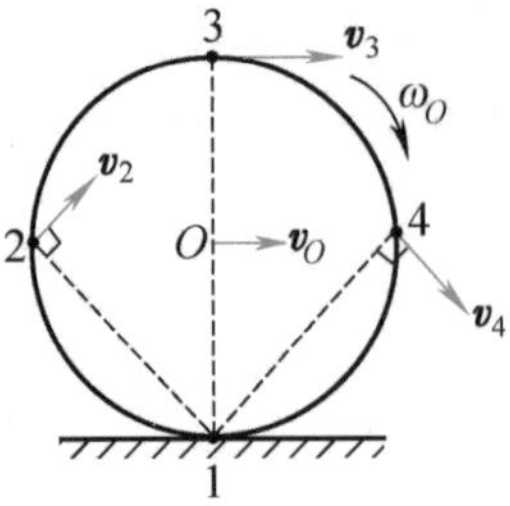

图 8-18

分析　此例中圆轮做纯滚动，用速度瞬心法求轮缘上多点的速度很方便。

解　由于圆轮沿直线轨道作无滑动的滚动，所以轮缘上与轨道的接触点 1 就是速度瞬心。设圆轮的角速度为 ω_O，则

$$\omega_O = \frac{v_O}{R}$$

其转向为顺时针转向。于是，轮缘上各点的速度可以按车轮绕瞬心 1 作瞬时转动来确定，即速度方向与各点至瞬心的连线垂直，如图 8-18 所示。速度的大小分别为

$$v_1 = 0$$

$$v_2 = \sqrt{2}R\omega_O = \sqrt{2}v_O$$

$$v_3 = 2R\omega_O = 2v_O$$

$$v_4 = \sqrt{2}R\omega_O = \sqrt{2}v_O$$

小结　速度瞬心法在求解平面图形内多点速度时很方便。

例 8-5　如图 8-19 所示，已知圆轮半径 R，在三角块 ABD 的斜面上只滚不滑，$\varphi = 30°$，图示瞬时，三角块的速度为 $\boldsymbol{v}$。求图示瞬时顶杆 GH 的速度。

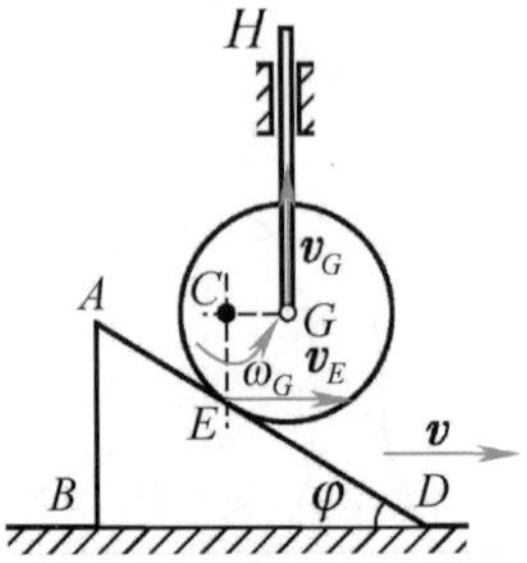

图 8-19

分析　本例中，圆轮在斜面上纯滚动，关键是确定圆轮上 E 点的速度。

解　顶杆 GH 作竖直方向的平动，若能求出 G 点的速度，便可得出 GH 的速度。已知圆轮在三角块上做纯滚动，G 点的速度竖直方向，若能知道圆轮上另一点的速度方向，便可确定圆轮的速度瞬心。设该瞬时圆轮与三角块的接触点为 E，三角块做水平方向的平动，则 E 点的速度大小等于三角块的速度 v，方向水平向左。

作 E、G 两点速度矢量的垂线，所得交点 C 就是图示瞬时圆轮的速度瞬心，于是圆轮的角速度为

$$\omega = \frac{v}{EC} = \frac{v}{R\cos 30°}$$

进而求得

$$v_G = EG \cdot \omega = R\sin 30° \cdot \frac{v}{R\cos 30°} = \frac{\sqrt{3}}{3}v$$

所以该瞬时顶杆 GH 的速度大小为 $\frac{\sqrt{3}}{3}v$ ，方向竖直向上。

小结　当两个物体在接触处只滚不滑时，在接触点处有共同的速度，但相互接触的两点，加速度并不相同。

例 8-6　如图 8-20 所示，长为 l 的杆 AB，A 端靠在铅垂墙面上，B 端铰接在半径为 R 的圆盘中心，圆盘沿水平地面做纯滚动。已知图示位置时，杆 A 端的速度为 $\boldsymbol{v}_A$ ，求此时杆 B 端的速度、杆 AB 的角速度、杆 AB 中点 D 的速度和圆盘的角速度。

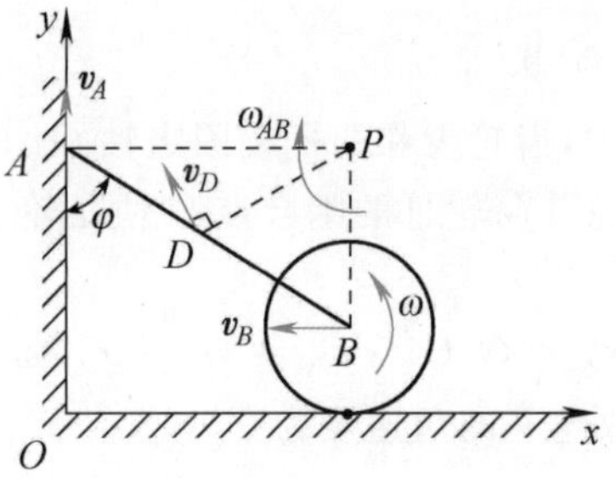

图 8-20

解　杆 AB 和圆盘均做平面运动。

对于杆 AB ，其速度瞬心在点 A、B 的速度 $\boldsymbol{v}_A$、$\boldsymbol{v}_B$ 垂线的交点 P ，故杆 AB 的角速度为

$$\omega_{AB} = \frac{v_A}{AP} = \frac{v_A}{l\sin\varphi}$$

利用速度瞬心法求得杆 B 端及杆 AB 中点 D 的速度大小分别为

$$v_B = \omega_{AB} \cdot BP = \frac{v_A}{l\sin\varphi} l\cos\varphi = v_A\cot\varphi$$

$$v_D = \omega_{AB} \cdot DP = \frac{v_A}{2\sin\varphi}$$

方向如图 8-20 所示。

对于圆盘，其速度瞬心在与地面的接触点，故圆盘的角速度为

$$\omega = \frac{v_B}{R} = \frac{v_A}{R}\cot\varphi$$

逆时针转向。

小结　速度瞬心法不仅可以求解平面图形内一点的速度，还可以求解平面图形的角速度。

例 8-7　在行星轮系减速器中，曲柄 O_1O_2 以角速度 ω_O 绕 O_1 轴转动。其端点 O_2 用销钉连接一半径为 r_2 的齿轮Ⅱ，齿轮Ⅱ与半径为 r_3 的固定内齿轮Ⅲ相啮合，同时，又与半径为 r_1 的齿轮Ⅰ相啮合。轮Ⅰ活动地套在 O_1 轴上，如图 8-21 所示。若已知曲柄角速度 $\omega_O = 152\ \text{rad/s}$ ，齿轮Ⅲ与齿轮Ⅰ的半径比 $r_3/r_1 = 11$，求齿轮Ⅰ的角速度为多大?

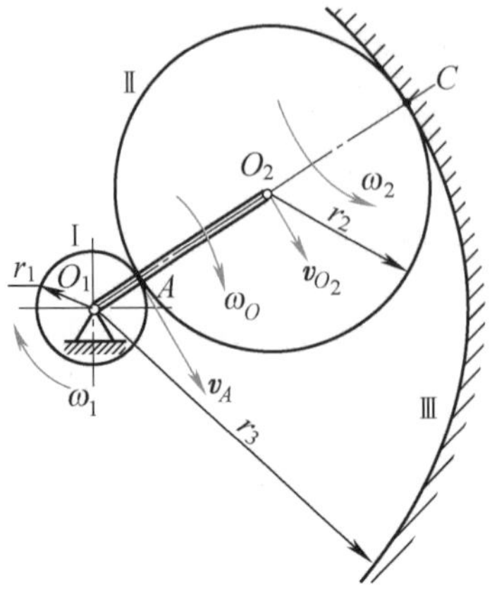

图 8-21

平面图形上速度求解举例

解　在此行星轮系减速器中，齿轮Ⅰ和曲柄绕固定轴 O_1 转动，而齿轮Ⅱ沿齿轮Ⅲ滚动而不滑动，即做平面运动。显然，轮Ⅱ与轮Ⅲ的啮合点 C 便是轮Ⅱ的速度瞬心。轮Ⅱ上点 O_2 的速度可由曲柄做定轴转动求得

$$v_{O_2}=O_1O_2\cdot\omega_O=(r_1+r_2)\omega_O$$

因为点 C 为轮Ⅱ的瞬心，故轮Ⅱ的角速度为

$$\omega_2=\frac{v_{O_2}}{r_2}=\frac{r_1+r_2}{r_2}\omega_O$$

而轮Ⅱ与轮Ⅱ相啮合点 A 的速度为

$$v_A=AC\cdot\omega_2=2r_2\frac{r_1+r_2}{r_2}\omega_O=2(r_1+r_2)\omega_O$$

在啮合点 A，轮Ⅰ与轮Ⅱ的速度是相同的。由于轮Ⅰ做定轴转动，所以它的角速度为

$$\omega_1=\frac{v_A}{r_1}=\frac{2(r_1+r_2)}{r_1}\omega_O$$

由于 $r_1+2r_2=r_3$，$\frac{r_3}{r_1}=11$，$\omega_O=152\ \text{rad/s}$

代入得

$$\omega_1=\frac{r_1+r_1+2r_2}{r_1}\omega_O=\left(1+\frac{r_3}{r_1}\right)\omega_O=(1+11)\times152\ \text{rad/s}=1824\ \text{rad/s}$$

8.4　平面图形内各点的加速度分析

与求平面图形内各点速度的基点法相似，图形上任一点的加速度可由加速度合成定理求出。

设已知某瞬时图形内 A 点的加速度为 $\boldsymbol{a}_A$，平面图形的角速度为 ω，角加速度为 α，如图 8-22 所示。以 A 为基点，分析图形上任一点 B 的加速度 $\boldsymbol{a}_B$。因牵连运动为动坐标系随同基点的平动，故牵连加速度 $\boldsymbol{a}_e=\boldsymbol{a}_A$。相对运动是点 B 随图形绕基点 A 的转动，故相对加速度 $\boldsymbol{a}_r=\boldsymbol{a}_{BA}$，其中 $\boldsymbol{a}_{BA}$ 是 B 点随图形绕基点 A 转动的加速度。利用牵连运动为平动时的加速度合成定理有

$$\boldsymbol{a}_B=\boldsymbol{a}_A+\boldsymbol{a}_{BA}\tag{8-6}$$

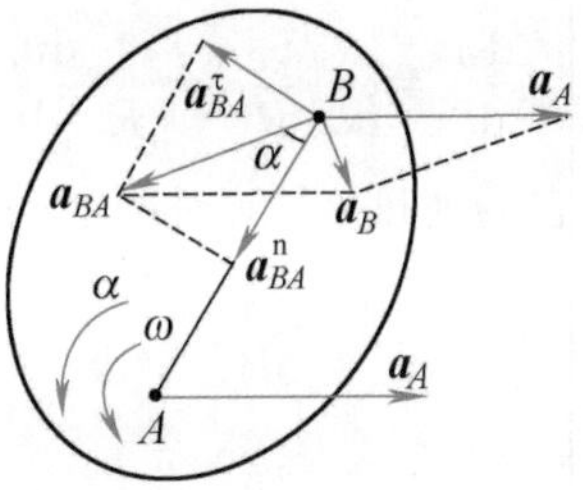

图 8-22

B 点随图形绕基点 A 转动的加速度 $\boldsymbol{a}_{BA}$，就是以点 A 为圆心，AB 为半径的圆周运动的加速度，它由切向和法向加速度两部分组成，即

$$\boldsymbol{a}_{BA}=\boldsymbol{a}_{BA}^{\tau}+\boldsymbol{a}_{BA}^{n} \tag{8-7}$$

其中 $a_{BA}^{\tau}=AB\cdot\alpha$，方向垂直于连线 AB，指向与图形的角加速度 α 的转向一致；$a_{BA}^{n}=AB\cdot\omega^{2}$，方向由点 B 指向基点 A，如图 8-22 所示。

将式(8-7)代入式(8-6)，可得

$$\boldsymbol{a}_{B}=\boldsymbol{a}_{A}+\boldsymbol{a}_{BA}^{\tau}+\boldsymbol{a}_{BA}^{n} \tag{8-8}$$

式(8-8)表明，平面图形内任一点的加速度，等于基点的加速度与该点随图形绕基点转动的切向加速度和法向加速度的矢量和。其矢量合成关系如图 8-22 所示。这就是求平面图形内任一点加速度的基本方法，称为基点法。由于基点 A 可任意选择，式(8-8)给出了平面图形内任意两点的加速度的关系。

式(8-8)是一矢量方程，将其向两个正交的坐标轴上投影，得到两个代数方程，联立求得所需的未知量。

例 8-8　半径为 R 的车轮沿直线轨道滚动而不滑动。已知某瞬时轮心速度为 $\boldsymbol{v}_O$，轮心加速度为 $\boldsymbol{a}_O$，方向如图 8-23(a)所示。求该瞬时轮上速度瞬心的加速度。

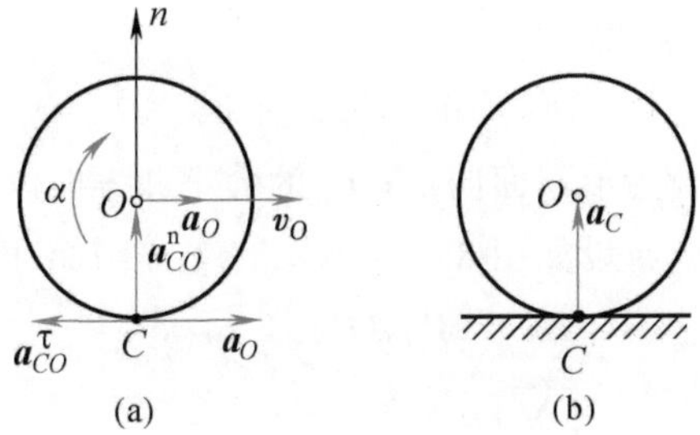

(a)　(b)

图 8-23

分析　圆轮在直线轨道上纯滚动，速度瞬心的速度为零，但加速度不为零，求加速度需利用基点法求解。

解　(1)求圆轮的角速度。

圆轮沿直线轨道滚动而不滑动时，由例 8-4 可知，圆轮的角速度可按下式计算

$$\omega=\frac{v_O}{R}$$

车轮的角加速度 α 等于角速度对时间的一阶导数。由于上式在任一时刻均成立，故可对时间 t 求导得

$$\alpha = \frac{d\omega}{dt} = \frac{d}{dt}\left(\frac{v_O}{R}\right) = \frac{1}{R}\frac{dv_O}{dt}$$

因为轮心 O 做直线运功，所以它的速度 v_O 对时间的一阶导数等于轮心的加速度 $\boldsymbol{a}_O$，故

$$\alpha = \frac{a_O}{R}$$

(2)基点法求速度瞬心的加速度。

为求速度瞬心 C 的加速度，以轮心 O 为基点，由式(8-8)得

$$\boldsymbol{a}_C = \boldsymbol{a}_O + \boldsymbol{a}_{CO}^{\tau} + \boldsymbol{a}_{CO}^{n}$$

式中，$a_{CO}^{\tau} = \alpha \cdot R = a_O$，$a_{CO}^{n} = \omega^2 \cdot R = \dfrac{v_O^2}{R}$。

它们的方向如图 8-23(a)所示。

由于 $\boldsymbol{a}_O$ 与 $\boldsymbol{a}_{CO}^{\tau}$ 的大小相等，方向相反，于是

$$a_C = a_{CO}^{n} = v_O^2/R$$

由此可知，当车轮在地面上只滚不滑时，速度瞬心 C 的速度为零，但加速度不为零，瞬心加速度的大小为 v_O^2/R，方向指向轮心 O，如图 8-23(b)所示。

小结　当平面图形沿固定轨道纯滚动时，角速度为函数表达式，可由角速度求导得到角加速度。

例 8-9　求例 8-3 中杆 AB 的角加速度和端点 B 的加速度。

解　(1)求 A 点的加速度。

杆 AB 做平面运动，点 A 的加速度可借助匀速转动的杆 OA 求得，其加速度大小为

$$a_A = \omega^2 r = 6\ \text{m/s}^2$$

方向由点 A 指向点 O。

(2)利用基点法求出其他未知量。

以点 A 为基点，由式(8-8)得

$$\boldsymbol{a}_B = \boldsymbol{a}_A + \boldsymbol{a}_{BA}^{\tau} + \boldsymbol{a}_{BA}^{n} \tag{a}$$

其中 $\boldsymbol{a}_B$ 的大小未知，方向可设为沿斜面向下；$\boldsymbol{a}_A$ 的大小和方向以及 $\boldsymbol{a}_{BA}^{n}$ 的大小和方向都是已知的；$\boldsymbol{a}_{BA}^{\tau}$ 的大小未知，其方向暂设如图 8-24 所示。$\boldsymbol{a}_{BA}^{n}$ 沿 BA 指向点 A，它的大小为

$$a_{BA}^{n} = \omega_{AB}^2 AB = 2\ \text{m/s}^2$$

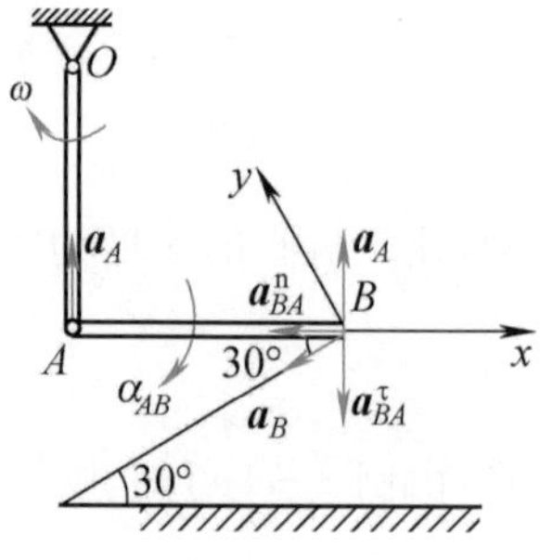

图 8-24

画出点 B 的加速度矢量图(见图 8-24)。现在求两个未知量 $\boldsymbol{a}_B$ 和 $\boldsymbol{a}_{BA}^{\tau}$ 的大小。取投影轴 x 垂直于 $\boldsymbol{a}_{BA}^{\tau}$，投影轴 y 垂直于 $\boldsymbol{a}_B$，投影轴 x 和 y 的正向如图 8-24 所示。将矢量方程(a)

分别在 x 轴和 y 轴上投影，得

$$-a_B\cos30°=-a_{BA}^{n}$$

$$0=a_A\cos30°-a_{BA}^{\tau}\cos30°+a_{BA}^{n}\cos60°$$

解得

$$a_B=2.31\ \mathrm{m/s^2}$$

$$a_{BA}^{\tau}=7.15\ \mathrm{m/s^2}$$

于是杆 AB 的角加速度为

$$\alpha_{BA}=\frac{a_{BA}^{\tau}}{AB}=3.575\ \mathrm{rad/s^2}$$

小结　由基点法可求解平面图形内一点的加速度大小和方向，还可以求解平面图形的角加速度。

例 8-10　如图 8-25 所示平面机构中，曲柄 OA 以匀角速度 ω 绕轴 O 转动，通过连杆 AB 带动轮 B 在水平固定面上做纯滚动。已知：$OA=BC=R$，求机构在图示位置时，轮心 B 的加速度及轮 B 的角加速度。

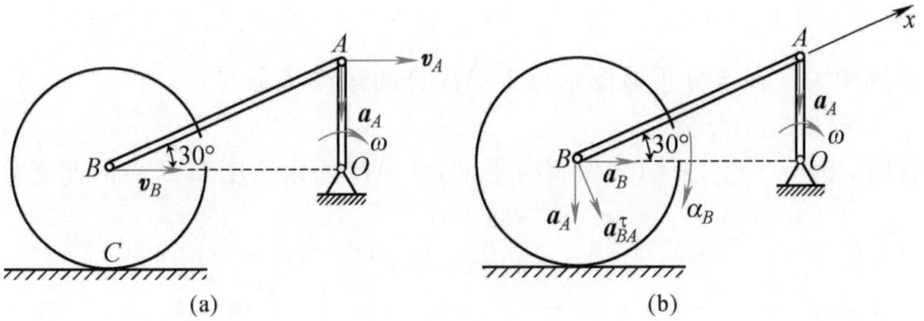

图 8-25

解　在图示平面机构中，曲柄 OA 做定轴转动，连杆 AB 和圆轮 B 均做平面运动。

(1)求 A 点的加速度。

当曲柄 OA 在铅垂位置时，$\boldsymbol{v}_A$ 和 $\boldsymbol{v}_B$ 均水平向右，所以连杆 AB 做瞬时平动，因此，$\boldsymbol{v}_A=\boldsymbol{v}_B$，$\omega_{AB}=0$，如图 8-25(a)所示。因为曲柄 OA 做匀速转动，则点 A 的加速度为

$$a_A=\omega^2R$$

它的方向沿 AO 指向 O。

(2)利用基点法求点 B 的加速度。

以点 A 为基点，则点 B 的加速度为

$$\boldsymbol{a}_B=\boldsymbol{a}_A+\boldsymbol{a}_{BA}^{\tau}+\boldsymbol{a}_{BA}^{n} \tag{a}$$

由于 $\omega_{AB}=0$，所以 $a_{BA}^{n}=0$；因点 B 做水平直线运动，$\boldsymbol{a}_{BA}^{\tau}$ 垂直于 AB，故可设 $\boldsymbol{a}_B$ 与 $\boldsymbol{a}_{BA}^{\tau}$ 的方向如图 8-25(b)所示；$\boldsymbol{a}_A$ 的大小和方向均是已知的。将式(a)投影到与 $\boldsymbol{a}_{BA}^{\tau}$ 垂直的 x 轴上，得

$$a_B\cos30°=-a_A\cos60°$$

因此 $a_B=-a_A\cot60°=-\dfrac{\sqrt{3}}{3}\omega^2R$，负号说明图中 $\boldsymbol{a}_B$ 的假设方向与实际指向相反。

(3)求圆轮的角加速度。

根据例 8-8 知，当圆轮沿水平面纯滚动时，其角加速度为

$$\alpha_B=\frac{a_B}{R}=-\frac{\sqrt{3}}{3}\omega^2$$

由于 α_B 为负值，故轮 B 角加速度的真实转向为逆时针转向。

读者思考　若滚子在固定的圆弧轨道上做纯滚动，圆弧轨道中心为 O_1，半径 $R_1=2R$，其余条件不变。则如何求解轮心 B 的加速度及轮 B 的角加速度。

例 8－11　如图 8－26 所示，长为 $2r$ 的杆 AB，其 A 端以匀速度 $\boldsymbol{u}$ 沿水平直线运动，B 端由长为 r 的绳索 BD 吊起。试求运动到图示位置（AB 与水平线夹角为 θ，BD 铅垂）时，B 点的加速度及杆 AB 的角加速度。

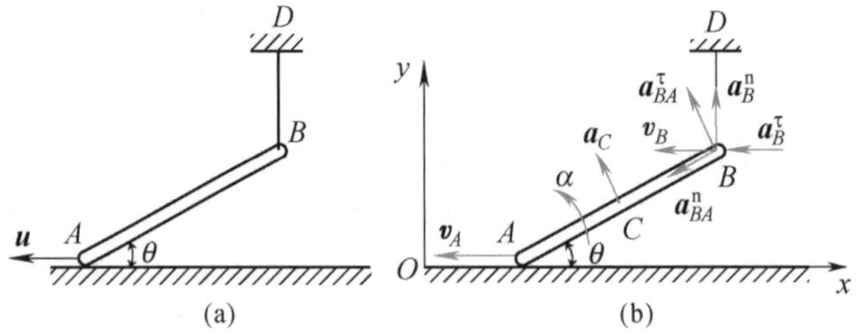

图 8－26

分析　本例中关键在于分析该图示位置 AB 杆的运动状态。

解　(1)AB 杆的运动分析。

图示位置时，$\boldsymbol{v}_A \parallel \boldsymbol{v}_B$，杆 AB 做瞬时平动，杆 AB 的角速度和 B 点的速度分别为

$$\omega=0$$

$$v_B=v_A=u$$

方向如图 8－26(b)所示。

(2)基点法求 B 点的加速度及 AB 杆的角加速度。

取 A 为基点，用基点法求 B 点的加速度，有

$$\boldsymbol{a}_B=\boldsymbol{a}_A+\boldsymbol{a}_{BA}^{\tau}+\boldsymbol{a}_{BA}^{n}$$

由于 B 点做圆周运动，故其加速度为

$$\boldsymbol{a}_B=\boldsymbol{a}_B^{\tau}+\boldsymbol{a}_B^{n}$$

图示瞬时，杆 AB 做瞬时平动，其角速度为零，故 $a_{BA}^{n}=0$。又根据题意，A 点做匀速直线运动，故 $a_A=0$。于是有

$$\boldsymbol{a}_B=\boldsymbol{a}_B^{\tau}+\boldsymbol{a}_B^{n}=\boldsymbol{a}_{BA}^{\tau}$$

式中，$a_B^{n}=\dfrac{v_B^2}{r}$，方向由 B 指向 D。

将上式投影在 y 轴，可求出

$$a_B^{n}=a_{BA}^{\tau}\cos\theta$$

联立求解得 B 点的加速度及杆 AB 的角加速度分别为

$$a_B=a_{BA}^{\tau}=\frac{a_B^{n}}{\cos\theta}=\frac{u^2}{r\cos\theta}$$

$$\alpha=\frac{a_{BA}^{\tau}}{AB}=\frac{a_B^{n}}{2r\cos\theta}=\frac{u^2}{2r^2\cos\theta}$$

方向如图 8－26(b)所示。

基点法求加速度举例

8.5　运动学综合应用举例

工程中的平面运动机构一般是由几个构件按照确定的方式组成的，各构件间通过某种连接传递运动。对这类机构进行运动分析，首先要依据各物体的运动特征，分清各物体各自做什么运动，是平动、定轴转动还是平面运动；其次需要分析有关联结点的速度和加速度。值得注意的是经常会遇到二刚体间的联结点有相对运动的情形。这就需要综合应用点的合成运动和平面运动的理论去分析。在求解时，应从已知运动条件的刚体开始，对于平面运动的刚体要用平面运动分析的方法，而对于点的合成运动，则用点的合成运动分析的方法。一般是把两刚体的接触点作为运动分析的研究对象，分别由平面运动的理论与合成运动的理论进行速度分析或加速度分析。

应该指出，从广义的角度来讲，若利用一个知识点求解的问题，但可以用不同的知识点进行求解，我们将这类问题也称之为综合应用。

下面通过举例说明这两类综合应用。

例 8-12　如图 8-27 所示，摇杆 OC 以匀角速度 $\omega = 2\ \mathrm{rad/s}$ 绕 O 轴匀速转动，长为 $AB = l = 20\ \mathrm{mm}$ 的套筒用铰链连接滑块 A，可沿摇杆 OC 任意滑动，$h = 100\ \mathrm{mm}$。求 $\varphi = 30°$ 时，套筒上 A 点的速度。

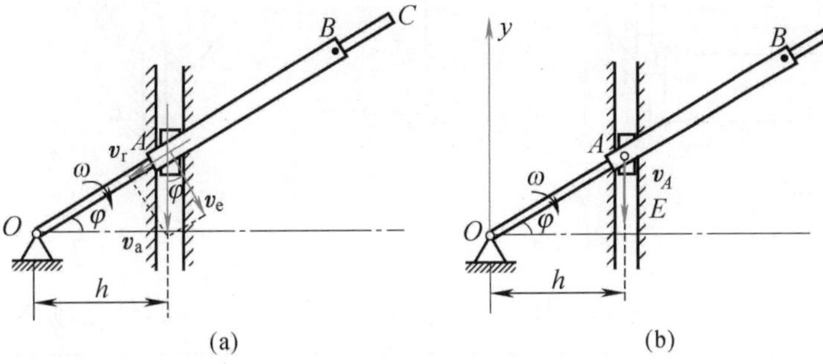

图 8-27

运动学综合应用举例

本题可用两种方法求解。

方法一　用点的合成运动知识求解

解　选套筒上的 A 点为动点，动系与 OC 杆固连，定系固结在地面上。A 的绝对运动是竖直向下的直线运动，相对运动是沿着 OB 杆的直线运动，牵连运动是绕 O 轴的定轴转动。如图 8-27(a)所示，作出速度平行四边形，由图示几何关系解出

牵连速度 $v_e = \omega \cdot OA = \omega \cdot \dfrac{h}{\cos\varphi}$

绝对速度 $v_a = \dfrac{v_e}{\cos\varphi} = \dfrac{\omega h}{\cos^2\varphi} = 267\ \mathrm{mm/s}$

所以 $\varphi = 30°$ 时，套筒上 A 点的速度大小为 $267\ \mathrm{mm/s}$，方向竖直向下。

方法二　用点的运动学知识求解

解　如图 8-27(b)所示建立坐标系，A 点的纵坐标为 $y_A = h\tan\varphi$，则 A 点的速度为

$$v_A = \frac{\mathrm{d}y_A}{\mathrm{d}t} = \frac{h}{\cos^2\varphi}\frac{\mathrm{d}\varphi}{\mathrm{d}t} = \frac{-h\omega}{\cos^2\varphi} = -267\ \mathrm{mm/s}$$

这里的负号表示速度方向与 y 轴正向相反。

读者思考　若题目还需要求套筒 AB 上 A 点的加速度，如何求解？

知识拓展

通过比较不同的解题方法，可以更全面地理解问题的本质和解题过程中涉及的概念。这种深入理解有助于读者更好地掌握相关知识和技能，提高思维能力，增强创造力。

例 8-13　图 8-28 所示平面机构中，滑块 B 可沿 OA 杆滑动，杆 BE 与 BD 分别与滑块 B 铰接，BD 杆可沿水平导轨运动。滑块 E 以匀速 v 沿铅直导轨向上运动，杆 BE 长为 $\sqrt{2}l$。图示瞬时杆 OA 铅直，且与杆 BE 夹角为 45°。求该瞬时杆 OA 的角速度与角加速度。

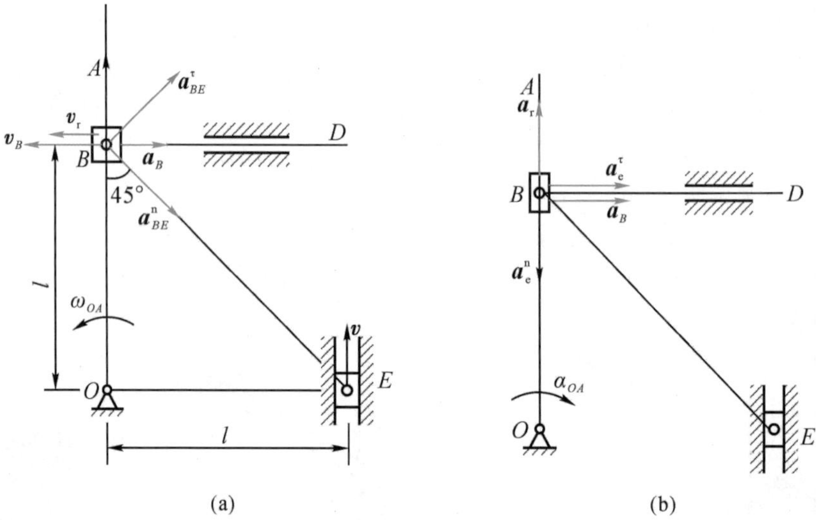

图 8-28

分析　杆 BE 做平面运动，滑块 B 又在 OA 杆上滑动，并带动杆 OA 转动，这是刚体平面运动和点的合成运动的综合题目。

解　(1)求杆 OA 的角速度。

杆 BE 做平面运动，在图 8-28(a)中，由 $\boldsymbol{v}$ 和 $\boldsymbol{v}_B$ 的方向可知 O 点为杆 BE 的速度瞬心，因此

$$\omega_{BE}=\frac{v}{OE}=\frac{v}{l}$$

$$v_B=\omega_{BE}\cdot OB=v$$

以 E 为基点，B 点的加速度为

$$\boldsymbol{a}_B=\boldsymbol{a}_E+\boldsymbol{a}^{\tau}_{BE}+\boldsymbol{a}^{n}_{BE} \tag{a}$$

(a)式中各加速度矢量方向如图 8-28(a)所示。

由于点 E 作匀速直线运行，故 $a_E=0$。a^n_{BE} 的大小为

$$a^n_{BE}=\omega^2_{BE}\cdot BE=\frac{\sqrt{2}v^2}{l}$$

将(a)式投影到沿 BE 方向的轴上，得

$$a_B\cos45°=a^n_{BE}$$

因此

$$a_B = \frac{a_{BE}^{\mathrm{n}}}{\cos 45°} = \frac{2v^2}{l}$$

取滑块 B 为动点，动系固结在 OA 杆上，根据点的速度合成定理，有

$$\boldsymbol{v}_{\mathrm{a}} = \boldsymbol{v}_{\mathrm{e}} + \boldsymbol{v}_{\mathrm{r}} \tag{b}$$

其中，绝对速度 $\boldsymbol{v}_{\mathrm{a}} = \boldsymbol{v}_B$；牵连速度 $\boldsymbol{v}_{\mathrm{e}}$ 是 OA 杆上与滑块 B 重合的那一点的速度，其方向垂直于 OA，因此也是水平方向；相对速度 $\boldsymbol{v}_{\mathrm{r}}$ 沿 OA 杆，即竖直方向，显然有

$$v_{\mathrm{a}} = v_{\mathrm{e}} = v_B = v, v_{\mathrm{r}} = 0$$

于是可得 OA 的角速度

$$\omega_{OA} = \frac{v_{\mathrm{e}}}{OB} = \frac{v}{l}$$

杆 OA 的角速度转向如图 8-28(a)所示。

(2)求杆 OA 的角加速度。

取滑块 B 为动点，动系固结在 OA 杆上，根据点的加速度合成定理，有

$$\boldsymbol{a}_{\mathrm{a}} = \boldsymbol{a}_{\mathrm{e}}^{\mathrm{n}} + \boldsymbol{a}_{\mathrm{e}}^{\tau} + \boldsymbol{a}_{\mathrm{r}} + \boldsymbol{a}_{\mathrm{C}} \tag{c}$$

式中，$a_{\mathrm{a}} = a_B$，$a_{\mathrm{e}}^{\mathrm{n}} = \omega_{OA}^2 \cdot OB = \dfrac{v^2}{l}$，$a_{\mathrm{C}} = 2\omega_{OA} v_{\mathrm{r}} = 0$。(c)式中各加速度矢量方向均已知，仅有 $\boldsymbol{a}_{\mathrm{r}}$ 及 $\boldsymbol{a}_{\mathrm{e}}^{\tau}$ 的大小未知，如图 8-28(b)所示。

将(c)式投影到与 $\boldsymbol{a}_r$ 垂直的 BD 线上，得

$$a_{\mathrm{a}} = a_{\mathrm{e}}^{\tau} = a_B = \frac{2v^2}{l}$$

由此得杆 OA 的角加速度为

$$\alpha_{OA} = \frac{a_{\mathrm{e}}^{\tau}}{OB} = \frac{2v^2}{l^2}$$

方向如图 8-28(b)所示。

例 8-14　图 8-29 所示机构中，AB 杆一端连接滚子 A，滚子的中心 A 以速度 $v_A = 16$ cm/s 沿水平方向匀速运动，杆 AB 穿过可绕轴 O 转动的套管内，并可沿套管自由滑动，结构尺寸如图所示。求图示瞬时杆 AB 的角速度和角加速度。

分析　杆 AB 和轮 A 都做平面运动，通过铰链 A 连接。杆 AB 又相对于绕定轴转动的套管在运动，需要用点的合成运动和刚体的平面运动知识综合求解。

解　(1)求杆 AB 的角速度。

以杆 AB 为研究对象，其上点 A 的速度大小、方向已知，如能再知道杆 AB 上另一点速度的方向，便可定出杆 AB 的速度瞬心。由约束条件可知，杆 AB 上与套管的轴 O 重合的那一点 D 的速度方向沿 BA。过点 A 和点 D 分别作 $\boldsymbol{v}_A$ 与 $\boldsymbol{v}_D$ 垂线，可以确定杆 AB 的瞬心在点 P，如图 8-29(a)所示，则杆 AB 的角速度为

$$\omega_{AB} = \frac{v_A}{PA}$$

其中

$$PA = \frac{AD}{\cos\theta} = \frac{AD^2}{8} = 12.5 \text{ cm}$$

所以

$$\omega_{AB} = \frac{v_A}{PA} = \frac{16}{12.5} \text{ rad/s} = 1.28 \text{ rad/s}$$

$$v_D = PD \cdot \omega_{AB} = AD \times \tan\theta \times 1.28 = 9.6\ \text{cm/s}$$

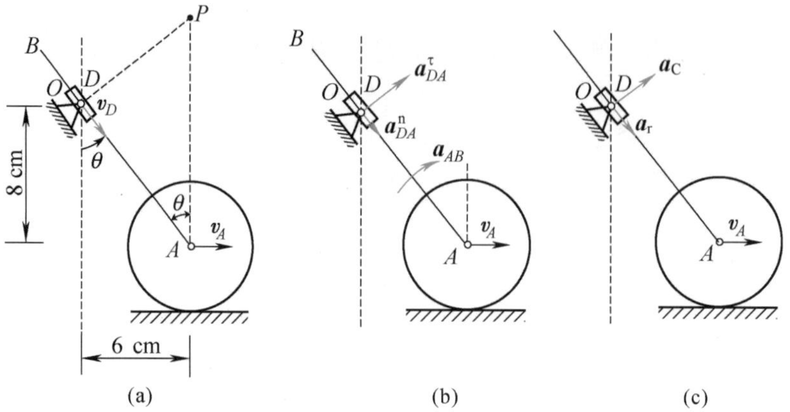

图 8－29

(2)求杆 AB 的角加速度。

取杆 AB 为研究对象。选点 A 为基点，由平面运动加速度公式(8－8)可知，杆 AB 上点 D 的加速度为

$$\boldsymbol{a}_D = \boldsymbol{a}_A + \boldsymbol{a}^{\tau}_{DA} + \boldsymbol{a}^{n}_{DA} \tag{a}$$

其中，$\boldsymbol{a}_D$ 的大小和方向未知；因为 v_A＝常数，所以 $a_A=0$；$\boldsymbol{a}^{\tau}_{DA}$ 的大小 $a^{\tau}_{DA}=DA\cdot\alpha_{AB}$，$\alpha_{AB}$ 待求，方向垂直于 DA ；$\boldsymbol{a}^{n}_{DA}$ 的大小 $a^{n}_{DA}=DA\cdot\omega^{2AB}$，沿 DA 方向指向点 A 。

加速度矢量图如图 8－29(b)所示。式(a)有三个未知要素，故不能求解，需另找补充方程。

再由点的合成运动，取杆 AB 上点 D 为动点，动系固定在套筒上。因为牵连运动为转动，故加速度合成公式为

$$\boldsymbol{a}_a = \boldsymbol{a}_e + \boldsymbol{a}_r + \boldsymbol{a}_C \tag{b}$$

式中，$\boldsymbol{a}_a=\boldsymbol{a}_D$，$\boldsymbol{a}_D$ 的大小、方向未知；$a_e=0$，$\boldsymbol{a}_r$ 的大小未知，方向沿 BA 直线，假设为图示方向；$\boldsymbol{a}_C$ 的大小 $a_C=2\omega_e v_r\sin(\boldsymbol{\omega}_e,\boldsymbol{v}_r)$（$\boldsymbol{v}_r$ 为点 D 相对于套管的相对速度)，因为套管和杆 AB 始终在同一直线上，故 $\omega_e=\omega_{AB}=1.28\ \text{rad/s}$ 。为了求 $\boldsymbol{v}_r$，应用合成运动中的速度合成定理得

$$\boldsymbol{v}_D = \boldsymbol{v}_e + \boldsymbol{v}_r$$

由于套管上的点 O 不动，所以 $v_e=0$，因此 $v_D=v_r=9.6\ \text{cm/s}$　故

$$a_C = 2\omega_e v_r = 2\times1.28\times9.6\ \text{cm/s}^2 = 24.576\ \text{cm/s}^2$$

加速度图如图 8－29(c)所示。由式(a)、(b)得

$$\boldsymbol{a}^{\tau}_{DA} + \boldsymbol{a}^{n}_{DA} = \boldsymbol{a}_r + \boldsymbol{a}_C \tag{c}$$

其中，各矢量方向已知，如图 8－29(b)、(c)所示，仅有 $\boldsymbol{a}_r$ 及 $\boldsymbol{a}^{\tau}_{DA}$ 的大小待求，故可求解。

将式(c)在 $\boldsymbol{a}^{\tau}_{DA}$ 的方向投影得

$$a^{\tau}_{DA} = a_C = 24.57\ \text{cm/s}^2$$

由此得 AB 杆的角加速度为

$$\alpha_{AB} = \frac{a^{\tau}_{DA}}{DA} = \frac{24.576}{\sqrt{8^2+6^2}}\ \text{rad/s}^2 = 2.4576\ \text{rad/s}^2$$

转向为顺时针。

综上可以看出，对于点的合成运动与刚体的平面运动综合的题目来讲，分析的主要步骤如下：

(1)首先根据机构的约束条件正确判断各刚体的运动类型，并弄清楚相邻刚体之间的连接情况，一般有铰接、滑块(或接触点)式连接及滚动式连接等多种连接形式。重要的是，要弄清连接处是否有相对运动。

(2)一般从运动已知的刚体入手，按运动传递路径逐个分析连接点的速度与加速度。对于有相对运动的连接点必须用点的合成运动来分析。

(3)速度分析统筹可用速度瞬心法(或其他方法)。应用速度瞬心法时，要正确找出图形在该瞬时的速度瞬心位置，不同刚体有各自不同的瞬心，不能混淆。有时需从连接点的两个方面来分析，才能确定连接点的速度和方向。

(4)加速度分析一般是在速度分析的基础上进行的，所用方法、步骤与速度分析大体相同，但应注意，利用连接点分析时，必须从所连接的两个刚体着手，根据各自的条件建立连接点的加速度关系，从而得到加速度矢量方程。

(5)特别注意，不可用图形特定的角速度或速度求导的方法来求图形的角加速度或某点的加速度。

习　题

一、基础题

1. 试判断题图 8-30 所示平面运动刚体上的各点速度方向是否可能？为什么？

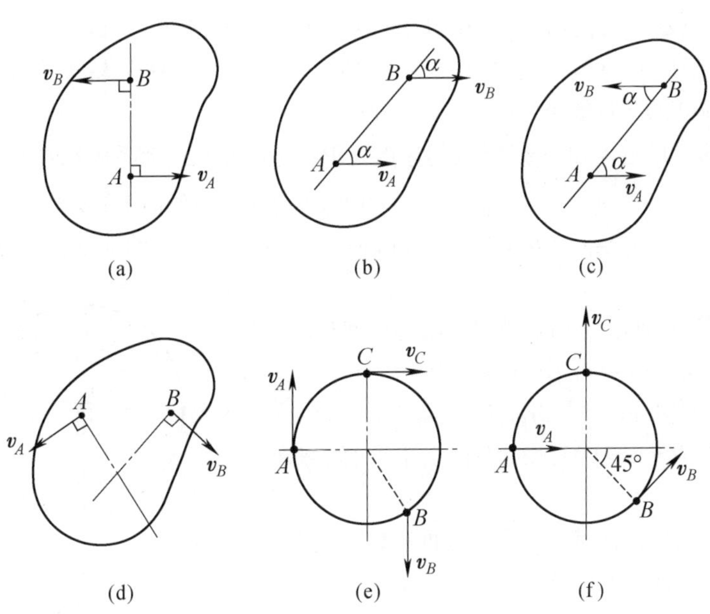

图 8-30

2. 如图 8-31 所示，杆 O_1A 的角速度为 ω_1，板 ABC 和杆 O_1A 铰接。问图中 O_1A 和 AC

上各点的速度分布规律对不对？为什么？

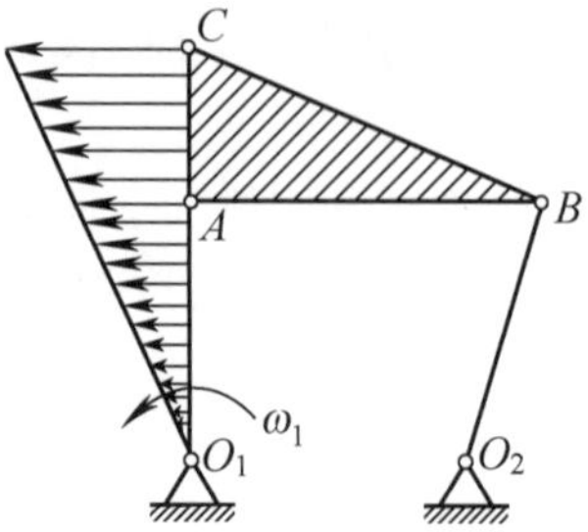

图 8－31

3．确定图 8－32 中做平面运动刚体在图示位置时的瞬心位置。

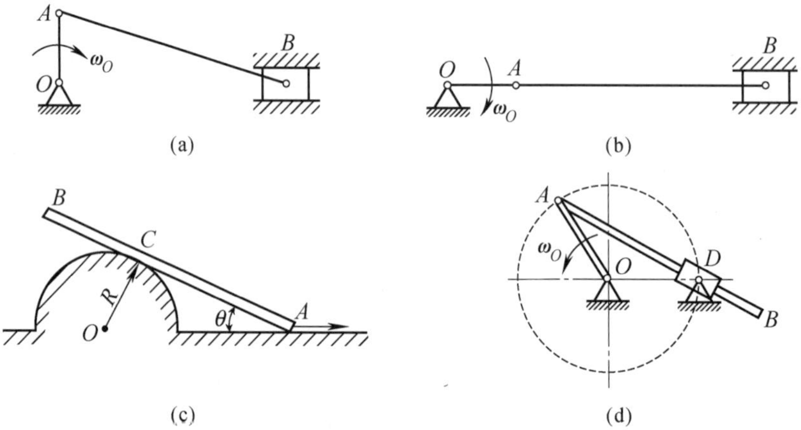

图 8－32

4．图 8－33 所示平面机构，轮子相对于杆 O_1O_2 以匀角速度 ω_2 绕轮心 O_2 转动，杆 O_1O_2 以匀角速度 ω_1 绕轴 O_1 转动。轮子半径为 r，杆 $O_1O_2=2r$，M 为轮子边缘上的一点。在图示瞬时，O_2M 与 O_1O_2 夹角为 90°。

(1)利用点的合成运动知识求 M 点的速度。取 M 点为动点，动系固结在 O_1O_2 上，根据点的速度合成定理 $\boldsymbol{v}_a=\boldsymbol{v}_e+\boldsymbol{v}_r$，$v_e=\omega_1\cdot\sqrt{5}r$，方向垂直于 O_1M 斜向下；$v_r=\omega_2\cdot r$，方向竖直向下。按图示坐标系，$\boldsymbol{v}_e=-2r\omega_1\boldsymbol{i}-r\omega_1\boldsymbol{j}$，$\boldsymbol{v}_r=-r\omega_2\boldsymbol{j}$，由此得 $\boldsymbol{v}_M=\boldsymbol{v}_a=-2r\omega_1\boldsymbol{i}-r(\omega_1+\omega_2)\boldsymbol{j}$。

(2)利用刚体平面运动知识求 M 点的速度。以 O_2 为基点，根据基点法 $\boldsymbol{v}_M=\boldsymbol{v}_{O_2}+\boldsymbol{v}_{MO_2}$，有 $\boldsymbol{v}_{O_2}=-2r\omega_1\boldsymbol{i}$，$\boldsymbol{v}_{MO_2}=-r\omega_2\boldsymbol{j}$，所以 $\boldsymbol{v}_M=-2r\omega_1\boldsymbol{i}-r\omega_2\boldsymbol{j}$。

问：上述两种方法计算的结果为什么不一样，哪种正确？原因何在？

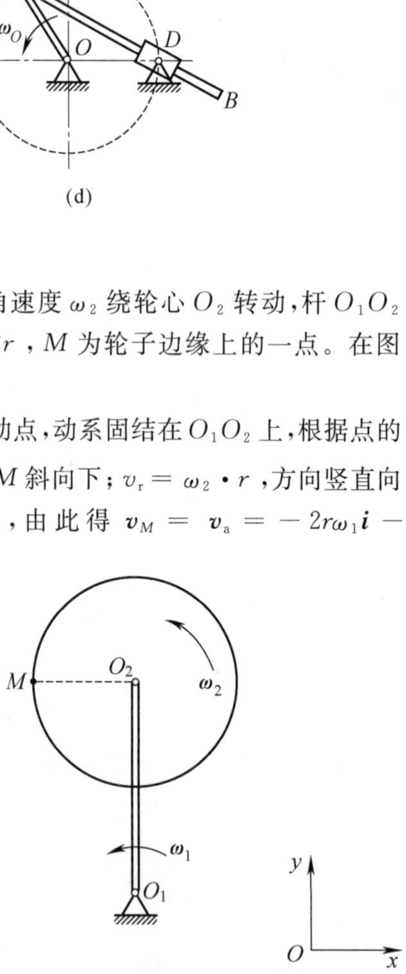

图 8－33

5．椭圆规尺 AB 由曲柄 OC 带动，曲柄以角速度 ω_O 绕轴 O 匀速转动，如图 8－34 所示。已知：$OC=BC=AC=r$，并取点 C 为基点，试写出椭圆规尺 AB 的平面运动方程。

（答：$x_C = r\cos\omega_O t$，$y_C = r\sin\omega_O t$，$\varphi = \omega_O t$）

6. 如图 8－35 所示，圆柱 A 缠以细绳，绳的 B 端固定在天花板上。圆柱自静止落下，其轴心的速度为 $v = \frac{2}{3}\sqrt{3gh}$，其中 g 为常量，h 为圆柱轴心到初始位置的距离。如圆柱半径为 r，求圆柱的平面运动方程。

$\left(\text{答：} x_A = 0,\ y_A = \frac{1}{3}gt^2,\ \varphi = \frac{g}{3r}t^2\right)$

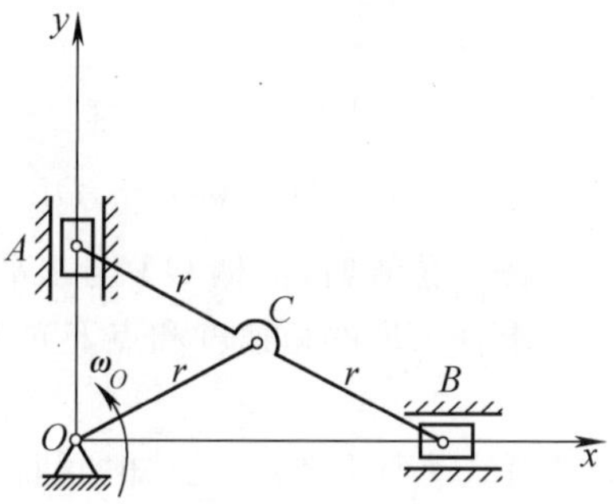

图 8－34

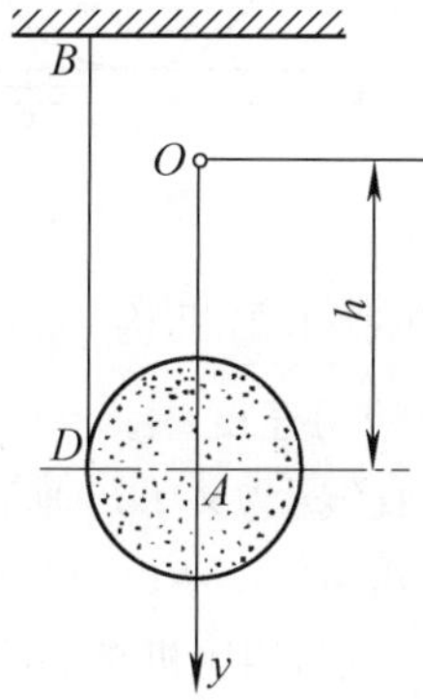

图 8－35

7. 四连杆机构 $ABCD$ 的尺寸和位置如图 8－36 所示。杆 AB 以匀角速度 $\omega = 1$ rad/s 绕轴 A 转动，求 CD 杆的角速度。

（答：$\omega_{CD} = 0.25$ rad/s）

8. 如图 8－37 所示，在筛动机构中，筛子的摆动是由曲柄杆机构所带动。已知曲柄 OA 的转动 $n_{OA} = 40$ r/min，$OA = 0.3$ m。当筛子 BC 运动到与点 O 在同一水平线上时，$\angle BAO = 90°$。求此瞬时筛子 BC 的速度。

（答：$v_{BC} = 2.513$ m/s）

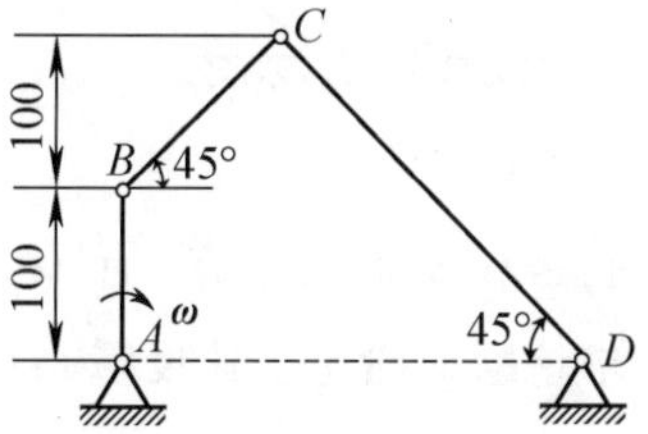

图 8－36

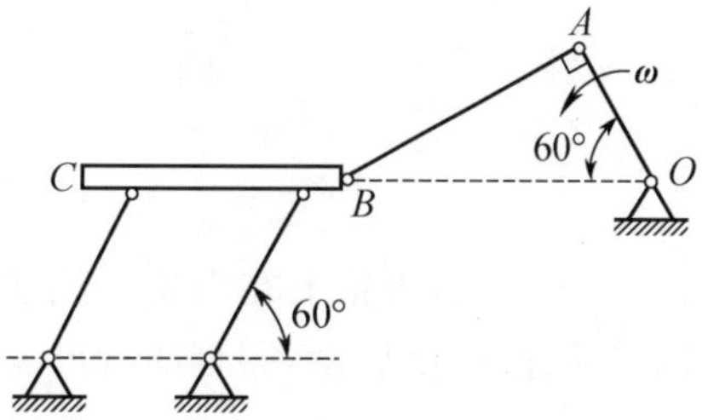

图 8－37

9. 如图 8－38 所示，两齿条以速度 $\boldsymbol{v}_1$ 和 $\boldsymbol{v}_2$ 同方向运动。在两齿条间夹以齿轮，其半径为 r，求齿轮的角速度及其中心 O 的速度。

$\left(\text{答：} \omega = \frac{v_1 - v_2}{2r},\ v_O = \frac{v_1 + v_2}{2}\right)$

10. 四连杆机构中，连杆 AB 上固连一块三角板 ABD，如图 8－39 所示。机构由曲柄 O_1A 带动。已知曲柄的角速度 $\omega_{O_1A} = 2$ rad/s；曲柄 $O_1A = 0.1$ m，水平距离 $O_1O_2 = 0.05$ m，$AD = 0.05$ m；当 O_1A 铅直时，AB 平行于 O_1O_2，且 AD 与 AO_1 在同一直线上；角 $\varphi = 30°$。求三角板

ABD 的角速度和点 D 的速度。

（答：$\omega_{ABD}=1.072\ \text{rad/s}$，$v_D=0.254\ \text{m/s}$）

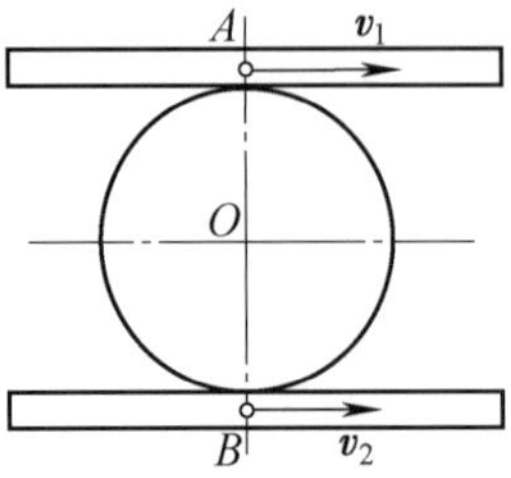

图 8-38

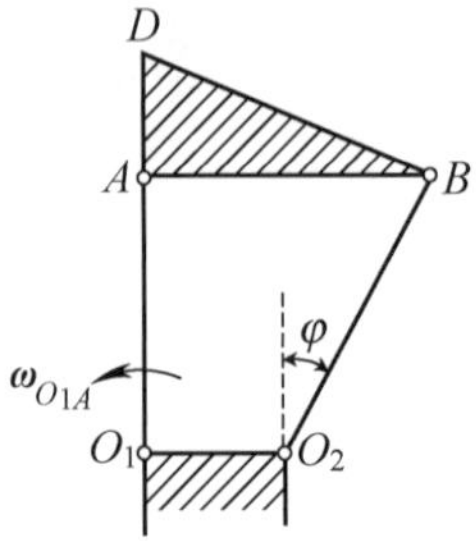

图 8-39

11. 如图 8-40 所示的机构中，已知：$OA=0.1\ \text{m}$，$BD=0.1\ \text{m}$，$DE=0.1\ \text{m}$，$EF=0.1\sqrt{3}\ \text{m}$；曲柄 OA 的角速度 $\omega_{OA}=4\ \text{rad/s}$。在图示位置时，曲柄 OA 与水平线 OB 垂直，且 B、D 和 F 在同一铅直线上，又 DE 垂直于 EF。求杆 EF 的角速度和点 F 的速度。

（答：$\omega_{EF}=1.333\ \text{rad/s}$，$v_F=0.462\ \text{m/s}$）

12. 如图 8-41 所示，滚压机构的滚子沿水平面滚动而不滑动。已知曲柄长 $OA=10\ \text{cm}$，以转速 $n=30\ \text{r/min}$ 绕轴 O 转动，连杆 AB 长 $l=17.3\ \text{cm}$，滚子半径 $r=10\ \text{cm}$，求在图示位置时，滚子的角速度及角加速度。

（答：$\omega_B=3.63\ \text{rad/s}$，$\alpha_B=2.2\ \text{rad/s}^2$）

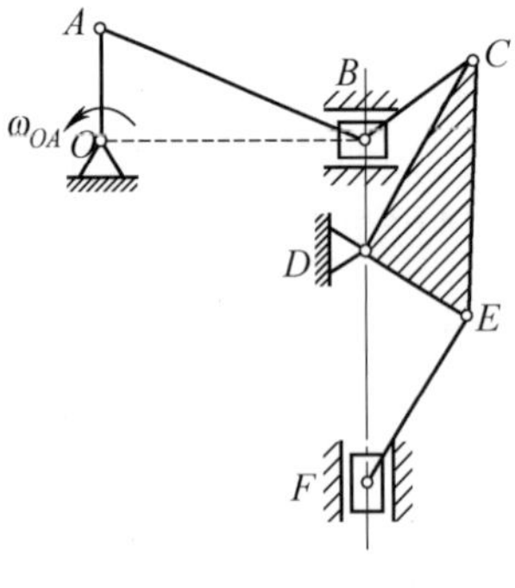

图 8-40

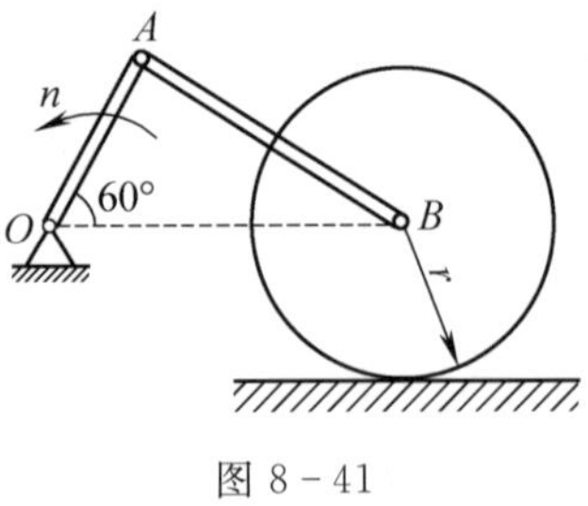

图 8-41

13. 如图 8-42 所示，齿轮Ⅰ在齿轮Ⅱ内滚动，其半径分别为 r 和 R，且 $R=2r$。曲柄 OO_1 绕轴 O 以等角速度 ω_O 转动，并带动行星齿轮Ⅰ。求该瞬时轮Ⅰ上速度瞬心 C 的加速度。

（答：$a_B=2r\omega_O^2$）

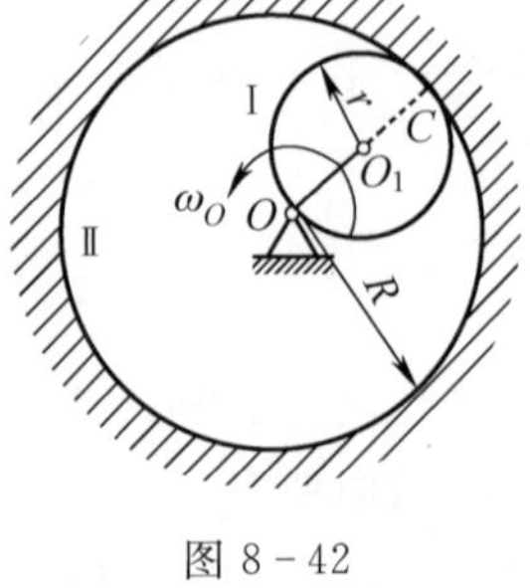

图 8-42

14. 如图 8-43 所示，曲柄连杆机构，曲柄长 $OA=20$ cm，绕轴 O 以等角速度 $\omega_O=10$ rad/s 转动，连杆 $AB=100$ cm，图示位置 $\theta=45°$，$OA\perp AB$，求此时连杆 AB 的角速度、角加速度和滑块 B 的加速度。

（答：$\omega_{AB}=2$ rad/s，$\alpha_{AB}=16$ rad/s^2；$a_B=565.7$ cm/s^2）

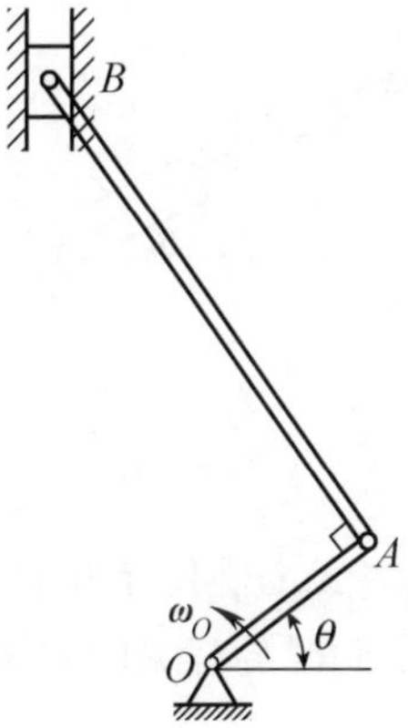

图 8-43

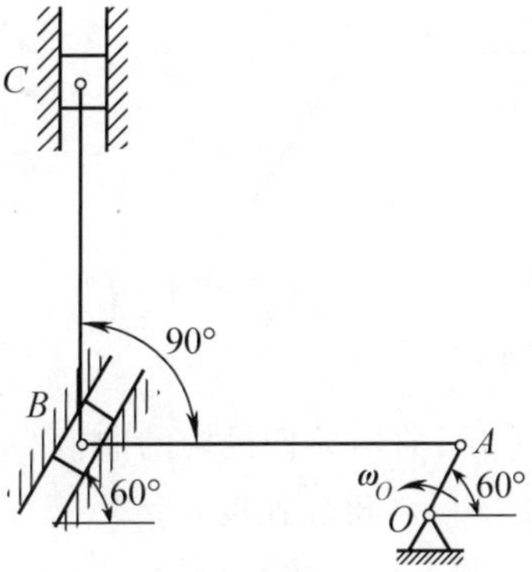

图 8-44

15. 如图 8-44 所示的机构中，曲柄 OA 长为 r，绕轴 O 以等角速度 ω_O 转动，$AB=6r$，$BC=3\sqrt{3}r$。求图示位置时，滑块 C 的速度和加速度。

$\left(答：v_C=\dfrac{3}{2}r\omega_O\ ；a_C=\dfrac{\sqrt{3}}{12}r\omega_O^2\right)$

二、提升题

1. 如图 8-45 所示，曲柄 OA 以恒定的角速度 $\omega=2$ rad/s 绕轴 O 转动，并借助连杆 AB 驱动半径为 r 的轮子在半径为 R 的圆弧槽中做无滑动的滚动。设 $OA=AB=R=2r=1$ m，求图示瞬时点 B 和点 C 的速度与加速度。

（答：$v_B=2$ m/s，$v_C=2.828$ m/s；$a_B=8$ m/s^2，$a_C=11.31$ m/s^2）

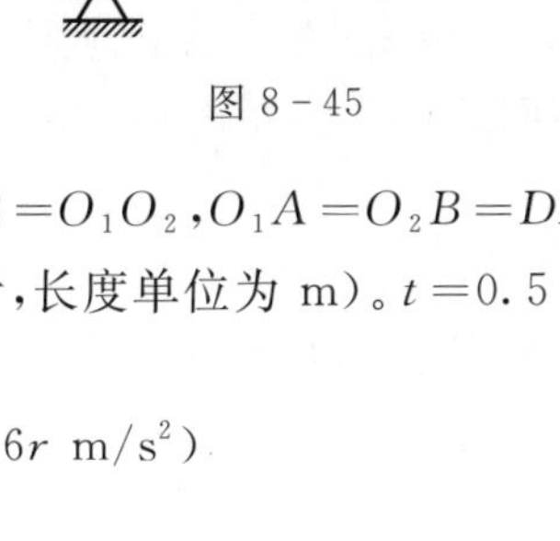

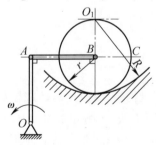

图 8-45

2. 图 8-46 所示机构中，$AB=O_1O_2$，$O_1A=O_2B=DE=r$，已知曲柄 O_1A 的运动方程为 $\varphi=\pi t^2$（φ 以弧度计，t 以秒计，长度单位为 m）。$t=0.5$ s 时，$\theta=30°$。求该时刻 DE 杆的角速度和 CD 杆的加速度。

（答：$\omega_{DE}=2.56$ rad/s；$a_a=2.536r$ m/s^2）

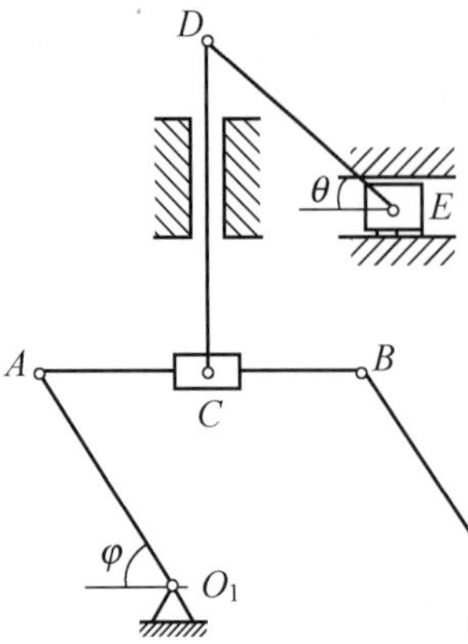

图 8－46

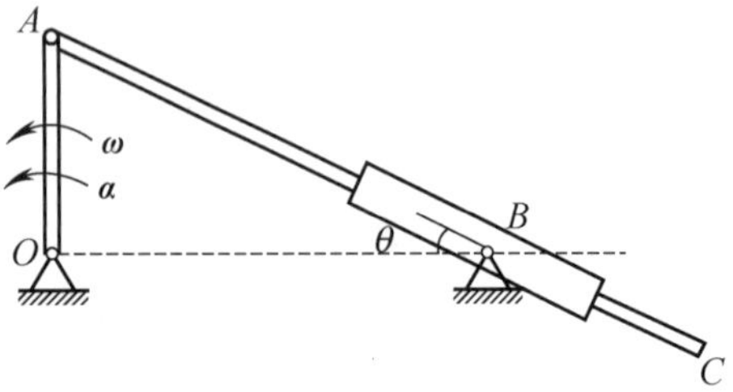

图 8－47

3. 如图 8－47 所示，曲柄导杆机构的曲柄 OA 长 120 mm，在图示位置 $\angle OAB=90^\circ$ 时，曲柄的角速度为 $\omega=4$ rad/s，角加速度 $\alpha=2$ rad/s^2。试求此时导杆 AC 的角加速度及导杆相对于套筒 B 的加速度。设 $OB=160$ mm。

（答：$\alpha_{AC}=2.87$ rad/s^2；$a_r=545.28$ mm/s^2）

4. 已知图 8－48 所示机构中滑块 A 的速度为常值，$v_A=0.2$ m/s，$AB=0.4$ m。求当 $AC=CB$，$\theta=30^\circ$ 时，杆 CD 的速度和加速度。

$\left(答：v_{CD}=\dfrac{0.2\sqrt{3}}{3}\ \text{m/s}；a_{CD}=\dfrac{2}{3}\ \text{m/s}^2\right)$

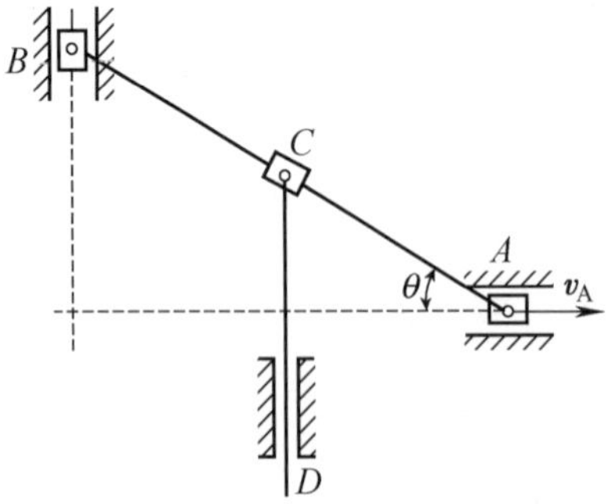

图 8－48

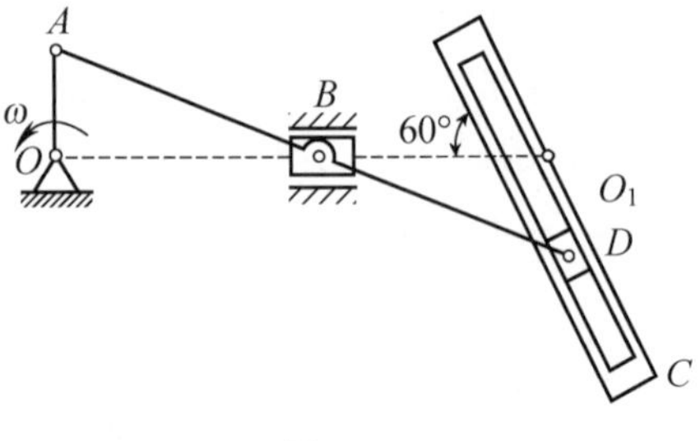

图 8－49

5. 如图 8－49 所示，曲柄连杆机构带动摇杆 O_1C 绕轴 O_1 摆动。在连杆 AB 上装有两个滑块，滑块 B 可在水平槽内滑动，而滑块 D 则在摇杆 O_1C 的槽内滑动。已知：曲柄长 $OA=50$ mm，绕轴 O 转动的匀角速度 $\omega=10$ rad/s。在图示位置时，曲柄与水平线间成 90° 角，$\angle OAB=60^\circ$，摇杆 O_1C 与水平线间成 60° 角，距离 $O_1D=70$ mm。求摇杆 O_1C 的角速度和角加速度。

（答：$\omega_{O_1C}=6.186$ rad/s；$\alpha_{O_1C}=78.17$ rad/s^2）

6. 图 8－50 所示机构中，半径为 R 的轮 C 和半径为 r 的轮 O 均在固定水平面上作纯滚动，$R=2r$，长为 l 的杆 AB 分别在两端与两轮缘铰接。已知轮心 C 以匀速 v_C 向左运动，图示瞬时点 A 运动至最高点，杆 AB 处于水平位置，A、B、C 三点共线。试求此时：轮 O 的角速度 ω_O 和杆 AB 的角加速度 α_{AB}。请写出题目用计算机求解时的 MATLAB 程序。

$\left(答:\omega_O=\dfrac{v_C}{2r}(逆时针),\alpha_{AB}=\dfrac{v_C^2}{4rl}(顺时针)\right)$

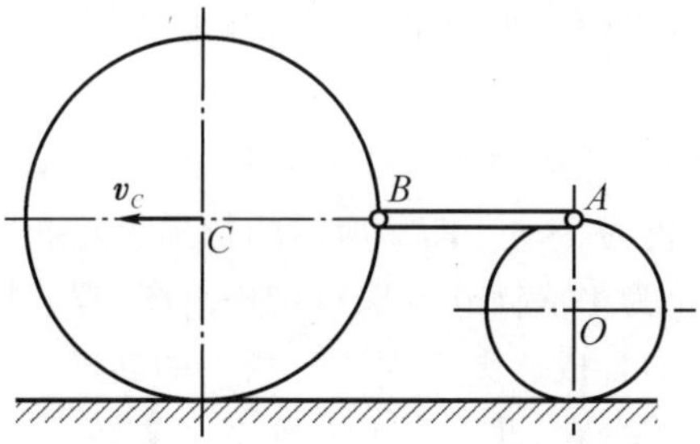

图 8-50

拓展阅读

刚体的其他复杂运动简介[1,2]

刚体的运动，除了平动、定轴转动和平面运动外，还有其他更复杂的运动形式，主要包括刚体的定点运动、刚体的一般运动，这两种运动均为刚体的空间运动。除此之外，刚体的合成运动大量应用在工程实际中。下面对一些复杂的刚体运动进行简要介绍。

刚体运动时，若刚体体内或其外延部分上有一点在空间的位置始终保持不变，则这种运动称为刚体的定点运动，如锥形行星齿轮的运动[见图 1(a)]、陀螺的运动[见图 1(b)]以及陀螺仪中转子的运动[见图 1(c)]等都是刚体绕定点运动的实例。研究刚体的定点运动时，以描述其在任一位置的欧拉角(包括进动角、章动角、自转角)为基础，由此确定绕定点运动刚体任意瞬时的位置，求导运算得到速度、加速度、角速度、角加速度等运动量。

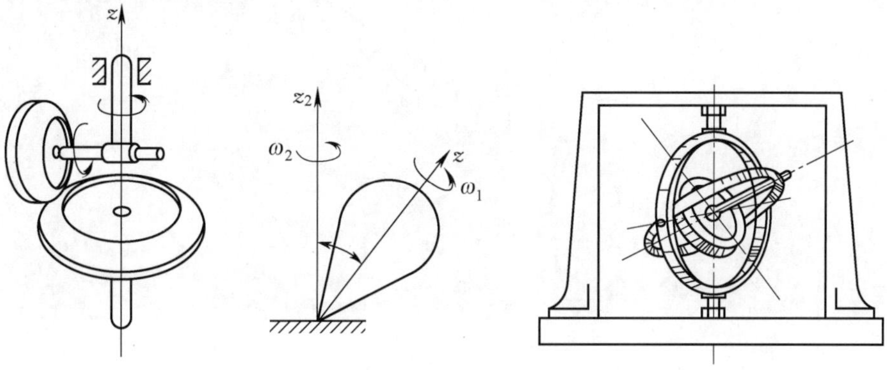

图 1

工程中，有一些刚体，如飞机、火箭、人造卫星等，它们在空间可以做任意的运动，这样的刚体称为自由刚体。自由刚体的运动，也称为刚体的一般运动。与刚体平面运动可以分解为平

1　哈尔滨工业大学理论力学教研室编．理论力学(Ⅱ)[M].9 版．北京:高等教育出版社,2023.

2　张伟伟．眩晕的转转杯．微信公众号《力学酒吧》,2016.6.

面内平动和刚体定轴转动类似，刚体的空间一般运动可以分解为刚体三维的平动和刚体的定点运动。

刚体的任何复杂运动都可以由几个简单的运动合成得到。理论力学中在刚体运动的合成部分重点讨论平动与平动的合成、绕平行轴转动的合成、绕相交轴转动的合成、平动与转动的合成。工程实际和日常生活中刚体运动的合成问题很多。如图 2 所示的小车，当刚体同时作两个平动时，刚体的合成运动仍为平动。图 3 所示的行星齿轮Ⅱ同时绕两个平行轴转动，合成运动为绕瞬时轴的转动。图 4 为平底筒仓堆取料结构简图，螺旋杆的运动是上下平动、绕水平转动、绕垂直轴转动三种运动的合成。图 5 为游乐场中的转转杯，由三个旋转平台组成，第一个旋转平台尺寸最大，为主旋转平台，此平台上放置多个旋转平台为第二旋转平台，第二旋转平台上放置旋转杯，第一个旋转平台与第二个旋转平台由电机带动转动，游客乘坐在旋转杯中，通过转动把手实现第三个旋转平台，由此可见，转转杯是绕三个相互平行轴转动的合成。认识刚体的运动，进一步根据运动合成的方法分析实际问题，这是运动学中处理问题的一般方法。

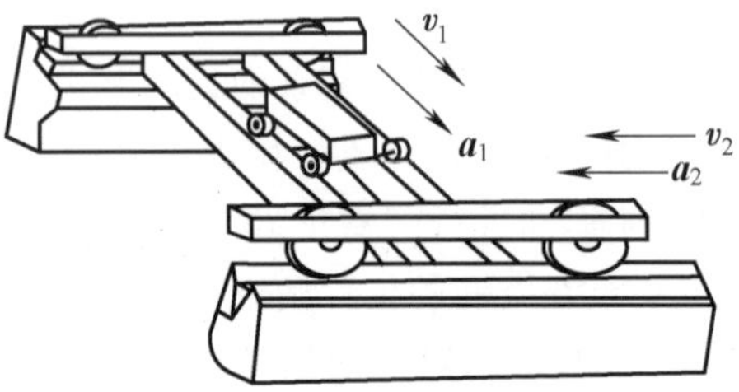

图 2

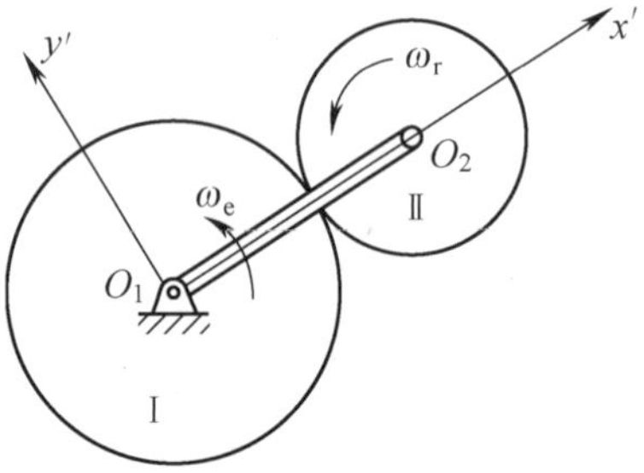

图 3

图 4

图 5

第 9 章　质点运动微分方程

内容提要

本章根据牛顿第二定律导出质点的运动微分方程，并由质点运动微分方程求解质点动力学问题。由此可知，质点运动微分方程只适应于惯性参考系。质点动力学是研究质点系动力学问题的基础。

本章知识导图

9.1　质点的运动微分方程

设一个质量为 m 的质点 M，在汇交力系 $\boldsymbol{F}_1$、$\boldsymbol{F}_2$、…、$\boldsymbol{F}_n$ 作用下，沿曲线轨迹运动，其加速度为 $\boldsymbol{a}$。设汇交力系的合力为 $\sum \boldsymbol{F}_i$，则由静力学知识，可将合力表示为直角坐标形式与自然轴系形式，即

$$\sum \boldsymbol{F}_i = \sum F_x \boldsymbol{i} + \sum F_y \boldsymbol{j} + \sum F_z \boldsymbol{k} = \sum F_\tau \boldsymbol{\tau} + \sum F_\mathrm{n} \boldsymbol{n} + \sum F_\mathrm{b} \boldsymbol{b} \tag{a}$$

由运动学知识，可将加速度 $\boldsymbol{a}$ 表示成如下形式

$$\boldsymbol{a} = \frac{\mathrm{d}^2 \boldsymbol{r}}{\mathrm{d}t^2} = \frac{\mathrm{d}^2 y}{\mathrm{d}t^2}\boldsymbol{i} + \frac{\mathrm{d}^2 z}{\mathrm{d}t^2}\boldsymbol{j} + \frac{\mathrm{d}^2 x}{\mathrm{d}t^2}\boldsymbol{k} = \frac{\mathrm{d}v}{\mathrm{d}t}\boldsymbol{\tau} + \frac{v^2}{\rho}\boldsymbol{n} \tag{b}$$

将式(a)、式(b)中同一形式的表达式代入牛顿第二定律 $m\boldsymbol{a} = \sum \boldsymbol{F}_i$，得到质点在惯性坐标系中的运动微分方程有以下几种形式：

(1)矢径形式

$$m\frac{\mathrm{d}^2 \boldsymbol{r}}{\mathrm{d}t^2} = \sum \boldsymbol{F}_i \tag{9-1}$$

(2)直角坐标形式

$$\left.\begin{aligned} ma_x &= m\frac{\mathrm{d}^2 x}{\mathrm{d}t^2} = \sum F_x \\ ma_y &= m\frac{\mathrm{d}^2 y}{\mathrm{d}t^2} = \sum F_y \\ ma_z &= m\frac{\mathrm{d}^2 z}{\mathrm{d}t^2} = \sum F_z \end{aligned}\right\} \tag{9-2}$$

若质点在平面上运动，则只有两个质点运动微分方程投影式；若质点沿直线运动，则只有一个质点运动微分方程投影式。

(3)自然轴系形式

$$\left.\begin{aligned} ma_\tau &= m\frac{dv}{\mathrm{d}t} = \sum F_\tau \\ ma_n &= m\frac{v^2}{\rho} = \sum F_\mathrm{n} \\ 0 &= \sum F_\mathrm{b} \end{aligned}\right\} \tag{9-3}$$

当质点的运动轨迹已知时,可应用自然轴系形式的质点运动微分方程求解质点动力学问题。

9.2 质点动力学的两类基本问题

应用质点运动微分方程,可以求解质点动力学的两类基本问题。

第一类基本问题:已知质点的运动,求作用于质点上的力。

第二类基本问题:已知作用于质点上的力,求质点的运动。

一般来说,第一类基本问题需用微分和代数方法求解,第二类基本问题需解微分方程或用积分方法求解。此外,有些动力学问题是第一类问题与第二类问题的综合,称为质点动力学混合问题。

下面举例说明两类基本问题和混合问题的求解方法和解题步骤。

例 9-1　质量为 m 的小球 M 在 Oxy 水平面内运动,如图 9-1(a)所示,其运动方程为 $x=a\cos\omega t$, $y=b\sin\omega t$,其中 a、b、ω 为常量,求作用在小球上的力。

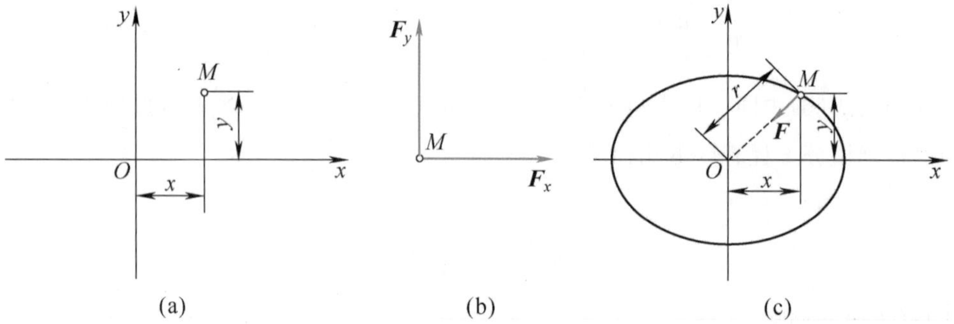

图 9-1

分析　①本例中可视小球 M 为质点,已知小球 M 的运动规律,求作用在小球上的力,是质点动力学第一类基本问题。

②已知直角坐标形式的运动方程,可由直角坐标形式的质点运动微分方程求解。

解　(1)取研究对象,受力分析。取小球为研究对象,受力如图 9-1(b)所示。

(2)运动分析,求加速度。将小球的运动方程求导,可得到小球的加速度在直角坐标轴上的投影为

$$a_x = \frac{\mathrm{d}^2 x}{\mathrm{d}t^2} = -a\omega^2\cos\omega t = -\omega^2 x$$

$$a_y = \frac{\mathrm{d}^2 y}{\mathrm{d}t^2} = -b\omega^2\sin\omega t = -\omega^2 y$$

(3)代入质点运动微分方程并求解未知力。将小球的加速度代入质点运动微分方程在直角坐标轴上的投影式得

$$\left.\begin{aligned} ma_x &= F_x \\ ma_y &= F_y \end{aligned}\right\}$$

质点动力学第一类问题求解举例

解得作用于小球上的力在 x 轴、y 轴上的投影为

$$F_x = ma_x = -m\omega^2 x$$

$$F_y = ma_y = -m\omega^2 y$$

讨论

①上述求解过程给出了求解质点动力学第一类问题的规范化解题步骤。

②从运动方程中消去时间 t，得小球 M 的轨迹方程为

$$\frac{x^2}{a^2} + \frac{y^2}{b^2} = 1$$

该轨迹方程表明，小球 M 的运动轨迹是椭圆，如图 9-1 (c)所示。由此可得力 $\boldsymbol{F}$ 的解析式

$$\boldsymbol{F} = F_x\boldsymbol{i} + F_y\boldsymbol{j} = -m\omega^2 x\boldsymbol{i} - m\omega^2 y\boldsymbol{j} = -m\omega^2(x\boldsymbol{i} + y\boldsymbol{j}) = -m\omega^2\boldsymbol{r}$$

其中 $\boldsymbol{r} = x\boldsymbol{i} + y\boldsymbol{j}$ 是点 M 的矢径。可以看出，力 $\boldsymbol{F}$ 与矢径 $\boldsymbol{r}$ 共线、反向，其大小正比于 $\boldsymbol{r}$ 的模。这表明，小球按给定的运动方程做椭圆运动时，其特点是力的方向永远指向椭圆中心，为有心力，力的大小与此质点至椭圆中心的距离成正比。

例 9-2　如图 9-2(a)所示，管 OA 以匀角速度 ω 绕铅直轴 z 转动，一个小球 M，质量为 m，以匀速 v_r 相对直管 OA 运动。求小球 M 对管壁的水平压力。假设接触处光滑。

解　(1)取研究对象，受力分析。取小球为研究对象，受力如图 9-2(b)所示。

(2)运动分析，求加速度。以小球 M 为动点，动系与管 OA 固连，定系与地基固连，则由点的加速度合成定理得

$$\boldsymbol{a}_a = \boldsymbol{a}_e^n + \boldsymbol{a}_r + \boldsymbol{a}_C \tag{a}$$

大小　?　√　?　√

方向　?　√　√　√

其中，动点 M 的绝对加速度大小、方向均未知。动点 M 牵连加速度只有法向分量，方向由 M 点指向 O 点，大小为 $\omega^2 \cdot OM$。相对加速度沿管 OA 的方向，大小未知。科氏加速度 $\boldsymbol{a}_C$ 大小为 $2\omega v_r$，方向如图 9-2(c)所示。

画出加速度矢量图，如图 9-2 (c)所示。

(3)加速度矢量表达式投影，代入质点运动微分方程并求解未知力。将式(a)向 x 轴投影，得

$$a_{ax} = -a_C = -2\omega v_r$$

于是，质点运动微分方程在 x 轴投影式为

$$ma_{ax} = -F_{N2}$$

解得 $F_{N2} = 2m\omega v_r$。

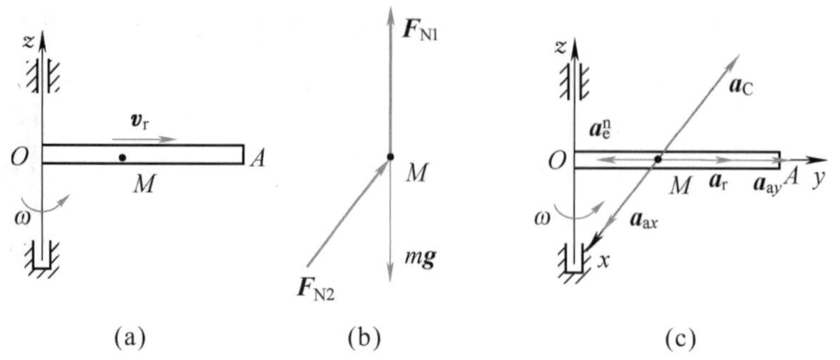

图 9-2

例 9-3 如图 9-3(a)所示，质量为 m 的物体自 O 点抛出，初速度为 v_0，抛射角为 θ_0，设空气阻力为 $R=-\mu v$，其中 μ 为阻尼系数，是常数。试求抛射体的运动方程。

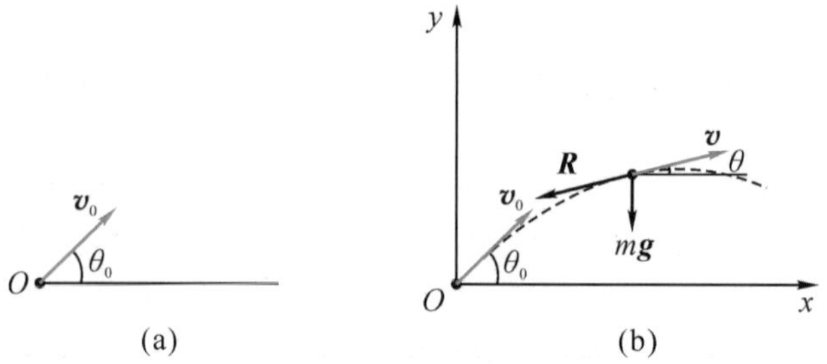

图 9-3

分析 ①本例抛射体可视为质点，已知作用于质点上的力，求质点的运动规律，属于质点动力学第二类基本问题。

②以质点为研究对象，画出其受力图，列出质点运动微分方程并求解，得到质点的运动规律。

解 (1)取研究对象，受力分析。取抛射体为研究对象，其在一般位置的受力图如图 9-3(b)所示。

(2)列出质点运动微分方程。由直角坐标形式的质点运动微分方程，得

$$m\ddot{x}=-\mu v\cos\theta=-\mu\dot{x}$$

$$m\ddot{y}=-mg-\mu v\sin\theta=-mg-\mu\dot{y}$$

(3)求解质点运动微分方程，得到质点的运动规律。求解二阶的齐次、非齐次线性常微分方程，可得

$$x=\frac{v_0\cos\theta_0}{k}(1-\mathrm{e}^{-kt})$$

$$y=\frac{v_0\sin\theta_0+\dfrac{g}{k}}{k}(1-\mathrm{e}^{-kt})-\frac{g}{k}t$$

即为抛射体的运动方程，其中 $k=\dfrac{\mu}{m}$ 。

说明

①求解运动力学第二类问题的步骤和求解第一类问题步骤不同，要在一般位置画质点的受力图，而且积分运算后才能求得运动规律。

②对运动微分方程积分时，可以分离变量后用定积分；也可以用不定积分，然后根据初始条件，确定积分常数。

例 9－4　重量为 G 的物体在静止的黏性介质中无初速地自由沉降，如图 9－4 所示。当下沉速度不大时，介质阻力的大小 $F=\mu v$，比例系数 μ 与物体的形状、介质的性质等因素有关。若不计浮力，试写出物体的运动微分方程与初始条件。

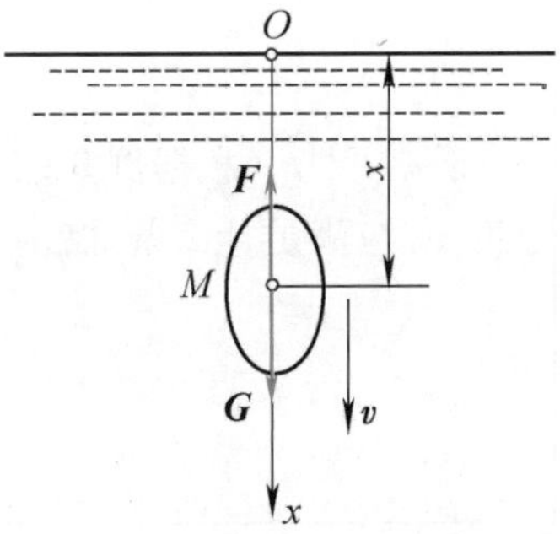

图 9－4

解　(1)取研究对象，受力分析。取物体为研究对象，并视为质点。物体受重力 $\boldsymbol{G}$ 和介质阻力 $\boldsymbol{F}$ 的作用，在一般位置的受力图如图 9－4 所示。

(2)列出质点运动微分方程。以运动起始位置作为坐标原点，坐标轴 x 沿铅垂线向下为正。沿 x 轴列质点运动微分方程

$$\frac{G}{g}\frac{\mathrm{d}v}{\mathrm{d}t}=G-\mu v \tag{a}$$

(3)写出初始条件。初始时刻，物体的位置坐标为零，位置坐标对时间的一阶导数也为零。初始条件为 $t=0$，$x=0$，$\dot{x}=0$。

讨论　假设例 9－4 中水无限深，问时间无限长时小球速度如何？

建立质点运动微分方程举例

解　由上式(a)可得 $\dfrac{\mathrm{d}v}{\mathrm{d}t}=g-\dfrac{\mu g}{G}v$

于是有 $\displaystyle\int_0^v \frac{\mathrm{d}v}{g-\dfrac{\mu g}{G}v}=\int_0^t \mathrm{d}t$

故得 $v=\dfrac{G}{\mu}(1-\mathrm{e}^{-\frac{\mu g}{G}t})$。当 $t\to\infty$时，$v=\dfrac{G}{\mu}$。

读者思考　下雨时下落的雨滴能不能砸死人？请解释原因。

例 9－5　如图 9－5 所示，质量为 m 的小球 M 在半径为 R 的固定圆弧面上运动。初始时，小球位于圆弧面的最低位置 A，具有水平速度 $\boldsymbol{v}_0$，不计摩擦及空气阻力，试求任一瞬时圆弧面对小球的法向约束力。

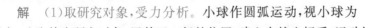

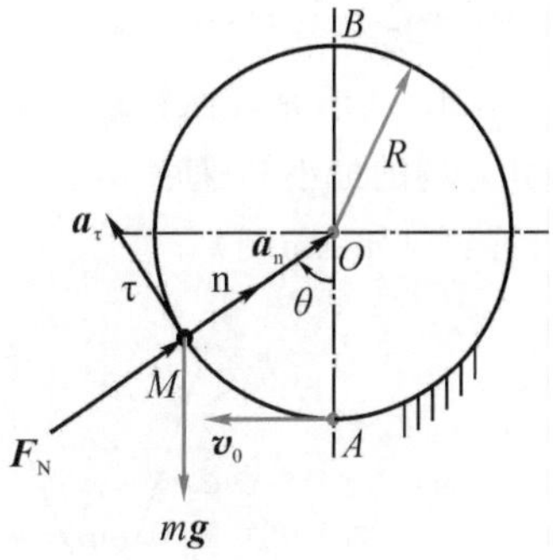

图 9－5

分析　取小球为研究对象，小球作圆弧运动。题目中已知部分运动量和力，其他运动量和力未知。该题目也属于质点动力学的混合类问题。

解　(1)取研究对象，受力分析。小球作圆弧运动，视小球为质点，选取其为研究对象，置其于一般的位置，建立自然坐标系，运动量与受力分析如图 9－5 所示。

(2)写出质点运动微分方程。由于小球作圆弧运动，选取在自然轴上投影的运动微分方程，则有

$$m\frac{\mathrm{d}v}{\mathrm{d}t}=-mg\sin\theta$$

$$m\frac{v^2}{R}=F_{\mathrm{N}}-mg\cos\theta$$

(3)求解未知量。$a^\tau = \dfrac{dv}{dt} = R\ddot{\theta}$ ，$a^n = \dfrac{v^2}{R} = R\dot{\theta}^2$，代入上面两式，分离变量，积分，利用初始条件，得

$$F_N = mg(3\cos\theta - 2) + \frac{mv_0^2}{R}$$

读者思考　根据例 9－5 的计算结果，欲使小球到达某一位置后脱离壁面，则小球的初始速度 $\boldsymbol{v}_0$ 应满足什么条件？

习　题

一、基本题

1. 当质点的运动方程已知时，能否确定质点所受的作用力的大小？当质点在任一瞬时所受的全部作用力的合力确定时，质点的运动方程是否确定？为什么？

2. 小球重 G，用两绳悬挂，两绳均长为 l，如图 9－6 所示。若将 AB 绳突然剪断，则小球开始运动。求小球开始运动的瞬时 AC 绳中的拉力；又小球运动到铅垂位置时，若速度为 $\boldsymbol{v}$，绳中拉力为多少？

$\left[答：G\cos\theta, G\left(1+\dfrac{v^2}{gl}\right)\right]$

3. 振动输送台如图 9－7 所示。输送台面在铅垂方向的运动方程为 $y=6\sin\omega t$（暂不研究 x 轴方向的运动）。式中 $\omega=2\pi f$；f 为频率，表示每秒振动的次数。物料随台面一起运动，当某频率时，物料开始与台面分离而向上抛起，求此最小频率。

$\left(答：\dfrac{\sqrt{6g}}{12\pi}\right)$

4. 从地球表面铅垂向上发射宇宙飞船，如图 9－8 所示。忽略阻力。求飞船能脱离地球引力场的最小初速度 v_0。

(答：11.2 km/s)

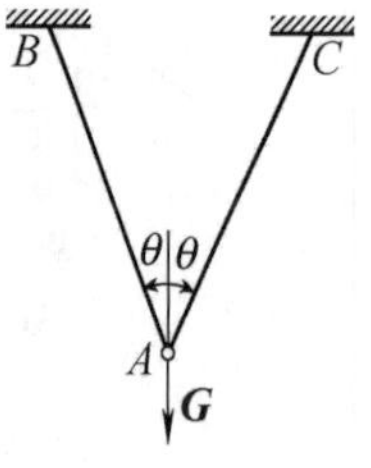

图 9－6

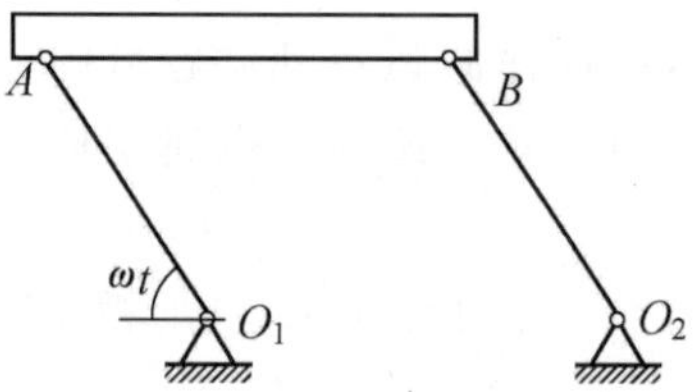

图 9－7

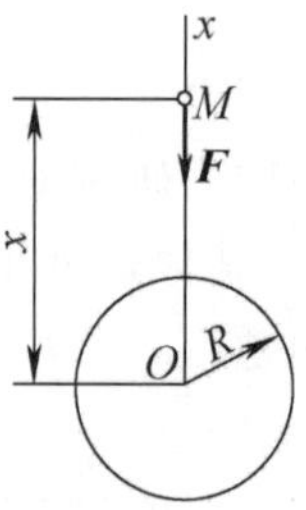

图 9－8

5. 如图 9－9 所示，一物体从地面以初速度 v_0 铅直上抛，假设重力不变，空气阻力的大小与物体速度平方成正比，即 $R=kv^2$，其中 k 为常数，坐标轴 Oy 按照如下所示四种方式选取，试写出相应质点运动微分方程与初始条件。假设上抛高度为 h。

[答：(a) $m\ddot{y}=-mg-k\dot{y}^2, t=0, y=0, \dot{y}=v_0$；(b) $m\ddot{y}=mg+k\dot{y}^2, t=0, y=h, \dot{y}=-v_0$；(c) $m\ddot{y}=-mg+k\dot{y}^2, t=0, y=h, \dot{y}=0$；(d) $m\ddot{y}=mg-k\dot{y}^2, t=0, y=0, \dot{y}=0$]

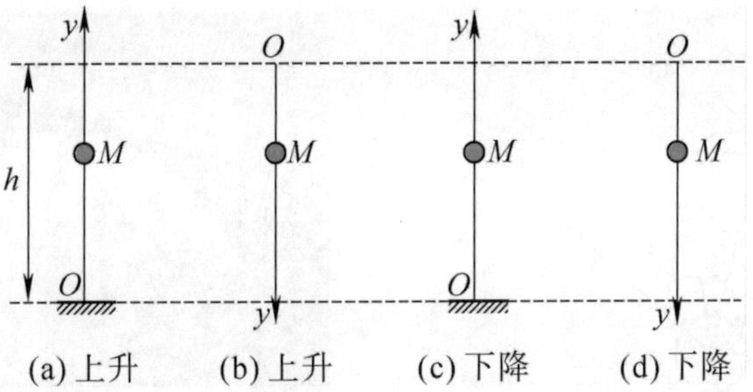

图 9－9

二、提升题

1. 如图 9－10 所示，在均匀的静止液体中，质量为 m 的物体 M 从液面处无初速度下沉。设液体阻力 $\boldsymbol{F}_{\mathrm{R}}=-\mu\boldsymbol{v}$，其中 μ 为阻尼系数，忽略液体对小球的浮力，试分析该物体的运动规律及其特征。

$$\left[\text{答}: y=\frac{mg}{\mu}t+\frac{m^2 g}{\mu^2}\left(\mathrm{e}^{-\frac{\mu}{m}t}-1\right)\right]$$

2. 如图 9－11 所示，已知桁车所吊重物，重为 $\boldsymbol{G}$，以匀速度 $\boldsymbol{v}_0$ 前进，绳长为 l。求突然刹车时，绳子所受的最大拉力。

$$\left(\text{答}: F=\frac{G}{g}\frac{v_0^2}{l}+3G\cos\varphi-2G\right)$$

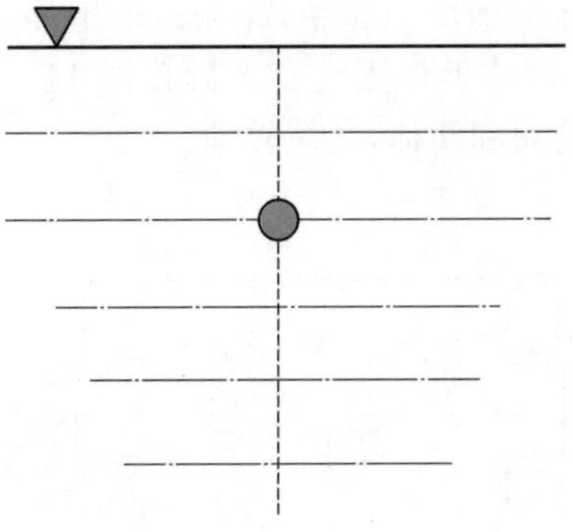

图 9－10

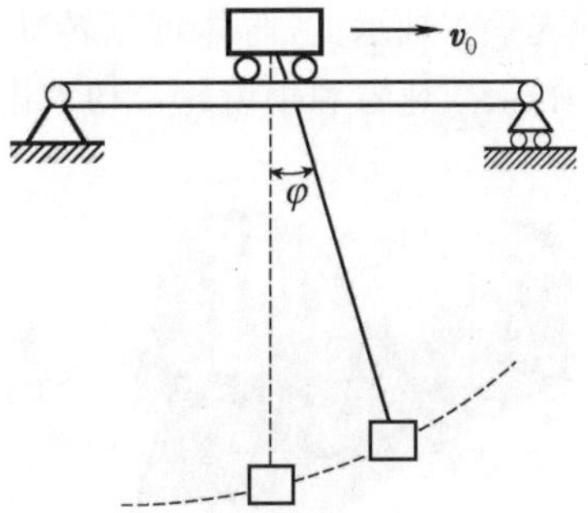

图 9－11

3. 自行车中的一个力学问题：

为不使自行车在雨天行驶时车轮带起的泥水落到骑车人的身上，在车轮上方周围设有挡泥板。在设计挡泥板时，从经济角度考虑，应使挡泥板短一些，以节省材料。为方便设计，假设自行车以最大设计速度 $\boldsymbol{v}$ 在水平地面上匀速行驶，车轮做纯滚动，后轮的半径为 R，需防护的区域如图 9－12 中阴影线表示，该区域左边缘距后轮轴的水平距离为 l，下边缘距地面的高度等于后轮的半径 R。不考虑空气阻力。设计自行车后轮的挡泥板后缘的位置(用图示的 φ 角表示，求出 φ 应满足的方程)。

4. 某小区修建了一圆形水池(水池直径与深度确定)，现需要在水池中心安装一根铅直的喷水管，做蘑菇云喷泉设计如图 9－13 所示，请你建立设计该圆形水池中央喷水管的力学模型。

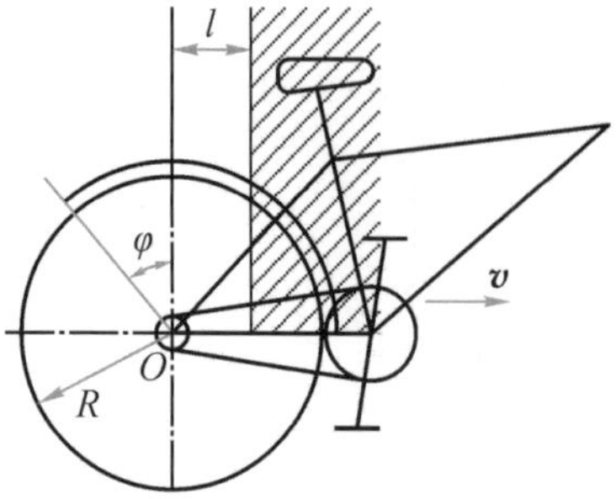

图 9 - 12

图 9 - 13

拓展阅读

球磨机中的质点动力学问题[1,2,3]

在采石场、矿选厂，经常需要将大块的物料破碎后，再进行粉碎，这就会用到关键设备——球磨机。如图 1 所示，球磨机主要由圆柱形筒体、端盖、轴承和传动大齿圈等部件组成。筒体内装入直径为 25～150 mm 的钢球或钢棒，称为磨介，其装入量为整个筒体有较容积的 25%～50%。筒体两端有端盖，端盖利用螺钉与筒体端部法兰相连接，端盖的中部有孔，称为中空轴颈，中空轴颈支承在轴承上，筒体可以转动。筒体上还固定有大齿轮圈 4。在驱动系统中，电动机通过联轴器、减速器和小齿轮带动大齿轮圈和筒体，缓缓转动。

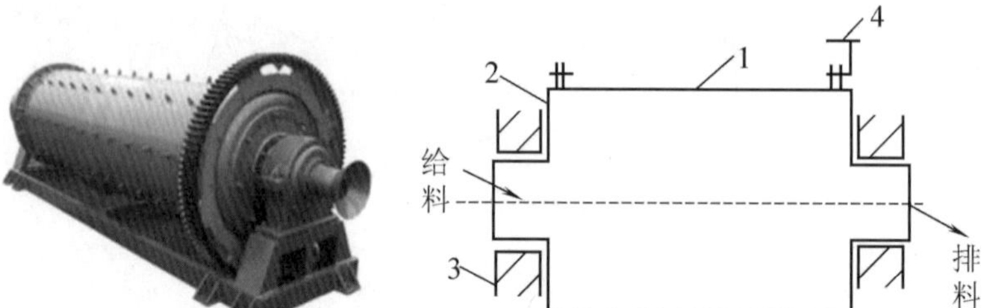

1—筒体；2—端盖；3—轴承；4—大齿圈。

图 1　球磨机及剖面图

由于端盖上有中空轴颈，物料从左方的中空轴颈给入筒体，并逐渐向右方扩散移动，当物料自左向右的移动过程中，半径为 R 的旋转筒体将钢球带至一定高度(此时与铅垂线夹角为 θ_0)而落下将物料击碎，如图 2(a)所示。

1　朱鹏. 浅析球磨机的种类与工作原理[J]. 价值工程，2015 (2)：42 - 43.

2　孙良全．立磨机与球磨机工艺经济技术对比分析[J]. 矿山机械，2017 (07)：44 - 46.

3　哈尔滨工业大学理论力学教研室．理论力学(Ⅰ)[M]. 8 版．北京：高等教育出版社．2016.

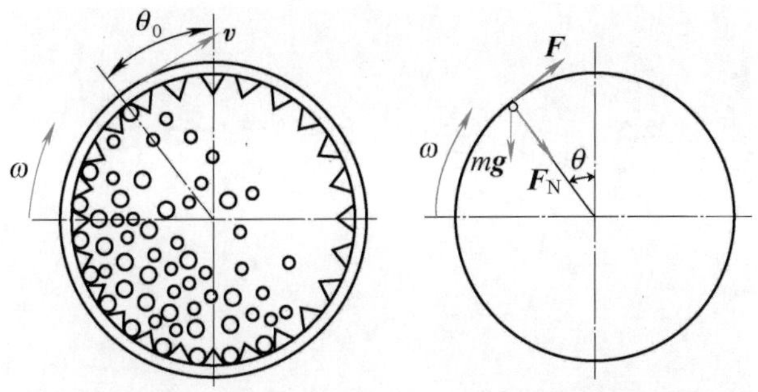

图 2　球磨机筒体及力学简图

经过简化，磨介和物料随筒体旋转的力学分析可建立如图 2(b)所示的力学模型。当筒体转速较低时，磨介和物料升高不足(在升高期间各层之间也有相对滑动，称滑落)，当磨介和物料与筒体的摩擦力等于动摩擦角时，摩介和物料就下滑，称为“泻落状态”。对物料有研磨作用，但对物料没有冲击作用，因而使粉磨效率差。当转速太高，离心力使磨介和物料随着筒体一起旋转，其运动成为紧贴筒体内壁的一个圆环，称为“周转状态”，磨介对物料起不到冲击和研磨作用。因此，为了达到破碎效果，就必须合理设置筒体转速，即磨介和物料达到一定高度时要和筒体分离。将磨介(或物料)视为质点，列出质点运动方程在主法线上的投影式为

$$m\omega^2 R = F_N + mg\cos\theta$$

假设要求磨介(或物料)在达到图2(b)高度$\theta=\theta_0$时，磨介(或物料)脱离筒体，此时有$F_N=0$，带入上式求解，得

$$\omega=\sqrt{\frac{g\cos\theta_0}{R}}$$

确定出球磨机转动角速度就可以确定出所需转速，对球磨机电机、变速齿轮进行设计。

第 10 章　动量定理

内容提要

由第 9 章可知，求解质点动力学问题，可以归结为建立质点的运动微分方程。对于 n 个质点构成的质点系，要联立求解 $3n$ 个运动微分方程，从理论上讲是可行的，但实际求解很困难。事实上，在许多工程实际问题中，往往并不需要知道质点系中每个质点的运动规律，只需掌握整个质点系（尤其是刚体）的运动特征就够了。动量、动量矩和动能定理从不同的侧面揭示了质点和质点系总体的运动变化特征量与其所受的力的作用量（如主矢、主矩、功）之间的关系，这三个定理统称为动力学的普遍定理。本章介绍动量与冲量的概念及计算，主要讨论动量定理及动量守恒定律、质心运动定理及质心运动守恒定律在求解质点系两类动力学问题中的应用。

本章知识导图

10.1　动量与冲量

1. 动量

在工程实际中，物体之间往往进行机械运动量的交换，机械运动量不仅与物体的运动有关，还与物体的质量有关。

(1)质点的动量　质点的质量与速度的乘积 $m\boldsymbol{v}$ 称为质点的动量。动量是矢量，与速度同向，具有瞬时性。在国际单位制中，动量的单位为 kg · m/s 。

(2)质点系的动量　质点系中所有质点动量的矢量和称为质点系的动量，即

$$\boldsymbol{p}=\sum_{i=1}^{n} m_i \boldsymbol{v}_i \tag{10-1}$$

式中，m_i 为第 i 个质点的质量；$\boldsymbol{v}_i$ 为该质点的速度；n 为质点系中质点的个数。

由运动学关系，令 $M=\sum_{i=1}^{n} m_i$ 为质点系的总质量，$\boldsymbol{r}_i$ 表示第 i 个质点的矢径，与重心坐标相似，定义质点系质量中心 C（简称质心）的矢径 $\boldsymbol{r}_C$ 为

$$\boldsymbol{r}_C=\frac{\sum_{i=1}^{n} m_i \boldsymbol{r}_i}{M}$$

将上式对时间求导得

$$\dot{\boldsymbol{r}}_C=\frac{\sum_{i=1}^{n} m_i \dot{\boldsymbol{r}}_i}{M}$$

即

$$\sum m_i \dot{\boldsymbol{r}}_i = M\dot{\boldsymbol{r}}_C$$

由于 $\dot{\boldsymbol{r}}_i = \boldsymbol{v}_i$，$\dot{\boldsymbol{r}}_C = \boldsymbol{v}_C$，$\boldsymbol{p} = \sum_{i=1}^{n} m_i \boldsymbol{v}_i = \sum_{i=1}^{n} m_i \dot{\boldsymbol{r}}_i$，所以

$$\boldsymbol{p} = M\boldsymbol{v}_C \tag{10-2}$$

式(10－2)表明：质点系的动量等于质点系的质量与质心速度的乘积。不论质点系内各质点的速度如何不同，只要知道质点系质心的速度，就可以求出整个质点系的动量。

刚体是由无限多个质点组成的不变质点系，质心相对于刚体是一定点，对于质量均匀分布的刚体，质心就是其几何中心，故由式(10－2)可以很方便地计算几何形状规则的均质刚体的动量。如图10－1所示，质量为 M 的车轮做平面运动，其质心速度为 $\boldsymbol{v}_C$，则车轮的动量大小为 Mv_C，方向水平向右；如图10－2所示，均质圆轮绕过质心的轴 O 转动，则其质心速度大小 $v_C = v_O = 0$，故此圆轮的动量大小为0。

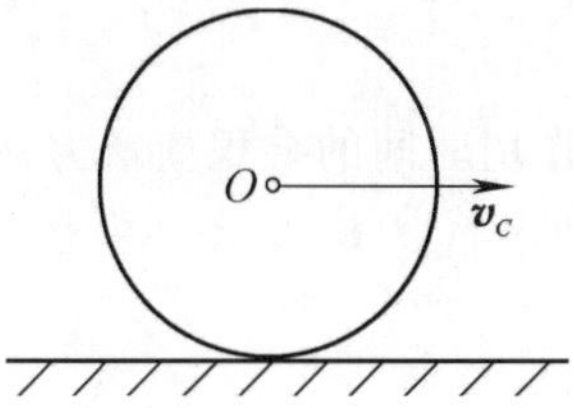

图10－1

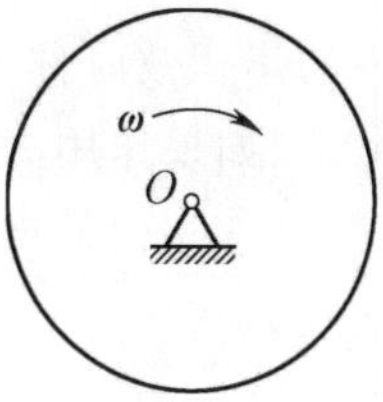

图10－2

例10－1　如图10－3所示的椭圆规中，$OC = AC = BC = l$，曲柄 OC 与连杆 AB 的质量不计，滑块 A、B 的质量均为 m，曲柄以角度 ω 转动。求系统在图示位置瞬时的动量。

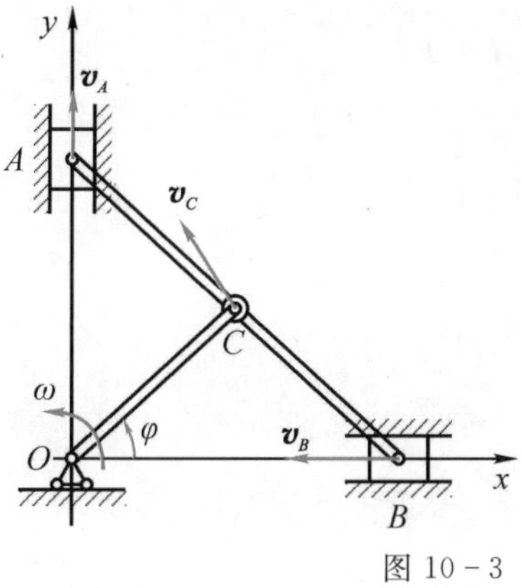

图10－3

刚体系统动量计算易错举例

解　方法1　利用式(10－1)，有

$$\boldsymbol{p} = m_A \boldsymbol{v}_A + m_B \boldsymbol{v}_B \tag{a}$$

式中，等号右边两项分别为滑块 A 和滑块 B 的动量。

用点的运动学方法求 A、B 两点的速度 $\boldsymbol{v}_A$ 与 $\boldsymbol{v}_B$：

$$\begin{cases} y_A = 2l\sin\varphi,\ v_{Ay} = 2l\dot{\varphi}\cos\varphi = 2l\omega\cos\varphi \\ x_B = 2l\cos\varphi,\ v_{Bx} = -2l\dot{\varphi}\sin\varphi = -2l\omega\sin\varphi \end{cases} \tag{b}$$

将上式代入式(a)，得

$$\boldsymbol{p} = -2l\omega m\sin\varphi\boldsymbol{i} + 2l\omega m\cos\varphi\boldsymbol{j} = 2l\omega m(-\sin\varphi\boldsymbol{i} + \cos\varphi\boldsymbol{j}) \tag{c}$$

读者思考　还可用什么方法求解点 A、B 的速度 $\boldsymbol{v}_A$ 与 $\boldsymbol{v}_B$？

方法 2　机构的总质心在点 C，总质量为 $(m_A + m_B) = 2m$，利用式(10-2)有

$$\boldsymbol{p} = 2m\boldsymbol{v}_C \tag{d}$$

将点 C 的速度写成

$$\boldsymbol{v}_C = l\omega(-\sin\varphi\boldsymbol{i} + \cos\varphi\boldsymbol{j})$$

代入式(d)，得到与(c)相同的结果。

注意：

(1)应用动量定理时，正确写出质点系的动量十分重要。在本题中，方法 1 是分别求出两质量的动量再叠加；方法 2 是按系统的总质心计算动量。

(2)质点系的动量是矢量，有大小，还有方向。

2. 冲量

物体运动的改变，不仅取决于作用在物体上的力，而且与力所作用时间的长短有关，因此将力在一段时间内的累积效应称为力的冲量。

(1)常力的冲量。如果作用力是常量，将力与其作用时间的乘积衡量力在这段时间内的累积效应，故作用力与其作用时间的乘积称为常力的冲量。以 $\boldsymbol{F}$ 表示此常力，作用的时间为 t，则此力的冲量表达式为

$$\boldsymbol{I} = \boldsymbol{F}t \tag{10-3}$$

冲量的方向与常力的方向一致，单位是 N·s。

(2)变力的冲量。如果作用力 $\boldsymbol{F}$ 是变量，在微小时间间隔 $\mathrm{d}t$ 内，力 $\boldsymbol{F}$ 可以看作常量，因此在 $\mathrm{d}t$ 时间内力的元冲量为

$$\mathrm{d}\boldsymbol{I} = \boldsymbol{F}\mathrm{d}t$$

而力 $\boldsymbol{F}$ 在作用时间 t 内的冲量为

$$\boldsymbol{I} = \int_0^t \boldsymbol{F}\mathrm{d}t \tag{10-4}$$

冲量在直角坐标轴上的投影为

$$I_x = \int_0^t F_x\mathrm{d}t,\ I_y = \int_0^t F_y\mathrm{d}t,\ I_z = \int_0^t F_z\mathrm{d}t \tag{10-5}$$

10.2　动量定理及其应用

1. 质点的动量定理

设质点 M 的质量为 m，作用在质点上的力系的合力为 $\boldsymbol{F}$。根据动力学基本方程得

$$m\boldsymbol{a} = m\frac{\mathrm{d}\boldsymbol{v}}{\mathrm{d}t} = \boldsymbol{F}$$

设质点质量 m 为常量，则上式亦可写为

$$\frac{\mathrm{d}}{\mathrm{d}t}(m\boldsymbol{v}) = \boldsymbol{F} \tag{10-6}$$

质点的动量定理：质点的动量对时间的导数等于作用在质点上的力。将式(10-6)中的 $\mathrm{d}t$ 移到等式右边，得

$$\mathrm{d}(m\boldsymbol{v}) = \boldsymbol{F}\mathrm{d}t = \mathrm{d}\boldsymbol{I} \tag{10-7}$$

质点动量定理的微分形式：质点动量的增量等于作用在质点上力的元冲量。

将式(10－7)积分，得

$$m\boldsymbol{v}-m\boldsymbol{v}_0=\int_0^t \boldsymbol{F}\mathrm{d}t=\boldsymbol{I} \tag{10-8}$$

质点动量定理的积分形式：在某一时间间隔内，质点动量的变化等于作用在质点上的力在此段时间内的冲量。

2. 质点系的动量定理

设由 n 个质点 M_1、M_2、…、M_n 组成的质点系，第 i 个质点的质量为 m_i，速度为 $\boldsymbol{v}_i$。质点系以外的物体对该质点作用的力称为外力，用 $\boldsymbol{F}_i^{(e)}$ 表示；质点系内其他质点对该质点作用的力称为内力，用 $\boldsymbol{F}_i^{(i)}$ 表示。根据质点的动量定理有

$$\frac{\mathrm{d}}{\mathrm{d}t}(m_i\boldsymbol{v}_i)=\boldsymbol{F}_i^{(e)}+\boldsymbol{F}_i^{(i)}$$

对质点系内每一个质点都可写出这样一个方程，将这 n 个方程相加，得

$$\sum_{i=1}^{n}\frac{\mathrm{d}}{\mathrm{d}t}(m_i\boldsymbol{v}_i)=\sum_{i=1}^{n}\boldsymbol{F}_i^{(e)}+\sum_{i=1}^{n}\boldsymbol{F}_i^{(i)}$$

改变求和与求导的次序，得

$$\frac{\mathrm{d}}{\mathrm{d}t}\sum_{i=1}^{n}m_i\boldsymbol{v}_i=\sum_{i=1}^{n}\boldsymbol{F}_i^{(e)}+\sum_{i=1}^{n}\boldsymbol{F}_i^{(i)}$$

式中，$\sum\limits_{i=1}^{n}(m_i\boldsymbol{v}_i)$ 为质点系的动量。由于作用在质点系上所有的内力都是成对出现，且大小相等，方向相反，故所有内力的矢量和(内力系的主矢)恒等于零，即 $\sum\limits_{i=1}^{n}\boldsymbol{F}_i^{(i)}=\boldsymbol{0}$，于是上式简化为

$$\frac{\mathrm{d}\boldsymbol{p}}{\mathrm{d}t}=\sum_{i=1}^{n}\boldsymbol{F}_i^{(e)} \tag{10-9}$$

质点系的动量定理：质点系的动量对时间的导数等于作用在质点系上外力的矢量和(或称外力系的主矢)。

式(10－9)的微分形式为

$$\mathrm{d}\boldsymbol{p}=\sum_{i=1}^{n}\boldsymbol{F}_i^{(e)}\mathrm{d}t=\sum_{i=1}^{n}\mathrm{d}\boldsymbol{I}_i^{(e)} \tag{10-10}$$

质点系动量定理的微分形式：质点系动量的增量等于作用在质点系上外力元冲量的矢量和。

式(10－10)的积分形式为

$$\boldsymbol{p}-\boldsymbol{p}_0=\sum_{i=1}^{n}\int_0^t F_i^{(e)}\mathrm{d}t=\sum_{i=1}^{n}I_i^{(e)} \tag{10-11}$$

质点系动量定理的积分形式：质点系动量的增量等于作用在质点系上的外力元冲量的矢量和。

动量定理是矢量形式，在应用时常取投影形式，由式(10－9)得质点系动量定理在直角坐标系的投影为

$$\frac{\mathrm{d}p_x}{\mathrm{d}t}=\sum_{i=1}^{n}F_{ix}^{(e)},\ \frac{\mathrm{d}p_y}{\mathrm{d}t}=\sum_{i=1}^{n}F_{iy}^{(e)},\ \frac{\mathrm{d}p_z}{\mathrm{d}t}=\sum_{i=1}^{n}F_{iz}^{(e)} \tag{10-12}$$

有时候也会用到自然轴系下的投影式。

3. 质点系动量守恒定律

质点系动量守恒定律可看作质点系动量定理的特例。包括以下两种情况：

（1）若质点系不受外力的作用，或作用于质点系的所有外力的矢量和恒等于零，即 $\sum_{i=1}^{n}\boldsymbol{F}_i^{(e)} \equiv \boldsymbol{0}$ 时，由式(10－9)得

$$\boldsymbol{p}=\sum_{i=1}^{n}m_i\boldsymbol{v}_i=\text{常矢量}$$

这表明，若作用于质点系的外力的矢量和恒等于零时，则该质点系的动量保持不变。由此可见，内力及其冲量虽然可以引起质点系中各质点间的动量的相互交换，但不能改变整个质点系的动量，要改变质点系的动量，必须有外力的作用。

(2)若作用在质点系上的外力在 x 轴上投影的代数和等于零，即 $\sum_{i=1}^{n}F_{ix}^{(e)} \equiv 0$，由式(10－12)得

$$p_x=\sum_{i=1}^{n}m_iv_{ix}=\text{常量}$$

这表明质点系在 x 轴向动量守恒。

以上结论称为质点系的动量守恒定律。

应注意，内力虽不能改变质点系的动量，但是可改变质点系中各质点的动量。

例 10－2 电动机的外壳固定在水平基础上，定子和机壳的质量为 m_1，转子质量为 m_2，如图 10－4 所示。设定子的质心位于转轴的中心 O_1，但由于制造误差，转子的质心 O_2 到 O_1 的距离为 e 。已知转子匀速转动，角速度为 ω ，求基础的水平及铅垂约束力。

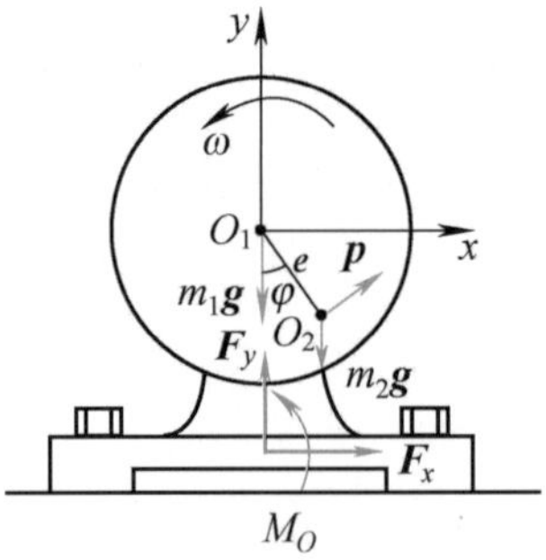

图 10－4

分析 本例已知质点系的运动，求约束力，可由动量定理求解。

解 (1)取电动机外壳与转子组成质点系，外力有重力 $m_1\boldsymbol{g}$ 、$m_2\boldsymbol{g}$ ，基础的约束力 $\boldsymbol{F}_x$ ，$\boldsymbol{F}_y$ 和约束力偶 M_O 。受力如图 10－4 所示。

(2)机壳不动，质点系的动量就是转子的动量，其大小为

$$p=m_2\omega e$$

方向如图 10－4 所示。

(3)设 $t=0$ 时，O_1O_2 铅垂，有 $\varphi=\omega t$ 。由动量定理的投影式(10－12)，得

$$\frac{\mathrm{d}p_x}{\mathrm{d}t}=F_x\ ,\ \frac{\mathrm{d}p_y}{\mathrm{d}t}=F_y-m_1g-m_2g$$

而

$$p_x=m_2\omega e\cos\omega t\ ,\ p_y=m_2\omega e\sin\omega t$$

代入上式，解出基础约束力为

$$F_x = -m_2 e\omega^2 \sin\omega t\ ,\ F_y = (m_1 + m_2)g + m_2 e\omega^2 \cos\omega t$$

本例中关于约束力偶 M_O，可以运用后续将要学习的动量矩定理或达朗贝尔原理进行求解。

讨论　由上例可以看出，电机静止不转时，基础的约束力为 $(m_1 + m_2)g$，称为静约束力；电机转动时的基础约束力可称为动约束力。动约束力与静约束力的差值是由于系统运动而产生的，可称为附加动约束力。

知识拓展

上例中，由于转子偏心而引起的在 x 方向附加动约束力 $-m_2 e\omega^2 \sin\omega t$ 和 y 方向附加动约束力 $m_2 e\omega^2 \cos\omega t$ 都是谐变力，这种谐变力将会引起电机和机座发生振动。在一般情况下，电动机转子的偏心距 e 应该小到一定的范围，以减小附加动约束力，这是减小振动的重要措施。但是在某些利用振动的振动机械中，电动机是作为振动机械的激振源，所以在转子轴上有意装上偏心块以获得激振力，这就是振动电动机。因此，合理使用科学技术可以避免不必要的损失。

读者思考　人静止地蹲(或半蹲)在磅秤上，如图 10-5(a)所示。此时磅秤指针显示人体的重量。然后，人的双脚不离开磅秤慢慢站起，同时双臂上举，并再保持静止，如图 10-5(b)、(c)所示。请思考在这一运动过程中，磅秤指针的读数将发生什么变化？

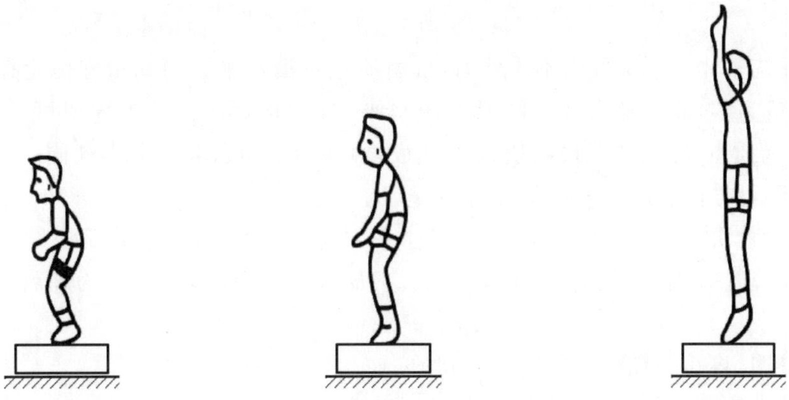

图 10-5

例 10-3　两个重物 M_1 和 M_2 的质量分别为 m_1 和 m_2，系在两根质量不计的绳子上，如图 10-6 所示。两根绳子分别缠绕在半径为 r_1 和 r_2 的鼓轮上，鼓轮的质量为 m，其质心为轮心 O。若鼓轮以角加速度 α 绕轮心 O 逆时针转动，试求轮心 O 处的约束力。

解　(1)选取鼓轮和两个重物组成的质点系为研究对象，系统的受力分析如图 10-6 所示。

(2)质点系动量在坐标轴上的投影为

$$p_x = 0$$

$$p_y = m_1 v_1 - m_2 v_2 \qquad \text{(a)}$$

(3)作用在质点系上的外力在坐标轴上投影的代数和为

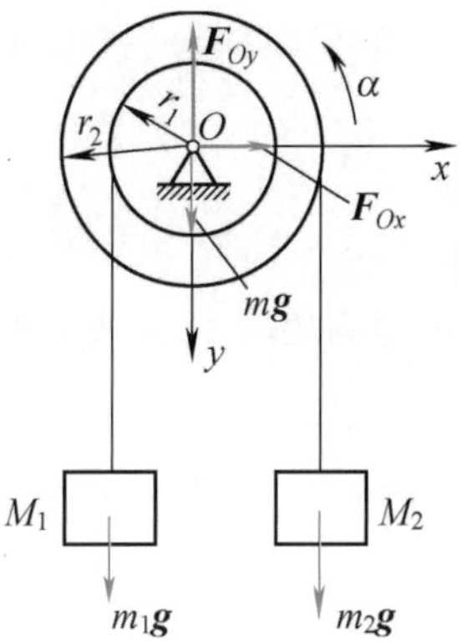

图 10-6

$$\begin{aligned} F_x &= F_{Ox} \\ F_y &= m_1 g + m_2 g + m_g - F_{Oy} \end{aligned} \tag{b}$$

将式(a)、式(b)代入式(10-12),得

$$\begin{aligned} &F_{Ox} = 0 \\ &m_1 \dot{v}_1 - m_2 \dot{v}_2 = m_1 g + m_2 g + m_g - F_{Oy} \end{aligned}$$

又由于 $\dot{v}_1 = \alpha r_1$, $\dot{v}_2 = \alpha r_2$,则轮心 O 处的约束力为

$$\begin{aligned} &F_{Ox} = 0 \\ &F_{Oy} = m_1 g + m_2 g + m_g + \alpha(m_2 r_2 - m_1 r_1) \end{aligned}$$

例 10-4 质量为 m_A 的物块 A 可沿光滑水平面自由滑动,质量为 m_B 的小球 B 以不计质量的细杆与物块 A 铰接,如图 10-7 所示。设杆长为 l,初始时系统静止,并有初始摆角 φ_0;释放后,细杆近似以 $\varphi = \varphi_0 \cos\omega t$ 规律摆动(ω 为已知常数),求物块 A 的最大速度。

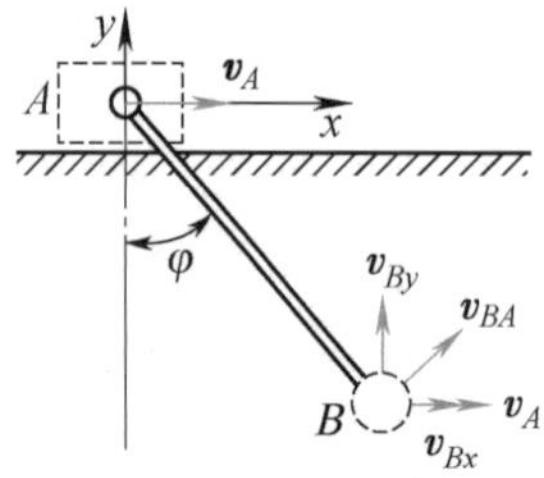

图 10-7

分析 系统整体在水平方向不受外力,可由质点系沿水平方向动量守恒定律求解。初始系统静止,动量为零,故需求出任一瞬时系统水平方向的动量,令其为零即可。物块 A 作平动,小球 B 视为质点,故只要假设物块 A 的速度,由运动学知识求出小球 B 同一瞬时水平方向的速度分量,即可方便写出系统水平方向动量。

解 (1)取物块和小球为研究对象,系统水平方向不受力,则质点系沿水平方向动量守恒。设杆摆至任一位置 φ 时,物块 A 的速度为 $\boldsymbol{v}_A$。AB 杆作平面运动,以 A 为基点,有

$$\boldsymbol{v}_B = \boldsymbol{v}_A + \boldsymbol{v}_{BA} \tag{a}$$

画出速度矢量图,将式(a)沿 x 轴取投影,得

$$\begin{aligned} v_{Bx} &= v_A + v_{BA}\cos\varphi = v_A + \dot{\varphi} l \cos\varphi \\ &= v_A - l\omega\varphi_0 \sin\omega t \cos(\varphi_0 \cos\omega t) \end{aligned}$$

(2)根据水平方向的动量守恒条件,有

$$m_A v_A + m_B v_{Bx} = 0$$

即

$$m_A v_A + m_B [v_A - l\omega\varphi_0 \sin\omega t \cos(\varphi_0 \cos\omega t)] = 0$$

解得物块 A 的速度大小为

$$v_A = \frac{m_B l\omega\varphi_0 \sin\omega t \cos(\varphi_0 \cos\omega t)}{m_A + m_B}$$

当 $\sin\omega t = \pm 1$ 时,有 $\cos\omega t = 0$,即 $\varphi = 0$,物块有向右(或向左)的最大速度 $v_A = \dfrac{m_B l\omega\varphi_0}{m_A + m_B}$。

读者思考 上例中还可以用什么方法求解 v_A 与 v_{Bx} 的关系?

知识拓展

质点系动量定理说明，只有作用于质点系上的外力才能改变质点系的动量。作用于质点系上的内力虽不能改变整个系统的动量，却能改变质点系内各部分的动量。动量定理在实际生活和科学研究中有着广泛应用。例如，火箭发射是航天领域的重要任务，而动量定理在火箭发射过程中发挥着关键作用。在火箭发射时，燃料燃烧产生的废气会以高速喷射出来，根据动量定理，喷射出的废气的动量变化会对火箭产生一个反作用力，从而推动火箭向上运动。因此，在火箭的设计和发射过程中，科学家和工程师们需要根据动量定理来优化火箭发射系统，以提高火箭的推力和运载能力。

小结　应用动量定理求解质点系动力学问题时，应注意以下几点：

(1)质点系动量的变化与内力无关。故应用动量定理时，首先明确研究对象，只需将外力表示在受力图上。

(2)动量定理和动量守恒定律中各质点的速度皆为绝对速度。

(3)对质点系动力学问题，若已知运动，求约束力，应用动量定理很方便。

(4)利用动量守恒定律可确定质点系中质点速度之间的关系。

10.3　质心运动定理

1. 质心运动定理

由质点系动量定理，将质点系动量式(10－2)代入式(10－9)，得

$$\frac{\mathrm{d}}{\mathrm{d}t}(M\boldsymbol{v}_C)=\sum_{i=1}^{n}\boldsymbol{F}_i^{(\mathrm{e})}$$

对于质量不变的质点系，上式可写为

$$M\frac{\mathrm{d}\boldsymbol{v}_C}{\mathrm{d}t}=\sum_{i=1}^{n}\boldsymbol{F}_i^{(\mathrm{e})}$$

即

$$M\boldsymbol{a}_C=\sum_{i=1}^{n}\boldsymbol{F}_i^{(\mathrm{e})} \tag{10-13}$$

式中，$\boldsymbol{a}_C$ 为质点系质心的加速度，上式给出了质点系质心的运动与外力之间的关系。即质点系的质量与质心加速度的乘积等于作用在质点系上外力的矢量和(或称外力系的主矢)。此结论称为质心运动定理。

由式(10－1)可知，质点系的动量为 $\boldsymbol{p}=\sum\limits_{i=1}^{n}m_i\boldsymbol{v}_i$，将式(10－1)代入式(10－9)，得

$$\frac{\mathrm{d}}{\mathrm{d}t}\left(\sum_{i=1}^{n}m_i\boldsymbol{v}_i\right)=\sum_{i=1}^{n}\boldsymbol{F}_i^{(\mathrm{e})}$$

若质点系中每个质点的质量不变，上式可写为

$$\sum_{i=1}^{n}m_i\boldsymbol{a}_i=\sum_{i=1}^{n}\boldsymbol{F}_i^{(\mathrm{e})} \tag{10-13$'$}$$

若能求出质点系中各质点的加速度或刚体系统中各刚体质心的加速度，则可用式(10－13′)求某一外力。式(10－13′)称为质心运动定理的变形形式。

质心运动定理是矢量形式，应用时常取投影形式，式(10－13)的投影式为

(1)在直角坐标系上的投影：

$$Ma_{Cx}=\sum_{i=1}^{n}F_{ix}^{(e)}\ ,\ Ma_{Cy}=\sum_{i=1}^{n}F_{iy}^{(e)}\ ,\ Ma_{Cz}=\sum_{i=1}^{n}F_{iz}^{(e)} \tag{10-14}$$

(2)在自然轴系上的投影：

$$Ma_{C\tau}=\sum_{i=1}^{n}F_{i\tau}^{(e)}\ ,\ Ma_{Cn}=\sum_{i=1}^{n}F_{in}^{(e)}\ ,\ Ma_{Cb}=\sum_{i=1}^{n}F_{ib}^{(e)} \tag{10-15}$$

式(10－14)与动力学基本方程的形式相同，从本质上来说，与质点系动量定理是一致的，它使得某些复杂质点系动力学问题可简化为简单质点动力学问题来解决。在研究质心加速度问题时可以看出，质心加速度完全取决于外力系主矢的大小和方向，与质点系的内力无关，也与外力作用位置无关。各外力作用位置不同，只能影响质点系绕质心的转动，而不能影响质心的运动。例如，跳水运动员自跳板起跳后，无论他在空中如何翻跃，做何种动作，在入水前，他的质心都将沿抛物线轨迹运动。又如，停在光滑冰面上的汽车，无论如何加大油门，都不能使汽车前进，这是因为加大油门增加了气缸内的燃气压力，这对汽车来讲是内力，不能改变汽车质心的运动，故只有增大轮胎与地面间的摩擦力(如换防滑轮胎、加防滑链)，才能使汽车前进。

质心运动定理是动量定理的另一种表达形式，在理论上有着重要的意义。运动学中指出平面运动刚体的运动总可以分解为随同质心的平动与绕质心的转动，应用质心运动定理可求出质心的运动，至于绕质心的转动，需用下一章的动量矩定理进行研究。

2. 质心运动守恒定律

质心运动守恒定律可看作质心运动定理的特例，包括以下两种情况：

(1)质点系不受外力的作用，或作用于质点系的所有外力的矢量和恒等于零，即

$$\sum_{i=1}^{n}\boldsymbol{F}_{i}^{(e)}=\boldsymbol{0}$$

由式(10－13)知，质点系质心的速度

$$\boldsymbol{v}_C=\text{常矢量}$$

即质点系质心处于静止或作匀速直线运动。由此可见，若要改变质心的运动，必须有外力的作用；内力不能改变质点系质心的运动。

(2)若所有作用于质点系的外力在 x 轴上投影的代数和恒等于零，即

$$\sum_{i=1}^{n}F_{ix}^{(e)}=0$$

由式(10－14)知，质点系质心沿 x 轴的速度

$$v_{Cx}=\text{常量}$$

这表明质心沿 x 轴向的运动是匀速的。当 $v_{Cx}=$常量$=0$ 时，质心的横坐标 x_C 不变。

例 10－5 利用质心运动定理解例 10－2。

解 (1)取电动机外壳与转子组成质点系，外力有重力 $m_1\boldsymbol{g}$、$m_2\boldsymbol{g}$，基础的约束力 $\boldsymbol{F}_x$、$\boldsymbol{F}_y$ 和约束力偶 M_O。受力如图 10－8 所示。

(2)以 O_1 为原点建立直角坐标系 O_1xy，则外壳与定子的质心 O_1 坐标为 $x_1=0$、$y_1=0$，而转子的质心 O_2 坐标为 $x_2=e\sin\omega t$、$y_2=-e\cos\omega t$，由质心坐标公式得质点系质心 C 的坐标为

$$x_C=\frac{m_1x_{C1}+m_2x_{C2}}{m_1+m_2}=\frac{m_2e\sin\omega t}{m_1+m_2}$$

$$y_C=\frac{m_1y_{C1}+m_2y_{C2}}{m_1+m_2}=\frac{-m_2e\cos\omega t}{m_1+m_2}$$

有

$$a_{Cx}=\frac{d^2x_C}{dt^2}=-\frac{m_2e\omega^2\sin\omega t}{m_1+m_2}$$

$$a_{Cy}=\frac{d^2y_C}{dt^2}=\frac{m_2e\omega^2\cos\omega t}{m_1+m_2}$$

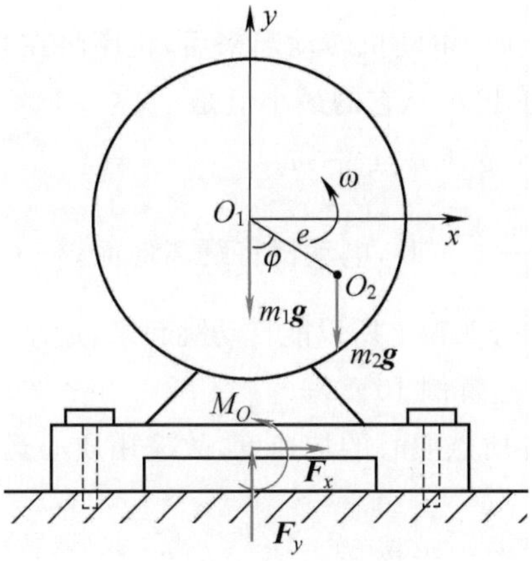

图 10－8

(3)根据质心运动定理,得

$$(m_1+m_2)a_{Cx}=-m_2e\omega^2\sin\omega t=F_x$$

$$(m_1+m_2)a_{Cy}=m_2e\omega^2\cos\omega t=F_y-m_1g-m_2g$$

解得

$$F_x=-m_2e\omega^2\sin\omega t$$

$$F_y=m_1g+m_2g-m_2e\omega^2\cos\omega t$$

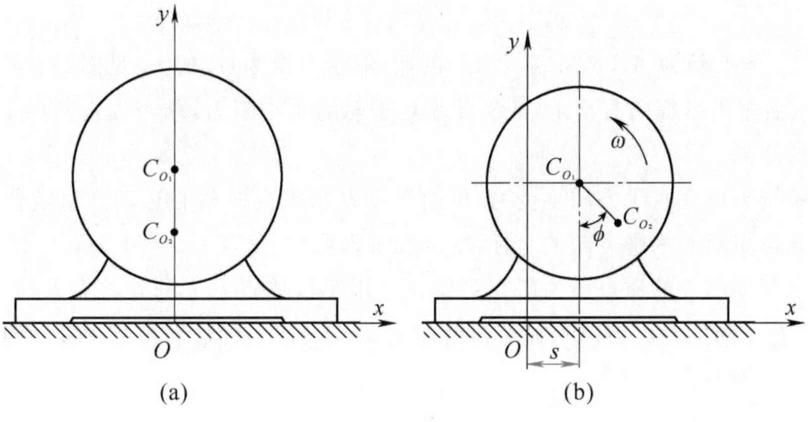

图 10－9

讨论

(1)若电机没有被螺栓固定,各处摩擦不计,此时,电动机只受重力和地面的法向约束力,在水平方向上没有外力,整个系统由静止开始运动,因此,系统的质心坐标 x_C 应保持不变。假设开始时,转子在铅垂位置,如图 10-9(a)所示,则 $x_C^0=0$。任一瞬时 t ,设定子的水平位移为 s ,如图 10-9(b)所示,则转子质心的位移为 $s+e\sin\omega t$,根据 x 轴上质心运动守恒,得

$$x_C=\frac{m_1 s+m_2(s+e\sin\omega t)}{m_1+m_2}=x_C^0=0$$

所以 $s=\dfrac{-m_2 e\sin\omega t}{m_1+m_2}$,负号说明定子的位移不是向右而是向左。由此可见,当转子有偏心而电机又没有螺栓固定在基础上时,电动机转动起来后,机座将在光滑的水平面上做简谐振动。

(2)在铅垂方向,前面已算出 F_y ,它的最小值是

$$F_{y\min}=m_1 g+m_2 g-m_2 e\omega^2$$

当 $F_y\leqslant 0$,即 $\omega\geqslant\sqrt{\dfrac{(m_1+m_2)g}{m_2 r}}$ 时,电动机将跳离地面。

读者思考　蛙式打夯机的夯头架之所以能自动跳起来,是什么原理?

质心运动定理的应用(一)

例 10-6　用质心运动定理解例 10-3。

分析　本例中可以求出各质点质心的加速度,故应用质心运动定理的变形形式比较方便。

解　取整体为研究对象,作用于该质点系上的外力有重力 $m_1\boldsymbol{g}$ 、$m_2\boldsymbol{g}$ 、$m\boldsymbol{g}$ 及约束力 $\boldsymbol{F}_{Ox}$ 、$\boldsymbol{F}_{Oy}$ 。建立坐标系 Oxy(y 轴方向与图 10-6 中 y 轴方向相反),设物块 1、物体 2 的加速度分别为 $\boldsymbol{a}_1$、$\boldsymbol{a}_2$,则

$$a_1=\alpha r_1\ ,\ a_2=\alpha r_2$$

根据式(10-13′),即质心运动定理变形形式得

$$0=F_{Ox}$$

$$-m_1 a_1+m_2 a_2=F_{Oy}-m_1 g-m_2 g-mg$$

解得轮心 O 处的约束力为

$$F_{Ox}=0$$

$$F_{Oy}=(m_1+m_2+m)g+\alpha(m_2 r_2-m_1 r_1)$$

质心运动定理的应用(二)

例 10-7　今有长为 $AB=2a$,重为 G_1 的船,船上有重为 G_2 的人(见图 10-10),设人最初在船上 A 处,后来沿甲板向右行走,如不计水对于船的水平阻力,求当人走到船上 B 处时,船向左方移动的距离。

分析　系统整体在水平方向不受力,可由质点系水平方向质心运动守恒定律求解。写出初始与末了两位置质心水平方向的坐标,令其相等即可。

解　取人与船组成的质点系为研究对象。作用于该质点系上的外力有人与船的重力 $\boldsymbol{G}_2$ 和 $\boldsymbol{G}_1$ 以及水对于船的约束力 $\boldsymbol{F}_{\mathrm{N}}$,显然各力在 x 轴上投影的代数和恒等于零。因此质点系水平方向质心运动守恒。

当人在船的最左端、船在 AB 位置时,人与船质心的坐标 x_{C_1} 为

$$x_{C_1}=\frac{\dfrac{G_2}{g}b+\dfrac{G_1}{g}(b+a)}{\dfrac{G_2}{g}+\dfrac{G_1}{g}}=\frac{G_2b+G_1(b+a)}{G_2+G_1}$$

当人走到船的最右端时，船向左移动的距离为 l，这时船在 $A'B'$ 位置，此时人与船质心的坐标 x_{C_2} 为

$$x_{C_2}=\frac{\dfrac{G_2}{g}(b+2a-l)+\dfrac{G_1}{g}(b+a-l)}{\dfrac{G_2}{g}+\dfrac{G_1}{g}}=\frac{G_2(b+2a-l)+G_1(b+a-l)}{G_2+G_1}$$

由于 $x_{C_1}=x_{C_2}$，于是得到

$$\frac{G_2b+G_1(b+a)}{G_2+G_1}=\frac{G_2(2a+b-l)+G_1(b+a-l)}{G_2+G_1}$$

由此求得船向左移动的距离为

$$l=2a\,\frac{G_2}{G_2+G_1}$$

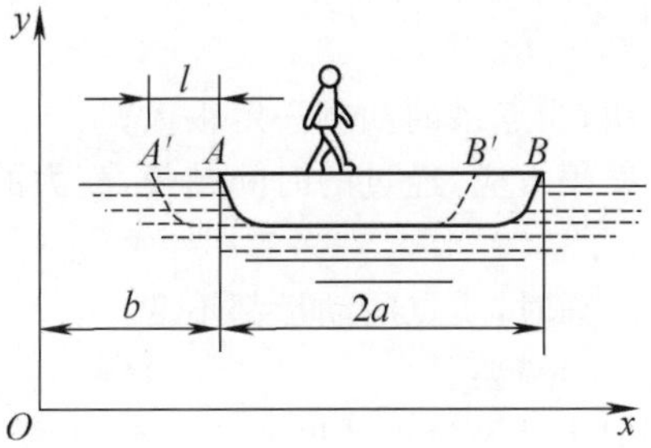

图 10-10

质心运动守恒定律的应用举例

讨论

(1)人向前走，船向后退，改变人和船运动的力是人与船间的摩擦力，这是质点系的内力。因此，内力虽然不能改变质心的运动，但能改变质点系内各质点的运动。

(2)船后退的距离取决于人走的距离 $2a$ 和人与船的重量比值 $\dfrac{G_2}{G_2+G_1}$，比值越小则船移动的距离也越小。

小结　在应用质心运动定理时应注意以下几点：

(1)式(10-14)的右端是作用在质点系上各外力的矢量和，即各外力的主矢，而不是外力的合成结果。

(2)内力虽不能改变质点系质心的运动，但可以改变质点系中各个质点的运动。

(3)为求未知力，可计算质心坐标，求质心的加速度，然后运用质心运动定理求解；当系统质心不易确定时，可用质心运动定理的变形形式求解。

(4)质点系动量守恒定律与质心运动守恒定律成立的条件相同，但质点系的动量守恒定律常用于求速度，而质心运动守恒定律常用于求位移或运动规律。

习　题

一、基础题

1. 两物块 A 、B 的质量分别为 m_A 、m_B ,初始静止。如 A 沿斜面下滑的相对速度为 $\boldsymbol{v}_r$,物块 B 的速度为 $\boldsymbol{v}$,水平面光滑,如图 10 - 11 所示。则式 $m_A v_r \cos\theta = m_B v$ 对吗?

[答:动量定理中系统的动量应该用物体绝对速度,而不是相对速度,正确结果 $-m_B v + m_A(v_f \cos\theta - v) = 0$]

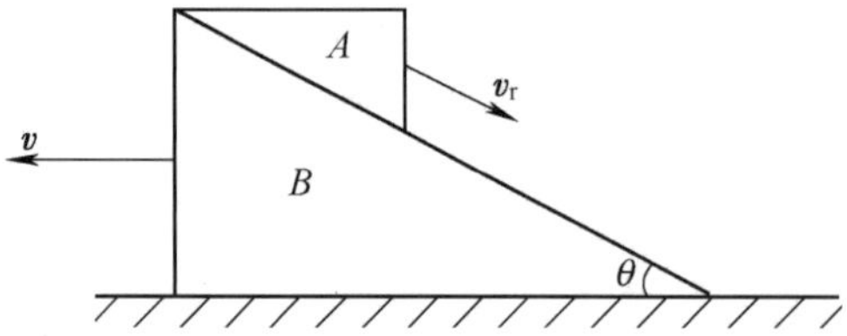

图 10 - 11

2. 判断下列说法是否正确?

(1)小球沿水平面运动,碰到铅直墙壁后返回,设碰撞前和碰撞后小球的速度大小相等,则作用在小球上力的冲量等于零;

(2)质点系中每一个质点都作高速运动,质点系的动量一定很大;

(3)冲量是力在一段时间内对物体的累积效应,经过的时间越长,变力的冲量就越大;

(4)质心运动守恒是指质心位置不变;

(5)质点作匀速直线运动和匀速圆周运动时,质点的动量都不变。

[答:(1)错误;(2)错误;(3)错误;(4)错误;(5)错误]

3. 各均质物体,其质量均为 m ,其几何尺寸及运动速度和角速度如图 10 - 12 所示。计算各物体的动量。

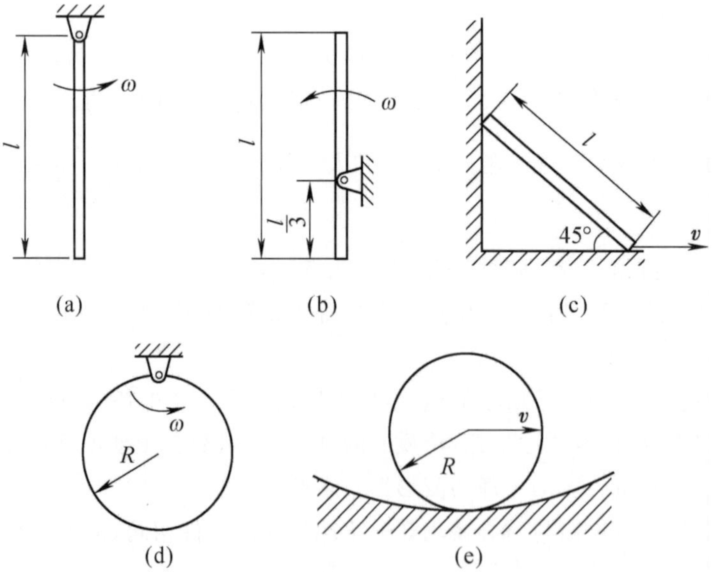

图 10 - 12

[答：(a) $\frac{1}{2}m\omega l$ 方向水平向右

(b) $\frac{1}{6}m\omega l$ 方向水平向左

(c) $\frac{\sqrt{2}}{2}mv$ 方向沿杆件轴线斜向下

(d) $m\omega R$ 方向水平向右

(e) mv 方向水平向右]

4. 质量为 m ，长为 $2l$ 的均质杆 OA 绕定轴 O 转动，如图 10－13 所示。设在图示瞬时杆的角速度为 ω ，角加速度为 α ，求此时轴 O 对杆的约束力。

[答：$F_{Ox}=-m(\omega^2 l\cos\varphi+\alpha l\sin\varphi)$ ，$F_{Oy}=mg+m(\omega^2 l\sin\varphi-\alpha l\cos\varphi)$]

5. 如图 10－14 所示，水平面上放一均质三棱柱 A，在其斜面上又放一均质三棱柱 B。两三棱柱的横截面均为直角三角形。三棱柱 A 的质量 m_A 为三棱柱 B 质量 m_B 的 3 倍，尺寸如图示。设各处摩擦不计，初始时系统静止。求：当三棱柱 B 沿三棱柱 A 滑下接触到水平面时，三棱柱 A 移动的距离。

$\left(\text{答：向左移动}\frac{a-b}{4}\right)$

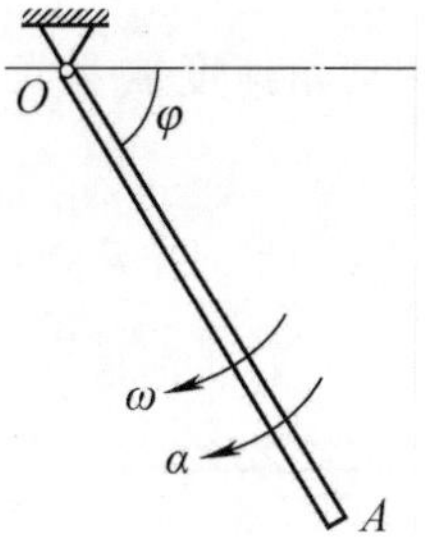

图 10－13

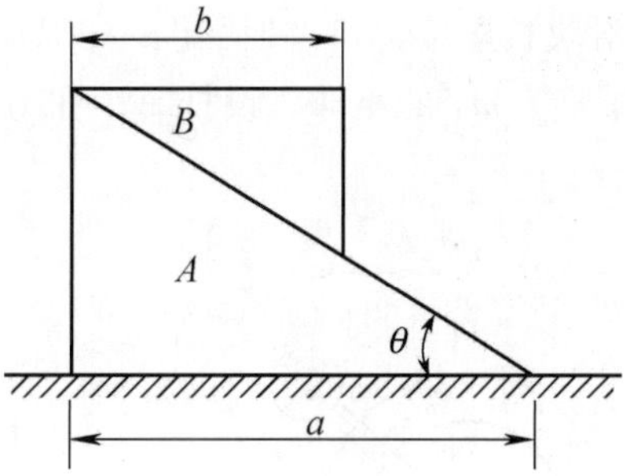

图 10－14

二、提升题

1. 一质量为 m 的质点作圆周运动，如图 10－15 所示。当质点位于点 A 时，其速度大小为 v_1，方向铅垂向上；当运动到点 B 时，其速度大小为 v_2，方向铅垂向下，则质点从点 A 运动到点 B 时，作用在该质点上力的冲量大小为多少？冲量的方向如何？

[答：冲量大小为 $|\boldsymbol{I}|=m_1(v_1+v_2)$]

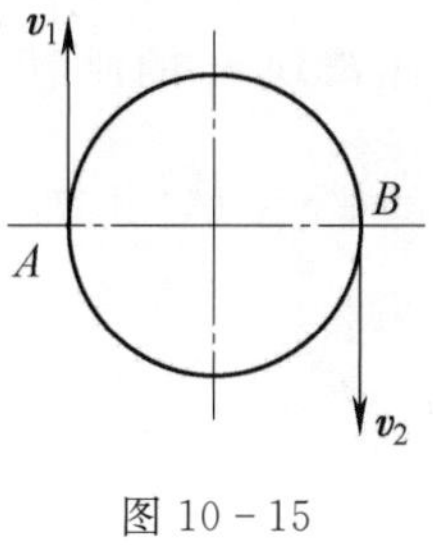

图 10－15

2. 长为 $2l$ 的均质杆 AB ，其一端 B 搁置在光滑水平面上，初始时静止，并与水平面成 θ 角，如图 10－16 所示。求当杆下落到水平面上时 A 点的轨迹方程。

$$\left[答：\frac{(x_A - l\cos\theta)^2}{l^2} + \frac{y_A^2}{4l^2} = 1\right]$$

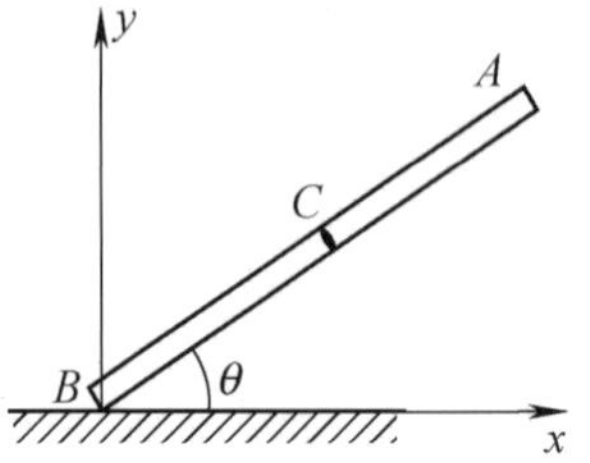

图 10 - 16

3. 重为 G_1 的电机放在光滑的水平地基上，长为 $2l$，重为 G_2 的均质杆的一端与电机的转轴垂直地固结，另一端则焊上一重物 G_3，如图 10 - 17 所示。如电机以匀角速度为 ω 转动，求：(1)电机的水平运动；(2)如电机外壳用螺栓固定在基础上，则作用于螺栓的最大水平力为多少？

$$\left[答：(1)x = -\frac{G_2 + 2G_3}{G_1 + G_2 + G_3} l\sin\omega t\ ;(2)\ F_{x\max} = \frac{G_2 + 2G_3}{g} l\omega^2\right]$$

4. 如图 10 - 18 所示，质量为 m 的滑块 A，可以在水平光滑槽中运动，具有刚度系数为 k 的弹簧一端与滑块相连接，另一端固定。杆 AB 长度为 l，质量忽略不计，A 端与滑块 A 铰接，B 端装有质量为 m_1 的小球。设杆 AB 在力偶 M 作用下转动角速度 ω 为常数。求滑块 A 的运动微分方程。

$$\left[答：\ddot{x} + \frac{k}{m + m_1} x = \frac{m_1 l\omega^2}{m + m_1} \sin\omega t\right]$$

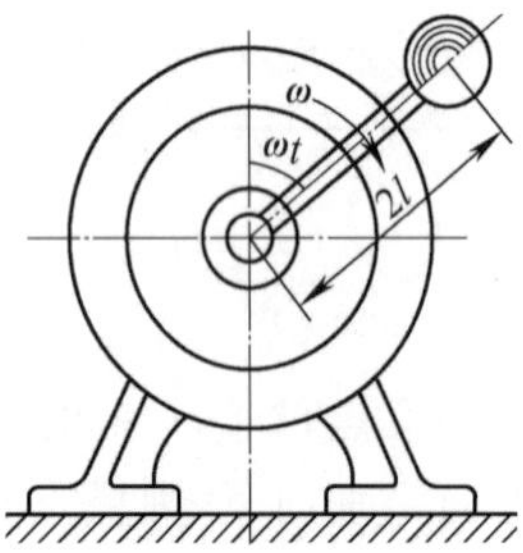

图 10 - 17

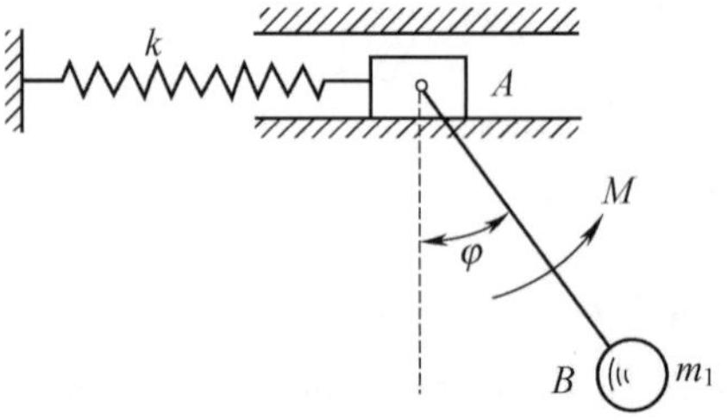

图 10 - 18

5. 如图 10 - 19 所示的曲柄滑杆机构中，曲柄以等角速度 ω 绕轴 O 转动。开始时，曲柄 OA 水平向右。已知：曲柄的质量为 m_1，滑块 A 的质量为 m_2，滑杆的质量为 m_3，曲柄的质心在 OA 的中点，$OA = l$；滑杆的质心在点 G，且 $BG = \dfrac{l}{2}$，忽略摩擦。求：(1)机构质量中心的运动方程；(2)作用在轴 O 的最大水平约束力。

$$\left[答：(1)x_C = \frac{m_3 l + (m_1 + 2m_2 + 2m_3) l\cos\omega t}{2(m_1 + m_2 + m_3)},\ y_C = \frac{(m_1 + 2m_2) l\sin\omega t}{2(m_1 + m_2 + m_3)}\right.$$

$$\left.(2)F_{Ox\max} = \frac{(m_1 + 2m_2 + 2m_3)\omega^2 l}{2}\right]$$

6. 飞鸟栖木

如图 10－20 所示，重量为 m 的鸟以与圆木轴线方向垂直的水平速度 $\boldsymbol{v}_0$ 站到了圆本的一头。圆木的质量为 M，长度为 l，位于结了冰的湖面上。问当鸟与圆木一起运动时，圆木的质心速度是多少？

$\left[\text{答：圆木质心速度大小为 } v_G=\dfrac{m}{4m+M}v_O\right]$

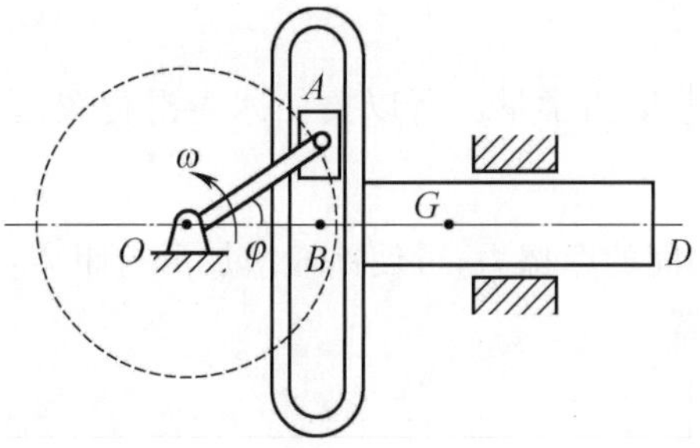

图 10－19

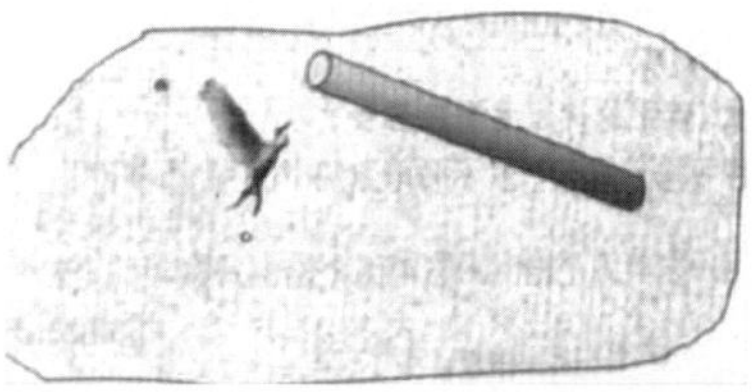
图 10－20

拓展阅读

冰壶运动中的动量定理

冰壶(Curling)，又称掷冰壶、冰上溜石，是以团队为单位在冰上进行的一种投掷性竞赛项目，为冬奥会比赛项目。冰壶为圆壶状，由不含云母的苏格兰天然花岗岩制成，冰壶周长约为 91.44 cm，高(从壶的底部到顶部)11.43 cm，重量(包括壶柄和壶栓)最大为 19.96 kg，如图 1 所示。冰壶是一项技巧运动，一击漂亮的投壶极其赏心悦目，有人把冰壶称作“冰上国际象棋”，这一比喻很好地诠释了冰壶的神秘与高雅。

图 1

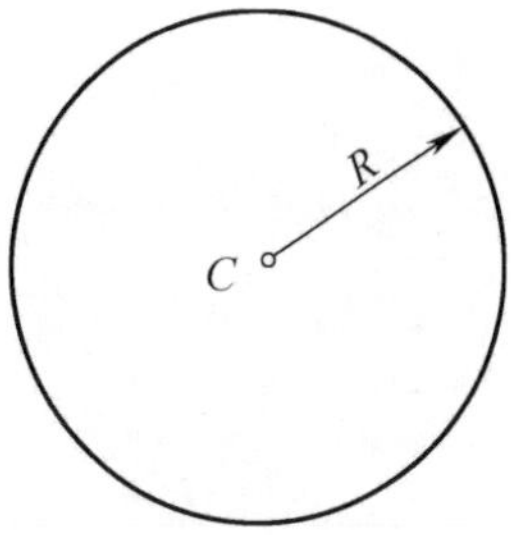

图 2

冰壶赛道的横截面是 U 型的，并不水平，之所以如此设计并不是制冰师的失误，而是制冰师专业水平体现，为的是可以帮助高水平运动员打出弧线球。但由于凹度很小，可以近似认为冰面水平。冰面并不完全平整，最上面一层覆盖着特制的微小颗粒。一名队员掷球后，由两名本方队员手持毛刷在冰壶滑行的前方快速左右擦刷冰面，以改变冰壶与冰面的摩擦力，也可以调整冰壶运动的方向，目的是使冰壶准确到达营垒的中心，或有目的地去撞击对方的冰壶。下面简单分析其中的力学原理。

由图 1 可知，冰壶有近似的质量对称面(半径为 R 的圆，见图 2)，由于冰壶做平面运动，可简化为质量对称面在自身平面内的运动。冰壶运动时，各处的摩擦力构成一平面任意力系，可合成一合力，记为 $\boldsymbol{F}'_f$ 。

设冰壶质量为 m ，掷出初始其质心速度为 $\boldsymbol{v}_{C1}$，$\mathrm{d}t$ 时间后质心速度为 $\boldsymbol{v}_{C2}$，由动量定理得

$$m\boldsymbol{v}_{C2}-m\boldsymbol{v}_{C1}=\boldsymbol{F}'_f\mathrm{d}t \tag{a}$$

由式(a)可知，改变 $\boldsymbol{F}'_f$ 方向，可改变 $\boldsymbol{v}_{C2}$ 方向，因此改变摩擦力方向，可改变冰壶的运动轨迹。

在初始与末了($v_{C2}=0$)时刻，应用动量定理得

$$-m\boldsymbol{v}_{C1}=\int_0^t\boldsymbol{F}'_f\mathrm{d}t \tag{b}$$

对一次确定的投掷，由于 $m\boldsymbol{v}_{C1}$ 为常量，故 $\int_0^t\boldsymbol{F}'_f\mathrm{d}t$ 为常量。所以要使冰壶滑行较远的距离，t 应大一些，$\boldsymbol{F}'_f$ 应小一些。

由上述分析可知，擦刷冰面，减小了冰壶与冰面间的摩擦力，可使冰壶增加滑行距离，并改变冰壶的前行轨迹，将冰壶运动到尽可能理想的位置。

第 11 章　动量矩定理

内容提要

动量定理揭示了质点系动量的变化与外力主矢之间的关系，本章介绍的动量矩定理将揭示质点系动量矩的变化与外力主矩之间的关系。利用动量矩定理求解包括转动刚体的动力学问题很方便。本章的主要内容包括质点及质点系动量矩、刚体转动惯量、质点系相对定点（轴）的动量矩定理和动量矩守恒定律、质点系相对质心的动量矩定理及守恒定律。此外，在引入转动惯量的概念之后，将定理应用于研究刚体的定轴转动及平面运动，分别推导出刚体定轴转动微分方程及刚体平面运动微分方程。

本章知识导图

11.1　动量矩

1. 质点的动量矩

如图 11-1 所示，设质点 A 的质量为 m，任意瞬时它相对于固定参考系 $Oxyz$ 的速度为 $\boldsymbol{v}=v_x\boldsymbol{i}+v_y\boldsymbol{j}+v_z\boldsymbol{k}$，则质点 A 的动量为 $m\boldsymbol{v}=mv_x\boldsymbol{i}+mv_y\boldsymbol{j}+mv_z\boldsymbol{k}$，其位置矢径为 $\boldsymbol{r}=x\boldsymbol{i}+y\boldsymbol{j}+z\boldsymbol{k}$，则 $\boldsymbol{r}\times m\boldsymbol{v}$ 为质点 A 的动量对点 O 矩，定义为质点对点 O 的动量矩，记为 $\boldsymbol{M}_O(m\boldsymbol{v})$，即

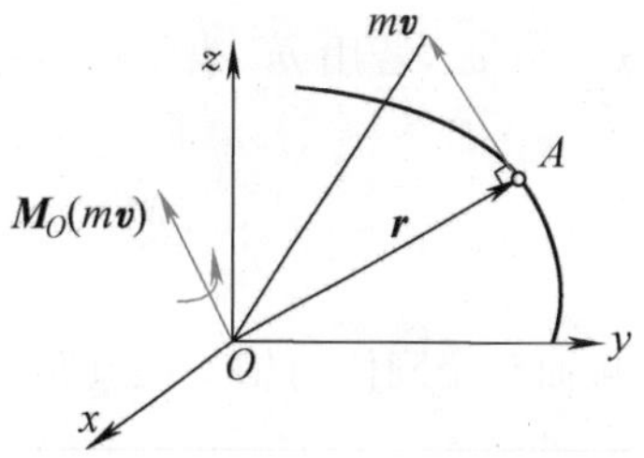

图 11-1

$$\boldsymbol{M}_O(m\boldsymbol{v})=\boldsymbol{r}\times m\boldsymbol{v}=\begin{vmatrix}\boldsymbol{i} & \boldsymbol{j} & \boldsymbol{k}\\ x & y & z\\ mv_x & mv_y & mv_z\end{vmatrix}$$

$$=m(yv_z-zv_y)\boldsymbol{i}+m(zv_x-xv_z)\boldsymbol{j}+m(xv_y-yv_x)\boldsymbol{k} \tag{11-1}$$

从式(11-1)可知，$\boldsymbol{M}_O(m\boldsymbol{v})$ 垂直于矢径 $\boldsymbol{r}$ 和动量 $m\boldsymbol{v}$ 所决定的平面，其指向由右手螺旋定则来确定，按规定 $\boldsymbol{M}_O(m\boldsymbol{v})$ 由矩心 O 画出。

质点的动量对某轴的矩，定义为质点对该轴的动量矩，且质点对轴的动量矩是代数量。类似空间力系中力对点的矩与力对过该点的轴的矩的关系，质点对点 O 的动量矩矢在过点 O 的 x，y、z 轴上的投影，分别等于质点对 x，y、z 轴的动量矩，即

$$\begin{aligned}M_x(mv)&=ymv_z-zmv_y\\ M_y(mv)&=zmv_x-xmv_z\\ M_z(mv)&=xmv_y-ymv_x\end{aligned} \tag{11-2}$$

在国际单位制中，动量矩的常用单位是千克·平方米/秒($kg\cdot m^2/s$)或牛·米·秒($N\cdot m\cdot s$)。

2. 质点系的动量矩

质点系内各质点对某点 O 动量矩的矢量和，称为此质点系对该点 O 的动量矩，用 $\boldsymbol{L}_O$ 表示有

$$\boldsymbol{L}_O=\sum \boldsymbol{M}_O(m_i\boldsymbol{v}_i)=\sum(\boldsymbol{r}_i\times m_i\boldsymbol{v}_i) \tag{11-3}$$

将式(11－3)投影到各坐标轴,可得质点系对各坐标轴的动量矩,为

$$\begin{aligned}L_x&=\sum M_x(m_i\boldsymbol{v}_i)\\L_y&=\sum M_y(m_i\boldsymbol{v}_i)\\L_z&=\sum M_z(m_i\boldsymbol{v}_i)\end{aligned} \tag{11-4}$$

读者思考 质点系的动量定义为 $\boldsymbol{p}=\sum\boldsymbol{p}_i=\sum m_i\boldsymbol{v}_i=m\boldsymbol{v}_C$,质点系对点 O 的动量矩能否表示为 $\boldsymbol{L}_O=\boldsymbol{M}_O(m\boldsymbol{v}_C)$?

下面导出刚体做平动和定轴转动时的动量矩表达式。

(1)平动刚体的动量矩。如图 11－2 所示,刚体作平动,某瞬时速度为 $\boldsymbol{v}$,要求此瞬时平动刚体对点 O 的动量矩。

第 i 个质点对点 O 的动量矩为 $\boldsymbol{r}_i\times m_i\boldsymbol{v}$ 。整个平动刚体对点 O 的动量矩为 $\boldsymbol{L}_O=\sum(\boldsymbol{r}_i\times m_i\boldsymbol{v})=\sum m_i\boldsymbol{r}_i\times\boldsymbol{v}=\dfrac{\sum m_i\boldsymbol{r}_i}{m}\times m\boldsymbol{v}=\boldsymbol{r}_C\times m\boldsymbol{v}_C$

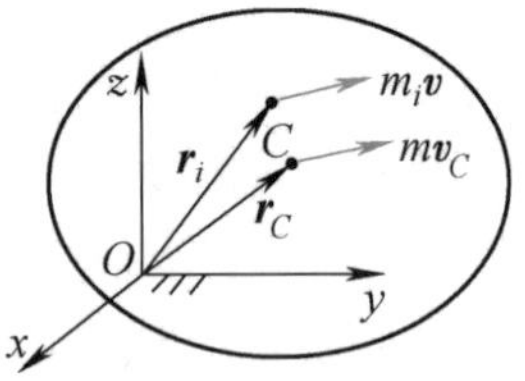

图 11－2

结论 刚体做平动时,刚体对某点的动量矩可看作是质量集中在质心上的质点对同一点的动量矩。

(2)定轴转动刚体对转轴的动量矩。设刚体以角速度 ω 绕固定轴 z 转动,如图11-3所示,刚体内任一点A的转动半径为r_i,则该点的速度大小 $v_i=r_i\omega$,若用 m_i 表示该质点的质量,则其动量对转轴 z 的动量矩为

$$M_z(m_i\boldsymbol{v}_i)=r_i\times m_ir_i\omega=m_ir_i^2\omega$$

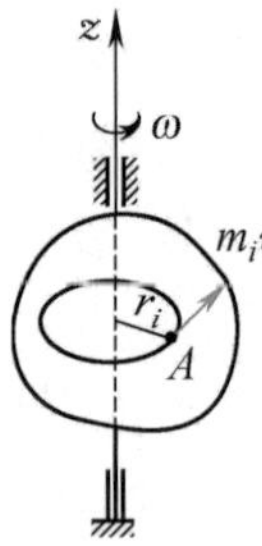

图 11－3

从而整个刚体对轴 z 的动量矩为

$$L_z=\sum M_z(m_i\boldsymbol{v}_i)=\omega\sum m_ir_i^2=J_z\omega \tag{11-5}$$

其中,$J_z=\sum_{i=1}^{n}m_ir_i{}^2$,称为刚体对转轴 z 的转动惯量。

结论 定轴转动刚体对转轴的动量矩,等于刚体对转轴的转动惯量与其角速度的乘积。

例 11－1 如图 11－4 所示,由圆盘和杆固结的系统对 O 轴的转动惯量为 J,则该系统对 O 轴的动量矩等于多少?

解 系统绕轴 O 做定轴转动,故可以直接应用定轴转动刚体动量矩的计算公式,即

$$L_O=J\omega$$

转向与角速度 ω 方向一致,为顺时针方向。

图 11－4

读者思考 若杆的下端与圆盘的质心铰接,则此种情况下系统对 O 轴的动量矩应如何求解?

例 11－2 如图 11－5 所示,卷扬机鼓轮质量为 m_1,半径为 r,可绕过鼓轮中心 O 的水平轴转动。鼓轮上绕一绳,绳的一端悬挂一质量为 m_2 的重物。鼓轮视为匀质,对 O 轴的转动惯

量为J_O。设绳子质量不计,不可伸长,绳子与鼓轮间无相对滑动。试求系统对 O 轴的动量矩。

解　系统由两部分组成,物块对 O 轴的动量矩可用质点动量矩的公式计算,鼓轮对 O 轴的动量矩可用定轴转动刚体的动量矩公式计算,于是系统对 O 轴的动量矩为

$$L_O = m_2 \omega r r + J_O \omega = (J_O + m_2 r^2)\omega$$

转向为逆时针。

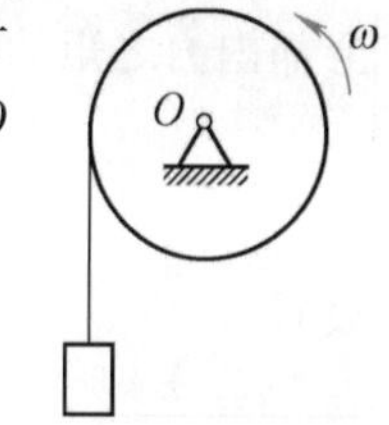

图 11 - 5

11.2　动量矩定理及其应用

1. 动量矩定理

定轴转动刚体动量矩计算易错举例

质点动量定理微分形式为

$$\frac{\mathrm{d}}{\mathrm{d}t}(m\boldsymbol{v}) = \boldsymbol{F}$$

为揭示力矩 $\boldsymbol{M}_O(\boldsymbol{F})$ 对质点运动的影响,将质点动量定理微分形式的两端与质点对 O 点的矢径 $\boldsymbol{r}$ 作矢乘,得

$$\boldsymbol{r} \times \frac{\mathrm{d}}{\mathrm{d}t}(m\boldsymbol{v}) = \boldsymbol{r} \times \boldsymbol{F}$$

可见,上式右端表示的是力 $\boldsymbol{F}$ 对点 O 的矩 $\boldsymbol{M}_O(\boldsymbol{F})$,左端可改写为

$$\begin{aligned}\boldsymbol{r} \times \frac{\mathrm{d}}{\mathrm{d}t}(m\boldsymbol{v}) &= \frac{\mathrm{d}}{\mathrm{d}t}(\boldsymbol{r} \times m\boldsymbol{v}) - \frac{\mathrm{d}\boldsymbol{r}}{\mathrm{d}t} \times m\boldsymbol{v} \\ &= \frac{\mathrm{d}}{\mathrm{d}t}[\boldsymbol{M}_O(m\boldsymbol{v})] - \frac{\mathrm{d}\boldsymbol{r}}{\mathrm{d}t} \times m\boldsymbol{v}\end{aligned}$$

当矩心 O 为定点时,$\frac{\mathrm{d}\boldsymbol{r}}{\mathrm{d}t} = \boldsymbol{v}$,因而上式右端第二项恒等于零。于是得

$$\frac{\mathrm{d}}{\mathrm{d}t}[\boldsymbol{M}_O(m\boldsymbol{v})] = \boldsymbol{M}_O(\boldsymbol{F}) \tag{11-6}$$

将式(11 - 6)投影到固定直角坐标轴上,则得

$$\left.\begin{aligned}\frac{\mathrm{d}}{\mathrm{d}t}[M_x(m\boldsymbol{v})] &= M_x(\boldsymbol{F}) \\ \frac{\mathrm{d}}{\mathrm{d}t}[M_y(m\boldsymbol{v})] &= M_y(\boldsymbol{F}) \\ \frac{\mathrm{d}}{\mathrm{d}t}[M_z(m\boldsymbol{v})] &= M_z(\boldsymbol{F})\end{aligned}\right\} \tag{11-7}$$

由此可得,质点对某固定点(或某固定轴)的动量矩对时间的一阶导数,等于作用于质点的力对同一点(或同一轴)的矩。这就是质点的动量矩定理。

质点系的每个质点都遵守质点的动量矩定理,因此对于质点系内每个质点,对同一固定矩心 O 都可写出类似于式(11 - 6)的方程。把这些方程全部相加,并将作用于质点的力分为外力 $\boldsymbol{F}^{(e)}$ 和内力 $\boldsymbol{F}^{(i)}$,得

$$\sum \frac{\mathrm{d}}{\mathrm{d}t}[\boldsymbol{M}_O(m_i\boldsymbol{v}_i)] = \sum \boldsymbol{M}_O(\boldsymbol{F}_i^{(e)}) + \sum \boldsymbol{M}_O(\boldsymbol{F}_i^{(i)})$$

由于内力总是成对地作用于质点系，每一对内力对任意一点的矩的矢量和恒等于零，因而全部内力之矩的总和也恒等于零，即 $\sum \boldsymbol{M}_O(\boldsymbol{F}_i^{(i)}) \equiv \boldsymbol{0}$。注意到上式的左端可改写成

$$\sum \frac{\mathrm{d}}{\mathrm{d}t}[\boldsymbol{M}_O(m_i\boldsymbol{v}_i)] = \frac{\mathrm{d}}{\mathrm{d}t}\left[\sum \boldsymbol{M}_O(m_i\boldsymbol{v}_i)\right] = \frac{\mathrm{d}\boldsymbol{L}_O}{\mathrm{d}t}$$

故有

$$\frac{\mathrm{d}\boldsymbol{L}_O}{\mathrm{d}t} = \sum \boldsymbol{M}_O(\boldsymbol{F}_i^{(e)}) \tag{11-8}$$

将式(11-8)投影到固定坐标轴上，得

$$\left.\begin{aligned}\frac{\mathrm{d}L_x}{\mathrm{d}t} &= \sum M_x(\boldsymbol{F}_i^{(e)}) = M_x \\ \frac{\mathrm{d}L_y}{\mathrm{d}t} &= \sum M_y(\boldsymbol{F}_i^{(e)}) = M_y \\ \frac{\mathrm{d}L_z}{\mathrm{d}t} &= \sum M_z(\boldsymbol{F}_i^{(e)}) = M_z\end{aligned}\right\} \tag{11-9}$$

可见，质点系对某固定点(或某固定轴)的动量矩对时间的一阶导数，等于作用于质点系的全部外力对同一点(或同一轴)矩的矢量和(或代数和)。这就是质点系对定点(或定轴)的动量矩定理。

2. 动量矩守恒定律

(1)如果 $\sum \boldsymbol{M}_O(\boldsymbol{F}) \equiv \boldsymbol{0}$，则由式(11-6)可知，$\boldsymbol{M}_O(m\boldsymbol{v}) =$ 常矢量。

(2)如果 $\sum M_z(\boldsymbol{F}) \equiv 0$，则由式(11-7)可知，$M_z(m\boldsymbol{v}) =$ 常量。

(3)如果 $\sum \boldsymbol{M}_O(\boldsymbol{F}_i) \equiv \boldsymbol{0}$，则由式(11-8)可知，$\boldsymbol{L}_O =$ 常矢量。

(4)如果 $\sum M_z(\boldsymbol{F}_i) \equiv 0$，则由式(11-9)可知，$L_z =$ 常量。

可见，在运动过程中，如果作用于质点或质点系的所有外力对某固定点(或固定轴)的矩的和始终等于零，则质点或质点系对该点(或该轴)的动量矩保持不变。这就是质点或质点系的动量矩守恒定律。

例 11-3　如图 11-6(a)所示，均质圆轮半径为 R，质量为 m。圆轮在重物带动下绕固定轴 O 转动，已知重物重量为 G。试求重物下落的加速度。

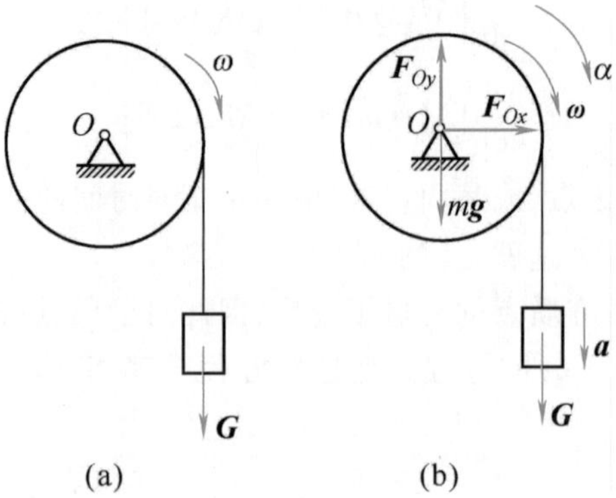

图 11-6

分析　运用动量矩定理通常可以求解动力学问题中已知力求运动的题目，特别是求解转动问题中的角加速度及加速度，通常考虑选用动量矩定理求解。该例题可以利用动量矩定理求解。

解　(1)设圆轮的角速度和角加速度分别为 ω 和 α，重物的加速度为 $\boldsymbol{a}$，圆轮和重物的受力如图 11－6(b)所示。

(2)因圆轮对轴 O 的动量矩为

$$L_{O1}=J_O\omega=\frac{1}{2}mR^2\omega \quad （顺时针方向）$$

重物对轴 O 的动量矩为

$$L_{O2}=mvR=\frac{G}{g}vR \ （顺时针方向）$$

则系统对轴 O 的总动量矩为

$$L_O=L_{O1}+L_{O2}=\frac{1}{2}mR^2\omega+\frac{G}{g}vR$$

应用对定轴 O 的动量矩定理

$$\frac{\mathrm{d}L_O}{\mathrm{d}t}=\sum M_O(F_i^{(e)})$$

于是有

$$\frac{\mathrm{d}}{\mathrm{d}t}\left(\frac{1}{2}mR^2\omega+\frac{G}{g}vR\right)=GR$$

得

$$\frac{1}{2}mR^2\alpha+\frac{G}{g}aR=GR \tag{a}$$

(3)由运动学补充条件，得

$$a=R\alpha \tag{b}$$

(4)联立式(a)、式(b)求解，得

$$a=\frac{G}{\dfrac{m}{2}+\dfrac{G}{g}}$$

例 11－4　高炉运送矿石的卷扬机如图 11－7(a)所示，已知鼓轮的半径为 R，转动惯量为 J，作用在鼓轮上的力偶矩为 M。小车和矿石总质量为 m，轨道倾角为 θ。设绳的质量和各处摩擦均忽略不计，求小车的加速度 $\boldsymbol{a}$ 的大小。

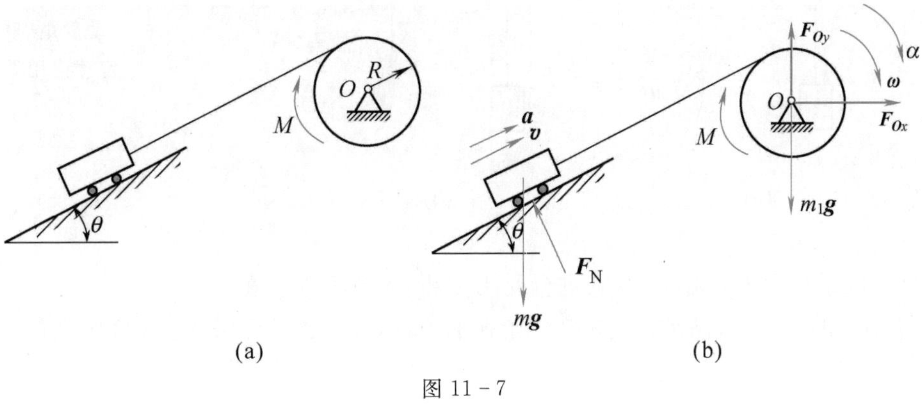

图 11－7

分析　该题目与例 11－3 类似，求解转动问题中的加速度，故可用动量矩定理求解。

解　(1)取整体分析,受力分析与运动量假定如图 11-7(b)所示。

(2)根据动量矩定理列方程

$$\frac{\mathrm{d}L_O}{\mathrm{d}t}=\sum M_O(\boldsymbol{F}_i^{(e)})$$

$$\frac{\mathrm{d}(J\omega+mvR)}{\mathrm{d}t}=M-mg\sin\theta\cdot R$$

$$J\alpha+maR=M-mg\sin\theta\cdot R \tag{a}$$

(3)建立运动学补充条件

$$\alpha=\frac{a}{R} \tag{b}$$

(4)联立式(a)、式(b)求解,得

$$a=\frac{MR-mgR^2\sin\theta}{J+mR^2}$$

读者思考　若将例 11-4 中的小车换成圆轮,如图 11-8 所示。假设圆轮与斜面间有足够的摩擦使圆轮作纯滚动,问能否用动量矩定理求轮心的加速度?

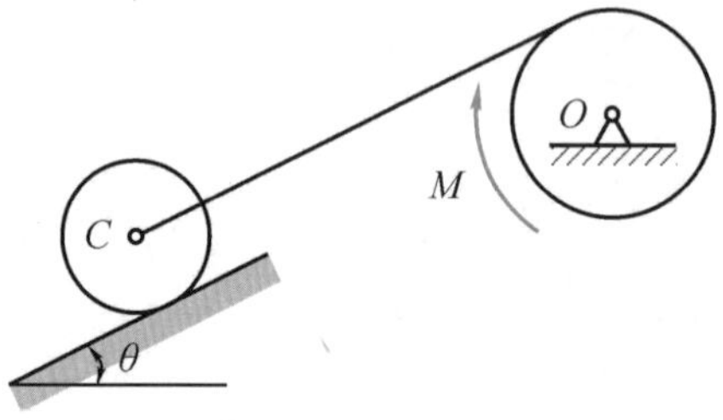

图 11-8

动量矩定理
的应用

例 11-5　一绳跨过均质定滑轮,其一端吊有质量为 m 的重物 A,另一端有一质量为 m 的猴以相对绳的速度 u 相对细绳向上爬,如图 11-9(a)所示。若滑轮半径为 r,重量为 G,对 O 轴的转动惯量为 J 。系统初始静止,求重物的速度。

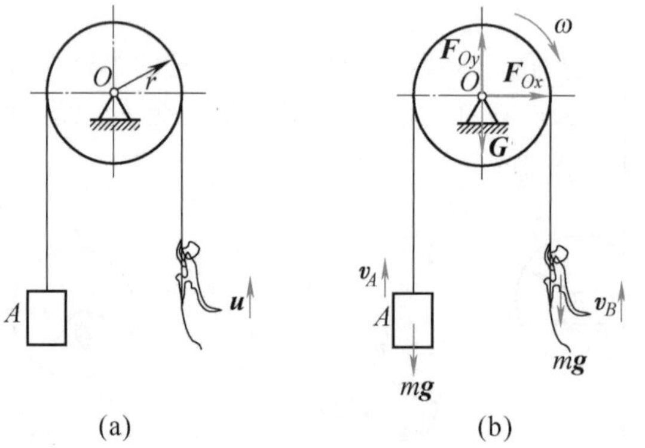

图 11-9

动量矩守恒
定律应用举例

分析　取系统为研究对象,对其进行受力分析,发现系统上的全部外力对 O 轴矩的和为零,满足动量矩守恒定律的条件,故本题目可用动量矩守恒定律求解。

解　(1)研究整个系统,受力分析和运动分析,如图 11-9(b)所示。

因 $\sum M_O(\boldsymbol{F}^{(e)})=0$,所以质点系对轴 O 的动量矩守恒。

又因系统初始静止，$L_O=0$。设任一瞬时，物块 A 的速度为 $\boldsymbol{v}_A$，猴的速度为 $\boldsymbol{v}_B$，轮的角速度为 ω，则

$$L_O=J\omega+m_Av_Ar-m_Bv_Br$$

(2)由质点系对轴 O 的动量矩守恒定律，得

$$J\omega+m_Av_Ar-m_Bv_Br=0$$

(3)建立运动学补充条件

$$v_B=u-v_A$$

(4)求解，得

$$v_A=\frac{mur^2}{J+2mr^2}$$

讨论

(1)若不计轮重，情况如何？

因 $v_A=\dfrac{mur^2}{J+2mr^2}$，$v_B=u-v_A$，当不计轮重时，$J=0$，故，$v_B=\dfrac{u}{2}$。由此可见，猴与重物具有相同的速度。

(2)若不计轮重，将重物换成质量相同的猴子，如图 11－10 所示，且开始时，两猴在同一高度从静止开始向上爬，若相对绳 A 猴比 B 猴爬得快，试分析比赛结果。

由讨论 1 知，若 A 猴与 B 猴质量相同，则 $v_A=v_B=\dfrac{u}{2}$，故比赛不分胜负。

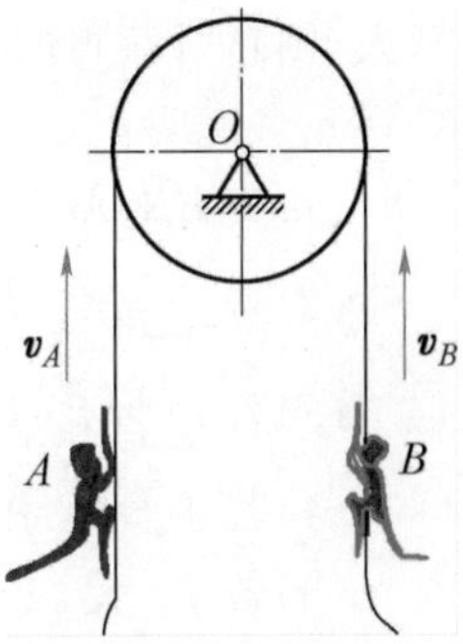

图 11－10

11.3　刚体的定轴转动微分方程

设刚体绕定轴 z 转动，其角速度为 ω，对转轴的转动惯量为 J_z，其上所受的主动力为 $\boldsymbol{F}_1$、$\boldsymbol{F}_2$、…、$\boldsymbol{F}_n$，如图 11－11 所示，轴承约束力为 $\boldsymbol{F}_{Ax}$、$\boldsymbol{F}_{Ay}$、$\boldsymbol{F}_{Bx}$、$\boldsymbol{F}_{By}$、$\boldsymbol{F}_{Bz}$。由式(11－5)知，刚体对转轴 z 的动量矩 $L_z=J_z\omega$。

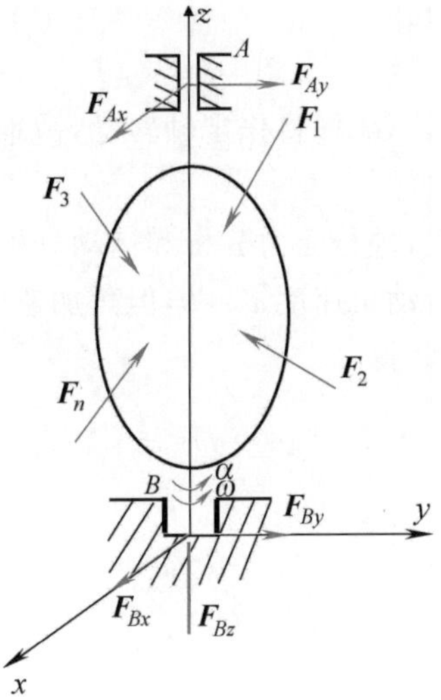

图 11－11

根据质点系对定轴的动量矩定理，即式(11－9)可得

$$J_z \frac{\mathrm{d}\omega}{\mathrm{d}t} = \sum M_z(\boldsymbol{F}_i^{(e)}) \tag{11－10}$$

考虑到 $\alpha = \frac{\mathrm{d}\omega}{\mathrm{d}t} = \frac{\mathrm{d}^2\varphi}{\mathrm{d}t^2}$，则上式可写为

$$J_z \frac{\mathrm{d}^2\varphi}{\mathrm{d}t^2} = \sum M_z(\boldsymbol{F}_i^{(e)}) \tag{11－10′}$$

或

$$J_z \ddot{\varphi} = \sum M_z(\boldsymbol{F}_i^{(e)}) \tag{11－10″}$$

可见，定轴转动刚体对转轴的转动惯量与角加速度的乘积，等于作用于刚体的外力对转轴的主矩。式(11－10)、式(11－10′)、式(11－10″)均称为刚体定轴转动微分方程。

由式(11－10″)可知，当不同的转动刚体受同样的外力矩作用时，刚体对轴的转动惯量 J_z 越大，则它所获得的角加速度 α 越小。由此可知，转动惯量是对刚体转动惯性的度量。

几点说明：

(1)只有对单个定轴转动的刚体，才能使用刚体定轴转动微分方程。

(2)若 $\sum M_z(\boldsymbol{F}_i^{(e)}) \equiv 0$，则 $J_z\alpha = 0$；若 J_z 不变，物体做匀速转动。

(3)若 $\sum M_z(\boldsymbol{F}_i^{(e)}) \equiv$ 常量，则 $J_z\alpha =$ 常量；若 J_z 不变，物体做匀变速转动。

(4)若 J_z 小，α 大，物体运动状态易改变(如仪器仪表)。

(5)若 J_z 大，α 小，物体运动状态不易改变(如锻压设备)。

例 11－6 已知均质细长杆 AB 的质量为 m，长度为 l，转动惯量为 J_A，如图 11－12(a)所示。求图中绳子突然被剪断瞬时，B 点的加速度。

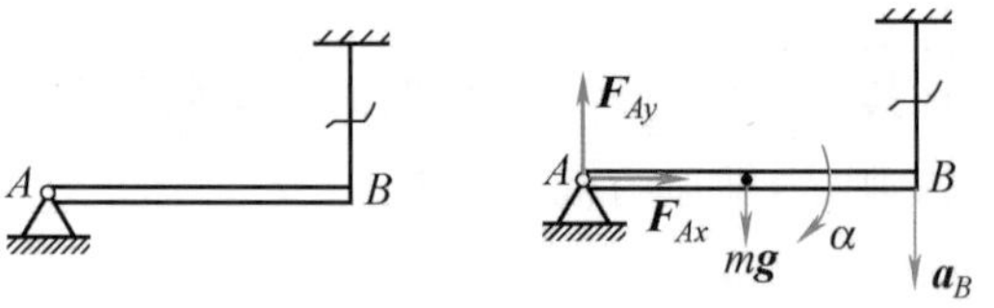

图 11－11

分析　当绳子突然被剪断后，AB 杆将作定轴转动，故取 AB 杆为研究对象，考虑应用定轴转动微分方程求解 B 点的加速度。

解　(1)取 AB 杆为研究对象，进行受力分析和运动分析，如图 11－12(b)所示。

图中绳子被剪断瞬时，AB 转动角速度 $\omega = 0$，但角加速度 $\alpha \neq 0$。

(2)由刚体定轴转动微分方程，得

$$J_A\alpha = mg\frac{l}{2}$$

(3)求解

$$\alpha = \frac{mgl}{2J_A}$$

因 $\omega = 0$，故 $a_B = a_B^\tau = \alpha l = \frac{mgl^2}{2J_A}$。

读者思考　如何求解例 11－6 中 A 处约束力，绳子剪断前后 A 处约束力有无变化？

例 11－7　复摆由可绕水平轴转动的刚体构成，如图 11－13(a)所示。已知复摆的质量为 m，重心 C 到转轴 O 的距离 $OC=b$，复摆对转轴 O 的转动惯量为 J_O，设摆动开始时 OC 与铅直线的偏角是 φ_0，且复摆的初角速度为零。轴承摩擦和空气阻力不计。试求复摆的微幅摆动规律。

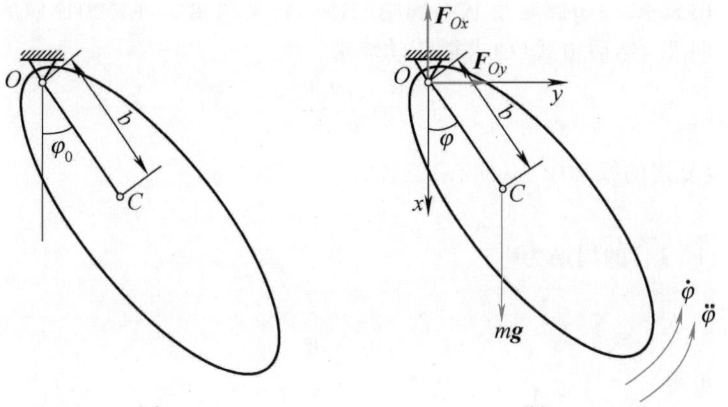

图 11－13

分析　因为复摆的运动为单个刚体绕转轴做定轴转动，故可用定轴转动微分方程求解。

解　(1)选复摆为研究对象，复摆在任意位置的受力分析和运动分析如图 11－13(b)所示。

(2)根据式(11－10′)定轴转动微分方程，得

$$J_O\frac{d^2\varphi}{dt^2}=-mgb\sin\varphi \tag{a}$$

即

$$\frac{d^2\varphi}{dt^2}+\frac{mgb}{J_O}\sin\varphi=0 \tag{b}$$

当复摆作微幅摆动时，可令 $\sin\varphi\approx\varphi$，于是式(b)经过线性化后，可得复摆微幅摆动的微分方程为

$$\ddot{\varphi}+\frac{mgb}{J_O}\varphi=0 \tag{c}$$

(3)求解。

式(c)为简谐运动的标准微分方程。可见复摆的微幅振动也是简谐运动。考虑到复摆运动的初始条件

当 $t=0$ 时：$\varphi=\varphi_0$，$\dot{\varphi}=0$

则复摆运动规律可写成

$$\varphi=\varphi_0\cos\left(\sqrt{\frac{mgb}{J_O}}t\right) \tag{d}$$

讨论

(1)试建立复摆微小摆动的周期 T 与其转动惯量的关系。

根据复摆的摆动微分方程式(c)，可知复摆的摆动频率为

$$\omega_{n}=\sqrt{\frac{mgb}{J_{O}}}$$

从而得复摆的摆动周期为

$$T=\frac{2\pi}{\omega_{n}}=2\pi\sqrt{\frac{J_{O}}{mgb}} \tag{e}$$

工程上常利用关系式(e)测定形状不规则刚体的转动惯量。即将刚体做成复摆，并用试验测出它的摆动周期 T ，然后由式(e)求得转动惯量

$$J_{O}=\frac{mgbT^{2}}{4\pi^{2}} \tag{f}$$

(2)如何确定复摆的摆动中心(摆心)位置?

因为单摆(见图 11-14)的周期为

$$T=2\pi\sqrt{\frac{l}{g}} \tag{g}$$

由式(e)、式(g)，可得

$$2\pi\sqrt{\frac{l}{g}}=2\pi\sqrt{\frac{J_{O}}{mgb}}$$

故复摆的摆心距转轴 O 的距离为

$$l=\frac{J_{O}}{mb}$$

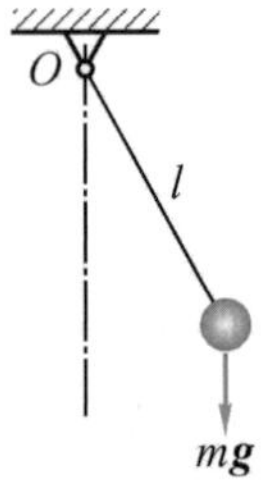

图 11-14

知识拓展

复摆是一种物理装置，通过反复的摆动来实现某种周期性的运动，具有较高的应用价值。例如复摆可以通过控制其摆动频率和阻尼比，实现对振动和冲击的隔离和减震，复摆广泛应用于精密仪器、航空航天、交通运输等领域的设备中，可提高其稳定性和可靠性；复摆也可以用于测量各种物理量，如质量、角度、转速等，其测量精度高、稳定性好，在计量和检测领域也得到广泛应用。

11.4 转动惯量

1. 转动惯量的计算

由 11.3 节知，转动惯量是刚体转动惯性的度量，其表达式为

$$J_{z}=\sum m_{i}r_{i}^{2} \tag{11-11}$$

如果刚体的质量是连续分布的，则转动惯量的表达式可写成积分的形式：

$$J_{z}=\int_{M}r_{i}\,\mathrm{d}m \tag{11-12}$$

转动惯量为一恒正标量，其值取决于轴的位置、刚体的质量及其分布，而与运动状态无关。同等质量的刚体，质量分布距轴越远，转动惯量越大；质量分布距轴越近，转动惯量越小。因此

转动惯量描述了刚体的质量关于轴的分布情况。

刚体转动惯量的计算方法，原则上都是根据式(11－11)导出的。对于简单规则形状刚体，可以用积分法求得；对于组合刚体，可用类似求重心的组合法来求得，这时要应用转动惯量的平行轴定理；对于形状复杂的或非均质的刚体，通常采用实验法进行测定。

下面讨论几种简单形状均质物体转动惯量的计算。

①设均质细长杆的长为 l，质量为 m，求它对过质心 C 且与杆的轴线相垂直的 z_C 轴的转动惯量。

取杆的轴线为 x 轴，z_C 轴的位置如图 11－15 所示，在距 z_C 轴为 x 处取一长度为 $\mathrm{d}x$ 微段，其质量为 $\mathrm{d}m=\dfrac{m}{l}\mathrm{d}x$，则此杆对 z_C 轴的转动惯量为

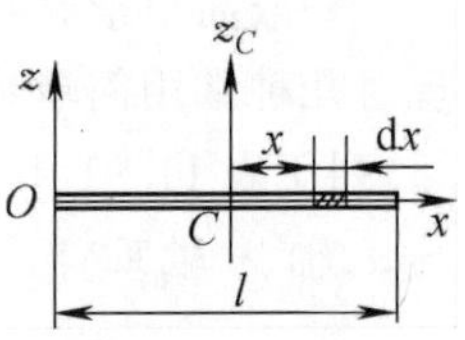

图 11－15

$$J_{z_C}=\int_{-\frac{l}{2}}^{\frac{l}{2}}x^2\mathrm{d}m=\int_{-\frac{l}{2}}^{\frac{l}{2}}x^2\cdot\frac{m}{l}\mathrm{d}x=\frac{1}{12}ml^2$$

同理可得细长杆对通过杆端 A 且与 z_C 轴平行的 z 轴的转动惯量为

$$J_z=\frac{1}{3}ml^2$$

②设均质矩形薄板长为 a，宽为 b，质量为 m，求矩形薄板对 x 轴、y 轴的转动惯量。

将矩形薄板分成许多平行于 x 轴的细长条，如图 11－16 所示，任意细长条的质量为 Δm_i，由上题知，它对 y 轴的转动惯量为 $\dfrac{1}{3}\Delta m_i a^2$。于是，整个矩形薄板对 y 轴的转动惯量为

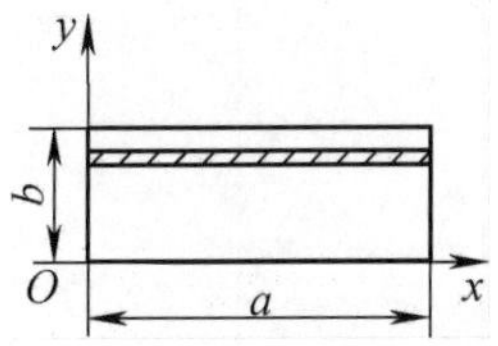

图 11－16

$$J_y=\sum\frac{1}{3}\Delta ma^2=\frac{1}{3}a^2\sum m_i=\frac{1}{3}ma^2$$

同理可得矩形板对 x 轴的转动惯量为

$$J_x=\frac{1}{3}mb^2$$

③设均质细圆环的半径为 R，质量为 m，求细圆环对垂直于圆环平面且过中心 O 的 z 轴的转动惯量。

将圆环分成许多微段，如图 11－17 所示，微段的质量为 Δm_i，它对于 z 轴的转动惯量为 $\Delta m_i R^2$，于是整个细圆环对 z 轴的转动惯量为

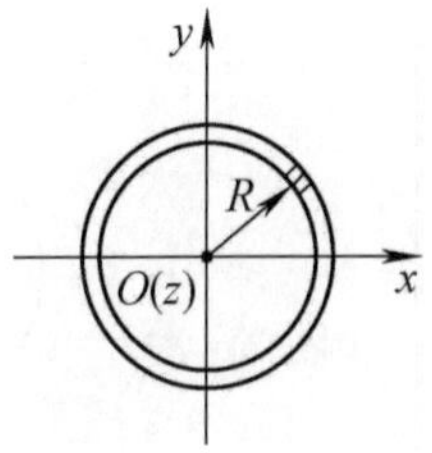

图 11－17

$$J_z=\sum\Delta m_i R^2=mR^2$$

④设均质薄圆板的半径为 R，质量为 m。求薄圆板对垂直于板面过中心 O 的 z 轴的转动惯量。

将薄圆板分成许多同心圆环如图 11－18 所示，任意圆环的半径为 r，宽度为 $\mathrm{d}r$，质量为 $\mathrm{d}m=\dfrac{m}{\pi R^2}\times 2\pi r\mathrm{d}r=\dfrac{2m}{R^2}r\mathrm{d}r$，此圆环对于 z 轴的转动惯量为 $r^2\mathrm{d}m=\dfrac{2m}{R^2}r^3\mathrm{d}r$，于是整个薄圆板对 z 轴的转动惯量为 $J_z=\displaystyle\int_0^R\frac{2m}{R^2}r^3\mathrm{d}r=\frac{2m}{R^2}\int_0^R r^3\mathrm{d}r=\frac{1}{2}mR^2$

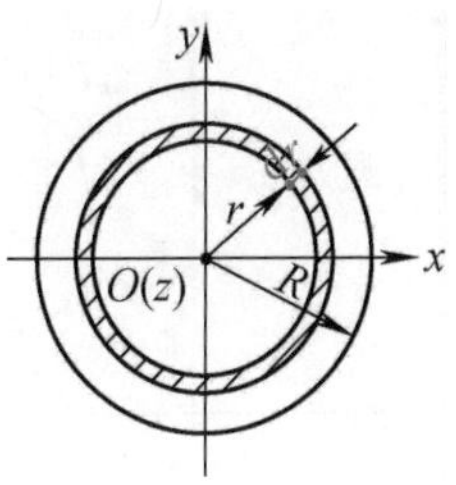

图 11－18

⑤设均质圆柱的半径为 R，质量为 m，求它对纵向中心轴 z 的转动惯量。

将圆柱分成许多薄圆板如图 11－19 所示，任意圆板的质量为 Δm_i，它对 z 轴的转动惯量为 $\frac{1}{2}\Delta m_i R^2$。于是整个圆柱对 z 轴的转动惯量为

$$J_z=\sum\frac{1}{2}\Delta m_i R^2=\frac{1}{2}R^2\sum\Delta m_i=\frac{1}{2}mR^2$$

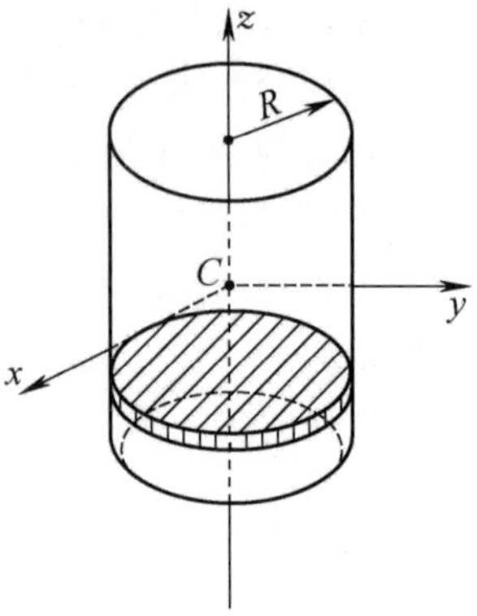

图 11－19

一般简单形状均质物体的转动惯量可以从有关手册中查到。现将几种常用简单形状均质物体的转动惯量与惯性半径（后续介绍）列于表 11－1 中，表中 m 表示物体的质量，图中 z 轴通过质心且与 x 轴、y 轴垂直。

表 11－1　均质物体的转动惯量与惯性半径

物体的形状	简　　图	转动惯量	惯性半径
细直杆	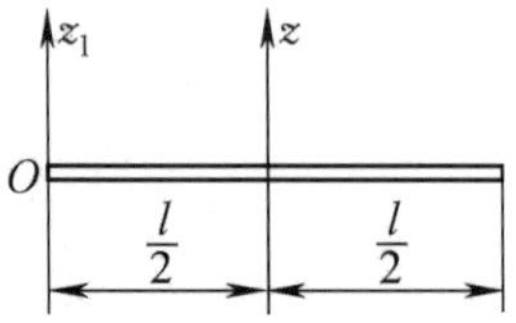	$J_z=\frac{1}{12}ml^2$ $J_{z_1}=\frac{1}{3}ml^2$	$\rho_z=\frac{1}{2\sqrt{3}}l$ $\rho_{z_1}=\frac{\sqrt{3}}{3}l$
薄圆盘	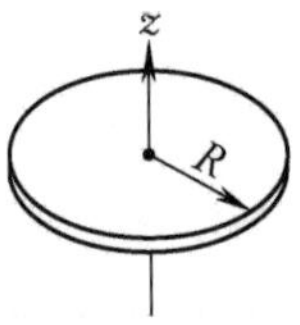	$J_z=\frac{1}{2}mR^2$	$\rho_z=\frac{\sqrt{2}}{2}R$
薄壁圆筒	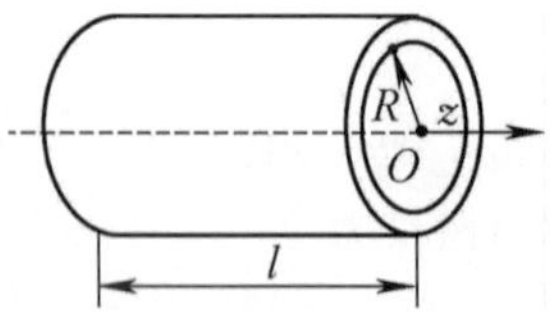	$J_z=mR^2$	$\rho_z=R$
圆　柱	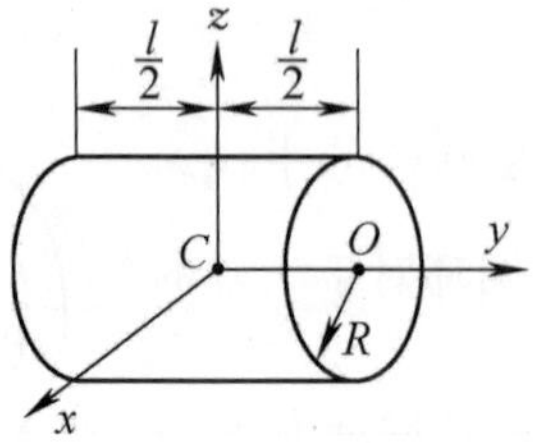	$J_y=\frac{1}{2}mR^2$ $J_x=J_z=\frac{m}{12}(3R^2+l^2)$	$\rho_y=\frac{\sqrt{2}}{2}R$ $\rho_x=\rho_y$ $=\sqrt{\frac{1}{12}(3R^2+l^2)}$

续表

物体的形状	简　　图	转动惯量	惯性半径
空　心 圆　柱	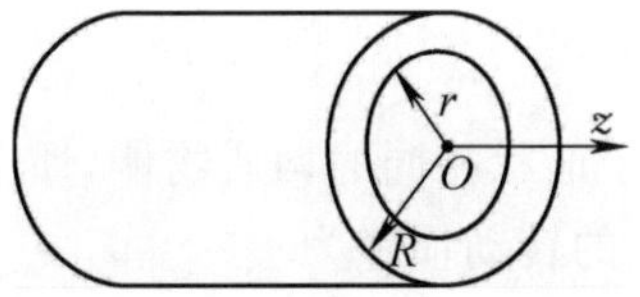	$J_z=\dfrac{m}{2}(R^2+r^2)$	$\rho_z=\sqrt{\dfrac{1}{2}(R^2+r^2)}$
圆锥体	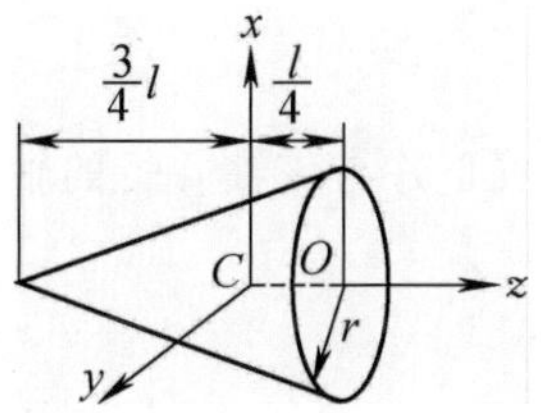	$J_z=\dfrac{3}{10}mr^2$ $J_x=J_y$ $=\dfrac{3}{80}m(4r^2+l^2)$	$\rho_z=\sqrt{\dfrac{3}{10}}r$ $\rho_x=\rho_y=\sqrt{\dfrac{3}{80}(4r^2+l^2)}$
圆　环	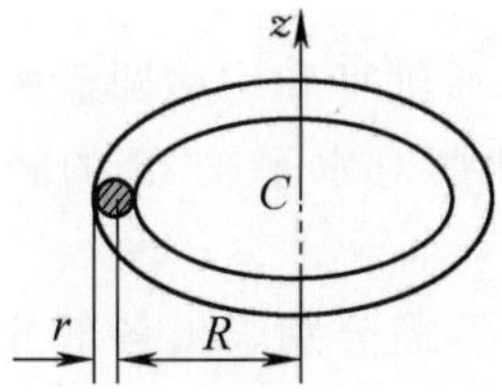	$J_z=m(R^2+\dfrac{3}{4}r^2)$	$\rho_z=\sqrt{R^2+\dfrac{3}{4}r^2}$
立方体	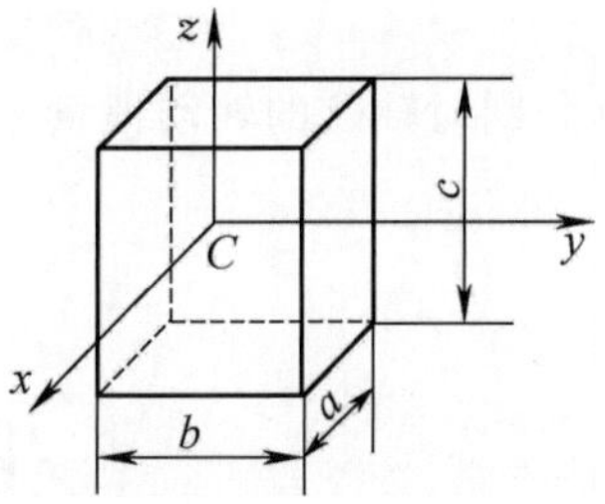	$J_z=\dfrac{m}{12}(a^2+b^2)$ $J_y=\dfrac{m}{12}(a^2+c^2)$ $J_x=\dfrac{m}{12}(b^2+c^2)$	$\rho_z=\sqrt{\dfrac{1}{12}(a^2+b^2)}$ $\rho_y=\sqrt{\dfrac{1}{12}(a^2+c^2)}$ $\rho_x=\sqrt{\dfrac{1}{12}(b^2+c^2)}$
薄　壁 球　壳	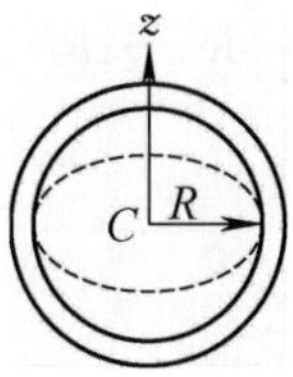	$J_z=\dfrac{2}{3}mR^2$	$\rho_z=\sqrt{\dfrac{2}{3}}R$

2. 惯性半径

对于均质物体，其转动惯量与质量的比值仅与物体的几何形状和尺寸有关，例如

均质细直杆（见图 11－13）　　$\dfrac{J_{zC}}{m}=\dfrac{1}{12}l^2$

均质圆盘(见图 11－17) $\frac{J_z}{m}=\frac{1}{2}R^2$

由此可见,对于几何形状相同而材质不同(密度不同)的物体,上述比值是相同的。令

$$\rho_z=\sqrt{\frac{J_z}{m}} \tag{11-13}$$

并称之为物体对该轴的惯性半径(或回转半径),故对于形状相同的均质物体,惯性半径是相同的。若已知物体对轴的惯性半径为 ρ_z ,则物体对该轴的转动惯量为

$$J_z=m\rho_z^2 \tag{11-14}$$

即物体的转动惯量等于物体的质量与惯性半径平方的乘积。

3. 转动惯量的平行轴定理

定理　刚体对任意轴的转动惯量,等于刚体对通过质心并与该轴并行的轴的转动惯量,加上刚体的质量与两轴间距离平方的乘积,即

$$J_z=J_{zC}+md^2 \tag{11-15}$$

由此定理可知,在相互平行的各轴中,刚体对通过其质心轴的转动惯量最小。

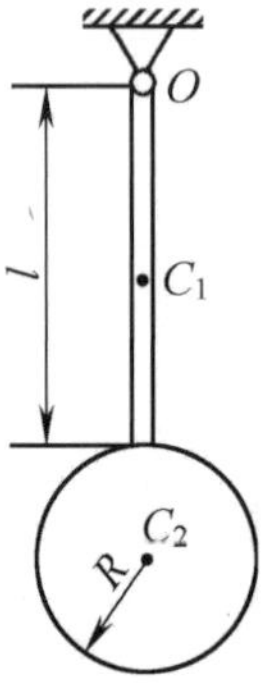

图 11－20

例 11－8　钟摆简化模型如图 11－20 所示。已知均质细杆和均质圆盘的质量分别为 m_1 和 m_2,杆长为 l ,圆盘的半径为 R,求钟摆对水平轴 O 的转动惯量。

分析　该题求解的是组合图形对某转轴的转动惯量,需分别求出各部分的转动惯量,然后求和;同时需要注意的是因水平轴 O 并不过图形的形心位置,所以在求解圆盘转动惯量时,需用平行移轴定理。

解　钟摆对水平轴 O 的转动惯量等于细杆和圆盘分别对轴 O 的转动惯量之和,即

$$J_O=J_{O杆}+J_{O盘}$$

根据转动惯量的平行轴定理,可得

$$J_{O杆}=\frac{1}{3}m_1l^2$$

$$J_{O盘}=J_{zC2}+m_2(l+R)^2=\frac{1}{2}m_2R^2+m_2(l+R)^2=m_2\left(\frac{3}{2}R^2+2Rl+l^2\right)$$

所以 $J_O=\frac{1}{3}m_1l^2+m_2\left(\frac{3}{2}R^2+2Rl+l^2\right)$

平行轴定理的应用

11.5　相对质心的动量矩定理

前面给出的动量矩定理只适用于定点或定轴,但在分析质点系动力学问题时,若将矩心或矩轴选为质点系的质心或质心轴,常常较为方便。下面给出质点系相对于质心和质心轴的动量矩定理。

过定点 O 建立固定坐标系 $Oxyz$,以质点系的质心 C 为原点,取平动坐标系 $Cx'y'z'$,如图 11－21 所示。

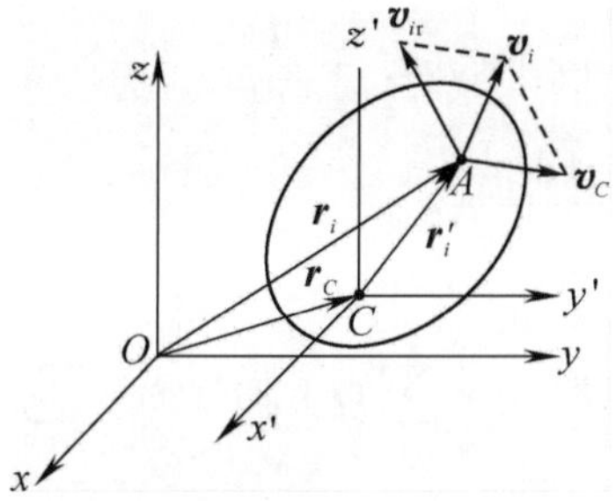

图 11 - 21

平面运动刚体动量矩计算举例

设质心 C 的速度为 $\boldsymbol{v}_C$，任一质点 A 的质量为 m_i，绝对速度为 $\boldsymbol{v}_i$，相对速度为 $\boldsymbol{v}_{ir}$。质点系对定点 O 的动量矩

$$\boldsymbol{L}_O = \sum(\boldsymbol{r}_i \times m_i\boldsymbol{v}_i) = \sum[(\boldsymbol{r}_C + \boldsymbol{r}'_i) \times m_i\boldsymbol{v}_i]$$
$$= \sum(\boldsymbol{r}_C \times m_i\boldsymbol{v}_i) + \sum(\boldsymbol{r}'_i \times m_i\boldsymbol{v}_i)$$

由于
$$\sum(\boldsymbol{r}_C \times m_i\boldsymbol{v}_i) = \boldsymbol{r}_C \times (\sum m_i\boldsymbol{v}_i) = \boldsymbol{r}_C \times m\boldsymbol{v}_C$$

又因

$$\boldsymbol{v}_i = \boldsymbol{v}_C + \boldsymbol{v}_{ir}$$
$$\sum(\boldsymbol{r}'_i \times m_i\boldsymbol{v}_i) = \sum(\boldsymbol{r}'_i \times m_i\boldsymbol{v}_C) + \sum(\boldsymbol{r}'_i \times m_i\boldsymbol{v}_{ir})$$
$$= \sum(m_i\boldsymbol{r}'_i) \times \boldsymbol{v}_C + \sum(\boldsymbol{r}'_i \times m_i\boldsymbol{v}_{ir})$$

由于
$$\sum m_i\boldsymbol{r}'_i = \boldsymbol{0}$$

故
$$\sum(m_i\boldsymbol{r}'_i) \times \boldsymbol{v}_C = \boldsymbol{0}$$

若令

$$\boldsymbol{L}_C = \sum(\boldsymbol{r}'_i \times m_i\boldsymbol{v}_i) \qquad \boldsymbol{L}'_C = \sum(\boldsymbol{r}'_i \times m_i\boldsymbol{v}_{ir})$$

于是得
$$\boldsymbol{L}_C = \boldsymbol{L}'_C$$

即质点系的绝对动量对质心 C 的动量矩就等于其相对动量对质心 C 的动量矩。

所以

$$\boldsymbol{L}_O = \boldsymbol{r}_C \times m\boldsymbol{v}_C + \sum(\boldsymbol{r}'_i \times m_i\boldsymbol{v}_i) = \boldsymbol{r}_C \times m\boldsymbol{v}_C + \boldsymbol{L}_C \qquad (11-16)$$

由式(11 - 16)可知，平面运动刚体的动量矩可以分为两部分，第一部分为刚体随同质心平动的动量矩，第二部分为刚体相对质心转动的动量矩。

由对定点 O 的动量据定理

$$\frac{\mathrm{d}\boldsymbol{L}_O}{\mathrm{d}t} = \sum \boldsymbol{M}_O(\boldsymbol{F}_i^{(e)}) = \sum(\boldsymbol{r}_i \times \boldsymbol{F}_i^{(e)}) \qquad (11-17)$$

有

$$\frac{\mathrm{d}}{\mathrm{d}t}(\boldsymbol{r}_C \times m\boldsymbol{v}_C + \boldsymbol{L}_C) = \sum(\boldsymbol{r}_i \times \boldsymbol{F}_i^{(e)})$$

上式左端

$$\frac{\mathrm{d}}{\mathrm{d}t}(\boldsymbol{r}_C \times m\boldsymbol{v}_C + \boldsymbol{L}_C) = \frac{\mathrm{d}\boldsymbol{r}_C}{\mathrm{d}t} \times m\boldsymbol{v}_C + \boldsymbol{r}_C \times m\frac{\mathrm{d}\boldsymbol{v}_C}{\mathrm{d}t} + \frac{\mathrm{d}\boldsymbol{L}_C}{\mathrm{d}t}$$

$$= \boldsymbol{v}_C \times m\boldsymbol{v}_C + \boldsymbol{r}_C \times m\boldsymbol{a}_C + \frac{\mathrm{d}\boldsymbol{L}_C}{\mathrm{d}t}$$

$$= \boldsymbol{r}_C \times m\boldsymbol{a}_C + \frac{\mathrm{d}\boldsymbol{L}_C}{\mathrm{d}t}$$

上式右端

$$\sum (\boldsymbol{r}_i \times \boldsymbol{F}_i^{(e)}) = \sum [(\boldsymbol{r}_C + \boldsymbol{r}'_i) \times \boldsymbol{F}_i^{(e)}] = \sum (\boldsymbol{r}_C \times \boldsymbol{F}_i^{(e)}) + \sum (\boldsymbol{r}'_i \times \boldsymbol{F}_i^{(e)})$$

从而有

$$\boldsymbol{r}_C \times m\boldsymbol{a}_C + \frac{\mathrm{d}\boldsymbol{L}_C}{\mathrm{d}t} = \boldsymbol{r}_C \times \sum \boldsymbol{F}_i^{(e)} + \sum (\boldsymbol{r}'_i \times \boldsymbol{F}_i^{(e)})$$

注意到

$$m\boldsymbol{a}_C = \sum \boldsymbol{F}_i^{(e)}$$

所以有

$$\frac{\mathrm{d}\boldsymbol{L}_C}{\mathrm{d}t} = \sum (\boldsymbol{r}'_i \times \boldsymbol{F}_i^{(e)}) = \sum \boldsymbol{M}_C(\boldsymbol{F}_i^{(e)}) \qquad (11-18)$$

即当质点系在相对于质心固连的平动坐标系中运动时，质点系相对质心的动量矩对时间的导数，等于作用于质点系的外力对质心矩的矢量和。这就是质点系相对于质心的动量矩定理。该定理在形式上与质点系对于固定点的动量矩定理完全一样。

将式(11-18)投影到图 11-21 中的 z' 轴，有

$$\frac{\mathrm{d}L_{Cz'}}{\mathrm{d}t} = \sum M_{Cz'}(\boldsymbol{F}_i^{(e)})$$

即质点系相对于质心轴的动量矩对时间的导数，等于作用于质点系的外力对该轴矩的代数和。显然，当外力对质心(或质心轴)的主矩之和恒等于零时，质点系对质心(或质心轴)的动量矩保持不变，此结论称为质点系相对质心(或质心轴)的动量矩守恒定律。

例 11-9 如图 11-22(a)所示，均质圆轮置于光滑斜面上，且从静止开始运动，则圆轮做何种运动？

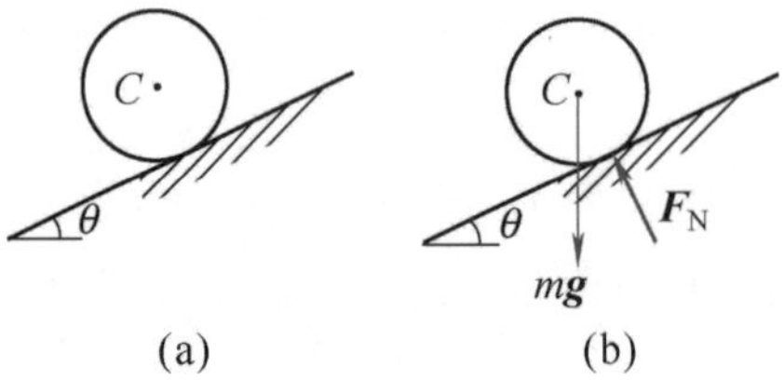

图 11-22

质点系相对质心动量矩守恒定律的应用

解 取圆轮为研究对象，受力如图 11-22(b)所示。

因为 $\sum M_C(\boldsymbol{F}_i^{(e)})=0$，所以圆轮相对质心的动量矩守恒。于是 $L_C = J_C\omega =$ 常量。

因圆轮初始静止，$\omega_0 = 0$，故任意瞬时，$\omega = 0$。因此，圆轮作平动。

利用质点系相对质心的动量矩守恒定律不仅能定量地解决问题，也能定性地解释很多现象。例如在花样滑冰运动中我们看到运动员在做悬空跳起动作时要紧抱四肢，为什么呢？因为当滑冰运动员在悬空跳起时，如果忽略空气阻力，运动员的身体只受重力的作用，故当运动员在空中绕质心轴旋转时，运动员相对质心轴的动量矩等于常量。因此，运动员只有紧抱四肢

才可以减小自身对质心轴的转动惯量 J_C，从而获得较快的旋转动作。同样的道理，也可以解释为什么跳水运动员在空中做翻转动作时要蜷曲四肢。

11.6　刚体平面运动微分方程

如图 11-23 所示，设坐标系 $Oxyz$ 为定系，刚体在外力 $\boldsymbol{F}_1$、$\boldsymbol{F}_2$、…、$\boldsymbol{F}_n$ 的作用下做平行于坐标平面 Oxy 的运动，且质心 C 在此平面内，取质心平动坐标系为 $Cx'y'z'$。

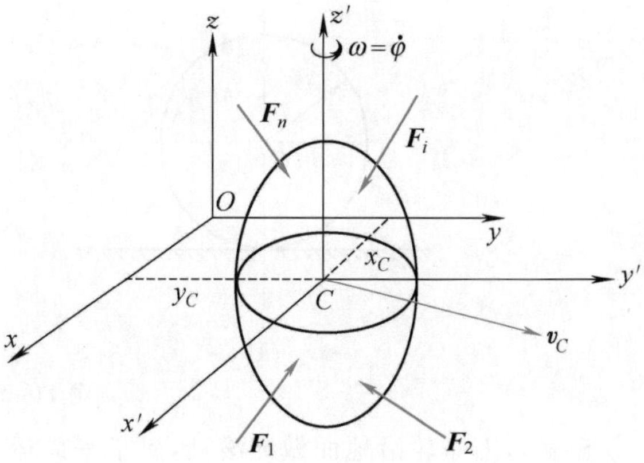

图 11-23

由运动学知，刚体的平面运动可分解成随质心 C 的平动和绕质心轴 Cz' 的相对转动。前一运动规律可由质心运动定理来描述，而后一运动规律则可由相对于质心的动量矩定理来描述。于是，有

$$m\boldsymbol{a}_C=\sum \boldsymbol{F}_i^{(e)} \tag{a}$$

$$\frac{\mathrm{d}\boldsymbol{L}_C}{\mathrm{d}t}=\sum \boldsymbol{M}_C(F_i^{(e)}) \tag{b}$$

将式(a)分别沿 x 轴和 y 轴投影，得

$$ma_{Cx}=\sum F_{ix}^{(e)}\text{ , }ma_{Cy}=\sum F_{iy}^{(e)} \tag{c}$$

将式(b)投影在 Cz' 轴上，得

$$\frac{\mathrm{d}L_{Cz'}}{\mathrm{d}t}=\sum M_{Cz'}(\boldsymbol{F}_i^{(e)}) \tag{d}$$

若用(x_C，y_C)表示质心 C 在固定直角坐标系中的坐标，φ 表示刚体对质心轴 Cz' 的相对转角，则有运动学关系 $a_{Cx}=\ddot{x}_C$，$a_{Cy}=\ddot{y}_C$，$\omega=\dot{\varphi}$。

再考虑相对质心轴 Cz' 转动的动量矩 $L_{Cz'}=J_{Cz'}\omega=J_{Cz'}\dot{\varphi}$，式中，$J_{Cz'}$ 表示刚体对轴 Cz' 的转动惯量，记为 J_C。

同时记 $\sum M_{Cz'}(\boldsymbol{F}_i^{(e)})=\sum M_C(\boldsymbol{F}_i^{(e)})$，则有

$$\left.\begin{aligned} ma_{Cx}&=\sum F_{ix}^{(e)}\\ ma_{Cy}&=\sum F_{iy}^{(e)}\\ J_C\alpha&=\sum M_C(\boldsymbol{F}_i^{(e)}) \end{aligned}\right\} \tag{11-19}$$

或

$$\left.\begin{aligned} m\ddot{x}_C&=\sum F_{ix}^{(e)}\\ m\ddot{y}_C&=\sum F_{iy}^{(e)}\\ J_C\ddot{\varphi}&=\sum M_C(\boldsymbol{F}_i^{(e)}) \end{aligned}\right\} \tag{11-19'}$$

式(11－19)、式(11－19′)称为刚体的平面运动微分方程，可以应用它求解做平面运动刚体的动力学问题。

例 11－10　半径为 r、质量为 m 的均质车轮沿水平面做纯滚动，如图 11－24(a)所示。设车轮的惯性半径为 ρ_C，作用于车轮的驱动力偶矩为 M，求轮心的加速度。如果车轮对地面的静滑动摩擦因数为 f_s，问驱动力偶矩 M 必须满足什么条件才不致使车轮滑动？

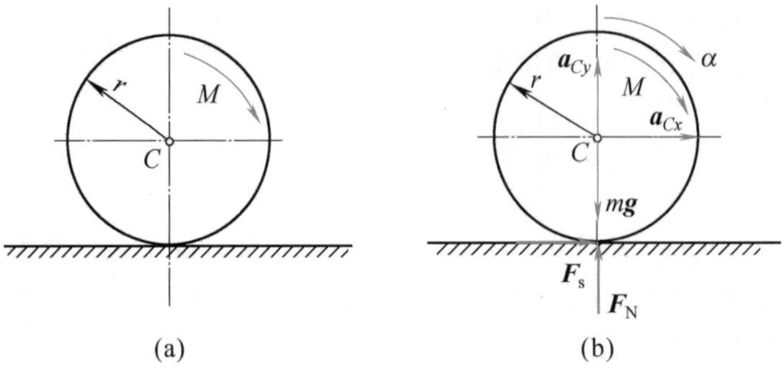

图 11－24

分析　因车轮沿地面做纯滚动，属于平面运动的问题，故应利用刚体平面运动微分方程求解。

解　(1)取车轮为研究对象，进行受力与运动分析，如图 11－24(b)所示。

(2)根据刚体平面运动微分方程，有

$$ma_{Cx}=F_s \tag{a}$$

$$ma_{Cy}=F_N-mg \tag{b}$$

$$m\rho_C^2\alpha=M-F_sr \tag{c}$$

(3)建立运动学补充条件，根据圆轮滚而不滑的条件，有

$$a_{Cx}=r\alpha\ ,\ a_{Cy}=0 \tag{d}$$

(4)联立方程(a)～(d)求解，得

$$F_s=ma_C\ ,\qquad F_N=mg\ ,\qquad M=\frac{F_s(r^2+\rho_C^2)}{r}\ ,\qquad a_C=\frac{Mr}{m(r^2+\rho_C^2)}$$

欲使车轮只滚动不滑动，必须有 $F_s\leqslant f_sF_N$，或 $F_s\leqslant f_smg$。于是得车轮只滚不滑的条件为 $M\leqslant mgf_s\dfrac{r^2+\rho_C^2}{r}$。

读者思考　若车轮既滚又滑，摩擦力与轮心的加速度又如何求？

例 11－11　如图 11－25(a)所示，均质细杆 AB 长 l，质量为 m，B 端搁在光滑的地板上，A 端靠在光滑的墙壁上，A、B 均在垂直墙壁的同一铅直平面内。初瞬时，杆与墙壁的夹角为 θ，由静止开始运动。求运动初始杆的角加速度及墙壁和地面的约束力。

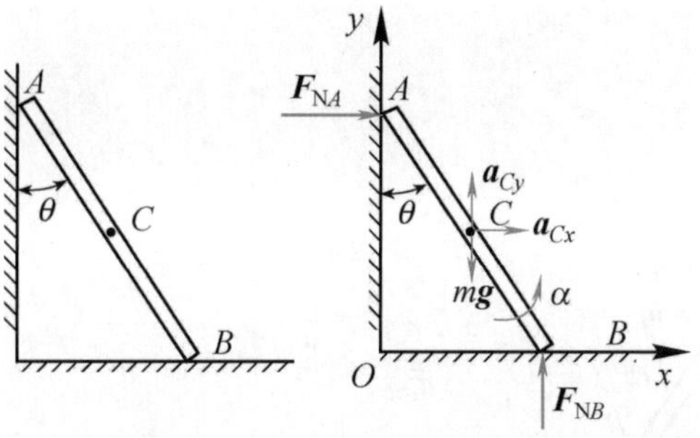

(a)　　　(b)

图 11-25

刚体平面运动
微分方程应用举例

分析　该题属于平面运动刚体的动力学题目，故可利用刚体平面运动微分方程求解。应该注意，该题目为突然解除约束的问题，在从静止开始运动瞬时，杆的角速度为零。建立运动学补充条件时可由点的运动知识得到，也可以由加速度基点法得到。

解法一　(1)取杆 AB 为研究对象，画出 AB 杆运动初瞬时的受力图，并假定此瞬时的运动量。受力分析和运动分析如图 11-25(b)所示。

(2)杆作平面运动，取坐标系 Oxy，根据刚体平面运动微分方程，则有

$$m\ddot{x}_C = F_{NA} \tag{a}$$

$$m\ddot{y}_C = F_{NB} - mg \tag{b}$$

$$J_C\ddot{\theta} = F_{NB}\frac{l}{2}\sin\theta - F_{NA}\frac{l}{2}\cos\theta \tag{c}$$

(3)由几何关系知，建立运动学补充条件，得

$$x_C = \frac{l}{2}\sin\theta \tag{d}$$

$$y_C = \frac{l}{2}\cos\theta \tag{e}$$

将式(d)和式(e)对时间求导，得

$$a_{Cx} = \ddot{x}_C = \frac{l}{2}(\ddot{\theta}\cos\theta - \dot{\theta}^2\sin\theta) \tag{f}$$

$$a_{Cy} = \ddot{y}_C = \frac{l}{2}(-\ddot{\theta}\sin\theta - \dot{\theta}^2\cos\theta) \tag{g}$$

把式(f)和式(g)分别代入式(a)和式(b)，再把 F_{NA} 和 F_{NB} 的值代入式(c)，最后求得杆 AB 的角加速度。

因运动初始：$\dot{\theta}=0$，$\ddot{\theta}=\alpha$

所以运动学补充条件为

$$a_{Cx} = \frac{l}{2}\alpha\cos\theta\ ,\ a_{Cy} = -\frac{l}{2}\alpha\sin\theta \tag{h}$$

(4)求解杆对质心的转动惯量为 $J_C=\frac{1}{12}ml^2$，联立式(a)、式(b)、式(c)、式(h)，解得

$$\alpha = \frac{3g}{2l}\sin\theta\ ,\ F_{NA} = \frac{3mg}{4}\sin\theta(3\cos\theta - 2)$$

解法二

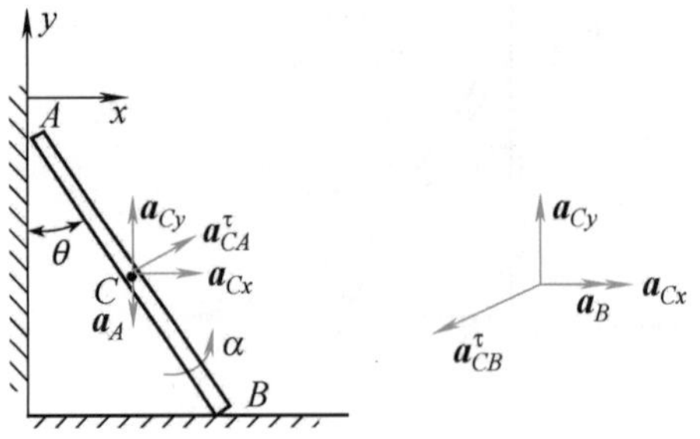

(a) (b)

图 11-26

刚体平面运动微分方程不变，运动学补充条件由基点法得到。

以 A 为基点，有基点法：

$$\boldsymbol{a}_{Cx}+\boldsymbol{a}_{Cy}=\boldsymbol{a}_A+\boldsymbol{a}_{CA}^{\tau} \tag{i}$$

加速度矢量图如图 11-26(a)所示。

将式(i)向 y 轴投影得

$$a_{Cx}=a_{CA}^{\tau}\cos\theta=l\alpha\cos\theta$$

以 B 为基点，有基点法：

$$\boldsymbol{a}_{Cx}+\boldsymbol{a}_{Cy}=\boldsymbol{a}_B+\boldsymbol{a}_{CB}^{\tau} \tag{j}$$

加速度矢量图如图 11-26(b)所示。

将式(j)向 y 轴投影得

$$a_{Cy}=-a_{CB}^{\tau}\sin\theta=-l\alpha\sin\theta$$

其余与解法一相同。

上例中，当 F_{NA} 等于零时，杆将脱离墙的约束。杆脱离墙面时，杆与墙面的夹角为 $\theta=\arccos\dfrac{2}{3}$。

读者思考　杆脱离墙面后如何运动？

例 11-12　质量为 m_1 的重物 A 系在绳子上，绳子跨过一质量为 m_2、半径为 r_D 的定滑轮 D，并绕在鼓轮 B 上，如图 11-27(a)所示。重物下降带动鼓轮沿水平轨道滚动而不滑动。设鼓轮 B 的内外半径分别为 r、R，质量为 m_3，其对水平轴 O 的回转半径为 ρ。求重物 A 的加速度。

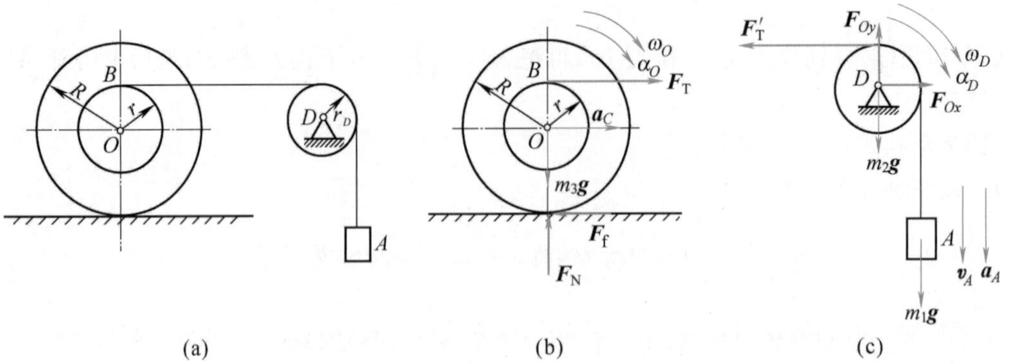

(a) (b) (c)

图 11-27

分析　将系统中的各部分运动物体分别拆分，分别取各部分为研究对象进行受力分析和运动分析，然后列出相应的动力学方程，最后根据系统中的运动关系建立运动学补充方程，联立求解。

解　(1)取鼓轮为研究对象，受力与运动量如图 11－27(b)所示。由平面运动微分方程，得

$$m_3 a_C = F_T - F_f \tag{a}$$

$$0 = F_N - m_3 g \tag{b}$$

$$m_3 \rho^2 \alpha_O = F_f R + F_T r \tag{c}$$

(2)取定滑轮 D 和物块组成的系统为研究对象，受力与运动量如图 11－27(c)所示。由系统对定轴的动量矩定理，可得

$$\frac{\mathrm{d}L_D}{\mathrm{d}t} = \sum M_D(\boldsymbol{F}_i^{(e)})$$

其中，$L_D = \frac{1}{2}m_2 r_D^2 \omega_D + m_1 v_A r_D$，$\sum M_D(\boldsymbol{F}_i^{(e)}) = m_1 g r_D - F_T r_D$。

由此可得

$$\frac{1}{2}m_2 r_D^2 \alpha_D + m_1 a_A r_D = m_1 g r_D - F_T r_D \tag{d}$$

(3)对系统进行运动分析，建立运动学补充条件，得

$$a_C = R\alpha_O \tag{e}$$

$$\alpha_O(R + r) = \alpha_D r_D \tag{f}$$

$$a_A = r_D \alpha_D \tag{g}$$

(4)联立式(a)至式(g)求解，得

$$a_A = \frac{2m_1(R^2 + r^2)}{(2m_1 + m_2)(R + r)^2 + 2m_3(R^2 + \rho^2)}$$

习　题

一、基础题

1. 计算图 11－28 所示各物体对转轴 O 的动量矩：(1) 均质圆盘半径为 r、质量为 m，以角速度 ω 转动；(2) 均质圆盘半径为 r、质量为 m，以角速度 ω 转动；(3) 均质偏心圆盘半径为 r、偏心距为 e，质量为 m，以角速度 ω 转动；(4) 均质圆盘半径为 r、质量为 m，以角速度 ω 在固定平面作纯滚动。

[答：(a)$L_O = \frac{1}{2}mr^2\omega$；(b) $L_O = (\frac{1}{2}mr^2 + mr^2)\omega$；(c) $L_O = (\frac{1}{2}mr^2 + me^2)\omega$；(d) $L_O = (\frac{1}{2}mr^2 + mr^2)\omega$。]

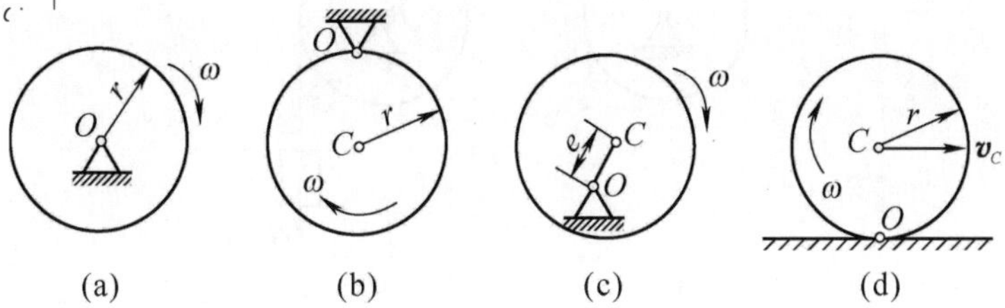

图 11－28

2. 图 11－29 所示两个重物 M_1 和 M_2 的质量各为 m_1 和 m_2，分别系在两条不计质量的绳上。此两绳又分别绕在半径为 r_1 和 r_2 的塔轮上。塔轮的质量为 m_3，质心为 O，对轴 O 的回转半径为 ρ，重物受重力作用而运动，且 $m_1r_1 > m_2r_2$，求塔轮的角加速度 α。

$\left[答:\alpha=\dfrac{(m_1r_1-m_2r_2)g}{m_1r_1^2+m_2r_2^2+m_3\rho^2}，逆时针转向\right]$

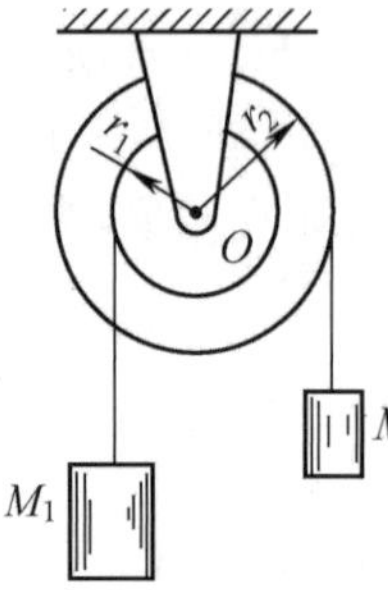

图 11－29

3. 图 11－30 所示小球 M 重 G，连在细绳的一端，绳的另一端穿过光滑水平面上的小孔 O，令小球 M 在水平面上沿半径为 r 的圆周做匀速运动，其速度为 $\boldsymbol{v}_0$。如将细绳向下拉，使圆周的半径缩小为 $r/2$，问这时小球的速度 $\boldsymbol{v}_1$ 和细绳的拉力各为多少？

$\left(答:v_1=2v_0，F=8\dfrac{Mv_0^2}{r}\right)$

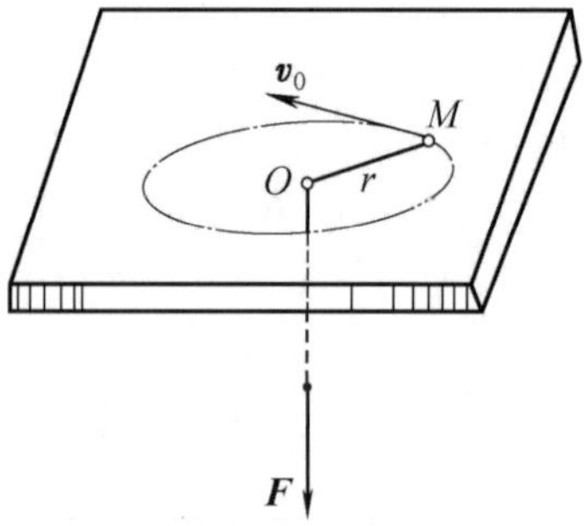

图 11－30

4. 图 11－31 所示两个完全相同的均质圆盘 A 和 B，绕各自的质心轴作定轴转动。在圆盘 A 的边缘沿切线方向作用一力 $\boldsymbol{F}$，在圆盘 B 上缠绕一质量忽略不计的细绳，绳的一端悬挂一重量为 G 的重物。已知圆盘的转动惯量为 J，半径为 r，$F=G$，试问两圆盘的角加速度？

$\left(答:\alpha_A=\dfrac{Fr}{J}，\alpha_B=\dfrac{Gr}{J+\dfrac{G}{g}r^2}\right)$

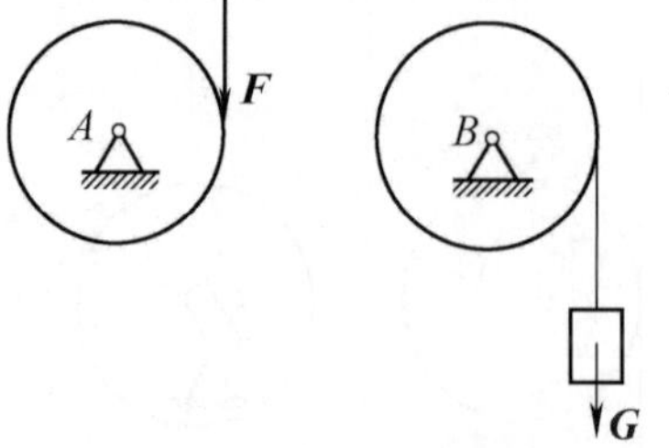

图 11－31

5. 图 11-32 所示均质直角折杆，质量为 $3m$，尺寸如图所示，求其对轴 O 的转动惯量。（答：$J_O=5ml^2$）

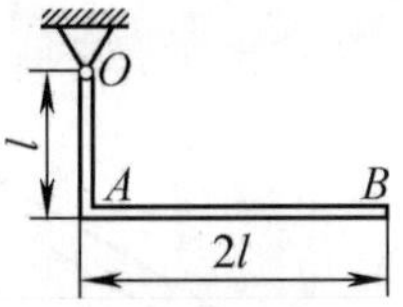

图 11-32

6. 图 11-33 所示均质圆柱体 A 的质量为 m，在外圆上绕以细绳，圆柱体因解开绳子而下降，其初速度为零，绳的一端 B 固定不动。求当圆柱体的中心降落了高度 h 时中心的加速度和绳子的张力。

$\left(答：\alpha_A=\dfrac{2}{3}g, F=\dfrac{1}{3}mg\right)$

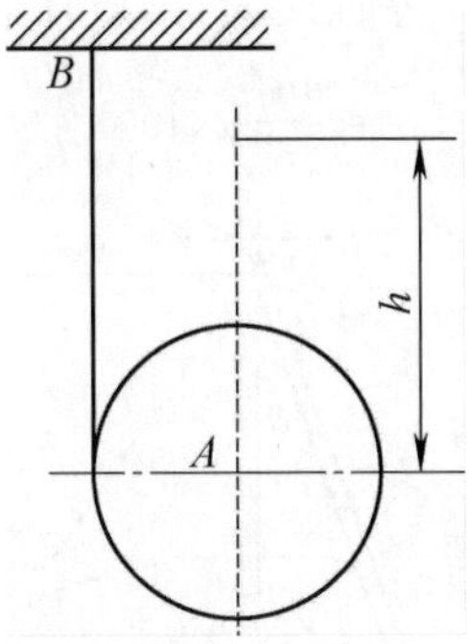

图 11-33

7. 图 11-34 所示重物 A 质量为 m_1，系在绳子上，绳子跨过不计质量的固定滑轮 D，并绕在鼓轮 B 上。由于重物下降，带动了轮 C，使它沿水平轨道滚动而不滑动。设鼓轮半径为 r，轮 C 的半径为 R，两轮固连在一起，总质量为 m_2，对于其水平轴 O 的回转半径为 ρ。求重物 A 的加速度。

$\left[答：a_A=\dfrac{m_1g(r+R)^2}{m_1(R+r)^2+m_2(\rho^2+R^2)}\right]$

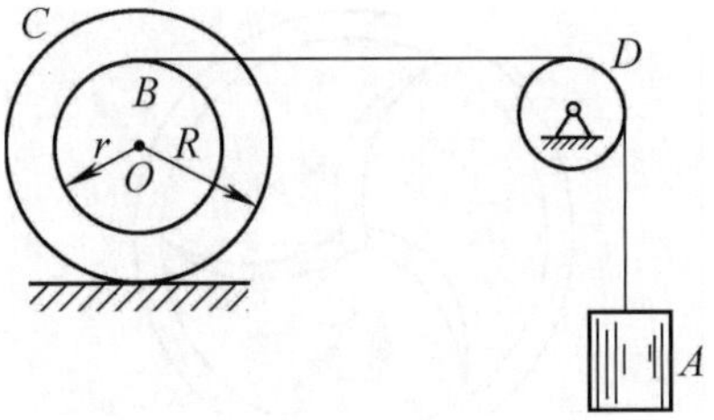

图 11-34

8. 图 11-35 所示均质杆 AB 重 100 N，长 1 m，B 端搁在地面上，A 端用软绳悬挂。设杆与地面间的摩擦因数为 0.3，问当软绳剪断时 B 端是否滑动？并求此瞬时杆的角加速度及地面对杆的作用力。假定动摩擦因数等于静摩擦因数。
（答：滑动。$\alpha=14.71\ \mathrm{rad\cdot s^{-2}}$，$F=10.5$ N，$F_N=35$ N）

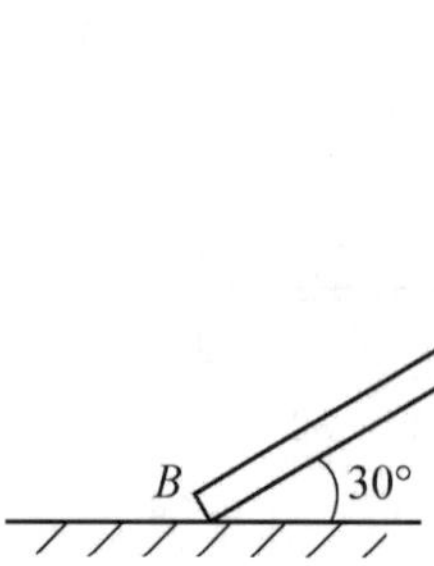

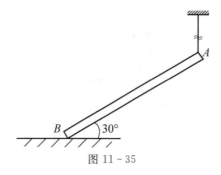

图 11－35

二、提升题

1. 如图 11－36 所示，均质细杆 OA 的质量为 m，长为 l，绕定轴 Oz 以匀角速度转动。设杆与 Oz 轴夹角为 θ，求杆运动到 yOz 平面瞬时，均质杆对 x、y、z 轴的动量矩。

$\left(答：L_x=0, L_y=-\dfrac{ml^2}{3}\omega\sin\theta\cos\theta\ , L_z=\dfrac{ml^2}{3}\omega\sin^2\theta\right)$

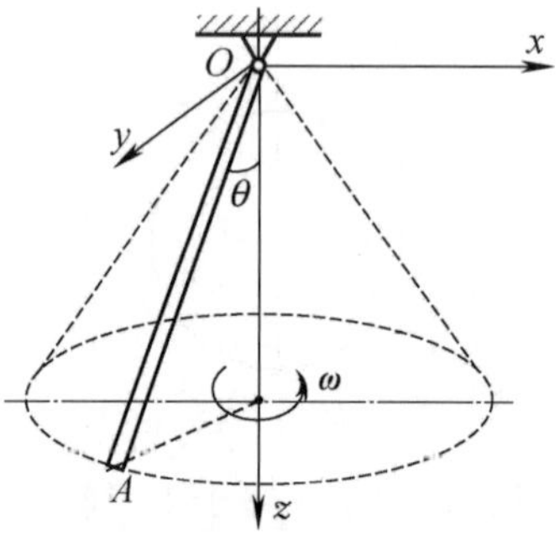

图 11－36

2. 如图 11－37 所示，通风机的转动部分以初角速度 ω_0 绕中心轴转动，空气的阻力矩与角速度成正比，即 $M=k\omega$，其中 k 为常数。如转动部分对其轴的转动惯量为 J，问经过多少时间其转动角速度减少为初角速度的一半？又在此时间内共转过多少转？

$\left(答：t=\dfrac{J}{k}\ln 2\ , n=\dfrac{J\omega_0}{4\pi k}\right)$

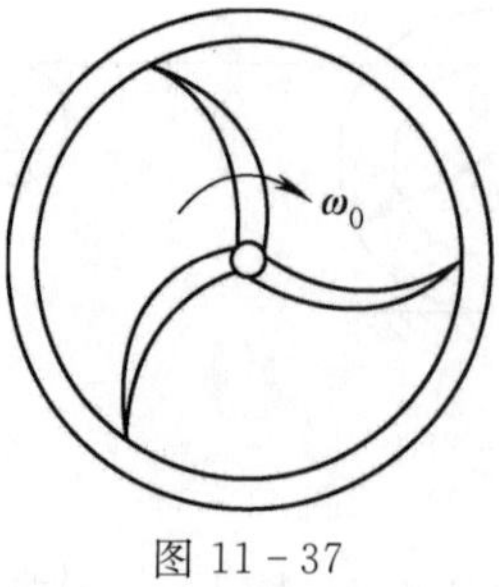

图 11－37

3. 质量为 100 kg、半径为 1 m 的均质圆轮，以转速 $n=120$ r/min绕 O 轴转动，如图11－38所示。设有常力 $\boldsymbol{F}$ 作用于闸杆，圆轮经 10 s 后停止转动。已知摩擦系数 $f=0.1$，求力 $\boldsymbol{F}$ 的大小。

（答：$F=270$ N）

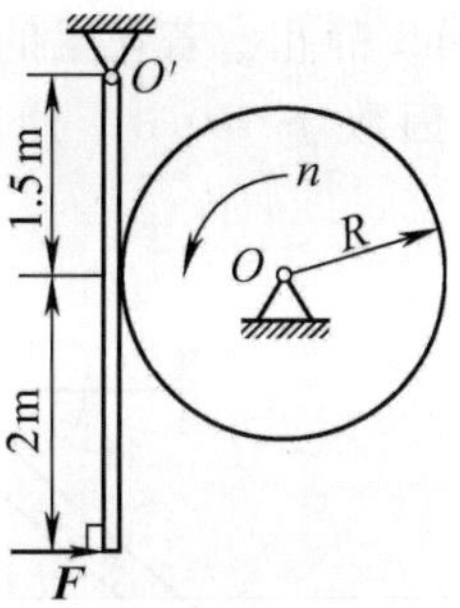

图 11 - 38

4. 均质直角折杆尺寸如图 11 - 39 所示，其质量为 3 m，求其对轴 O 的转动惯量。（答：$J_O = 3ml^2$）

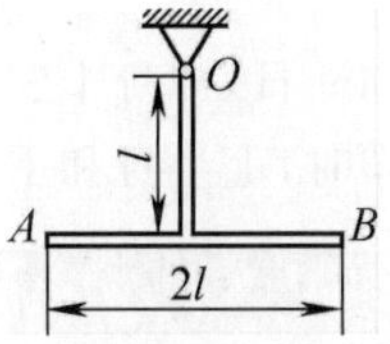

图 11 - 39

5. 如图 11 - 40 所示，杆 OA 长为 l、重为 G_1，可绕过 O 点的水平轴而在铅垂面内转动；杆的 A 端铰接一半径为 R、重为 G_2 的均质圆盘。若初瞬时 OA 杆处于水平位置，系统静止。略去各处摩擦，求 OA 杆转到任意位置（用 φ 角表示）时的角速度 ω 和角加速度 α 。

$$\left(答:\omega = \sqrt{\frac{G_1 + 2G_2}{G_1 + 3G_2}\frac{3g}{l}\sin\varphi}\ ,\alpha = \frac{G_1 + 2G_2}{G_1 + 3G_2}\frac{3g}{l}\cos\varphi\right)$$

6. 均质圆柱体 A 和 B 的质量为 m，半径均为 r，一绳缠在绕固定轴 O 转动的圆柱 A 上，绳的另一端绕在圆柱体 B 上，如图 11 - 41 所示。摩擦不计。试求：

(1)圆柱体 B 下落时其质心的加速度；

(2) 若在圆柱体 A 上作用一逆时针转向矩为 M 的力偶，试问在什么条件下圆柱体 B 的质心加速度将向上。

[答：(1)$a = 0.8g$ ；(2) $M > 2mgr$]

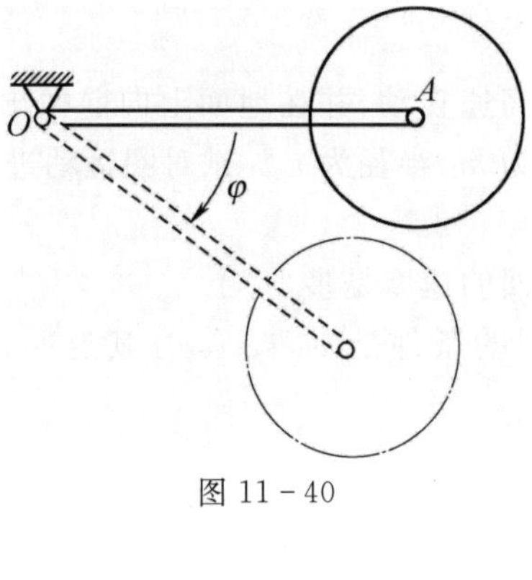

图 11 - 40

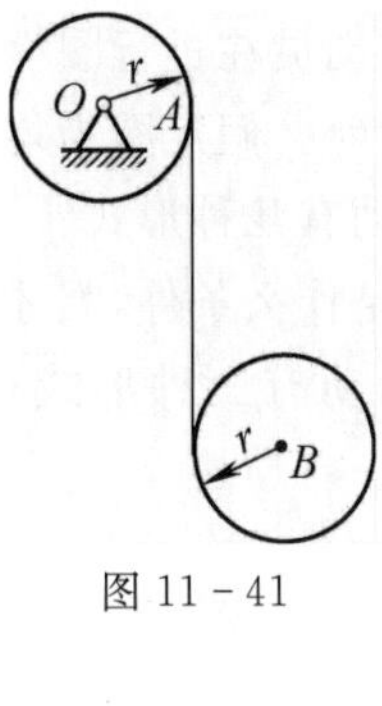

图 11 - 41

7. 图 11－42 所示软绳 AD 水平，梁 AB 静止。若在梁的 B 端作用一水平拉力 $F=1200$ N，试求此瞬时绳的张力，梁与地面的摩擦因数 $f=0.3$。计算时，AB 梁可视为均质细长杆，$m=100$ kg，$l=3.0$ m。

（答：$F_T=575$ N）

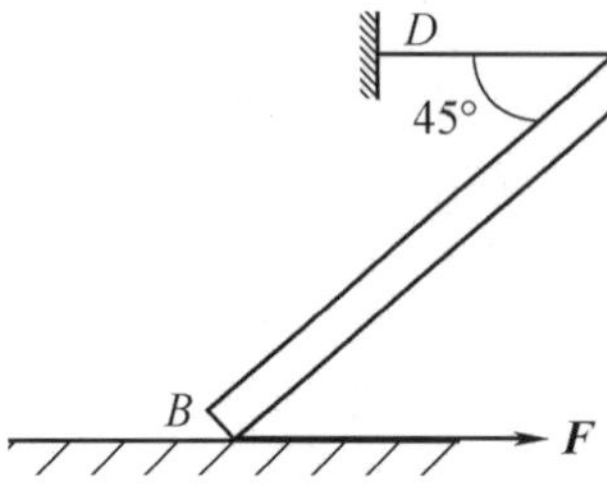

图 11－42

8. 图 11－43 所示为 2021 年 12 月 09 日，神舟十三号宇航员在“天宫课堂”的一幕，请同学们解释为什么航天员在太空做转身动作时，上半身和下半身的转动方向相反？

图 11－43

9. 神奇的圈操

艺术体操运动员在进行圈操表演时，使圈高速转动，并在地面上向前抛出，不久圈可自动返回到运动员面前。假定圈为均质圆环，质量为 m，半径为 r。试对圈运动进行分析：

(1)圈的运动有几种形式？

(2)需要满足什么条件，圈才能返回，其返回的速度是多少？

[答：(1) 圈的运动有三种形式；(2) 圈能返回的条件是 $v_0<r\omega_0$，其返回速度大小为 $v=\dfrac{r\omega_0-v_0}{2}$]

拓展阅读

关于“猫转尾理论”的故事

都说“猫有九条命”。所谓的“九条命”虽然只是传说，但是从侧面反映出了猫的生命力极其顽强。我们时常会看到猫能爬上高高的树木，或是在窄的高墙上飞檐走壁，难免会想难道猫不会恐高吗？一旦摔下来还能活吗？而事实竟然是，猫从高空跌落竟然能完美的脚部着地，这也让猫更不容易摔伤（当然高度也是有极限的）。

猫从高空下落，总是脚部先着地这一有趣的现象，早在几十年前就引起了人们的关注。图 1 所示为 1894 年法国科学院的生理学家马勒（Marey）用摄影技术记录下的猫下落过程的图片，他发现猫能在 1/8 秒的短暂时间内从四足朝天姿势自动翻转过来。

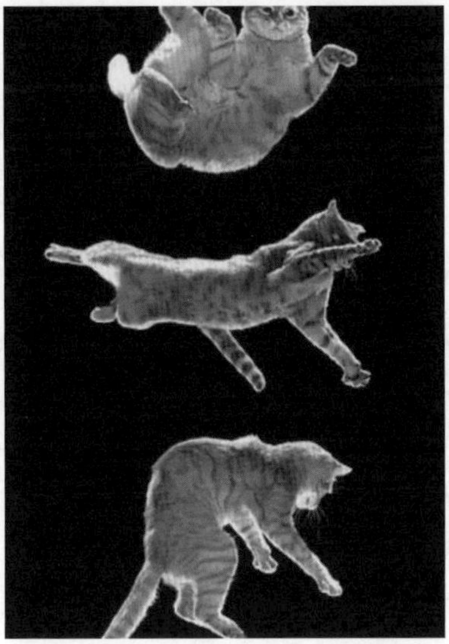

图 1　猫的空中转体（引自新浪网）

对这个现象最经典的解释出现在苏联的理论力学教材中。这种解释认为只要急速转动猫尾，猫就能使身体朝相反方向翻动，而动量矩保持为 0。这就是猫靠尾巴的转体理论，也称转尾理论。

猫在下落的过程中，如果忽略空气阻力的作用，猫就只受到重力的作用，这时对过质心轴的矩为零。所以有相对质心轴的动量矩守恒。设 x 轴为过质心的轴，猫要转体需要的角速度为 ω_1，而需要尾巴转动的角速度为 ω_2，猫身体对转动轴的转动惯量为 J_1，猫尾对转动轴的转动惯量为 J_2，如图 2 所示，根据质点系相对质心的动量矩守恒定律，有

$$J_1\omega_1 - J_2\omega_2 = 0$$

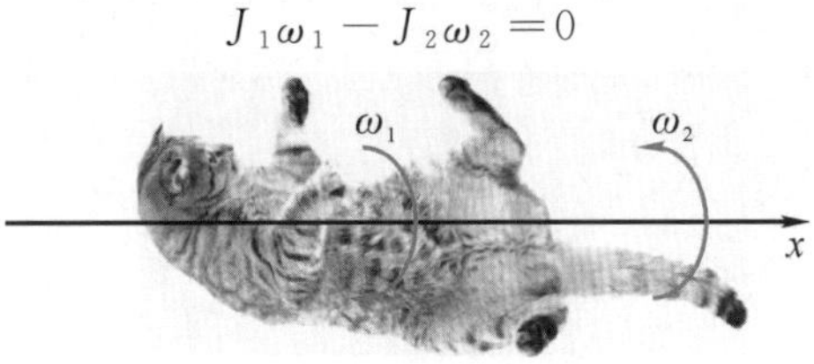

图 2　转尾理论模型

由于转动惯量 J_1 比 J_2 大很多，要使上式成立，必须有 ω_2 远大于 ω_1。也就是说，在猫进

行转体的时候，猫尾以很大的转动角速度朝相反方向转动，这就是这个理论的解释。

但是这个理论后来遭到了质疑。细长的猫尾与躯体的转动惯量相差悬殊，要求猫尾在1/8秒内急速旋转几十圈以实现躯体的翻转，显然是不可能的。到1960年，英国生理学家麦克唐纳(McDonald)将猫尾截去，发现无尾猫也能完成空中转体，从根本上否定了“转尾理论”。

1935年两位医生拉德麦克(Rademaker)和特布拉克(TerBraak)提出了比较合理的解释。他们认为，猫在下落过程中依靠脊柱的弯曲使前半身相对后半身作圆锥运动，则整个身体必朝相反方向旋转以维持零动量矩。1969年斯坦福大学的力学教授凯恩(Kane)将此解释更具体化。他用两个圆柱形刚体代表猫的前后半身，在腰部用球铰连接作为猫的力学模型，建立了无力矩状态下的动力学方程(见图3)。利用数值积分的计算结果表明，当刚体之间作相对圆锥运动时，整体会产生180°的翻转，此过程与实验纪录基本吻合。于是对于猫的空中转体才有了合理的解答。

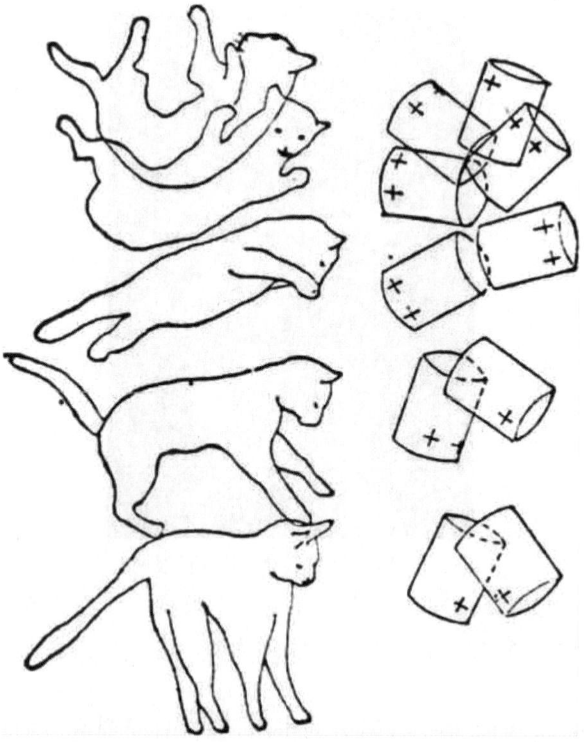

图3　猫空中转体的力学模型

这个故事告诉我们需要保持质疑精神，不断探索、尝试和改进现有的理论，以更好地理解各种神奇的现象。同时，也提醒我们要保持开放的心态和批判性的思考，不断追求科学的真理。

第 12 章　动能定理

内容提要

第 10 章和第 11 章分别以动量和动量矩为基础，建立了动量定理和动量矩定理，上述定理描述了质点或质点系运动量的变化与外力主矢及外力主矩之间的关系。本章将以功和动能为基础，从能量的角度分析质点和质点系的动力学问题。本章将讨论功、动能、势能等重要概念，推导动能定理和机械能守恒定律，并综合运用动量定理、动量矩定理和动能定理分析较复杂的动力学问题。

本章知识导图

12.1　功和动能的概念及其计算

对力的作用效应可以有各种量度，如力的冲量是力对时间累积效应的量度。力的功则是力对路程累积效应的量度。

1. 常力的功

由物理学可知，若质点在常力 $\boldsymbol{F}$ 作用下沿直线走过路程 s（见图 12－1），则力 $\boldsymbol{F}$ 在这段路程上所做的功为

$$W = F\cos\theta \cdot s \tag{12-1}$$

式中，θ 为力 $\boldsymbol{F}$ 与位移 $\boldsymbol{s}$ 之间的夹角。当 $\theta < \frac{\pi}{2}$ 时，功为正；当 $\theta = \frac{\pi}{2}$ 时，即力与力作用点的位移始终垂直时，功为零；当 $\theta > \frac{\pi}{2}$ 时，功为负。所以功是代数量。

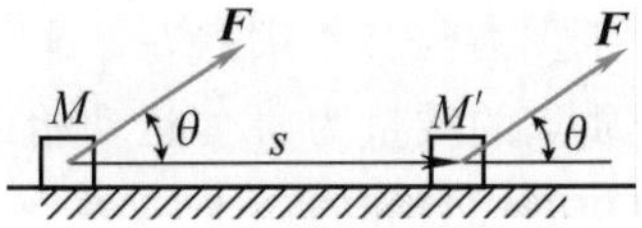

图 12－1

在国际单位制中，功的单位为焦耳，用符号 J 表示。1 J 表示 1 N 的力在 1 m 路程上所做的功，即

$$1\ \text{J} = 1\ \text{N} \cdot \text{m}$$

若记 $\boldsymbol{MM'} = \boldsymbol{s}$，则式(12－1)又可写成下述形式

$$W = \boldsymbol{F} \cdot \boldsymbol{s} \tag{12-2}$$

2. 变力的功

设质点 M 在变力 $\boldsymbol{F}$ 作用下沿曲线运动（见图 12－2）。把质点走过的有限弧长 $\overset{\frown}{M_1M_2}$ 分

成许多微小弧段，在微小弧段 $\mathrm{d}s$ 上力 $\boldsymbol{F}$ 可视为常力。在此微小弧段上（对应的微小位移为 $\mathrm{d}\boldsymbol{r}$）力 $\boldsymbol{F}$ 所做的功（称为元功，记为 δW）为

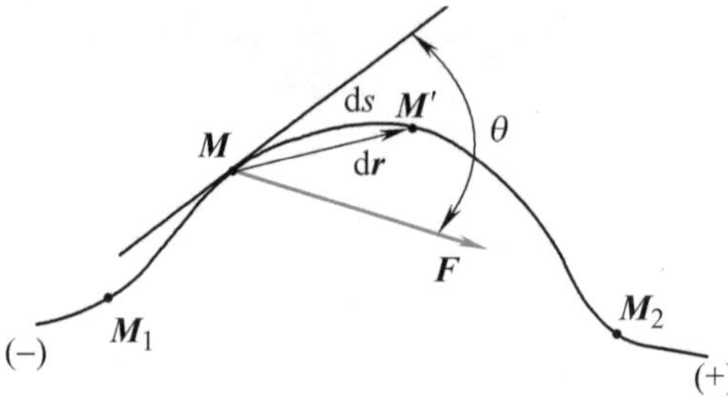

图 12-2

$$\delta W = F\cos\theta\,\mathrm{d}s = F_\tau\,\mathrm{d}s \tag{12-3}$$

或

$$\delta W = \boldsymbol{F}\cdot\mathrm{d}\boldsymbol{r} \tag{12-4}$$

当质点从 M_1 运动到 M_2 时，力 $\boldsymbol{F}$ 做的功（记为 W_{12}）为

$$W_{12} = \sum\delta W = \int_0^s F\cos\alpha\,\mathrm{d}s \tag{12-5}$$

或

$$W_{12} = \int_{M_1}^{M_2}\boldsymbol{F}\cdot\mathrm{d}\boldsymbol{r} = \int_{M_1}^{M_2}F_x\,\mathrm{d}x + F_y\,\mathrm{d}y + F_z\,\mathrm{d}z \tag{12-6}$$

式(12-6)称为功的解析表达式，其中

$$\boldsymbol{F} = F_x\boldsymbol{i} + F_y\boldsymbol{j} + F_z\boldsymbol{k}\ ,\ \mathrm{d}\boldsymbol{r} = \mathrm{d}x\boldsymbol{i} + \mathrm{d}y\boldsymbol{j} + \mathrm{d}z\boldsymbol{k}$$

如果在质点上作用有 n 个力，这 n 个力的合力 $\boldsymbol{F}_\mathrm{R} = \sum\boldsymbol{F}_i$，则当质点从 M_1 运动到 M_2 时，合力 $\boldsymbol{F}$ 所做的功为

$$W_{12} = \int_{M_1}^{M_2}\boldsymbol{F}\cdot\mathrm{d}\boldsymbol{r} = \int_{M_1}^{M_2}\sum\boldsymbol{F}_i\cdot\mathrm{d}\boldsymbol{r} = \sum\int_{M_1}^{M_2}\boldsymbol{F}_i\cdot\mathrm{d}\boldsymbol{r} = \sum W_i \tag{12-7}$$

即合力在任一路程中所做的功等于各分力在同一路程中所做功的代数和。

以上讨论的是功的一般计算公式，下面计算几种常见力的功。

(1)重力的功。设质量为 m 的质点沿曲线从 M_1 运动到 M_2，如图 12-3 所示，由式(12-6)知其重力 $\boldsymbol{G}$ 所做的功为

$$W_{12} = \int_{z_1}^{z_2} -G\,\mathrm{d}z = G(z_1 - z_2) \tag{12-8}$$

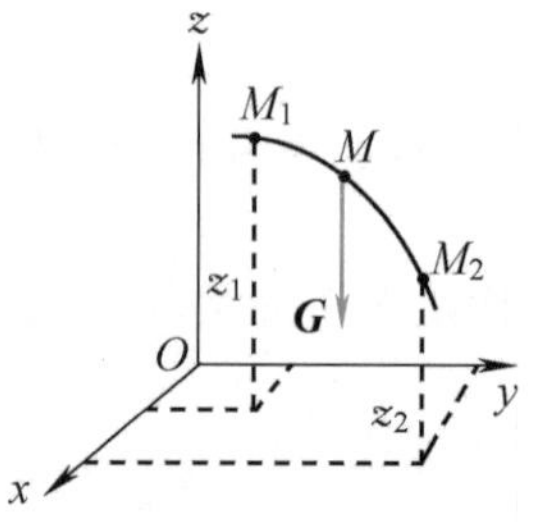

图 12-3

式(12-8)表明：重力所做的功，等于重力与其作用点在始末位置高度差的乘积。对于质点系，设第 i 个质点的质量为 m_i，运动始末的高度差为 $z_{i1} - z_{i2}$，则各质点重力所做功的代数和为

$$\begin{aligned}\sum W_{12} &= \sum m_i g(z_{i1} - z_{i2}) = g\left(\sum m_i z_{i1} - m_i z_{i2}\right)\\ &= g(mz_{C1} - mz_{C2}) = mg(z_{C1} - z_{C2})\end{aligned} \tag{12-8'}$$

式(12-8′)中的 m 为质点系的质量，z_{C1} 和 z_{C2} 分别为质点系质心在初始和末了位置 z 方向的坐标。由式(12-8′)可知，当 $z_{C1} > z_{C2}$，即质点系的重心下降时，重力做正功；当 $z_{C1} = z_{C2}$，即重心在始末高度相同时，重力不做功；$z_{C1} < z_{C2}$，即质点系的重心上升时，重力做负功。由此可见，重力所做的功仅与重心的始末位置有关，而与重心走过的路径无关。

(2)弹性力的功。设质点 M 在弹性力的作用下沿轨迹 $\overset{\frown}{M_1M_2}$ 运动，如图 12-4 所示。设弹簧的原长（即弹簧不受力时的长度）为 l_0，弹簧刚度系数即使弹簧产生单位变形所需施加的

力，用 k 表示。在国际单位制中，k 的单位为 N/m 或 N/cm。弹簧的一端固定于 O 点，另一端与质点 M 相连。在弹簧的弹性范围内，弹簧力 $\boldsymbol{F}$ 可表示为

$$\boldsymbol{F}=-k(r-l_0)\boldsymbol{r}_0$$

式中，$\boldsymbol{r}_0$ 为 $\boldsymbol{OM}$ 的单位矢量。当质点从 M_1 运动到 M_2 时，由式(12-6)知弹性力 $\boldsymbol{F}$ 所做的功为

$$W_{12}=\int_{M_1}^{M_2}\boldsymbol{F}\cdot \mathrm{d}\boldsymbol{r}=\int_{M_1}^{M_2}-k(r-l_0)\boldsymbol{r}_0\cdot \mathrm{d}\boldsymbol{r}$$

因为
$$\boldsymbol{r}_0\cdot \mathrm{d}\boldsymbol{r}=\frac{1}{r}\boldsymbol{r}\cdot \mathrm{d}\boldsymbol{r}=\frac{1}{2r}\mathrm{d}(\boldsymbol{r}\cdot\boldsymbol{r})=\frac{1}{2r}\mathrm{d}r^2=\mathrm{d}r$$

于是得

$$W_{12}=\int_{r_1}^{r_2}-k(r-l_0)\boldsymbol{r}_0\cdot \mathrm{d}\boldsymbol{r}=\int_{r_1}^{r_2}-k(r-l_0)\mathrm{d}r=\frac{1}{2}k[(r_1-l_0)^2-(r_2-l_0)^2]$$

或
$$W_{12}=\frac{1}{2}k(\delta_1^2-\delta_2^2) \tag{12-9}$$

上式中的 δ_1 和 δ_2 分别表示弹簧在始末位置的变形量。

由式(12-9)知，弹性力的功仅与质点的始末位置有关，而与质点 M 走过的路径无关。

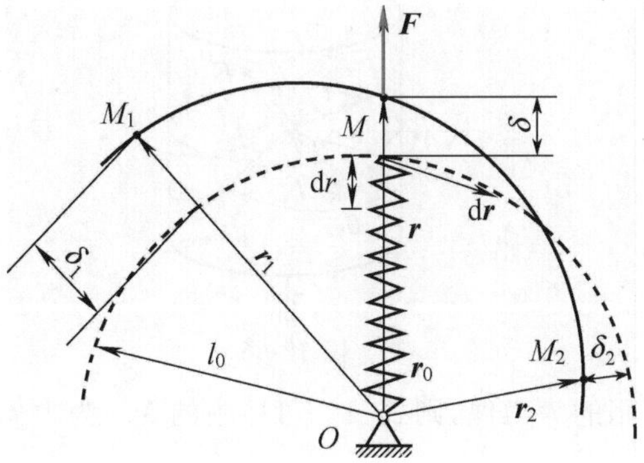

图 12-4

(3)牛顿引力的功。质量为 m_2 的质点 M 受到另一质量为 m_1 的固定质点 O 的引力 $\boldsymbol{F}$ 的作用(见图 12-5)，由牛顿万有引力定律知

$$\boldsymbol{F}=-G\frac{m_1m_2}{r^2}\boldsymbol{r}_0=-G\frac{m_1m_2}{r^3}\boldsymbol{r}$$

上式中 G 为万有引力常数($G=6.67\times10^{-11}\,\mathrm{m^3/kg\cdot s^2}$)。

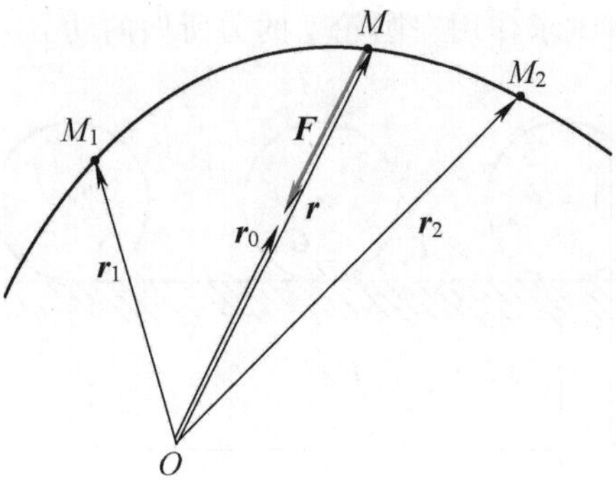

图 12-5

功的计算中
的基本概念

当质点从 M_1 运动到 M_2 时，由式(12－6)得引力 $\boldsymbol{F}$ 做的功为

$$W_{12}=\int_{M_1}^{M_2}\boldsymbol{F}\cdot\mathrm{d}\boldsymbol{r}=-Gm_1m_2\int_{r_1}^{r_2}\frac{\boldsymbol{r}}{r^3}\cdot\mathrm{d}\boldsymbol{r}=-Gm_1m_2\int_{r_1}^{r_2}\frac{\mathrm{d}r}{r^2}=Gm_1m_2\left(\frac{1}{r_2}-\frac{1}{r_1}\right)\tag{12-10}$$

由(12－10)知，牛顿引力的功也仅与质点的始末位置有关。

(4)作用在定轴转动刚体上的力的功。设刚体在力 $\boldsymbol{F}$ 的作用下从位置 θ_1 转到 θ_2，力 $\boldsymbol{F}$ 的作用点走过的轨迹为圆弧中的 $\overset{\frown}{M_1M_2}$，并设力 $\boldsymbol{F}$ 在其作用点处切线上的投影为 F_τ，如图 12－6 所示。由式(12－3)知，力 $\boldsymbol{F}$ 的元功为 $\delta W=F_\tau\mathrm{d}s=F_\tau r\mathrm{d}\theta$，在刚体转动的过程中，力 $\boldsymbol{F}$ 所做的功为

$$W_{12}=\int_{M_1}^{M_2}F_\tau\mathrm{d}s=\int_{\theta_1}^{\theta_2}F_\tau r\mathrm{d}\theta=\int_{\theta_1}^{\theta_2}M_z\mathrm{d}\theta\tag{12-11}$$

式中，M_z 为力 $\boldsymbol{F}$ 对转轴 z 的力矩。如果 M_z 为常值，则有

$$W_{12}=M_z(\theta_2-\theta_1)\tag{12-12}$$

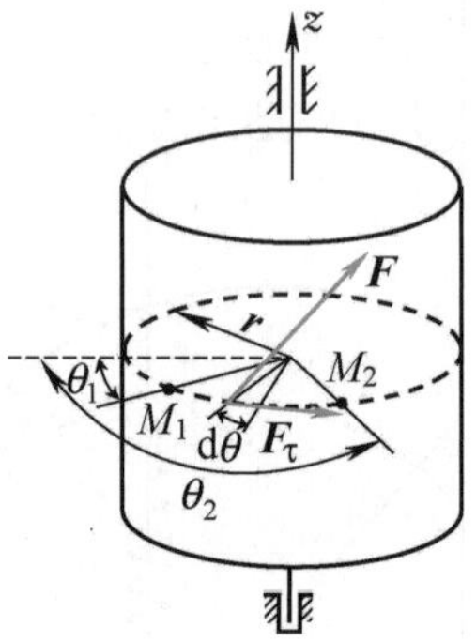

图 12－6

如果在转动刚体上作用的为力偶，则式(12－11)中的 M_z 为力偶矩矢在 z 轴上的投影。

思维拓展

计算合力的功与变力的功，可采用等效法和无限分割、累积求和的方法来解决，该问题的解决过程可以帮助我们掌握研究力学问题的基本思想方法。这种方法由特殊到一般，由定性到定量，可逐步深化我们对力学问题的理解。

例 12－1　半径为 R 的汽车主动轮在矩为常值 M 的力偶作用下，在水平面上沿直线轨道做纯滚动，如图 12－7 所示。试求作用在圆轮上的力所做的功。

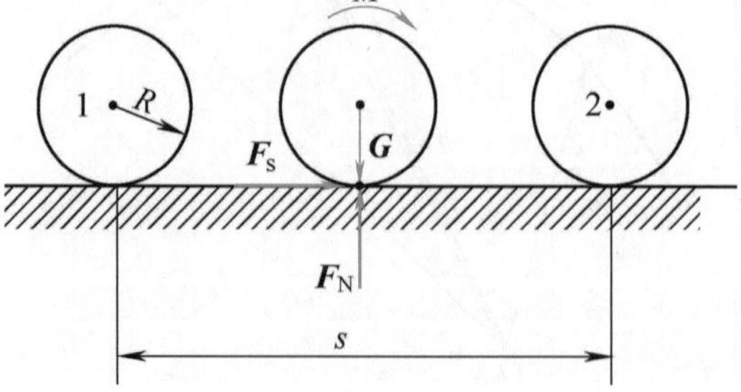

图 12－7

解　设圆轮的重量为 G ，水平面对圆轮在铅垂方向的反力为 $\boldsymbol{F}_{\mathrm{N}}$ ，在水平方向的摩擦力为 $\boldsymbol{F}_{\mathrm{S}}$ ，不考虑滚动摩擦力偶，以下计算各力所做的功。由式(12－12)知，力偶做的功为

$$W_M=\int_o^{\frac{s}{R}} M\mathrm{d}\theta = M\frac{s}{R}$$

由于圆轮的重心既不上升也不下降，因此重力 $\boldsymbol{G}$ 的功为零，即

$$W_G=0$$

法向反力 $\boldsymbol{F}_{\mathrm{N}}$ 和水平方向的摩擦力 $\boldsymbol{F}_{\mathrm{S}}$ 都作用在圆轮的速度瞬心，而瞬心的位移 $\mathrm{d}\boldsymbol{r}=\boldsymbol{v}\mathrm{d}t=\boldsymbol{0}$，即瞬心没有位移。所以有

$$W_{F_{\mathrm{N}}}=\sum \boldsymbol{F}_{\mathrm{N}}\cdot\mathrm{d}\boldsymbol{r}=0$$

$$W_{F_{\mathrm{S}}}=\sum \boldsymbol{F}_{\mathrm{S}}\cdot\mathrm{d}\boldsymbol{r}=0$$

因此，作用在圆轮上所有力做功的总和为

$$W=W_M=M\frac{s}{R}$$

3. 质点系的动能

由物理学可知，质量为 m ，速度为 $\boldsymbol{v}$ 的质点的动能为 $\frac{1}{2}mv^2$。动能是非负的标量。在国际单位制中，动能的单位也为 J。

质点系的动能定义为质点系中各质点的动能之和，用 T 表示，即

$$T=\sum\frac{1}{2}m_iv_i^2$$

刚体是由无数质点组成的质点系，刚体的运动形式不同，其动能计算的公式也不同。

(1)平动刚体的动能。设刚体的质量为 m ，质心的速度为 $\boldsymbol{v}_C$ ，当刚体做平动时，刚体上各质点的速度相等。因此，刚体的动能为

$$T=\sum\frac{1}{2}m_iv_i^2=\frac{1}{2}\sum m_iv_C^2=\frac{1}{2}mv_C^2 \qquad (12-13)$$

即平动刚体的动能，等于刚体的质量与质心速度平方乘积的一半。

(2)定轴转动刚体的动能。设定轴转动刚体对转轴 z 的转动惯量为 J_z，转动的角度为 ω ，则刚体的动能为

$$T=\sum\frac{1}{2}m_iv_i^2=\sum\frac{1}{2}m_i(r_i\omega)^2=\frac{1}{2}\sum m_ir_i^2\omega^2$$

式中，r_i 是质量为 m_i 的质点到转轴的距离。因 $\sum m_ir_i^2=J_z$ ，于是得

$$T=\frac{1}{2}J_z\omega^2 \qquad (12-14)$$

即定轴转动刚体的动能，等于刚体对轴的转动惯量与角速度平方乘积的一半。

(3)平面运动刚体的动能。设质量为 m 的刚体做平面运动(见图 12－8)，其质心 C 的速度为 $\boldsymbol{v}_C$ ，刚体转动的角速度为 ω ，P 点为刚体的瞬时速度中心。则刚体上任意一点 M_i 的速度 $v_i=r_i\omega$ ，刚体的动能为

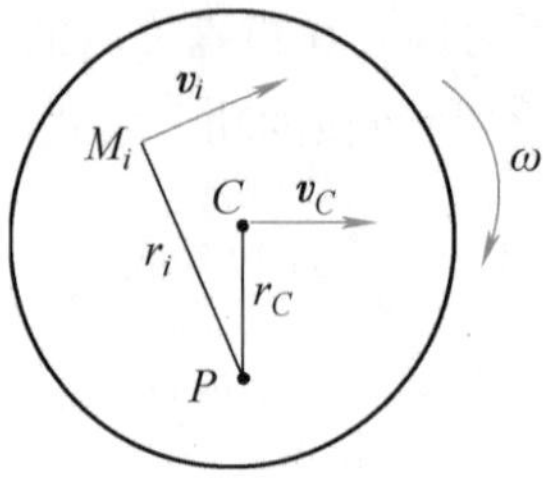

图 12-8

$$T=\sum\frac{1}{2}m_iv_i^2=\sum\frac{1}{2}m_ir_i{}^2\omega^2=\frac{1}{2}\sum m_ir_i^2\omega^2=\frac{1}{2}J_P\omega^2 \qquad (12-15)$$

由转动惯量的平行轴定理知，$J_P=J_C+mr_C^2$，代入上式得

$$T=\frac{1}{2}(J_C+mr_C^2)\omega^2=\frac{1}{2}J_C\omega^2+\frac{1}{2}m(r_C\omega)^2=\frac{1}{2}J_C\omega^2+\frac{1}{2}mv_C^2 \qquad (12-15')$$

即平面运动刚体的动能，等于刚体对瞬心轴的转动惯量与角速度平方乘积的一半，也等于随质心的平动动能与绕质心的转动动能之和。

例 12-2 质量为 $m_1=500$ kg，长为 $l=20$ m 的均质起重臂 OA 绕铅垂轴 O 转动，转角 $\varphi=2t$ (rad)，质量为 $m_2=1000$ kg 的小车 M 沿起重臂 OA 运动，运动规律为 $s=3t$(m)，如图 12-9 所示。试求 $t=2$ s 时系统的动能。

解 OA 做定轴转动，其角速度 $\omega=\dot{\varphi}=2$ rad/s。由式(12-14)知，起重臂的动能为

$$T_{OA}=\frac{1}{2}J_O\omega^2=\frac{1}{2}\times\frac{1}{3}m_1l^2\omega^2=\frac{1}{6}m_1l^2\omega^2=\frac{1}{6}\times500\times20^2\times2^2\ \text{J}=133333\ \text{J}$$

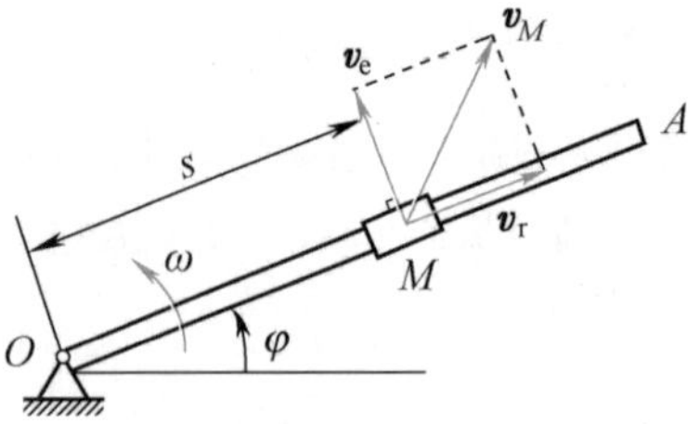

图 12-9

把小车视为一质点，则根据点的速度合成定理。小车 M 的速度为

$$\boldsymbol{v}_M=\boldsymbol{v}_e+\boldsymbol{v}_r$$

当 $t=2$ s 时，$s=6$ m，$v_r=\dot{s}=3$ m/s，$v_e=s\omega=12$ m/s

小车的速度 $\quad v_M=\sqrt{v_e^2+v_r^2}=\sqrt{12^2+3^2}$ m/s $=\sqrt{153}$ m/s

于是小车的动能为

$$T_M=\frac{1}{2}m_2v_M^2=\frac{1}{2}\times1000\times153\ \text{J}=76500\ \text{J}$$

系统的动能为

$$T=T_{OA}+T_M=133333\ \text{J}+76500\ \text{J}=209833\ \text{J}$$

例 12-3 质量为 m_1、半径为 R 的均质圆轮在水平面上做纯滚动。其质心 A 用光滑铰链与质量为 m_2、长为 l 的均质杆 AB 相连，如图 12-10 所示。已知轮心 A 的速度为 $\boldsymbol{v}$，杆转动的角速度为 ω，求图示瞬时系统的动能。

解　圆轮和杆都做平面运动，因此用式（12－15′）计算其动能。圆轮的角速度 $\omega_A=\dfrac{v}{R}$，圆轮质心的速度 $v_A=v$，于是圆轮的动能为

$$T_A=\frac{1}{2}m_1v^2+\frac{1}{2}J_A\omega_A{}^2=\frac{1}{2}m_1v^2+\frac{1}{2}\times\frac{1}{2}m_1R^2\,\frac{v^2}{R^2}=\frac{3}{4}m_1v^2$$

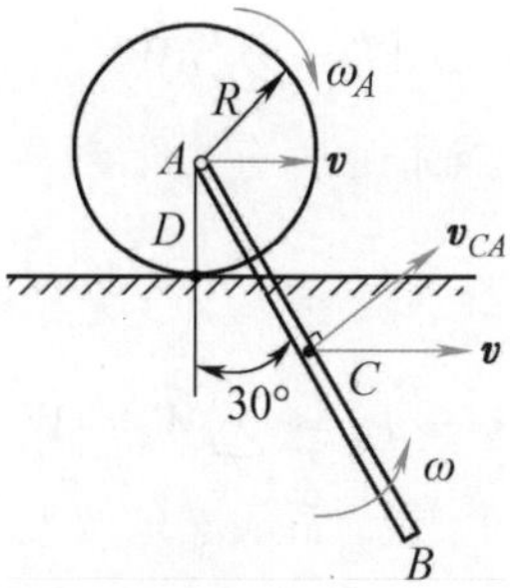

图 12－10

刚体系统动能的计算

显然 D 点为圆轮 A 的速度瞬心，所以圆轮的动能也可用式(12－15)来计算。由式(12－15)得

$$T_A=\frac{1}{2}J_D\omega_A{}^2=\frac{1}{2}\times\frac{3}{2}m_1R^2\,\frac{v^2}{R^2}=\frac{3}{4}m_1v^2$$

两式计算结果相同。

要求杆 AB 的动能，其转动角速度已知，现只需求出杆 AB 质心 C 的速度。由刚体平面运动的知识知：$\boldsymbol{v}_C=\boldsymbol{v}_A+\boldsymbol{v}_{CA}=\boldsymbol{v}+\boldsymbol{v}_{CA}$，其中 $v_{CA}=\dfrac{1}{2}l\omega$。由图 12－10 可得

$$\begin{aligned}v_C^2&=(v_{CA}\sin30^\circ)^2+(v+v_{CA}\cos30^\circ)^2=v_{CA}^2+v^2+2vv_{CA}\cos30^\circ\\&=\frac{1}{4}l^2\omega^2+v^2+\frac{1}{2}\sqrt{3}\,l\omega v\end{aligned}$$

于是杆的动能为

$$\begin{aligned}T_{AB}&=\frac{1}{2}m_2v_c^2+\frac{1}{2}J_c\omega^2=\frac{1}{2}m_2\left(\frac{1}{4}l^2\omega^2+v^2+\frac{1}{2}\sqrt{3}\,l\omega v\right)+\frac{1}{2}\times\frac{1}{12}m_2l^2\omega^2\\&=\frac{1}{2}m_2\left(\frac{1}{3}l^2\omega^2+v^2+\frac{1}{2}\sqrt{3}\,l\omega v\right)\end{aligned}$$

系统的动能为

$$T=T_A+T_{AB}=\frac{3}{4}m_1v^2+\frac{1}{2}m_2\left(\frac{1}{3}l^2\omega^2+v^2+\frac{1}{2}\sqrt{3}\,l\omega v\right)$$

12.2　动能定理

由物理学可知，质点动能定理的微分形式为

$$\mathrm{d}\left(\frac{1}{2}mv^2\right)=\delta W \tag{12-16}$$

式中，δW 表示作用在质点上合力的元功。其积分形式为

$$\frac{1}{2}mv_2^2-\frac{1}{2}mv_1^2=\sum\delta W=W_{12} \tag{12-17}$$

式中，v_1 和 v_2 分别表示质点在位置 1 和位置 2 时速度的大小；W_{12} 是质点从位置 1 运动到位置 2 的过程中作用在质点上的合力所做的功。

把质点系中每个质点的动能定理的微分形式[式(12-16)]相加，并注意到

$$\sum \mathrm{d}(\frac{1}{2}m_i v_i^2) = \mathrm{d}(\sum \frac{1}{2}m_i v_i^2) = \mathrm{d}T ,$$

得

$$\mathrm{d}T = \sum \delta W_i \tag{12-18}$$

即质点系动能的微分，等于作用在质点系上所有力元功的代数和。式(12-18)称为质点系动能定理的微分形式。

对式(12-18)两边积分得

$$T_2 - T_1 = \sum W_i = W_{12} \tag{12-19}$$

即当质点系从位置 1 运动到位置 2 时，质点系动能的改变量，等于作用在质点系上的所有力在这段过程中所做功的代数和。式(12-19)称为质点系动能定理的积分形式。

根据作用在质点系上力系的特点，把力系按不同的方式分类，动能定理将有不同的表达形式。一种是把力系分为内力和外力；另一种是把力系分为主动力和约束力，现分别讨论。

1. 按内力和外力分类动能定理的表达形式

设 $\sum \delta W_i^{(i)}$ 和 $\sum \delta W_i^{(e)}$ 分别表示作用在质点系上所有内力的元功之和与所有外力的元功之和，则 $\sum \delta W_i = \sum \delta W_i^{(i)} + \sum \delta W_i^{(e)}$ 。在某些情况下，质点系内力做功之和并不为零。例如，内燃机车汽缸中的燃气压力，自行车刹车闸块与钢圈间的摩擦力，对机车和自行车来说，都是内力，但它们的功之和都不为零，燃气压力使机车加速运动，摩擦力使自行车减速运动。但也有内力功之和为零的情况，下面讨论内力做功之和为零的条件。

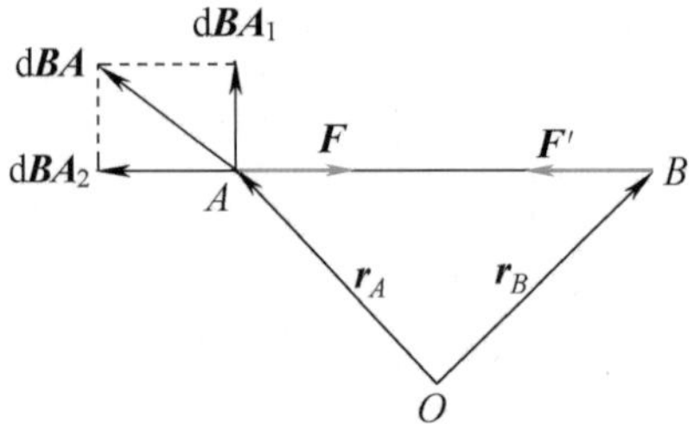

图 12-11

设质点系内任意两质点 A 和 B 相互作用的内力为 $\boldsymbol{F}$ 和 $\boldsymbol{F}'$（见图12-11），显然 $\boldsymbol{F}=-\boldsymbol{F}'$。任选一固定点 O，做矢径 $\boldsymbol{r}_A$ 和 $\boldsymbol{r}_B$，当质点 A 和 B 发生微小位移 $\mathrm{d}\boldsymbol{r}_A$ 和 $\mathrm{d}\boldsymbol{r}_B$ 时，内力 $\boldsymbol{F}$ 和 $\boldsymbol{F}'$ 的元功之和为

$$\boldsymbol{F}\cdot\mathrm{d}\boldsymbol{r}_A + \boldsymbol{F}'\cdot\mathrm{d}\boldsymbol{r}_B = \boldsymbol{F}\cdot(\mathrm{d}\boldsymbol{r}_A - \mathrm{d}\boldsymbol{r}_B) = \boldsymbol{F}\cdot\mathrm{d}(\boldsymbol{r}_A - \boldsymbol{r}_B) = \boldsymbol{F}\cdot\mathrm{d}\boldsymbol{BA}$$

矢量 $\boldsymbol{BA}$ 表示点 A 相对于点 B 的矢径。将 $\mathrm{d}\boldsymbol{BA}$ 分解为与力 $\boldsymbol{F}$ 垂直的 $\mathrm{d}\boldsymbol{BA}_1$ 和与力 $\boldsymbol{F}$ 平行的 $\mathrm{d}\boldsymbol{BA}_2$（见图 12-11），于是有

$$\boldsymbol{F}\cdot\mathrm{d}\boldsymbol{BA} = \boldsymbol{F}\cdot\mathrm{d}\boldsymbol{BA}_1 + \boldsymbol{F}\cdot\mathrm{d}\boldsymbol{BA}_2 = 0 + \boldsymbol{F}\cdot\mathrm{d}\boldsymbol{BA}_2$$

$\mathrm{d}\boldsymbol{BA}_2$ 表示点 A 相对于点 B 之间的距离 BA 的微小增量。当两点间的距离，亦即两内力作用点沿两力方向的距离保持不变时，有 $\mathrm{d}\boldsymbol{BA}_2=0$，这时有 $\boldsymbol{F}\cdot\mathrm{d}\boldsymbol{BA}=0$。

由此可知，如果质点系内任意两质点间相互作用的内力的作用点，沿两力方向间的距离保

持不变，则内力元功之和为零。由于刚体内任意两点间的距离保持不变，所以刚体的内力功之和为零。不可伸长的绳索的内力及光滑铰链的内力都属于做功之和为零的情况。在应用动能定理时，这些力的功不必考虑。

如果某质点系的全部内力所做的元功之和为零，则该质点系动能定理的微分形式和积分形式分别为

$$\mathrm{d}T=\sum \delta W_i^{(\mathrm{e})}$$

和

$$T_2-T_1=\sum W_{\mathrm{i}}^{(\mathrm{e})}=W_{12}^{(\mathrm{e})}$$

2. 按主动力和约束力分类，动能定理的表达形式

设 $\sum \delta W_i^{(\mathrm{F})}$ 与 $\sum \delta W_i^{(\mathrm{N})}$ 分别表示作用在质点系上所有主动力的元功之和与所有约束力的元功之和，则

$$\sum \delta W_i=\sum \delta W_i^{(\mathrm{F})}+\sum \delta W_i^{(\mathrm{N})}$$

分析各种约束可知：如果约束中不存在摩擦力（即光滑约束），或约束力作用点没有位移，则约束力不做功或做功之和为零（这种约束称为理想约束）。在理想约束的情况下，动能定理的微分形式和积分形式分别为

$$\mathrm{d}T=\sum \delta W_i^{(\mathrm{F})}$$

和

$$T_2-T_1=\sum W_i^{(\mathrm{F})}=W_{12}^{(\mathrm{F})}$$

常见的理想约束有光滑接触面约束、光滑铰链约束、固定铰支座约束、固定面上纯滚动约束等。在应用动能定理求解质点系的动力学问题时，可根据力系的特点，应用相应形式的动能定理。

例 12-4　质量为 m 的物块 M，与刚度系数为 k 的弹簧连接。物块与斜面间的动滑动摩擦系数为 f，斜面的倾角 $\theta=45°$（见图 12-12）。初始时，物块 M 静止，弹簧恰为原长。试求物块 M 沿斜面下滑距离为 s 时的速度和加速度。

解　(1)分析运动，计算动能。选物块为研究对象，其受力如图 12-12 所示。初瞬时物块的速度为零，所以

$$T_1=0$$

设物块下滑距离 s 时的速度为 v_2，则有

$$T_2=\frac{1}{2}mv_2^2$$

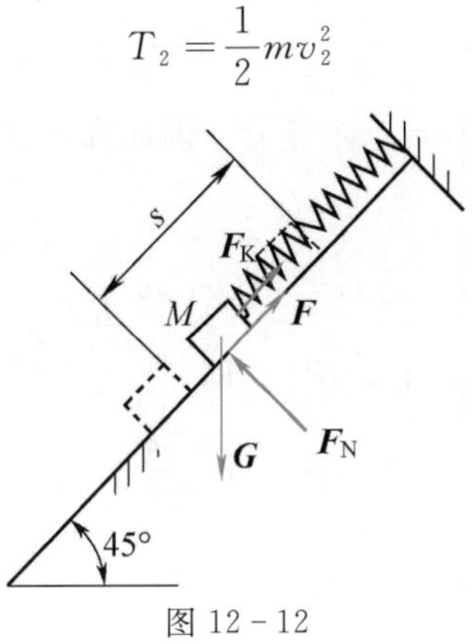

图 12-12

(2)分析受力,计算力所做的功。物块在下滑距离 s 的过程中,作用在物块上的力所做的功为

$$W_{12}=W_P+W_{F_N}+W_F+W_{F_K}=mgs\sin\theta+0-mg\cos\theta\cdot fs-\frac{1}{2}ks^2$$

(3)应用动能定理。由质点动能定理的积分形式式(12-17)得

$$\frac{1}{2}mv_2^2-0=mgs\sin\theta-mg\cos\theta\cdot fs-\frac{1}{2}ks^2 \tag{a}$$

解得

$$v_2=\sqrt{2gs(\sin\theta-\cos\theta\cdot f)-\frac{k}{m}s^2}$$

若要求物块 M 的加速度,可在式(a)两边对时间 t 求导。注意,此时必须把 s 看作变量,s 对时间的导数等于速度 v_2,v_2 对时间的导数等于加速度 a 。在式(a)两边对时间求导得

$$\frac{1}{2}m2v_2a=mgv_2\sin\theta-mg\cos\theta fv_2-\frac{1}{2}k2sv_2$$

上式两端约去 v_2,并整理得

$$a=g(\sin\theta-f\cos\theta)-\frac{1}{m}ks$$

例 12-5 设宇宙飞船仅在地球引力的作用下运动,试求其脱离地球引力场做宇宙飞行时,从地面发射所需的最小速度。

解 (1)分析运动,计算动能。设在地面发射宇宙飞船时的速度为 $\boldsymbol{v}_1$,飞船做宇宙飞行时的速度为 $\boldsymbol{v}_2$,则飞船这两个时刻的动能分别为

$$T_1=\frac{1}{2}mv_1^2,\ T_2=\frac{1}{2}mv_2^2$$

上述两式中的 m 为飞船的质量。此处把飞船看成质点。

(2)分析受力,计算力所做的功。作用在飞船上的力仅为地球引力,而地球对飞船的引力服从牛顿万有引力定律。根据式(12-10),地球引力做的功为

$$W_{12}=Gm_1m(\frac{1}{r}-\frac{1}{R})$$

式中,m_1 为地球的质量,R 为地球的半径。

(3)应用动能定理。由质点动能定理的积分形式式(12-17)得

$$\frac{1}{2}mv_2^2-\frac{1}{2}mv_1^2=Gm_1m(\frac{1}{r}-\frac{1}{R})$$

要使飞船做宇宙飞行,应有 $v_2\geqslant 0$,r 为无穷大。因此在上式中令 $v_2=0$,$r=\infty$,得发射飞船所需的最小速度应满足关系式:

$$\frac{1}{2}mv_1^2=Gm_1m\frac{1}{R} \tag{a}$$

在地球表面,飞船的重量就是地球对它的引力,即

$$mg=G\frac{m_1m}{R^2}$$

所以

$$Gm_1=gR^2 \tag{b}$$

把式(b)代入式(a)得

$$v_1 = \sqrt{2gR}$$

把 $g = 9.8\ \mathrm{m/s^2}$，$R = 6371 \times 10^3\ \mathrm{m}$ 代入上式得

$$v_1 = 11.2\ \mathrm{km/s}$$

这个速度称为第二宇宙速度。

例 12－6　一长为 l 的链条放置在光滑的水平桌面上，有长为 b 的一段悬挂下垂，如图 12－13(a)所示。初始时链条处于静止状态，在自重的作用下运动。求当链条末端滑离桌面时链条的速度。

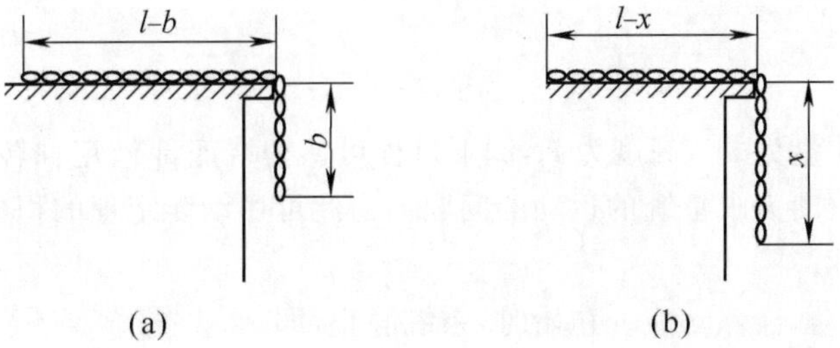

图 12－13

分析　设链条单位长度的质量为 ρ，瞬时 t 链条垂下部分的长度为 x［见图 12－13(b)］，此部分的重量为 $G = \rho g x$。

解　(1)分析运动，计算动能。由于链条不可伸长，所以链条上各点速度的大小相等，设为 v，则整个链条的动能为

$$T = \frac{1}{2}\rho l v^2$$

(2)分析受力，计算力所做的功。当链条滑下一微小距离 $\mathrm{d}x$ 时，作用在链条上力的元功为

$$\delta W = \rho g x\,\mathrm{d}x$$

(3)应用动能定理。应用质点系动能定理的微分形式式(12－18)得

$$\mathrm{d}\left(\frac{1}{2}\rho l v^2\right) = \rho g x\,\mathrm{d}x$$

对上式两边做定积分

$$\int_0^{v_2} \mathrm{d}\left(\frac{1}{2}\rho l v^2\right) = \int_b^l \rho g x\,\mathrm{d}x$$

得

$$v_2 = \sqrt{\frac{g(l^2 - b^2)}{l}}$$

式中，v_2 为链条末端脱离桌面时的速度。读者可自己用动能定理的积分形式求解此题。

例 12－7　如图 12－14(a)所示，对废旧烟囱定向爆破拆除时，需在烟囱底部进行预处理，沿周边对称开挖两个导向洞，以便形成倾覆力矩。在预定的倾倒方向留置一段弧长，约为 $l/4$，在其上布设药孔并装药，实施起爆后，留置处的混凝土碎块飞散，钢筋基本完整，但由于底部破裂烟囱将倒下，如图 12－14 所示。假设烟囱为均质圆柱体，因一般烟囱均高达数十米，故可将其看作长为 l 的均质细杆刚体，根部因为钢筋的牵连，可看作固定铰链。试回答下列问题：(1) 烟囱顶点倒地时的速度为多大？(2) 烟囱倒下过程中顶点的加速度为多大？并分析顶点加速度变化情况。

(a) (b)

图 12-14

分析　设烟囱质量为 m，高度为 l，倒下过程可认为绕底部做定轴转动，如图 12-14(b)所示。本题是已知主动力求系统的运动的问题。为此可用动能定理的积分形式求出烟囱倒地的角速度和角加速度。

解　(1)分析运动，计算动能。初始时，系统静止，即

$$T_1 = 0$$

设当烟囱倒至与铅垂线成任意夹角 θ，角速度为 ω，则此时系统的动能为

$$T_2 = \frac{1}{2} \cdot \frac{1}{3} ml^2 \omega^2 = \frac{1}{6} ml^2 \omega^2$$

(2)分析受力，计算力所做的功。烟囱在此运动过程中，重力所做的功为

$$W_{12} = mgh(1 - \cos\theta)$$

(3)应用动能定理。由式(12-19)得

$$\frac{1}{6} ml^2 \omega^2 - 0 = mgh(1 - \cos\theta)$$

微分形式动能定理的应用

解得

$$\omega = \sqrt{\frac{3g}{l}(1 - \cos\theta)}$$

上式两边同时对时间 t 求导得角加速度

$$\alpha = \frac{3g}{2l}\sin\theta$$

烟囱顶点的加速度为 $a_\tau = l\alpha = \frac{3g}{2}\sin\theta$，$a_n = l\omega^2 = 3g(1 - \cos\theta)$

$$a = \sqrt{a_\tau^2 + a_n^2} = g\sqrt{\frac{9}{4}\sin^2\theta + 9(1 - \cos\theta)^2} = \frac{3}{2}g\sqrt{5 - 4\cos\theta - \cos^2\theta}$$

由上式知，倒地过程中，烟囱顶点的加速度逐渐增大，当倒地时取得最大值为

$$a_{max} = \frac{3\sqrt{5}}{2}g$$

倒地时

$$\theta = \frac{\pi}{2}, \quad \omega = \sqrt{\frac{3g}{l}}$$

则倒地时烟囱顶点的速度为

$$v = \omega l = \sqrt{3gl}$$

思维拓展

烟囱定向爆破是一个复杂的工程问题，涉及多方面的力学原理，包括刚体定轴转动和动能定理。在烟囱定向爆破过程中，需要合理布置炸药的位置和数量，以确保产生的爆炸力能够使烟囱发生预期的定轴转动。通过控制炸药的爆炸顺序和时间间隔，可以调整烟囱倒塌过程中的动能变化，从而实现对其倒塌方向和速度的控制。通过合理应用刚体定轴转动和动能定理等原理，可以实现对烟囱倒塌过程的精确控制，确保了爆破工程的安全性和效率。

例 12-8　如图 12-15 所示，电绞车提升一质量为 m 的物体，在其主动轴 O_1 上作用有一力偶矩为 M 的主动力偶。已知主动轴和从动轴连同安装在这两轴上的齿轮以及其他附件对转轴 O_1、O_2 的转动惯量分别为 J_1 和 J_2；传动比 $i = R_2 : R_1$；吊索缠绕在鼓轮上，此轮半径为 R。设轴承的摩擦和吊索质量均忽略不计，初始时，系统静止，求重物的加速度。

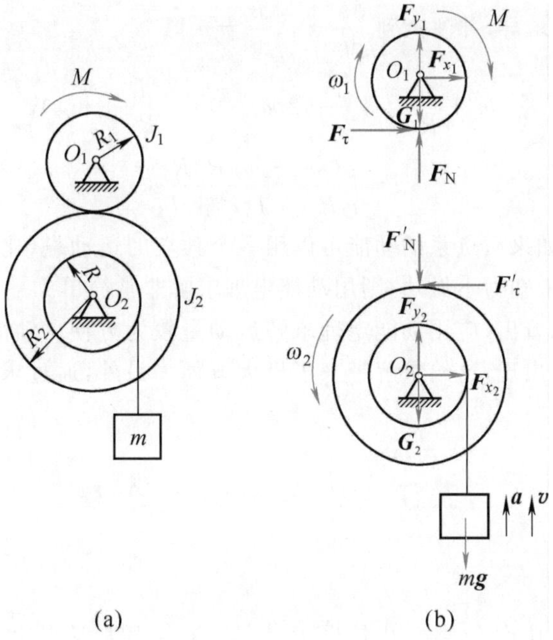

图 12-15

分析　取整个系统为研究对象。在系统运动过程中，两轴 O_1、O_2 处的约束力及两轴的重力 $\boldsymbol{G}_1$、$\boldsymbol{G}_2$ 均不做功（因力的作用点没有位移），两轮之间啮合的内力做功之和为零，做功的力只有力偶和重物的重力。

解　(1)分析运动，计算动能。初始时，系统静止，即

$$T_1 = 0$$

设系统运动到任意位置（用重物上升的距离 s 表示）时，重物的速度为 $\boldsymbol{v}$，轴 O_1 和轴 O_2 的角速度分别为 ω_1 和 ω_2，则此时系统的动能为

$$T_2 = \frac{1}{2}mv^2 + \frac{1}{2}J_1\omega_1^2 + \frac{1}{2}J_2\omega_2^2$$

因 $\omega_2 = \dfrac{v}{R}$，$\dfrac{\omega_1}{\omega_2} = \dfrac{R_2}{R_1} = i$，所以 $\omega_1 = i\omega_2 = i\dfrac{v}{R}$。于是得

$$T_2=\frac{1}{2}mv^2+\frac{1}{2}J_1i^2\ \frac{v^2}{R^2}+\frac{1}{2}J_2\ \frac{v^2}{R^2}=\frac{1}{2}(m+\frac{J_1}{R^2}i^2+\frac{J_2}{R^2})v^2$$

(2)分析受力，计算力所做的功。质点系在此运动过程中，作用在质点系上所有力所做的功为

$$W_{12}=M\varphi_1-mgs$$

式中，φ_1 为轴 O_1 转过的角度。由运动学知 $\varphi_1=i\varphi_2=i\ \frac{s}{R}$，所以

$$W_{12}=Mi\ \frac{s}{R}-mgs$$

动能定理应用

(3)应用动能定理。由式(12-19)得

$$\frac{1}{2}(m+\frac{J_1}{R^2}i^2+\frac{J_2}{R^2})v^2-0=(\frac{Mi}{R}-mg)s \tag{a}$$

上式两边同时对时间 t 求导，并注意到 $\frac{\mathrm{d}v}{\mathrm{d}t}=a$，$\frac{\mathrm{d}s}{\mathrm{d}t}=v$ 得

$$\frac{1}{2}(m+\frac{J_1}{R^2}i^2+\frac{J_2}{R^2})2va-0=(\frac{Mi}{R}-mg)v$$

$$a=\frac{(mi-mgR)R}{mR^2+J_1i^2+J_2}$$

由以上几例可见，如果质点系的动能可以用一个独立的运动量(比如本例中重物的速度)表示，且在运动过程中未知力不做功，则用动能定理求解非常简单。

由以上几例也可以看出，应用动能定理求解运动量较为方便。动能定理的最大优点就是不做功的力在方程中不出现，这给求解带来了极大方便。另外，通过求导的办法，可以求得加速度或角加速度。

12.3 功率和功率方程

1. 功率

单位时间力所做的功称为功率，用符号 P 表示。功率的数学表达式为

$$P=\frac{\delta W}{\mathrm{d}t}$$

因元功是代数量，所以功率也是代数量。力的元功为 $\delta W=\boldsymbol{F}\cdot\mathrm{d}\boldsymbol{r}$，所以力的功率为

$$P=\frac{\delta W}{\mathrm{d}t}=\frac{\boldsymbol{F}\cdot\mathrm{d}\boldsymbol{r}}{\mathrm{d}t}=\boldsymbol{F}\cdot\frac{\mathrm{d}\boldsymbol{r}}{\mathrm{d}t}=\boldsymbol{F}\cdot\boldsymbol{v}=F_\tau v \tag{12-20}$$

即力的功率等于切向力与力作用点速度的乘积。例如，机床在切削工件时，由于机器的功率是一定的，因此要获得较大的切削力，就必须降低切削速度。同样，汽车在上坡时，需要较大的牵引力，就必须降低行驶的速度来获得。

作用在转动刚体上的力的功率为

$$P=\frac{\delta W}{\mathrm{d}t}=\frac{M_z\mathrm{d}\varphi}{\mathrm{d}t}=M_z\ \frac{\mathrm{d}\varphi}{\mathrm{d}t}=M_z\omega \tag{12-21}$$

上式中的 M_z 为力对转轴 z 的力矩，称为转矩；ω 是刚体转动的角速度。即转矩的功率等于转

矩与刚体角速度的乘积。

在国际单位制中，功率的单位为 W 或 kW。1 W 表示 1 s 内做 1 J 的功，即

$$1\ \mathrm{W}=1\ \mathrm{J/s}=1\ \mathrm{N\cdot m/s}$$

2. 功率方程

在质点系动能定理微分形式式(12－18)两边同除以时间的微分 dt 得

$$\frac{\mathrm{d}T}{\mathrm{d}t}=\sum\frac{\delta W_i}{\mathrm{d}t}=\sum P_i \tag{12-22}$$

上式称为功率方程，即质点系的动能对时间的一阶导数，等于作用在质点系上所有力的功率的代数和。

功率方程常用来研究机器的能量变化和转化问题。例如机器的电机接通电源后，电场力对机器做正功，使转子转动，从而带动机器运转。电场力的功率是正的，称为输入功率；机器在工作时，要输出必要的功率克服阻力来做功。如车床切削工件时，要克服切削阻力，切削阻力对机器做负功，显然切削阻力的功率为负，这部分功率称为有用功率；另外，由于传动部件之间，如传动带和带轮、齿轮与齿轮、轴与轴承之间有摩擦，摩擦力做负功，传动系统的相互碰撞也要损失一部分能量，这些都使机械能转化成热能或声能，损失掉一部分功率，这部分功率称为无用功率或损耗功率。显然无用功率也为负值。机器的功率通常分成上述三种，把它们代入功率方程(12－22)得

$$\frac{\mathrm{d}T}{\mathrm{d}t}=P_{输入}-P_{有用}-P_{无用} \tag{12-23}$$

或

$$P_{输入}=P_{有用}+P_{无用}+\frac{\mathrm{d}T}{\mathrm{d}t} \tag{12-23'}$$

由式(12－23′)知：当 $P_{输入}>P_{有用}+P_{无用}$ 时，$\frac{\mathrm{d}T}{\mathrm{d}t}>0$，即动能增加，机器加速转动，这是机器在启动时的情况。当 $P_{输入}<P_{有用}+P_{无用}$ 时，$\frac{\mathrm{d}T}{\mathrm{d}t}<0$，动能减少，机器减速转动，这是机器在停车时的情况；当 $P_{输入}=P_{有用}+P_{无用}$ 时，$\frac{\mathrm{d}T}{\mathrm{d}t}=0$，机器匀速转动，这是机器在正常工作时的情况。

3. 机械效率

由于摩擦、碰撞等原因，机器在工作时，有一部分功率白白损失掉了。为了度量机器对功率的有效利用程度，定义机器的机械效率为有效功率(包括有用功率和动能的变化率)与输入功率之比，用 η 表示，即

$$\eta=\frac{有效功率}{输入功率}=\frac{P_{有用}+\frac{\mathrm{d}T}{\mathrm{d}t}}{P_{输入}} \tag{12-24}$$

当机器匀速转动时，$\frac{\mathrm{d}T}{\mathrm{d}t}=0$，此时有

$$\eta=\frac{P_{有用}}{P_{输入}} \tag{12-24'}$$

显然，$\eta<1$。

机械效率是用来评定机器质量好坏的指标之一。一部机器的传动部分通常由多级传动组成，若各级传动的机械效率分别为 η_1、η_2、…、η_n，则机械的总效率为

$$\eta = \eta_1 \eta_2 \cdots \eta_n \tag{12-25}$$

例 12-9　质量为 m_1、半径为 R 的均质圆轮沿倾角为 θ 的斜面做纯滚动，通过轮心带动质量为 m_2 的均质杆 AB 运动，如图 12-16 所示。设 B 处与斜面间的摩擦忽略不计，试用功率方程求轮转动的角加速度。

解　(1)分析运动，计算动能。取轮与杆组成的系统为研究对象，其受力如图 12-15 所示。设系统在任意位置时轮心 A 的速度为 $\boldsymbol{v}$，则系统的动能为

$$T = \frac{1}{2}m_1 v^2 + \frac{1}{2}J_A\omega^2 + \frac{1}{2}m_2 v^2 = \frac{1}{2}m_1 v^2 + \frac{1}{2}\times\frac{1}{2}m_1 R^2\left(\frac{v}{R}\right)^2 + \frac{1}{2}m_2 v^2$$

$$= \frac{1}{2}(\frac{3}{2}m_1 + m_2)v^2$$

(2)分析受力，计算力的功率。在系统运动的过程中，做功的力只有 $m_1\boldsymbol{g}$ 和 $m_2\boldsymbol{g}$，此两力功率之和为

$$P = (m_1 g + m_2 g)\sin\theta \cdot v$$

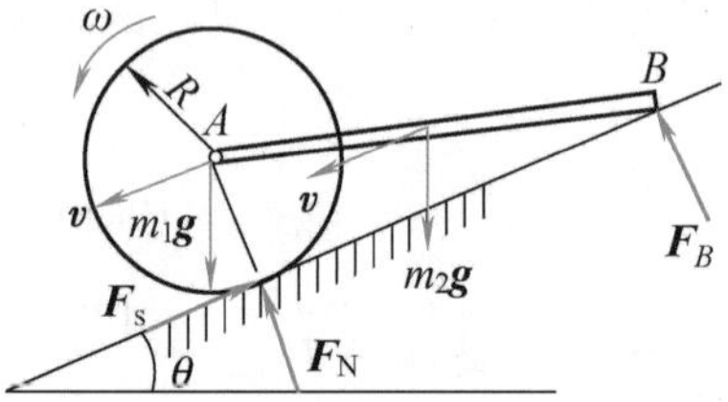

图 12-16

(3)应用功率方程。由功率方程式(12-22)得

$$\frac{\mathrm{d}}{\mathrm{d}t}\left[\frac{1}{2}(\frac{3}{2}m_1 + m_2)v^2\right] = (m_1 g + m_2 g)v\sin\theta$$

即

$$\frac{1}{2}\left(\frac{3}{2}m_1 + m_2\right)2va = (m_1 g + m_2 g)v\sin\theta$$

上式中 $a = \dfrac{\mathrm{d}v}{\mathrm{d}t}$，为轮心 A 的加速度。

$$a = \frac{2(m_1 + m_2)g}{3m_1 + 2m_2}\sin\theta$$

由运动学知，轮的角加速度 α 为

$$\alpha = \frac{a}{R} = \frac{2(m_1 + m_2)g}{R(3m_1 + 2m_2)}\sin\theta$$

例 12-10　如图 12-17 所示，龙门刨床的工作台和工件的总质量为 1500 kg，切削速度 $v = 30$ m/min，主切削力 $F_z = 7.84$ kN，$F_y = 0.25F_z$。设工作台与水平导轨间的滑动摩擦系数 $f = 0.1$。求主切削力和摩擦力消耗的功率。如刨床总机械效率为 $\eta = 0.75$，那么刨床主电动机的功率是多少？

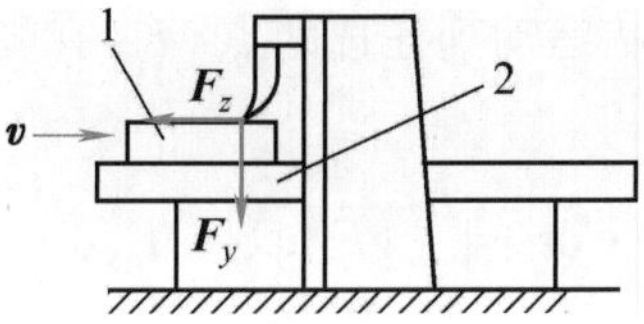

1—工件；2—工作台。

图 12-17

解　(1)主切削力消耗的功率为有用功率

$$P_{有用}=F_z v=7.84\times10^3\times\frac{30}{60}\text{ W}=3920\text{ W}=3.92\text{ kW}$$

(2)摩擦力消耗的功率为无用功率

$$P_{无用}=(1500\times9.8+F_y)\times0.1\times v$$

$$=(1500\times9.8+0.25\times7840)\times0.1\times\frac{30}{60}\text{ W}=833\text{ W}=0.833\text{ kW}$$

设电机的功率为 P，则有　$$P=\frac{P_{有用}}{\eta}=\frac{3.92}{0.75}\text{ kW}=5.227\text{ kW}$$

*12.4　势力场和势能及其性质

1. 势力场

若物体所受力的大小和方向，完全由物体在空间的位置所决定，则此空间称为力场。例如，质点在地面附近的任何位置，都受到一个由其位置所确定的重力的作用，因此称地球表面的空间为重力场。又如星球在太阳周围的任何位置都要受到太阳引力的作用，引力的大小和方向完全取决于星球相对于太阳的位置，因此太阳周围的空间称为太阳引力场等。

物体在力场内运动时，如果作用于物体的力所做的功只与力作用点的起止位置有关，而与力作用点走过的路径无关，这种力称为有势力或保守力，相应的力场称为势力场或保守力场。由 12.1 节知，重力、弹性力、牛顿引力所做的功只与力作用点的起止位置有关，而与路径无关。所以它们都是有势力，相应的力场都是保守力场。

2. 势能

水力发电中，水流从高处流到低处的能量使水轮机转动，从而带动发电机转动而发电。水流流下的高度 h 不同，水轮机转动的快慢也不同(见图 12-18)。这表明位于势力场中的物体相对于某一位置来讲具有一定的能量。

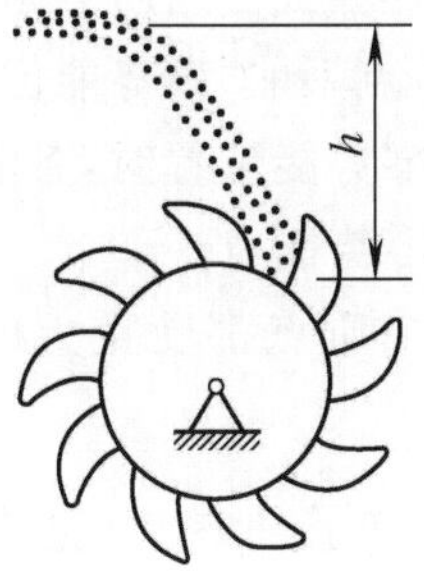

图 12-18

在势力场中，质点从某一点 M 运动到任选的点 M_0，有势力所做的功称为质点在点 M 相对于点 M_0 的势能。以 V 表示为

$$V=\int_{M}^{M_0}\boldsymbol{F}\cdot\mathrm{d}\boldsymbol{r}=\int_{M}^{M_0}(F_x\mathrm{d}x+F_y\mathrm{d}y+F_z\mathrm{d}z) \tag{12-26}$$

显然点 M_0 的势能为零，因此称点 M_0 为零势能位置或零势能点。由于势能是相对于零势能位置而言的，而零势能位置又可任意选择，所以零势能位置不同，势力场中同一位置的势能将不同。尽管零势能位置可以任意选取，但为了计算方便，所选的零势能位置应使势能的计算简单。下面计算几种常见的势能。

(1)重力场中的势能。任取一直角坐标系，z 轴的方向垂直向上，选定零势能点 M_0 的坐标为 (x_0,y_0,z_0)，根据式(12-26)和式(12-8)，重 G 的质点在点 $M(x,y,z)$ 处的势能为

$$V=W_{M\to M_0}=G(z-z_0) \tag{12-27}$$

由式(12-27)可知，当质点高于零势能点时，势能为正，反之为负。若取 $z_0=0$，即取 Oxy 平面上的任意一点为零势能点，则势能有简单的计算公式

$$V=Gz \tag{12-27'}$$

(2)弹性力场中的势能。设弹簧刚度为 k，零势能位置 M_0 处的弹簧的变形量为 δ_0，质点在 M 处的变形量为 δ，由式(12-26)和式(12-9)可知，质点的势能为

$$V=W_{M\to M_0}=\frac{1}{2}k(\delta^2-\delta_0^2) \tag{12-28}$$

若取弹簧为原长时的势能为零，即取 $\delta_0=0$，则势能有简单的计算公式

$$V=\frac{1}{2}k\delta^2 \tag{12-28'}$$

在这种情况下，势能总是正值。

(3)万有引力场中的势能。取与引力中心相距 r_0 处为质点的零势能位置，由式(12-26)和式(12-10)可得与引力中心相距 r 处质点的势能为

$$V=Gm_1m\left(\frac{1}{r_0}-\frac{1}{r}\right) \tag{12-29}$$

若取质点在无穷远处的势能为零，即取 $r_0=\infty$，则势能有简单的计算公式

$$V=-Gm_1m\,\frac{1}{r} \tag{12-29'}$$

在这种情况下，万有引力场中质点的势能总是负值。

以上是单个质点势能的定义及其计算式。当质点系在势力场中受到 n 个有势力作用时，要计算质点系的势能，首先必须选择质点系的“零势能位置”。对应于此零势能位置，各质点的势能均为零。质点系从某位置运动到零势能位置时，各有势力所做功的代数和称为质点系在该位置的势能。各有势力可有各自的零势能点。

例如质点系在重力场中运动，每个质点都受重力的作用，选取质点系的零势能位置为 M_0，则质点系在 M 位置的势能为

$$V=\sum G_i(z_i-z_{i0})=\sum G_iz_i-\sum G_iz_{i0}=Gz_C-Gz_{C0}$$

上式中 G 为质点系的重量，z_C 和 z_{C0} 是质点系在 M 位置和零势能位置 M_0 时铅垂方向的重心坐标。

3. 有势力的功

由于有势力的功只与各有势力作用点的起止位置有关，与路径无关，因此质点系从位置 1 运动到位置 2 的过程中，有势力做的功可看成是从位置 1 运动到零势能位置，再从零势能位置运动到位置 2 这两个过程中所做功的代数和。故质点系从位置 1 到位置 2，有势力的功为

$$W_{12} = W_{10} + W_{02}$$

而

$$W_{02} = -W_{20}$$

故

$$W_{12} = W_{10} - W_{20} = V_1 - V_2 \tag{12-30}$$

即质点系在某一运动过程中，有势力所做的功等于质点系在初始位置与终了位置的势能之差。

4. 势力场的其他性质

(1)有势力在直角坐标系某轴上的投影，等于势能对该坐标的一阶偏导数冠以负号。

因质点系在势力场中的势能，由其所在的位置唯一决定，因此势能是坐标的单值连续函数。设有势力 $\boldsymbol{F} = F_x\boldsymbol{i} + F_y\boldsymbol{j} + F_z\boldsymbol{k}$ 的作用点从点 $M(x, y, z)$ 移到点 $M'(x + \mathrm{d}x, y + \mathrm{d}y, z + \mathrm{d}z)$，根据式(12-30)，有势力 $\boldsymbol{F}$ 的功为

$$\delta W = V(x, y, z) - V(x + \mathrm{d}x, y + \mathrm{d}y, z + \mathrm{d}z) = -\mathrm{d}V$$

而

$$\mathrm{d}V = \frac{\partial V}{\partial x}\mathrm{d}x + \frac{\partial V}{\partial y}\mathrm{d}y + \frac{\partial V}{\partial z}\mathrm{d}z$$

于是有

$$\delta W = -\frac{\partial V}{\partial x}\mathrm{d}x - \frac{\partial V}{\partial y}\mathrm{d}y - \frac{\partial V}{\partial z}\mathrm{d}z$$

根据功的解析表达式(12-6)，力 $\boldsymbol{F}$ 的元功又应为

$$\delta W = F_x\mathrm{d}x + F_y\mathrm{d}y + F_z\mathrm{d}z$$

比较以上两式得

$$F_x = -\frac{\partial V}{\partial x}, F_y = -\frac{\partial V}{\partial y}, F_z = -\frac{\partial V}{\partial z} \tag{12-31}$$

式(12-31)建立了有势力在直角坐标轴上的投影与势能的关系。当势能函数(即质点系的势能)的表达式已知时，即可用式(12-31)求作用于物体上的有势力。

(2)势力场中，势能相等的点构成等势面。

给势能 $V(x, y, z)$ 一个任意值 C，就得到一个方程 $V(x, y, z) = C$，此方程称为等势面方程。这个方程代表一个曲面(或平面)。质点在该曲面上任意点的势能都等于 C，因此称为等势面。当 C 等于零时，该等势面称为零势面。

例如，重力场中的等势面方程为 $Pz = C$，即 $z =$ 常量，因此其等势面为水平面；弹性力场中的等势面方程为 $\frac{1}{2}k\delta^2 = C$，即 $\delta =$ 常量，因此其等势面是以弹簧的固定端为中心的球面；牛顿引力场中的等势面方程为 $Gm_1m_2\frac{1}{r} = C$，即 $r =$ 常量，因此等势面是以引力中心为球心的球面。

势力场中的任何一点，其势能只能有一个数值，因此该点只能通过一个等势面，所以等势面不相交。

(3)有势力的方向垂直于等势面,且指向势能减小的一面。

设质点 M 在等势面上运动(见图 12-19),有势力 $\boldsymbol{F}$ 在质点微小位移 $\mathrm{d}\boldsymbol{r}$ 上做的功为 δW,根据式(12-30)得

$$\delta W=\boldsymbol{F}\cdot\mathrm{d}\boldsymbol{r}=V_M-V_{M'}$$

由于 M 与 M' 在同一等势面上,则 $V_M=V_{M'}$,于是有

$$\delta W=\boldsymbol{F}\cdot\mathrm{d}\boldsymbol{r}=0$$

或

$$F\mathrm{d}r\cos\theta=0$$

而力 $\boldsymbol{F}$ 与位移 $\mathrm{d}\boldsymbol{r}$ 都不为零,故 $\cos\theta=0$,即 $\theta=\dfrac{\pi}{2}$,亦即有势力 $\boldsymbol{F}$ 垂直于等势面。

设质点 M 在有势力 $\boldsymbol{F}$ 的作用下沿力的方向产生位移 $\mathrm{d}\boldsymbol{r}$,如图 12-20 所示,则力 $\boldsymbol{F}$ 做正功,即

$$\delta W>0$$

又由于有势力的功可用势能的差表示,即

$$\delta W=V_1-V_2>0$$

所以 $V_1>V_2$,可见有势力的方向指向势能减小的方向。

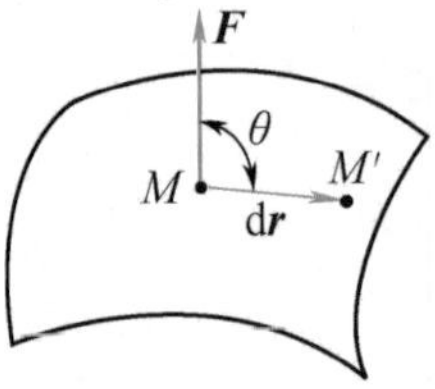

图 12-19

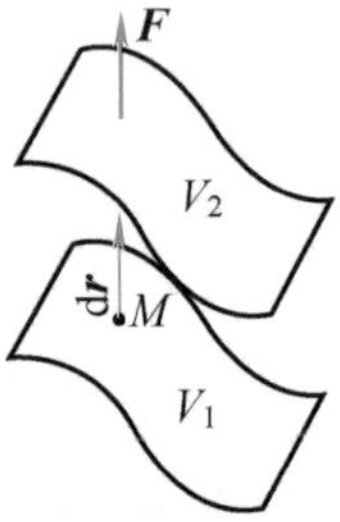

图 12-20

*12.5 机械能守恒定律

系统的动能与势能的代数和称为系统的机械能。

设质点系只受有势力(或同时受到不做功的非有势力)的作用,从位置 1 运动到位置 2,根据动能定理有

$$T_2-T_1=W_{12}$$

由式(12-30)知

$$W_{12}=V_1-V_2$$

于是有

$$T_2-T_1=V_1-V_2$$

或

$$T_1+V_1=T_2+V_2 \tag{12-32}$$

式(12-32)表明:质点系在有势力的作用下运动时,其机械能保持不变。这称为机械能守恒定律。机械能保持不变的系统称为保守系统。保守系统在运动中,动能与势能之间可以相互转换,动能的增加(或减少),必然伴随着势能的减少(或增加),且增加与减少的量总是相等的。

如果质点系在运动过程中,除有势力作用外,还受到非有势力的作用,且非有势力的功不

为零，记保守力和非保守力的功分别为 W_{12} 和 W'_{12}，则根据动能定理的积分形式(12－19)得

$$T_2 - T_1 = W_{12} + W'_{12}$$

即

$$T_2 - T_1 = V_1 - V_2 + W'_{12}$$

或

$$(T_2 + V_2) - (T_1 + V_1) = W'_{12} \tag{12-33}$$

由式(12－33)可知，当系统受到做功的非有势力作用时，系统的机械能并不守恒，这样的系统称为非保守系统。例如当质点系受到做负功的摩擦力时，W'_{12} 为负，质点系在运动中机械能减小，称为机械能耗散。当非保守力做正功时，W'_{12} 为正，质点系在运动中机械能增加，这时外界对系统输入了能量。

从普遍的能量守恒定律来看，能量既不会消失，也不能创造，只能从一种形式转换成另一种形式。质点系在运动过程中，机械能的增或减，说明了系统的机械能与其他形式的能量(如热能、电能、声能等)有了相互转换而已，机械能守恒定律只是能量守恒定律的特殊情况。

例 12－11　图 12－21 所示系统中，物块 A 和半径为 R 的均质圆轮 B 的质量均为 m_1，圆轮 B 可在水平面上做纯滚动；均质定滑轮 C 的半径为 r，质量为 m_2，弹簧刚度为 k。初始时系统处于静止，且弹簧恰为原长。求物块 A 下降距离 s 时的速度和加速度。绳子的质量和轴 C 处的摩擦忽略不计。

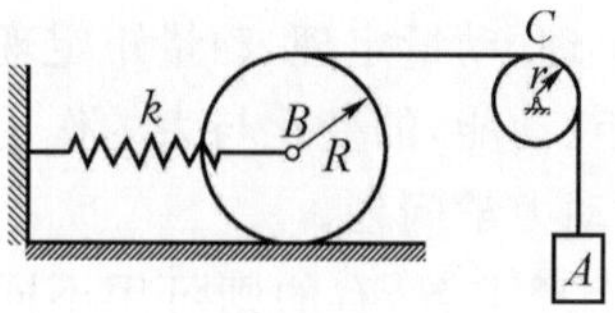

图 12－21

分析　取圆轮 B、滑轮 C 及重物 A 组成的系统为研究对象。系统在运动过程中仅有有势力(弹簧力和重物 A 的重力)做功，所以系统的机械能守恒。

解　(1)分析运动，计算动能、势能。取初始位置为系统的零势能位置，则此时系统的机械能为

$$T_1 + V_1 = 0$$

当重物下降距离 s 时，设其速度为 v，轮 B 和 C 的角速度分别为 ω_B 和 ω_C，则系统的动能为

$$T_2 = T_A + T_B + T_C = \frac{1}{2}m_1 v^2 + (\frac{1}{2}J_B\omega_B^2 + \frac{1}{2}m_1 v_B^2) + \frac{1}{2}J_C\omega_C^2$$

由运动学知，$\omega_B = \dfrac{v}{2R}$，$\omega_C = \dfrac{v}{r}$，$v_B = \dfrac{1}{2}v$，而 $J_B = \dfrac{1}{2}m_1R^2$，$J_C = \dfrac{1}{2}m_2r^2$，代入上式并整理得

$$T_2 = (\frac{11}{16}m_1 + \frac{1}{4}m_2)v^2$$

系统的势能为

$$V_2 = \frac{1}{2}ks_B^2 - m_2 gs$$

式中，s_B 为 B 点在水平方向走过的距离。因 $s_B = \dfrac{1}{2}s$，于是得

$$V_2=\frac{1}{8}ks^2-m_2gs$$

(2)应用机械能守恒定律。由机械能守恒定律式(12-32)得

$$\left(\frac{11}{16}m_1+\frac{1}{4}m_2\right)v^2+\frac{1}{8}ks^2-m_2gs=0 \tag{a}$$

$$v=\sqrt{\frac{16m_2gs-2ks^2}{11m_1+4m_2}} \tag{b}$$

在式(a)两边同时对时间求导,并注意到 $\frac{\mathrm{d}v}{\mathrm{d}t}=a$,$\frac{\mathrm{d}s}{\mathrm{d}t}=v$,于是得

$$\left(\frac{11}{16}m_1+\frac{1}{4}m_2\right)2va+\frac{1}{4}ksv-m_2gv=0$$

$$a=\frac{8m_2g-2ks}{11m_1+4m_2} \tag{c}$$

由式(b)可以看出,当速度 $v=0$ 时,重物 A 下降到最大距离,此时 $s_{\max}=\frac{8m_2g}{k}$ 。

12.6 动力学普遍定理的综合应用

前面分章介绍的动力学普遍定理(动量定理、动量矩定理、动能定理)从不同的方面建立了质点或质点系运动量(动量、动量矩、动能)的变化与力的作用量(冲量、力矩、力的功)之间的关系,各自可求解质点系某一方面的动力学问题。

工程中有的问题只能用某一定理求解,有的则可用不同的定理求解,还有些较复杂的问题,需要几个定理的联合应用才能求解。因此,在解题时就涉及选哪个或哪几个定理的问题。应该指出,动力学问题一般较为复杂,动力学普遍定理的概念性强,应用时较为灵活,因此具体的求解方法和步骤没有确定的规则,应根据具体情况加以分析。这里只能提出求解质点系动力学问题的一般方法和步骤,供读者学习时参考。

(1)动力学普遍定理可分为两类:一类是动量定理和动量矩定理,它们是矢量式,都有投影方程,用它们不仅可求未知力的大小,也可求其方向;另一类是动能定理,它是标量方程,用它只能求未知量的大小。

(2)动量定理和动量矩定理只与质点系的外力有关;用其解题时只需分析外力,不需分析内力。而内力做功之和可能不等于零,因此用动能定理解题时得分析质点系内力和外力的功。

(3)通过受力分析,首先判断是否是某种运动守恒问题:如动量守恒、质心运动守恒、动量矩守恒或相对于质心的动量矩守恒等。若是守恒问题,可根据相应的守恒定理求未知的运动(速度、加速度或位移)。

(4)求约束力的问题,可选用动量定理、质心运动定理、动量矩定理或相对于质心的动量矩定理。但不能用动能定理直接求约束力,因理想约束的约束力做功之和等于零。

(5)当作用力(或力矩)是时间的函数时,应优先考虑用动量定理或动量矩定理求速度(角速度)和时间;当作用力是路程的函数或力的功容易计算时,优先考虑用动能定理求运动。

(6)若待求量是加速度或角加速度时,对质点系可用动量定理、质心运动定理;对定轴转动刚体,可用动量矩定理或定轴转动微分方程;对平面运动刚体,常用平面运动微分方程;对以上

各种物体运动及由两个转轴以上物体组成的系统，也常用微分形式的动能定理或功率方程形式的动能定理。

(7)一般求解一个单自由度的综合性题目，比较简单的方法是先用动能定理求运动，再用其他定理求约束力。

(8)研究对象的选取：若不需要求质点系的内力，则一般选取整个系统为研究对象；对于两个转轴以上的系统，若用动量矩定理或定轴转动微分方程式时，必须取单个轴为研究对象；对单自由度系统用动能定理时，常取整个系统为研究对象。

(9)补充方程：用动力学普遍定理列出的方程，其未知量个数常多于独立的方程个数，需要列出运动学补充方程或力的补充方程。

下面通过例题说明动力学普遍定理的综合应用问题。

例 12-12　如图 12-22 所示，圆环可绕铅直轴 DE 自由转动。此圆环的半径为 R，对转轴的转动惯量为 J。初始时，在圆环的点 A 处有一质量为 m 的小球，且圆环转动的角速度为 ω。假设由于干扰，小球离开点 A。试求小球到达点 B 的速度和圆环的角速度。点 B 的位置用角 θ 表示，各处摩擦不计。

分析　取圆环和质点组成的系统为研究对象。本题是要求圆环的角速度和质点的速度，且系统的初始运动状态已知，系统在运动过程中只有有势力做功。因此，宜用动能定理或机械能守恒定律求解。但系统的动能中将包含两个独立的运动量(圆环的角速度和质点的速度)，因此仅用动能定理还无法求解，还需与别的定理联合应用。由于系统所受的外力对轴 DE 的力矩恒为零，所以系统对该轴动量矩守恒。因此，动能定理与动量矩守恒定律联合，才能求解本题。

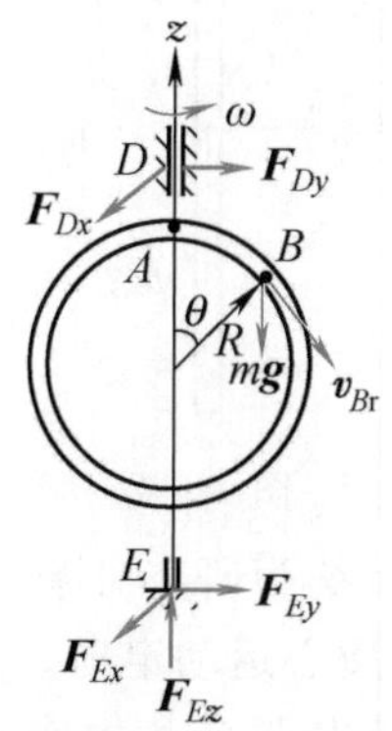

图 12-22

解　(1)分析运动，计算动能。设质点在 A、B 时系统的动能分别为 T_A、T_B，圆环相应于这两个时刻的角速度分别为 ω_A 和 ω_B，显然 $\omega_A=\omega$。

$$T_A=\frac{1}{2}J\omega_A^2=\frac{1}{2}J\omega^2$$

$$T_B=\frac{1}{2}J\omega_B^2+\frac{1}{2}mv_B^2=\frac{1}{2}J\omega_B^2+\frac{1}{2}m[(R\sin\theta\cdot\omega_B)^2+v_{Br}^2]$$

式中，v_B 和 v_{Br} 分别表示小球在 B 处时的速度和相对于圆环的速度。

(2)分析受力，计算力所做的功。质点运动过程中，做功的力仅有杆的重力 $m\mathbf{g}$，因此

$$W_{AB}=mg(R-R\cos\theta)=mgR(1-\cos\theta)$$

(3)应用动能定理。根据质点系的动能定理得

$$T_B - T_A = W_{AB}$$

$$\frac{1}{2}J\omega_B^2 + \frac{1}{2}mv_B^2 - \frac{1}{2}J\omega^2 = mgR(1-\cos\theta) \tag{a}$$

式(a)中有两个未知量 ω_B 和 v_B 。

(4)应用动量矩守恒定理。应用对轴 DE 的动量矩守恒定律得

$$J\omega_B + R\sin\theta(mR\sin\theta\omega_B) = J\omega$$

或

$$(J + mR^2\sin^2\theta)\omega_B = J\omega \tag{b}$$

式(a)、式(b)联立求解得

$$\omega_B = \frac{J}{J + mR^2\sin^2\theta}\omega$$

$$v_B = \sqrt{2gR(1-\cos\theta) + \frac{JR^2\sin^2\theta\omega^2(2J + mR^2\sin^2\theta)}{(J + mR^2\sin^2\theta)^2}}$$

例 12-13 质量为 m_1 的滑块 A 可在光滑的水平面上自由滑动。长为 l、质量为 m_2 的均质细杆 AB 与滑块 A 用光滑铰链铰接,如图 12-23 所示。初始时杆 AB 处于水平位置且系统静止。求当杆 AB 运动到铅垂位置时,水平面对滑块 A 的法向约束力。

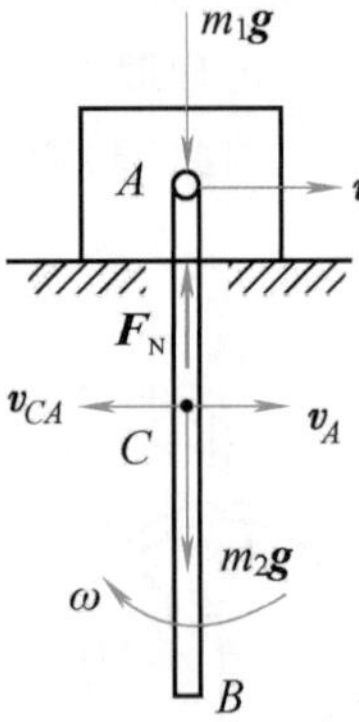

图 12-23

分析 取滑块 A 与杆 AB 组成的系统为研究对象。杆 AB 运动到铅垂位置时系统的受力如图 12-23 所示。要求反力 $\boldsymbol{F}_N$,需用质心运动定理。但在应用质心运动定理时,需要知道杆 AB 质心 C 的加速度。因此本题须先求出点 C 的加速度。由系统的受力特点可知,系统在水平方向动量守恒,因此可用动能定理和水平方向的动量守恒定律求质心 C 的加速度。

解 (1)计算初始系统动能,假定杆 AB 转到铅垂位置时的运动量,并求系统动能。初始时系统静止,动能为零,即

$$T_1 = 0$$

设杆 AB 转到铅垂位置时,滑块 A 的速度为 v_A ,杆 AB 的角速度为 ω ,此时系统的动能为

$$T_2 = \frac{1}{2}m_1v_A^2 + \frac{1}{2}J_C\omega^2 + \frac{1}{2}m_2v_C^2$$

上式中 $J_C = \frac{1}{12}m_2l^2$,v_C 为杆 AB 质心 C 的速度大小。

利用刚体的平面运动知识可知

$$\boldsymbol{v}_C=\boldsymbol{v}_A+\boldsymbol{v}_{CA}$$

其中，$v_{CA}=\frac{l}{2}\omega$，所以

$$v_{Cx}=v_A-v_{CA}=v_A-\frac{1}{2}l\omega$$

$$v_{Cy}=0$$

于是得

$$T_2=\frac{1}{2}m_1v_A^2+\frac{1}{24}m_2l^2\omega^2+\frac{1}{2}m_2\left(v_A-\frac{1}{2}l\omega\right)^2$$

$$=\frac{1}{2}(m_1+m_2)v_A^2+\frac{1}{6}m_2l^2\omega^2-\frac{1}{2}m_2l\omega v_A$$

(2)分析受力，计算杆 AB 从初始静止转到铅垂位置时所有力的功。当杆运动到铅垂位置时，作用于系统的力所做的功为

$$W_{12}=\frac{1}{2}m_2gl$$

(3)应用动能定理。由动能定理得

$$\frac{1}{2}(m_1+m_2)v_A^2+\frac{1}{6}m_2l^2\omega^2-\frac{1}{2}m_2l\omega v_A=\frac{1}{2}m_2gl \tag{a}$$

(4)应用动量守恒定律。由系统在水平方向动量守恒得

$$m_1v_A+m_2\left(v_A-\frac{1}{2}l\omega\right)=0 \tag{b}$$

式(a)、式(b)联立解得

$$\omega^2=\frac{12(m_1+m_2)g}{(m_2+4m_1)l}$$

由于滑块 A 的加速度在铅垂方向的分量为零，因此杆 AB 质心 C 在铅垂方向的加速度为

$$a_{Cy}=\frac{1}{2}l\omega^2=\frac{6(m_1+m_2)g}{(m_2+4m_1)} \tag{c}$$

(5)应用质心运动定理求水平面对滑块 A 的法向约束力。在铅垂方向应用质心运动定理得

$$m_2a_{Cy}=F_N-m_1g-m_2g \tag{d}$$

把式(c)代入式(d)并求解得

$$F_N=(m_1+m_2)g+\frac{6m_2(m_1+m_2)g}{(m_2+4m_1)}$$

例 12－14　在图 12－24(a)所示机构中，在鼓轮 O 上作用一矩为 M 的常力偶，使圆柱体 O' 沿斜面向上做纯滚动。已知圆柱体 O' 和鼓轮 O 的重量分别为 G_1 和 G_2、半径均为 R，斜面的倾角为 θ；绳子不可伸长，其质量和圆轮与斜面间的滚动摩擦力偶不计。试求：(1) 鼓轮的角加速度；(2) 绳的拉力；(3) 轴承 O 处的反力；(4)圆柱体与斜面间的摩擦力。

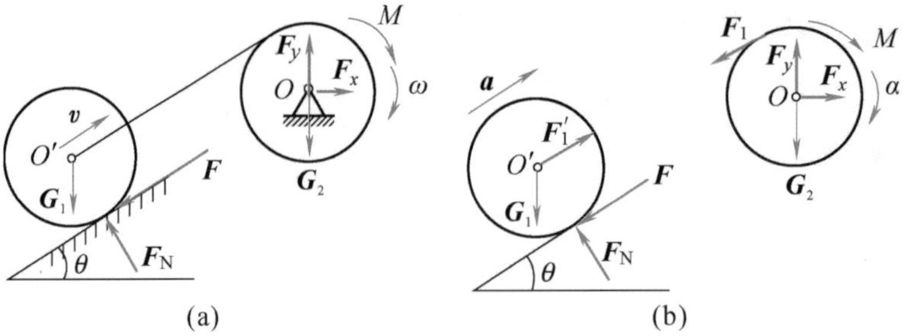

图 12-24

分析　本题是已知主动力求系统的运动及约束力的动力学综合问题。为此先用动能定理的微分形式求出鼓轮的角加速度;再用动量矩定理求绳的拉力;用质心运动定理求轴承 O 处的约束力;最后取圆柱体 O' 分析,用刚体平面运动微分方程求圆柱体与斜面间的摩擦力。取两轮组成的系统为研究对象,系统所受的约束力有斜面对圆柱体的滑动摩擦力 $\boldsymbol{F}$,法向反力 $\boldsymbol{F}_N$,轴 O 对鼓轮的约束力 $\boldsymbol{F}_x$ 和 $\boldsymbol{F}_y$;主动力有 $\boldsymbol{G}_1$、$\boldsymbol{G}_2$ 和力偶矩 M 。

解　(1)假定运动量,计算任意瞬时系统动能及动能的微分。设系统在任意位置时,圆柱体轮心 O' 的速度为 v,鼓轮 O 的角速度为 ω ,如图 12-24 所示,显然有 $v=R\omega$ 。系统在任意位置的动能为

$$T=\frac{1}{2}\frac{G_1}{g}v^2+\frac{1}{2}(\frac{1}{2}\frac{G_1}{g}R^2)(\frac{v}{R})^2+\frac{1}{2}(\frac{1}{2}\frac{G_2}{g}R^2)(\frac{v}{R})^2=\frac{1}{4g}(G_2+3G_1)v^2$$

$$\mathrm{d}T=\frac{1}{2g}(G_2+3G_1)v\mathrm{d}v$$

(2)分析受力,给定微小位移,计算元功。设圆柱体中心 O' 沿斜面上升微小位移 $\mathrm{d}s$,则所有力的元功之和为

$$\delta W=-P\sin\theta\cdot\mathrm{d}s+M\cdot\frac{\mathrm{d}s}{R}$$

(3)列动能定理的微分形式并求解。系统受有理想约束,根据动能定理的微分形式得

$$\frac{1}{2g}(G_2+3G_1)v\mathrm{d}v=-P\sin\theta\cdot\mathrm{d}s+M\cdot\frac{\mathrm{d}s}{R}$$

上式两边同除时间 $\mathrm{d}t$,并利用 $\frac{\mathrm{d}v}{\mathrm{d}t}=a$,$\frac{\mathrm{d}s}{\mathrm{d}t}=v$ 得

$$\frac{1}{2g}(G_2+3G_1)va=-G_1v\sin\theta+M\frac{v}{R}$$

$$a=\frac{(M-RG_1\sin\theta)2g}{R(G_2+3G_1)}$$

上式中的 a 为 O' 点的加速度。鼓轮 O 的角加速度 α 为

$$\alpha=\frac{a}{R}=\frac{(M-RG_1\sin\theta)2g}{R^2(G_2+3G_1)}$$

(4)应用动量矩定理和质心运动定理求绳的拉力和轴承 O 处的约束力。应用动量矩定理和质心运动定理求绳的拉力和轴承 O 处的约束力。取鼓轮 O 为研究对象,把绳子断开,使绳子的张力 $\boldsymbol{F}_1$ 显露出来。鼓轮 O 受力如图 12-24(b) 所示。对轴 O 应用动量矩定理得

$$\frac{1}{2}\frac{G_2}{g}R^2\alpha=M-F_1R$$

解得

$$F_1=\frac{G_1(3M+RG_2\sin\theta)}{(G_2+3G_1)R}$$

对鼓轮 O 应用质心运动定理得

$$F_x-F_1\cos\theta=\frac{G_2}{g}a_{Ox}$$

$$F_y-F_1\sin\theta-G_2=\frac{G_2}{g}a_{Oy}$$

功的计算举例

注意到鼓轮质心 O 的加速度为零,于是得

$$F_x-F_1\cos\theta=0$$

$$F_y-F_1\sin\theta-G_2=0$$

解得

$$F_x=\frac{G_1(3M+RG_2\sin\theta)}{(G_2+3G_1)R}\cos\theta$$

$$F_y=\frac{G_1(3M+RG_2\sin\theta)}{(G_2+3G_1)R}\sin\theta+G_2$$

(5)由刚体平面运动微分方程求圆柱体与斜面间的摩擦力。取圆柱体 O' 为研究对象,其受力如图 12-24(b)所示。在斜面方向应用刚体平面运动微分方程有

$$\frac{G_1}{g}a=F_1'-F-G_1\sin\theta$$

代入已知数据解得

$$F=\frac{G_1(M-RG_1\sin\theta)}{R(G_2+3G_1)}$$

求摩擦力 F 时,也可对圆柱体的质心 O' 应用质点系相对于质心的动量矩定理,请读者自行分析。

习　题

一、基础题

1. 在弹性范围内,把弹簧的伸长加倍,则拉力功也加倍,对吗?为什么?

2. 质点系的动量为零,则动能一定为零,对吗?为什么?

3. 在平面运动刚体内任取一点作为基点,则此平面运动刚体的动能等于随该基点的平动动能与绕该基点的转动动能之和,对吗?

4. 内力不能改变质点系的动量,也不能改变质点系的动能,对吗?

5. 直角弯杆由两均质杆 OA 和 AB 组成,OA 和 AB 的长各为 l_1 和 l_2,质量各为 m_1 和 m_2,在图 12-25 所示位置以角速度 ω 绕水平轴 O 转动。试求弯杆 OAB 的动量、动能及对轴 O 的动量矩。

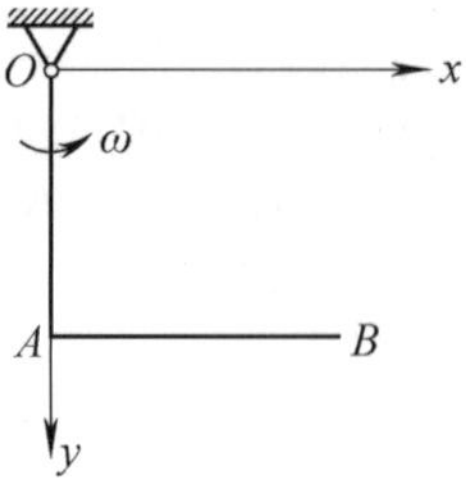

图 12-25

6. 轮纯滚动的自行车在加速前进时，地面对后轮的摩擦力的方向是向前还是向后？地面对车的滑动摩擦力的功是多少？因何力做功使自行车动能增大？

7. 在弹性范围内，若弹簧的伸长量由 δ 增加到 2δ，设弹簧常数为 k，则弹性力在此过程中所做的功为多少？

8. 两个质量相同、半径不等的均质圆盘（设 $r_1 > r_2$）初始时静止于光滑的水平面上。如在此两圆盘上作用有相同的常力偶，经过相同的时间后，试问：(1)两圆盘的动量如何？(2)两圆盘的动能如何？(3)两圆盘对质心的动量矩如何？

9. 三个质量相同的质点，同时由点 A 以大小相同的初速度 v_0 抛出，但其方向各不相同，如图 12-26 所示。如不计空气阻力，这三个质点落到水平面时，三者的速度大小是否相等？三者重力的功是否相等？三者重力的冲量是否相等？

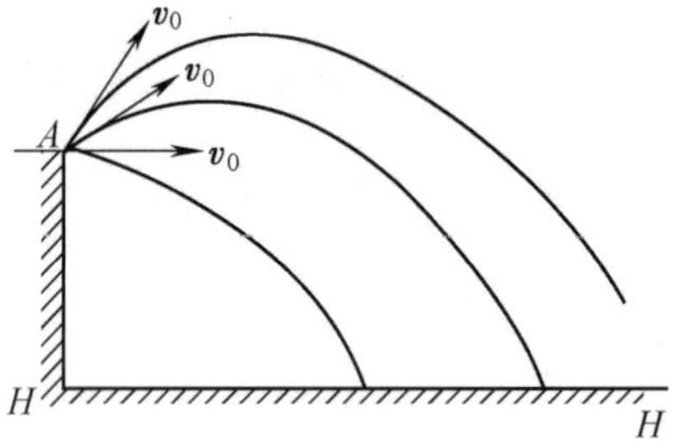

图 12-26

10. 弹簧原长 $l = 10$ cm，刚性系数 $k = 4.9$ kN/m，一端固定在点 O，此点在半径为 $R = 10$ cm 的圆周上，如图 12-27 所示。当弹簧的另一端由 B 点沿圆弧运动至 A 点时，弹性力所做的功是多少？已知 $AC \perp BC$，OA 为直径。

（答：$W_{AB} = -20.3$ J）

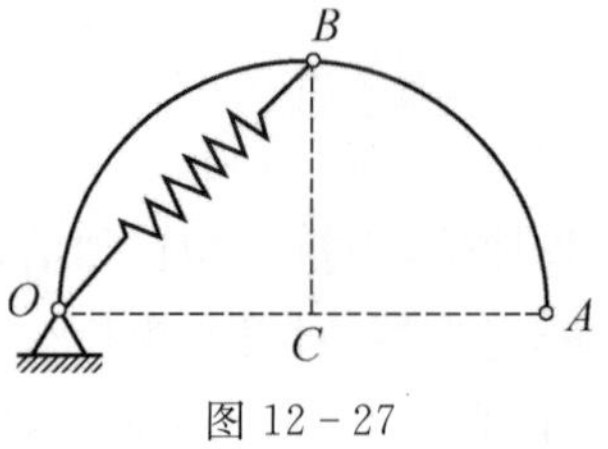

图 12-27

11. 如图 12-28 所示，滑轮组中悬挂两个重物，其中 M_1 的质量为 m_1，M_2 的质量为 m_2。定滑轮 O_1 的半径为 r_1，动滑轮 O_2 的半径为 r_2，质量为 m_4。两轮都视为均质圆盘。如绳重和摩擦略去不计，并设 $m_2 > 2m_1 - m_4$。求重物 M_2 由静止下降距离 h 时的速度。

$$\left[答：v = \sqrt{\frac{4gh(m_2 - 2m_1 + m_4)}{2m_2 + 8m_1 + 4m_3 + 3m_4}}\right]$$

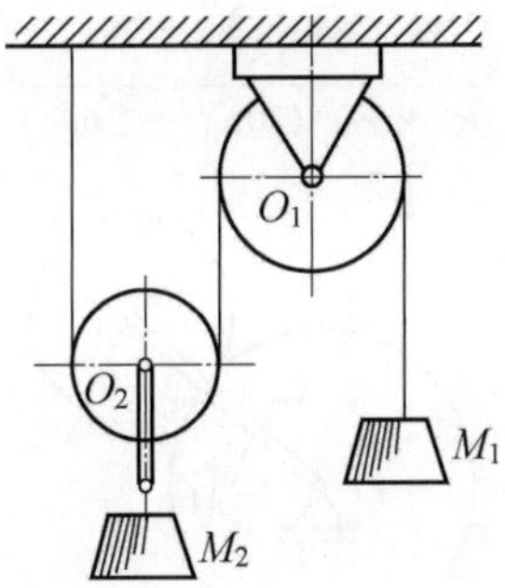

图 12 - 28

12. 矩 M 为常量，作用在绞车的鼓轮上，使轮转动，如图 12 - 29 所示。轮的半径为 r，质量为 m_1。缠绕在鼓轮上的绳子系一质量为 m_2 的重物，使其沿倾角为 θ 的斜面上升。重物与斜面间的滑动摩擦系数为 f，绳子质量不计，鼓轮可视为均质圆柱。在开始时，此系统处于静止。求鼓轮转过 φ 角时的角速度和角加速度。

$$\left[答:\omega=\frac{2}{r}\sqrt{\frac{M-m_2gr\sin\theta-fm_2gr\cos\theta}{m_1+2m_2}\varphi},\alpha=\frac{2(M-m_2gr\sin\theta-fm_2gr\cos\theta)}{(m_1+2m_2)r^2}\right]$$

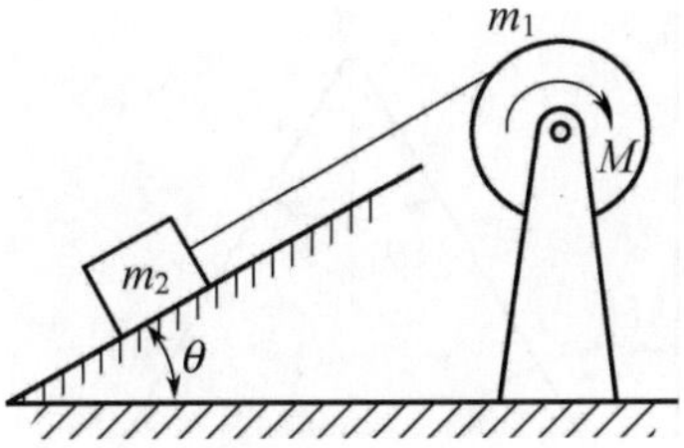

图 12 - 29

13. 如图 12 - 30 所示，带式运输机的轮 B 受恒力偶 M 的作用，使胶带运输机由静止开始运动。若被提升物体 A 的质量为 m_1，轮 B 和轮 C 的半径均为 r，质量均为 m_2，并视为均质圆柱。运输机胶带与水平线成交角 θ，它的质量忽略不计，胶带与轮之间没有相对滑动。求物体 A 移动距离 s 时的速度和加速度。

$$\left[答:v=\sqrt{\frac{2(M-m_1gr\sin\theta)}{r(m_1+m_2)}s},a=\frac{M-m_1gr\sin\theta}{r(m_1+m_2)}\right]$$

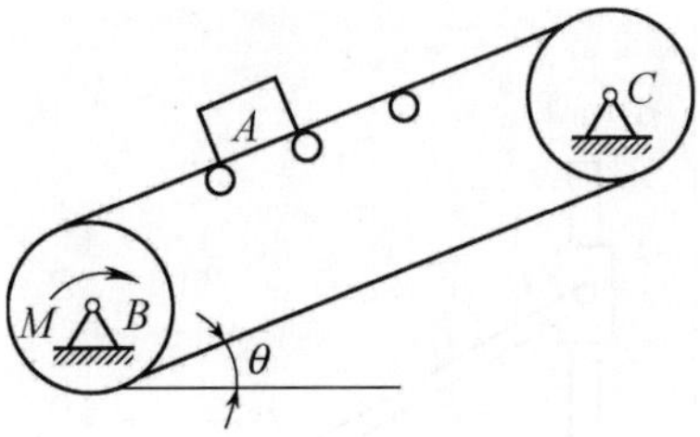

图 12 - 30

二、提升题

1. 周转齿轮传动机构放在水平面内，如图 12 - 31 所示。已知动齿轮半径为 r，质量为 m_1，可看成均质圆盘；曲柄 OA，质量为 m_2，可看成均质杆；定齿轮半径为 R。在曲柄上作用一不变的力偶，其矩为 M，使此机构由静止开始运动。求曲柄转过 φ 角后的角速度和角加速度。

$$\left[\text{答}:\omega=\frac{2}{R+r}\sqrt{\frac{3M\varphi}{9m_1+2m_2}},a=\frac{6M}{(R+r)^2(9m_1+2m_2)}\right]$$

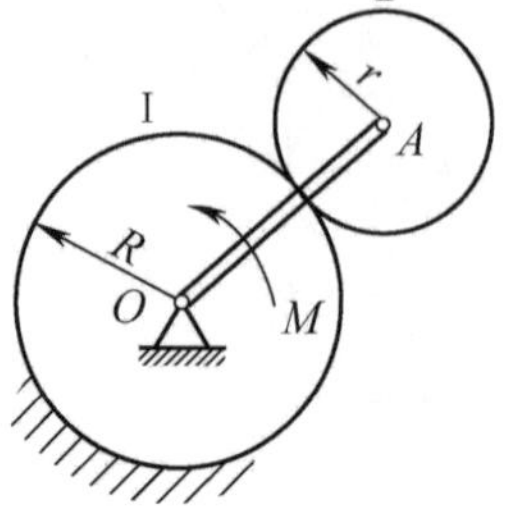

图 12 - 31

2. 如图 12 - 32 所示，两均质细杆 AB 、BO 长均为 l ，质量为 m ，在 B 端铰接，OB 杆一端 O 为铰链支座，AB 杆 A 端为一小滚轮。在 AB 上作用一不变力偶矩 M ，并在图示位置静止释放，系统在铅垂平面内运动，试求 A 碰到支座 O 时，A 端的速度。

$$\left[\text{答}:v_A=\sqrt{3\left[\frac{M\theta}{m}-gl(1-\cos\theta)\right]}\right]$$

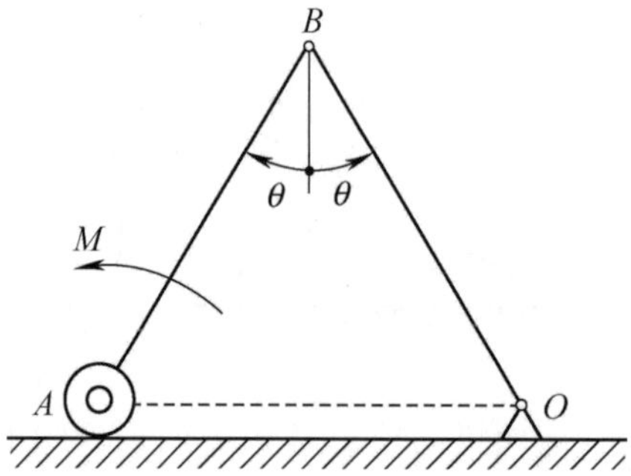

图 12 - 32

3. 均质连杆 AB 质量为 4 kg，长 $l=600$ mm。均质圆盘质量为 6 kg，半径 $r=100$ mm。弹簧刚度系数为 $k=2$ N/mm，不计套筒 A 及弹簧的质量。如连杆在图 12 - 33 所示位置被无初速释放后，A 端沿光滑杆滑下，圆盘做纯滚动。求：

(1)当 AB 达水平位置而接触弹簧时，圆盘与连杆的角速度；

(2)弹簧的最大压缩量 δ 。

（答：$\omega=4.95$ rad/s；$\delta=87.1$ mm）

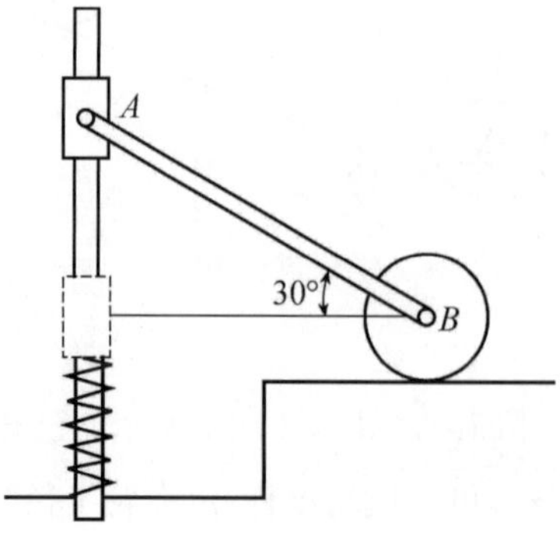

图 12 - 33

4. 如图 12－34 所示，系统从静止开始释放，此时弹簧的初始伸长量为 100 mm 。设弹簧的刚度系数 $k=0.4$ N/mm，滑轮重 120 N，对中心轴的回转半径为 450 mm，轮半径 500 mm，物块重 200 N。求滑轮下降 25 mm 时，滑轮中心的速度和加速度。

（答：$v=0.508$ m/s ，$a=4.7$ m/s^2）

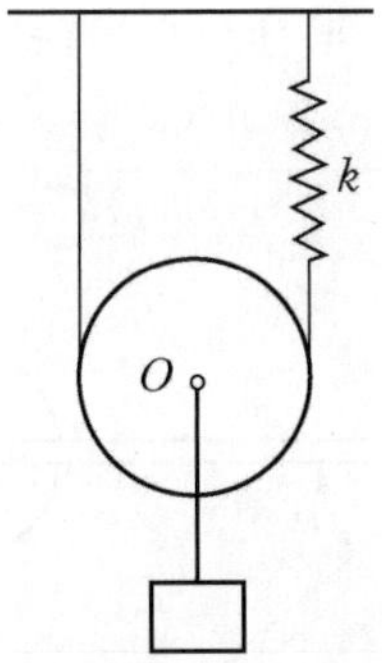

图 12－34

5. 半径为 R 、重量为 G_1 的均质圆盘 A 放在水平面上。绳子的一端系在圆盘中心 A ，另一端绕过均质圆轮 C 后挂有重物 B 。已知滑轮 C 的半径为 r ，重量为 G_2；重物 B 重 G_3，如图 12－35 所示。绳子不可伸长，其质量略去不计。圆盘滚动而不滑动。不计滚动摩擦，求圆盘中心的加速度。

$\left(答：a=\dfrac{2gG_3}{3G_1+G_2+2G_3}\right)$

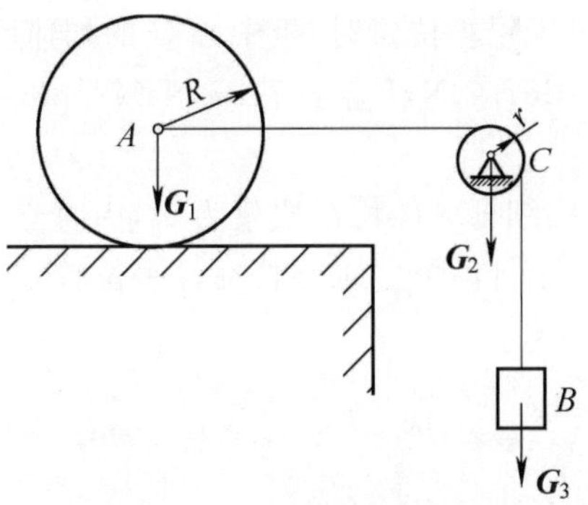

图 12－35

6. 图 12－36 所示机构中，直杆 AB 质量为 m ，楔块 C 质量为 m_c ，倾角为 θ 。当 AB 杆铅垂下降时，推动楔块水平运动，不计各处摩擦，求楔块 C 与杆 AB 的加速度。

$\left(答：a_{AB}=\dfrac{mg\tan^2\theta}{m\tan^2\theta+m_C},a_C=\dfrac{mg\tan\theta}{m\tan^2\theta+m_C}\right)$

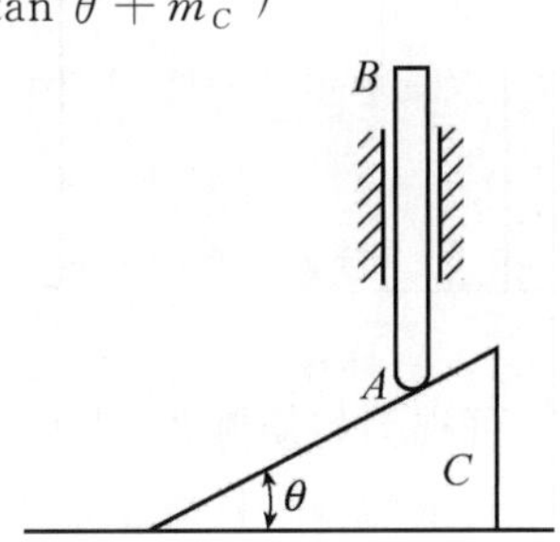

图 12－36

*7. 试用功率方程求解题 5。

*8. 试用机械能守恒定律求解题 4。

9. 均质细杆 OA 可绕水平轴 O 转动，另一端铰接一均质圆盘，圆盘可绕铰 A 在铅垂面内自由旋转，如图 12-37 所示。已知杆 OA 长 l，质量为 m_1；圆盘半径为 R，质量为 m_2。摩擦不计，初始时杆 OA 水平，杆和圆盘静止。求杆与水平线成 θ 角的瞬时，杆的角速度和角加速度。

$$\left[\text{答}:\omega=\sqrt{\frac{3(m_1+2m_2)}{(m_1+3m_2)l}g\sin\theta}\ ,\alpha=\frac{3(m_1+2m_2)}{2(m_1+3m_2)l}g\cos\theta\right]$$

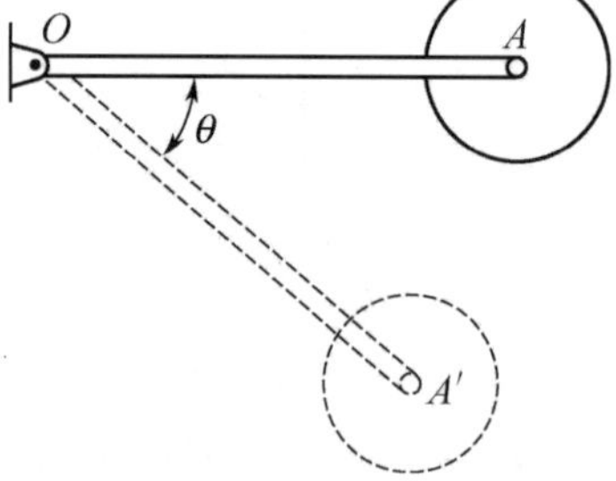

图 12-37

10. 正方形均质板的质量为 40 kg，在铅垂面内以三根软绳拉住，板的边长 $b=100$ mm，如图 12-38 所示。求：(1)当软绳 FG 被剪断后，板开始运动的加速度以及 AD 和 BE 两绳的张力；(2) 当 AD 和 BE 两绳位于铅垂位置时，板中心 C 的加速度和两绳的张力。

[答：(1)$a_C=4.9\ \text{m/s}^2$，$F_{BE}=267.7$ N，$F_{AD}=71.7$ N，(2)$a_C=2.63\ \text{m/s}^2$，$F_{AD}=248.6$ N，$F_{BE}=248.6$ N]

11. 如图 12-39 所示，均质细杆 AB 长 l，质量为 m，由直立位置开始滑动，上端 A 沿墙壁向下滑，下端 B 沿地板向右滑，不计摩擦。求细杆在任一位置 φ 时的角速度 ω、角加速度 α 和 A，B 处的约束力。

$$\left[\text{答}:\omega=\sqrt{\frac{3g}{l}(1-\sin\varphi)},\alpha=\frac{3g}{2l}\cos\varphi,F_A=\frac{3}{4}mg\cos\varphi(3\sin\varphi-2),F_B=\frac{mg}{4}(1-3\sin\varphi)^2\right]$$

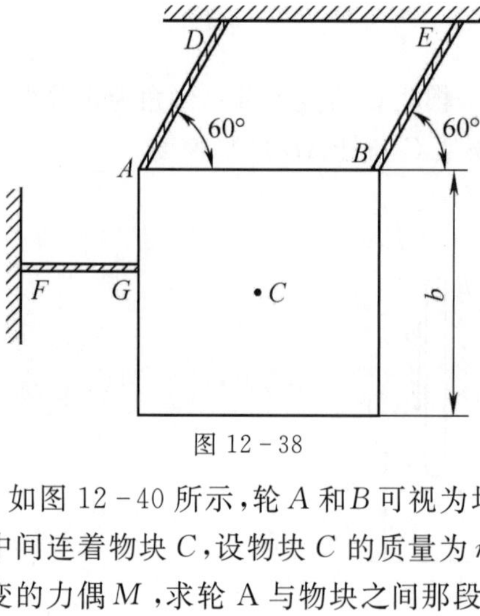

图 12-38

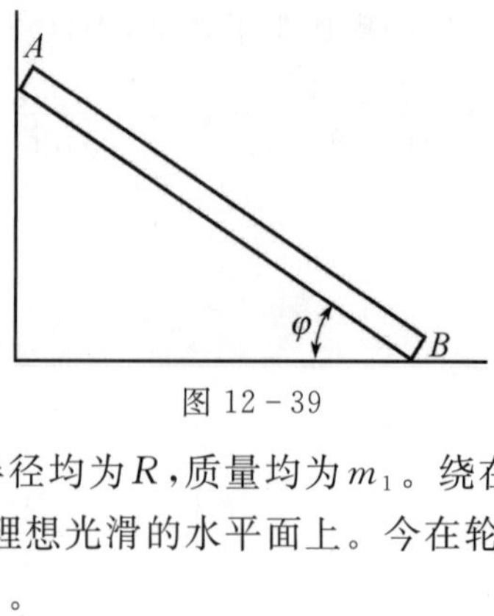

图 12-39

12. 如图 12-40 所示，轮 A 和B 可视为均质圆盘，半径均为R，质量均为m_1。绕在两轮上的绳索中间连着物块 C，设物块 C 的质量为 m_2，且放在理想光滑的水平面上。今在轮 A 上作用一不变的力偶M，求轮 A 与物块之间那段绳索的张力。

$$\left[答: F_{\mathrm{T}}=\frac{M(m_1+2m_2)}{2R(m_1+m_2)}\right]$$

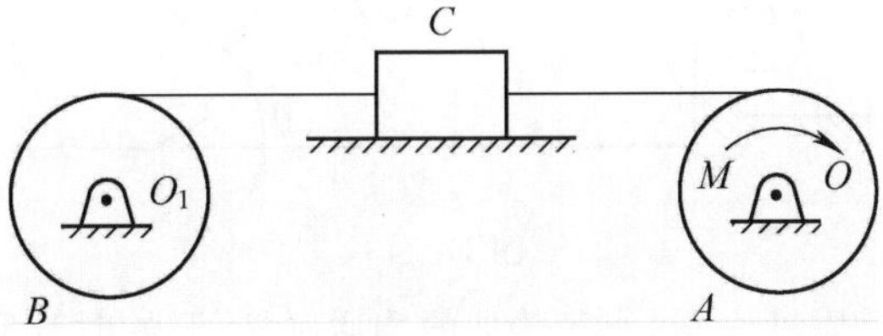

图 12-40

13. 滚子 A 质量为 m_1，沿倾角为 θ 的斜面向下只滚不滑，如图 12-41 所示。滚子借一跨过滑轮 B 的绳提升质量为 m_2 的物体 C，同时滑轮 B 绕 O 轴转动。滚子 A 与滑轮 B 的质量相等，半径相等，且都为均质圆盘。求滚子重心 A 的加速度和系在滚子上绳的张力。

$$\left[答: a_A=\frac{m_1\sin\theta-m_2}{2m_1+m_2}g, F_{\mathrm{T}}=\frac{3m_1m_2+m_1^2\sin\theta+2m_1m_2\sin\theta}{2(2m_1+m_2)}g\right]$$

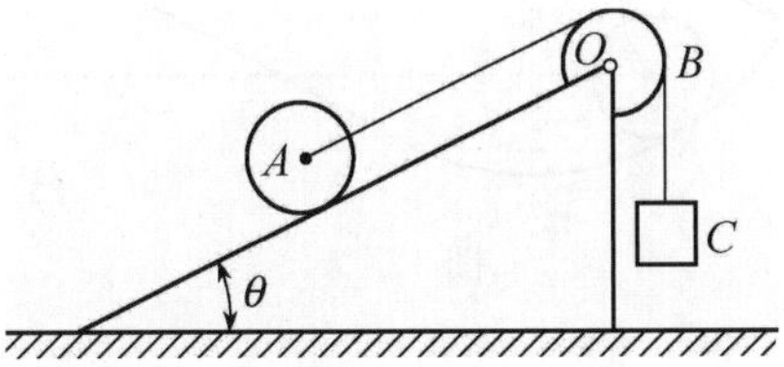

图 12-41

14. 在图 12-42 系统中，纯滚动的均质圆轮与物块 A 的质量均为 m，圆轮的半径为 r，斜面倾角为 θ，物块 A 与斜面间的动摩擦因数为 f。不计杆 OA 的质量。试求：

(1)点 O 的加速度；

(2)杆 OA 的内力。

$$\left[答: (1)a_O=\frac{2}{5}g(2\sin\theta-f\cos\theta), (2)F_{OA}=\frac{3}{5}mgf\cos\theta-\frac{1}{5}mg\sin\theta\right]$$

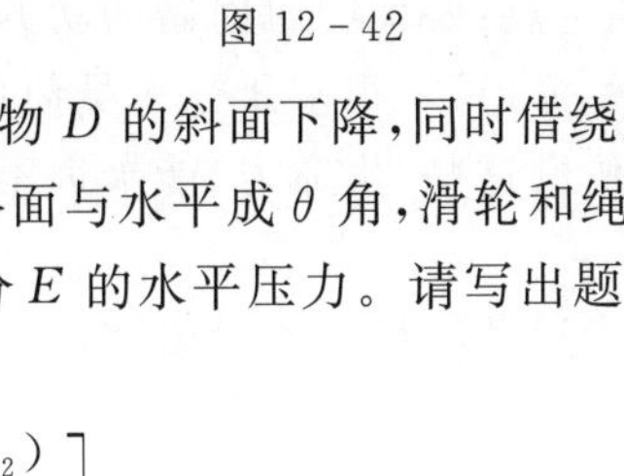

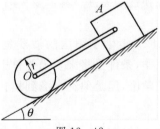

图 12-42

15. 物 A 质量为 m_1，沿楔状物 D 的斜面下降，同时借绕过滑轮 C 的绳使质量为 m_2 的物体 B 上升，如图 12-43 所示。斜面与水平成 θ 角，滑轮和绳的质量和一切摩擦均略去不计。求楔状物 D 作用于地板凸出部分 E 的水平压力。请写出题目用计算机求解时的 MATLAB 程序。

$$\left[答: F_{\mathrm{N}}=\frac{m_1g\cos\theta(m_1\sin\theta-m_2)}{m_1+m_2}\right]$$

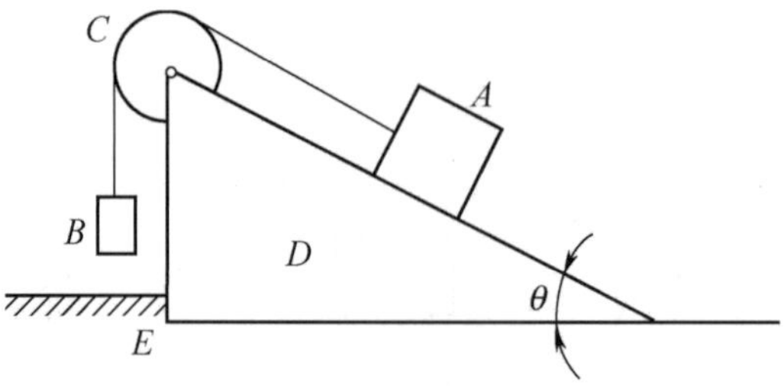

图 12-43

16. 如图 12-44 所示质量为 m、半径为 r 的均质圆柱，开始时其质心位于与 OB 同一高度的点 C。设圆柱由静止开始沿斜面向下做纯滚动，当它滚到半径为 R 的圆弧 AB 上时，求在任意位置上对圆弧的正压力和摩擦力。请写出题目用计算机求解时的 MATLAB 程序。

$\left(答：F_{\mathrm{N}}=\dfrac{7}{3}mg\cos\theta, F_{\mathrm{s}}=\dfrac{1}{3}mg\sin\theta\right)$

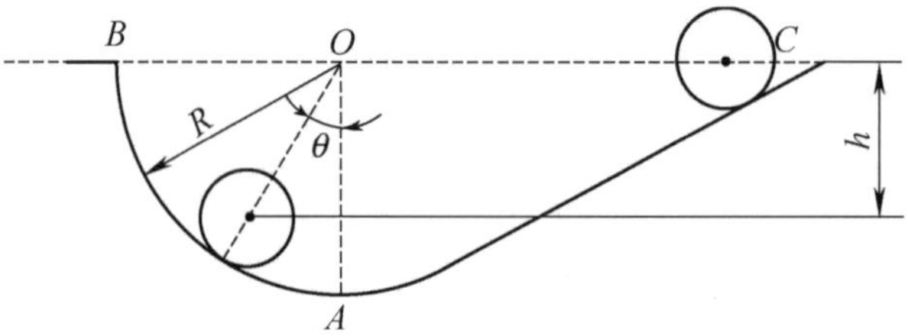

图 12-44

拓展阅读

能量守恒是怎样创立的？[1]

能量不会灭失，可以从一种形式转化成另一种形式，但是能量的总和不会改变。

根据这一原理，科学家和工程师便可制造能源系统，让家里灯火通明，让汽车满街飞奔。这一原理被称为能量守恒定律，是所有科学中最重要的几个发现之一。这也是第一热力学定律，是理解能量转换和各种能量互换性的关键。赫尔曼·冯·赫尔姆霍茨把所有的研究和信息综合起来发现了这一原理。

赫尔曼·冯·赫尔姆霍茨

赫尔曼·冯·赫尔姆霍茨 1821 年生于德国的波茨坦。16 岁时，他拿政府颁发的奖学金学习医学，条件是将来要为普鲁士军队服务 10 年。于是他去了柏林医学院学医，但是他经常溜到柏林大学上化学和生理学课。

服役期间，他有了自己的研究重点：要证明肌肉做的功源于化学和物理原理，而不是某种"不明的生命力"。很多研究人员使用"生命力"来解释他们不能解释的东西，仿佛这些"生命力"能永远不停地凭空创造能量一样。

赫尔姆霍茨想证明所有的肌肉运动都可以通过研究体内的物理

1 肯德尔·亥文．历史上 100 个最伟大的发现[M]．青岛：青岛出版社．2008.

(机械)和化学反应加以解释。他想颠覆“生命力”这一理论。研究期间,他越来越相信作用力和能量守恒概念。功不会凭空产生,功也不会凭空消失。

他还学习数学,目的是更好地描述化学能转化为动能(运动和功)、肌肉变化转化为功。他想证明所有的功都可以通过这些自然的物理过程来解释。

赫尔姆霍茨设法证明了功不会连续地“凭空”产生。凭借这一发现,他提出了动能守恒定律。

他决定把守恒原理推而广之,运用到不同的场合。为此,他研究了很多科学家的发现。这些科学家都曾经研究过能量的互相转化或者某种能量(如动量)的守恒。

赫尔姆霍茨用自己的实验发展现有的理论,结果一次又一次地证明能量永远不会灭失。它可以转化成热、声、光,但是总是能够找到它、解释它。

1847年赫尔姆霍茨认识到他的研究证明了能量守恒的普遍理论:宇宙(或者任何封闭系统)中的能量总和保持不变。能量可以在不同的形式(如电、磁、化学能、动能、光、热、声、势能或者动量)之间转化,但是不会消失,也不会创生。

赫尔姆霍茨理论的最大挑战来自研究太阳的天文学家。如果太阳不创造光和热能,那么它放射出的大量能量来自哪里呢?它不可能像常见的火一样燃烧自身的物质。科学家们早已说明:如果太阳是燃烧自身的物质发光发热,那么用不了两千万年就会烧个精光。

赫尔姆霍茨用了两年的时间搞明白原来答案就是引力。太阳慢慢地往内塌陷,同时地心引力被转化成光和热。他的答案后来被世人接受了(总共80年时间,一直到发现核能)。更为重要的是,能量守恒这一重要概念被发现了,也被接受了。

第 13 章　达朗贝尔原理

内容提要

动力学普遍定理为求解质点系的动力学问题带来了便利。但是，在处理某些质点系动力学问题时显得繁琐与复杂。本章将动力学问题从形式上转化为静力平衡问题，得到达朗贝尔原理，为求解动力学问题提供了一种新方法——动静法。动静法在工程技术中具有广泛应用，尤其适用于求解动约束力和解决动强度等问题。本章主要介绍惯性力的概念，质点和质点系的达朗贝尔原理，刚体惯性力系的简化以及轴承动约束力的计算。

本章知识导图

13.1　惯性力与达朗贝尔原理

1. 惯性力与质点的达朗贝尔原理

设一个质点的质量为m，加速度为$\boldsymbol{a}$，作用于质点的主动力为$\boldsymbol{F}$，约束力为$\boldsymbol{F}_{\mathrm{N}}$，如图13-1所示。由牛顿第二定律，有

$$m\boldsymbol{a}=\boldsymbol{F}+\boldsymbol{F}_{\mathrm{N}}$$

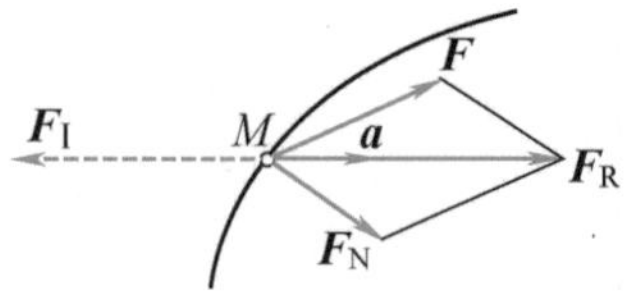

图 13 - 1

若将上式等号左端的内容移至右端，则上式可以改写为

$$\boldsymbol{F}+\boldsymbol{F}_{\mathrm{N}}+(-m\boldsymbol{a})=\boldsymbol{0}$$

令

$$\boldsymbol{F}_{\mathrm{I}}=-m\boldsymbol{a} \tag{13-1}$$

有

$$\boldsymbol{F}+\boldsymbol{F}_{\mathrm{N}}+\boldsymbol{F}_{\mathrm{I}}=\boldsymbol{0} \tag{13-2}$$

$\boldsymbol{F}_{\mathrm{I}}$ 具有力的量纲，且与质点的质量有关，称其为质点的惯性力，它的大小等于质点的质量与加速度的乘积，方向与质点加速度的方向相反。式(13 - 2)可解释为在质点运动的任意瞬时，作用于质点上的主动力、约束力和虚加的惯性力在形式上组成平衡力系，这就是质点的达朗贝尔原理。

一般情况下，式(13 - 2)有三个独立的平衡方程，其投影形式为

$$\left.\begin{aligned}F_x+F_{\mathrm{N}x}+F_{\mathrm{I}x}=0\\F_y+F_{\mathrm{N}y}+F_{\mathrm{I}y}=0\\F_z+F_{\mathrm{N}z}+F_{\mathrm{I}z}=0\end{aligned}\right\} \tag{13-3}$$

应用上述方程时，除了要分析主动力、约束力外，还必须分析惯性力，并假想地加在质点上，剩下的过程与求解静力学平衡问题完全相同。需要注意的是质点并没有受到惯性力的作用，达朗贝尔原理中的“平衡力系”实际上并不存在，但在质点上假想地加上惯性力后，就可以

将动力学问题借用静力学的理论和方法求解，故这种方法也被称为动静法。

2. 质点系的达朗贝尔原理

设质点系由 n 个质点组成，取其中任一质点 M_i，其质量为 m_i，加速度为 $\boldsymbol{a}_i$，把作用于质点 M_i 上的所有力分为主动力的合力 $\boldsymbol{F}_i$，约束力的合力 $\boldsymbol{F}_{\mathrm{N}i}$，对这个质点假想地加上其惯性力 $\boldsymbol{F}_{\mathrm{I}i}=-m_i\boldsymbol{a}_i$，于是由质点的达朗贝尔原理，有

$$\boldsymbol{F}_i+\boldsymbol{F}_{\mathrm{N}i}+\boldsymbol{F}_{\mathrm{I}i}=\boldsymbol{0},\ i=1,2,\cdots,n \tag{13-4}$$

式(13-4)表明，在质点系运动的任一瞬时，作用于每一质点上的主动力、约束力和虚加的惯性力在形式上组成平衡力系，这就是质点系的达朗贝尔原理。

对整个质点系而言，若把作用于质点 M_i 上的所有力分为外力的合力 $\boldsymbol{F}_i^{(e)}$，内力的合力 $\boldsymbol{F}_i^{(i)}$，则式(13-4)可改写为

$$\boldsymbol{F}_i^{(e)}+\boldsymbol{F}_i^{(i)}+\boldsymbol{F}_{\mathrm{I}i}=\boldsymbol{0},\ i=1,2,\cdots,n \tag{13-5}$$

这表明，质点系中每个质点上作用的外力、内力和它的惯性力在形式上组成平衡力系。由静力学知，空间任意力系平衡的充分必要条件是力系的主矢和对于任一点 O 的主矩等于零，即

$$\boldsymbol{F}'_{\mathrm{R}}=\sum\boldsymbol{F}_i^{(e)}+\sum\boldsymbol{F}_i^{(i)}+\sum\boldsymbol{F}_{\mathrm{I}i}=\boldsymbol{0}$$

$$\boldsymbol{M}_O=\sum\boldsymbol{M}_O(\boldsymbol{F}_i^{(e)})+\sum\boldsymbol{M}_O(\boldsymbol{F}_i^{(i)})+\sum\boldsymbol{M}_O(\boldsymbol{F}_{\mathrm{I}i})=\boldsymbol{0}$$

质点系的内力总是成对出现，并且等值、反向、共线，因此有 $\sum\boldsymbol{F}_i^{(i)}=\boldsymbol{0}$ 和 $\sum\boldsymbol{M}_O(\boldsymbol{F}_i^{(i)})=\boldsymbol{0}$，于是有

$$\left.\begin{aligned}&\sum\boldsymbol{F}_i^{(e)}+\sum\boldsymbol{F}_{\mathrm{I}i}=\boldsymbol{0}\\&\sum\boldsymbol{M}_O(\boldsymbol{F}_i^{(e)})+\sum\boldsymbol{M}_O(\boldsymbol{F}_{\mathrm{I}i})=\boldsymbol{0}\end{aligned}\right\} \tag{13-6}$$

其中 $\sum\boldsymbol{F}_i^{(e)}$ 和 $\sum\boldsymbol{M}_O(\boldsymbol{F}_i^{(e)})$ 分别为作用在质点系上的外力（包括外主动力和外约束力）的主矢与主矩，$\sum\boldsymbol{F}_{\mathrm{I}i}$ 和 $\sum\boldsymbol{M}_O(\boldsymbol{F}_{\mathrm{I}i})$ 分别为作用在质点系上的惯性力的主矢与主矩。

式(13-6)表明，作用在质点系上的所有外力与虚加在每个质点上的惯性力在形式上组成平衡力系，这是质点系达朗贝尔原理的又一表述。由于式(13-6)中不出现内力，因此质点系达朗贝尔原理这种表示形式应用起来更为方便。

知识扩展

通过引入虚加惯性力的概念，将原本复杂的动力学问题转化为更为直观和简单的静力学问题，从而更加便利地求解和分析。这种转化不仅展示了人类思维的灵活性，也为解决实际问题提供了新的途径和方法。

13.2 刚体惯性力系的简化

利用质点系的达朗贝尔原理求解质点系的动力学问题，需要对质点系内每个质点虚加上各自的惯性力，由这些惯性力形成的力系，称为惯性力系。类似静力学中一般力系的简化理论，也可将惯性力系向一点简化，得到惯性力系的主矢和惯性力系的主矩。何谓惯性力系的主矢，何谓惯性力系的主矩？

惯性力系中所有惯性力的矢量和，称为惯性力系的主矢，用 $\boldsymbol{F}_{\mathrm{I}}$ 表示，具体表达式为

$$F_I=\sum F_{Ii}=\sum(-m_i a_i)=-Ma_C=-\frac{dP}{dt} \tag{13-7}$$

其物理意义为质点系惯性力系的主矢等于负的质点系动量对时间的一阶导数。由于刚体的动量与刚体的运动形式无关，所以无论刚体做什么运动，刚体惯性力系的主矢的大小都等于刚体的质量与其质心加速度的乘积，方向与质心加速度方向相反。

惯性力系中所有惯性力向同一点矩的矢量和，称为惯性力系的主矩矢，用 M_{IO} 表示，具体表达式为

$$\begin{aligned} M_{IO}&=\sum M_O(F_{Ii})=\sum(r_i\times(-m_i a_i))\\ &=-\sum(r_i\times\frac{d(m_i v_i)}{dt})=-\frac{d(\sum(r_i\times m_i v_i))}{dt}=-\frac{dL_O}{dt} \end{aligned} \tag{13-8}$$

其物理意义为质点系惯性力系向一点简化的主矩矢等于负的质点系对同一点的动量矩矢对时间的一阶导数。由于刚体的动量矩与刚体的运动形式有关。

下面分别讨论刚体做平动、定轴转动和平面运动时的惯性力系的简化。

1. 平动刚体惯性力系的简化

质量为 M 的刚体做平动，其质心 C 的加速度用 a_C 表示，若选 O 为简化中心，简化中心 O 到质心 C 的矢径用 r_C 表示，如图 13－2 所示。则惯性力系主矢：

$$F_I=-Ma_C$$

惯性力系的主矩

$$M_{IO}=-\frac{dL_O}{dt}=-\frac{d(r_C\times Mv_C)}{dt}$$

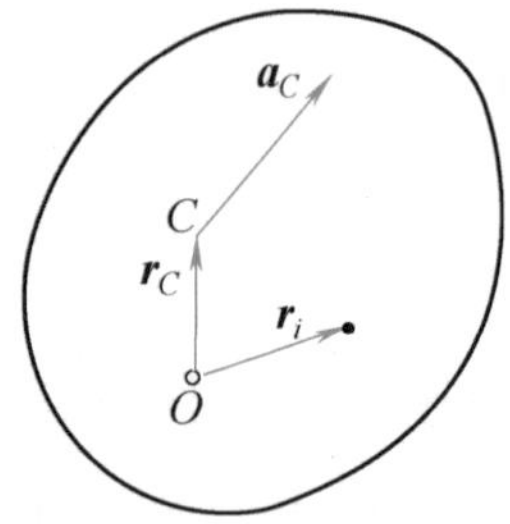

图 13－2

若取质心 C 为简化中心，则有 $r_C=0$，这时惯性力系的主矩为

$$M_{IC}=0$$

当简化中心不在质心 C 处，其主矩 M_{IC} 未必为零。

结论　刚体做平动时，惯性力系简化为通过质心的一个合力，其大小等于刚体的质量与质心加速度的乘积，方向与质心加速度方向相反。

2. 定轴转动刚体惯性力系的简化

这里只限于讨论刚体具有质量对称平面且转轴与此对称平面垂直的特殊情形。

如果刚体有对称面 S，并且该平面与转轴 z 垂直，如图 13－3 所示，则惯性力系简化在对称面内的平面力系。在对称平面内，取坐标轴 x 和轴 y，且 x、y、z 轴相交于 O 点，取 O 为简化中心，则惯性力系的主矢为

$$F_I=-Ma_C$$

惯性力系的主矩为

$$M_{IO}=-\frac{dL_O}{dt}=-\frac{d(J_O\omega)}{dt}=-J_O\alpha$$

其中，J_O 为刚体对垂直于质量对称平面转轴的转动惯量。

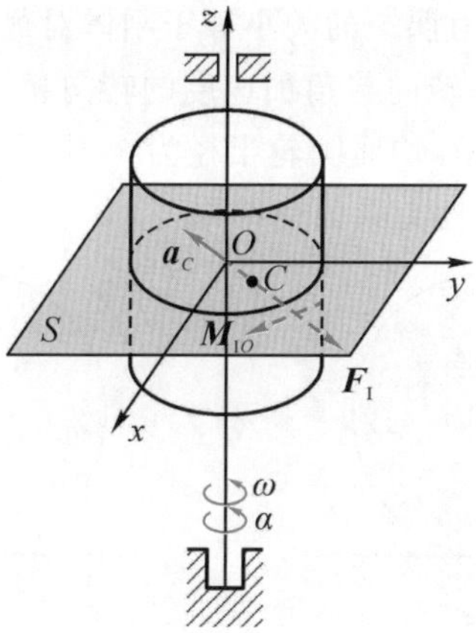

定轴转动刚体
惯性力系的简化

图 13－3

结论　具有质量对称平面且转轴垂直于此对称平面的定轴转动刚体的惯性力系，向转轴与质量对称平面的交点简化，得一个力和一个力偶。此力的大小等于刚体的质量与质心加速度的乘积，方向与质心加速度方向相反，作用线通过转轴；此力偶矩的大小等于刚体对转轴的转动惯量与角加速度的乘积，转向与角加速度转向相反。

在工程实际中，刚体绕定轴转动有三种特殊情况。

(1)当转轴通过质心时，质心的加速度 $\boldsymbol{a}_C=\boldsymbol{0}$，$\boldsymbol{F}_I=\boldsymbol{0}$，若 $\alpha\neq 0$，惯性力系简化为一个力偶，且 $M_{IC}=-J_O\alpha$ 。

(2)当刚体做匀速转动时，$\alpha=0$，若转轴不过质心，惯性力系简化为一个惯性力 $\boldsymbol{F}_I$，且 $\boldsymbol{F}_I=-M\boldsymbol{a}_C$，同时惯性力的作用线通过转轴 O 。

(3)当转轴通过质心时，质心的加速度 $\boldsymbol{a}_C=0$，$\alpha=0$，则 $\boldsymbol{F}_I=0$，$M_{IC}=0$，此时惯性力系自成平衡力系。

3. 平面运动刚体惯性力系的简化

这里只讨论刚体具有质量对称平面，而且刚体在此质量对称平面内做平面运动。在这种情况下，刚体的惯性力系可简化为在质量对称面内的平面力系，设刚体的角速度 $\boldsymbol{\omega}$，角加速度 $\boldsymbol{\alpha}$ 和质心加速度 $\boldsymbol{a}_C$ 如图 13－4 所示。将惯性力系向质心 C 简化，惯性力系的主矢为

$$\boldsymbol{F}_I=-M\boldsymbol{a}_C$$

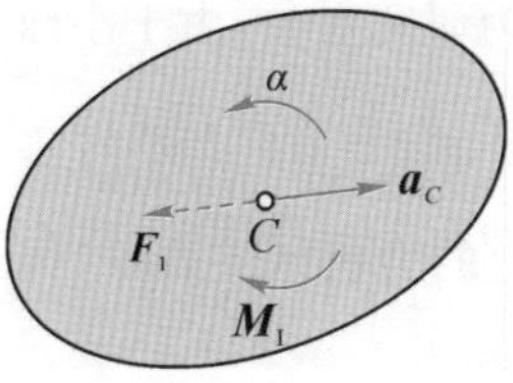

图 13－4

平面运动刚体
惯性力系的简化

惯性力系的主矩为

$$M_{IC}=-\frac{\mathrm{d}L_C}{\mathrm{d}t}=-\frac{\mathrm{d}(J_C\omega)}{\mathrm{d}t}=-J_C\alpha$$

式中，J_C 为转动刚体对通过质心且垂直于质量对称平面的轴的转动惯量。

结论　具有质量对称平面的刚体，在平行于此平面运动时，刚体的惯性力系简化为在此平面内的一个力和一个力偶。此力大小等于刚体的质量与质心加速度的乘积，方向与质心加速

度方向相反，作用线通过质心；此力偶矩的大小等于刚体对通过质心且垂直于质量对称平面的轴的转动惯量与角加速度的乘积，转向与角加速度的转向相反。

例 13－1 如图 13－5(a)所示，均质圆轮半径为 r，质量为 m，沿水平面作无滑动的滚动，角速度为 ω，角加速度为 α，求惯性力系简化结果。

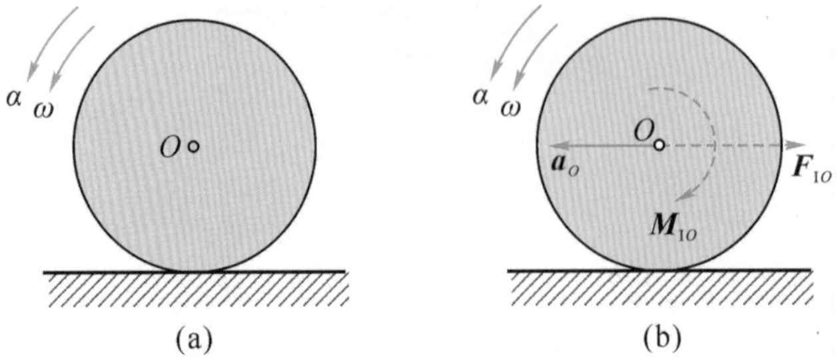

图 13－5

解 将惯性力系向轮心 O 简化。因为轮心 O 的加速度 $a_O = r\alpha$，方向如图 13－5(b)。所以惯性力系的主矢的大小为 $F_{IO} = ma_O = mr\alpha$，其方向与加速度 $\boldsymbol{a}_O$ 方向相反；惯性力系的主矩的大小为 $M_{IO} = J_O\alpha = \frac{1}{2}mr^2\alpha$，方向与角加速度 α 转向相反，如图 13－5(b)所示。

13.3 达朗贝尔原理的应用

由 13.1 节内容中的质点或质点系的达朗贝尔原理可知，只要在质点或质点系上施加假想的惯性力，就可以应用式(13－2)或式(13－6)求解质点或质点系动力学的两类基本问题。在具体应用上述矢量方程解题时，一般采用其在直角坐标系或自然坐标系的投影代数方程。下面具体举例说明。

例 13－2 重为 G 的小球 M 系于长为 l 的软绳下端，并以匀角速度绕铅垂线回转，如图 13－6 所示。如绳与铅垂线成 θ 角，求绳子的拉力和小球的速度。

分析 本例要求绳子的拉力和小球的速度，可取小球 M 为研究对象，利用质点的达朗贝尔原理求解。首先应分析运动，得到加速度；再进行受力分析，并虚加惯性力；最后由质点的达朗贝尔原理列形式上的平衡方程并求解。

解 (1)运动分析。以小球 M 为研究对象，由于小球在水平面内做匀速圆周运动，因此在任意瞬时小球只有法向加速度，且 $a_n = \frac{v^2}{l\sin\theta}$。

(2)受力分析。作用于小球 M 上的力包括重力 $\boldsymbol{G}$、绳子对小球的拉力 $\boldsymbol{F}$，以及如图 13－6 虚加惯性力 $\boldsymbol{F}_I$，且 $F_I = \frac{G}{g}\frac{v^2}{l\sin\theta}$。

(3)由质点达朗贝尔原理求解。如图取自然坐标系，由达朗贝尔原理得

$$\sum F_n = 0,\ F\sin\theta - \frac{G}{g}\frac{v^2}{l\sin\theta} = 0$$

$$\sum F_b = 0,\ F\cos\theta - G = 0$$

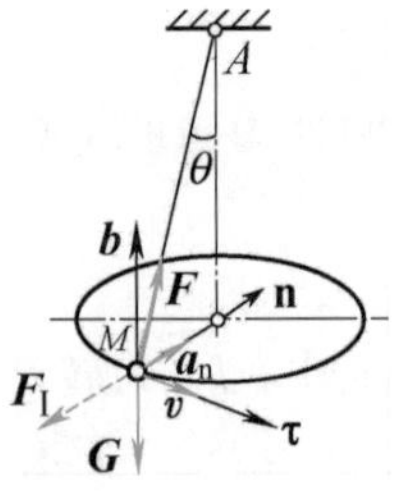

图 13－6

解得
$$F=\frac{G}{\cos\theta}$$
$$v=\sqrt{gl\sin^2\theta/\cos\theta}$$

例 13-3 杆 CD 长 $2l$，两端各装一重物，$G_1=G_2=G$，杆的中间与铅垂轴 AB 固结在一起，两者的夹角为 θ，轴 m 以匀角速度 ω 转动，轴承 A、B 间的距离为 h（见图 13-7）。不计杆与轴的重量，求轴承 A、B 处的约束力。

解 (1)运动分析。以整体为研究对象，由于杆 CD 匀速转动，重物 C、D 只有法向加速度，且 $a_C^n=a_D^n=(l\sin\theta)\omega^2$。

(2)受力分析。在图示位置建立直角坐标系 Axy，作用于系统上的力包括重力 $\boldsymbol{G}_1$、$\boldsymbol{G}_2$，轴承 A、B 处的约束力 $\boldsymbol{F}_{Ax}$、$\boldsymbol{F}_{Ay}$、$\boldsymbol{F}_{Bx}$，如图 13-7 所示虚加的法向惯性力 $\boldsymbol{F}_{I1}^n$、$\boldsymbol{F}_{I2}^n$，且 $F_{I1}^n=F_{I2}^n=\frac{P}{g}(l\sin\theta)\omega^2$。

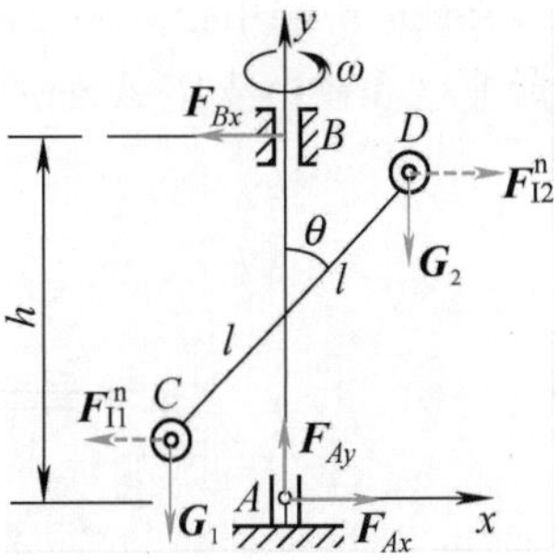

图 13-7

(3)由质系达朗贝尔原理求解。由达朗贝尔原理得
$$\sum F_x=0\ ,\ F_{Ax}-F_{Bx}+F_{I2}^n-F_{I1}^n=0$$
$$\sum F_y=0\ ,\ F_{Ay}-2G=0$$
$$\sum M_A(\boldsymbol{F})=0\ ,\ F_{Bx}h-2\left(\frac{G}{g}l\omega^2\sin\theta\right)l\cos\theta=0$$

解得轴承 A、B 处的约束力为
$$F_{Ax}=F_{Bx}=\frac{Gl^2\omega^2}{gh}\sin2\theta$$
$$F_{Ay}=2G$$

例 13-4 如图 13-8(a)所示，均质杆 AB 的质量 $m=40$ kg，长 $l=4$ m，A 点以铰链连接于小车上，不计摩擦。求当小车以加速度 $a=15$ m/s^2 向左运动时，D 处和铰 A 处的约束力。

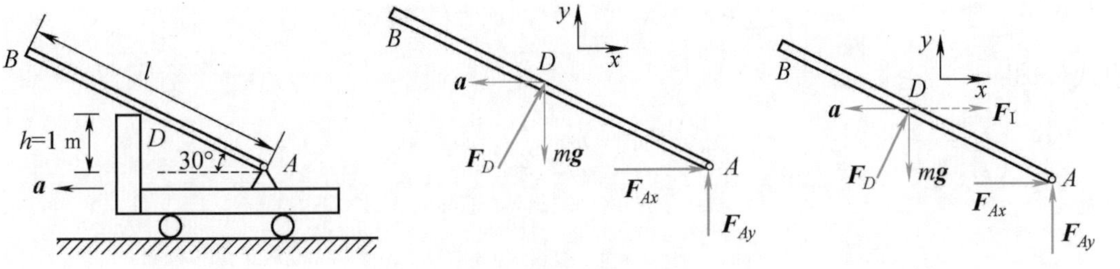

图 13-8

解 (1)运动和受力分析。以杆为研究对象，受力分析如图 13-8(b)所示。杆做平动，加速度已知。

(2)施加惯性力。虚加的惯性力的大小为 $F_I=ma$，方向如图 13-8(c)所示。

(3)应用达朗贝尔原理。由质点系的达明贝尔原理，建立平衡方程。
$$\sum M_A(\boldsymbol{F})=0\qquad mg\ \frac{l}{2}\cos30^\circ-F_D\ \frac{l}{2}-F_I\ \frac{l}{2}\sin30^\circ=0$$

于是得
$$F_D=m(g\cos30^\circ-a\sin30^\circ)$$

$$\sum F_x = 0 \quad F_{Ax} + F_I + F_D \sin 30^\circ = 0$$

$$\sum F_y = 0 \quad F_{Ay} + F_D \cos 30^\circ - mg = 0$$

代入数据，解得

$$F_{Ax} = -617.9\ \text{N},\ F_{Ay} = 357.82\ \text{N},\ F_D = 39.47\ \text{N}$$

例 13－5　如图 13－9(a)所示，水平均质杆 AB 长为 l，质量为 m。杆 A 处为固定光滑铰链支座，B 端用铅直绳子吊住。若将绳剪断，求当杆转到与水平线成 φ 角时，杆的角速度、角加速度和铰链支座 A 处的约束力。

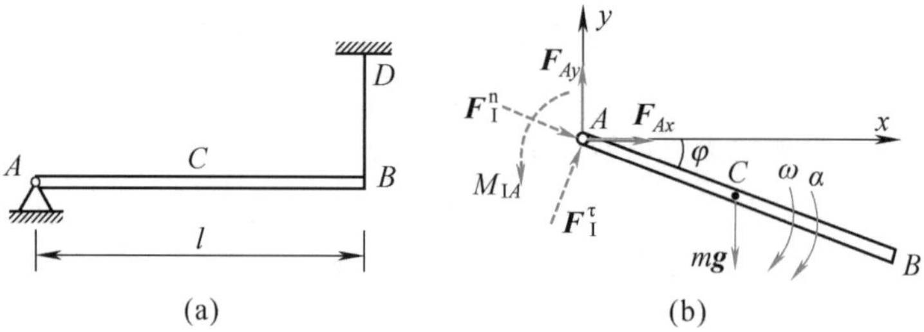

图 13－9

解　(1)运动和受力分析。取杆 AB 为研究对象，其所受的力有重力 $m\mathbf{g}$，支座 A 处的约束力 $\boldsymbol{F}_{Ax}$、$\boldsymbol{F}_{Ay}$。绳子剪断后，杆 AB 绕 A 轴转动，设角速度为 ω，角加速度为 α。

(2)施加惯性力。施加惯性力，如图 13－9(b)所示，其大小为

$$F_I^n = ma_C^n = m\frac{1}{2}l\omega^2,\ F_I^\tau = ma_C^\tau = m\frac{1}{2}l\alpha,\ M_{IA} = J_A\alpha = \frac{1}{3}ml^2\alpha$$

(3)应用达朗贝尔原理。由质点系的达明贝尔原理，列平衡方程

$$\sum F_x = 0,\ F_{Ax} + F_I^\tau \sin\varphi + F_I^n \cos\varphi = 0 \tag{a}$$

$$\sum F_y = 0,\ F_{Ay} + F_I^\tau \cos\varphi + F_I^n \sin\varphi - mg = 0 \tag{b}$$

$$\sum M_A = 0,\ M_{IA} - mg\frac{1}{2}l\cos\varphi = 0 \tag{c}$$

由式(c)得

$$\frac{1}{3}ml^2\alpha - mg\frac{1}{2}l\cos\varphi = 0$$

解得

$$\alpha = \frac{3g}{2l}\cos\varphi$$

将 $\alpha = \frac{d\omega}{dt} = \frac{d\omega}{d\varphi}\frac{d\varphi}{dt} = \omega\frac{d\omega}{d\varphi}$ 代入上式，积分后得

$$\omega^2 = \frac{3g}{l}\sin\varphi$$

于是

$$F_I^\tau = \frac{3}{4}mg\cos\varphi,\ F_I^n = \frac{3}{2}mg\sin\varphi$$

将上式代入式(a)、式(b)，解得

$$F_{Ax}=-\frac{9}{8}mg\sin2\varphi\ ,\ F_{Ay}=\frac{1}{4}mg(1+9\sin^2\varphi)$$

讨论

本题为刚体由静止状态突然产生运动的一类动力学问题。这类问题求解的关键有两点：

(1)明确刚体在突然产生运动瞬时，刚体的平衡状态已不存在，应做为动力学问题进行讨论。在此瞬时，刚体各点的速度为零，加速度不为零。若刚体存在转动，则刚体的角速度为零，角加速度不为零。

(2)正确判断产生运动之后刚体的运动形式。

例 13－6　车辆的主动轮沿水平直线轨道运动(见图 13－10)。设轮重为 G，半径为 R，对轮轴的回转半径为 ρ，车身的作用力可简化为作用于轮的质心 C 的力 $\boldsymbol{F}_1$ 和 $\boldsymbol{F}_2$ 及驱动力偶矩 M，轮与轨道间的摩擦因数为 f；动摩擦因数为 f'。不计滚动摩擦的影响，求轮心的加速度。

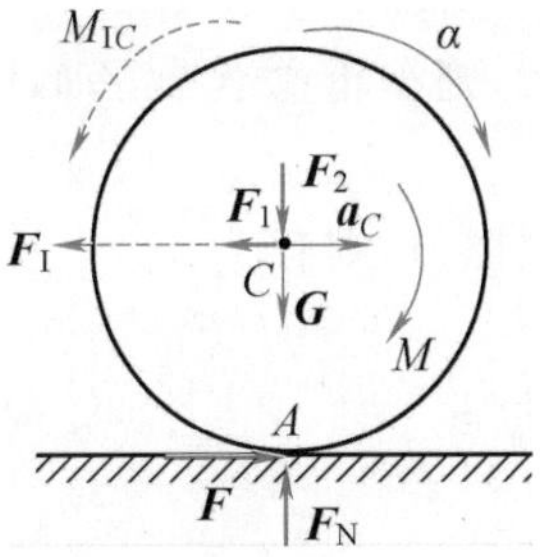

图 13－10

解　(1)运动和受力分析。以主动轮为研究对象。作用于轮上的主动力有重力 $\boldsymbol{G}$，车身的作用力 $\boldsymbol{F}_1$、$\boldsymbol{F}_2$ 及驱动力偶矩 M；约束力有法向约束力 $\boldsymbol{F}_N$ 和摩擦力 $\boldsymbol{F}$。

(2)施加惯性力。惯性力可简化为力 $\boldsymbol{F}_I$ 及矩为 M_{IC} 的力偶，$F_I=\frac{G}{g}a_C$，$M_{IC}=J_C\alpha=\frac{G}{g}\rho^2\alpha$，方向如图 13－10 所示。

(3)应用达朗贝尔原理。由质点系的达朗贝尔原理，作用于车轮的所有主动力、约束力和虚加的惯性力组成平衡力系，显然为一平面任意力系，可列三个平衡方程。然而未知量却有 a_C、α 和 F、F_N 四个，因此需要补充一个方程才能求解。

①若车轮做纯滚动，摩擦力为静摩擦力，则有

$$a_C=R\alpha$$

由质点系达朗贝尔原理，对速度瞬心 A 取矩，列平衡方程

$$\sum M_A(\boldsymbol{F})=0\ ,\ (F_1+F_I)R-M+M_{IC}=0$$

即

$$\left(F_1+\frac{G}{g}a_C\right)R-M+\frac{G}{g}\rho^2\alpha=0$$

可求得

$$a_C=R\,\frac{M-F_1R}{G(R^2+\rho^2)}g$$

要保证车轮纯滚动而不滑动，必须有

$$F\leqslant fF_N$$

由质点系达朗贝尔原理,列平衡方程

$$\sum F_x = 0,\ F - F_1 - F_I = 0$$

$$\sum F_y = 0,\ F_N - G - F_2 = 0$$

得

$$F = F_1 + \frac{G}{g}a_C = \frac{MR + F_1\rho^2}{R^2 + \rho^2}$$

$$F_N = G + F_2$$

因此保证车轮做纯滚动的条件为

$$\frac{MR + F_1\rho^2}{R^2 + \rho^2} \leqslant f(G + F_2)$$

或

$$M \leqslant f(G + F_2)\frac{R^2 + \rho^2}{R} - F_1\frac{\rho^2}{R}$$

可见,当 M 一定时,摩擦因数 f 愈大,则车轮愈不易滑动,因此,雨雪天行车在车轮上常加防滑链以增大摩擦因数。

②若车轮有滑动,摩擦力为动摩擦力,则有

$$F = f'F_N$$

由质点系达朗贝尔原理,建立平衡方程

$$\sum F_x = 0,\ F - F_1 - F_I = 0$$

$$\sum F_y = 0,\ F_N - G - F_2 = 0$$

动静法求解动力学问题举例(一)

并注意到 $F_I = \frac{G}{g}a_C$,可解得

$$a_C = \frac{f'(G + F_2) - F_1}{G}g$$

小结　刚体运动的特征不同,虚加在其上的惯性力系的简化结果也是不同的。运用达朗贝尔原理分析刚体的动力学问题时,首先要分析刚体的运动,准确地确认它是属于哪种类型的运动;再按照刚体运动的类型,虚加对应的惯性力主矢和主矩;然后,建立惯性力系与作用在此刚体上外力的平衡方程并求解。

例 13-7　机构如图 13-11(a)所示,已知匀质轮 O 沿倾角为 θ 的固定斜面做纯滚动,该轮重为 G、半径为 R,匀质细杆 OA 重 Q、长为 l 且水平,初始系统静止,忽略杆两端 A、O 处的摩擦,试求:(1) 轮的中心 O 的加速度。(2)A 处的约束力及 B 处的摩擦力。

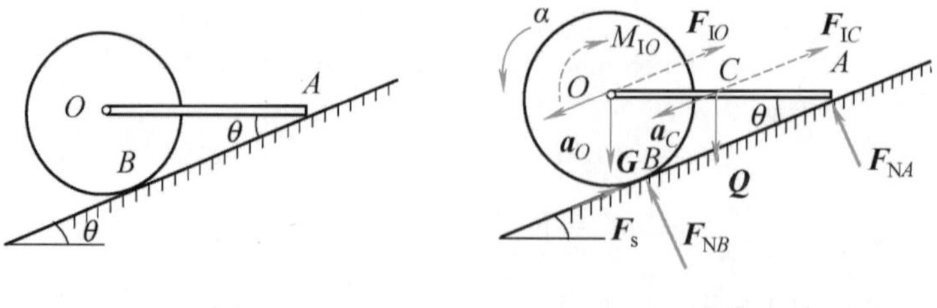

(a)　　　　(b)

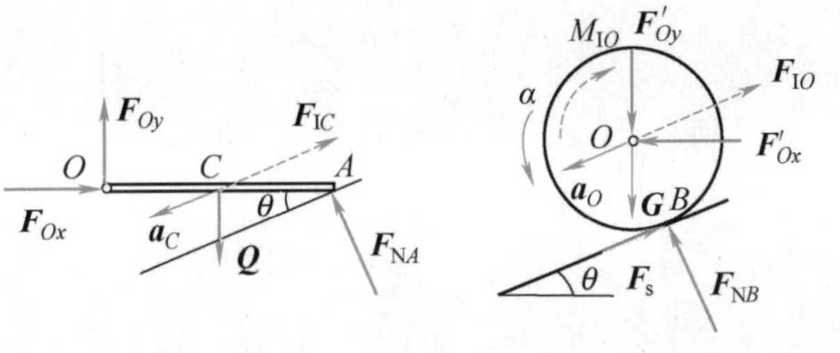

(c)　　　　　　　　(d)

图 13 - 11

分析　依题意可知，轮做平面运动(纯滚动)，杆做平动。系统为单自由度。可先用动能定理求解运动(加速度)，然后用动静法求解未知力。

解　(1)运动和受力分析。取整体为研究对象，受力分析如图 13 - 11(b)所示。轮做纯滚动，杆做平动。

(2)应用动能定理。因系统初始静止，$T_1 = 0$。

当轮心 O 沿斜面下降距离 s 后，运动量如图 13 - 11(b)所示。且有 $v_C = v_O$，此时系统动能为

$$T_2 = \frac{3}{4} \cdot \frac{G}{g} v_O^2 + \frac{1}{2} \cdot \frac{Q}{g} v_C^2 = \frac{3G + 2Q}{4g} v_O^2$$

主动力做功为

$$W_{12} = (Q\sin\theta + G\sin\theta)s$$

由动能定理 $T_2 - T_1 = \sum W_{12}$ 得

$$\frac{3G + 2Q}{4g} v_O^2 = (Q + G)s \cdot \sin\theta$$

动静法求解动力学问题举例(二)

将上式两边对时间 t 求导得

$$\frac{3G + 2Q}{4g} 2v_O a_O = (Q + G) v_O \cdot \sin\theta$$

解得

$$a_O = \frac{2(G + Q)}{3G + 2Q} g \sin\theta$$

(3)应用达朗贝尔原理。以杆为研究对象，受力与运动量假定如图13-11(c)所示，且 $a_C = a_O$

如图虚加惯性力，且 $F_{IC} = \frac{Q}{g} a_C = \frac{Q}{g} a_O$

由质点系的达明贝尔原理，有

$$\sum M_O(\boldsymbol{F}) = 0 \qquad F_{NA} l\cos\theta - Q\frac{l}{2} + F_{IC}\frac{l}{2}\sin\theta = 0$$

解得

$$F_{NA} = \frac{Q}{3G + 2Q} \cdot \frac{P + 2(G + Q)\cos^2\theta}{2\cos\theta}$$

以轮为研究对象，受力与运动量假定如图 13 - 11(d)所示，且 $\alpha = \frac{a_O}{R}$。如图虚加惯性力，且

$$F_{IO} = \frac{G}{g} a_O$$

$$M_{IO} = J_O \alpha = \frac{1}{2} \frac{G}{g} R^2 \alpha = \frac{1}{2} \frac{G}{g} R a_O$$

由质点系的达朗贝尔原理

$$\sum M_O(\boldsymbol{F}) = 0 \quad M_{IO} - F_S R = 0$$

解得

$$F_S = \frac{G(G+Q)\sin\theta}{3G+2Q}$$

例 13－8　游乐场里的海盗船正在缓缓起动，开始运转，如图 13－12(a)所示。随着船身越摆越高，不时传来乘船游客的尖叫声。仔细观察可发现，海盗船的重量主要是船身和游客以及转轴上部大铁块的重量，连接轴承与船身以及大铁块的杆件重量可忽略不计，轴承摩擦力很小也可忽略不计。为什么在笨重的海盗船上部还要设置一个巨大的铁块呢？这个问题使人陷入沉思。试分析：(1)建立海盗船的力学模型。(2)试通过力学分析，说明大铁块的实际作用。

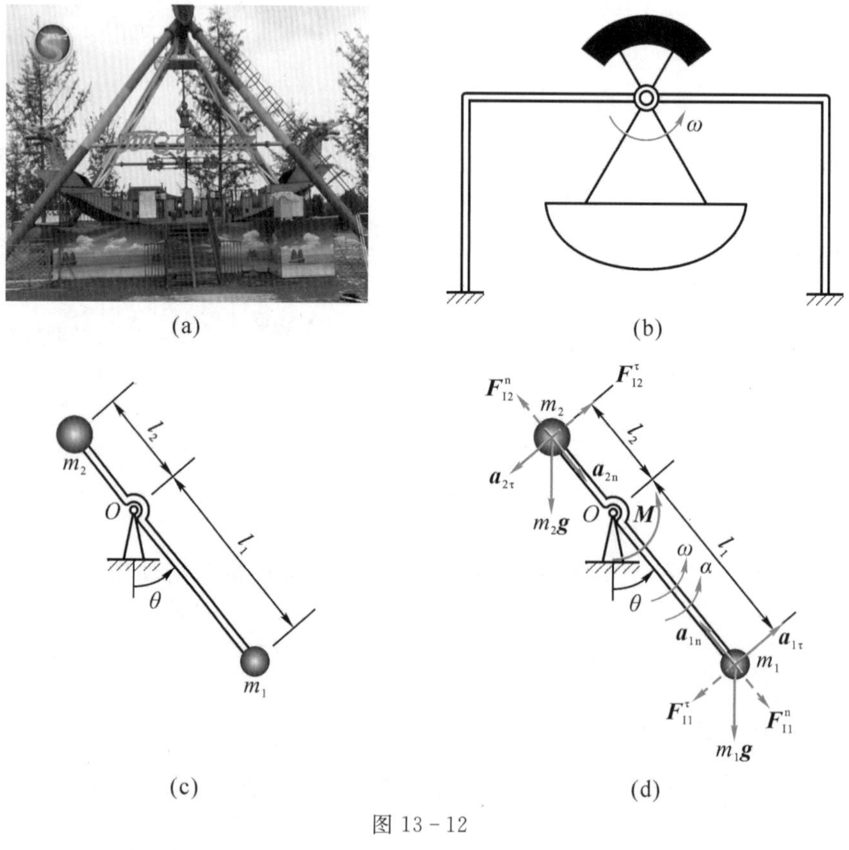

(a)　(b)　(c)　(d)

图 13－12

解　海盗船力学简图如图 13－12(b)所示。力学模型如图 13－12(c)所示。

(1)运动和受力分析。海盗船的受力分析主要涉及船身和游客的重力 $m_1\boldsymbol{g}$、大铁块的重力 $m_2\boldsymbol{g}$ 和起动力矩 M；船身和游客及大铁块的加速度如图 13－12(d)所示。

(2)施加惯性力。海盗船惯性力系简化如图 13－12(d)所示，大小为

$$F_{I1}^{\tau} = m_1 a_{1\tau} = m_1 l_1 \alpha \ , \ F_{I2}^{\tau} = m_2 a_{2\tau} = m_2 l_2 \alpha$$

(3)应用达朗贝尔原理。由质点系的达朗贝尔原理可知,船身和游客的重力 $m_1\boldsymbol{g}$ 、大铁块的重力 $m_2\boldsymbol{g}$ 和起动力矩 M 构成平衡力系。列平衡方程

$$\sum M_O(\boldsymbol{F})=0$$

$$M-m_1gl_1\sin\theta+m_2gl_2\sin\theta-F_{I1}^{\tau}l_1-F_{I2}^{\tau}l_2=0$$

解得

$$M=(m_1l_1-m_2l_2)g\sin\theta+(m_1l_1^2+m_2l_2^2)\alpha$$

缓慢起动时,角加速度近似为零,即 $\alpha=0$,因此,起动力矩 $M\approx(m_1l_1-m_2l_2)g\sin\theta$,若无大铁块,则 $M\approx m_1l_1g\sin\theta$ 。

可见,加上大铁块后,可大大降低起动力矩 M 。

在设计中可使 $m_1l_1\approx m_2l_2$,缓慢起动时,起动力矩近似为 0,海盗船惯性运动时间大大延长。

综上所述,大铁块的实际作用为降低起动力矩,使惯性运动时间大大延长,可节约能源,使运转平稳。

例 13-9　设转子的质量 $m=20$ kg ,由于材料、制造和安装等原因造成的偏心距 $e=0.01$ cm ,转子安装于轴的中部,转轴垂直于转子的对称面(见图 13-13)。若转子以匀转速 $n=12000$ r/min 转动,求当转子的重心处于最低位置时轴承 A 、B 的动约束力。

解　(1)运动和受力分析。转轴垂直于转子的对称面,且转子做匀速转动。受力如图 13-13 所示。

(2)施加惯性力。其惯性力系可简化为通过质心 C 的一力 $\boldsymbol{F}_I$,其方向与质心加速度(此处为法向加速度)的方向相反,大小为

$$F_I=ma_C=\frac{G}{g}e\omega^2$$

(3)应用达朗贝尔原理。由质点系的达朗贝尔原理可知,重力 $\boldsymbol{G}$ 、约束力 $\boldsymbol{F}_A$ 、$\boldsymbol{F}_B$ 和惯性力 $\boldsymbol{F}_I$ 构成平衡力系。设两轴承之间的距离为 l ,建立如图 13-13 所示的坐标系 $Axyz$,列平衡方程

$$\sum F_z=0\ ,\ -G+F_A+F_B-F_I=0$$

$$\sum M_x(\boldsymbol{F})=0,\ -G\frac{l}{2}+F_Bl-F_I\frac{l}{2}=0$$

解得

$$F_A=F_B=\frac{1}{2}(G+F_I)$$

将已知数据代入后得

$$F_A=F_B=\frac{1}{2}\left[20\times 9.8+20\times\frac{0.01}{100}(400\pi)^2\right]\text{ N}=1677\text{ N}$$

如果只考虑重力(即主动力)的作用,则在轴承处引起的静约束力

$$F'_A=F'_B=\frac{1}{2}mg=98\text{ N}$$

结果表明,动约束力由两部分组成:一部分是由重力所引起的约束力,称为静约束力;另一部分是由转动刚体的惯性力系所引起的约束力,称为附加动约束力;在本题的条件下,附加动约束力为静约束力的 16 倍。

当刚体高速转动时，惯性力常常使轴承引起巨大的附加约束力，如不设法防止，容易造成机件的损坏。关于在一般情形下轴承动约束力的求法，消除动约束力的条件的研究将在13.4节进一步论述。

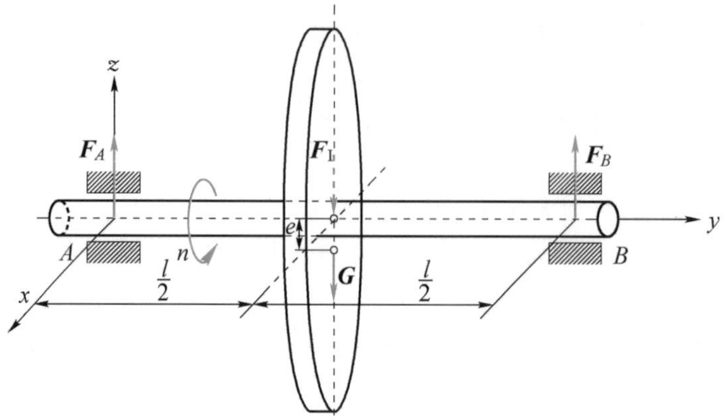

图 13-13

*13.4 刚体绕定轴转动时轴承的动约束力

工程实际中，由于质量不均匀或制造安装不精确，定轴转动刚体的质心不一定正好在转轴上或质量对称面不与转轴垂直。这种偏心和偏角误差将导致转动刚体产生相应的惯性力，从而引起轴承的附加动约束力，以致缩短机器零件寿命或产生振动。如何使定轴转动的机械在转动时不产生振动、噪声与破坏，是工程界非常关心的问题。本节讨论定轴转动刚体轴承动约束力的计算方法和消除附加动约束力的力学原理。

设刚体在主动力系 $\boldsymbol{F}_1$、$\boldsymbol{F}_2$、…、$\boldsymbol{F}_n$ 作用下做定轴转动(见图 13-14)，轴承 A 、B 间的距离为 l，求轴承 A 、B 处的动约束力。

选取固定坐标系 $Axyz$。设刚体在任意瞬时的角速度为 ω，角加速度为 α。刚体内任一质点 M_i 的质量为 m_i，相对于 A 点位置坐标为 x_i、y_i、z_i，由于 $x_i=r_i\cos\varphi$，$y_i=r_i\sin\varphi$，$z_i=$常量，则

$$v_{ix}=\frac{\mathrm{d}x_i}{\mathrm{d}t}=(-r_i\sin\varphi)\omega=-y_i\omega$$

$$v_{iy}=\frac{\mathrm{d}y_i}{\mathrm{d}t}=(r_i\cos\varphi)\omega=x_i\omega$$

$$v_{iz}=\frac{\mathrm{d}z_i}{\mathrm{d}t}=0$$

$$a_{ix}=\frac{\mathrm{d}^2x_i}{\mathrm{d}t^2}=-y_i\alpha-x_i\omega^2$$

$$a_{iy}=\frac{\mathrm{d}^2y_i}{\mathrm{d}t^2}=x_i\alpha-y_i\omega^2$$

$$a_{iz}=0$$

因此，质点 M_i 的惯性力在坐标轴上的投影为

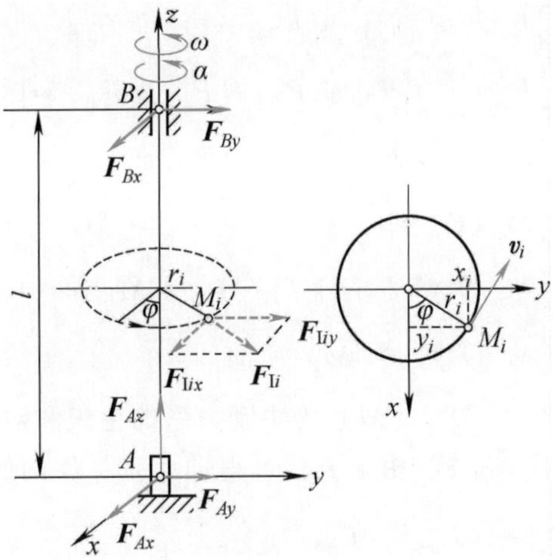

图 13-14

$$F_{Iix}=-m_ia_{ix}=m_iy_i\alpha+m_ix_i\omega^2$$
$$F_{Iiy}=-m_ia_{iy}=-m_ix_i\alpha+m_iy_i\omega^2$$
$$F_{Iiz}=0$$

而惯性力系的主矢和对于原点 A 的主矩在坐标轴上的投影分别为

$$\left.\begin{aligned}
F_{IRx}&=\sum F_{Iix}=\sum m_iy_i\alpha+\sum m_ix_i\omega^2=my_C\alpha+mx_C\omega^2\\
F_{IRy}&=\sum F_{Iiy}=\sum -m_ix_i\alpha+\sum m_iy_i\omega^2=-mx_C\alpha+my_C\omega^2\\
F_{IRz}&=\sum F_{Iiz}=0\\
M_{Ix}&=\sum(y_iF_{Iiz}-z_iF_{Iiy})=0-\sum z_i(-m_ix_i\alpha+m_iy_i\omega^2)\\
&=\alpha\sum m_iz_ix_i-\omega^2\sum m_iy_iz_i=J_{zx}\alpha-J_{yz}\omega^2\\
M_{Iy}&=\sum(z_iF_{Iix}-x_iF_{Iiz})=\sum z_i(m_iy_i\alpha+m_ix_i\omega^2)-0\\
&=\alpha\sum m_iy_iz_i+\omega^2\sum m_iz_ix_i=J_{yz}\alpha+J_{zx}\omega^2\\
M_{Iz}&=\sum(x_iF_{Iiy}-y_iF_{Iix})=\sum x_i(-m_ix_i\alpha+m_iy_i\omega^2)-\sum y_i(m_iy_i\alpha+m_ix_i\omega^2)\\
&=-\alpha\left(\sum m_ix_i^2+\sum m_iy_i^2\right)=-\alpha\sum m_i(x_i^2+y_i^2)=-J_z\alpha
\end{aligned}\right\}\qquad(13-9)$$

式中，$J_z=\sum m_i(x_i^2+y_i^2)$ 是刚体对转轴 z 的转动惯量；而 $J_{zx}=\sum m_iz_ix_i$ 和 $J_{yz}=\sum m_iy_iz_i$ 是表征刚体的质量对于坐标系分布的几何性质的物理量，与转动惯量具有相同的单位，分别称为刚体对于轴 z、x 和轴 y、z 的惯性积，又称为离心转动惯量。与转动惯量不同的是它可以是正值，也可以是负值，由刚体的质量相对于坐标系的分布情形而定。如 Oxy 平面是刚体的质量对称面，则对于某一 z 坐标为正的质点，必有相同质量的一质点 z 坐标为负，且两质点 x、y 坐标相同；如 z 轴是刚体的质量对称轴，则对于同一 z 坐标，必有两质量相同的质点，其 x 和 y 坐标符号相反；这两种情况均有 J_{zx} 和 J_{yz} 都等于零。这时 z 轴称为刚体过 A 点的惯性主轴，对于通过质心的惯性主轴则称为中心惯性主轴。

应用动静法，列平衡方程

$$\left.\begin{aligned}
&\sum F_x = 0\ ,\ F_{Ax} + F_{Bx} + F_{Rx} + F_{IRx} = 0\\
&\sum F_y = 0\ ,\ F_{Ay} + F_{By} + F_{Ry} + F_{IRy} = 0\\
&\sum F_z = 0\ ,\ F_{Az} + F_{Rz} + F_{IRz} = 0\\
&\sum M_x(\boldsymbol{F}) = 0,\ -F_{By}l + M_{Fx} + M_{Ix} = 0\\
&\sum M_y(\boldsymbol{F}) = 0,\ F_{Bx}l + M_{Fy} + M_{Iy} = 0\\
&\sum M_z(\boldsymbol{F}) = 0,\ M_{Fz} + M_{Iz} = 0
\end{aligned}\right\} \tag{13-10}$$

式中，F_{Rx}、F_{Ry}、F_{Rz} 和 M_{Fx}、M_{Fy}、M_{Fz} 为主动力系的主矢和对于原点 A 的主矩在 x，y，z 轴上的投影。将式(13－9)代入上式，由前五式可得轴承 A、B 两处的约束力

$$\left.\begin{aligned}
&F_{Bx} = -\frac{1}{l}\left[M_{Fy} + (J_{yz}\alpha + J_{zx}\omega^2)\right]\\
&F_{By} = \frac{1}{l}\left[M_{Fx} + (J_{zx}\alpha - J_{yz}\omega^2)\right]\\
&F_{Ax} = \left(\frac{M_{Fy}}{l} - F_{Rx}\right) + \left[\frac{1}{l}(J_{yz}\alpha + J_{zx}\omega^2) - (my_C\alpha + mx_C\omega^2)\right]\\
&F_{Ay} = -\left(\frac{M_{Fx}}{l} + F_{Ry}\right) - \left[\frac{1}{l}(J_{zx}\alpha - J_{yz}\omega^2) - (mx_C\alpha - my_C\omega^2)\right]\\
&F_{Az} = -F_{Rz}
\end{aligned}\right\} \tag{13-11}$$

由式(13－10)的第 6 式可得刚体的定轴转动微分方程

$$M_{Fz} + (-J_z\alpha) = 0$$

即

$$J_z\alpha = J_z\frac{\mathrm{d}\omega}{\mathrm{d}t} = M_{Fz}$$

若 $\omega = 0$，$\alpha = 0$，则式(13－10)的前 5 式为静力学平衡方程，第 6 式为转动刚体的平衡条件。

求得的结果表明轴承的动约束力由两部分组成：一部分为主动力系所引起的静约束力；另一部分是由于转动刚体的惯性力系所引起的附加约束力。与此对应，轴承所受的压力也可分为静压力和附加动压力。

由式(13－11)可知，要使附加动约束力等于零，则需

$$\left.\begin{aligned}\alpha y_C + \omega^2 x_C = 0\\ \alpha x_C - \omega^2 y_C = 0\end{aligned}\right\} \quad 及 \quad \left.\begin{aligned}\alpha J_{zx} - \omega^2 J_{yz} = 0\\ \alpha J_{yz} + \omega^2 J_{zx} = 0\end{aligned}\right\}$$

这分别是以 x_C、y_C 及 J_{zx}、J_{yz} 为未知量的二元一次方程组。在刚体转动时，其系数行列式 $\begin{vmatrix}\omega^2 & \alpha\\ \alpha & -\omega^2\end{vmatrix}$ 及 $\begin{vmatrix}\alpha & -\omega^2\\ \omega^2 & \alpha\end{vmatrix}$ 对于任意的 ω、α 都不为零，所以必须

$$\left.\begin{aligned}x_C = y_C = 0\\ J_{zx} = J_{yz} = 0\end{aligned}\right\} \tag{13-12}$$

式(13－12)即是消除轴承的附加动约束力的条件。前一条件要求转轴 z 通过刚体的质心 C，即使惯性力系的主矢等于零；后一条件要求转轴是刚体的惯性主轴，可使惯性力系对于 x 轴和 y 轴的主矩等于零。可见，要使附加动约束力为零，刚体绕定转动时，刚体的转轴必须是中

心惯性主轴。

在计算约束力时，应首先明确惯性积的计算。下面介绍相交轴系惯性积的换算关系。

如已知刚体对某坐标系 $Oxyz$ 的惯性积，现在求刚体对另一坐标系 $Ox'y'z'$ 的惯性积。设两坐标系中 z 轴与 z' 轴重合，由图 13-15 可知，任一点 M 对于这两个坐标系的坐标间的关系为

$$x' = x\cos\varphi + y\sin\varphi$$

$$y' = y\cos\varphi - x\sin\varphi$$

于是刚体对于轴 x'，y' 的惯性积为

$$\begin{aligned} J_{x'y'} &= \sum m_i x'y' = \sum m_i (x\cos\varphi + y\sin\varphi)(y\cos\varphi - x\sin\varphi) \\ &= \sin\varphi\cos\varphi \sum m_i y^2 - \sin\varphi\cos\varphi \sum m_i x^2 + (\cos^2\varphi - \sin^2\varphi)\sum m_i xy \\ &= \sin\varphi\cos\varphi \sum m_i (y^2 + z^2) - \sin\varphi\cos\varphi \sum m_i (x^2 + z^2) + (\cos^2\varphi - \sin^2\varphi)\sum m_i xy \end{aligned}$$

将 $J_x = \sum m_i (y^2 + z^2)$，$J_y = \sum m_i (x^2 + z^2)$，$J_{xy} = \sum m_i xy$ 代入上式，则得

$$J_{x'y'} = \frac{1}{2}(J_x - J_y)\sin2\varphi + J_{xy}\cos2\varphi$$

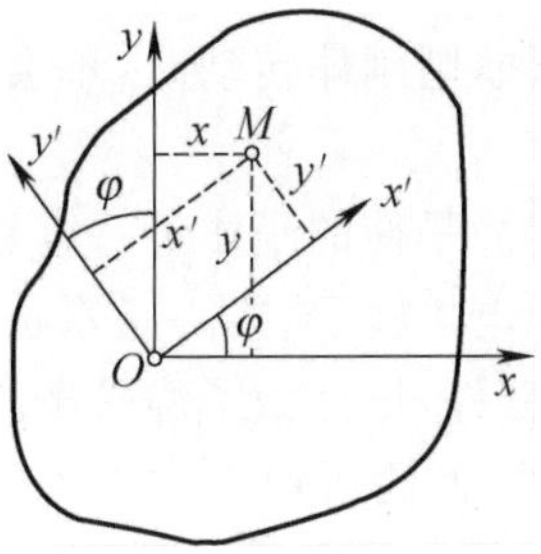

图 13-15

*13.5　静平衡与动平衡的概念

在工程实际中，由于材料、制造和安装等原因，致使转动部件产生偏心，旋转时都有惯性力，并引起轴承的附加动约束力，使机器振动，影响机器的平稳运转，严重时会造成机器的破坏。因此，对于旋转机械，尤其是高速旋转机械和重型机器，除需要注意提高制造和装配精度外，还要根据需要进行平衡找正工作，使惯性力系的主矢和主矩减小到允许范围以内。

1. 静平衡

如果刚体的转轴通过质心，刚体除重力外，没有其他主动力作用，则刚体可以在任意位置静止不动，则称刚体为静平衡。

最简单的校正转动部件是否为静平衡的方法是把转动部件放在静平衡架的水平刀口上，如图 13-16(a)所示，使其自由滚动或往复摆动，如果部件不平衡即质心不在转轴上，当停止转动时它的重边总是朝下，这时可把找正用的平衡重量附加在部件的轻边上(如用铁片黄油相粘)；再让其滚动或摆动，这样反复试验，找正多次，直至部件能够达到随遇平衡为止；然后按所

加平衡重量的大小和位置,在相应位置焊上锡块或镶上铅块,也可以在部件重的一边用钻孔的方法去掉相当的重量,使找正后的部件不再偏心,使其达到静平衡。如图 13-16(b)所示,设部件重 G_1,偏心距为 e,平衡重量为 G_2,距轴线的距离(简称半径)为 l,当部件处于随遇平衡时,有 $\sum M_O(\boldsymbol{F})=0$,即 $G_2 l=G_1 e$。

这样当部件转动时,偏心重量的惯性力与平衡重量的惯性力正好相互抵消。

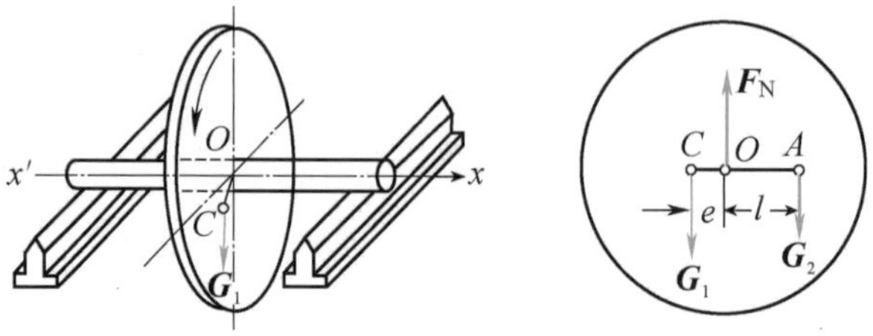

(a) (b)

图 13-16

平衡重量 G_2 与半径 l 的乘积 $G_2 l$ 称为重径积,它表示转动部件的不平衡程度。实际上,静平衡找正的精度不可能很高,因此静平衡方法适用于轴向尺寸不大,要求不高,转速一般的转动部件,如齿轮、飞轮、离心水泵的叶轮、锤式破碎机的转子等,或为动平衡找正做初步平衡。

2. 动平衡

如果刚体的转轴是中心惯性主轴,则刚体转动时,不会引起轴承附加动约束力,则称刚体为动平衡。

动平衡的刚体必然是静平衡,但静平衡的刚体不一定是动平衡。

若转动部件的轴向尺寸较大(如电机转子、离心脱水机筛盘、多级涡轮机转子),尤其是形状不对称的(如曲轴)或转速很高的部件,虽然做了静平衡找正,但是转动后仍然可使轴承产生较大的附加动约束力。这是因为惯性力偶所产生的不平衡只有在转动时才显示出来。如图 13-17 所示,两个相同的集中质量与转轴相固连,图 13-17(a)的情况是静力不平衡,可进行静平衡找正成平衡;图 13-17(b)的情况是静力平衡,然而转动时惯性力组成一惯性力偶,仍然使轴承产生附加动约束力,这种情况为动力不平衡,图 13-17(c)的情况是静力和动力都平衡,转动时惯性力系自成平衡。

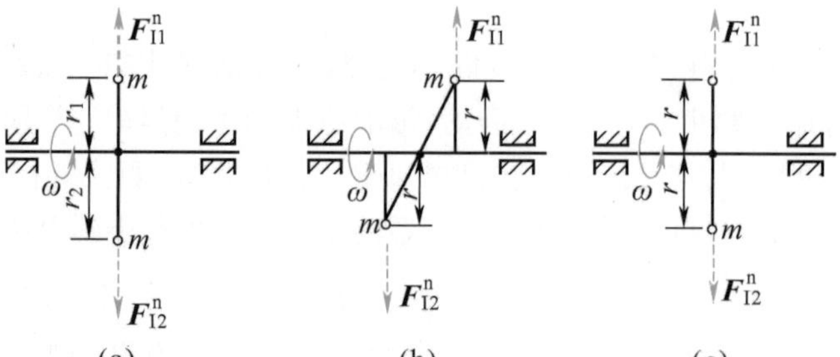

(a) (b) (c)

图 13-17

减小这种不平衡,要使转动部件放在专门的动平衡机上,测定出应在什么位置附加多少质量,从而使惯性力偶减小至允许程度,即达到动平衡。在动平衡机上可将惯性力和惯性力偶一并减小。对于重要的高速转动部件还应考虑转动时转轴的变形影响,这种动平衡将涉及更深的理论和试验。

例 13－10　如图 13－18 所示，涡轮转子可视为均质圆盘，其中心线由于制造与安装的误差与转轴成角 $\varphi=1°$，已知圆盘质量 $m=20$ kg，半径 $r=20$ cm，重心 O 在转轴上，重心与两轴承 A、B 间的距离分别为 $a=b=0.5$ cm，当圆盘以 $n=12000$ r/min 做匀速转动时，求轴承所受的压力。

解　如图 13－18 所示，取固定坐标系 $Oxyz$ 和固连于圆盘的对称轴系 $Ox'y'z'$，轴 x 铅垂向上，在图示瞬时轴 y' 与水平轴 y 重合。

首先计算圆盘的惯性积 J_{zx} 和 J_{yz}。由于 y 轴是对称轴，故知 $J_{yz}=0$。而

$$J_{zx}=\frac{1}{2}(J_{x'}-J_{z'})\sin 2\varphi+J_{z'x'}\cos 2\varphi$$

式中，$J_{x'}=\frac{1}{4}mr^2$，$J_{z'}=\frac{1}{2}mr^2$，$J_{z'x'}=0$，于是

$$J_{zx}=-\frac{1}{8}mr^2\sin 2\varphi$$

根据本题条件已知

$$x_C=y_C=0\quad \alpha=0$$
$$F_{Rx}=-mg\ F_{Ry}=F_{Rz}=0$$
$$M_{Fx}=M_{Fy}=M_{Fz}=0$$
$$F_{Ix}=F_{Iy}=F_{Iz}=0\quad M_{Ix}=M_{Iz}=0\ M_{Iy}=J_{zx}\omega^2$$

应用动静法，列动平衡方程

$$\sum F_x=0\qquad F_{Ax}+F_{Bx}-mg=0$$
$$\sum F_y=0\qquad F_{Ay}+F_{By}=0$$
$$\sum M_x(\boldsymbol{F})=0\qquad F_{Ay}a-F_{By}b=0$$
$$\sum M_y(\boldsymbol{F})=0\qquad -F_{Ax}a+F_{Bx}b+J_{zx}\omega^2=0$$

由上述方程，解得

$$F_{Ax}=\frac{b}{a+b}mg+\frac{J_{zx}\omega^2}{a+b}$$
$$F_{Bx}=\frac{a}{a+b}mg-\frac{J_{zx}\omega^2}{a+b}$$
$$F_{Ay}=F_{By}=0$$

代入已知数据后，则得 A、B 两轴承处的约束力为

$$F_{Ax}=\frac{1}{2}\times 20\times 9.8-\frac{1}{8}\times 20\times(0.2)^2(400\pi)^2\sin 2°$$
$$=(98-5511)\ \text{N}=-5413\ \text{N}$$
$$F_{Bx}=(98+5511)\ \text{N}=5609\ \text{N}$$

轴承所受的压力与它的约束力大小相等，方向相反。

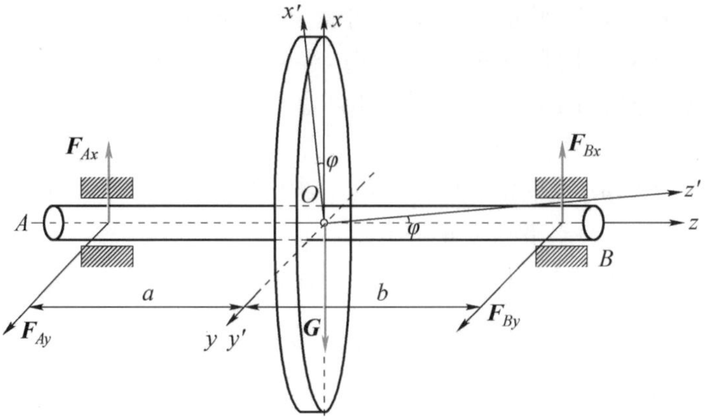

图 13-18

知识拓展

解决定轴转动刚体轴承动约束力的计算和消除附加动约束力的力学原理这两大问题，不仅是对专业能力的考验，更是对责任担当精神的检验。只有具备了这种精神，才能真正地胜任机械工程师这一职业，才能在工程领域取得更大的发展。

习　题

一、基础题

1. 应用动静法时，对静止的质点是否需要加惯性力？对运动着的质点是否都需要加惯性力？

2. 质点在空中运动，只受到重力作用。当质点做自由落体运动、质点被上抛、质点从楼顶水平弹出时，质点的惯性力的大小与方向是否相同？

3. 试分析货车装运超高时，容易翻倒的原因。

*4. 如图 13-19 所示，不计质量的轴上用不计质量的细杆固连着几个质量均等于 m 的小球，当轴以匀角速度 ω 转动时，图示各情况中哪些属于动平衡？哪些只属于静平衡？

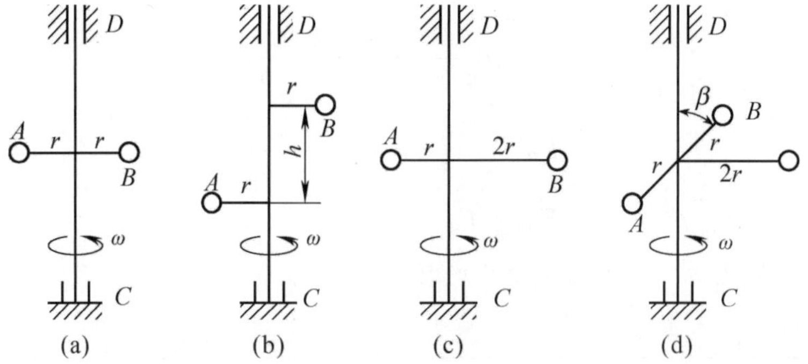

图 13-19

5. 如图 13-20 所示的平面机构，$AC \parallel BD$，且 $AC = BD = a$，均质杆 AB 的质量为 m，长为 l，杆 CA 以角速度 ω 和角加速度 α 摆动，试求杆 AB 的惯性力向其质心 E 简化的结果。

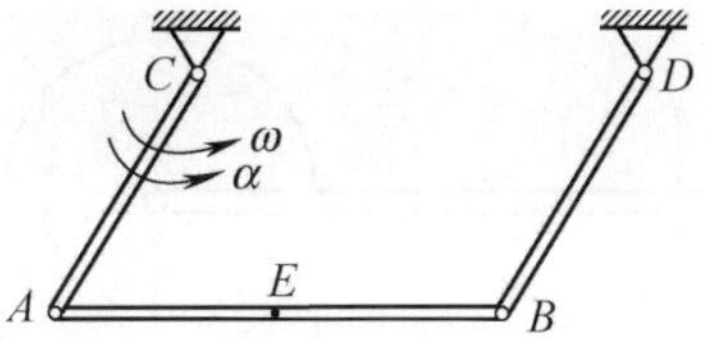

图 13－20

6. 在图 13－21 所示均质直角构件 ABC 中，AB、BC 两部分的质量均为 3.0 kg，用连杆 AD、BE 以及绳子 AE 保持在图示位置。假若突然剪断绳子，求此瞬时连杆 AD、BE 所受的力。连杆的质量忽略不计，$l=1.0$ m，$\varphi=30°$。

［答：$F_{AD}=5.38$ N，$F_{BE}=45.5$ N］

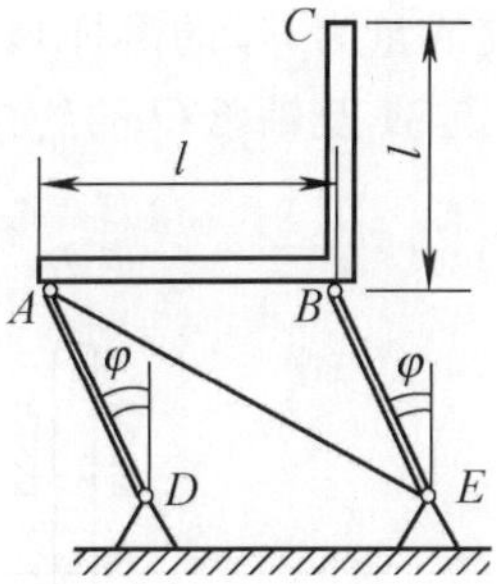

图 13－21

二、提升题

1. 一面为正方形的均质板重 400 N，由三根绳拉住，如图 13－22 所示。板的边长 $b=0.1$ m，$\varphi=60°$，求：

(1)当 FG 绳被剪断的瞬时，AD 和 BE 两绳的张力；

(2) AD 和 BE 两绳运动到铅垂位置时，两绳之张力。

［答：(1) $F_{AD}=73.2$ N，$F_{BE}=273.2$ N；(2) $F_{AD}=F_{BE}=253.6$ N］

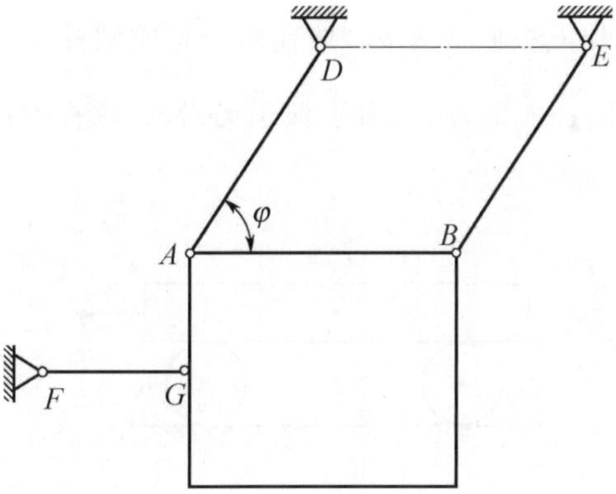

图 13－22

2. 在悬臂梁 AB 的 B 端装有质量为 m_B、半径为 r 的均质鼓轮，如图 13－23 所示，一主动力偶，其矩为 M，作用于鼓轮以提升质量为 m_C 的物体。设 $AB=l$，梁和绳子的自重都略去不计。求 A 处的约束力。

$$\left[\text{答：}\begin{matrix} F_{Ax}=0, F_{Ay}=(m_B+m_C)g-2m_C(M-m_Crg)/(m_B+2m_C)r \\ M_A=l[(m_B+m_C)g+2m_C(M-m_Crg)/(m_B+2m_C)r] \end{matrix}\right]$$

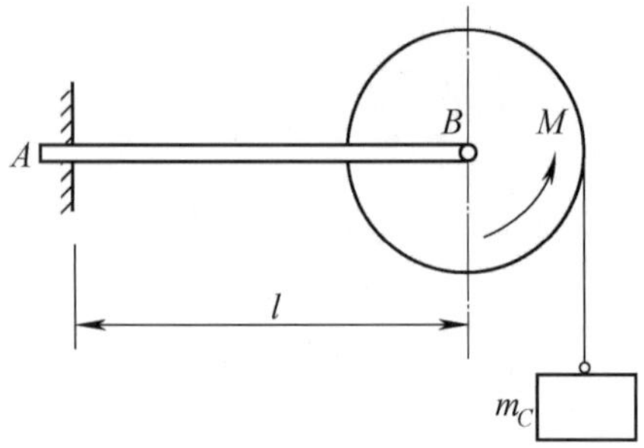

图 13－23

3. 如图 13－24 所示曲柄 OA 质量为 m_1，长为 r，以等角速度 ω 绕水平轴 O 逆时针方向转动。曲柄的 A 端推动水平板 B，使质量为 m_2 的滑杆 C 沿铅直方向运动。忽略摩擦，求当曲柄与水平方向夹角 $\theta=30°$ 时的力偶矩 M 及轴承 O 的约束力。

$$\left[\text{答:}M=\frac{\sqrt{3}}{4}(m_1+2m_2)gr-\frac{\sqrt{3}}{4}m_2r^2\omega^2;F_{ox}=-\frac{\sqrt{3}}{4}m_1r\omega^2;F_{oy}=m_1g+m_2g-\frac{2m_2+m_1}{4}r\omega^2\right]$$

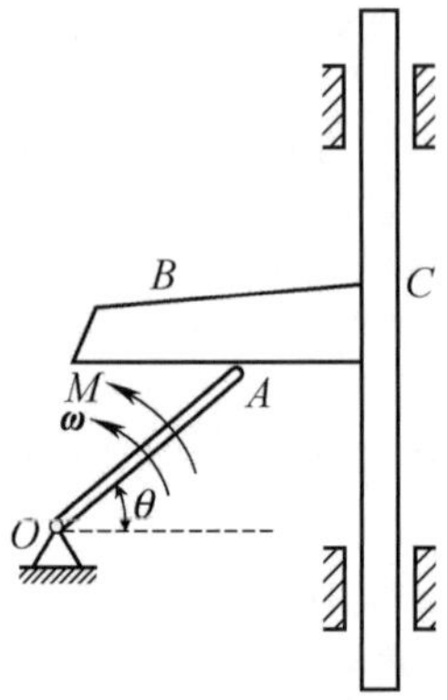

图 13－24

4. 如图 13－25 所示，均质板质量为 m，放在两个均质圆柱滚子上，滚子质量皆为 $\dfrac{m}{2}$，其半径均为 r。如在板上作用一水平力 $\boldsymbol{F}$，并设滚子无滑动，求板的加速度。

$$\left[\text{答:}a=\frac{4}{11}\frac{F}{m}\right]$$

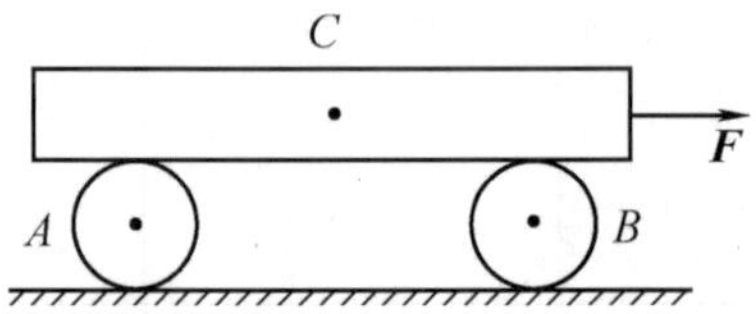

图 13－25

5. 如图 13－26 所示凸轮导板机构，偏心轮绕 O 轴以匀角速度 ω 转动，偏心距 $OA=e$，当导板 CD 在最低位置时，弹簧的压缩为 b，导板重为 G。为使导板在运动过程中始终不离开偏心轮，则弹簧的刚性系数 k 应为多少？请写出题目用计算机求解时的 MATLAB 程序。

$$\left[\text{答:}k\geqslant\frac{G(e\omega^2-g)}{(2e+b)g}\right]$$

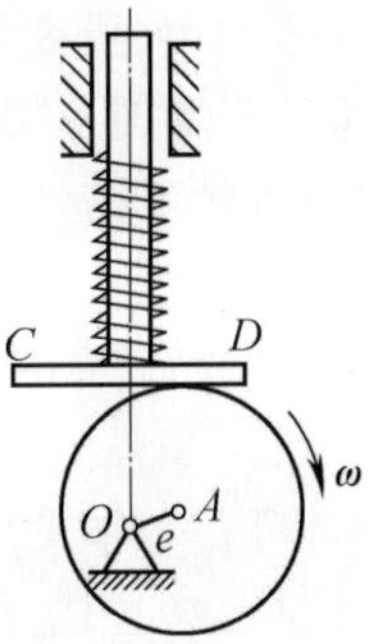

图 13-26

6. 如图 13-27 所示，重为 G_1 的重物 A 沿斜面 D 下降，同时借绕过滑轮 C 的绳使重为 G_2 的重物 B 上升。斜面与水平成 θ 角；不计滑轮和绳的质量及摩擦，求斜面 D 给地板 E 凸出部分的水平压力。请写出题目用计算机求解时的 MATLAB 程序。

$$\left[\text{答}: F_{\mathrm{N}} = G_1 \frac{G_1 \sin\theta - G_2}{G_1 + G_2} \cos\theta\right]$$

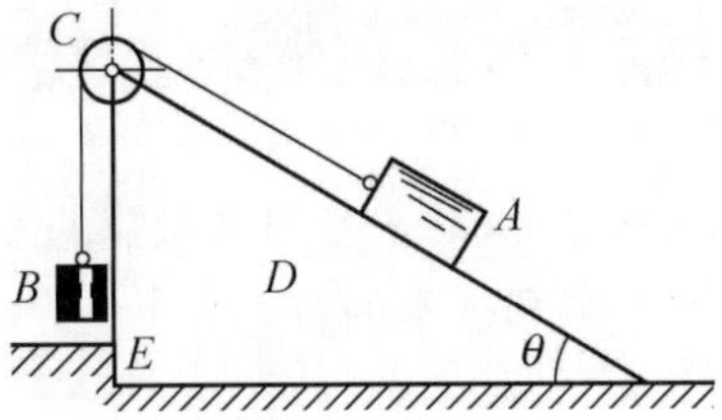

图 13-27

拓展阅读

动平衡机

动平衡机是一种可以对转子进行精确校准的设备，其作用十分广泛。

首先，它可以提高转子及其构成部件的产品质量。在制造旋转机械的过程中，转子的不平衡会导致产品的使用寿命缩短。而动平衡机可以通过调整转子的平衡度，使得产品质量得到提升；其次，动平衡机还能减小噪声和振动。不平衡的转子会产生较大的振动和噪声，给使用者带来不舒适的感觉。而动平衡机可以通过校准转子的平衡度，降低振动和噪声的产生，提升使用者的舒适感。此外，动平衡机对于提高支承部件（轴承）的使用寿命也起到了重要的作用。转子的不平衡会给轴承带来过大的负荷，导致轴承磨损加剧，使用寿命缩短。而动平衡机可以校准转子的不平衡，降低对轴承的负荷，从而延长轴承的使用寿命。动平衡机还能降低产品的功耗。不平衡的转子会导致旋转机械的能效下降，功耗增加。而通过动平衡机的校准，可以使转子达到更好的平衡状态，降低产品的功耗。

随着制造业的快速发展，对高品质旋转机械的需求不断增加。动平衡机是提高产品质量的关键设备，在我国制造业水平和产品质量改进中扮演着重要角色。高速动平衡机是国家动力制造业中重要的高端技术装备，它是为了适应挠性转子的高速动平衡而在 20 世纪 50 年代末和 60 年代初开发的一种新型平衡装备（见图 13-28）。高速动平衡机集机械、电子、传感器和计算机（硬件和软件）于一体。它的两个特殊结构设计的支承座不仅具有等同的径向支撑刚度(各向同性支撑),还可以调节支撑刚度的大小(可变刚度支撑)。因此,它能够使转子-轴承系统的临界转速发生偏移,避免转子在超过临界转速时产生剧烈的机械共振现象。高速动平衡机可以加速到转子的最高工作转速进行机械平衡,因此被称为高速动平衡机,以区别于适用于刚性转子的普通动平衡机。高速动平衡机的主要功能包括:转子的动态校直;转子的低速平衡测试;转子的高速平衡测试;转子的超速试验;转子及其轴承的其他运行试验研究,如热致不平衡测试等。

图 13-28

因此,将动平衡机作为大国重器之一,对于我国制造业的发展具有重要意义。不仅可以提升产品质量,还可以促进制造业的升级和技术创新。

第 14 章　虚位移原理

内容提要

静力学中主要研究刚体与刚体系的平衡问题，称为刚体静力学。由刚体静力学建立的平衡条件求解刚体系的平衡问题时，往往涉及多个约束力，使求解问题不够简便。本章要学习的虚位移原理，应用分析力学的方法研究非自由质点系（包括刚体与刚体系）的平衡规律，称为分析静力学。应用虚位移原理求解受理想约束的复杂物体系统的平衡问题，不必考虑约束力，因而计算过程大为简化。本章还引入广义坐标与广义力，得到由广义力表示的质点系的平衡条件，根据此条件可进一步判断势力场中质点系平衡的稳定性。

本章知识导图

14.1　约束及其分类

在静力学中，把限制物体位移的周围物体称为该物体的约束。为了便于后续分析，这里将限制质点系中各个质点的位置和运动的条件称为约束，表示这些限制条件的数学方程称为约束方程。根据不同的约束形式及其性质，可将约束按下列情况分类。

1. 几何约束与运动约束

（1）几何约束：限制质点或质点系在空间几何位置的条件。如图 14－1 所示，曲柄连杆机构中连杆 AB 所受的约束：点 A 只能做以点 O 为圆心、r 为半径的圆周曲线运动；点 B 与点 A 之间的距离始终保持为杆的长度 l；点 B 始终沿水平直线滑道做直线运动。在图示坐标系下，上述三个几何约束条件可用约束方程表示为

$$x_A^2+y_A^2=r^2\ ;\quad (x_B-x_A)^2+(y_B-y_A)^2=l^2\ ;\quad y_B=0$$

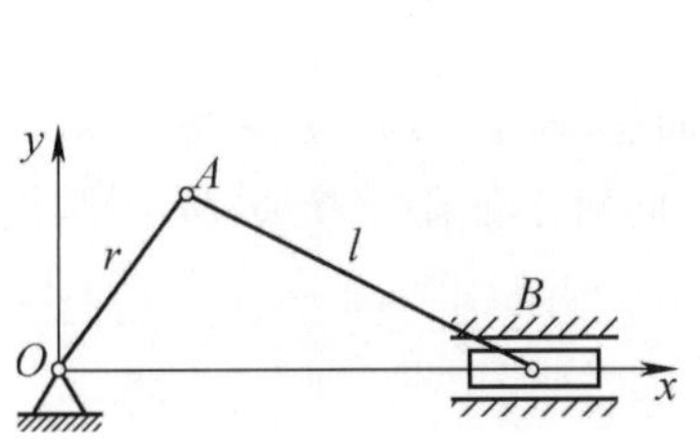

图 14－1

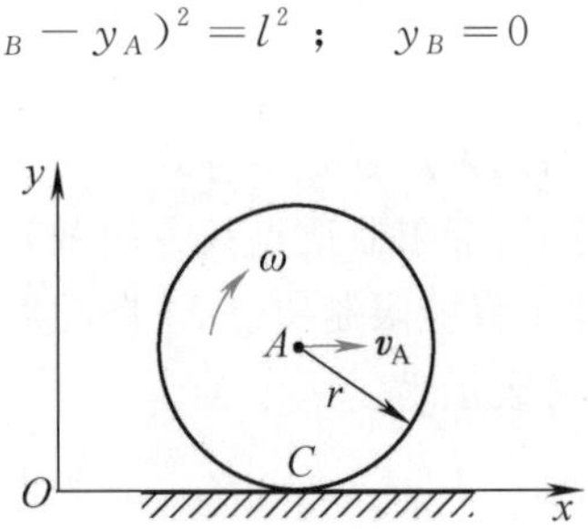

图 14－2

（2）运动约束：限制质点或质点系运动情况的运动学条件。例如，图 14－2 所示的车轮在固定水平直线轨道上做纯滚动时，车轮除受有限制其轮心与地面的距离保持不变的几何约束 $y_A=r$ 外，还受到只滚不滑的运动学条件限制，即轮与轨道接触点的速度为零，每一瞬时都满足

$$v_A - r\omega = 0$$

该方程称为运动约束方程。设 x_A 和 φ 分别为点 A 的坐标和车轮的转角，则 $v_A = \dot{x}_A$ 、$\omega = \dot{\varphi}$ ，上式又可改写为

$$\dot{x}_A - r\dot{\varphi} = 0$$

对于运动约束而言，约束方程中除可能含有时间和坐标外，还含有坐标对时间的导数。

2. 定常约束与非定常约束

(1)定常约束：约束条件不随时间变化的约束，约束方程中不显含时间 t 。图 14－1 曲柄连杆机构中连杆 AB 受到的约束就是定常约束。

(2)非定常约束：约束条件随时间发生变化的约束，约束方程中显含时间 t。例如，可变长度的单摆对应质点 M 的约束(见图 14－3)就是非定常约束，设绳子的原长为 l ，绳子穿过套环 O ，一端与质点 A 相连，另一端以不变的速度 $\boldsymbol{v}$ 拉动，则质点 M 的约束方程为

$$x^2 + y^2 = (l - vt)^2$$

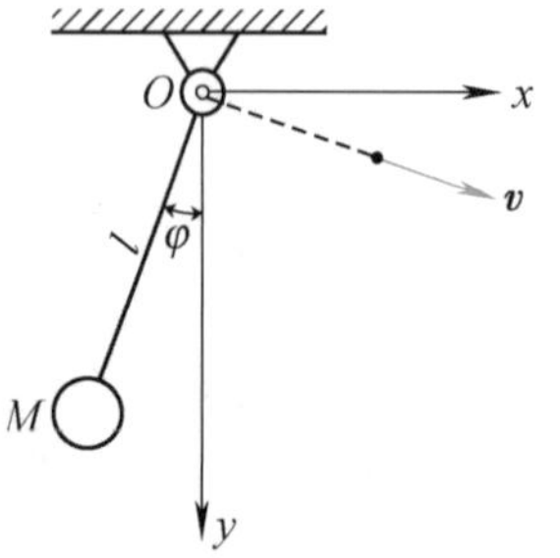

图 14－3

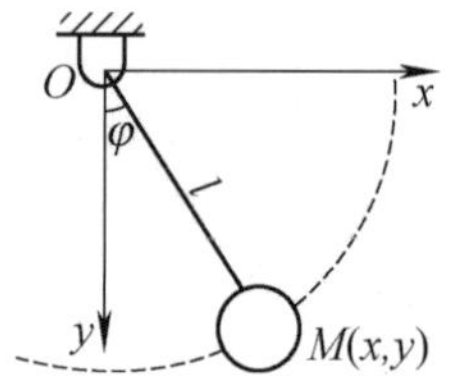

图 14－4

3. 单侧约束与双侧约束

(1)单侧约束：只能限制质点某方向的运动，而不能限制相反方向运动的约束。如图 14－4 所示，借助柔索实现质点 M 沿圆周运动的单摆，柔索只能限制质点 M 向圆周外运动而不能阻挡质点 M 向圆周内运动，约束方程可写为

$$x^2 + y^2 \leqslant l^2$$

可见单侧约束的约束方程是不等式。

(2)双侧约束：能限制质点某方向及其相反方向运动的约束。如果将图 14－4 中的柔索改为刚杆，则刚杆不仅能限制质点 M 向圆周外运动，同时还能阻挡质点 M 向圆周内运动，其对应的约束方程可表示为

$$x^2 + y^2 = l^2$$

4. 完整约束和非完整约束

(1)完整约束：由几何约束和可积分的运动约束所组成的约束。完整约束的约束方程中不包含导数或约束方程可积分。图14-2中的车轮沿固定直线轨道做纯滚动时，其运动约束方程 $\dot{x}_A - r\dot{\varphi} = 0$，可积分为 $x_A - r\varphi = 0$，属于完整约束。

(2)非完整约束：约束方程中包含坐标对时间的导数(如运动约束)，并且方程不可以积分。

14.2 自由度与广义坐标

质点系的自由度与广义坐标是与系统的约束有关的两个概念。对于完整约束系统，确定质点系在空间位置的独立坐标的个数，称为该系统的自由度。例如，图 14-1 所示的曲柄连杆机构，其位置在直角坐标系中需要四个坐标来确定，但是该机构同时要满足前述的三个约束方程。因此四个坐标中仅有一个是独立变量，这一系统的自由度为 1，这就意味着给定独立坐标后，非独立坐标可以表示为独立坐标的函数。

确定系统的位置并不限于直角坐标，还可用角坐标、弧坐标等其他坐标。例如，图 14-4 所示运动质点 M 的位置，可用角度 φ 来确定，也可用 x（此时 $y=\sqrt{l^2-x^2}$）来确定，φ 和 x 均可作为系统的广义坐标，它是用来确定系统位置所需要的独立参变量。当广义坐标确定之后，质点系的位置及其直角坐标也就完全确定。因此，质点系的直角坐标必定是其广义坐标的函数。

例如，在图 14-4 所示的平面内摆动的质点 M，若取 φ 为广义坐标，则其直角坐标与广义坐标之间的函数关系为

$$x=l\sin\varphi\,,\qquad y=l\cos\varphi$$

若质点系具有 n 个质点，当每一个质点都是自由质点时，应有 $3n$ 个自由度，其对应的 $3n$ 个直角坐标就可以作为广义坐标。如果系统受到 s 个几何约束，则它具有 $k=3n-s$ 个自由度，同时，也只需要 k 个独立变量就可以确定质点系的位置。设选取独立参变量 $q_1, q_2, \cdots, q_k$ 为确定系统位置的广义坐标，当约束为定常几何约束时，系统中每一质点的直角坐标就可表为广义坐标 q_i 的函数。

$$\left.\begin{aligned} x_i&=x_i(q_1,q_2,\cdots,q_k)\\ y_i&=y_i(q_1,q_2,\cdots,q_k)\\ z_i&=z_i(q_1,q_2,\cdots,q_k)\end{aligned}\right\}\ i=1,2,\cdots,k$$

显然，定常几何约束系统的自由度与广义坐标数目相等。

14.3 虚位移 虚功和理想约束

1. 虚位移

非自由质点系内各个质点受着约束的限制，只有某些位移是约束所允许的可能位移，其余的位移则被约束所阻止。质点系在某位置被约束所允许的任何无限小的位移，称为该质点系的虚位移。

虚位移和实际位移（简称实位移）虽然都受约束的限制，是约束所允许的位移，但两者有明显的区别：

（1）实位移除了受约束条件限制外，还与主动力和初始条件有关，是真实发生的位移；而虚位移则完全由约束条件确定，与其他因素无关。

（2）实位移一旦发生，只有一个，具有确定的方向；虚位移则不一定只有一个，可能会有任意多个；在定常完整约束的情况下，微小的实位移只是所有虚位移中的一个。

(3)实位移的产生需要时间，一般用微分符号表示，如 d$\boldsymbol{r}$ 、dx 、dφ ；虚位移与时间无关，一般用变分符号表示，如 $\delta \boldsymbol{r}$ 、δx 、$\delta \varphi$ 。

可见，虚位移是一个纯粹的几何概念，它既不牵扯系统的实际运动，也不涉及力的作用，与时间和初始条件无关，它完全由约束决定，表示可能发生的无限小的位移。质点系中各质点的虚位移之间存在一定关系，可以采用以下两种方法求解。

(1)几何法。在定常几何约束的情况下，微小的实位移是虚位移之一，此时虚位移 $\delta \boldsymbol{r}$ 所服从的几何关系和该质点的微小实位移 d$\boldsymbol{r}$ 或速度 $\boldsymbol{v}$ 所服从的几何关系必须保持一致。因此，可以根据运动学中求速度的方法求虚位移。如图 14－5 所示，当给直杆 OA 以虚转角 $\delta\theta$ 时，直杆上各点虚位移的分布规律与该杆绕轴 O 转动时杆上各点速度分布的规律相同。又如，沿固定直线轨道做纯滚动的轮子，其上各点的虚位移如图 14－6 所示，虚位移的大小与各点到瞬时速度中心 C 的距离成正比。以上所述的质点系都只具有一个自由度，当给定一点的虚位移后，其余各点的虚位移也就确定了。

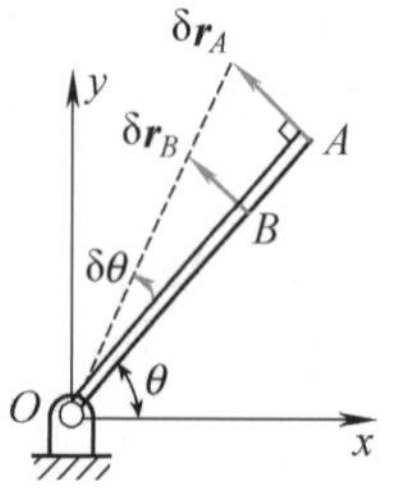

图 14－5

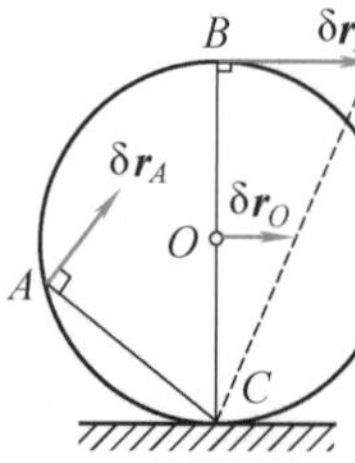

图 14－6

(2)解析法。把质点的直角坐标(x , y , z)表示为广义坐标的函数，对该坐标变分，可得到该质点的虚位移在直角坐标轴上的投影，这种通过对直角坐标进行变分求得其与广义坐标变分之间关系的方法称为解析法。

例 14－1 平面曲柄连杆滑块机构如图 14－7(a)所示，已知 $OA = r$ ，$AB = l$ ，试求图示瞬时 A 、B 两点的虚位移，并用独立的虚位移表示。

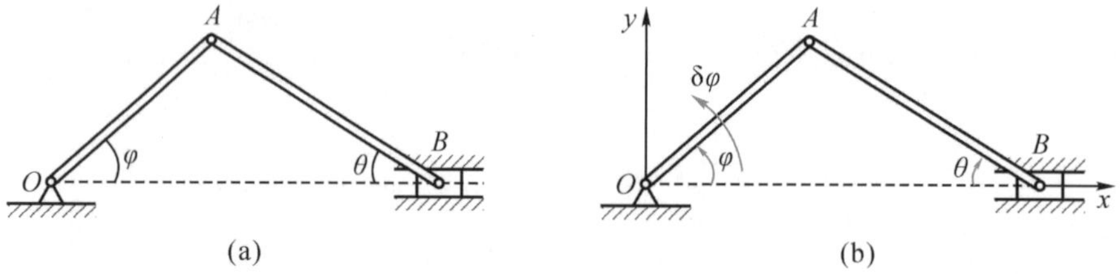

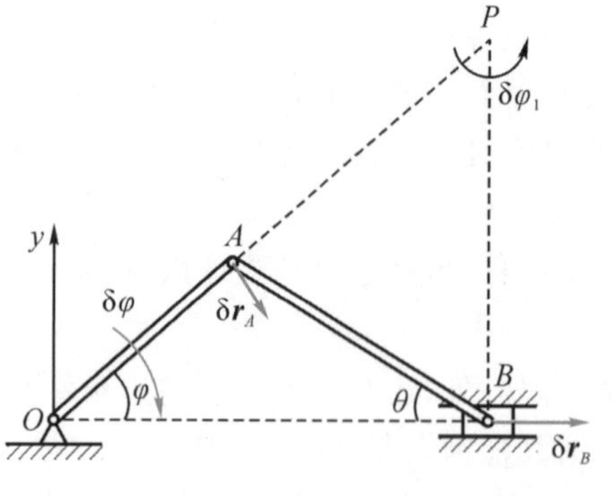

虚位移的概念

图 14－7

分析　这是个单自由度系统。A 、B 两点的虚位移必须满足系统整体的约束要求，它们均可用系统的某一个虚位移表示。下面用解析法和几何法两种方法计算。

解法一　解析法

系统的自由度为 1，选 φ 为广义坐标，以 O 为原点建立直角坐标系，如图 14－7(b)所示。写出点 A 和点 B 的坐标为

$$\left.\begin{aligned} x_A &= r\cos\varphi \\ y_A &= r\sin\varphi \end{aligned}\right\} \tag{a}$$

$$\left.\begin{aligned} x_B &= r\cos\varphi + l\cos\theta \\ y_B &= 0 \end{aligned}\right\} \tag{b}$$

且由图 14－7 中的几何关系可得

$$r\sin\varphi = l\sin\theta \tag{c}$$

对式(a)、(b)求变分得

$$\left.\begin{aligned} \delta x_A &= -r\sin\varphi\delta\varphi \\ \delta y_A &= r\cos\varphi\delta\varphi \end{aligned}\right\} \tag{d}$$

$$\left.\begin{aligned} \delta x_B &= -r\sin\varphi\delta\varphi - l\sin\theta\delta\theta \\ \delta y_B &= 0 \end{aligned}\right\} \tag{e}$$

对式(c)求变分得

$$r\cos\varphi\delta\varphi = l\cos\theta\delta\theta$$

$$\delta\theta = \frac{r\cos\varphi}{l\cos\theta}\delta\varphi \tag{f}$$

将式(f)代入式(e)可得到用 $\delta\varphi$ 表示的点 B 的虚位移为

$$\delta x_B = -\frac{r\sin(\varphi+\theta)}{\cos\theta}\delta\varphi \text{ , } \delta y_B = 0$$

解法二　几何法

取整个机构为研究对象，令杆 OA 产生一个位移，虚位移图如图 14－7(c)所示。

杆 OA 定轴移动，则

对杆 OA

$$\delta r_A = r\delta\varphi$$

方向如图 14－7(c)所示。

杆 AB 做平面运动，虚速度瞬心为点 P ，根据图中的几何关系可得

$$\frac{\delta r_A}{AP} = \frac{\delta r_B}{BP}$$

其中 $AP = \dfrac{r\cos\varphi + l\cos\theta}{\cos\varphi} - r = \dfrac{\cos\theta}{\cos\varphi}l$ ，$BP = (r\cos\varphi + l\cos\theta)\tan\varphi = \dfrac{\sin(\varphi+\theta)}{\cos\varphi}l$

求解可得 A、B 两点的虚位移为

$$\delta r_A = r\delta\varphi \text{ ， } \quad \delta r_B = \frac{\sin(\varphi+\theta)}{\cos\theta}r\delta\varphi$$

方向如图 14－7(c)所示。

读者思考　试确定图 14－7(c)中虚位移 $\delta \boldsymbol{r}_B$ 与 $\delta \boldsymbol{r}_A$ 之间的关系？

2. 虚功

当质点系发生虚位移时，作用在质点系上的力就可能作功。力在系统的虚位移上所作的功称为虚功。由于虚位移是微小位移，不能积分成有限位移，故虚功只有元功的形式，用 δW 表示，即

$$\delta W = \boldsymbol{F} \cdot \delta \boldsymbol{r} \tag{14-1}$$

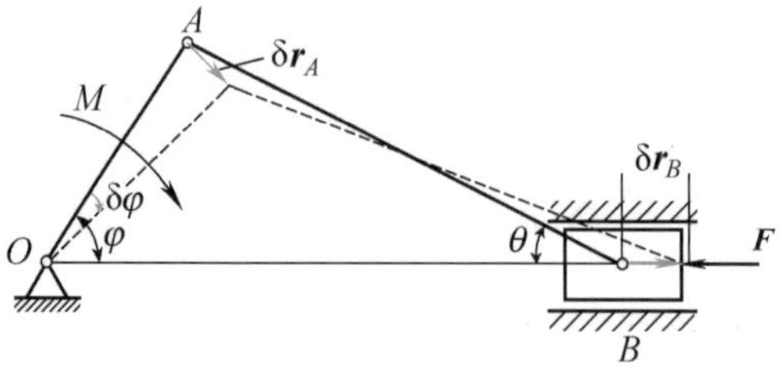

图 14-8

如图 14-8 中，按图示的虚位移，力偶 M 的虚功为 $M\delta\varphi$，是正功，力 $\boldsymbol{F}$ 的虚功为 $-F\delta r_B$，是负功。虽然虚功与实位移中的元功采用同一符号 δW，但它们之间有本质的差别。因为虚位移只是假想的无限小位移，并没有真实发生，因而虚功也是假想的，是虚拟的。图 14-8 中的机构始终处于平衡状态，显然没有任何力做功，但其中的力可以做虚功。

3. 理想约束

在研究非自由质点系时，可将作用在质点系上的力分为主动力和约束力两大类。如果在质点系的任何虚位移中，所有约束力所作虚功之和为零，则这种约束称为理想约束。如以 $\boldsymbol{F}_{Ni}$ 表示作用在第 i 个质点 M_i 上的约束力，$\delta \boldsymbol{r}_i$ 表示该质点发生的虚位移，则系统具有理想约束的条件可表示为

$$\sum \boldsymbol{F}_{Ni} \cdot \delta \boldsymbol{r}_i = 0 \tag{14-2}$$

不考虑摩擦的定常完整约束都是理想约束。关于理想约束的实例，已在动能定理中叙述过了，像光滑固定面约束、光滑铰链约束、无重杆、不可伸长的柔索等都是理想约束。

14.4 虚位移原理及其应用

建立了虚位移、虚功和理想约束等基本概念，就可以进一步讨论非自由质点系平衡的普遍条件——虚位移原理。

具有定常、双侧、理想约束的质点系，其平衡的充分必要条件：作用于质点系的所有主动力在系统的任何虚位移上所做虚功的和等于零，这就是虚位移原理。

若以 $\boldsymbol{F}_i$ 表示作用于质点系中任一质点 M_i 上的主动力的合力，$\delta \boldsymbol{r}_i$ 表示对应于该质点的虚位移，则虚位移原理可表示为

$$\sum \boldsymbol{F}_i \cdot \delta \boldsymbol{r}_i = 0 \tag{14-3}$$

式(14-3)也可以写成解析表达式，即

$$\sum (F_{ix}\delta x_i + F_{iy}\delta y_i + F_{iz}\delta z_i) = 0 \tag{14-4}$$

式中，F_{ix}、F_{iy}、F_{iz} 是主动力在直角坐标轴上的投影；δx_i、δy_i、δz_i 分别表示质点 M_i 的虚位

移 $\delta\boldsymbol{r}_i$ 在直角坐标轴上的投影，式(14－3)、式(14－4)称为虚功方程。

应该注意的是，虽然应用虚位移原理的前提条件是质点系应具有理想约束，但也可用于非理想约束情形，只要考虑非理想约束处的约束力所做的虚功，虚位移原理仍可应用。

应用虚位移原理可以求解系统平衡时各主动力之间的关系或平衡位置，也可以求解约束力。求解约束力时，只需将约束解除，用约束力代替约束，并将该约束力视为主动力，即可应用虚位移原理解出所要求的约束力。

虚位移原理是分析力学中的一个重要原理，它直接给出了平衡系统中各主动力之间的关系。由于在虚功方程中避免了约束力的出现，所以虚位移原理非常适用于求解复杂系统的平衡问题。它不仅在刚体力学中，而且在变形体力学，如材料力学、结构力学中也都有广泛的应用。下面举例说明虚位移原理在刚体力学中的应用。

例 14－2　如图 14－9 所示平面机构，长为 l 的连杆 AB 两端连接两个滑块，分别作用力 $\boldsymbol{F}_A$、$\boldsymbol{F}_B$，杆重、滑道和铰链处的摩擦均不计。求在图示位置平衡时主动力 $\boldsymbol{F}_A$ 和 $\boldsymbol{F}_B$ 之间的关系。

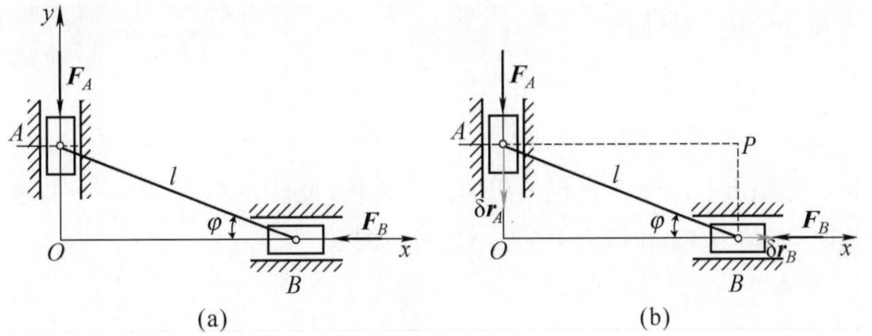

图 14－9

分析　本题是求机构平衡时主动力之间的关系，可用虚位移原理求解。

解法一　解析法

(1)应用虚位移原理。系统只有一个自由度，取 φ 为广义坐标。作用在系统上的主动力分别为 $\boldsymbol{F}_A$ 和 $\boldsymbol{F}_B$，根据虚位移原理 $\sum(F_{ix}\delta x_i + F_{iy}\delta y_i + F_{iz}\delta z_i)=0$，可得

$$-F_A\delta y_A - F_B\delta x_B = 0 \tag{a}$$

(2)计算虚位移。建立直角坐标系，如图 14－9(a)所示，则点 A、B 的直角坐标为

$$y_A = l\sin\varphi$$

$$x_B = l\cos\varphi$$

分别对上述坐标作变分运算，即可求得点 A、B 的虚位移为

$$\delta y_A = l\cos\varphi\delta\varphi \tag{b}$$

$$\delta x_B = -l\sin\varphi\delta\varphi \tag{c}$$

(3)求解。将式(b)和式(c)代入式(a)，经整理可得

$$(-F_A l\cos\varphi + F_B l\sin\varphi)\delta\varphi = 0$$

因为 $\delta\varphi \neq 0$，所以

$$-F_A l\cos\varphi + F_B l\sin\varphi = 0$$

解得

$$F_A = F_B\tan\varphi$$

解法二　几何法

(1)应用虚位移原理。假设 A 点产生虚位移 $\delta \boldsymbol{r}_A$ ，则点 B 产生虚位移 $\delta \boldsymbol{r}_B$ ，虚位移图如图 14－9(b)所示。

根据虚位移原理建立虚功方程：

$$F_A \delta r_A - F_B \delta r_B = 0 \tag{d}$$

(2)确定虚位移 δr_A 和 δr_B 之间的关系。由于杆 AB 做平面运动，应用速度投影定理可得 A、B 两点的虚位移在 AB 连线上的投影应该相等，于是有

$$\delta r_B \cos\varphi = \delta r_A \sin\varphi$$

则

$$\delta r_B = \delta r_A \tan\varphi$$

(3)求解。将上述虚位移之间的关系代入式(d)，可得

$$(F_A - F_B \tan\varphi)\delta r_A = 0$$

因为虚位移 $\delta \boldsymbol{r}_A \neq 0$，所以

$$F_A - F_B \tan\varphi = 0$$

得

$$F_A = F_B \tan\varphi$$

应用虚位移原理求主动力之间的关系

例 14－3　如图 14－10 所示操纵气门的杠杆系统，设已知 $OA/OB=1/3$，求系统在图示位置处于平衡时，主动力 $\boldsymbol{F}_1$ 和压力 $\boldsymbol{F}_2$ 大小之间的关系。

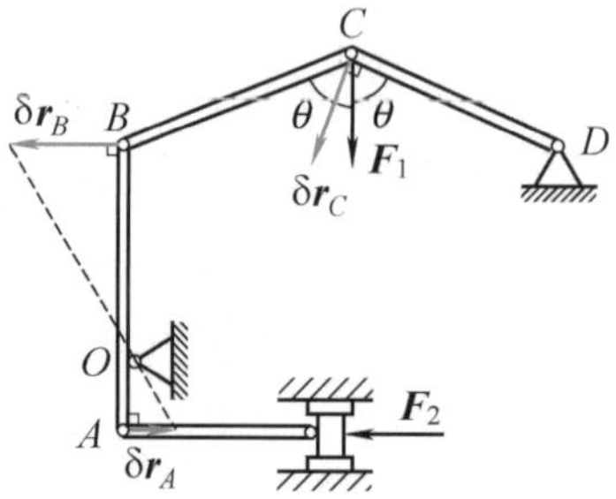

图 14－10

分析　本题是求机构平衡时主动力之间的关系，可用虚位移原理求解。

解　(1)应用虚位移原理。当此机构发生虚位移时，杆 CD 将绕轴 D 转动，杆 AB 绕轴 O 转动，杆 BC 做平面运动，设点 C 的虚位移为 $\delta \boldsymbol{r}_C$ ，点 B 的虚位移为 $\delta \boldsymbol{r}_B$ ，点 A 的虚位移为 $\delta \boldsymbol{r}_A$ ，虚位移图如图 14－10 所示。

根据虚位移原理 $\sum \boldsymbol{F}_i \cdot \delta \boldsymbol{r}_i = 0$，可得

$$F_1 \delta r_C \cos(90° - \theta) - F_2 \delta r_A = 0 \tag{a}$$

即

$$\frac{F_1}{F_2} = \frac{\delta r_A}{\delta r_C \sin\theta}$$

(2)确定虚位移的关系。由于杆 BC 做平面运动，应用速度投影定理，可得到 B、C 两点的虚位移在 BC 连线上的投影相等，于是有

$$\delta r_C \cos(2\theta - 90°) = \delta r_B \sin\theta$$

$$\frac{\delta r_B}{\delta r_C} = \frac{\sin 2\theta}{\sin\theta} = 2\cos\theta$$

杆 AB 做定轴转动，根据定轴转动刚体上不同点速度之间的关系，可得

$$\frac{\delta r_A}{\delta r_B} = \frac{OA}{OB} = \frac{1}{3}$$

整理可得

$$\frac{\delta r_A}{\delta r_C} = \frac{\delta r_A}{\delta r_B} \cdot \frac{\delta r_B}{\delta r_C} = \frac{2}{3}\cos\theta$$

(3)求解。将上述虚位移关系代入式(a)，得到

$$\frac{F_1}{F_2} = \frac{2}{3}\cot\theta$$

这就是机构平衡时，主动力 $\boldsymbol{F}_1$ 和压力 $\boldsymbol{F}_2$ 之间要满足的关系。可以看出当 θ 趋近于 90° 时，由较小的力 $\boldsymbol{F}_1$ 将得到很大的压力 $\boldsymbol{F}_2$。

知识拓展

例 14－3 题目中操纵气门的杠杆系统基于杠杆原理。通过改变力臂的长度，实现对气门开启和关闭的精确控制。当在气门杆上施加一个较小的力时，由于杠杆的作用，这个力会被放大，从而推动气门开启或关闭，提高工作效率。常见的应用：①扳手、起重机等工具就是利用杠杆的这一原理来放大力的作用；②在发动机的配气机构中，杠杆系统被应用于控制气门的开启和关闭，改变配气相位，提高发动机的性能。

例 14－4　如图 14－11(a)所示，杆 OA 在力偶矩 M 的作用下绕轴 O 转动，并通过滑块 A 带动杆 O_1B 绕轴 O_1 转动，已知 $O_1B = OA = l$，在图示位置平衡时，$O_1B \perp OO_1$，$\theta = 30°$，忽略摩擦及各构件重量，求此时水平力 $\boldsymbol{F}$ 的大小。

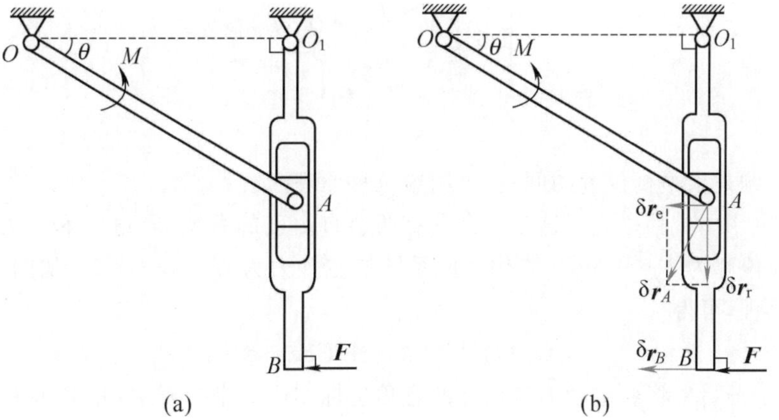

图 14－11

解　(1)应用虚位移原理。这是个单自由度系统，取 θ 为广义坐标，给杆 OA 以虚位移 $\delta\theta$，则点 A 的虚位移为 $\delta \boldsymbol{r}_A$，点 B 的虚位移为 $\delta \boldsymbol{r}_B$，如图 14－11(b)所示。根据虚位移原理，可得

$$-M\delta\theta + \boldsymbol{F}\delta r_B = 0 \tag{a}$$

（2）确定虚位移的关系。选杆 OA 的端点 A 为动点，动系与杆 O_1B 相固连。若点 A 产生绝对虚位移 $\delta \boldsymbol{r}_A$，则牵连位移为 $\delta \boldsymbol{r}_e$，相对位移为 $\delta \boldsymbol{r}_r$，如图 14－10(b)所示。根据点的速度合成公式 $\boldsymbol{v}_A = \boldsymbol{v}_e + \boldsymbol{v}_r$，可得虚位移的关系为

$$\delta \boldsymbol{r}_A = \delta \boldsymbol{r}_e + \delta \boldsymbol{r}_r \tag{b}$$

将式(b)向水平方向投影，有

$$\delta r_A \sin\theta = \delta r_e$$

又因为杆 O_1B 做定轴转动，且在图示位置时，$O_1B \perp OO_1$，$\theta = 30°$，则

$$\delta r_B = 2\delta r_e, \qquad \delta r_A = l\delta\theta$$

所以

$$\delta r_B = 2\delta r_A \sin\theta = 2l\sin\theta\,\delta\theta \tag{c}$$

（3）求解。将式(c)代入式(a)，可得

$$(2Fl\sin\theta - M)\delta\theta = 0$$

因为虚位移 $\delta\theta \neq 0$，所以

$$2Fl\sin\theta - M = 0$$

解得

$$F = \frac{M}{2l\sin\theta} = \frac{M}{l}$$

此即机构平衡时水平力 $\boldsymbol{F}$ 的大小。

例 14－5　如图 14－12 所示的双锤摆中，摆锤 M_1 和 M_2 各重 G_1 及 G_2，摆杆各长 a 及 b；设在 M_2 上加一水平力 $\boldsymbol{F}$ 以维持平衡，不计摆杆重量，求此时摆杆与铅垂线的夹角 φ 及 θ。

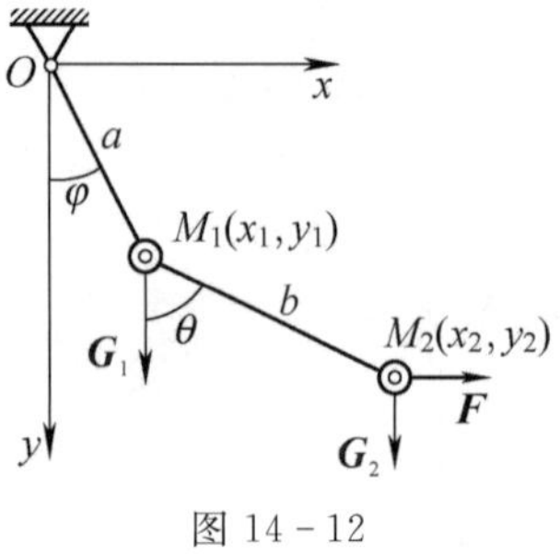

图 14－12

分析　本题是求平衡位置的问题，可用虚位移原理求解。

解　（1）应用虚位移原理。这是一个具有两个自由度的系统，取角 φ 和 θ 为广义坐标，则对应的广义虚位移为 $\delta\varphi$ 及 $\delta\theta$。作用于此系统的主动力为 $\boldsymbol{G}_1$、$\boldsymbol{G}_2$ 及 $\boldsymbol{F}$，如图 14－12 所示。根据虚位移原理，可得

$$G_1\delta y_1 + G_2\delta y_2 + F\delta x_2 = 0 \tag{a}$$

（2）虚位移分析。将各主动力作用点的直角坐标用广义坐标表示，并求其变分

$$y_1 = a\cos\varphi, \quad \delta y_1 = -a\sin\varphi\,\delta\varphi$$

$$x_2 = a\sin\varphi + b\sin\theta, \quad \delta x_2 = a\cos\varphi\,\delta\varphi + b\cos\theta\,\delta\theta$$

$$y_2 = a\cos\varphi + b\cos\theta, \quad \delta y_2 = -a\sin\varphi\,\delta\varphi - b\sin\theta\,\delta\theta$$

（3）求解。将以上虚位移代入式(a)，可得

$$(-G_1 a\sin\varphi - G_2 b\sin\varphi + Fa\cos\varphi)\delta\varphi + (-G_2 b\sin\theta + Fb\cos\theta)\delta\theta = 0$$

因为 $\delta\varphi$ 和 $\delta\theta$ 是彼此独立的虚位移，欲使上式中的关系成立，$\delta\varphi$ 和 $\delta\theta$ 前的系数都必须同时等于零，于是可得

$$-G_1 a\sin\varphi - G_2 b\sin\varphi + Fa\cos\varphi = 0$$
$$-G_2 b\sin\theta + Fb\cos\theta = 0$$

联立上述两式，可得

$$\tan\varphi = \frac{F}{G_1 + G_2}, \quad \varphi = \arctan\frac{F}{G_1 + G_2}$$
$$\tan\theta = \frac{F}{G_2}, \quad \theta = \arctan\frac{F}{G_2}$$

例 14－6　组合梁 $ABCDEFG$ 所受载荷如图 14－12(a)所示。已知 $P_1 = P_2 = P_3 = P$，求平衡时支座 A 处的约束力。

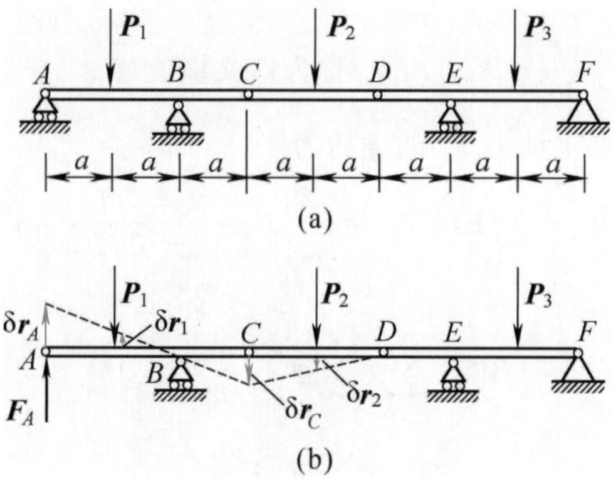

图 14－13

分析　本题是已知主动力，求约束力的问题，可用虚位移原理求解。

解　(1)应用虚位移原理。若要求解 A 处的约束力，需首先解除支座 A 的约束，代之以相应的约束力 $\boldsymbol{F}_A$。将 $\boldsymbol{F}_A$ 当作主动力，则原结构变成图 14－13(b)所示的机构，原来求约束力的问题就变成了求主动力的平衡问题。机构的虚位移图如图 14－13(b)所示。

根据虚位移原理，可得

$$F_A\delta r_A - P_1\delta r_1 + P_2\delta r_2 + P_3 \cdot 0 = 0$$

(2)建立虚位移关系。根据图中的几何关系，可得虚位移关系

$$\delta r_1 = \frac{1}{2}\delta r_A, \quad \delta r_2 = \frac{1}{2}\delta r_C = \frac{1}{2}\delta r_1 = \frac{1}{4}\delta r_A$$

(3)求解约束力。将上述虚位移关系代入虚功方程，可得

$$\left(F_A - \frac{P}{2} + \frac{P}{4}\right)\delta r_A = 0$$

由于虚位移 $\delta r_A \neq 0$，所以

$$F_A - \frac{P}{2} + \frac{P}{4} = 0$$

解得支座 A 处的约束力

$$F_A = \frac{1}{4}P$$

*14.5 以广义力表示的质点系平衡条件

1. 广义力概念及计算

在应用虚位移原理求解时，由于各质点的虚位移 $\delta \boldsymbol{r}_i$ 一般不独立，因此应建立各质点虚位移之间的关系。如果用广义坐标表示各质点的位矢 $\boldsymbol{r}_i$，则各质点的虚位移 $\delta \boldsymbol{r}_i$ 可表示为广义坐标的变分，广义坐标是相互独立的，将为计算带来很多方便。

设质点系由 n 个质点组成，若系统具有 s 个完整双侧约束，则系统具有 $N=3n-s$ 个自由度。现用 $q_1, q_2, \cdots, q_N$ 表示系统的广义坐标，则系统中第 i 个质点的矢径 $\boldsymbol{r}_i$ 是广义坐标和时间的函数，即

$$\boldsymbol{r}_i=\boldsymbol{r}_i(q_1, q_2, \cdots, q_N, t) \tag{14-5}$$

对上式取变分，得 $\delta \boldsymbol{r}_i=\sum_{k=1}^{N} \frac{\partial \boldsymbol{r}_i}{\partial q_k} \cdot \delta q_k$，$\delta q_k$ 称为广义虚位移。

解析法计算广义力(一)

于是作用于质点系上的全部主动力 $\boldsymbol{F}_i$ 的虚功为

$$\delta W=\sum_{i=1}^{n} \boldsymbol{F}_i \cdot \delta \boldsymbol{r}_i=\sum_{i=1}^{n} \boldsymbol{F}_i \cdot \sum_{k=1}^{N} \frac{\partial \boldsymbol{r}_i}{\partial q_k} \cdot \delta q_k$$

交换 i、k 相加的次序得

$$\delta W=\sum_{k=1}^{N}\left(\sum_{i=1}^{n} \boldsymbol{F}_i \cdot \frac{\partial \boldsymbol{r}_i}{\partial q_k}\right) \delta q_k$$

令

$$Q_k=\sum_{i=1}^{n} \boldsymbol{F}_i \cdot \frac{\partial \boldsymbol{r}_i}{\partial q_k} \tag{14-6}$$

则上式可写成

$$\delta W=\sum_{k=1}^{N} Q_k \delta q_k \tag{14-7}$$

式中，$Q_k \delta q_k$ 具有功的量纲，故称 Q_k 为广义坐标 q_k 对应的广义力。由此可知，广义力的数目与广义坐标的数目相等。当广义坐标为线位移时，广义力为力的量纲；当广义坐标为角位移时，广义力为力偶矩的量纲。

由于广义虚位移 δq_k 的任意性，在式(14-7)中，令某个 $\delta q_k \neq 0$，而其余 $N-1$ 个广义虚位移都等于零，则得

$$Q_k=\frac{\delta W}{\delta q_k} \qquad k=1,2,\cdots,N \tag{14-8}$$

解析法计算广义力(二)

由式(14-6)可得广义力的解析表达式为

$$Q_k=\sum_{i=1}^{n}\left(F_{ix} \frac{\partial x_i}{\partial q_k}+F_{iy} \frac{\partial y_i}{\partial q_k}+F_{iz} \frac{\partial z_i}{\partial q_k}\right) \tag{14-9}$$

特别地，若用广义坐标表示质点系的位置，则质点系的势能可表示为广义坐标的函数，即

$$V=V(q_1, q_2, \cdots, q_k)$$

若质点系所受的主动力均为有势力，则结合式(12-31)，即 $F_x=-\frac{\partial V}{\partial x}$，$F_y=-\frac{\partial V}{\partial y}$，

$F_z=-\dfrac{\partial V}{\partial z}$，与式(14－9)得

$$Q_k=-\sum_{i=1}^{n}\left(\frac{\partial V}{\partial x_i}\frac{\partial x_i}{\partial q_k}+\frac{\partial V}{\partial y_i}\frac{\partial y_i}{\partial q_k}+\frac{\partial V}{\partial z_i}\frac{\partial z_i}{\partial q_k}\right)$$

即

$$Q_k=-\frac{\partial V}{\partial q_k} \tag{14-10}$$

由此可见，保守系统的广义力 Q_k 为质点系势能函数 V 对相应广义坐标 q_k 的一阶偏导数再冠以负号。

式(14－8)、式(14－9)、式(14－10)均为广义力的计算公式。由此可见，广义力有三种计算方法。由式(14－8)求解称为几何法，由式(14－9)求解称为解析法，式(14－10)为势力场中广义力的计算公式。

2. 以广义力表示的质点系平衡条件

受完整、双面、理想约束的质点系，只有主动力做功，将式(14－7)虚功的表达式代入虚功方程式(14－3)得

$$\delta W=\sum_{k=1}^{N}Q_k\delta q_k=0$$

由于完整约束系统广义虚位移 δq_k 是相互独立的，因此，要使上式成立，必须有

$$Q_k=0\quad(k=1,2,\cdots,N) \tag{14-11}$$

于是，虚位移原理也可叙述为具有完整、双侧、理想约束的质点系，在给定位置平衡的充分必要条件是质点系所有的广义力为零。这就是由广义力表示的质点系平衡条件。

例 14－7　如图 14－14(a)所示的双锤摆中，摆锤 M_1 和 M_2 分别重 G_1 及 G_2，摆杆各长 a 和 b；设在 M_2 上加一水平力 $\boldsymbol{F}$ 以维持平衡，不计摆杆重量与各处摩擦。若选 φ、θ 为广义坐标，求对应的广义力。

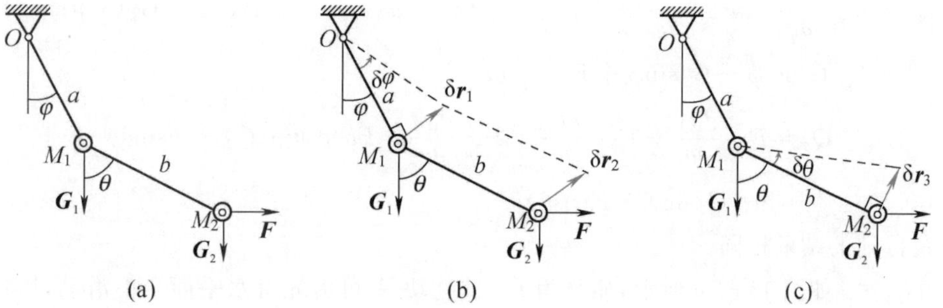

图 14－14

分析　质点系所受的约束为理想约束，作用于此系统的主动力为 $\boldsymbol{G}_1$、$\boldsymbol{G}_2$ 及 $\boldsymbol{F}$，可由几何法与解析法求广义力。

解法一　几何法

令 $\delta\theta=0$，即锁住 θ，使 θ 不变，系统只有 $\delta\varphi$ 时，各点的虚位移如图 14－14(b)所示，其虚功为

$$\delta W_\varphi=-G_1\sin\varphi\delta r_1-G_2\sin\varphi\delta r_2+F\cos\varphi\delta r_2$$

因

$$\delta r_1=\delta r_2=a\delta\varphi$$

于是

$$\delta W_\varphi=(-G_1\sin\varphi-G_2\sin\varphi+F\cos\varphi)a\delta\varphi$$

得对应广义力为

$$Q_\varphi=\frac{\delta W_\varphi}{\delta\varphi}=\frac{(-G_1\sin\varphi-G_2\sin\varphi+F\cos\varphi)a\delta\varphi}{\delta\varphi}=(-G_1\sin\varphi-G_2\sin\varphi+F\cos\varphi)a$$

令 $\delta\varphi=0$，即锁住 φ，使 φ 不变，系统只有 $\delta\theta$ 时，各点的虚位移如图 14－14(c)所示，其虚功为

$$\delta W_\theta=-G_2\sin\theta\delta r_3+F\cos\varphi\delta r_3$$

因

$$\delta r_3=b\delta\theta$$

于是

$$\delta W_\theta=(-G_2\sin\theta+F\cos\theta)b\delta\theta$$

得对应广义力为

$$Q_\theta=\frac{\delta W_\theta}{\delta\theta}=\frac{(-G_2\sin\theta+F\cos\theta)b\delta\theta}{\delta\theta}=(-G_2\sin\theta+F\cos\theta)b$$

几何法计算
广义力

解法二　解析法

建立如图 14－15 所示直角坐标系，在该坐标系下，各主动力的投影为

$$F_{y_1}=G_1\ ,\ F_{y_2}=G_2\ ,\ F_{x_2}=F$$

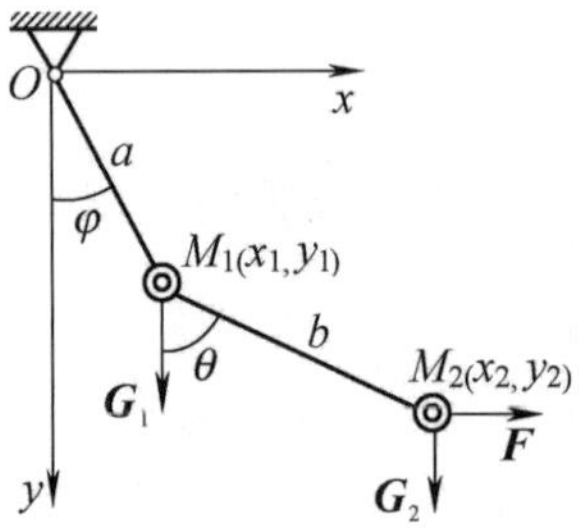

图 14－15

与主动力相关的坐标为

$$y_1=a\cos\varphi\ ,\ x_2=a\sin\varphi+b\sin\theta\ ,\ y_2=a\cos\varphi+b\cos\theta$$

于是

$$\begin{aligned}Q_\varphi&=F_{y_1}\frac{\partial y_1}{\partial\varphi}+F_{x_2}\frac{\partial x_2}{\partial\varphi}+F_{y_2}\frac{\partial y_2}{\partial\varphi}=G_1(-a\sin\varphi)+Fa\cos\varphi+G_2(-a\sin\varphi)\\&=(-G_1\sin\varphi-G_2\sin\varphi+F\cos\varphi)a\end{aligned}$$

$$\begin{aligned}Q_\theta&=F_{y_1}\frac{\partial y_1}{\partial\theta}+F_{x_2}\frac{\partial x_2}{\partial\theta}+F_{y_2}\frac{\partial y_2}{\partial\theta}=Fb\cos\theta+G_2(-b\sin\theta)\\&=(-G_2\sin\theta+F\cos\theta)b\end{aligned}$$

两种方法得到的结果相同。

例 14－8　如图 14－16 所示，质量为 m_1 的物块 A 可沿光滑水平面自由滑动，质量为 m_2 的小球 B 由长为 l 的轻杆与物块 A 相连。连杆可在竖直平面内自由转动。若取物块的位置坐标 x 和连杆的转角 φ 为广义坐标，求对应的广义力。

分析　质点系所受的约束为理想约束，作用于此系统的主动力只有两物体的自重，此系统为保守系统，故可由三种方法求广义力。

解法一　几何法

令 $\delta\varphi=0$，即锁住 φ，使 φ 不变。系统只有 δx 时，A、B 的虚位移均为 δx，其虚功为

$$\delta W_x=0$$

得对应广义力为

$$Q_x=\frac{\delta W_x}{\delta x}=0$$

令 $\delta x=0$,即锁住 x,使 x 不变。系统只有 $\delta\varphi$ 时,虚位移如图 14-16 所示,其虚功为

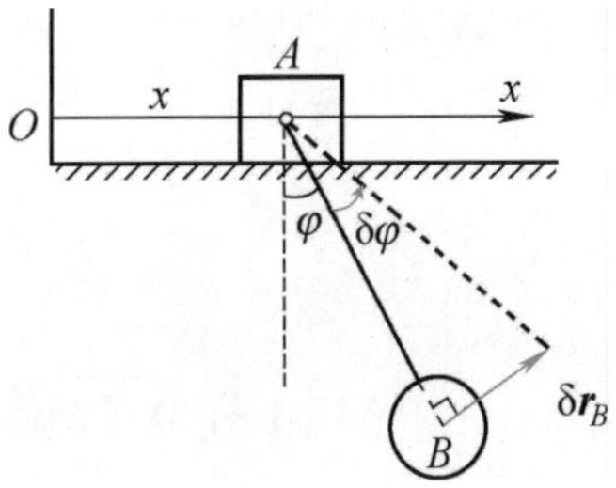

图 14-16

$$\delta W_\varphi=-m_2 g\delta r_B\sin\varphi$$

因

$$\delta r_B=l\delta\varphi$$

于是

$$\delta W_\varphi=-m_2 gl\sin\varphi\delta\varphi$$

得对应广义力为

$$Q_\varphi=\frac{\delta W_\varphi}{\delta\varphi}=-m_2 gl\sin\varphi$$

解法二　解析法

建立如图 14-17 所示直角坐标系,则各主动力的投影为

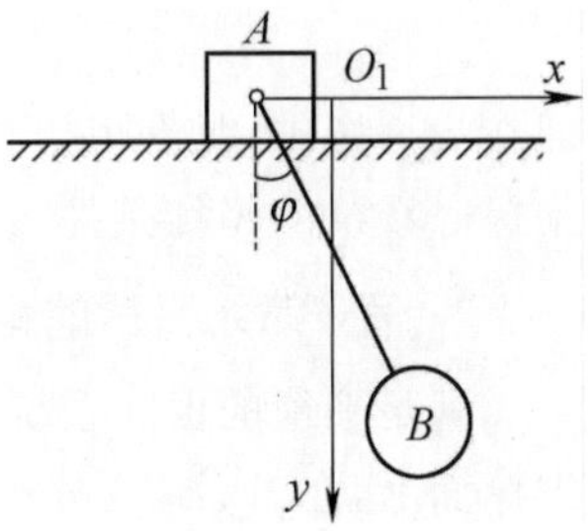

图 14-17

$$F_{y_A}=m_1 g\ ,\ F_{y_B}=m_2 g$$

与主动力相关的坐标为

$$y_A=0\ ,\ y_B=l\cos\varphi$$

于是

$$Q_x=F_{y_A}\frac{\partial y_A}{\partial x}+F_{y_B}\frac{\partial y_B}{\partial x}=0$$

$$Q_\varphi=F_{y_A}\frac{\partial y_A}{\partial\varphi}+F_{y_B}\frac{\partial y_B}{\partial\varphi}=-m_2 gl\sin\varphi$$

解法三　由势能求解

选物块所在水平位置为系统的零势能位置,则系统的势能为

$$V=-m_2 gl\cos\varphi$$

于是　$$Q_x=-\frac{\partial V}{\partial x}=0\ ,\ Q_\varphi=-\frac{\partial V}{\partial\varphi}=-m_2 gl\sin\varphi$$

势力场中广义力的计算

例 14-9　例 14-7 中双摆系统,已知条件不变,试用广义力法求系统在铅垂平面内平衡时的 φ 、θ 。

解　若选 φ 、θ 为广义坐标,可由上述任何一种方法求出广义力为

$$Q_\varphi=(-G_1\sin\varphi-G_2\sin\varphi+F\cos\varphi)a\ ,\ Q_\theta=(-G_2\sin\theta+F\cos\theta)b$$

由广义力表示的平衡条件可知广义力等于零。

由 $Q_\varphi=0$ 得

$$-G_1\sin\varphi-G_2\sin\varphi+F\cos\varphi=0$$

解得

$$\tan\varphi=\frac{F}{G_1+G_2}$$

由 $Q_\theta=0$ 得

$$-G_2\sin\theta+F\cos\theta=0$$

解得

$$\tan\theta = \frac{F}{G_2}$$

于是系统平衡有

$$\varphi = \arctan\frac{F}{G_1 + G_2}, \theta = \arctan\frac{F}{G_2}$$

*14.6 保守系统的平衡条件及平衡的稳定性

1. 保守系统的平衡条件

若质点系所受的主动力均为有势力，则广义力可表示为式(14-10)，对定常理想约束的质点系，由广义坐标表示的平衡条件为广义坐标对应的广义力均为零，于是平衡的充分必要条件为

$$\frac{\partial V}{\partial q_k} = 0 \qquad (k = 1, 2, \cdots, N)$$

即在势力场中，具有理想约束的质点系的平衡条件是质点系在平衡位置处势能取驻值。这就是保守系统的平衡条件。

2. 保守系统平衡的稳定性

满足平衡的保守系统可能处于不同的平衡状态。例如，三个小球放置在图14-18所示的支撑面上，在A、B、C处小球均处于平衡状态。在凹面底部A处的小球势能取极小值，小球受到扰动偏离平衡位置后，在重力作用下总能回到原位置，这种平衡状态称为稳定平衡。在凸面顶部B处的小球势能取极大值，小球受到扰动偏离平衡位置后，在重力作用下将远离原位置，这种平衡状态称为不稳定平衡。C处小球在平面上处于平衡，其势能为常数，小球受到扰动偏离平衡位置后，能在平面上的任意位置平衡，这种平衡状态称为随遇平衡。

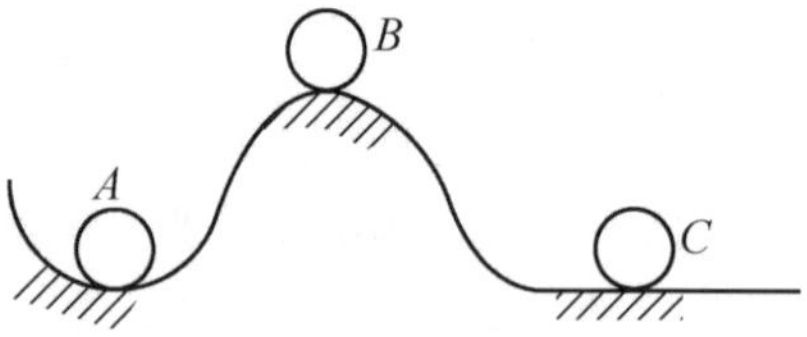

图14-18

对具有理想约束的单自由度系统，系统具有一个广义坐标q，系统势能可表示为

$$V = V(q)$$

在平衡位置处

$$\frac{\mathrm{d}V}{\mathrm{d}q} = 0$$

由此可求出平衡位置q_0。

若$\left.\frac{\mathrm{d}^2V}{\mathrm{d}q^2}\right|_{q=q_0} > 0$，势能在$q_0$处具有极小值，则平衡是稳定的。

若$\left.\frac{\mathrm{d}^2V}{\mathrm{d}q^2}\right|_{q=q_0} < 0$，势能在$q_0$处具有极大值，则平衡是不稳定的。

若$\left.\frac{\mathrm{d}^2V}{\mathrm{d}q^2}\right|_{q=q_0} = 0$，则要根据更高阶的导数来判断平衡的稳定性。

如果在各阶导数中，第一个非零导数是偶数阶的，且为正值，则势能具有极小值，平衡是稳定的；若为负值，则势能具有极大值，平衡是不稳定的；如果所有阶导数均为零，表明势能为常数，平衡是随遇的。

例 14－10　如图 14－19 所示，长为 l、质量为 m 的均质杆 AB，一端靠在竖直的光滑墙面上，并系以刚度系数为 k 的弹簧，另一端搁在光滑的水平面上。当杆直立时，弹簧无变形。已知 $mg \leqslant 2kl$，试求杆平衡时杆与水平面的夹角 φ，并确定平衡的稳定性。

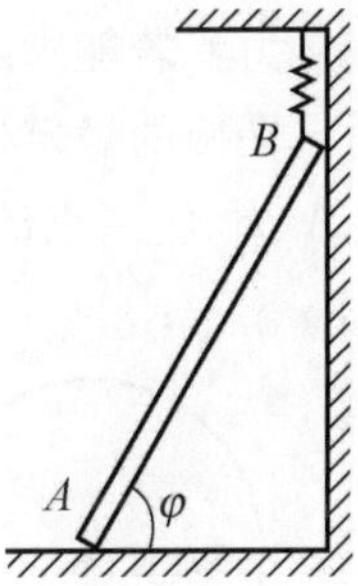

图 14－19

解　系统为单自由度系统。取 φ 为广义坐标，以水平面为重力势能零点，弹簧原长位置为弹性势能零点，则系统势能为

$$V=\frac{l}{2}mg\sin\varphi+\frac{1}{2}k(l-l\sin\varphi)^2$$

$$\frac{\mathrm{d}V}{\mathrm{d}\varphi}=\frac{l}{2}\cos\varphi[mg-2kl(1-\sin\varphi)]$$

令 $\frac{\mathrm{d}V}{\mathrm{d}\varphi}=0$，得

$$\cos\varphi=0$$

$$mg-2kl(1-\sin\varphi)=0$$

所以杆平衡时杆与水平面的夹角 φ 为

$$\varphi_1=\frac{\pi}{2}$$

或

$$\varphi_2=\arcsin\left(1-\frac{mg}{2kl}\right)$$

下面确定这两个位置平衡的稳定性；

$$\frac{\mathrm{d}^2V}{\mathrm{d}\varphi^2}=\frac{l}{2}[(2kl-mg)\sin\varphi+2kl\cos2\varphi]$$

$$\left.\frac{\mathrm{d}^2V}{\mathrm{d}\varphi^2}\right|_{\varphi_1=\frac{\pi}{2}}=\frac{l}{2}\left[(2kl-mg)\sin\frac{\pi}{2}+2kl\cos\pi\right]=-\frac{l}{2}mg<0$$

因此，$\varphi_1=\frac{\pi}{2}$ 为不稳定平衡位置。

$$\left.\frac{\mathrm{d}^2V}{\mathrm{d}\varphi^2}\right|_{\varphi_2=\arcsin(1-\frac{mg}{2kl})}=\frac{l}{2}\left\{(2kl-mg)\left(1-\frac{mg}{2kl}\right)+2kl\left[1-2\left(1-\frac{mg}{2kl}\right)^2\right]\right\}=kl^2\left[1-\left(1-\frac{mg}{2kl}\right)^2\right]$$

当 $mg\leqslant 2kl$ 时，$\left.\frac{\mathrm{d}^2V}{\mathrm{d}\varphi^2}\right|_{\varphi_2=\arcsin(1-\frac{mg}{2kl})}>0$，因此 $\varphi_2=\arcsin\left(1-\frac{mg}{2kl}\right)$ 为稳定平衡位置。

习　题

一、基础题

1. 什么是虚位移？虚位移和实位移有何异同？试举例说明。

2*. 什么是广义力？计算广义力时系统是否一定是平衡的？

3*. 非理想约束的质点系能否求广义力？若能求，如何求广义力？

4*. 物体平衡状态有几种？如何确定平衡的稳定性？

5. 分别画出图 14－20 所示机构中 A、B、C 三点的虚位移，并求出三点虚位移之间关系。

[答：(a) $\delta r_A : \delta r_B : \delta r_C = 1 : \sqrt{2} : 2$；(b) $\delta r_A : \delta r_B : \delta r_C = 1 : \sqrt{2} : \sqrt{2}$]

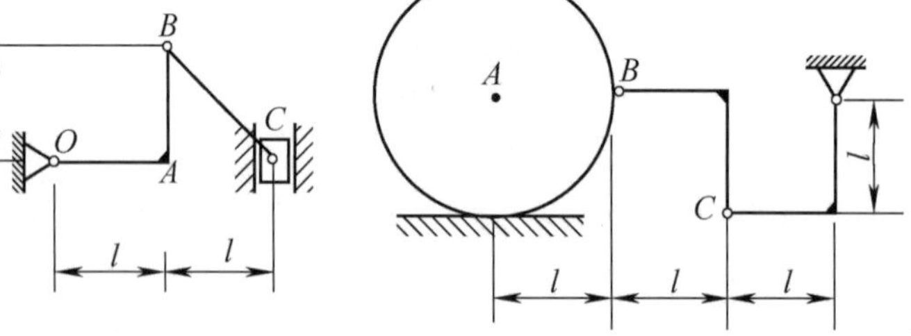

(a)　　(b)

图 14－20

6. 在曲柄式压榨机的中间铰链 B 上作用有水平力 $\boldsymbol{F}_1$，力在 ABC 平面内，作用线平分 $\angle ABC$。如 $AB=BC$，$\angle ABC=2\theta$，各处摩擦及杆重不计。求在图 14－21 所示位置平衡时，压榨机对于物体的压力。

$\left(答：压力\ F_N=\dfrac{1}{2}F_1\tan\theta\right)$

7. 图 14－22 所示机构中，当曲柄 OC 绕 O 轴摆动时，滑块 A 沿曲柄自由滑动，从而带动杆 AB 在铅垂道槽 K 内移动。已知 $OC=a$，$OK=l$，在点 C 垂直于曲柄作用一力 F_2，而在点 B 沿 BA 方向作用一个力 $\boldsymbol{F}_1$。求机构平衡时力 $\boldsymbol{F}_1$ 和 $\boldsymbol{F}_2$ 大小的关系。

$\left(答：压力\ F_1=\dfrac{F_2 l}{a\cos^2\varphi}\right)$

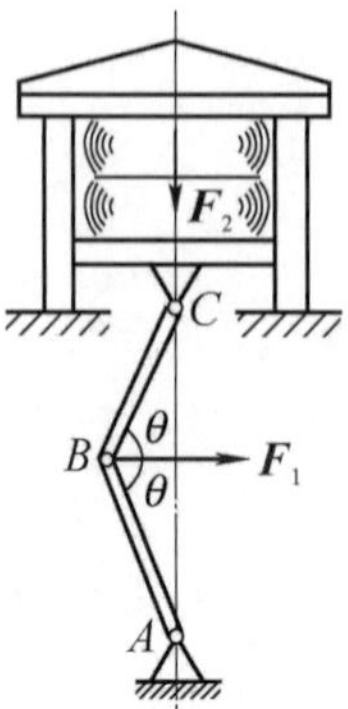

图 14－21

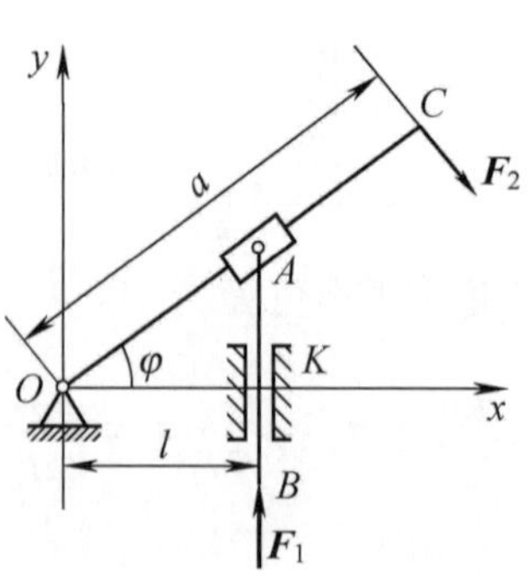

图 14－22

8. 图 14-23 所示平面机构，不计杆重和各处摩擦。已知 $OC = AC = CB = l$，机构在图示位置处于平衡，此时 $\theta = 60°$，试用虚位移原理求此时主动力之间的关系。

（答：$M = F_1 l + \sqrt{3} F_2 l$）

9. 图 14-24 所示滑套 D 套在直杆 AB 上，并带动杆 CD 在铅直滑道上滑动。已知 $\theta = 0°$ 时弹簧为原长，弹簧刚度系数为 5 kN/m，不计各构件自重与各处摩擦。求要使系统在任意位置处于平衡时，应该加多大的力偶矩 M？

$\left(答：M = 450 \dfrac{\sin\theta(1-\cos\theta)}{\cos^3\theta} \text{N} \cdot \text{m}\right)$

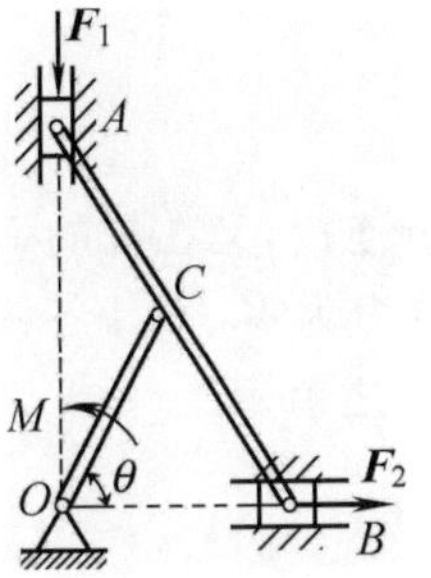

图 14-23

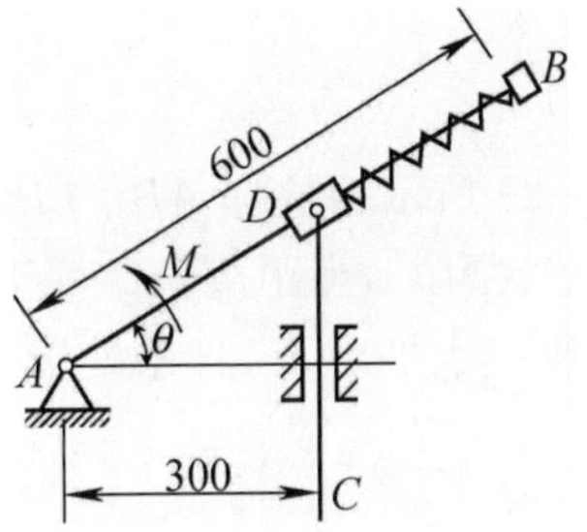

图 14-24

10. 在图14-25所示曲柄连杆式压榨机结构简图中，曲柄OA上作用一力偶矩为M的力偶。若 $OA = r$，$BD = CD = ED = l$，机构在水平面内处于平衡，$\angle OAB = 90°$，$\angle DEC = \theta$，求水平压榨力 $\boldsymbol{F}$ 的大小。

$\left(答：F = \dfrac{M}{l}\cot\theta\right)$

11. 图 14-26 所示机构在力 F_1 和 F_2 作用下在图示位置平衡，不计各构件自重与各处摩擦，$OD = BD = l_1$，$AD = l_2$。求 F_1/F_2 的值。

（答：$\dfrac{F_1}{F_2} = \dfrac{2l_1\sin\theta}{l_2 + l_1(1-2\sin^2\theta)}$）

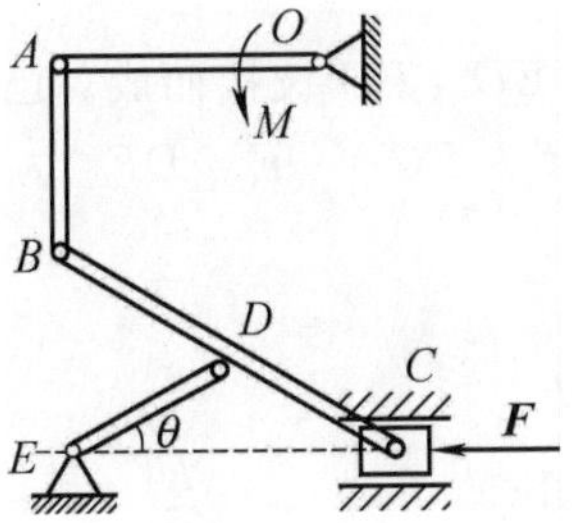

图 14-25

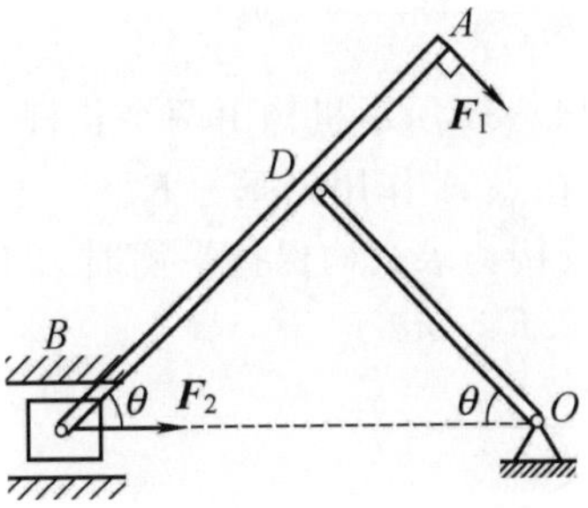

图 14-26

12. 组合梁载荷分布如图 14-27 所示，已知跨度 $l = 8$ m，$P = 4900$ N，均布力 $q = 2450$ N/m，力偶矩 $M = 4900$ N·m。求支座约束力。

（答：$F_A = -2450$ N，$F_B = 14700$ N，$F_E = 2450$ N）

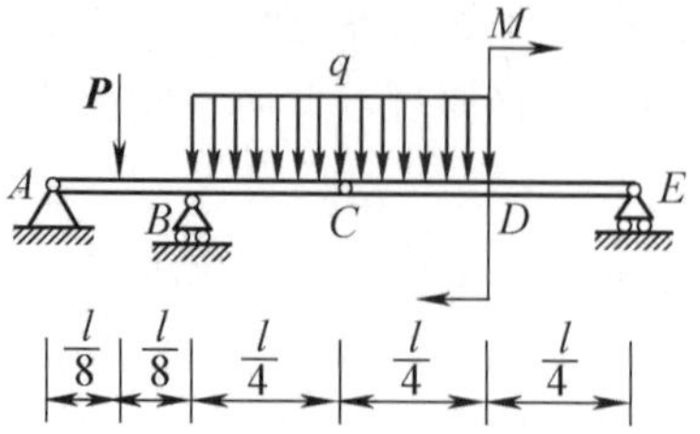

图 14-27

13. 图 14-28 所示机构中，曲柄 OA 上作用一力偶，其力偶矩为 M，另在滑块 B 上作用水平力 $\boldsymbol{F}$。机构尺寸如图所示，不计各构件自重及各处摩擦。求机构在图示位置处于平衡状态时，力 F 与力偶矩 M 之间的关系。

$\left(答:F=\dfrac{M}{a}\cot2\theta\right)$

14. 如图 14-29 所示等长杆 AB 与 BC 在点 B 用铰链连接，又在杆的 D、E 两点连一弹簧。弹簧的刚度系数为 k，当距离 AC 等于 a 时，弹簧内拉力为零，不计各构件自重与各处摩擦。如在点 C 作用一水平力 F，杆系处于平衡，求距离 AC 之值。

$\left[答:\mathrm{AC}=x=a+\dfrac{F}{k}(\dfrac{l}{b})^{2}\right]$

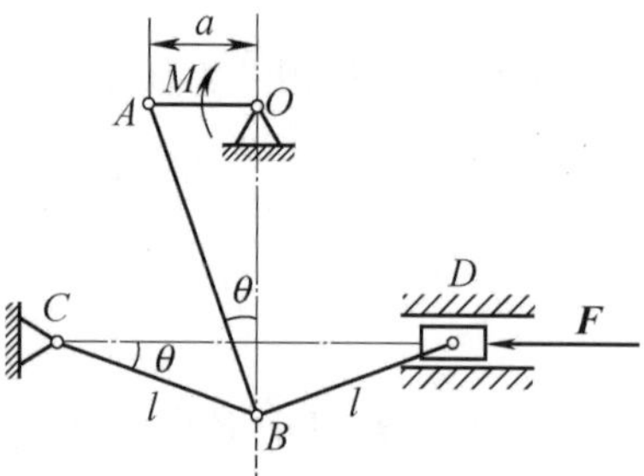

图 14-28

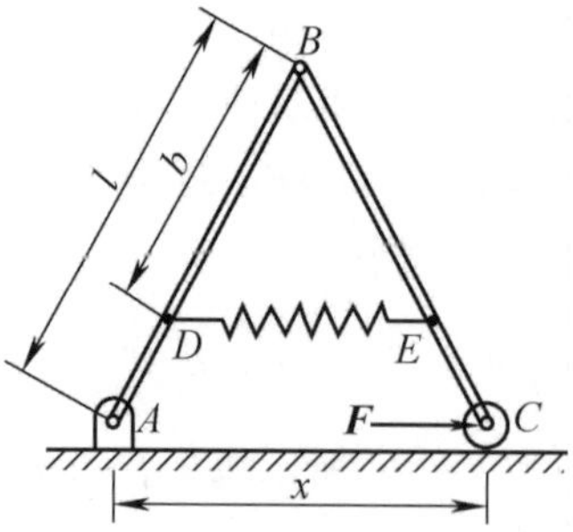

图 14-29

15. 图 14-30 所示杆 AB 和杆 BC 为均质杆，具有相同的长度和重量 G_1，滑块 C 的重量为 G_2 可沿倾角为 θ 的导轨滑动。设约束都是理想约束，求系统在铅垂平面内的平衡位置。

$\left[答:\tan\varphi=\dfrac{G_1}{2(G_1+G_2)}\cot\theta\right]$

16. 图 14-31 所示机构由两个长杆 AF、BE 和短杆 ED、FD 铰接而成。已知点 D 作用水平力 $\boldsymbol{F}_D$，在点 A 作用铅垂力 $\boldsymbol{F}_A$。已知 $AC=BC=EC=FC=DE=DF=l$，杆 AF 与杆 BE 在 C 处铰接。求机构保持平衡时力 $\boldsymbol{F}_A$ 的大小。

（答：$F_A=1.5F_D\cot\theta$）

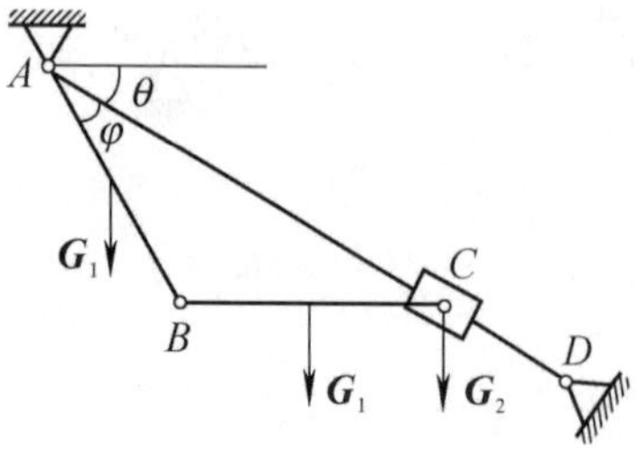

图 14-30

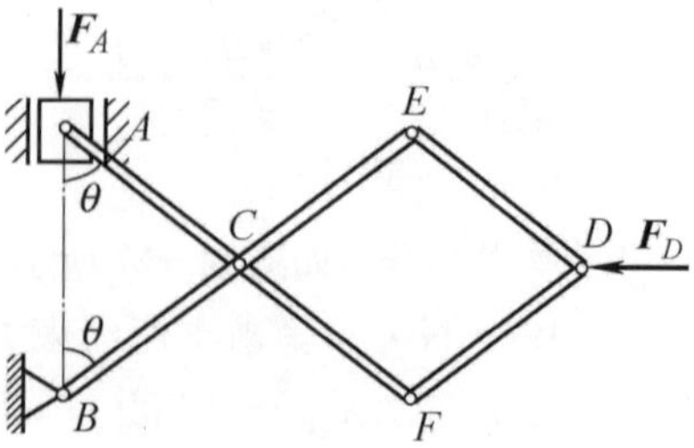

图 14-31

二、提升题

1*. 如图 14－32 所示，长为 l、质量为 m 的均质杆 OA 上作用一矩为 $Q_\varphi = M$ 的力偶，绕水平轴 O 转动，如取杆与水平线的夹角 $Q_\varphi = M$ 作为广义坐标，求相应于该广义坐标的广义力。

$\left(答：Q_\varphi = M + \dfrac{1}{2}mgl\cos\varphi\right)$

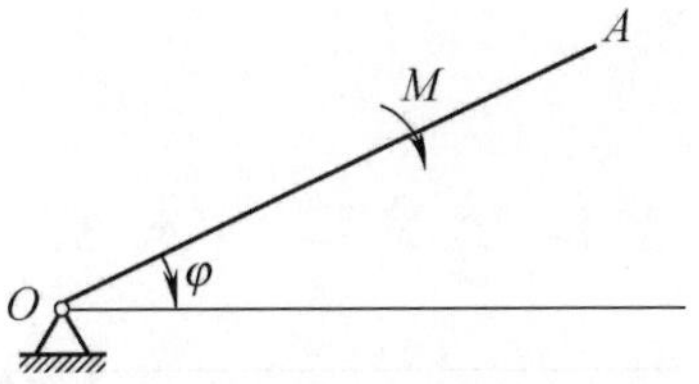

图 14－32

2*. 如图 14－33 所示，质量为 m_1 的三棱柱 B 放在光滑水平面上，质量为 m_2 的均质圆柱体 A 置于三棱柱斜面上，若使系统平衡，求圆柱体 A 与三棱柱 B 之间的静摩擦因数的最小值 f。

（答：$f = \tan\theta$）

3*. 系统如图 14－34 所示，均质杆 OA 长为 $l = 3\text{m}$、质量为 $m = 2\text{kg}$，弹簧刚度系数为 $k = 4\ \text{N/m}$，弹簧原长 $l_0 = 1.2\ \text{m}$，$h = 3.6\ \text{m}$。试求平衡位置 θ，并讨论平衡的稳定性。重力加速度 $g = 9.8\ \text{m/s}^2$。

（答：$\theta = 0$，不稳定平衡；$\theta = \pi$，不稳定平衡；$\theta = 68.67°$，稳定平衡）

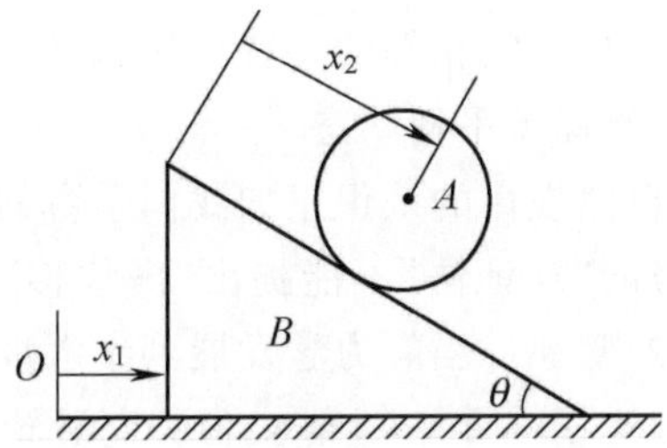

图 14－33

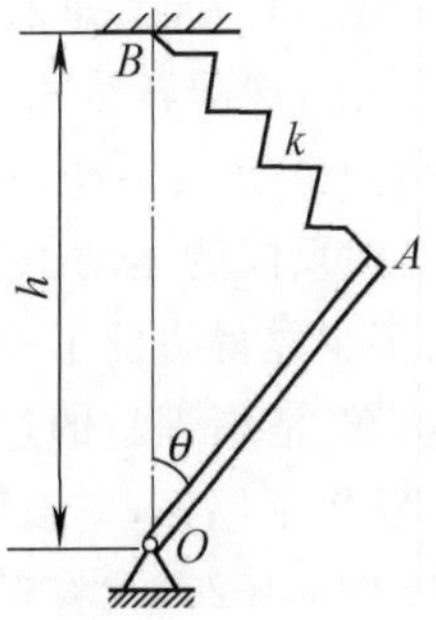

图 14－34

4. 用虚位移原理求图 14－35 所示桁架中杆 3 的内力。请写出题目用计算机求解时的 MATLAB 程序。

（答：$F_3 = P$）

5*. 质量各为 m_1 和 m_2，长各为 l_1 和 l_2 的两均质杆 OA 和 AB 组成如图 14－36 所示的系统，在 B 端作用一水平力 $\boldsymbol{F}$ 处于平衡。如取 θ_1 和 θ_2 作为广义坐标，求相应于两个广义坐标 θ_1 和 θ_2 的广义力。请写出题目用计算机求解时的 MATLAB 程序。

（答：$Q_{\theta_1} = Fl_1\cos\theta_1 - \dfrac{1}{2}m_1gl_1\sin\theta_1 - m_2gl_1\sin\theta_1$，$Q_{\theta_2} = -\dfrac{1}{2}m_2gl_2\sin\theta_2 + Fl_2\cos\theta_2$）

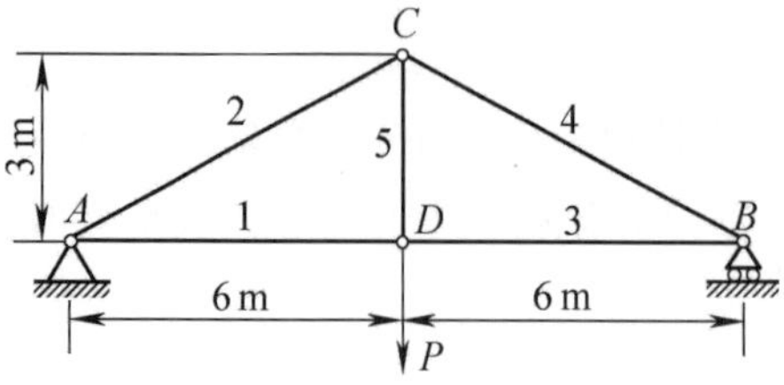

图 14 - 35

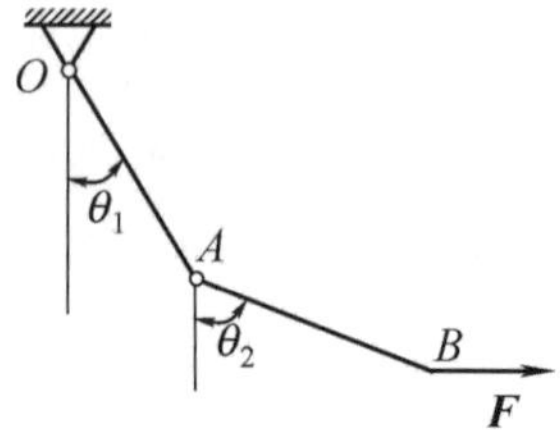

图 14 - 36

拓展阅读

虚位移原理的发展[1]

提到虚位移，本身并不神秘，很久以前人们就在不自觉地使用。十三世纪欧洲力学家约丹努(大约在 1220 年前后)证明杠杆原理时就使用了虚位移的思想。

如图 1(a)所示的非等臂杠杆，当 a、b 两端所悬重物的质量之比恰好为两者臂长之比的倒数时，即 $m_a/m_b=cb/ca$，杠杆保持平衡(杠杆原理)。试证明这一原理的正确性。

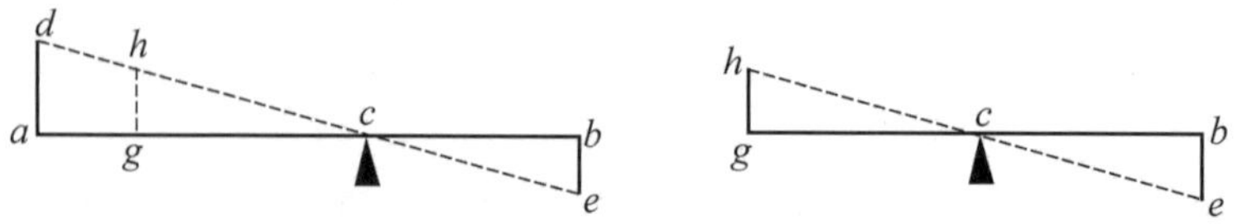

(a) 非等臂杠杆　　(b) 等臂杠杆

图 1　杠杆原理

约丹努采用了反证法。假设不平衡，不妨设 a 端上升至 d 处，而 b 端下落至 e 处，则有 $m_a/m_b=be/ad$。假想在 g 处(要求 $cg=cb$)放一质量为 m_b 的重物，为了区别于 m_b，记为 m_1。约旦努得出一个结论：如果 b 端的质量 m_b 可以把 a 端的质量 m_a 提升 ad，同样也可以把 g 处的 m_1 提升 gh，这两者是完全等价的。这就相当于把图 1(a) 的非等臂杠杆看成了图 2(b) 的等臂杠杆，然而由于 $cg=cb$，且 $m_b=m_1$，对于所悬重物相等的等臂杠杆，显然所假设的运动是不可能的，当然反向的运动也不可能，因此它只能保持平衡状态。

这段证明多少显得晦涩了一些，不过人类对自然规律的认识正如我们学习的过程，都需要经历懵懂、再认知、清晰理解的过程。尽管约丹努的“反证法”不能提出“虚位移”的概念，但他假设平衡杠杆发生了位移，应该算是虚位移原理的萌芽。当静力学发展到十六世纪时，荷兰力学家斯蒂文(1548—1620)就将虚位移原理大大推进了一步。斯蒂文在研究滑轮系统时，发现“在任何滑轮系统中每个被支撑的重物与它由该系统的任意给定位移带动而移过的距离的乘积在整个系统中处处相等时，该系统保持平衡”。这一叙述非常接近现在所学的虚位移原理。

尽管斯蒂文的做法和现在的虚位移原理非常接近，但由于当时人们对功的概念还不清楚，同时也缺少虚位移原理所需要的数学工具——变分法，所以还不能准确地描述出虚位移原理。此后，伽利略、约翰·伯努利等都曾定义过虚位移原理。十七世纪变分理论确立，十九世纪人们对功和能概念的明晰，认清了功能之间的转换关系，为虚位移原理的提出创造了条件。完成这一工作的是法国力学家科里奥利(1792—1843)，他正确定义了功，并明确了功与能之间的关系。他对虚位移原理的描述为“在理想完整的约束中，主动力在虚位移上所作的总功为零。”

[1] 武际可．力学史[M]. 2 版．上海：上海辞书出版社，2010.

*第 15 章　动力学普遍方程与拉格朗日方程

内容提要

动力学问题可以利用达朗贝尔原理转化为形式上的静力平衡问题，对形式上的静力平衡问题再应用虚位移原理就得到动力学普遍方程，因此，动力学普遍方程是达朗贝尔原理与虚位移原理结合的产物。对完整约束的质点系，若由广义坐标表示质点系的位形，则可由动力学普遍方程导出拉格朗日方程，其方程个数与系统的自由度数目相同。由于建立拉格朗日方程时不需要进行加速度分析，而且可以遵循统一的步骤解题，这就使复杂质点系动力学问题的分析与求解过程大为简化。拉格朗日方程特别适合于求解完整约束质点系的运动微分方程。

本章知识导图

15.1　动力学普遍方程

设质点系由 n 个质点组成，第 i 个质点的质量为 m_i，加速度为 $\boldsymbol{a}_i$，其所受的主动力为 $\boldsymbol{F}_i$，约束力为 $\boldsymbol{F}_{Ni}$。若在该质点上虚加惯性力 $\boldsymbol{F}_{Ii}=-m_i\boldsymbol{a}_i$，则由达朗贝尔原理，作用在质点系上的全部主动力、约束力、惯性力组成形式上的平衡力系。如果质点系受理想约束，则由虚位移原理得

$$\sum(\boldsymbol{F}_I+\boldsymbol{F}_{Ii})\delta\boldsymbol{r}_i=0 \tag{15-1}$$

写成解析式为

$$\sum[(F_{ix}-m_i\ddot{x}_i)\delta x_i+(F_{iy}-m_i\ddot{y}_i)\delta y_i+(F_{iz}-m_i\ddot{z}_i)\delta z_i]=0 \tag{15-2}$$

式(15-1)、式(15-2)称为动力学普遍方程。

即具有理想约束的质点系，在运动的任意一瞬时，作用在质点系上的主动力与惯性力在系统任意虚位移上所做的虚功之和等于零。

动力学普遍方程是分析动力学的基础，提供了描述系统的全部运动微分方程。理想约束的约束力在方程中不出现，使得非自由质点系的动力学问题大为简化。

例 15-1　如图 15-1(a)所示机构中均质圆轮 O 上作用一个力偶矩为 M 的常力偶，使均质圆柱体 A 沿固定斜面向上做纯滚动。已知圆柱体 A 和圆轮 O 的重量分别为 G_1、G_2，半径均为 R，斜面倾角为 θ；绳子不可伸长，其质量和圆柱体与斜面间的滚动摩擦力偶不计。试求圆轮 O 的角加速度。

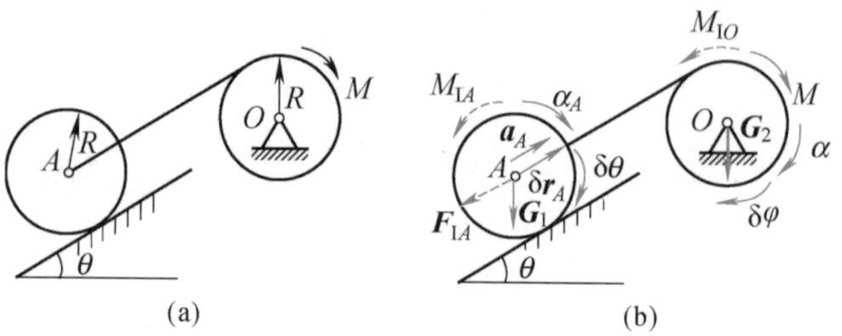

图 15-1

分析　本例求解运动量角加速度，可由动力学普遍方程求解。为虚加惯性力，需根据各物体的运动情况确定虚加惯性力所需的运动量。因此，首先需要进行运动分析，求解加速度与角加速度；然后进行受力分析，包括分析主动力，并虚加惯性力；接着分析系统的自由度，进行虚位移分析，建立虚位移关系；最后代入动力学普遍方程求解。由此可见，由动力学普遍方程求解问题可按如下步骤进行。

解　(1)运动分析。取整个系统为研究对象。系统所受约束为理想约束，且只有一个自由度。圆柱体做平面运动，圆轮做定轴转动。设任意瞬时，圆轮的角加速度为 α，圆柱体的角加速度为 α_A，圆柱体质心的加速度为 $\boldsymbol{a}_A$，如图 15-1(b)所示。由运动学知

$$\alpha_A=\alpha,\ a_A=\alpha_A R \tag{a}$$

(2)受力分析。作用在系统上的主动力有三个，即两物体的重力 $\boldsymbol{G}_1$、$\boldsymbol{G}_2$ 与力偶矩 M。在两个物体上分别虚加惯性力，如图 15-1(b)所示。图中

$$M_{IO}=\frac{1}{2}\frac{G_2}{g}R^2\alpha,\ M_{IA}=\frac{1}{2}\frac{G_1}{g}R^2\alpha_A,\ F_{IA}=\frac{G_1}{g}a_A \tag{b}$$

(3)虚位移分析。给系统以虚位移 $\delta\varphi$、$\delta\theta$ 和 $\delta\boldsymbol{r}_A$，则

$$\delta\theta=\delta\varphi \qquad \delta r_A=R\delta\theta \tag{c}$$

(4)应用动力学普遍方程。由动力学普遍方程得

$$M\delta\varphi-M_{IO}\delta\varphi-M_{IA}\delta\theta-F_{IA}\delta r_A-G_1\sin\theta\cdot\delta r_A=0 \tag{d}$$

将式(a)、式(b)、式(c)代入式(d)，整理化简得

$$\left[M-G_1R\sin\theta-\frac{3G_1+G_2}{2g}R^2\alpha\right]\delta\varphi=0$$

由于 $\delta\varphi$ 的任意性，故得

$$M-G_1R\sin\theta-\frac{3G_1+G_2}{2g}R^2\alpha=0$$

即

$$\alpha=\frac{2(M-G_1R\sin\theta)g}{(3G_1+G_2)R^2}$$

小结

(1)应用动力学普遍方程求解时，一般取整体分析。

(2)对于理想约束的质点系，可以方便地应用动力学普遍方程求解运动量加速度与角加速度。

(3)正确虚加惯性力和建立虚位移之间的关系是应用动力学普遍方程求解动力学问题的两个重要环节。

例 15-2　半圆形凸轮顶杆机构如图 15-2(a)所示。设凸轮与顶杆质量均为 m，重物质量为 $2m$，各物体均质，不计摩擦，求图示位置凸轮从静止开始运动的加速度 $\boldsymbol{a}$。

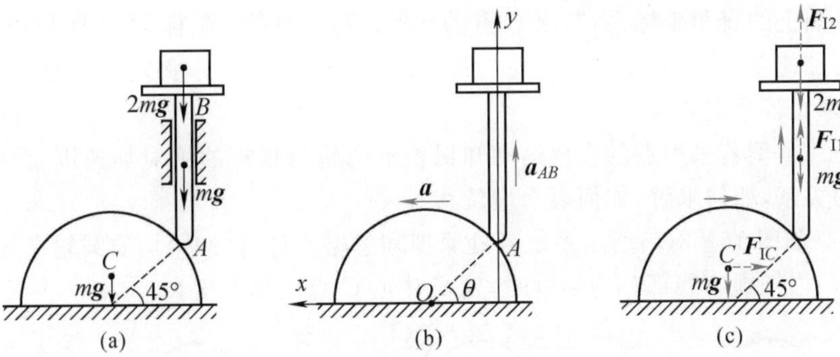

图 15-2

分析　本例求凸轮从静止开始运动的加速度，为运动初瞬时问题，可由动力学普遍方程求解。求解时，需根据运动初瞬时问题特征假定运动量，本例中两刚体做平动，故需假定运动初始的加速度，然后虚加惯性力。若假定凸轮从静止开始运动的加速度为 $\boldsymbol{a}$，则 AB 杆的加速度可由点的加速度合成定理求出，也可由点的运动学知识得到。主动力、惯性力作用点的虚位移应为绝对虚位移，故可由点的速度合成定理建立虚位移关系，也可由点的运动学知识得到虚位移关系。本例采用点的运动学知识确定加速度以及虚位移。

解　(1)运动分析。取整个系统为研究对象。系统所受约束为理想约束，且只有一个自由度。如图 15-2(b)建立直角坐标系，则

$$y_A = R\sin\theta,\ x_O = R\cos\theta \tag{a}$$

对式(a)求二阶导得

$$a_{AB} = \ddot{y}_A = -R\sin\theta\cdot\dot{\theta}^2 - R\cos\theta\cdot\ddot{\theta},\ a = \ddot{x}_O = -R\cos\theta\cdot\dot{\theta}^2 - R\sin\theta\cdot\ddot{\theta} \tag{b}$$

因凸轮从静止开始运动，$\dot{\theta}=0,\theta=45°$，代入式(b)得

$$a_{AB} = a \tag{c}$$

凸轮从静止开始运动的加速度 $\boldsymbol{a}$ 与 AB 杆的加速度 $\boldsymbol{a}_{AB}$ 方向如图 15-2(b)所示。

(2)受力分析。作用在系统上的主动力为三个物体的重力。三个物体均做平动，在三个物体上分别虚加惯性力，如图 15-2(c)所示。注意，凸轮的惯性力应加在其质心 C 处，图中

$$F_{IC} = ma \qquad F_{I1} = ma_{AB} \qquad F_{I2} = 2ma_{AB} \tag{c}$$

(3)虚位移分析。对式(a)求变分得

$$\delta y_A = R\cos\theta\delta\theta \qquad \delta x_O = -R\sin\theta\delta\theta \tag{d}$$

(4)应用动力学普遍方程。由动力学普遍方程得

$$-F_{IC}\delta x_O - mg\delta y_A + F_{I1}\delta y_A - 2mg\delta y_A + F_{I2}\delta y_A = 0 \tag{e}$$

将式(c)、式(d)代入式(e)，并代入 $\theta=45°$，整理化简得

$$(4ma - 3mg)\delta\theta = 0$$

由于 $\delta\theta \neq 0$，故得

$$4ma - 3mg = 0$$

解得

$$a = \frac{3}{4}g$$

小结

系统中各平动刚体的加速度必须是绝对加速度，所涉及的虚位移必须是绝对虚位移。故选择固定在地面上的直角坐标系，写出 O 点的 x 坐标与 A 点的 y 坐标，求二阶导数依次为凸轮与顶杆的绝对加速度，求一阶变分得凸轮与顶杆的绝对虚位移。本例均采用点的运动学知识求解，理解起来比较系统。

读者思考　本例若采用点的合成运动知识表示凸轮与顶杆的绝对加速度、凸轮与顶杆的绝对虚位移的关系，如何求解，如何表示虚位移？

例 15－3　如图 15－3(a)所示系统各处摩擦均忽略不计，已知两均质圆轮半径均为 R，质量均为 m。求：当细绳直线部分为铅垂时，轮 C 中心 C 点的加速度。

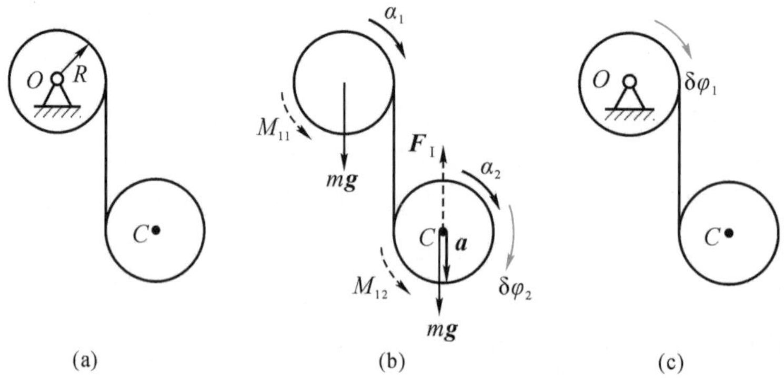

图 15－3

分析　本例为两自由度系统，类似于应用虚位移原理求解多自由度问题的处理方法，在给定虚位移时，可令一个虚位移不为零，另一虚位移为零来处理。

解　(1)运动分析。取整个系统为研究对象，系统所受约束为理想约束。设任意瞬时，两轮的角加速度及轮心 C 的加速度如图 15－3(b)所示。由运动学知识有

$$a=(\alpha_1+\alpha_2)R \tag{a}$$

(2)受力分析。作用在系统上的主动力为两轮的重力。在两轮上分别虚加惯性力，如图 15－3(b)所示。其中

$$M_{I1}=\frac{1}{2}mR^2\alpha_1 \quad ,F_I=ma=mR(\alpha_1+\alpha_2)\ ,M_{I2}=\frac{1}{2}mR^2\alpha_2 \tag{b}$$

(3)虚位移分析与应用动力学普遍方程。系统有两个自由度，取 O 轮、C 轮转角 φ_1、φ_2 为广义坐标。

令 $\delta\varphi_1=0$，$\delta\varphi_2\neq 0$，且 $\delta\varphi_2$ 为顺时针，如图 15－3(b)所示，则 C 点下降

$$\delta h=R\delta\varphi_2 \tag{c}$$

由动力学普遍方程得

$$(mg-F_I)\delta h-M_{I2}\delta\varphi_2=0 \tag{d}$$

将式(b)、式(c)代入式(d)，整理化简得

$$\left[g-R(\alpha_1+\frac{3}{2}\alpha_2)\right]\delta\varphi_2=0$$

由于虚位移的任意性，所以

$$g-R(\alpha_1+\frac{3}{2}\alpha_2)=0 \tag{e}$$

再令 $\delta\varphi_1 \neq 0$，$\delta\varphi_2 = 0$，且 $\delta\varphi_1$ 为顺时针，如图 15-3(c)所示，则 C 点下降

$$\delta h = R\delta\varphi_1 \tag{f}$$

由动力学普遍方程得

$$(mg - F_1)\delta h - M_{I1}\delta\varphi_1 = 0 \tag{g}$$

将式(b)、式(f)代入式(g)，整理化简得

$$\left[g - R\left(\frac{3}{2}\alpha_1 + \alpha_2\right)\right]\delta\varphi_1 = 0$$

由于虚位移的任意性，所以

$$g - R\left(\frac{3}{2}\alpha_1 + \alpha_2\right) = 0 \tag{h}$$

联立式(a)、式(e)、式(h)得

$$a = \frac{4}{5}g$$

小结

本例给出了两自由度系统应用动力学普遍方程的求解方法，这种处理方法适用于多自由度系统。

知识拓展

应用质点系的动力学普遍方程可以方便地求解理想约束质点系的动力学题目，但如下情况也可应用动力学普遍方程求解。

(1)若质点系受非理想约束，但非理想约束处约束力的虚功已知，则可将非理想约束处的约束力视为主动力，建立动力学普遍方程时，将其虚功计入在内即可。

(2)若要求某约束力，只需将该约束解除，把相应的约束力视为主动力，也可应用动力学普遍方程求解。但需要由其他方法先求出运动量加速度与角加速度。

15.2　第二类拉格朗日方程

设质点系由 n 个质点组成，若系统具有 s 个完整双侧约束，则系统具有 $N = 3n - s$ 个自由度。现用 $q_1, q_2, \cdots, q_N$ 表示系统的广义坐标，则系统中第 i 个质点的矢径 $\boldsymbol{r}_i$ 是广义坐标和时间的函数，即

$$\boldsymbol{r}_i = \boldsymbol{r}_i(q_1, q_2, \cdots, q_N, t) \tag{a}$$

对上式取变分，得 $\delta\boldsymbol{r}_i = \sum_{k=1}^{N}\frac{\partial\boldsymbol{r}_i}{\partial q_k}\delta q_k$，代入质点系的动力学普遍方程式(15-1)，得

$$\sum_{i=1}^{n}(\boldsymbol{F}_i + \boldsymbol{F}_{Ii}) \cdot \sum_{k=1}^{N}\frac{\partial\boldsymbol{r}_i}{\partial q_k} \cdot \delta q_k = 0$$

将上式展开，并注意到 $\boldsymbol{F}_{Ii} = -m_i\boldsymbol{a}_i$，于是得

$$\left(\sum_{i=1}^{n}\boldsymbol{F}_i \cdot \sum_{k=1}^{N}\frac{\partial\boldsymbol{r}_i}{\partial q_k} - \sum_{i=1}^{n}m_i\boldsymbol{a}_i \cdot \sum_{k=1}^{N}\frac{\partial\boldsymbol{r}_i}{\partial q_k}\right)\delta q_k = 0$$

拉格朗日方程的推导思路

亦即

$$\sum_{k=1}^{N}\left(\sum_{i=1}^{n}\boldsymbol{F}_i\frac{\partial\boldsymbol{r}_i}{\partial q_k} - \sum_{i=1}^{n}m_i\boldsymbol{a}_i\frac{\partial\boldsymbol{r}_i}{\partial q_k}\right)\delta q_k = 0$$

由于完整约束系统广义坐标的变分是相互独立的，且是任意的，因此，要使上式成立，必须有

$$\sum_{i=1}^{n}\boldsymbol{F}_i\frac{\partial\boldsymbol{r}_i}{\partial q_k}-\sum_{i=1}^{n}m_i\boldsymbol{a}_i\frac{\partial\boldsymbol{r}_i}{\partial q_k}=0\qquad(k=1,2,\cdots,N)$$

上式中的第一项是对应于广义坐标 q_k 的广义力 Q_k，于是得

$$Q_k-\sum_{i=1}^{n}m_i\boldsymbol{a}_i\frac{\partial\boldsymbol{r}_i}{\partial q_k}=0\qquad(k=1,2,\cdots,N)\tag{b}$$

这是具有 N 个方程的方程组，其中第二项称为广义惯性力。为了使式(b)用起来方便，将其中的广义惯性力变换如下：

$$\sum_{i=1}^{n}m_i\boldsymbol{a}_i\frac{\partial\boldsymbol{r}_i}{\partial q_k}=\sum_{i=1}^{n}m_i\dot{\boldsymbol{v}}_i\frac{\partial\boldsymbol{r}_i}{\partial q_k}=\sum_{i=1}^{n}m_i\frac{\mathrm{d}}{\mathrm{d}t}\left(\boldsymbol{v}_i\frac{\partial\boldsymbol{r}_i}{\partial q_k}\right)-\sum_{i=1}^{n}m_i\boldsymbol{v}_i\frac{\mathrm{d}}{\mathrm{d}t}\left(\frac{\partial\boldsymbol{r}_i}{\partial q_k}\right)\tag{c}$$

为了简化上式，先证明两个恒等式：

$$\frac{\partial\boldsymbol{r}_i}{\partial q_k}=\frac{\partial\dot{\boldsymbol{r}}_i}{\partial\dot{q}_k}\tag{d}$$

$$\frac{\mathrm{d}}{\mathrm{d}t}\left(\frac{\partial\boldsymbol{r}_i}{\partial q_k}\right)=\frac{\partial\dot{\boldsymbol{r}}_i}{\partial q_k}\tag{e}$$

证明　在完整约束的情况下，质点的矢径只是广义坐标和时间的函数，即 $\boldsymbol{r}_i=\boldsymbol{r}_i(q_1,q_2,\cdots,q_N,t)$，对时间 t 求导数，得

$$\dot{\boldsymbol{r}}_i=\frac{\mathrm{d}\boldsymbol{r}_i}{\mathrm{d}t}=\sum_{k=1}^{N}\frac{\partial\boldsymbol{r}_i}{\partial q_k}\dot{q}_k+\frac{\partial\boldsymbol{r}_i}{\partial t}\tag{f}$$

注意到 $\dfrac{\partial\boldsymbol{r}_i}{\partial q_k}$ 和 $\dfrac{\partial\boldsymbol{r}_i}{\partial t}$ 只是广义坐标和时间的函数，而不是广义速度的函数，所以式(f) 两边对 $\dot{q}_k$ 求偏导，得

$$\frac{\partial\dot{\boldsymbol{r}}_i}{\partial\dot{q}_k}=\frac{\partial\boldsymbol{r}_i}{\partial q_k}$$

于是式(d)得证。

将式(f)对某一广义坐标 q_j 求偏导数，得

$$\frac{\partial\dot{\boldsymbol{r}}_i}{\partial q_j}=\sum_{k=1}^{N}\frac{\partial}{\partial q_j}\left[\frac{\partial\boldsymbol{r}_i}{\partial q_k}\dot{q}_k\right]+\frac{\partial^2\boldsymbol{r}_i}{\partial q_j\partial t}=\sum_{k=1}^{N}\frac{\partial^2\boldsymbol{r}_i}{\partial q_j\partial q_k}\dot{q}_k+\frac{\partial^2\boldsymbol{r}_i}{\partial q_j\partial t}\tag{g}$$

再将 $\dfrac{\partial\boldsymbol{r}_i}{\partial q_j}$ 对时间求导，结合 $\boldsymbol{r}_i=\boldsymbol{r}_i(q_1,q_2,\cdots,q_N,t)$ 得

$$\frac{\mathrm{d}}{\mathrm{d}t}\left(\frac{\partial\boldsymbol{r}_i}{\partial q_j}\right)=\sum_{k=1}^{N}\frac{\partial}{\partial q_j}\left(\frac{\partial\boldsymbol{r}_i}{\partial q_j}\right)\dot{q}_k+\frac{\partial^2\boldsymbol{r}_i}{\partial t\partial q_j}=\sum_{k=1}^{N}\frac{\partial^2\boldsymbol{r}_i}{\partial q_k\partial q_j}\dot{q}_k+\frac{\partial^2\boldsymbol{r}_i}{\partial t\partial q_j}\tag{h}$$

式(g)与式(h)右端相同，由此得

$$\frac{\mathrm{d}}{\mathrm{d}t}\left(\frac{\partial\boldsymbol{r}_i}{\partial q_k}\right)=\frac{\partial\dot{\boldsymbol{r}}_i}{\partial q_k}$$

于是式(e)得证。

将式(d)、式(e)代入式(c)，并注意到 $\boldsymbol{v}_i=\dot{\boldsymbol{r}}_i$，得

$$\sum_{i=1}^{n}m_i\dot{\boldsymbol{v}}_i\frac{\partial\boldsymbol{r}_i}{\partial q_k}=\sum_{i=1}^{n}m_i\frac{\mathrm{d}}{\mathrm{d}t}\left(\boldsymbol{v}_i\frac{\partial\dot{\boldsymbol{r}}_i}{\partial\dot{q}_k}\right)-\sum_{i=1}^{n}m_i\boldsymbol{v}_i\frac{\partial\dot{\boldsymbol{r}}_i}{\partial q_k}$$

$$= \sum_{i=1}^{n} m_i \frac{\mathrm{d}}{\mathrm{d}t}\left(\boldsymbol{v}_i \frac{\partial \boldsymbol{v}_i}{\partial \dot{q}_k}\right) - \sum_{i=1}^{n} m_i \boldsymbol{v}_i \frac{\partial \boldsymbol{v}_i}{\partial q_k}$$

$$= \frac{\mathrm{d}}{\mathrm{d}t}\left[\sum_{i=1}^{n} \frac{\partial}{\partial \dot{q}_k}\left(\frac{1}{2} m_i v_i^2\right)\right] - \sum_{i=1}^{n} \frac{\partial}{\partial q_k}\left(\frac{1}{2} m_i v_i^2\right)$$

$$= \frac{\mathrm{d}}{\mathrm{d}t} \frac{\partial}{\partial \dot{q}_k} \sum_{i=1}^{n}\left(\frac{1}{2} m_i v_i^2\right) - \frac{\partial}{\partial q_k} \sum_{i=1}^{n}\left(\frac{1}{2} m_i v_i^2\right)$$

$$= \frac{\mathrm{d}}{\mathrm{d}t}\left(\frac{\partial T}{\partial \dot{q}_k}\right) - \frac{\partial T}{\partial q_k} \tag{i}$$

其中 $T = \sum_{i=1}^{n} \frac{1}{2} m_i v_i^2$ 为质点系的动能。将式(i)代入式(b)，得

$$\frac{\mathrm{d}}{\mathrm{d}t}\left(\frac{\partial T}{\partial \dot{q}_k}\right) - \frac{\partial T}{\partial q_k} = \boldsymbol{Q}_k \qquad (k = 1, 2, \cdots, N) \tag{15-3}$$

式(15－3)称为第二类拉格朗日方程，它是完整系统的拉格朗日方程，也简称为拉氏方程。该方程组的数目等于质点系的自由度数。每个方程都是二阶常微分方程。将此微分方程组积分，并利用初始条件，便可求解出质点系用广义坐标表示的运动方程。

如果作用在质点系上的主动力都是有势力，由势力场的性质可知，对应于广义坐标 q_k 的广义力 $\boldsymbol{Q}_k$ 可用质点系的势能 V 表示为

$$\boldsymbol{Q}_k = -\frac{\partial V}{\partial q_k}$$

于是拉格朗日方程(15－3)可写成

$$\frac{\mathrm{d}}{\mathrm{d}t}\left(\frac{\partial T}{\partial \dot{q}_k}\right) - \frac{\partial T}{\partial q_k} = -\frac{\partial V}{\partial q_k} \qquad (k = 1, 2, \cdots, N) \tag{j}$$

当系统为保守系统时，由于势能只是广义坐标的函数，所以有 $\frac{\partial V}{\partial \dot{q}_k} = 0$，这样式(j)又可写成

$$\frac{\mathrm{d}}{\mathrm{d}t}\left(\frac{\partial T}{\partial \dot{q}_k} - \frac{\partial V}{\partial \dot{q}_k}\right) - \left(\frac{\partial T}{\partial q_k} - \frac{\partial V}{\partial q_k}\right) = 0$$

即

$$\frac{\mathrm{d}}{\mathrm{d}t}\left[\frac{\partial}{\partial \dot{q}_k}(T - V)\right] - \frac{\partial}{\partial q_k}(T - V) = 0$$

令

$$L = T - V \tag{15-4}$$

L 称为拉格朗日函数或动势，则式(j)具有更简单的形式：

$$\frac{\mathrm{d}}{\mathrm{d}t}\left(\frac{\partial L}{\partial \dot{q}_k}\right) - \frac{\partial L}{\partial q_k} = 0 \qquad (k = 1, 2, \cdots, N) \tag{15-5}$$

式(15－5)称为主动力仅是有势力时的拉格朗日方程，或称为保守系统的拉格朗日方程。因此，在这种情况下，只要把拉格朗日函数表示为广义坐标、广义速度和时间的函数，就可用式(15－5)建立保守系统的运动微分方程。

如果作用在质点系上的主动力既有有势力，也有非有势力，令 V 表示对应于有势力的势能，$\boldsymbol{Q}_k'$ 表示由非有势力确定的广义力，则拉格朗日方程可写为

$$\frac{\mathrm{d}}{\mathrm{d}t}\left(\frac{\partial T}{\partial \dot{q}_k}\right) - \frac{\partial T}{\partial q_k} = -\frac{\partial V}{\partial q_k} + \boldsymbol{Q}_k' \qquad (k = 1, 2, \cdots, N) \tag{k}$$

或

$$\frac{\mathrm{d}}{\mathrm{d}t}\left(\frac{\partial L}{\partial \dot{q}_k}\right)-\frac{\partial L}{\partial q_k}=Q_k' \qquad (k=1,2,\cdots,N) \tag{15-6}$$

式(15－6)称为主动力既有势力也有非有势力时的拉格朗日方程。

例 15－4　图 15－4 所示的行星轮机构位于水平面内，质量为 m_1 的均质杆 OO_1 在力偶矩为 M 的力偶作用下，绕定齿轮的轴 O 转动，并带动均质行星齿轮 O_1 在定齿轮上做纯滚动。已知行星齿轮的质量为 m_2、半径为 r，定齿轮的半径为 R。忽略摩擦，试用拉格朗日方程求杆 OO_1 的角加速度。

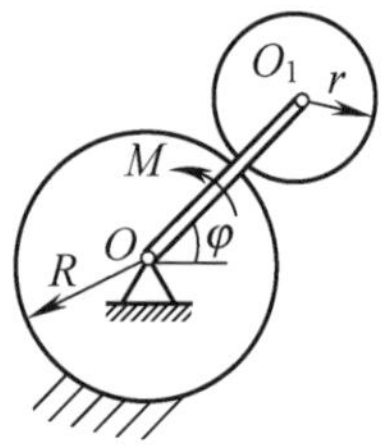

图 15－4

分析　本例的行星轮机构位于水平面内，动能与广义力均易求出，故可由式(15－3)求解。

解　(1)选取广义坐标。机构具有一个自由度，取杆 OO_1 的转角 φ 为广义坐标。

(2)求系统动能(表示为广义坐标的函数)。杆的角速度为 $\dot{\varphi}$。由于轮 O_1 做纯滚动，由运动学知，O_1 点的速度为

$$v_{O_1}=(R+r)\dot{\varphi}$$

于是系统动能为

$$T=\frac{1}{2}J_O\dot{\varphi}^2+\frac{3}{4}m_2v_{O_1}^2=\frac{1}{2}\times\frac{1}{3}m_1(R+r)^2\dot{\varphi}^2+\frac{3}{4}m_2(R+r)^2\dot{\varphi}^2=\frac{(2m_1+9m_2)}{12}(R+r)^2\dot{\varphi}^2$$

(3)求广义力。给 OA 杆逆时针虚位移 $\delta\varphi$，由于行星轮机构位于水平面内，所以在虚位移 $\delta\varphi$ 上，只有力偶矩 M 做虚功。力偶矩 M 对应的虚功为

$$\sum\delta W_\varphi=M\cdot\delta\varphi$$

对应于广义坐标 φ 的广义力 Q_φ 为

$$Q_\varphi=\frac{\sum\delta W_\varphi}{\delta\varphi}=\frac{M\cdot\delta\varphi}{\delta\varphi}=M$$

拉格朗日方程一般形式的应用

(4)将动能与广义力代入拉氏方程。将动能与广义力表达式代入拉氏方程(15－3)：

$$\frac{\mathrm{d}}{\mathrm{d}t}\left(\frac{\partial T}{\partial\dot{\varphi}}\right)-\frac{\partial T}{\partial\varphi}=Q_\varphi$$

因

$$\frac{\partial T}{\partial\dot{\varphi}}=\frac{(2m_1+9m_2)}{6}(R+r)^2\dot{\varphi}\ ,\ \frac{\partial T}{\partial\varphi}=0$$

故得

$$\frac{2m_1+9m_2}{6}(R+r)^2\ddot{\varphi}=M$$

或

$$\ddot{\varphi}=\frac{6M}{(2m_1+9m_2)(R+r)^2}$$

例 15－5　如图 15－5 所示，质量为 m、半径为 r 的均质半圆柱体在固定的粗糙水平面上做纯滚动。其重心位置 C 距中心 O 的距离 $OC=a$，试用拉格朗日方程建立其在静平衡位置微幅摆动的运动微分方程。

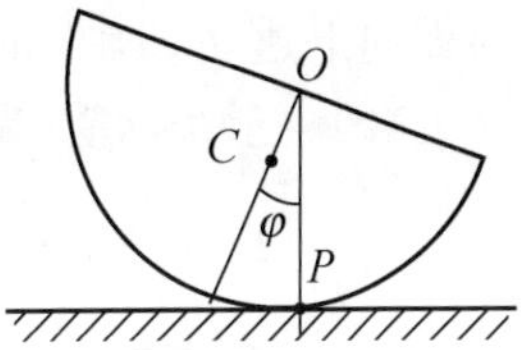

图 15－5

分析　本例为保守系统，故可由式(15－5)求解。

解　(1)选取广义坐标。半圆柱体做纯滚动，具有一个自由度，取 φ 为广义坐标。

(2)求系统动能(表示为广义坐标的函数)。半圆柱体对速度瞬心 P 的转动惯量为

$$\begin{aligned} J_P &= J_O - m(OC)^2 + m \cdot CP^2 \\ &= \frac{1}{2}mr^2 - m(OC)^2 + m\left[(OC)^2 + r^2 - 2r(OC)\cos\varphi\right] \\ &= \frac{3}{2}mr^2 - 2mra\cos\varphi \end{aligned}$$

于是半圆柱体动能为

$$T = \frac{1}{2}J_P\dot{\varphi}^2 = \frac{1}{2}\cdot\left(\frac{3}{2}mr^2 - 2mra\cos\varphi\right)\dot{\varphi}^2 = \left(\frac{3}{4}r - a\cos\varphi\right)mr\dot{\varphi}^2$$

(3)求系统势能与拉格朗日函数。以静平衡位置为势能零点，则转角为 φ 时的势能为

$$V = mga(1-\cos\varphi)$$

拉氏函数为

$$L = T - V = \left(\frac{3}{4}r - a\cos\varphi\right)mr\dot{\varphi}^2 - mga(1-\cos\varphi)$$

(4)将拉格朗日函数代入拉氏方程。将拉格朗日函数代入拉氏方程式(15－5)：

$$\frac{\mathrm{d}}{\mathrm{d}t}\left(\frac{\partial L}{\partial\dot{\varphi}}\right) - \frac{\partial L}{\partial\varphi} = 0$$

因

$$\frac{\partial L}{\partial\dot{\varphi}} = \left(\frac{3}{2}r - 2a\cos\varphi\right)mr\dot{\varphi}\ ,\ \frac{\partial L}{\partial\varphi} = -mga\sin\varphi$$

故得

$$\left(\frac{3}{2}r - 2a\cos\varphi\right)mr\ddot{\varphi} + mga\sin\varphi = 0$$

微幅摆动时，取 $\cos\varphi = 1, \sin\varphi = \varphi$，则

$$\left(\frac{3}{2}r - 2a\right)r\ddot{\varphi} + ga\varphi = 0$$

或

$$\ddot{\varphi} + \frac{2ga}{(3r-4a)r}\varphi = 0$$

例 15－6　如图 15－6 所示，已知斜面倾角为 θ，物块 A 质量为 m_1，与斜面间的动摩擦因数为 f_d。均质滑轮 B 质量为 m_2，半径为 R，绳不可伸长，绳与滑轮间无相对滑动。均质圆盘 C 质量为 m_3，半径为 r，在固定水平面上作纯滚动，绳子两段分别与斜面和水平面平行，B、C 为质心。设系统初始静止，试用拉格朗日方程求物块 A 沿斜面下滑的加速度。

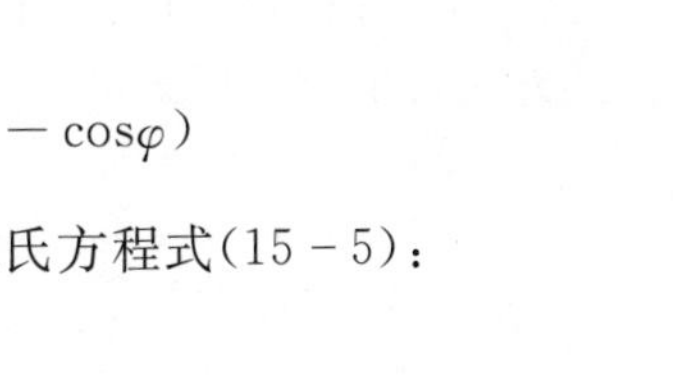

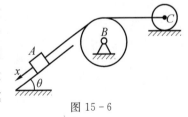

图 15－6

分析　系统所受的主动力除有势力重力外，还受到滑动摩擦力，摩擦力为非有势力，故本例中主动力既有有势力也有非有势力，可由式(15－6)求解。

解　(1)选取广义坐标。系统具有一个自由度，以静止时物块 A 所在位置为坐标原点，沿

斜面向下建立 x 轴，如图 15 - 6。取 x 为广义坐标。

(2)求系统动能(表示为广义坐标的函数)。系统的动能为

$$T=\frac{1}{2}m_1\dot{x}^2+\frac{1}{2}\times\frac{1}{2}m_2R^2\left(\frac{\dot{x}}{R}\right)^2+\frac{3}{4}m_3\dot{x}^2=\frac{1}{4}(2m_1+m_2+3m_3)\dot{x}^2$$

(3)求系统势能与拉格朗日函数。以静止时物块 A 所在位置为重力势能零点，则物块 A 有 x 时的系统势能为

$$V=-m_1gx\sin\theta$$

拉格朗日函数为

$$L=T-V=\frac{1}{4}(2m_1+m_2+3m_3)\dot{x}^2+m_1gx\sin\theta$$

(4)求非有势力对应的广义力。给物块 A 沿斜面向下虚位移 δx ，则摩擦力对应的虚功为

$$\sum\delta W_x=-f_dm_1g\cos\theta\cdot\delta x$$

摩擦力对应的广义力为

$$Q'_x=\frac{\sum\delta W_x}{\delta x}=\frac{-f_dm_1g\cos\theta\cdot\delta x}{\delta x}=-f_dm_1g\cos\theta$$

(5)将拉格朗日函数与非有势力的广义力代入拉氏方程。将拉格朗日函数与非有势力的广义力代入拉氏方程式(15 - 6)：

$$\frac{\mathrm{d}}{\mathrm{d}t}\left(\frac{\partial L}{\partial\dot{x}}\right)-\frac{\partial L}{\partial x}=Q'_x$$

因 $$\frac{\partial L}{\partial\dot{x}}=\frac{1}{2}(2m_1+m_2+3m_3)\dot{x}\ ,\ \frac{\partial L}{\partial x}=m_1g\sin\theta$$

故得 $$\frac{1}{2}(2m_1+m_2+3m_3)\ddot{x}-m_1g\sin\theta=-f_dm_1g\cos\theta$$

整理得 $$a=\ddot{x}=\frac{2m_1g(\sin\theta-f_d\cos\theta)}{2m_1+m_2+3m_3}$$

例 15 - 7 两物块 A、B 在光滑水平面上做平动。已知 A、B 的质量分别为 m_1 和 m_2。两物块之间用弹簧和阻尼器相连，弹簧刚度系数为 k_2，阻力系数为 c_2。物块 A 与固定端也用弹簧和阻尼器相连，弹簧刚度系数为 k_1，阻力系数为 c_1，如图 15 - 7 所示。试用拉格朗日方程建立系统的运动微分方程。

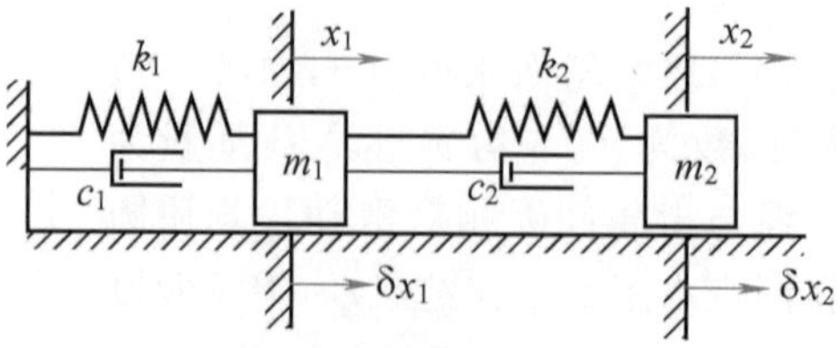

图 15 - 7

分析 系统所受的主动力除有势力弹簧的弹性力外，还受到阻尼力，阻尼力为非有势力，故本例中主动力既有有势力也有非有势力，可由式(15 - 6)求解。

解 (1)选取广义坐标。取系统为研究对象，系统具有两个自由度。取两物块各自离开其平衡位置的水平位移 x_1 和 x_2 为广义坐标。

(2)求系统动能(表示为广义坐标的函数)。系统的动能为

$$T=\frac{1}{2}m_1\dot{x}_1^2+\frac{1}{2}m_2\dot{x}_2^2$$

(3)求系统势能与拉格朗日函数。物块在光滑水平面上运动，重力和约束力不做功，弹簧弹性力为有势力，取物块的静平衡位置为零势能位置，则系统势能为

$$V=\frac{1}{2}k_1x_1^2+\frac{1}{2}k_2(x_1-x_2)^2=\frac{1}{2}(k_1+k_2)x_1^2+\frac{1}{2}k_2x_2^2-k_2x_1x_2$$

拉格朗日函数为

$$L=T-V=\frac{1}{2}m_1\dot{x}_1^2+\frac{1}{2}m_2\dot{x}_2^2-\frac{1}{2}(k_1+k_2)x_1^2-\frac{1}{2}k_2x_2^2+k_2x_1x_2$$

(4)求非有势力对应的广义力。先给系统虚位移 δx_1，令 $\delta x_2=0$，则非有势力对应虚位移 δx_1 的虚功为

$$\delta W_{x_1}=-c_1\dot{x}_1\delta x_1+c_2(\dot{x}_2-\dot{x}_1)\delta x_1=[-(c_1+c_2)\dot{x}_1+c_2\dot{x}_2]\delta x_1$$

对应于广义坐标 x_1 的非有势力的广义力为

$$Q'_{x_1}=\frac{\sum\delta W_{x_1}}{\delta x_1}=-(c_1+c_2)\dot{x}_1+c_2\dot{x}_2$$

再给系统虚位移 δx_2，令 $\delta x_1=0$，则非有势力对应虚位移 δx_2 的虚功为

$$\delta W_{x_2}=-c_2(\dot{x}_2-\dot{x}_1)\delta x_2$$

对应于广义坐标 x_2 的非有势力的广义力为

$$Q'_{x_2}=\frac{\sum\delta W_{x_2}}{\delta x_2}=-c_2(\dot{x}_2-\dot{x}_1)$$

(5)将拉格朗日函数与非有势力的广义力代入拉氏方程。将拉格朗日函数与非有势力的广义力代入拉氏方程式(15-6)：

$$\frac{\mathrm{d}}{\mathrm{d}t}\left(\frac{\partial L}{\partial\dot{x}_1}\right)-\frac{\partial L}{\partial x_1}=Q'_{x_1}$$

$$\frac{\mathrm{d}}{\mathrm{d}t}\left(\frac{\partial L}{\partial\dot{x}_2}\right)-\frac{\partial L}{\partial x_2}=Q'_{x_2}$$

因

$$\frac{\partial L}{\partial\dot{x}_1}=m_1\dot{x}_1,\ \frac{\partial L}{\partial x_1}=-(k_1+k_2)x_1+k_2x_2$$

$$\frac{\partial L}{\partial\dot{x}_2}=m_2\dot{x}_2,\ \frac{\partial L}{\partial x_2}=-k_2x_2+k_2x_1$$

故得

$$\begin{cases}m_1\ddot{x}_1+(k_1+k_2)x_1-k_2x_2=-(c_1+c_2)\dot{x}_1+c_2\dot{x}_2\\ m_2\ddot{x}_2+k_2x_2-k_2x_1=-c_2(\dot{x}_2-\dot{x}_1)\end{cases}$$

或

$$\begin{cases}m_1\ddot{x}_1+(c_1+c_2)\dot{x}_1-c_2\dot{x}_2+(k_1+k_2)x_1-k_2x_2=0\\ m_2\ddot{x}_2-c_2\dot{x}_1+c_2\dot{x}_1-k_2x_1+k_2x_2=0\end{cases}$$

小结　应用拉格朗日方程求解动力学问题时，应注意以下几点。

(1)计算动能时所涉及的速度与角速度必须是绝对速度与绝对角速度。计算势能时，必须指明零势能位置。

(2)应用拉格朗日方程求解问题的关键是选择广义坐标，并以广义坐标和广义速度表示系

统的动能、广义力或拉格朗日函数。对于同一个问题,可以选取不同的广义坐标,但选定广义坐标时,应力求系统的动能、广义力或拉格朗日函数的计算简单。

拉格朗日方程与动力学普遍方程比较。

(1)拉格朗日方程由动力学普遍方程导出,与动力学普遍方程一样,也特别适合求解有约束的复杂系统的动力学问题。

(2)利用拉格朗日方程解题时,需要求系统动能,涉及速度分析,而利用动力学普遍方程解题时,需要虚加惯性力,涉及加速度分析,一般来说,加速度分析比速度分析难度大,所以用拉格朗日方程求解比用动力学普遍方程求解更加简便。

(3)拉格朗日方程引入广义坐标,避开了动力学普遍方程使用时需要找虚位移之间的关系,而且解题方法、步骤规范统一,所以在求解方法方面比动力学普遍方程有明显优势。

习　　题

一、基础题

1. 从拉格朗日方程的推导过程总结拉格朗日方程的应用条件与方法优势。

2. 如图 15-8 所示,两均质轮在倾角为 θ 的固定斜面上纯滚动,两轮质量均为 m_1,半径均为 r,轮心由质量为 m_2 的均质细杆连接,由动力学普遍方程求细杆的加速度。

$\left(\text{答}:a=\dfrac{2m_1+m_2}{3m_1+m_2}g\sin\theta\right)$

3. 如图 15-9 所示,复摆质量为 m,对 O 轴的转动惯量为 J_O,质心 C 到 O 轴距离为 a。由动力学普遍方程求复摆微小摆动的规律。

$\left[\text{答}:\varphi=A\sin\left(\sqrt{\dfrac{mga}{J_O}}t+\theta_0\right)\right]$

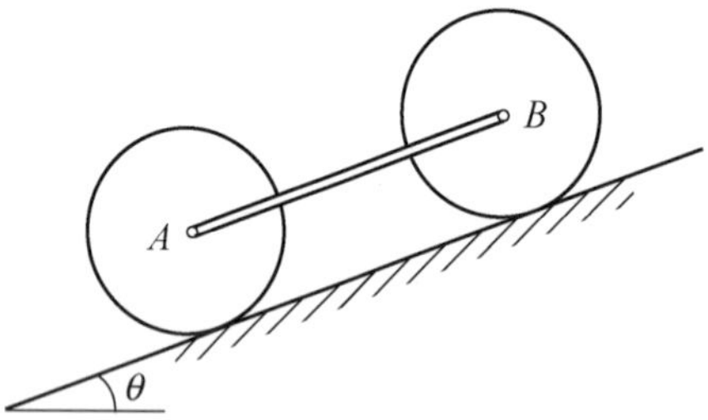

图 15-8

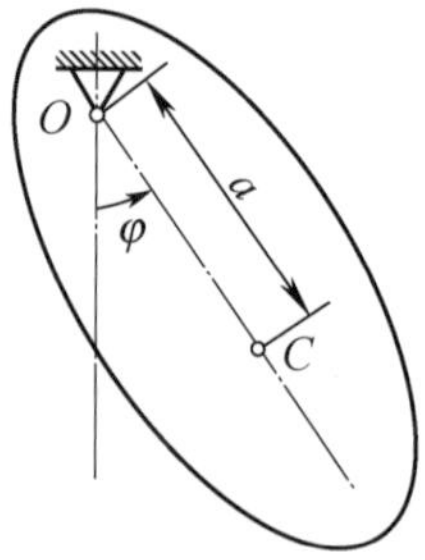

图 15-9

4. 由拉格朗日方程另解题 3。

5. 如图 15-10 所示机构中均质圆轮 O 上作用一个力偶矩为 M 的常力偶,使均质圆柱体 A 沿固定斜面向上做纯滚动。已知圆柱体 A 和圆轮 O 的重量分别为 G_1、G_2,半径均为 R,斜面倾角为 θ;绳子不可伸长,其质量和圆柱体与斜面间的滚动摩擦力偶不计。由拉格朗日方程求圆轮 O 的角加速度。

$\left[\text{答}:\alpha=\dfrac{2(M-G_1R\sin\theta)g}{(3G_1+G_2)R^2}\right]$

6. 如图 15-11 所示,质量为 m_1、半径为 r 的均质圆盘竖立在一固定的粗糙水平面上,圆盘边缘固结一质量为 m_2 的质点 A 。设圆盘做纯滚动，由拉格朗日方程求系统的运动微分方程。

$$\left[\text{答：}(3m_1+4m_2-4m_2\cos\varphi)\ddot{\varphi}+2m_2\left(\dot{\varphi}^2+\frac{g}{r}\right)\sin\varphi=0\right]$$

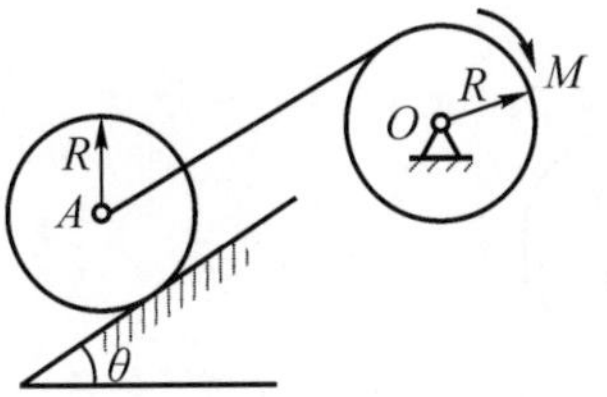

图 15－10

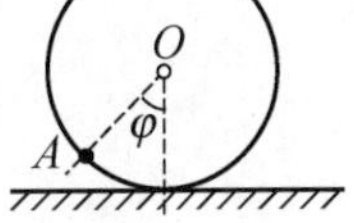

图 15－11

7. 如图 15－12 所示，与弹簧相连的滑块质量为 m，可沿粗糙水平面来回滑动，弹簧刚度系数为 k，接触处的动滑动摩擦系数为 f_d 。试由拉格朗日方程建立系统的运动微分方程。
（答：$m\ddot{x}+kx+f_d mg=0$）

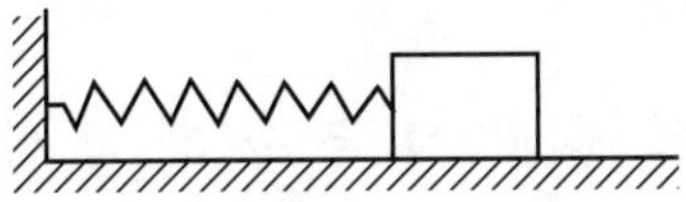
图 15－13

二、提升题

1. 如图 15－14 所示，物系由定滑轮 A、动滑轮 B 以及三个用不可伸长的绳挂起的重物 M_1、M_2 和 M_3 所组成。各重物的质量分别为 m_1、m_2 和 m_3。由动力学普遍方程求重物 M_1 的加速度。滑轮质量及各处摩擦均忽略不计。

$$\left[\text{答：}a=\frac{m_1(m_2+m_3)-4m_2m_3}{m_1(m_2+m_3)+4m_2m_3}g\right]$$

2. 如图 15－15 所示，绕在圆柱体 A 上的细绳跨过质量为 m 的均质滑轮 O，与一质量为 m_B 的重物 B 相连。圆柱体的质量为 m_A，半径为 r，对轴心的回转半径为 ρ。如绳与滑轮之间无滑动，开始时系统静止，问回转半径 ρ 满足什么条件时，物体 B 向上运动？

$$\left(\text{答：}\rho^2>\frac{m_Br^2}{m_A-m_B}\text{，且 } m_A>m_B\right)$$

3. 如图 15－16 所示，质量为 m_1、半径为 R 的均质圆轮 A，用光滑铰链 A 与质量为 m_2、长为 l 的均质杆 AB 铰接，圆轮 A 在固定水平面上做纯滚动。试由拉格朗日方程建立系统的运动微分方程。

［答：$(3m_1+2m_2)\ddot{x}+m_2l(\ddot{\varphi}\cos\varphi-\dot{\varphi}^2\sin\varphi)=0$；$3\cos\varphi\ddot{x}+2l\ddot{\varphi}+3g\sin\varphi=0$］

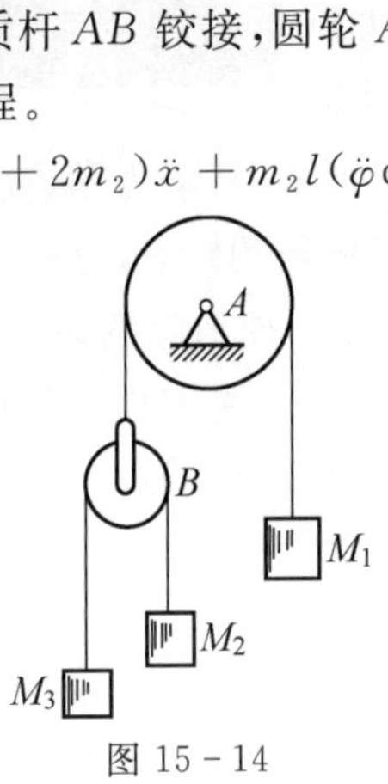

图 15－14

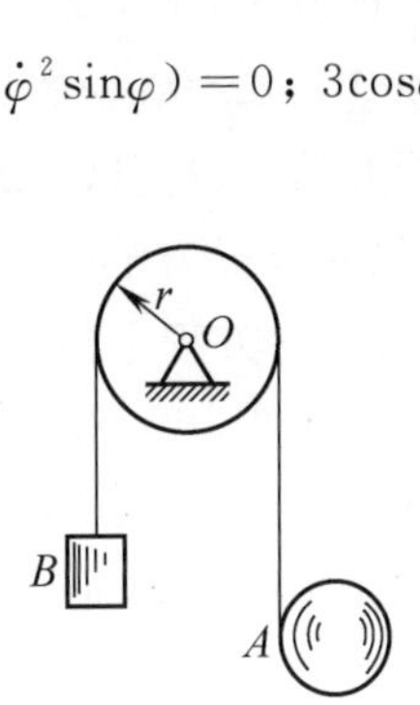

图 15－15

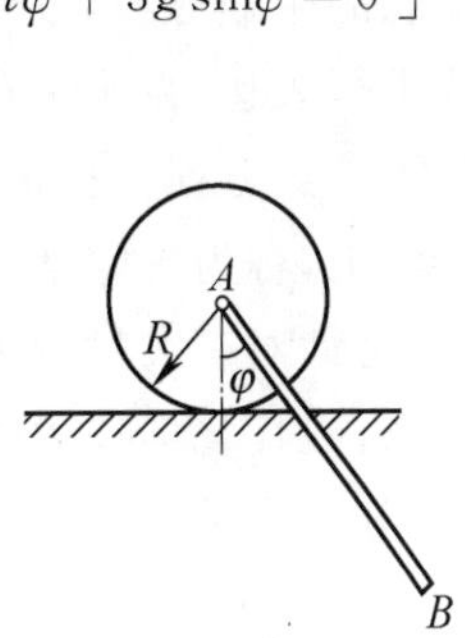

图 15－16

4. 如图 15-17 所示，均匀滑轮质量为 m_1，半径为 R，其上跨过不可伸长的绳子，绳子一端悬挂一质量为 m_2 的物体 A，另一端固结在铅垂弹簧上。弹簧的刚度系数为 k。若绳与滑轮之间无相对滑动，绳的质量与轴承的摩擦不计。由拉格朗日方程求物体 A 振动的周期。请写出题目用计算机求解时的 MATLAB 程序。

$\left(答:T=2\pi\sqrt{\dfrac{m_1+2m_2}{2k}}\right)$

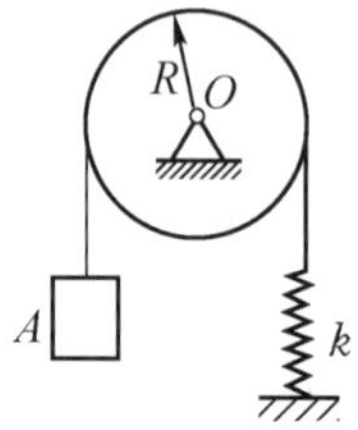

图 15-17

拓展阅读

拉格朗日与分析力学

约瑟夫·拉格朗日(Joseph Lagrange,1736—1813)，法国籍意大利裔数学家、力学家和天文学家。

拉格朗日是 18 世纪的伟大科学家之一，其才华横溢，一生在数学、力学和天文学三个学科中都有历史性的重大贡献。1755 年，19 岁的拉格朗日致信欧拉后参加了关于变分原理的讨论，给出了求泛函极值的分析方法。与此同时，他开始了分析力学的构想，但经历了长达 30 年之久，直到 1788 年，他在巴黎科学院工作期间才正式出版《分析力学》一书，后来拉格朗日又对此书做了补充与修改，在拉格朗日去世 3 年后，出版了《分析力学》第 2 版。拿破仑称赞他是“数学科学高耸的金字塔”，并授予他帝国大十字勋章。

分析力学的产生，主要源于工业发展。18 世纪，工业发展提出了许多求解带约束的力学系统的复杂问题，而对于具有大量约束的力学系统，引入广义坐标是消除约束和简化计算最方便的方法。拉格朗日从广义坐标出发，利用数学分析方法，把动力学方程从以力为基本概念的牛顿形式，改变为以能量为基本概念的分析力学形式，将动力学方程用统一的原理与公式进行表达，克服了在矢量动力学中建立这种方程依赖技巧的缺点，这种统一的方程即拉格朗日第二类方程。拉格朗日在他的分析力学中还引入了另一种消除约束的方法，即用约束力代替约束，称为不定乘子法，所得到的方程也称为拉格朗日第一类方程。从这个意义上讲，分析力学是针对有大量约束的复杂系统的力学，也可以说是近代工业的力学。拉格朗日去世 200 多年来，现代科学技术的发展越来越证明他开拓的分析力学的重要性，无论数学方面还是力学方面，分析力学仍然是人们进入现代科学必须掌握的工具。

让·勒朗·达朗贝尔、约翰·伯努利为分析力学的创立打下了基础，拉格朗日为分析力学的创立和发展奠定了基础，哈密顿继承和发展了拉格朗日的研究成果，将分析力学推向了又一个高峰。分析力学已广泛用于结构分析、机器动力学与振动、航天力学、多刚体系统和机器人动力学以及各种工程技术领域，也可推广应用于连续介质力学和相对论力学。我们要记住为分析力学做出伟大贡献的科学家：让·勒朗·达朗贝尔、约翰·伯努利、约瑟夫·拉格朗日、威廉·罗恩·哈密顿等，学习他们热爱科学、崇尚科学的优秀品德。科学精神的培养和发扬，不仅可以提高我们的个人素质，还可提升国家文化的软实力。科学之光照亮了我们前行的道路，指引我们更好地认识世界、改造世界。让我们坚守科学精神，不断学习、探索、创新，为人类的进步和发展贡献自己的力量。

参考文献

[1]梁清香，李兴莉．理论力学[M]．北京：国家开发大学出版社，2019.

[2]牛学仁，戴保东．理论力学[M]．2 版．北京：国防工业出版社，2013.

[3]李卓球．理论力学[M]．武汉：武汉理工大学出版社，2001.

[4]程燕平，程郯．理论力学[M]．北京：高等教育出版社，2015.

[5]陈建平，范钦珊．理论力学[M]．北京：高等教育出版社，2018.

[6]哈尔滨工业大学理论力学教研室编．理论力学[M]．8 版．北京：高等教育出版社，2016.

[7]贾启芬，刘习军．理论力学[M]．4 版．北京：机械工业出版社，2017.

[8]刘延柱，杨海兴，朱本华．理论力学[M]．2 版．北京：高等教育出版社，2001.

[9]江苏省力学学会教育科普工作委员会．基础力学竞赛与考研试题精解．北京：中国矿业大学出版社，2015.

[10]西北工业大学理论力学教研室．理论力学[M]．2 版．北京：高等教育出版社，2016.

[11]郝桐生．理论力学[M]．4 版．北京：高等教育出版社，2017.

[12]王青春．理论力学[M]．北京：机械工业出版社，2016.

[13]罗特军，魏咏涛．理论力学[M]．北京：高等教育出版社，2015.

[14]邓国红．理论力学[M]．重庆：重庆大学出版社，2013.

[15]尹冠生．理论力学[M]．西安：西北工业大学出版社，2001.

[16]洪嘉振，杨长俊．理论力学[M]．2 版．北京：高等教育出版社，2002.

[17]王铎，程靳．理论力学解题指导及习题集[M]．3 版．北京：高等教育出版社，2005.

[18]支希哲．理论力学常见题型解析及模拟题[M]．西安：西北工业大学出版社，1999.

[19]庄表中，王慧明．应用理论力学实验[M]．北京：高等教育出版社，2009.

[20]王希云．计算方法[M]．北京：国家开放大学出版社，2018.

[21]同济大学数学系．高等数学[M]．北京：人民邮电出版社，2017.

[22]清华大学理论力学教研组．理论力学[M]．北京：高等教育出版社，1981.

[23]武清玺，徐鉴．理论力学[M]．2 版．北京：高等教育出版社，2010.

[24]闫爱和，等．平衡吊的运动分析及平衡方法[J]．太原重型机械学院学报，2000(4)，292－297.

[25]张伟伟，薛书杭，王志华．树枝上的小鸟趣说刚体平衡力学史[J]．力学与实践，2018.

[26]吴佩萱．最速降线的挑战[J]．现代物理知识，2006(4)，52－54.

[27]陈奎孚．不走直道(续五)：神奇的抛物线．微信公众号《图形公式不烦恼》，2018.6.12.

[28]老大中．变分法基础[M]．3 版．北京：国防工业出版社，2015.

[29]马海涛．盾构机切力布置规律及运动学分析研究[J]，新技术新工艺，2011 年第 1 期．

[30]哈尔滨工业大学理论力学教研室编．理论力学(Ⅱ)[M]．9 版．北京：高等教育出版社，2023.5.

[31]张伟伟．眩晕的转转杯．微信公众号《力学酒吧》，2016.6.5.
[32]朱鹏．浅析球磨机的种类与工作原理[J]．价值工程,2015 (2)：42 - 43.
[33]孙良全．立磨机与球磨机工艺经济技术对比分析[J]．矿山机械，2017 (07)：44 - 46.
[34]哈尔滨工业大学理论力学教研室．理论力学(Ⅰ)．[M]6 版．北京：高等教育出版社．2002.
[35](美)肯德尔·亥文．历史上 100 个最伟大的发现[M]．青岛：青岛出版社．2008.
[36]武际可．力学史[M]．第 2 版．上海：上海辞书出版社，2010.